U0723205

“十四五”职业教育国家规划教材

计算机应用基础

（创新版）（第三版）

JISUANJI YINGYONG JICHU（CHUANGXINBAN）

主　编　武马群

副主编　贾清水　刘瑞新　李　媛

中国教育出版传媒集团

高等教育出版社·北京

内容提要

本书是“十四五”职业教育国家规划教材。

本书以中小型信息处理任务为载体，以培养信息素养为目标，详细介绍了计算机应用方面的基础知识及操作方法，主要内容包括计算机基础知识、操作系统与 Windows 10 应用、网络基础与 Internet 应用、信息处理技术基础、数据统计分析与 Excel 2016 应用、文档编辑排版与 Word 2016 应用、多媒体演示与 PowerPoint 2016 应用等。本书还与信息处理技术员相关的职业技能鉴定标准接轨，知识点基本覆盖了信息处理技术员考试大纲。

本书为新形态一体化教材，借助先进技术，丰富内容呈现形式，配套多媒体助学助教资源，助力提高教学质量和教学效率。

本书适合作为高等职业院校“计算机应用基础”课程教材，也可作为计算机基础知识的自学参考书。

图书在版编目(CIP)数据

计算机应用基础：创新版/武马群主编.—3 版
.—北京：高等教育出版社，2021.8(2024.7 重印)
ISBN 978-7-04-056502-7

Ⅰ.①计… Ⅱ.①武… Ⅲ.①电子计算机-高等职业教育-教材 Ⅳ.①TP3

中国版本图书馆 CIP 数据核字(2021)第 147552 号

策划编辑 张尕琳 **责任编辑** 张尕琳 万宝春 **封面设计** 张文豪 **责任印制** 高忠富

出版发行	高等教育出版社	**网　　址**	http://www.hep.edu.cn
社　　址	北京市西城区德外大街 4 号		http://www.hep.com.cn
邮政编码	100120	**网上订购**	http://www.hepmall.com.cn
印　　刷	杭州广育多莉印刷有限公司		http://www.hepmall.com
开　　本	787 mm×1092 mm　1/16		http://www.hepmall.cn
印　　张	22.75	**版　　次**	2015 年 8 月第 1 版
字　　数	597 千字		2021 年 8 月第 3 版
购书热线	010-58581118	**印　　次**	2024 年 7 月第 9 次印刷
咨询电话	400-810-0598	**定　　价**	49.00 元

物 料 号　56502-B0

配套学习资源及教学服务指南

二维码链接资源

本教材配套微视频、文本、图片等学习资源，在书中以二维码链接形式呈现。手机扫描书中的二维码进行查看，随时随地获取学习内容，享受学习新体验。

打开书中附有二维码的页面　**扫描二维码**　**查看相应资源**

教师教学资源索取

本教材配有课程相关的教学资源，例如，教学课件、习题及参考答案、应用案例等。选用教材的教师，可扫描下方二维码，关注微信公众号“高职智能制造教学研究”，点击“教学服务”中的“资源下载”，或电脑端访问地址（101.35.126.6），注册认证后下载相关资源。

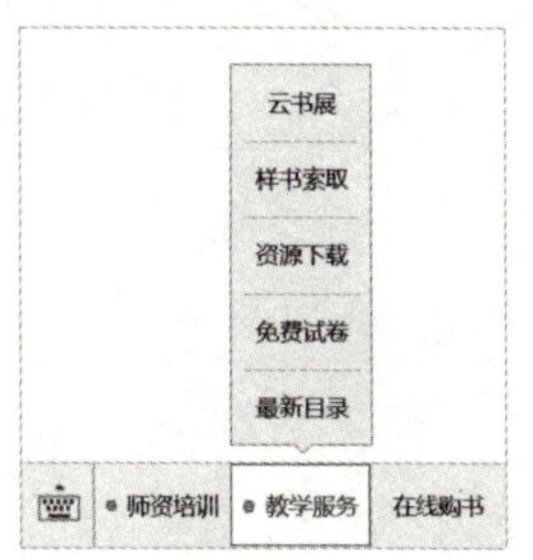

★如您有任何问题，可加入工科类教学研究中心QQ群：240616551。

本书二维码资源列表

页码	类型	说　明	页码	类型	说　明
001	文本	第1章学习目标	098	微视频	整理收藏夹
001	图片	第1代电子管计算机	100	微视频	Internet常规选项的设置
002	图片	“神威·太湖之光” 超级计算机	101	微视频	配置Microsoft Outlook
003	文本	什么是工作站	103	微视频	使用Microsoft Outlook阅读邮件
005	图片	计算机系统的组成	103	微视频	使用Microsoft Outlook撰写邮件
007	文本	存储器的技术参数	104	微视频	使用Microsoft Outlook进行账户管理
009	图片	打印机	105	微视频	使用CuteFTP软件登录FTP服务器
011	文本	BIOS是什么	106	微视频	使用CuteFTP软件向FTP服务器上传文件
012	文本	莱布尼茨发明二进制	106	微视频	使用CuteFTP软件从FTP服务器下载文件
015	文本	浮点格式	106	微视频	设置远程访问的被访问端
017	文本	汉字的显示原理	107	微视频	远程访问
019	文本	穿戴式智能设备	107	微视频	网盘的文件上传（以126邮箱为例）
021	文本	大数据处理流程	108	微视频	网盘的文件下载（以126邮箱为例）
023	文本	计算机安全管理制度（示例）	111	文本	中华人民共和国网络安全法
024	文本	信息素养的主要内容	111	文本	中华人民共和国个人信息保护法
024	文本	计算机病毒的种类	117	文本	第4章学习目标
029	文本	第2章学习目标	117	文本	信息源及其类型
033	微视频	关闭计算机	118	文本	二进制数据
036	微视频	将系统快捷方式添加至桌面	119	文本	统计分析软件SPSS
036	微视频	把程序固定到任务栏	121	文本	电话调查法
040	微视频	磁贴区的操作	123	文本	调查问卷的设计
040	微视频	磁贴的操作	124	文本	调查报告
049	微视频	在导航窗格中显示所有文件	126	文本	客流量
050	微视频	显示文件的扩展名、隐藏的项目	127	文本	手工检索
051	微视频	在桌面上新建一个文件夹	128	文本	$PM_{2.5}$
056	微视频	显示或隐藏文件夹或文件	128	图片	视觉错觉
060	微视频	使用控制面板	130	文本	中国图书馆图书分类法
062	微视频	设置显示	131	文本	统计分析
067	微视频	安装其他输入法	133	文本	跳远比赛
068	微视频	连接无线网络	134	文本	进步幅度
070	微视频	接入局域网	136	文本	损益值
076	文本	第3章学习目标	138	文本	数字签名
090	微视频	配置计算机网络参数（有线）	139	文本	中华人民共和国计算机信息系统安全保护条例
092	微视频	配置计算机网络参数（无线）	140	文本	版权
093	微视频	配置家庭宽带连接网络参数	140	文本	信息标准化
095	微视频	用IE浏览器打开网页	143	文本	第5章学习目标
096	微视频	使用搜索引擎（百度）	143	文本	统计学
098	微视频	利用浏览器收藏网址	145	文本	抽样

续 表

页码	类型	说　明	页码	类型	说　明
147	微视频	新建工作簿	249	微视频	将文本转换成表格
150	微视频	保护工作表	258	微视频	插入联机图片
151	微视频	冻结工作表	259	微视频	选中、复制和删除图片
152	微视频	选取单元格	260	微视频	更改图片的环绕方式
155	微视频	替换数据	260	微视频	调整图片大小
157	微视频	序列填充	261	微视频	旋转图片
158	微视频	设置数字格式	261	微视频	裁剪图片
160	微视频	设置填充色	262	微视频	修饰图片
161	微视频	设置列宽与行高	264	微视频	插入艺术字
162	微视频	条件格式设置	266	微视频	插入文本框
164	微视频	建立员工考勤时间表	267	微视频	插入形状
166	微视频	混合地址引用	271	微视频	插入公式
168	微视频	计算总成绩	278	微视频	应用标题样式
169	图片	销售统计表	279	微视频	在大纲视图中查看文档
171	微视频	RANK函数使用	284	微视频	插入和编辑页眉
174	微视频	MID函数使用	288	文本	填空题参考答案
177	微视频	IF函数的参数设置	288	文本	简答题参考答案
178	微视频	FV函数使用	291	文本	第7章学习目标
179	文本	图表	292	图片	多媒体设备
181	文本	气泡图	296	微视频	ACDSee图片浏览与编辑
184	微视频	制作图表	297	微视频	Audacity声音文件编辑工具使用
186	微视频	美化图表	298	微视频	使用格式工厂进行媒体格式转换
188	微视频	数据清单查询	303	微视频	新建演示文稿的各种操作
190	微视频	排序	305	文本	幻灯片的版式
191	微视频	筛选	308	文本	PPT模板的发展历程
194	微视频	分类汇总	312	微视频	三种母版视图的使用
195	微视频	制作数据透视表	315	微视频	幻灯片的快速编辑
197	微视频	制作数据透视图	318	文本	PPT的文件格式
198	微视频	打印	320	微视频	插入表格与表格编辑
203	图片	某胡同月费一览表	321	微视频	插入图表与图表编辑
205	文本	第6章学习目标	324	文本	颜色搭配
210	微视频	自定义快速访问工具栏	325	文本	色调
217	微视频	查找文本	327	文本	音频的处理
218	微视频	使用“字体”组设置字符格式	330	文本	不能播放的视频
219	微视频	使用“字体”对话框设置字符格式	332	文本	SmartArt是什么
223	微视频	插入符号	336	微视频	SmartArt图形的使用
230	微视频	设置超链接	340	文本	插入统一的动作按钮
234	微视频	使用水平标尺设置制表位	342	微视频	设置触发器动画效果
237	微视频	拓展训练（制表位）	346	文本	演示者视图
238	微视频	调整列宽	347	文本	向远程访问群体广播演示文稿
244	微视频	绘制表格	348	文本	将演示文稿转换为视频

前言

Preface

本书是“十四五”职业教育国家规划教材。

党的二十大报告指出，教育、科技、人才是全面建设社会主义现代化国家的基础性、战略性支撑，必须坚持科技是第一生产力、人才是第一资源、创新是第一动力，深入实施科教兴国战略、人才强国战略、创新驱动发展战略，开辟发展新领域新赛道，不断塑造发展新动能新优势。

随着科学技术日新月异，新一代信息和通信技术创新步伐不断加快，正以前所未有的广度和深度与经济社会交汇融合，创新活力、聚集效应和应用潜能加速释放。未来的社会是信息化、数字化时代，生活在这样的社会中每一个人都要具有良好的信息素养，要具备数字化学习能力、信息化的职业发展能力。所谓信息素养是指人的信息意识、信息技能及信息道德等方面的综合素质。

信息意识表现为人对信息的敏感性，即有分析信息、利用信息做出决策的强烈意识，形成以数据为基础、基于事实决策的工作方法和工作习惯。具有良好信息意识的人能够从日常工作、生活、学习的各方面发现信息，知道从哪里、以什么方式获取信息，能够对信息进行鉴别，判断信息的真伪，判别信息的完整性、可用性、有效性，能够识别数据之间的联系。

信息技能表现为人获取信息、处理信息、评价信息、利用信息、交流信息的能力。信息技能的核心是利用信息，即能通过数据（数据是信息的载体）采集、数据检验、数据整理、数据加工、统计分析得出基本结论，发现存在的规律，形成决策建议，发挥信息处理在“发现事实”“辅助决策”方面的作用。信息交流的技能是指人能够利用各种工具和媒体对信息进行规范、完整、准确、直观的表达与展示，将信息高效率地传达给受众。

信息道德表现为人自觉地服从并遵守在信息领域中用以规范人们相互关系的思想观念与行为准则；维护信息领域的秩序和安全；执行国家颁布的信息安全相关政策、知识产权保护等法律法规。信息道德（自我约束）、信息政策（政府导向）和信息法律（法律约束）是规范人们各种信息活动的三个方面，三者相互补充、相辅相成。

根据高等职业教育教学改革要求，“信息技术”课程要以培养学生的信息素养为核心，以培养学生信息处理能力为主线，通过该课程学习让学生学会“用数据说话”“基于事实做出决策”，逐步形成利用计算机工具分析、解决实际问题的能力。因此，高等职业院校“信息技术”课程的教学基本要求是使学生掌握信息处理技术的基本知识和基本方法，通过大量的练习形成信息化思维习惯；使学生熟练、正确、有效地使用计算机软硬件工具，进行信息采集、信息整理、信息加工处理，并基于信息处理结果进行辅助决策；让学生掌握规范的编辑排版技能，以文档、电子表格、演示文稿、网页等形式进行信息展示，达到信息交流的目的。同时，着重培养学生的信息素养，养成良好的信息道德，使学生了解信息技术对环境、社会及全球的影响，理解并自觉遵守信息领域的基本行为规范，认知自身的社会责任。

本书是以 Windows 10 和 Office 2016 为基础，通过基础知识、操作系统、网络应用、信息处理基础、电子表格应用、文档编辑、多媒体演示等章节的教学内容安排，让学生建立信息处理的概念、掌握信息处理基本方法和流程，使学生将计算机操作技能与信息处理技术相结合，强化了对学生的“信息素养”的培养。

本书编写考虑了不同基础学生的学习需求，并兼顾到学生获取计算机等级证书和信息处理员证书考试的要求。在实际教学过程中，建议安排 120 学时，其中课内授课不低于 60 学时。

本书由武马群任主编，贾清水、刘瑞新、李媛任副主编，参加编写的还有郝杰、孙振业、张赢。

本书是新形态一体化教材，借助先进技术，丰富内容呈现形式，配套多媒体助学助教资源，助力提高教学质量和教学效率。

由于作者水平所限，书中难免存在不足之处，敬请读者批评指正。

编　者

目 录

Contents

第1章
计算机基础知识

在学习计算机应用的技术技能之前，必须对我们已经司空见惯的计算机有一个科学意义上的了解，掌握其相关基础知识，了解其组成结构，并能够正确地使用计算机。这一章，我们主要学习计算机的基础知识、计算机的系统构成、计算机中数据与信息的编码、多媒体基础知识、计算机安全使用等内容。

文本：第1章学习目标

1.1 计算机基本概念

本节主要学习计算机的概念、计算机的发展历程、计算机的主要应用领域，在学习过程中有条件的读者可以结合教材中出现的专业词汇，上网进行信息检索，以扩展阅读计算机相关的基础知识。

1.1.1 计算机的概念

电子计算机（Electronic Computer）是一种能够按照指令对各种数据和信息进行自动加工和处理的电子设备，简称计算机（Computer），俗称电脑。

电子计算机是20世纪人类最伟大的技术发明之一，它的出现和广泛应用把人类从繁重的脑力与体力劳动中解放出来，提高了社会各个领域中信息的收集、处理和传播的速度与准确性，直接促进了人类向信息化社会的迈进。

1.1.2 计算机的发展历程

世界上公认的第一台电子计算机ENIAC（Electronic Numerical Integrator And Computer，电子数值积分计算机）于1946年诞生于美国宾夕法尼亚大学，是为美国陆军弹道研究实验室设计和建造的，主要用于弹道计算。ENIAC的问世，标志着人类计算工具的历史性变革。半个多世纪以来，随着电子技术的迅猛发展，电子计算机经历了4个发展阶段。

第1代（1946—1958年）是电子管计算机（图1-1）时代。这一代计算机的逻辑元件采用电子管（图1-2），使用机器语言编程，而后又产生了汇编语言。代表机型有ENIAC、IBM650（小型机）、IBM709（大型机）等。

图片：第1代电子管计算机

图1-1　电子管计算机

图1-2　电子管

第 2 代（1959—1964 年）是晶体管计算机（图 1-3）时代。这一代计算机的逻辑元件采用晶体管（图 1-4），并出现了管理程序和 COBOL、FORTRAN 等高级编程语言。代表机型有 IBM7090、IBM7094、CDC7600 等。

图 1-3 晶体管计算机

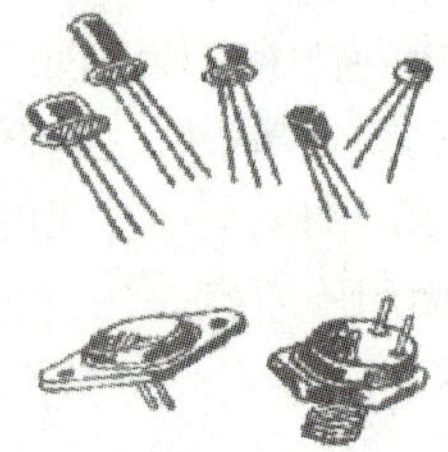

图 1-4 晶体管

第 3 代（1965—1970 年）是中小规模集成电路计算机（图 1-5）时代。这一代计算机的逻辑元件采用中、小规模集成电路（图 1-6），出现了操作系统和诊断程序，高级语言更加流行，如 BASIC、Pascal、APL 等。代表机型有 IBM360 系列、富士通 F230 系列等。

图 1-5 集成电路计算机

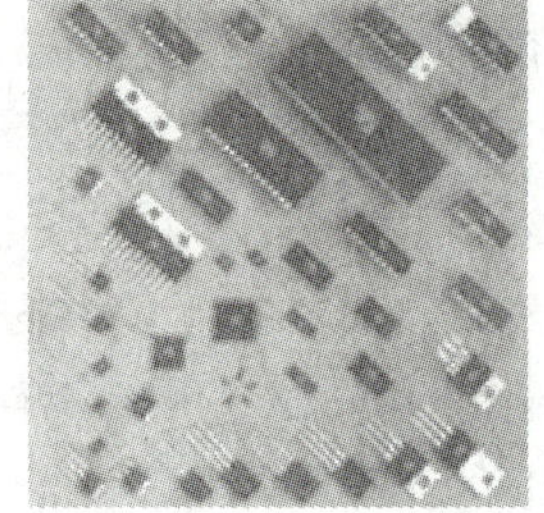

图 1-6 中、小规模集成电路

第 4 代（1971 年至今）是大规模集成电路计算机时代。这一代计算机的逻辑元件采用大规模和超大规模集成电路，使用微处理器（Microprocessor）芯片（图 1-7）。这一代计算机速度快、存储容量大、外围设备种类多、用户使用方便、操作系统和数据库技术进一步发展。计算机技术与网络技术、通信技术相结合，使计算机应用进入了网络时代，多媒体技术的兴起扩大了计算机的应用领域。

图 1-7 微处理器芯片

图片："神威·太湖之光"超级计算机

我国于 1958 年研制出第一台电子计算机，此后我国的计算机科学研究和计算机应用得到迅猛发展，代表性成就是成功研制出具有世界先进水平的"曙光""天河"系列超级计算机。2010 年 11 月，"天河一号"曾以 4.7 千万亿次 / 秒的峰值速度，首次将五星红旗插上超级计算机领域的世界之巅。2016 年 6 月，由国家并行计算机工程技术研究中心研制的"神威·太湖之光”超级计算机（图 1-8）系统，以峰值计算速度 12.54 京次 / 秒，持续性能为 9.3 京次 / 秒（1 京为 1 亿亿）的优异性能位居榜首，成为当时全球最快的超级计算机。

图 1-8 “神威·太湖之光”超级计算机

1971 年美国 Intel 公司首次把中央处理器（CPU）制作在一块芯片上，研制出了第一个 4 位单片微处理器 Intel 4004，它标志着微型计算机的诞生。微型计算机也称为个人计算机（PC），是各类计算机中发展最快、使用最多的一种计算机，我们日常学习、生活、工作中使用的多数是微型计算机。微型计算机（通常简称“微机”）又有台式机和笔记本电脑等多种形式，如图 1-9 和图 1-10 所示。

图 1-9　台式机

图 1-10　笔记本电脑

文本：什么是工作站

介于普通微型计算机和小型计算机之间有一类高档微型计算机，称为工作站（图 1-11），它具有速度快、容量大、通信功能强的特点，适合于复杂数值计算，价格较低，常用于图像处理、辅助设计、办公自动化等方面。

最小的单片机做在了一块半导体芯片上，使它可直接嵌入其他机器设备中进行数据处理和过程控制。例如，ATMEL 公司的 AT89S51 单片机，如图 1-12 所示。

图 1-11　工作站

图 1-12　AT89S51 单片机

微型计算机随着集成电路技术的进步已经出现了 5 个发展阶段。

第 1 代（1971—1973 年）：4 位或准 8 位微型计算机。其 CPU 的代表是 Intel 4004、Intel 8008。

第 2 代（1974—1977 年）：8 位微型计算机。其 CPU 的代表是 Intel 8080、M6800、Z80。

第 3 代（1978—1980 年）：16 位微型计算机。其 CPU 的代表为 Intel 8086、M68000、Z8000。

第 4 代（1981—1992 年）：32 位微型计算机。其 CPU 的代表是 Intel 80386、Intel 80486、IAPX432、MAC2、HP32、M68020 等。

第 5 代（1993 年至今）：64 位微型计算机。其 CPU 的代表是 Core（酷睿）和 PowerPC 以及 Alpha 芯片。

根据“摩尔定律”，微处理器和微型计算机以平均每 18 个月性能提高一倍、价格降低一半的速度发展。因此，随着超大规模集成电路的发展，以及其他新技术在计算机上的应用，会不断出现性能更好、价格更低的计算机产品。

1.1.3 计算机的主要应用领域

计算机以其速度快、精度高、能记忆、会判断和自动化等特点，经过短短几十年的发展，它的应用已经渗透到人类社会的各个方面，可谓无所不在。从国民经济各部门到生产和工作领域，从家庭生活到消费娱乐，到处都可见计算机的应用成果，因此计算机应用能力已经成为人们必备的基本能力之一。

总的来讲，计算机的主要应用领域可以归纳为五大类：科学计算、信息处理、过程控制、计算机辅助设计 / 辅助教学、人工智能。

1. 科学计算

科学计算（Scientific Calculation）又称为数值计算，它是计算机应用最早的领域。在科学研究和工程设计中，经常会遇到各种各样的数值计算问题。例如，我国嫦娥一号卫星从地球到达月球要经过一个十分复杂的运行轨迹（图 1-13），因此设计运行轨迹就需要进行大量的计算工作。计算机具有速度快、精度高的特点以及能够按指令自动运行、准确无误的运算能力，可以高效率地解决这类问题。

图 1-13 嫦娥一号卫星探月

2. 信息处理

信息处理（Information Processing）是指利用计算机对信息进行搜集、加工、存储和传递等工作，其目的是为有各种需求的人们提供有价值的信息，作为管理和决策的依据。例如，人口普查资料的统计、股市行情的实时管理、企业财务管理、市场信息分析、个人理财记录等都是信息处理的例子。计算机信息处理已广泛应用于企业管理、办公自动化、信息检索等诸多领域，成为计算机应用最活跃、最广泛的领域之一。

3. 过程控制

计算机过程控制（Process Control）是指用计算机对工业过程或生产装置的运行状况进行检测，并实施生产过程自动控制。例如，用火箭将嫦娥一号卫星送向月球的过程，就是一个典型的计算机控制过程。将计算机信息处理与过程控制有机结合起来，能够实现生产过程自动化，甚至能够出现计算机管理下的无人工厂。

4. 计算机辅助设计 / 辅助教学

计算机辅助设计（Computer-Aided Design，CAD）是指利用计算机来帮助设计人员进行工程设计。辅助设计系统配有专业绘图软件，用来协助设计人员绘制设计图纸，模拟装配过程，甚至依照设计结果能够直接驱动机床进行加工制造。用计算机进行辅助设计，不但速度快，而且质量高，可以缩短产品开发周期，提高产品质量。

计算机辅助教学（Computer-Aided Instruction，CAI）是指利用计算机来辅助教学和学习。教师可以利用计算机创设仿真的情境，向学生提供丰富的学习资源，提高教学效果；可以开发网络化学习资源库，支持学生远程学习，并实现在计算机辅助下的师生交互，构成新型的人机交互学习系统，学习者可以自主确定学习计划和进度，既灵活又方便。

5. 人工智能

人工智能（Artificial Intelligence，AI）是利用计算机对人的智能进行模拟，模仿人的感知能力、思维能力和行为能力等，例如语音识别、语言翻译、逻辑推理、联想决策、行为模拟等。最具有代表性的应用是机器人，包括机械手、智能机器人（图 1-14）。

图 1-14 智能机器人

在我们的日常生活中，计算机应用的案例比比皆是，如每一部高级汽车中都有几十个电脑控制芯片，它们可以使汽车的各个部件很好地协调运行，让汽车随时保持最佳状态。我们看到的每一部电视剧、每一部动画片、每一本书籍都是经过计算机编辑加工完成的。可以说，人类现代化的生产和生活已经离不开计算机技术，随着计算机技术的发展和应用的深化，人类加快向信息化社会迈进。

1.2 计算机系统的组成

图片：计算机系统的组成

本节主要学习微型计算机系统的组成结构、计算机硬件系统和软件系统、系统各部分的功能等知识。

1.2.1 计算机组成结构

典型的以存储器为中心的计算机组成结构如图 1-15 所示。计算机的硬件系统由运算器、控制器、存储器、输入设备和输出设备五大部分构成。

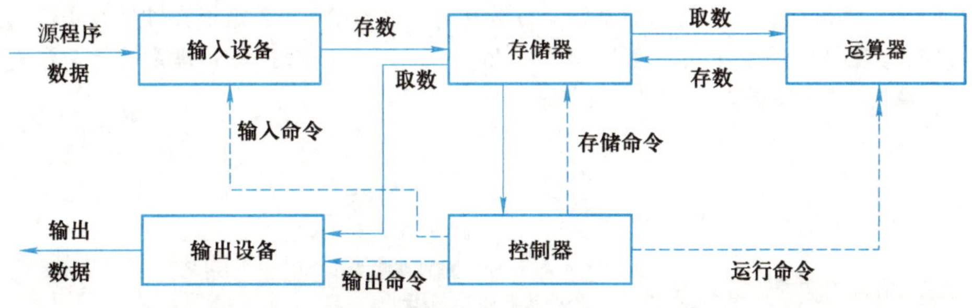

图 1-15 计算机组成结构

运算器（Arithmetic and Logic Unit，ALU）是计算机中对数据进行加工处理的部件。它的主要功能是对二进制形式的数据进行加、减、乘、除等算术运算以及与、或、非等逻辑运算。

控制器（Control Unit，CU）是计算机中指挥其他各功能单元协调工作的控制部件。它的基本功能是根据程序指令的要求，发出一系列控制信号，使运算器、存储器、输入设备、输出设备等相互配合完成数据处理任务。

存储器（Memory）是计算机中存储程序和数据的部件。它的主要功能是将待处理的数据、处理数据的程序（指令的集合）、经处理后的结果数据等，有序地保存起来，并在控制器的控制下可以随时进行“存”“取”操作，配合整个计算机的数据处理工作。

运算器、控制器、存储器构成计算机系统的硬件核心，人们常称这三大部分为计算机的“主机”。

输入设备和输出设备（Input/Output Devices，I/O 设备）是计算机主机与人（或其他设备）交换信息的设备，也是人们使用计算机时接触最多的设备。

1.2.2 微型计算机系统的组成

微型计算机的典型组成结构如图 1-16 所示。

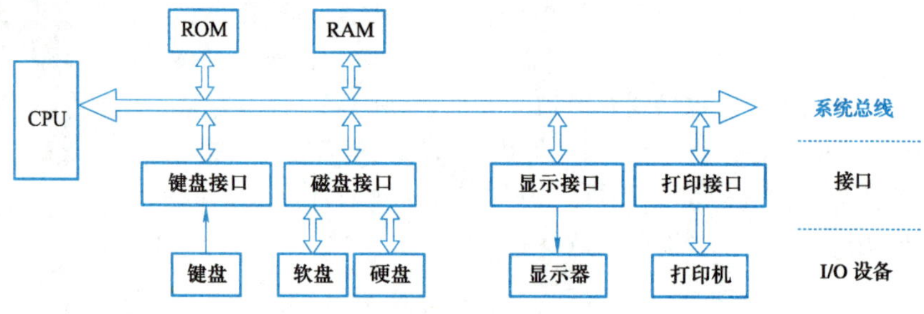

图 1-16 微型计算机的典型组成结构

微型计算机是以 CPU 为核心，通过系统总线将存储器、外存储器、输入设备、输出设备等连接起来，形成完整的硬件系统。

系统总线（Bus）是计算机系统部件之间传送数据和控制信号的公共通道。系统总线由三个部分构成：数据总线、地址总线和控制总线，分别主要承担数据、地址和控制信号的传送任务。

一个完整的计算机系统由硬件系统和软件系统两个部分组成，如图 1-17 所示。计算机硬件（Hardware）是指由电子元器件和机械装置组成的“硬”设备，如键盘、显示器、主板等，它们是计算机能够工作的物质基础。计算机软件（Software）是指在硬件设备上运行的各种程序、数据和有关的技术资料，如 Windows 操作系统、数据库管理系统等。没有安装软件的计算机称为“裸机”，裸机无法单独工作。

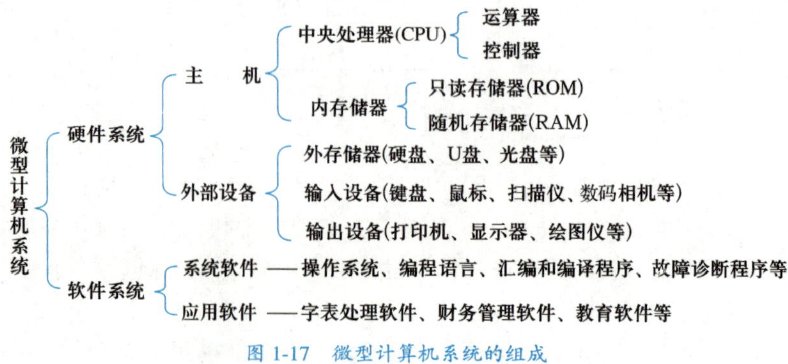

图 1-17 微型计算机系统的组成

1.2.3 计算机硬件系统

当今计算机采用 von Neumann（冯·诺依曼）体系结构，其硬件系统由 5 个基本部分组成，即运算器、控制器、存储器、输入设备和输出设备，如图 1-15 所示。在微型计算机中，运算器和控制器构成计算机的中央处理器（Central Processing Unit，CPU），中央处理器与内存储器构成计算机的主机，其他外存储器、输入和输出设备统称为外围设备。

1. 中央处理器（CPU）

CPU 是一个超大规模集成电路芯片，它包含了运算器和控制器的功能，因此 CPU 又称为微处理器（Microprocessor Unit，MPU）。

目前，中央处理器型号很多，主流产品是 Intel 系列、AMD 系列等，外形如图 1-18 所示。CPU 的主要技术指标如下。

图 1-18 CPU 外形

（1）字长

字（Word）是中央处理器处理数据的基本单位，字中所包含的二进制数的位数称为字长，它反映了计算机一次可以处理的二进制代码的位数。CPU 的字长通常由其内部数据总线的宽度决定，它是 CPU 最重要的指标之一。字长越长，数据处理精度越高，速度越快。通常以字长来称呼 CPU，如 Core i7（酷睿 i7）的字长 64 位，称为 64 位微处理器。

（2）主频

CPU 的主频是指 CPU 的工作时钟频率，是衡量 CPU 运行速度的指标。例如，Core i7（酷睿 i7）的主频是 2.5 GHz。

（3）整数和浮点数性能

整数运算由 ALU 实现，而浮点数运算由浮点处理器（Floating Point Unit，FPU）实现。浮点运算主要应用在图形软件、游戏程序处理等。浮点运算能力是选择 CPU 需要考虑的重要因素之一。

（4）高速缓冲存储器

高速缓冲存储器（Cache）设置在 CPU 内部，工作过程完全由硬件电路控制，数据的存取速度快，其存取速度高出内存数倍，设置 Cache 可以提高计算机的运行速度。在相同的主频下，Cache 容量越大，CPU 性能越好。

文本：存储器的技术参数

2. 存储器

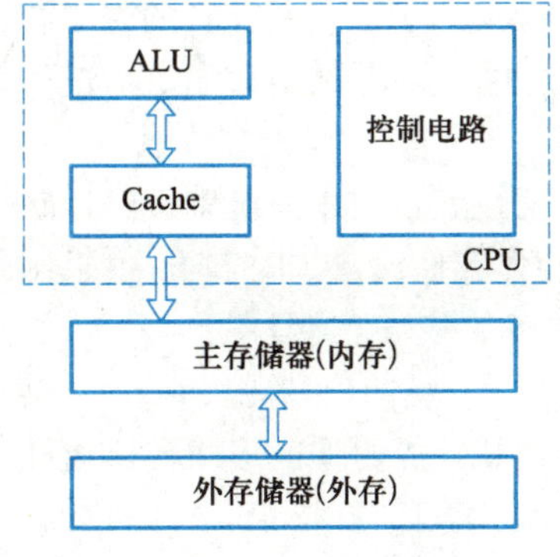

图 1-19 三级存储器策略

计算机存储器分为 3 种：高速缓冲存储器（Cache）、主存储器（内存）和外存储器（外存）。在计算机中采取如图 1-19 所示的三级存储器策略来解决存储器的大容量、低成本与适应 CPU 高速度之间的矛盾。

主存储器（内存）分为 ROM 和 RAM 两种。ROM 存放固定不变的程序和数据，关机后不会丢失；RAM 用来在计算机运行时存放系统程序和应用程序以及数据结果等，关机后存放的内容消失。在计算机系统中，内存容量主要由 RAM 的容量来决定，习惯上将 RAM 直接称为内存。内存通常做成条形，故俗称内存条。内存条如图 1-20 所示，内存条安装在主板上 CPU 的附近。

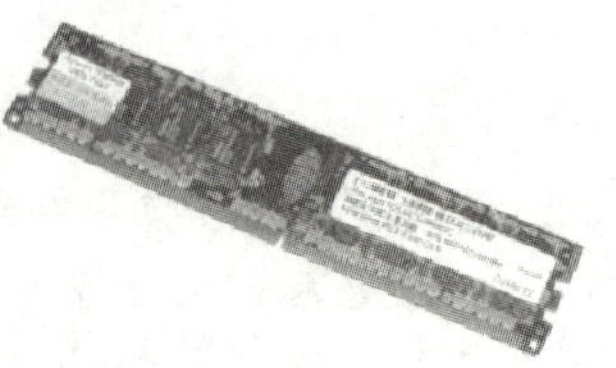

图 1-20 内存条

只读存储器（ROM），在计算机工作时只能读出（取），不能写入（存）。ROM 中存储的程序或数据是在组装计算机之前就写好的。只读存储器芯片有 3 类：MROM 称为掩模 ROM，存储内容在芯片生产过程中就写好了；PROM 称为可编程 ROM，存储内容由使用者一次写入，不能再更改；EPROM 称为可擦除可编程 ROM，使用者可以多次更改写入的内容。

随机存储器（RAM），可随时读出和写入，分为 DRAM（动态 RAM）和 SRAM（静态 RAM）两大类。DRAM 存储容量大、速度较慢、价格便宜，内存的大部分都是由 DRAM 构成的；SRAM 速度快、价格较贵，常用于高速缓冲存储器。

外存储器简称外存，也叫作辅助存储器。外存储器由磁性材料或光反射材料制成，价格低，容量大，存取速度慢，用于长期存放暂时不用的程序和数据，常用的有硬盘、光盘和移动存储器（如 U 盘）等（图 1-21、图 1-22、图 1-23）。

图 1-21 硬盘

图 1-22 光盘

图 1-23 U 盘

存储容量的单位用 B（字节）、KB（千字节）、MB（兆字节）、GB（吉字节）、TB（太字节）来表示，1 TB=1 024 GB，1 GB=1 024 MB，1 MB=1 024 KB，1 KB=1 024 B。

硬盘是计算机的基本配件，几乎所有的用户数据都要存储到硬盘中，如图 1-21 所示。硬盘包括硬盘盘片和硬盘驱动器，驱动器驱动盘片旋转实现数据存取。当前主流 SATA 硬盘，其存储容量已达到 n TB。

光盘（CD-ROM）的容量约 650 MB，单面 DVD 光盘的容量约 4.7 GB，双面双层 DVD 的容量可达 17 GB。光盘驱动器是对光盘进行读 / 写操作的一体化设备，目前流行的光驱有 DVD-ROM 和 Combo（康宝）。光盘驱动器可以同时带有刻录功能，称为光盘刻录机，记作 CD-RW 或 DVD-RW。

移动存储器主要有移动硬盘和 U 盘两类。移动硬盘和普通硬盘没有本质区别，经过防震处理，提供 USB 接口，实现即插即用。U 盘属于移动半导体存储设备（闪存），也采用 USB 接口，存储容量已经达到 TB 级别，成为计算机使用者必备的移动存储设备。

3. 输入设备（Input Device）

输入设备用于向计算机输入程序和数据。它将程序和数据从人类习惯的形式转换成计算机的内部二进制代码放在内存中。常见的输入设备有鼠标、键盘、扫描仪等（图 1-24、图 1-25）。

图 1-24　鼠标、键盘

图 1-25　扫描仪

键盘是向计算机发布命令和输入数据的重要输入设备。根据接口的不同，键盘可分为 PS/2 接口键盘和 USB 接口键盘，当前的主板大多同时支持这两种接口的键盘。根据键盘与计算机连接方式不同，键盘可分为有线键盘和无线键盘。无线键盘在使用时需在主机上加装配套的接收器，用于接收键盘发出的信号。接收器一般安装在 USB 接口上。

目前常用的鼠标是光电式鼠标。光电式鼠标有一个光电探测器，在具有反光功能的板上使用，检测鼠标移动产生电信号，传给计算机完成光标的同步移动。

4. 输出设备（Output Device）

输出设备将计算机内的二进制代码形式的数据转换成人类习惯的文字、图形和声音等形式输出。常见的输出设备有显示器、打印机、绘图仪等。

显示器是必备的输出设备，主要有 CRT（阴极射线管）显示器和液晶显示器（LCD）两类，如图 1-26 所示。CRT 显示器接收视频信号输入，分辨率为 800×600 像素、1 024×768 像素或更高，分辨率是指屏幕每行 × 每列的像素数。液晶显示器具有体积小、低功耗、无闪烁、无辐射的特点。

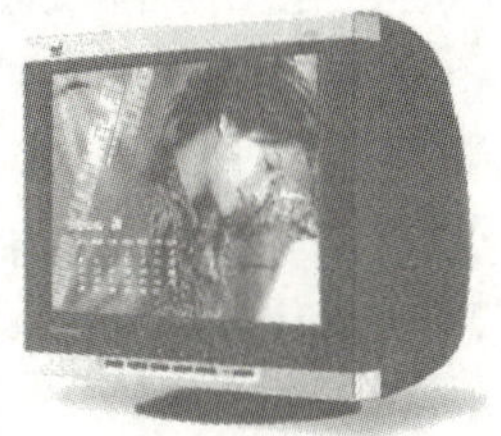

（a）CRT 显示器

（b）液晶显示器

图 1-26　显示器

图片：打印机

打印机是用来打印文字或图片的设备，是办公自动化必不可少的输出设备之一。打印机常用针式打印机、喷墨打印机、激光打印机三种，如图 1-27 所示。根据打印颜色可分为单色打印机和彩色打印机，根据打印幅面可分为窄幅打印机（A4 以下）和宽幅打印机。

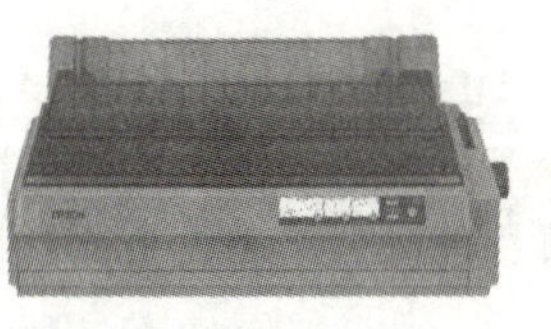

（a）针式打印机

（b）喷墨打印机

（c）激光打印机

图 1-27　打印机

针式打印机的特点是耗材费用低、纸张适用面广，这种打印机靠击打色带（单色）打印输出，常用于打印专业性较强的报表、存折、发票、车票、卡片等输出介质，但噪声高。喷墨打印机与针式打印机相比，打印头换成喷头，色带换成墨水盒，因此打印质量较好，噪声小，价格较低。激光打印机将打印页面经过打印控制器转换成点阵信号后，驱动半导体激光器发射激光束，激光照射在感光鼓表面，感光鼓吸附硒鼓中的墨粉形成图像，打印到介质上，再经热压固定完成打印过程。激光打印机打印速度快、质量高、不褪色、低噪声，能够支持网络打印，但成本较高，大多在专业场合应用。

1.2.4 计算机软件系统

自从 1946 年第一台电子计算机问世以来，随着计算机速度和存储容量的不断提高，计算机软件得到了迅速发展，从最初用手工方式输入二进制形式的指令和数据进行运算，到现在只需单击鼠标就可以编制丰富多彩的多媒体应用软件，真可谓天壤之别。经过数十年的发展，已经形成了庞大的计算机软件系统，它们是人类智慧的结晶。

软件是指计算机运行所需的程序及其有关的文档资料。软件系统是指各种软件的集合，软件系统可分为系统软件（System Software）和应用软件（Application Software）两大类，如图 1-17 所示。

1. 系统软件

系统软件是为高效使用和管理计算机而编制的软件。系统软件是为了提高计算机的使用效率，对计算机的各种软硬件资源进行管理的一系列软件的总称。系统软件有操作系统、语言处理程序、服务程序和数据库管理系统等几大类。

（1）操作系统（Operating System，OS）

操作系统是最基本的系统软件，它由一系列程序构成，使用户可以通过简单命令让设备完成指定的任务；这些程序还可以对 CPU 的时间、存储器的空间和软件资源进行管理。操作系统是计算机硬件与用户之间的界面。例如，一般情况下我们通过 Windows 操作系统来操作使用微型计算机，它就是使用者与硬件系统之间的界面，它将使用者（用户）发出的指令转换成复杂的对计算机硬件系统进行指挥和管理的内部操作。操作系统的任务是更加有效地管理和使用计算机系统的各种资源，发挥各个功能部件的最大功效，方便用户使用计算机系统。它通常具有进程管理、存储管理、设备管理、作业管理、文件管理 5 个方面的功能。

（2）语言处理程序

语言处理程序是指各种编程语言以及汇编程序、编译系统和解释系统等语言转换程序。

编程语言包括机器语言、汇编语言和高级语言，用来编写计算机程序或开发应用软件。

（3）服务程序

服务程序是人们能够顺利使用计算机的帮手，是系统软件的一个重要组成部分。常用的服务程序有诊断程序、调试程序和编辑程序等。

（4）数据库管理系统（DataBase Management System，DBMS）

所谓数据库，就是实现有组织地、动态地存储大量相关数据，方便多用户访问的由计算机软、硬件资源组成的系统。为数据库的建立、操纵和维护而配置的软件称为数据库管理系统。例如，目前微机上配备的数据库管理系统有 Microsoft Access、Visual FoxPro、Microsoft SQL Server、Oracle、DB2 等。

2. 应用软件

应用软件是指为解决计算机用户的具体问题而编制的软件，它运行在系统软件之上，运用系统软件提供的手段和方法，完成用户实际要做的工作，如财务管理软件、文字处理软件、绘图软件、信息管理软件等。

3．基本输入 / 输出系统（Basic Input/Output System，BIOS）

完整的可以工作的计算机系统由硬件系统和软件系统两大部分组成。但是，计算机硬件系统的生产和软件系统的生产一般是分离的，它们由不同的专业化企业来设计制造开发。普通用户接触的微型计算机系统，属于通用计算机类型，即各种不同需求的用户都可以通过在这些计算机的硬件系统基础上选择安装自己需要的软件来实现自己特定的使用目标。因此，就会有大家都熟悉的情景，新购买的计算机都要进行软件安装才能正常运行。

由于企业生产的专业分工和通用性的要求，计算机硬件生产企业出厂的计算机整机不配备软件系统，此时的计算机称为“裸机”。“裸机”好比只有身体而没有任何知识和能力的人，既听不懂语言也不会做任何事情，因此，“裸机”不能正常运行，用户无法使用。但是，只要“裸机”具有基本的输入和输出功能，用户（或计算机销售公司）就可以将操作系统、应用软件等自行安装，使其成为一台符合用户要求的计算机系统。这好比一个人出生时要具有吃喝拉撒的本能和学习能力，以后就会成长为一个真正的社会人。

文本：BIOS 是什么

从上面的说明可知，“裸机”必须具备基本输入 / 输出系统（BIOS），它是嵌入在计算机硬件系统中的必备软件，也可以说是和计算机硬件系统融为一体的底层软件。BIOS、操作系统、高级语言和数据库、应用软件等构成计算机系统软件环境，如图 1-28 所示。

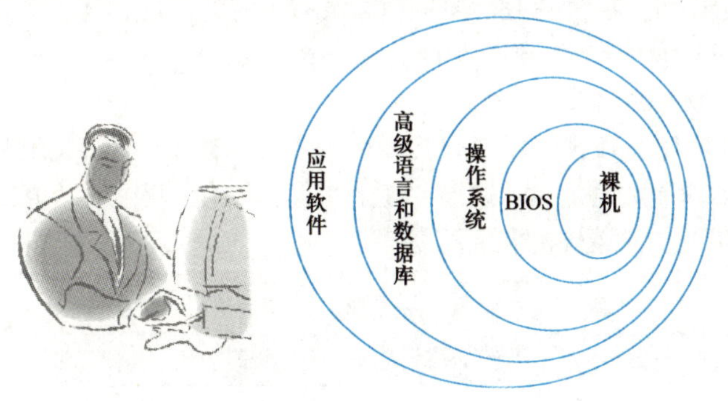

图 1-28　计算机系统软件环境

1.3　计算机中的数与信息编码

计算机通过对二进制形式的数字进行运算加工，实现对各种信息的加工处理。信息（Information）泛指人类社会中传播的一切内容，是以适合于通信、存储或处理的形式来表示的知识或消息。人们将各种信息用二进制数字（代码）来表示，便可以输入到计算机中进行快速、准确、自动的加工处理。

本节主要学习计算机中数的表示、常见的信息编码和计算机中数据处理的一般过程。

1.3.1　计算机中的数制

“数制”是指进位计数制，是一种科学的计数方法。它以累计和进位的方式进行计数，实现了以很少的符号表示大范围数字的目的。计算机中常用的数制有十进制、二进制和十六进制。

1．十进制（Decimal）

十进制数用 0，1，2，…，9 十个数码表示，并按“逢十进一”“借一当十”的规则计数。十进制的基数是 10，不同位置具有不同的位权。例如：

$(680.45)_{10}=6\times10^{2}+8\times10^{1}+0\times10^{0}+4\times10^{-1}+5\times10^{-2}$

文本：莱布尼茨发明二进制

十进制是人们最习惯使用的数制，在计算机中一般把十进制作为输入 / 输出的数据形式。为了把不同进制的数区分开，将十进制数表示为 $(N)_{10}$。

2．二进制（Binary）

二进制数用 0，1 两个数码表示，二进制的基数是 2，不同位置具有不同的位权。例如：

$(1011.101)_2=1\times2^{3}+0\times2^{2}+1\times2^{1}+1\times2^{0}+1\times2^{-1}+0\times2^{-2}+1\times2^{-3}$

$=(11.625)_{10}$

二进制数的位权展开式可以得到其表征的十进制数大小。二进制数常用 $(N)_2$ 来表示，也可以记作 $(N)_B$。二进制数的运算很简单，遵循“逢二进一”“借一当二”的规则。

1＋1=0（进 1）　1＋0=1　0＋1=1　0＋0=0

1－1=0　1－0=1　0－1=1（借 1）　0－0=0

1×1=1　1×0=0　0×1=0　0×0=0

3．十六进制（Hexadecimal）

十六进制数用 0，1，2，…，9，A，B，C，D，E，F 十六个数码表示，A 表示 10，B 表示 11，…，F 表示 15。基数是 16，不同位置具有不同的位权。例如：

$(3AB.11)_{16}=3\times16^{2}+A\times16^{1}+B\times16^{0}+1\times16^{-1}+1\times16^{-2}$

$=(939.0664)_{10}$

十六进制数的位权展开式可以得到其表征的十进制数大小。十六进制数常用 $(N)_{16}$ 或 $(N)_H$ 来表示。十六进制数的运算，遵循“逢十六进一”“借一当十六”的规则。

表 1-1 列出了以上三种数制的对照关系。

表1-1　十进制、二进制、十六进制数值对照表

十进制	二进制	十六进制	十进制	二进制	十六进制
1	0001	1	9	1001	9
2	0010	2	10	1010	A
3	0011	3	11	1011	B
4	0100	4	12	1100	C
5	0101	5	13	1101	D
6	0110	6	14	1110	E
7	0111	7	15	1111	F
8	1000	8	16	10000	10

1.3.2　数制间的转换

用位权展开式可以得到二进制数、十六进制数向十进制数的转换，本节主要讨论十进制数转换为二进制数的方法、十进制数转换为十六进制数的方法以及二进制数与十六进制数的相互转换方法。

1．十进制数转换为二进制数

将十进制数转换为二进制数时，要将十进制数的整数部分和小数部分分开进行。将十进制的整数转换成二进制整数，遵循“除 2 取余、逆序排列”的规则；将十进制小数转换成二进制小数，遵循“乘 2 取整、顺序排列”的规则；然后再将所得二进制的整数和小数拼接起来，形成最终转换结果。例如：

$$(45.8125)_{10}=(101101.1101)_2$$

（1）十进制数整数转换成二进制整数

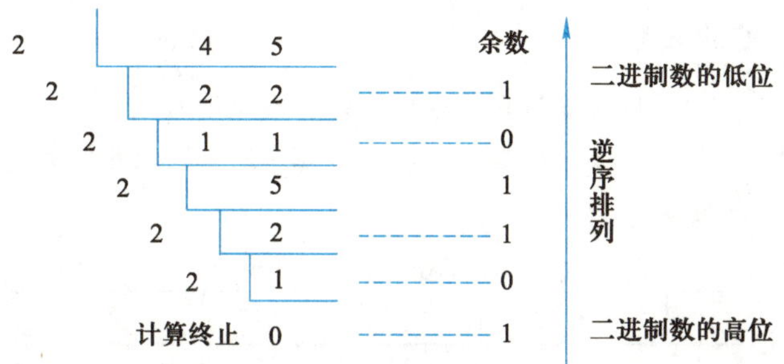

转换结果：$(45)_{10}=(101101)_2$

（2）十进制小数转换成二进制小数

转换结果：$(0.8125)_{10}=(0.1101)_2$

因此：$(45.8125)_{10}=(101101.1101)_2$

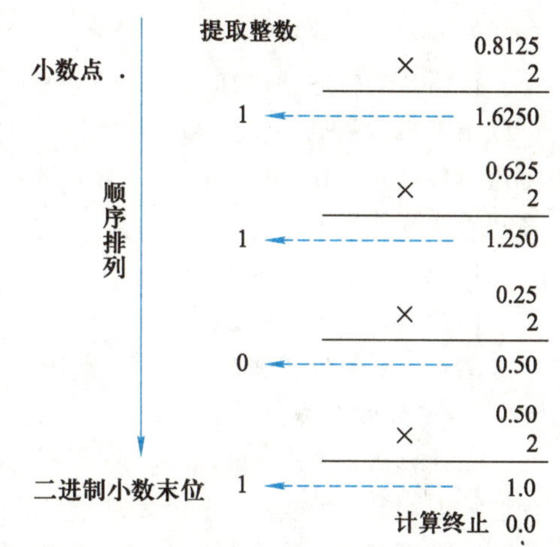

2. 十进制数转换为十六进制数

将十进制数转换为十六进制数与转换为二进制数的方法相同，也要将十进制数的整数部分和小数部分分开进行。将十进制的整数转换为十六进制整数，遵循“除 16 取余、逆序排列”的规则；将十进制小数转换成十六进制小数，遵循“乘 16 取整、顺序排列”的规则；然后再将十六进制整数和小数拼接起来，形成最终转换结果。

3. 二进制数与十六进制数的相互转换

（1）十六进制数转换为二进制数

由于一位十六进制数正好对应四位二进制数，对应关系见表 1-1，因此将十六进制数转换成二进制数时，只需将每一位十六进制数分别转换为二进制数即可。

例如：将十六进制数 $(3ACD.A1)_{16}$ 转换为二进制数。

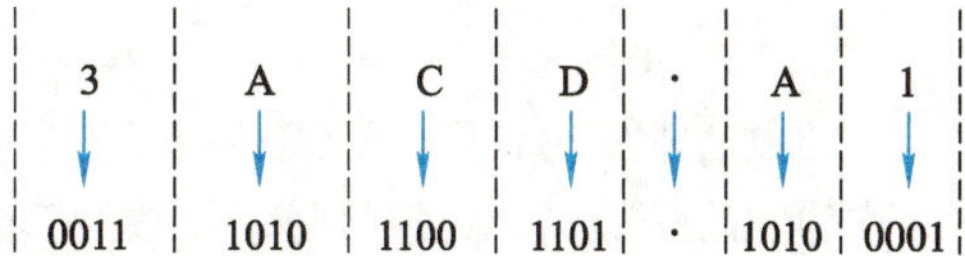

转换结果：$(3ACD.A1)_{16}=(1110101100 1101.10100001)_2$

（2）二进制数转换为十六进制数

将二进制数转换为十六进制数的方法，可以表述为：以二进制数小数点为中心，向两端每四位组成一组（若高位端和低位端不够四位一组，则用 0 补足），然后每一组对应一个十六进制数码，小数点位置对应不变。

例如：将二进制 $(10101111011.0011001011)_2$ 转换为十六进制数。

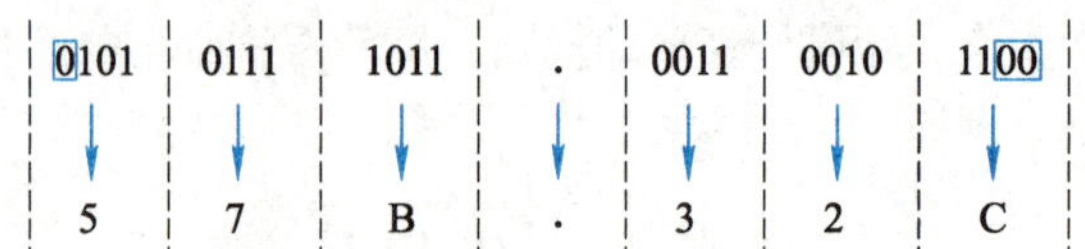

转换结果：$(10101111011.0011001011)_2=(57B.32C)_{16}$

1.3.3 计算机中数的表示

在计算机内部，对数据加工、处理和存储都以二进制形式进行。每一个二进制数都要用一连串电子器件的“0”或“1”状态来表示。例如，用8位二进制数表示一个数据，可以用 b_0，b_1，…，b_7 标注每一位。

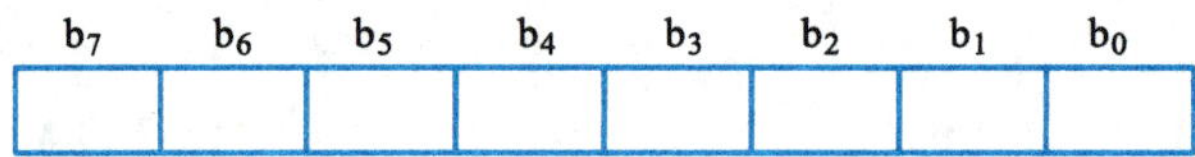

计算机中最小的数据单位是二进制的一个“位”(bit)。在上面的图中，b_0，b_1，…，b_7 分别表示8个二进制位，每一位的取值“0”或“1”，就表示了一个8位的二进制数。

相邻8个二进制位称为一个“字节”(Byte)，简写为“B”。字节是最基本的容量单位，可以用来表示数据的多少和存储空间的大小。现代计算机的软件和存储器容量已经相当大，容量单位常用KB（千字节）、MB（兆字节）、GB（吉字节）、TB（太字节）来表示，它们之间的换算关系是：

1 KB = 2^{10} B = 1 024 B　　1 MB = 2^{10} KB = 1 024 KB

1 GB = 2^{10} MB = 1 024 MB　　1 TB = 2^{10} GB = 1 024 GB

例如，某一个文件的大小是76 KB，某个存储设备的存储空间有40 GB等。

1. 整数的表示

在计算机中数分为整数和浮点数。整数分有符号数和无符号数。计算机中的地址和指令通常用无符号数表示。8位无符号数的范围为00000000～11111111，即0～255。计算机中的数通常用有符号数表示，有符号数的最高位为符号位，用“0”表示正，用“1”表示负。正数和零的最高位为0，负数的最高位为1。8位有符号数的范围为11111111～01111111，即–127～+127。

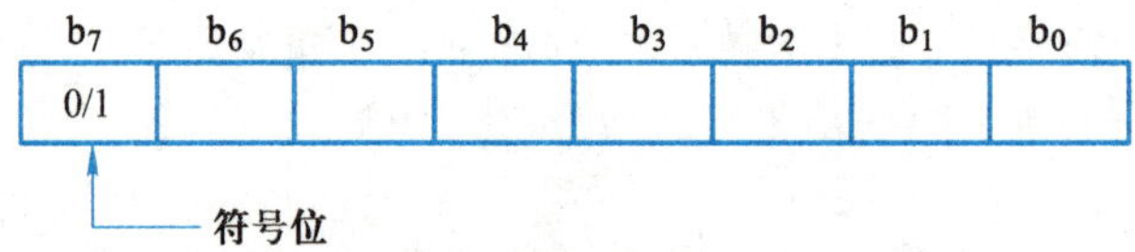

为了便于计算，计算机中的数通常使用补码的形式。最高位为符号位，其余位表示数的绝对值，这种数的表示方法称为原码；最高位为符号位，正数的其余位不变，负数的其余位按位取反，这种数的表示方法称为反码；最高位为符号位，正数的其余位不变，负数的其余位在反码的基础上再加1（即按位取反加1），这种数的表示方法称为补码。例如：

有符号数：	$(+11)_{10}$	$(-11)_{10}$
原码：	00001011	10001011
反码：	00001011	11110100
补码：	00001011	11110101

文本：浮点格式

2. 浮点数的表示

在计算机中，实数通常用浮点数来表示。浮点数采用科学计数法来表征，即：

十进制数：$57.625 = 10^2 \times (0.57625)$　　$-0.00456 = 10^{-2} \times (-0.456)$

二进制数：$110.101 = 2^{+11} \times (0.110101)$

浮点数由阶码和尾数两部分组成，如下所示。

阶码表示指数的大小（尾数中小数点左右移动的位数），阶符表示指数的正负（小数点移动的方向）；尾数表示数值的有效数字，为纯小数（即小数点位置固定在数符与尾数之间），数符表示数的正负。阶符和数符各占一位，阶码和尾数的位数因精度不同而异。

1.3.4　常用信息编码

在计算机系统中“数据”是指具体的数或二进制代码，而“信息”则是二进制代码所表达（或承载）的具体内容。在计算机中，数都以二进制的形式存在，同样各种信息包括文字、声音、图像等也均以二进制的形式存在。

1. BCD 码

计算机中的数用二进制表示，而人们习惯使用十进制数。计算机提供了一种自动进行二进制与十进制转换的功能，它要求用 BCD 码作为输入 / 输出的桥梁，以 BCD 码输入十进制数，或以 BCD 码输出十进制数。

BCD（Binary Coded Decimal）码就是将十进制的每一位数用多位二进制数表示的编码方式，最常用的是 8421 码，用 4 位二进制数表示 1 位十进制数。表 1-2 列出了十进制数与 BCD 码之间的 8421 码对应关系。

表1-2　十进制数与BCD码之间的8421码对应关系

十进制数	BCD码	十进制数	BCD码
0	0000	5	0101
1	0001	6	0110
2	0010	7	0111
3	0011	8	1000
4	0100	9	1001

例如：$(29.06)_{10} = (0010\ 1001.0000\ 0110)_{BCD}$

2. ASCII 码

计算机中常用的基本字符包括十进制数字符号 0～9，大小写英文字母 A～Z、a～z，各种运算符号、标点符号以及一些控制符，总数不超过 128 个，在计算机中它们都被转换成能被计算机识别的二进制编码形式。目前，在计算机中普遍采用的一种字符编码方式，就是已被国际标准化组织 ISO 采纳的 ASCII 码（American Standard Code for Information Interchange，美国标准信息交换码），见表 1-3。

表1-3 ASCII码表

低 位	高			位				
	000	001	010	011	100	101	110	111
0000	NUL	DLE	SP	0	@	P	`	
0001	SOH	DC1	!	1	A	Q	a	
0010	STX	DC2	“	2	B	R	b	r
0011	ETX	DC3	#	3	C	S	c	s
0100	EOT	DC4	MYM	4	D	T	d	t
0101	ENQ	NAK	%	5	E	U	e	u
0110	ACK	SYN	&	6	F	V	f	v
0111	BEL	ETB	‘	7	G	W	g	w
1000	BS	CAN	(	8	H	X	h	x
1001	HT	EM	)	9	I	Y	i	y
1010	LF	SUB	*	:	J	Z	j	z
1011	VT	ESC	+	;	K	[	k	{
1100	FF	FS	,	<	L	\	l	|
1101	CR	GS	—	=	M	]	m	}
1110	SO	RS	.	>	N	^	n	~
1111	SI	US	/	?	O	-	o	DEL

在 ASCII 码中，每个字符用 7 位二进制代码表示。例如，要确定字符 A 的 ASCII 码，可以从表中查到高位是“100”，低位是“0001”，将高位和低位拼起来就是 A 的 ASCII 码 1000001，记作 41H。一个字节有 8 位，每个字符的 ASCII 码可存入字节的低 7 位，最高位置 0。

3. 汉字的编码

对汉字进行编码是为了使计算机能够识别和处理汉字，在汉字处理的各个环节中，由于要求不同，采用的编码也不同，汉字在不同阶段的编码如图 1-29 所示。

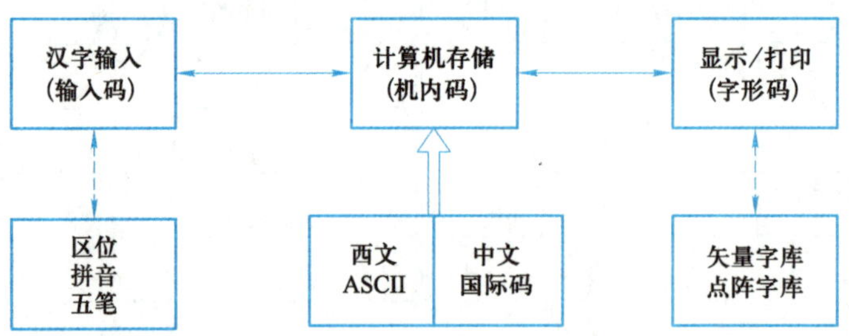

图 1-29 汉字在不同阶段的编码

（1）汉字的输入码

汉字的输入码是为用户能够利用西文键盘输入汉字而设计的编码。由于汉字数量众多，字形、结构都很复杂，因此要找出一种简单易行的方案并非易事。人们从不同的角度总结出了各种汉字的构字规律，设计出了多种的输入码方案。主要有以下四种。

① 数字编码，如区位码。

② 字音编码，如各种全拼、双拼输入方案。

③ 字形编码，如五笔字型输入法。

④ 音形编码，根据语音和字形双重因素确定的输入码。

（2）国标码

1980 年，我国颁布了《信息交换用汉字编码字符集 · 基本集》(GB 2312—1980)，称为国标码。国标码共收录了 6 763 个汉字、682 个非汉字字符（图形、符号）。汉字又分一级汉字（3 755 个）和二级汉字（3 008 个），一级汉字按拼音字母顺序排列，二级汉字按部首顺序排列。

国标码中每个汉字或字符用双字节表示，每个字节最高位都置 0，而低 7 位中又有 33 种状态做控制用，所以每个字节只有 94（127–33=94）种状态可以用于汉字编码。前一字节表示区码（表示行，区号 0～94），后一字节表示位码（表示列，位号 0～94），形成区位码，区码和位码各用两位十六进制数字表示，例如汉字“啊”的国标码为 3021H。

有了统一的国标码，不同系统之间的汉字信息就可以互相交换了。

（3）汉字的机内码

汉字的机内码是汉字在计算机系统内部实际存储、处理统一使用的代码，又称汉字内码。机内码用两个字节表示一个汉字，每个字节的最高位都为“1”，低 7 位与国标码相同。这种规则能够将汉字与英文字符方便地区别开来（ASCII 码的每个字节的最高位为 0）。例如：

文本：汉字的显示原理

“啊”的国标码：00110000 00100001

“啊”的机内码：10110000 10100001

（4）汉字的字形码

字形码提供输出汉字时所需要的汉字字形，在显示器或打印机中输出所用字形的汉字或字符。字形码与机内码对应，字形码集合在一起，形成字库。字库分点阵字库和矢量字库两种。

由于汉字是由笔画组成的方字，所以对于汉字来讲，不论其笔画多少，都可以放在相同大小的方框里。如果我们用 m 行 n 列的小圆点组成这个方块（称为汉字的字模点阵），那么每个汉字都可以用点阵中的一些点组成。如图 1-30 所示为汉字“中”的字模点阵。

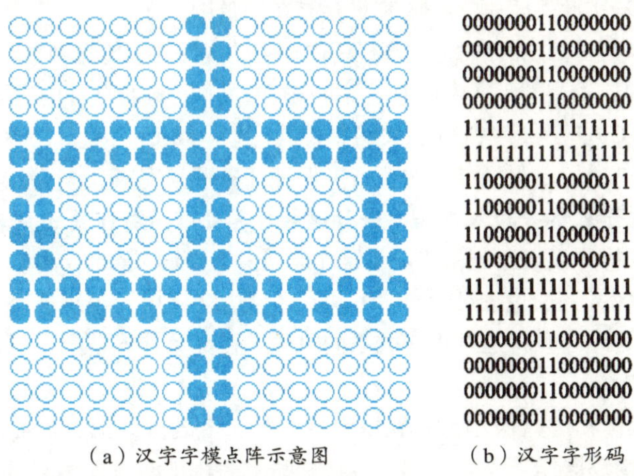

（a）汉字字模点阵示意图　　（b）汉字字形码

图 1-30　汉字“中”的字模点阵

如果将每一个点用一位二进制数表示，有笔形的位为 1，否则为 0，就可以得到该汉字的字形码。由此可见，汉字字形码是一种汉字字模点阵的二进制码，是汉字的输出码。

目前计算机上显示使用的汉字字形大多采用 16 × 16 点阵，这样每一个汉字的字形码就要占用 32 个字节。每一行占用 2 个字节，总共 16 行，如图 1-30 所示。而打印使用的汉字字形大多为 24×24 点阵、32×32 点阵、48×48 点阵等，所需要的存储空间会相应地增加。显然，点阵的密度越大，输出的效果就越好。

1.3.5 数据的处理过程

数据在计算机中的处理过程，也就是计算机对二进制代码所承载的信息的处理过程，这种处理过程常见的有：建立一个 Word 文件并打印输出；建立一个电子表格并输入数据，进行统计计算处理后打印输出报表；从网上下载一首歌曲，然后播放出来供人们欣赏；等等。当然，还有很多专业性的计算机应用案例，这里就不一一列举了。下面通过对上述三个案例进行简单分析，来说明数据在计算机中的处理过程。

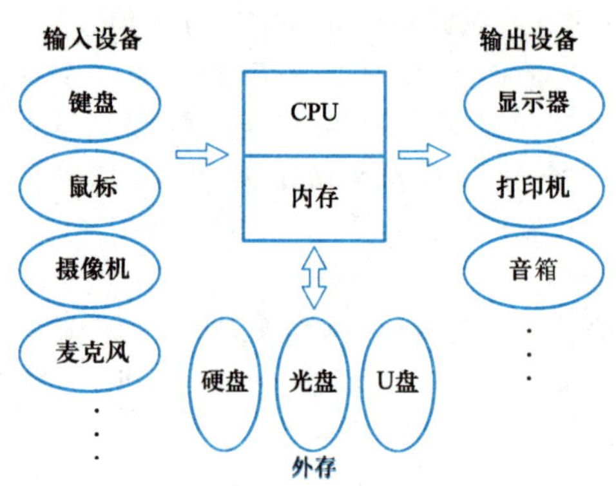

图 1-31 计算机硬件系统构成

计算机系统从硬件结构上讲由输入/输出设备和主机构成，主机由中央处理器（CPU）和内存储器组成，为加强计算机功能和方便人们使用还配备了各种外存储器，如图 1-31 所示。

1. 建立一个 Word 文件并打印输出

① 在 Windows 操作系统下通过 Word 软件建立一个新的 Word 文件，这实际上是在内存中开辟了一块存储区，用来暂时存储文件内容，以便于用户对文件进行编辑加工。

② 用户通过鼠标和键盘操作输入文件内容，对文件进行编辑加工等，这实际上是对内存中的数据进行录入和修改操作。

③ 文件内容输入和编辑加工完成之后，进行“保存”或“另存为”操作以防止文件内容丢失，实际上是将内存中的文件转移存储到硬盘中。此时若文件未关闭则内存、硬盘中同时存有文件内容，若文件关闭则文件内容只存储在硬盘中。

④ 当发出“打印”操作命令时，计算机将内存中的文件内容传送到打印机，打印成用户习惯的文件形式。此时，若文件不在内存中，需要先打开文件，即将文件内容从外存调入内存。

在整个过程中 CPU 不停地执行相关的软件程序协调人、内存、外存、输入/输出设备之间的工作，使每一项指令得到准确的执行，保证任务顺利完成。

2. 建立一个电子表格并输入数据，进行统计计算处理后打印输出报表

① 在 Windows 操作系统下通过 Excel 软件建立一个新的 Excel 文件，这实际上是在内存中开辟了一块存储区，并通过 Excel 软件将这一区域的存储单元组织成“表格”关系，以符合用户使用目的，与此同时将这种表格关系同时显示在显示器屏幕上，以便用户能够进行准确的录入和编辑加工。

② 用户通过鼠标和键盘操作录入表格内容，对表格进行编辑加工等，这也是对内存中的表格进行录入和修改操作。

③ 当使用 Excel 的统计计算功能对表格进行处理时，实际上是用户在调用 Excel 软件中的程序对表格进行自动化加工操作。

打印输出报表的操作与数据流动情况同上面第一个案例。

3. 从网上下载一首歌曲，然后播放出来供人们欣赏

① 通过 Windows 操作系统和浏览器，用户在自己的计算机与远程网站之间建立起“链

路”，俗称“上网”。

② 用户通过上网操作将远程网站服务器上存储的一首歌曲文件复制到自己计算机的硬盘上，俗称“下载”。

③ 用 Windows 操作系统中的“媒体播放器”播放这一歌曲，这实际上是运行多媒体播放程序，该程序自动将特定的歌曲文件从硬盘中调到内存，然后对文件中的数据进行解码，将二进制代码转换成声音信号传送到音响设备上，播放出歌曲。

1.4　计算机应用新发展

文本：穿戴式智能设备

20 世纪 90 年代，由于 Internet 的出现，特别是 1992 年 Internet 向全世界免费开放后，其迅速将世界带进网络时代，人们开始使用浏览器在网上看新闻、发邮件、玩游戏、购物学习，Internet 以其跨时空、便捷沟通、海量信息等特点吸引了世界各地的人们，网民数量迅速增长。

进入 21 世纪以来，由于智能手机和平板电脑的问世，对传统的以 PC 为代表的电脑终端市场形成了巨大的冲击，无线上网、无线通信使人们摆脱了线缆的束缚，移动互联技术的发展使移动办公、移动从业成为现实。云计算、物联网、大数据等新概念和相关产业的兴起，进一步推进了以计算机技术为核心的信息技术与经济社会的深度融合，加速了人类向信息社会迈进的步伐。

1. IC 卡

IC 卡（Integrated Circuit Card）即集成电路卡，又称 CPU 卡、智能卡、微电路卡或微芯片卡，由集成了 CPU 或存储器的芯片压制在纸质或塑料卡上制成。由于 IC 卡没有电源，在使用时必须由外界供电才能工作，按照供给电源或者接口的不同，IC 卡分为接触式和非接触式。如手机中的 IC 卡就是接触式 CPU 卡，插入手机后与电路接通而获得电能；日常使用的公交卡则是一种非接触式 CPU 卡，它通过射频技术与读卡器进行感应供电，快捷方便，被广泛使用于身份识别和收费系统中，如校园一卡通系统中的校园卡（图 1-32）。

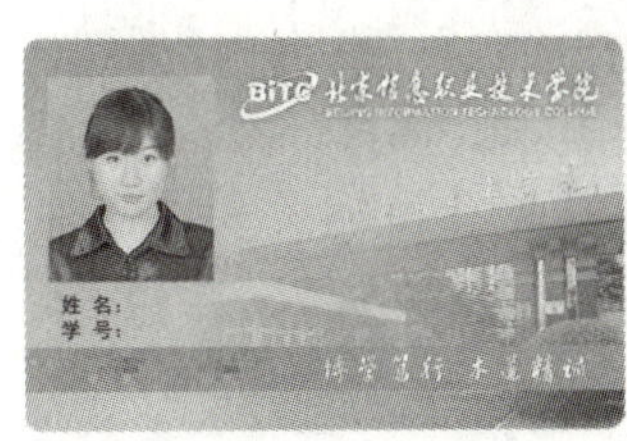

图 1-32　校园卡示例

（a）华为手机

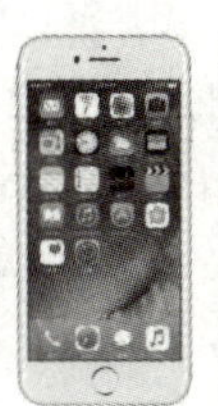

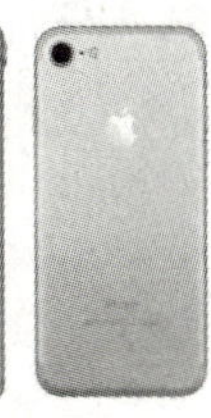

（b）苹果手机

图 1-33　智能手机示意图

2. 智能手机

智能手机（Smart Phone）是把数码相机、手机、个人数字助理、媒体播放器以及无线通信设备结合在一起的手持设备，如图 1-33 所示。智能手机又称智能终端，它拥有庞大的移动应用软件库。以苹果 iOS 为例，堪称世界级的庞大移动应用软件平台，几乎每一类别（如通知中心、拍摄、汉字输入、商务应用）都有数千种的应用软件。近年来，我国的“华为”“小米”等品牌智能手机也逐渐占据了国内主流市场并走向国际，智能手机已经成为人们日常通信、办公、学习和娱乐必不可少的工具。

3. 平板电脑

平板电脑（Tablet PC）是一种小型、携带方便的个人电脑，以触摸屏作为基本输入设备，如图 1-34 所示。平板电脑除了具有笔记本电脑的功能外还有语音识别和手写功能。由于技术和价格等原因，平板电脑最初未能实现普及，直到 2010 年苹果公司的乔布斯对平板电脑概念进行了重新定位：超薄、轻便、外观优雅，高精度电容多点触控屏，更好的娱乐性能等，这些特点使平板电脑异军突起。平板电脑深深影响了人们的生活和工作方式，借助平板电脑医护人员可以通过移动互联网络随时随地访问患者生命体征信息、化验数据以及来自护理点的流媒体视频，以即时评估患者治疗进展情况。越来越多的学校正在将平板电脑作为最新的教具，教师使用其多媒体功能讲授古典文学，通过智力游戏方式进行历史和地理教学，以及运用动画分步演算复杂的数学问题。使用平板电脑进行电子阅读，兼具印刷出版物和 Internet 新媒体的特征，其移动性和便携性更符合现代生活碎片化的阅读习惯。

（a）Windows 平板电脑

（b）iOS 平板电脑

（c）Android 平板电脑

图 1-34 平板电脑

4. 虚拟化与云计算

所谓虚拟化（Virtualization），是把客户需要的计算和存储能力从物理平台中抽象出来，实现了计算环境与物理平台的分离，使计算资源的复用、动态扩展和备份成为可能。所谓云计算（Cloud Computing），是把各种信息技术资源以服务的方式通过 Internet 交付给用户。

在云计算的典型模式中，用户通过终端接入网络，向"云"提出服务请求；"云"收到请求后，组织计算资源和存储资源处理请求，并将处理结果通过网络返回用户，以此实现通过 Internet 为用户提供服务。这样，用户终端的功能可大大简化，所需的应用程序不需要安装、运行在用户的个人计算机等终端设备上，而是运行在"云"中的大规模服务器集群上；所处理的数据也不必存储在用户的终端设备上，而是保存于"云"中的存储设备里。云计算是 Google 公司提出的概念，如图 1-35 所示。作为信息技术的一个重要发展方向，云计算已经成为当今信息产业最受关注的领域。

图 1-35 云计算示意图

5. 物联网

物联网（Internet of Things）是通过二维码、射频识别（Radio Frequency Identification，RFID）、红外传感器、激光扫描器、全球定位系统等感知设备，按约定的协议，把任何物品与 Internet 连接起来，进行通信与信息交换，以实现智能化识别、定位、跟踪、监控和管理的一种网络。物联网技术使信息技术与各行各业更加密切结合、互相渗透、深度融合，促进生产力、提高人们生活质量、改善生态环境、支持经济与社会可持续发展。目前，物联网的应用主要是现有传感器技术所推动的一系列典型领域，如智能电网、智能交通、现代物流、工业制造、精细农业、公共安全、医疗健康、环境保护、智能家居等，如图 1-36 所示。未来的物联网将使现有各种产业应用集成为新型的跨领域产业。

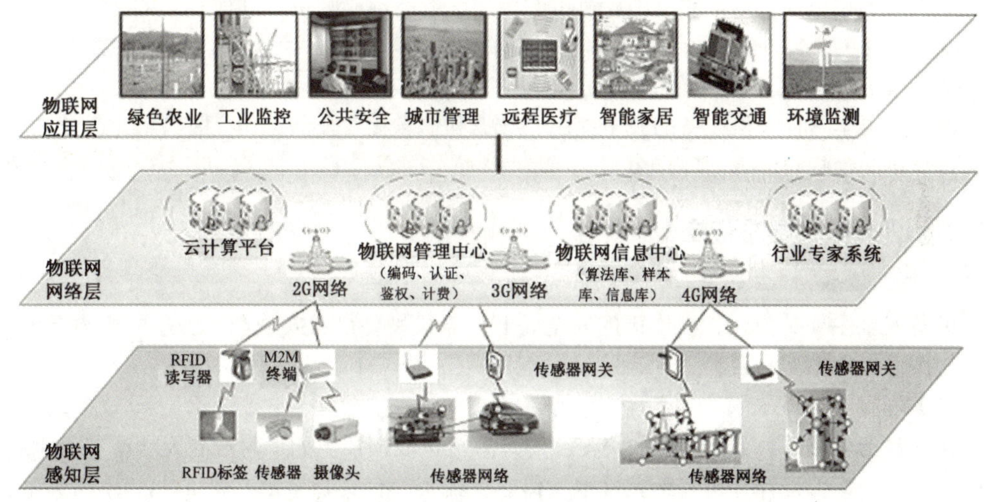

图 1-36　物联网示意图

6. 大数据

大数据（Big Data）是规模大、类型多、高变化率的需要新的数据处理模式的大数据集合。随着全球数字化进程的加速，Internet、物联网每时每刻都会产生海量的数据，人类社会正处于大数据时代（图 1-37），与此同时，海量的数据无法通过常规的数据处理模式进行处理，于是大数据问题摆在了人们面前。数据是重要的战略资源，蕴含着巨大的经济价值，人们甚至把拥有大数据的规模和处理大数据的能力当作国家的核心竞争力之一。

图 1-37　大数据时代

文本：大数据处理流程

计算机处理的数据以 B（字节）为单位，其规模经历了 KB（千字节）、MB（兆字节）的小数据时代，接着是 GB（吉字节）、TB（太字节）的中数据时代，现在则出现了 PB（拍字节）、EB（艾字节）的大数据时代，相信不久就会进入用 ZB（泽它字节）、YB（尧它字节）表示的超大数据时代。它们之间的换算关系是：1 PB=1 024 TB，1 EB=1 024 PB，1 ZB=1 024 EB，1 YB=1 024 ZB，以此类推。

容易理解的例子是，大数据来源于宏观的宇宙观测和微观的粒子研究实验。现实生活中气象学、基因学、神经学、复杂的物理模拟以及生物和环境研究领域都会不断产生大数据，Internet 上的信息包罗万象，也是大数据的重要来源之一。一方面，由于大数据的异质异构、非结构化以及不可信等特点，使大数据的分析处理需要解决可表示、可处理、可靠性等一系列重要问题，另一方面，围绕大数据问题的相关研究将推动计算机科学发展及其技术应用迈向更深、更远的领域。

1.5 计算机的安全使用

计算机与人们的生活、工作的关系已经密不可分，人们需要很好地维护才能安全、有效地使用它。关于计算机的安全使用主要有人身安全、设备安全、数据安全和计算机病毒防治等几个方面。在人身安全方面，微型计算机属于在弱电状态工作的电器设备，并且其机械运动装置均封闭在机箱之内，对使用计算机的用户一般不构成威胁。只有两点需要注意：

① 在接触电源线时，不要湿手操作，以防触电。

② 计算机屏幕的辐射，这一点目前还没有定论。

本节主要学习计算机设备的安全使用、数据和信息化安全保护、开展信息化活动的规范以及计算机病毒的防治等。

1.5.1 设备和数据的安全

1. 设备安全

设备安全主要是指计算机硬件的安全。对计算机硬件设备安全产生影响的主要是电源、环境与操作三个方面的因素。

（1）电源

在正常的连接下，电网电压的突变会对计算机造成损坏。如果附近有大功率、经常启停的用电设备，为保证计算机安全正常地工作，要配备一台具有净化、稳压功能的 UPS 电源。这种电源可以过滤电网上的尖峰脉冲，保持供给计算机设备稳定的 220 V 交流电压，并且在停电时 UPS 电源内部的蓄电池可以为用户提供保存程序和数据的操作时间。

（2）环境

① 计算机设备要放置稳定，与周边物体距离保持在 10 cm 以上，在温室状态下，使计算机处于通风良好便于散热的环境中。

② 要使计算机处在灰尘较少的空气环境中。灰尘进入计算机机箱有可能使计算机运行出错，磁盘读 / 写出错甚至损坏设备。

③ 要防止潮湿。空气湿度大，或液体进入计算机任何一个部件都有可能造成计算机工作错误或损坏设备。

④ 要防止阳光长时间直射计算机屏幕。阳光长时间照射会降低显示器的使用寿命或损坏显示器性能。

⑤ 要防止振动。经常性的振动对计算机的任何一个部件都可能是有害的。

（3）操作

① 计算机中的各种芯片，很容易被较强的电脉冲损坏。在计算机中这种破坏性的电脉冲来自显示器中的高压、电源线接触不良的打火以及各部件之间的不良接触、造成电流通断的冲击等。因此，在操作时要做到：

a. 先开显示器后开主机，先关主机后关显示器。

b. 在开机状态下，不要随意插拔各种接口卡和外设电缆。

c. 特别不要在开机时随意搬动各种计算机设备，这样做对计算机设备和人身安全都很不利。

② 各种操作不能强行用力。在键盘操作、插拔磁盘、插拔各种接口卡以及连接各种外围设备的电缆线时，如果适当用力还不能完成操作，一定要停下来仔细观察分析问题的原因，纠正错误，再继续操作。

③ 要选择质量较好的打印纸。如果打印纸上有硬块杂质，会损坏打印机的打印头。

④ 光盘驱动器要通过按钮操作打开与闭合，不要用手推拉。否则有可能对驱动器造成损坏。

2. 数据安全

文本：计算机安全管理制度（示例）

这里的数据包括所有用户需要的程序和数据及其他以存储形式存在的信息资料。这些数据有的是用户长期工作的成果，有的是当前处理工作的重要现场信息，一旦被破坏或丢失，可能会给用户造成重大损失。因此，保证数据安全就是保证计算机应用的有效性，保证用户的生活和工作正常有序。造成数据破坏或丢失，有计算机故障、操作失误和感染计算机病毒等几种原因。

（1）计算机故障

① 最常见的情况是外存储器（移动硬盘或移动存储设备）出现故障，使数据无法读出或读出错误。因此，要注意对存储设备的保护，防止折弯、划伤或受到强磁场的影响；要防止计算机正在对磁盘做读 / 写时振动机器，造成磁头和盘片的损伤。

② 软件故障也是造成数据破坏的原因之一。系统软件和应用软件或多或少都存在一些缺陷，当计算机运行程序恰好经过缺陷点时，会造成数据的混乱。

（2）操作失误

① 在操作使用计算机的过程中，误将有用的数据删除。

② 忘记将有用的数据保存起来或找不到已经保存的数据。

③ 数据文件的读 / 写操作不完整，使存储的数据无法读出。

（3）感染计算机病毒

感染计算机病毒是目前最常见的破坏数据的原因。

对于计算机故障和操作失误造成数据破坏或丢失的问题可以通过以下几个措施来避免或减少损失。

① 定期进行数据备份，保留最新阶段成果。

② 加强对存储设备的保护。

③ 养成数据管理的良好习惯（包括对硬盘及移动存储设备中的数据文件的管理）。

④ 深入理解各种软件操作命令的执行过程，保证数据文件存储完整。

1.5.2　信息活动规范

1. 知识产权的概念

知识产权是一种无形财产权，是从事智力创造性活动取得成果后依法享有的权利。通常分为两部分，即“工业产权”和“版权”。工业产权又称“专利权”，是发明专利、实用新型、外观设计、商标的所有权的统称。版权（Copyright）亦称“著作权”，是指权利人对其创作的文学、科学和艺术作品所享有的独占权。这种专有权未经权利人许可或转让，他人不得行使，否则构成侵权行为（法律另有规定者除外）。

专利权通过权利人向国家专利管理部门申报，经过一定的法律程序获得。版权一般因创作而自动产生，它包括精神权利（发表权、身份权、修改权等）和经济权利（复制权、发行权、公演权、广播权、追偿权等）。前者不可转让、不可剥夺，也无时间限制；后者则可转让、可继承或者许可他人使用。版权期限各国规定不同，少至作者有生之年至去世后 25 年，多至去世后 80 年。

从法律上讲，知识产权具有如下 3 种特征：

① 地域性，即除签有国际公约或双边、多边协定外，依一国法律取得的权利只能在该国境内有效，受该国法律保护。

② 独占性或专有性，即只有权利人才能享有，他人不经权利人许可不得行使其权利。

③ 时间性，各国法律对知识产权分别规定了一定期限，期满后则权利自动终止。

对于专利权，《中华人民共和国专利法》第六十条规定：未经专利权人许可，实施其专利，即侵犯其专利权。对于著作权（版权），《中华人民共和国著作权法》规定，未经著作权人许可，复制、发行、表演、放映、广播、汇编、通过信息网络向公众传播其作品，即侵犯其著作权。

依据我国《计算机软件保护条例》规定，中国公民、法人或者其他组织对其所开发的软件，不论是否发表，依照条例享有著作权。通常所说的“软件盗版”即是未经软件著作权人许可而进行软件复制，属违法行为。

2. 信息活动行为规范

文本：信息素养的主要内容

①分类管理。要自觉养成信息分类管理的好习惯，使自己的信息处理工作更加快捷、高效。

② 友好共处。与他人共用计算机时，要注意保护他人的数据，珍惜别人的工作成果。

③ 拒绝病毒。提高预防计算机病毒的意识，维护良好的信息处理工作环境。

④ 遵纪守法。在信息活动中，要遵守国家法律法规，不做有害他人、有害社会的事情。

⑤ 爱护设备。文明实施各种操作，爱护信息化公共设施。

⑥ 注意安全。认真管理账号、密码和存有重要数据的存储器、笔记本电脑等，防止丢失。

1.5.3 计算机病毒

文本：计算机病毒的种类

计算机病毒（Virus）是一种人为编制的能在计算机系统中生存、繁殖和传播的程序。计算机病毒一旦侵入计算机系统，就会危害系统的资源，使计算机不能正常工作。

1. 计算机病毒的分类

按照计算机病毒的破坏情况分类：

① 良性病毒。这类病毒一般不会破坏计算机系统。

② 恶性病毒。这类病毒以破坏计算机系统为目的，病毒发作时，有可能破坏计算机的软件或硬件，如“熊猫烧香”病毒。

2. 计算机病毒的特点

① 传染性。计算机病毒随着正常程序的执行而繁殖，随着数据或程序代码的传送而传播。因此，它可以迅速地在程序之间、计算机之间、计算机网络之间传播。

② 隐蔽性。病毒程序一般很短小，在发作之前人们很难发现它的存在。

③ 触发性。计算机病毒一般都有一个触发条件，具备了触发条件后病毒便发作。

④ 潜伏性。病毒可以长期隐藏在文件中，而不表现出任何症状。只有在特定的触发条件下，病毒才开始发作。

⑤ 破坏性。病毒发作时会对计算机系统的工作状态或系统资源产生不同程度的破坏。

3．计算机病毒的危害

（1）病毒发作对计算机数据信息的直接破坏作用

大部分病毒在发作的时候直接破坏计算机的重要信息数据，所利用的手段有格式化磁盘、改写文件分配表和目录区、删除重要文件或者用无意义的“垃圾”数据改写文件、破坏 CMOS 设置等。

（2）占用磁盘空间和对信息的破坏

寄生在磁盘上的病毒总要非法占用一部分磁盘空间。引导型病毒的一般侵占方式是由病毒本身占据磁盘引导扇区，而把原来的引导区转移到其他扇区，也就是引导型病毒要覆盖一个磁盘扇区。被覆盖的扇区数据将会丢失，很难进行恢复。

文件型病毒利用一些 DOS 功能进行传染，这些 DOS 功能能够检测出磁盘的未用空间，把病毒的传染部分写到磁盘的未用部分。所以在传染过程中一般不破坏磁盘上的原有数据，但非法侵占了磁盘空间。一些文件型病毒传染速度很快，在短时间内感染大量文件，每个文件都不同程度地加长了，造成磁盘空间的严重浪费。

（3）抢占系统资源

大多数病毒在动态下常驻内存，必然抢占一部分系统资源。病毒所占用的基本内存长度大致与病毒本身长度相当。除占用内存外，病毒还抢占终端，干扰系统运行。

（4）影响计算机运行速度

病毒进驻内存后不但干扰系统运行，还影响计算机速度，主要表现在：

· 病毒为了判断传染激发条件，总要对计算机的工作状态进行监视，影响计算机速度。

· 有些病毒进行了加密，CPU 每次运行病毒时都要解密后再执行，影响计算机速度。

· 病毒在进行传染时同样要插入非法的额外操作，使计算机速度明显变慢。

（5）计算机病毒给用户造成严重的心理压力

计算机病毒像“幽灵”一样笼罩在广大计算机用户心头，给用户们造成巨大的心理压力，极大地影响了现代计算机的使用效率，由此带来的无形损失是难以估量的。

4．计算机病毒的防治

病毒在计算机之间传播的途径主要有两种：一种是在不同计算机之间使用 U 盘交换信息时，隐蔽的病毒伴随着有用的信息传播出去；另一种是在网络通信过程中，随着不同计算机之间的信息交换，造成病毒传播。由此可见，计算机之间信息交换的途径便是病毒传染的途径，这与生活中“病从口入”的含义完全相同。

为保证计算机运行的安全有效，在使用计算机的过程中要特别注意对病毒传染的预防，如发现计算机工作异常，要及时进行病毒检测和杀毒处理。建议用户采取以下措施：

① 要重点保护好系统盘，不要写入用户的文件。

② 尽量不使用外来 U 盘，必须使用时要先进行病毒检测。

③ 计算机上安装对病毒进行实时检测的软件，发现病毒及时报告，以便用户做出正确的处理。

④ 尽量避免使用网络中不明链接下载的软件，防止病毒侵入。

⑤ 对重要的软件和数据定时备份，以便在发生病毒感染而遭破坏时，可以恢复系统。

⑥ 定期对计算机进行检测，及时清除（杀掉）隐蔽的病毒。

⑦ 经常更新杀毒软件。常用的计算机杀毒软件有金山毒霸、瑞星、360 杀毒、诺顿等。

练习题

一、完成下列选择填空，并结合关键词通过百度检索扩展阅读

1. 第 1 代电子计算机称为________计算机。
   第 2 代电子计算机称为________计算机。
   第 3 代电子计算机称为________计算机。
   第 4 代电子计算机称为________计算机。
   A. 晶体管　　B. 中小规模集成电路
   C. 电子管　　D. 大规模集成电路
2. 第 1 代微型计算机是________位微型机，典型 CPU 是________、________。
   第 2 代微型计算机是________位微型机，典型 CPU 是________、________。
   第 3 代微型计算机是________位微型机，典型 CPU 是________、________。
   第 4 代微型计算机是________位微型机，典型 CPU 是________、________。
   第 5 代微型计算机是________位微型机，典型 CPU 是________、________。
   A. 4　　B. 8　　C. 16　　D. 32　　E. 64
   F. Intel 4004　　G. Intel 8008　　H. Intel 8080　　I. Z80　　J. Intel 8086
   K. Z8000　　L. Intel 80386　　M. Intel 80486　　N. Pentium　　O. Alpha
3. 一个完整的计算机系统包括____________和____________两大部分。
4. 计算机硬件是指____。
5. 计算机软件是指____。
6. 计算机硬件系统的五个组成部分是__________、__________、__________、__________、__________。
7. “裸机”是指________________。
8. 中央处理器（____________）由____________和____________构成。
9. 计算机的主机包括____________和____________两个部分。
10. 计算机的外围设备包括____________和____________。
11. 运算器又称为____________（____________），它可以完成的运算有____________和____________。
12. 控制器的作用是____。
13. 存储器的作用是____。
14. 输入设备的作用是____。
15. 输出设备的作用是____。
16. 软件系统是指__________________________________。
17. 系统软件包括__________________________________。
18. 机器语言是__________________，目标程序是______________________________。
19. 汇编语言是指__________________________________。
20. 由汇编语言程序翻译成目标程序的过程称为______________________________。
21. 汇编工作是由________________________自动完成的。
22. 高级语言是____。
23. 编译是____________________________________的过程。

24. 解释系统能够________________________________。

25. 操作系统的五大功能是:__________、__________、__________、__________、__________。

26. 常用的服务程序有__________、__________、__________。

27. 计算机中数据的最小单位是________，数据的基本单位是________。

28. 字是________单位，字长是________。

29. 二十进制编码又称________码，用________位二进制数表示________位十进制数。

30. 汉字的编码分为:________、________、________、________。

31. 汉字的输入码有:________、________、________、________。

32. 汉字国标码的全称是:________。它共收入字符________个，其中汉字________个，非汉字图形符号________个。

33. 在GB 2312—1980中，一级常用汉字______个，二级常用汉字______个。

34. 汉字的机内码用________表示，且它们的最高位都是________。

35. 汉字输出码的作用是________________________________。

36. 关于计算机的安全使用主要有________、________、________和________四个方面。

37. 对计算机硬件设备安全产生影响的因素有________、________、________三个方面。

38. 计算机电源最好配备________________________________。

39. 简单地说，计算机的工作环境要通风、________、________、________、________等。

40. 计算机中的各种芯片很容易被________损坏。

41. 电脉冲的来源有:________、________、________、________。

42. 造成数据破坏或丢失的原因有:________、________、________。

43. 计算机病毒是________________________________。

44. 计算机病毒的特点是:________、________、________、________、________。

45. 计算机病毒发作的症状有________________________________。

46. 计算机病毒的分类:________、________。

47. 计算机病毒传播的途径:①__________;②__________。

48. 如果必须要使用U盘，事先要________________________________。

49. 定期对计算机系统进行病毒检测，可以________________________________。

二、计算题

1. 将下列二进制数转换成十进制数。

(1) $(1010110.1011)_2$　　(2) $(101111.001)_2$

(3) $(10000000)_2$　　(4) $(01111111)_2$

(5) $(0.1)_2$　　(6) $(0.1111111)_2$

2. 将下列十进制数转换成二进制数和十六进制数。

(1) $(327.625)_{10}$　　(2) $(32.5)_{10}$

(3) $(256)_{10}$　　(4) $(1024)_{10}$

(5) $(127)_{10}$　　(6) $(0.9876)_{10}$

3. 容量换算。

3 MB= ________ KB= ________ B

10 GB= ________ MB= ________ KB= ________ B

1 572 864 B= ________ KB= ________ MB

4. 写出下列字符的ASCII码。

5：________ 6：________ 7：________

@：________ ?：________ MYM：________

K：________ W：________ D：________

三、通过阅读教材或信息检索，回答下列问题

1. 计算机是什么？列出三种不同的计算机，并说明它们的区别。

2. 历史上出现过的计算工具有哪些？与这些计算工具相比，电子计算机的特点有哪些？

3. 计算机的典型应用领域有哪几个方面？请举出几个具体的例子。

4. “摩尔定律”的确切含义是什么？是什么技术的发展引发了这一现象？“摩尔定律”会一直延续下去吗？

5. 简述我国电子计算机发展的历程和取得的成就（提示：检索“计算机历史”）。

6. 说明von Neumann（冯·诺依曼）计算机体系结构的特点。

7. 说明计算机存储器的分类和各类存储器的特点。

8. 说明计算机输入设备的功能特点，并尽量多地列举各种不同输入设备，说明其用途。

9. 说明计算机输出设备的功能特点，并尽量多地列举各种不同输出设备，说明其用途。

10. 深入了解“计算机系统组成”“计算机硬件系统组成”“计算机软件系统组成”这三个概念，并能够做出有一定深度的回答。

11. 深入了解“自然语言”“汇编语言”“机器语言”“高级语言”概念。

12. 深入了解“编辑程序”“汇编程序”“解释程序”“编译程序”概念。

13. 深入了解“BIOS”“操作系统”“应用软件”概念。

14. 说明以下概念：信息、数据、数字、数码、编码、代码。

15. 说明当前存储器容量的发展情况，以及存储器容量表示方法。

16. 说明计算机中整数运算和浮点运算的区别，举例说明两种运算方式分别用于什么场合。

17. 深入了解国标GB 2312—1980的相关知识，掌握汉字输入码、机内码、字形码等概念。

18. 说明以下概念：媒体、数据、音频、图像、视频、动画、文本。

19. 说明以下概念：多媒体、多媒体技术、多媒体计算机；模数转换技术、数模转换技术、压缩技术、解压缩技术。

20. 说明当前常见的计算机多媒体输入/输出设备的特征和主要指标。

21. 说明当前常用计算机多媒体软件的用途和一般功能。

22. 完成一项计算机多媒体应用体验，并撰写一份简要报告。

23. 了解“安全用电”和“安全用电措施”，编写一个简明扼要的计算机安全用电指导书。

24. 阅读了解《中华人民共和国著作权法》，写出一篇读后感。

25. 说明计算机病毒的来源、特征以及近期需要重点防治的病毒种类。

26. 简述你目前掌握的一种杀毒软件的使用方法，并列举一些你知道的杀毒软件。

第 2 章
操作系统与 Windows 10 应用

操作系统是计算机系统中不可缺少的系统软件，其他所有的软件都是在操作系统之中运行的，常用的操作系统有：UNIX、Linux、Mac OS X、Windows、Android、Chrome OS 等。本章将介绍操作系统的基本概念、功能和分类，以及 Windows 10 操作系统的应用。

文本：第 2 章学习目标

2.1 操作系统的基本概念、功能和分类

操作系统（Operating System，OS）的出现、使用和发展是计算机软件的一个重大进步，它为人们使用各种各样的计算机奠定了重要基础。操作系统是为了方便用户和提高计算机的利用率，而对计算机系统资源进行组织和管理的程序集合，操作系统控制和协调并发活动，实现信息的存储和保护，为用户使用计算机系统提供方便的用户界面，从而使计算机系统实现高效率和高自动化。

2.1.1 操作系统的基本概念

计算机系统包括硬件和软件两个组成部分。硬件是所有软件运行的物质基础，软件充分发挥硬件的功能，完成各种系统应用任务，两者互相促进、相辅相成。如图 2-1 所示是计算机系统的软、硬件层次结构。

用户
应用软件
系统工具
操作系统
计算机硬件

图 2-1　计算机系统的软、硬件层次结构

计算机硬件层提供了基本的可计算性资源，是操作系统和上层软件赖以工作的基础。操作系统层通常是最靠近硬件的软件层，主要完成资源的调度和分配、信息的存取和保护、并发活动的协调和控制等工作。系统工具层建立在操作系统上，利用操作系统提供的扩展指令集，可以较为容易地实现各种各样的语言处理程序、数据库管理系统和其他系统程序。应用软件层解决用户的需求，应用软件开发者借助于程序设计语言来开发各种应用软件。而最终用户则通过应用软件与计算机系统交互来解决应用问题。用户是一个广义的概念，包括一般用户和软件开发人员等。

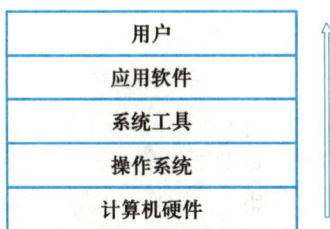

2.1.2 操作系统的基本功能

操作系统是计算机系统的资源管理者，主要负责管理计算机系统中的软件资源和硬件资源，调度系统中各种资源的使用。操作系统的基本功能包括以下 6 种。

1. 存储器管理

存储器管理的主要任务是对内存进行分配、保护和扩充，为多道程序运行提供有力的支撑，便于用户使用存储资源，提高存储空间的利用率。

2. 设备管理

设备管理的主要任务是管理各类外围设备，完成用户提出的 I/O 请求，加快 I/O 信息的

传送速度，发挥I/O设备的并行性，提高I/O设备的利用率，以及提供每种设备的设备驱动程序和中断处理程序，为用户隐蔽硬件细节、提供方便简单的设备使用方法。

3．处理机管理

处理机管理的主要任务是对处理机的分配和运行实施有效的管理。在多道程序环境下，处理机的分配和运行是以进程为基本单位的。因此，对处理机的管理可归结为对进程的管理。

4．文件管理

在现代计算机中，通常把程序和数据以文件形式存储在外存储器上供用户使用。为此，在操作系统中配置了文件管理，操作系统中负责文件管理的部分称为文件系统。

5．用户接口

为了使用户能灵活、方便地使用计算机和系统功能，操作系统还提供了一组使用其功能的手段，称为用户接口。通常，操作系统为用户提供两种接口：命令接口和程序接口。

6．作业管理

作业管理解决的是允许谁来使用计算机和怎样使用计算机的问题。在操作系统中，把用户请求计算机完成一项完整的工作任务称为一个作业。当有多位用户同时要求使用计算机时，允许哪些作业进入、不允许哪些进入，对于已经进入的作业应当怎样安排它的执行顺序，这些都是作业管理的功能。

2.1.3 操作系统的分类

操作系统有各种分类方法，通常按其系统功能、运行环境及服务对象来分类。

1．批处理操作系统（Batch Processing Operating System）

批处理操作系统的工作方式是：用户将各自的作业交给系统操作员，系统操作员将这些作业组成一批作业，之后输入到计算机中，在系统中形成一个自动转接且连续的作业流，然后启动操作系统，系统自动、依次执行每个作业。最后由操作员将作业结果交给用户。

2．分时操作系统（Time Sharing Operating System，TSOS）

分时操作系统的工作方式是：一台主机连接了若干个终端，每个终端有一位用户在使用。用户交互式地向系统提出命令请求，系统接受每位用户的命令，采用时间片轮转方式处理服务请求，并通过交互方式在终端上向用户显示结果。用户根据上一步的结果发出下道命令。分时操作系统将CPU的时间划分成若干个片段，称为时间片。操作系统以时间片为单位，轮流为每个终端的用户服务。每位用户轮流使用一个时间片而使用户并不感到有别的用户存在。

3．实时操作系统（Real Time Operating System，RTOS）

实时操作系统是指使计算机能及时响应外部事件的请求，在严格规定的时间内完成对该事件的处理，并控制所有实时设备和实时任务协调一致地工作的操作系统。

4．网络操作系统（Network Operating System，NOS）

网络操作系统通常是运行在服务器上的操作系统，它是基于计算机网络并在各种计算机操作系统上按网络体系结构协议标准开发的软件，包括网络管理、通信、安全、资源共享和各种网络应用。在其支持下，网络中的各台计算机能互相通信和共享资源，其主要特点是与网络的硬件相结合来完成网络的通信任务。网络操作系统被设计成在同一个网络中（通常是一个局部区域网络 LAN，一个专用网络或其他网络）的多台计算机之间可以共享文件和访问打印机。流行的网络操作系统有 Linux、UNIX、Windows Server、Mac OS X Server 等。

5. 分布式操作系统（Distributed Operating Systems）

分布式操作系统是为分布式计算机系统配置的操作系统。大量的计算机通过网络被联结在一起，可以获得极高的运算能力及广泛的数据共享，这种系统被称作分布式操作系统。

2.2　Windows 操作系统概述

现在最常用的微机操作系统之一是 Microsoft 公司的 Windows，Windows 是基于图形界面的微机操作系统，它提供了清晰、简洁、友好、易用的工作界面，使用鼠标就能对程序或文档实现选择、运行等操作，使用非常方便。

2.2.1　Windows 操作系统的特点和功能

Windows 是 Microsoft 公司的基于图形界面的微机操作系统，用户对计算机的操作是通过对“窗口”“图标”“菜单”等图形界面元素和符号的操作来实现的。在 Windows 下，大多数工作都是以“窗口”的形式进行的，每进行一项工作，就在桌面上打开一个窗口；关闭了窗口，对应的工作也就结束了。用户可以使用键盘，但更多是使用鼠标来完成选择、运行等操作，使用非常方便。Windows 之所以取得成功，主要在于它具有以下优点。

1. 直观、高效的面向对象的图形用户界面

用户采用“选择对象、操作对象”这种操作方式进行工作。这种操作方式模拟了现实世界的行为，使用户易于理解、学习和使用。

2. 用户界面统一、友好

Windows 应用程序大多符合 IBM 公司提出的统一标准，所有的程序拥有相同的或相似的基本外观，包括窗口、菜单、工具条等。用户只要掌握其中一个，就不难学会其他软件，从而降低了用户学习的费用。

3. 丰富的与设备无关的图形操作

Windows 的图形设备接口提供了丰富的图形操作函数，可以绘制诸如线、圆、框等几何图形，并支持各种输出设备。与设备无关意味着在针式打印机上和高分辨率的显示器上都能显示出相同效果的图形。

4. 多任务

Windows 是一个多任务的操作环境，它允许用户同时运行多个应用程序，或在一个程序中同时执行几个任务。

2.2.2　Windows 操作系统的发展历史

1981 年末，乔布斯邀请盖茨参观苹果计划推出的 Macintosh 样机，他想让微软为这款新电脑设计应用软件。盖茨被其图形界面和方便灵活的鼠标配合吸引住了，盖茨后来回忆，1983 年，微软就“计划在 IBM PC 上引入图形计算功能”。

1985 年 10 月 24 日，时任苹果 CEO 的约翰 · 斯卡利允许微软在 Windows 上使用 Macintosh 的一些技术。微软拿到了苹果授权，这也标志着微软启动了 Windows 时代。

1985 年，Windows 1.0 问世，比苹果 Macintosh 操作系统晚了近两年。1987 年 12 月，

Windows 2.0 发行。Windows 3.0 诞生于 1990 年，Windows 3.1 在 1992 年 4 月发布，Windows 95 是 1995 年推出的，Windows 98 在 1998 年发布，Windows ME 发布于 2000 年 9 月，2001 年微软正式发布 Windows XP 操作系统。2007 年 1 月正式推出 Windows Vista，2009 年 10 月发布 Windows 7 操作系统，2012 年 10 月微软发布 Windows 8，2013 年 6 月发布 Windows 8.1。2015 年 1 月 14 日微软发布 Windows 10 操作系统。Windows 10 是当前最新的 Windows 操作系统，与此同时，Windows 10 正式取代 Windows 7，成为新一代主流操作系统。2020 年 1 月 14 日微软宣布停止对 Windows 7 的技术支持。

2.3 UEFI BIOS 的设置与 Windows 10 的安装

在安装 Windows 10 之前，通常要先设置 BIOS。

2.3.1 设置 BIOS

目前，主板上 BIOS 设置分为传统形式上的 BIOS（Basic Input Output System，基本输入/输出系统）设置和图形化界面的 UEFI（Unified Extensible Firmware Interface，统一可扩展固件接口）BIOS 设置两大类，目前新出主板上都是 UEFI BIOS。

BIOS 是微机中最基础、最重要的程序，它为微机提供最底层、最直接的硬件控制。BIOS 程序是连接微机硬件与操作系统的接口。这段程序保存在主板上的一块 EPROM（Erasable Programmable Read-Only Memory，可擦可编程只读存储器）或 EEPROM（Electrically Erasable Programmable Read-Only Memory，带电可擦可编程只读存储器）芯片中，在这块芯片中还保存有设置 BIOS 参数的设置程序（BIOS Setup 程序）。为了保存用户通过 BIOS Setup 程序设置的参数数据，在主板上有一块可读写的 RAM 芯片，这块芯片被称为 CMOS 芯片，它靠主板上的电池供电，有时也称 CMOS 设置。

1. 进入 BIOS 的方法

由于微机主板不同，进入 BIOS 设置程序的操作方法也不相同。一般情况下，在微机刚开机时，按某个特定的键或组合键进入 BIOS 设置界面，常见的有 Delete 键、Ctrl+Alt+Esc 组合键、Alt+S 组合键及 F1～F10 的某个功能键。

2. 设置系统的引导设备启动顺序

由于许多设备都能被 BIOS 程序自动识别并设置，需要用户设置的项目很少。除设置系统的引导设备启动顺序外，其他都不需要用户设置。目前常用 U 盘来安装 Windows 10，所以就需要在 BIOS 中把引导设备的启动顺序设置为首先引导 USB 设备。

如果要设置 USB 设备为第一引导设备，要先把制作好的引导 U 盘插入到 USB 接口上，再进入 BIOS 设置中可看到该 U 盘型号，将其设置为第一引导设备。

2.3.2 安装 Windows 10

微软面向不同的用户群体发布了多个版本的 Windows 10 产品，其中家庭版和专业版可以在线购买，而企业版仅限企业购买。

要安装 Windows 10 操作系统，首先需要将硬盘进行分区并格式化，然后再安装 Windows 10 操作系统。限于篇幅，这里不再介绍安装 Windows 10 的方法。

2.4 Windows 10 使用基础

2.4.1 Windows 10 的启动和关闭

1. 启动 Windows 10

微机的启动有冷启动、重新启动、复位启动三种方法，可以在不同情况下选择相应的启动方法。

（1）冷启动

冷启动又称加电启动，是指微机在断电情况下加电开机启动。打开微机电源，经过自检后就自动启动 Windows 10，并会根据用户的多少及是否设置了登录密码，出现不同的界面。

· 如果只设置一个用户账户并且没有设置登录密码，将显示 Windows 10 桌面，如图 2-2 所示。

· 如果设置有登录选项，需要首先选择用户，单击用户图标，显示输入密码窗口，输入正确密码并确定后，显示 Windows 10 桌面，如图 2-2 所示。

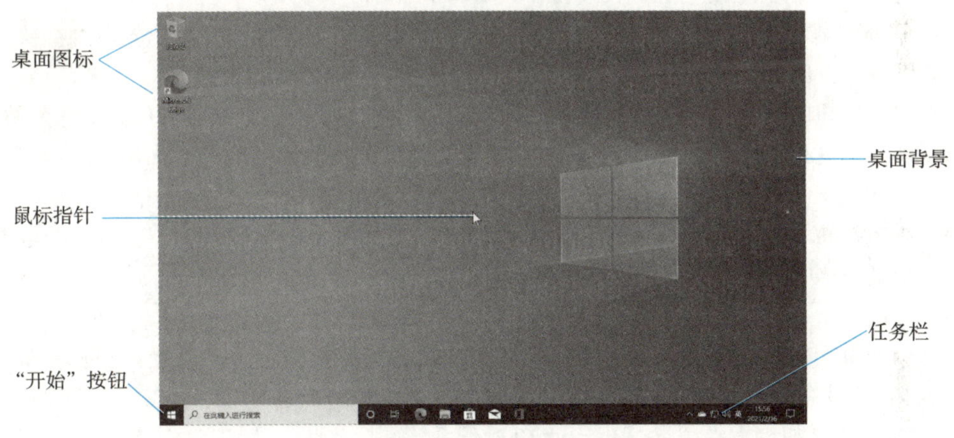

图 2-2 Windows 10 桌面

（2）重新启动

重新启动的方法是在“开始”菜单中选择“重启”。

（3）复位启动

复位启动是指在微机已经开启的情况下，通过按下主机箱面板上的复位按钮或长按主机箱面板上的开关按钮以强制关机，并通过冷启动方式重新启动微机。

微视频：关闭计算机

2. 关机、重启与睡眠

单击“开始”按钮，显示“开始”菜单，如图 2-3 所示。单击“电源”，将显示电源选项菜单，如图 2-4 所示，可以选择“关机”“重启”或“睡眠”。

图 2-3 “开始”菜单

图 2-4 电源选项菜单

（1）关机

在打开微机后，如果长时间不使用时，应该将微机关闭，以节省电能，还能延长硬件的寿命。关机前，最好先关闭 Windows 桌面上打开的窗口，然后再执行关机操作。

① 采用下面任何一种方法关机，效果相同。

· 使用“开始”菜单关机。单击“开始”按钮，单击“电源”，显示如图 2-3 所示的电源选项菜单，其上包括关机、重启与睡眠，然后单击“关机”。

· 使用计算机电源按钮关机。在 Windows 10 的电源管理中进行相关设置，按下主机电源开关（Power 按钮）即可关闭微机。

· 使用 Windows 键+X 组合键关机。在打开的快捷菜单中单击“关机或注销”，然后可在显示的子菜单中选择“关机”选项。

· 按快捷键 Ctrl+Alt+Delete 显示功能界面，单击界面右下角的电源按钮，弹出选项（关机、重启与睡眠）后单击“关机”；如果要取消可按 Esc 键。

② 屏幕提示“正在关机”，稍后自动关闭主机电源。

③ 按一下显示器上的电源开关按钮，关闭显示器。

④ 关闭电源插座或插线板上的电源开关；或者把主机电源插头、显示器电源插头从插座或插线板上拔出。

在使用微机时，会遇到开启某程序后，鼠标指针无法移动，不能进行任何操作的情况，这就是所谓的“死机”。此时，无法通过“开始”菜单正常关机，就需要强制关闭微机。按下主机电源开关（Power 按钮）不放，几秒钟后待主机电源关闭后，再松开主机电源开关。如果这种方法也无法关机，则直接关闭电源插座或插线板上的电源开关，也可拔掉电源插头，对于笔记本电脑则要拔出电池。

（2）重启

重启即重新启动，是指在微机使用的过程中遇到某些故障、改动设置、安装更新等情况，需要重新引导操作系统的操作。重新启动是在开机状态下进行的，可在电源选项菜单中单击“重启”，微机会重新引导 Windows 10 操作系统进行启动。

（3）睡眠

在微机进入睡眠状态时，显示器将关闭，通常微机的风扇也会停转，机箱外侧的一个指示灯将闪烁或变黄。因为 Windows 会记录并保存正在进行的工作状态，因此在睡眠前不需要关闭程序和文件。处于睡眠状态时，耗电量极少，系统会切断除内存外其他配件的电源，工作状态的数据将保存在内存中。

2.4.2 桌面的组成和操作

桌面是打开计算机并登录到 Windows 10 之后看到的主屏幕区域，如图 2-2 所示。在 Windows 中，桌面是各种操作的起点，所有的操作都是从桌面开始的。

桌面通常是指任务栏以上的部分，包括桌面背景和桌面图标。

1. 桌面背景

桌面背景也称壁纸、桌布，可以是一幅画，或者纯色背景。Windows 10 默认的桌面背景如图 2-2 所示，可以把自己喜欢的图片设置为桌面。

2. 桌面图标

桌面图标是代表文件、文件夹、程序和其他项目的小图片，由图标和对应的名称组成。

默认情况下 Windows 10 在桌面上只有“回收站”图标和 Microsoft Edge 图标。桌面图标分为系统图标和快捷方式图标。双击桌面图标可以打开应用程序或功能窗口。

（1）系统图标

系统图标是指 Windows 系统自带的图标，包括“回收站”“此电脑”“网络”“控制面板”等。鼠标指针放在系统图标上，会显示该图标的功能说明，如图 2-5 所示。

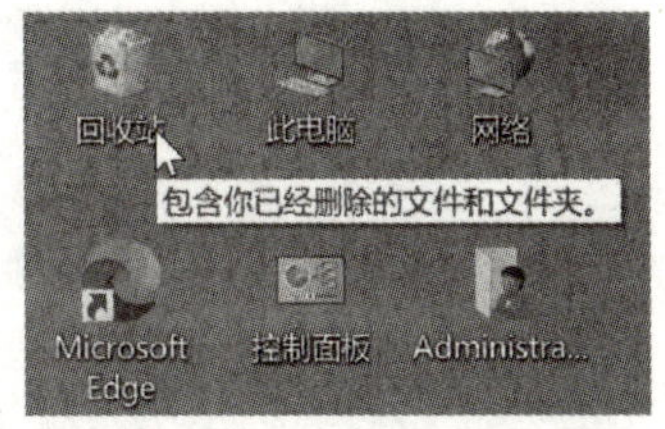

图 2-5　系统图标

Windows 10 默认显示“回收站”图标，可按照以下操作将系统图标添加至桌面：鼠标右键单击桌面的空白区域，在快捷菜单中单击“个性化”，显示“设置-个性化”窗口，在左侧窗格中单击“主题”，然后在右侧窗格单击“桌面图标设置”，如图 2-6 所示。在显示的“桌面图标设置”对话框中，默认选中“回收站”复选框，可根据需要选择或取消复选框，如图 2-7 所示，然后单击“确定”按钮。

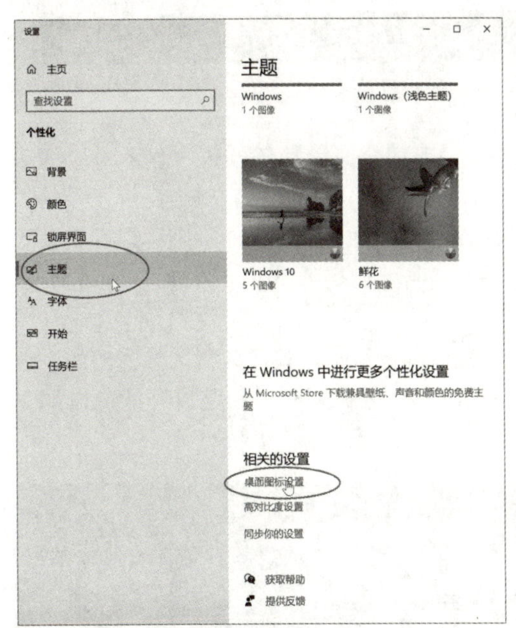

图 2-6　“设置-个性化”窗口

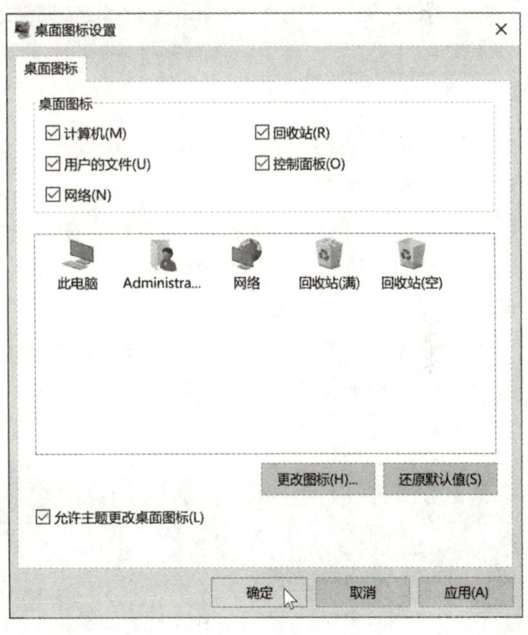

图 2-7　“桌面图标设置”对话框

（2）快捷方式图标

快捷方式图标是指用户自己创建的或应用程序自动创建的图标，快捷方式图标的左下角有一个箭头。鼠标指针放在快捷方式图标上，会显示该快捷方式图标对应文件、文件夹、程序或其他项目的位置，如图 2-8 所示。

图 2-8　快捷方式图标

微视频：将系统快捷方式添加至桌面

使用桌面上的快捷方式图标可以进行快速访问。添加到桌面的大多数图标是快捷方式图标，但也可以将文件或文件夹保存到桌面。如果删除存储在桌面的文件或文件夹，它们会被移动到“回收站”中，可以在“回收站”中将它们永久删除。如果删除快捷方式图标，则会将快捷方式图标从桌面删除，但不会删除快捷方式图标链接到的文件、程序或位置。

3. 任务栏

任务栏位于屏幕底部，桌面可能被打开的窗口覆盖，而任务栏几乎始终可见。任务栏默认有 7 个部分，如图 2-9 所示。快速启动区中的快捷方式图标与桌面上的快捷方式图标功能一样，都可以启动程序。快速启动区与活动任务区之间没有明显的区域划分，活动任务区的图标和快速启动区中活动快捷方式图标下边沿有一条明亮的线段。

图 2-9　任务栏

（1）切换窗口。打开的程序、文件夹或文件，一般都会在活动任务区中显示对应的图标。如果某应用程序打开多个窗口，则活动任务区中该应用程序的图标右侧会出现层叠的边框。如果一个打开的窗口位于多个打开窗口的最前面，可以对其进行操作，则称该窗口是活动窗口。活动窗口的任务栏图标突出（高亮度）显示。若要切换到另一个窗口，单击它的任务栏图标。

（2）预览打开的窗口。若要预览打开的窗口，把鼠标指针指向其任务栏图标。例如，已经打开了两个画图窗口，在任务栏中只会显示一个画图任务栏图标，预览打开的窗口如图 2-10 所示。

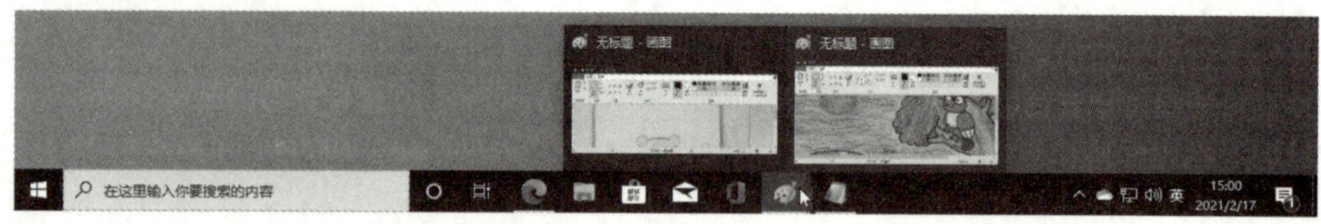

图 2-10　预览打开的窗口

微视频：把程序固定到任务栏

（3）把程序固定到任务栏。如果要把“开始”菜单、桌面上或者活动任务区中的程序固定到任务栏，只需用鼠标右键单击该程序，打开快捷菜单，单击快捷菜单中的“固定到任务栏”。如果要把固定到任务栏中的程序从任务栏上取消固定，则用鼠标右键单击该图标，从快捷菜单中单击“从任务栏取消固定”。

（4）通知区。通知区（也称系统托盘）位于任务栏的最右侧，包括一个时钟和一组图标，如图 2-9 所示。这些图标表示计算机上某程序的状态，或提供访问特定设置的途径。

（5）查看桌面。在任务栏的右端是“显示桌面”按钮▌，如图 2-9 所示。单击“显示桌面”按钮将先最小化所有显示的窗口，然后显示桌面；若要还原打开的窗口，再次单击“显示桌面”按钮。

（6）搜索框。单击搜索框或按 Windows 键⊞ +S 组合键，将打开搜索窗格。输入关键词后，将按照应用、文档、网页、视频、文件夹、音乐、照片等分类显示搜索对象。“最佳匹配”中会显示最接近输入关键词的应用程序、文档文件等的名称；如果单击“网页”，搜索框中将显示“网页：”，在冒号后输入关键词并按 Enter 键，将打开浏览器，在必应搜索引擎中搜索该关键词。

（7）任务视图。任务视图是多任务和多桌面的入口，可以预览当前计算机所有正在运行的任务程序，可以快速在打开的多个软件、应用、文件之间切换。单击任务栏上的“任务视图”按钮，在打开的“任务视图”界面中，将列出当前计算机中运行的所有任务。

· 可将其中的一个或多个任务关闭掉，移动鼠标指针到该任务缩略图窗口，单击关闭按钮。

· 单击对应的任务缩略图窗口，将使该任务变成活动状态。

按 Alt+Tab 组合键，切换窗口；按 Windows 键 +Tab 组合键，显示任务视图；按 Windows 键 +Ctrl+D 组合键，新建虚拟桌面；按 Windows 键 +Ctrl+F4 组合键，关闭当前虚拟桌面；按 Windows 键 +Ctrl+ ←、→组合键，切换虚拟桌面。

（8）操作中心。通知区中有一个“操作中心”图标，单击它将打开“操作中心”边栏，如图 2-11 所示。Windows 10 的操作中心可以集中显示操作系统通知、邮件通知等信息，以及快捷设置选项。单击“操作中心”图标可打开操作中心，也可按 Windows 键 +A 组合键来快速打开操作中心。

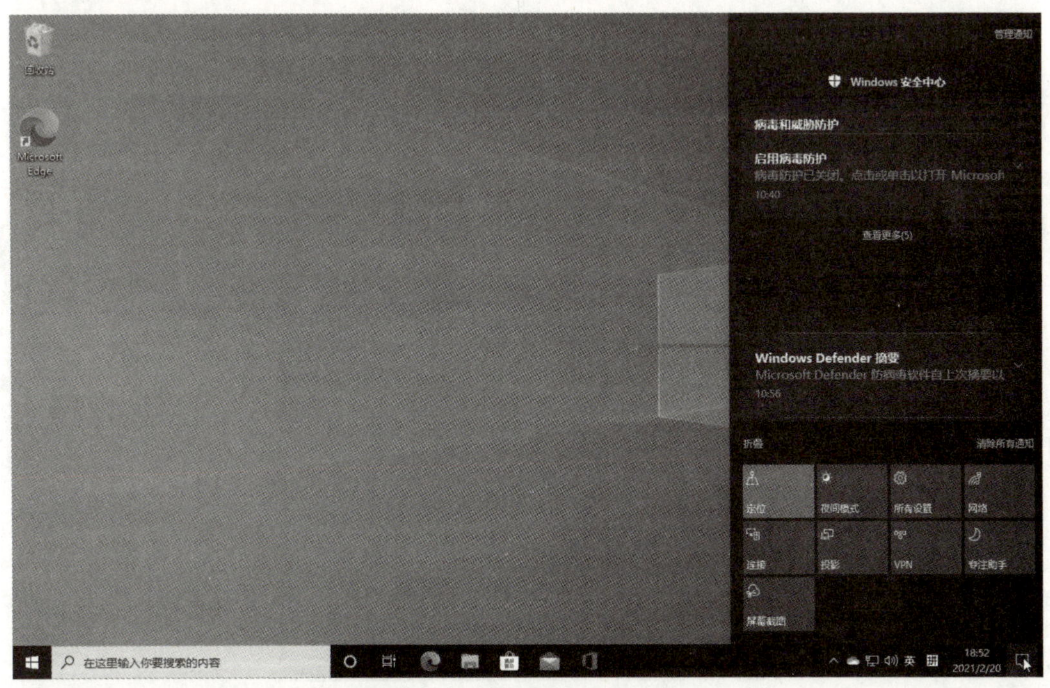

图 2-11　打开“操作中心”边栏

4. “开始”菜单

“开始”按钮位于任务栏的最左端，用鼠标单击“开始”按钮，或者按键盘上的 Windows 键，将弹出“开始”菜单，“开始”菜单包括系统功能列表、应用列表以及“开始”屏幕，如图 2-12 所示。

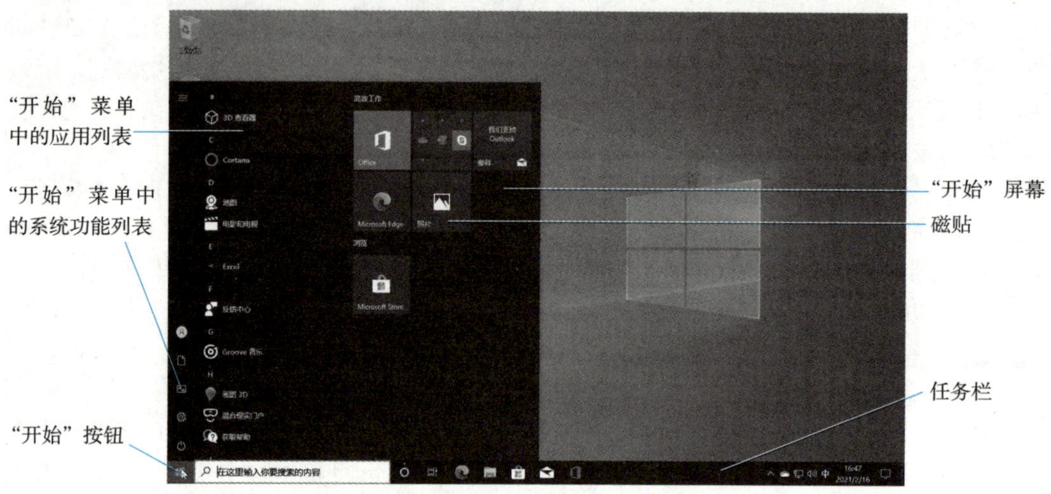

图 2-12 "开始"菜单

若要关闭"开始"菜单，鼠标再次单击"开始"按钮，或者单击"开始"菜单之外的区域，或者再次按 Windows 键，或者按 Esc 键。

（1）"开始"菜单中的系统功能列表

"开始"菜单最左侧一栏是系统功能列表，显示用户账户头像、常用的文件夹（文件资源管理器、设置、文档、下载、音乐等）。当鼠标指针指向系统功能列表中的图标时，将展开系统功能列表，遮盖应用列表，如图 2-13 所示。如果要缩略展开的系统功能列表，显示应用列表，则把鼠标指针向右移出系统功能列表即可。单击列表上端的☰ 开始图标，同样可以展开或缩略系统功能列表。

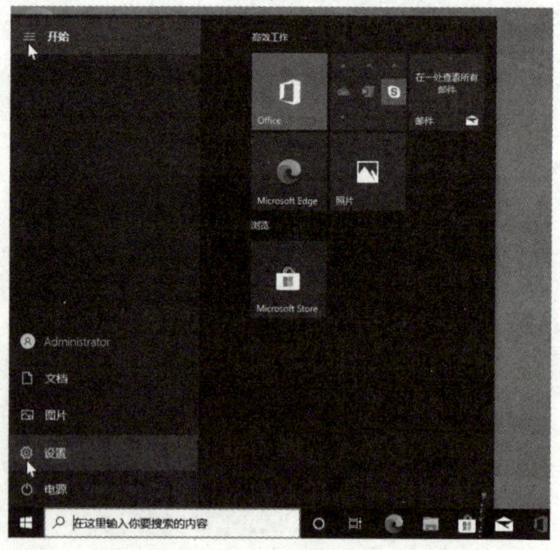

图 2-13 "开始"菜单中的系统功能区

可以单击"设置"→"个性化"→"开始"→"选择哪些文件夹显示在'开始'菜单上"，在打开的窗口中进行设置，选择哪些文件夹显示在"开始"菜单上，如图 2-14 所示。

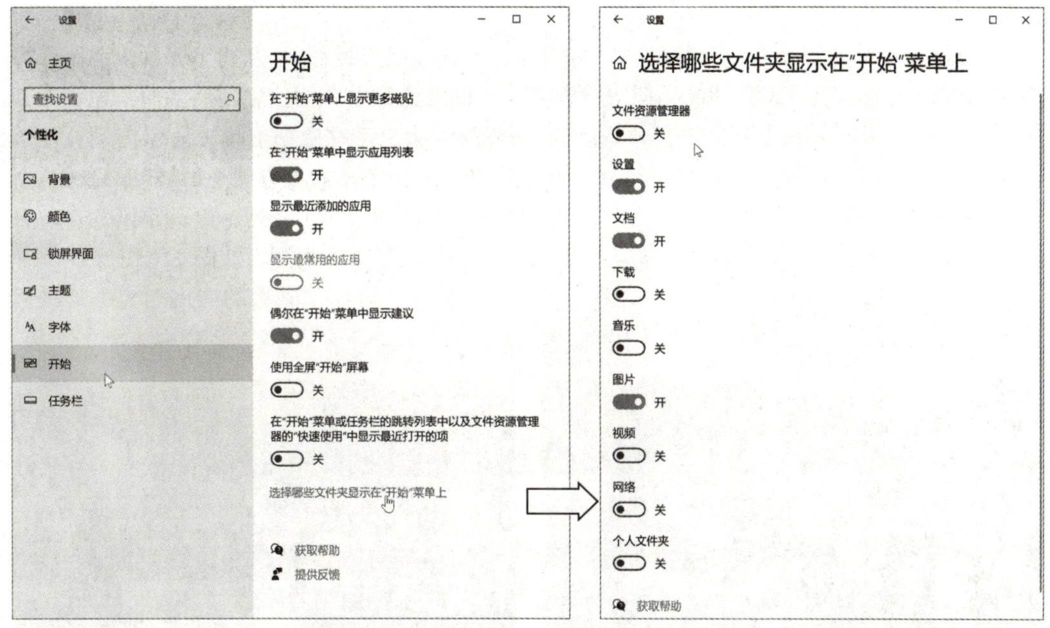

图 2-14　选择哪些文件夹显示在“开始”菜单上

（2）“开始”菜单中的应用列表

在“开始”菜单的应用列表中，有两种列表项，一种是程序，另一种是文件夹。文件夹名前有文件夹图标，文件夹名后有展开图标，单击文件夹则展开该文件夹并在下方显示其中的文件，同时展开图标变为，如图 2-15 所示，单击其中的程序则运行该程序，“开始”菜单自动关闭。

应用列表中的程序或文件夹以名称中的首数字、首字母或首拼音分组并升序排列，如果要快速跳转到某应用程序或文件夹，单击任意一个字母。应用列表将切换为一个以首数字、首字母或首拼音为索引的索引列表，如图 2-16 所示，只需单击应用程序或文件夹的首数字、首字母或首拼音，就可跳转到该索引组。

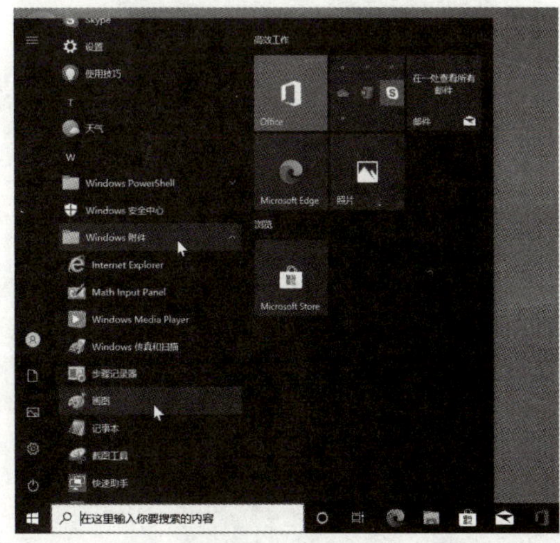

图 2-15　应用列表文件夹中的文件

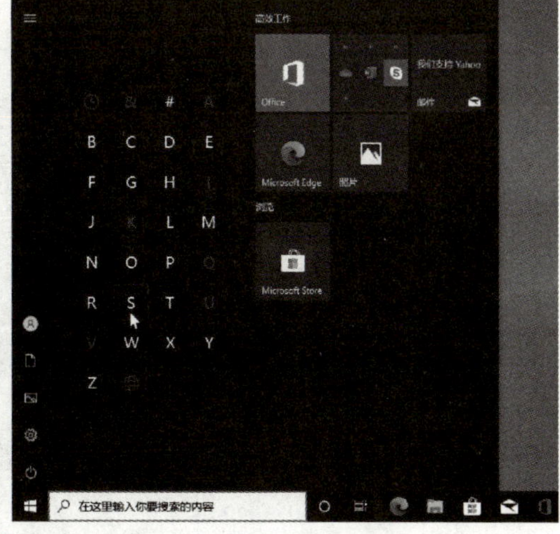

图 2-16　索引列表

（3）“开始”屏幕

“开始”屏幕是显示常用磁贴的一块区域，适合平板触屏操作。“开始”屏幕中的图形方块称为磁贴或动态磁贴，其功能类似快捷方式，不同的是磁贴中的信息是活动的，显示最新的信息。例如 Windows 10 自带的新闻资讯应用程序，会自动在磁贴上滚动显示用户关注的新闻资讯，而不用打开应用程序。“开始”屏幕中的磁贴主要是为了方便平板触屏的操作。

微视频：磁贴区的操作

① 改变“开始”屏幕的列宽。“开始”屏幕中的磁贴默认显示 3 列，可以用鼠标在“开始”菜单中的“开始”屏幕右边沿拖动，来改变“开始”屏幕的列宽，如图 2-17 所示。

② 添加磁贴。若要向“开始”屏幕中添加磁贴，在“开始”菜单的应用列表中的项目上，右键单击，在打开的快捷菜单中单击“固定到‘开始’屏幕”，如图 2-18 所示。

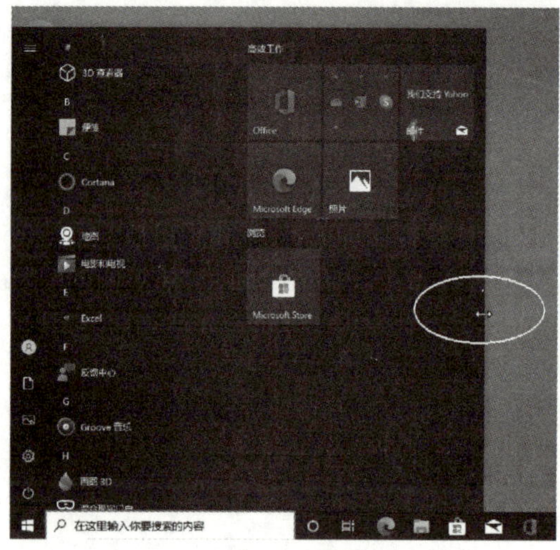

图 2-17　改变“开始”屏幕的列宽

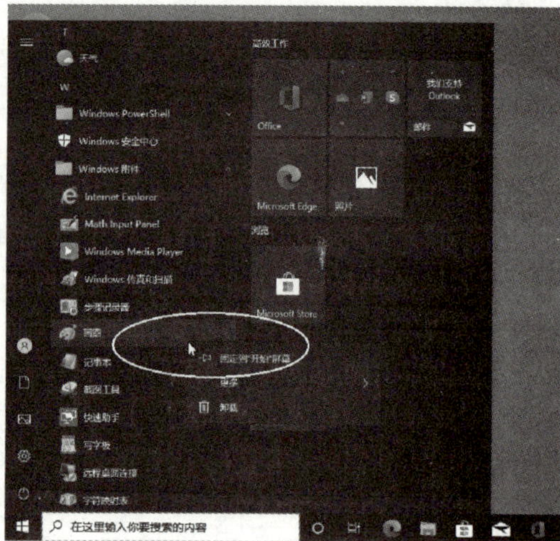

图 2-18　添加磁贴

微视频：磁贴的操作

③ 磁贴的操作。

· 在“开始”屏幕中，单击一个磁贴，将启动程序，打开该程序窗口。

· 右键单击磁贴，在打开的快捷菜单中可对该磁贴进行操作，如图 2-19 所示，包括从“开始”屏幕取消固定、调整磁贴的大小、关闭动态磁贴、卸载程序、固定到任务栏等。

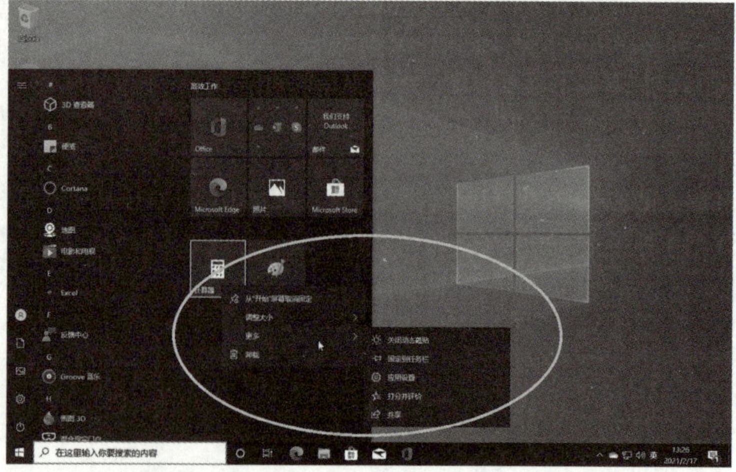

图 2-19　磁贴的操作

· 磁贴默认有 4 种大小显示方式，即小、中、宽、大。

· 拖动“开始”屏幕中的磁贴可移动至“开始”屏幕中的任意位置或分组。

2.4.3　窗口的组成和操作

每当打开程序时，桌面上就会出现一块显示程序和内容的矩形工作区域，这块区域被称为窗口。Windows 的操作主要是在不同窗口中进行的。虽然每个窗口的内容和外观各不相同，但大多数窗口都具有相同的基本部分。下面以“文件资源管理器”窗口为例介绍窗口的组成和操作。

1. 窗口的组成

（1）打开“文件资源管理器”

“文件资源管理器”是 Windows 专门用来管理软、硬件资源的应用程序。它把软件和硬件都统一用文件或文件夹的图标表示，把文件或文件夹都统一看作对象，用统一的方法管理和操作。打开“文件资源管理器”的方法有如下 4 种。

· 单击任务栏快速启动区的“文件资源管理器”图标。

· 单击“开始”按钮，在系统功能列表中单击“文件资源管理器”。

· 右键单击“开始”按钮，在快捷菜单中单击“文件资源管理器”。

· 按键盘上的 Windows 键 +E 组合键。

默认情况下，如果已最小化功能区，则显示如图 2-20 所示的“文件资源管理器”窗口。打开“文件资源管理器”时，在左侧导航窗格中，默认显示“快速访问”；在右侧的内容窗格中，显示“快速访问”中的“常用文件夹”和“最近使用的文件”。单击窗口右上方的“展开功能区”按钮 ∨，功能区将显示出来。

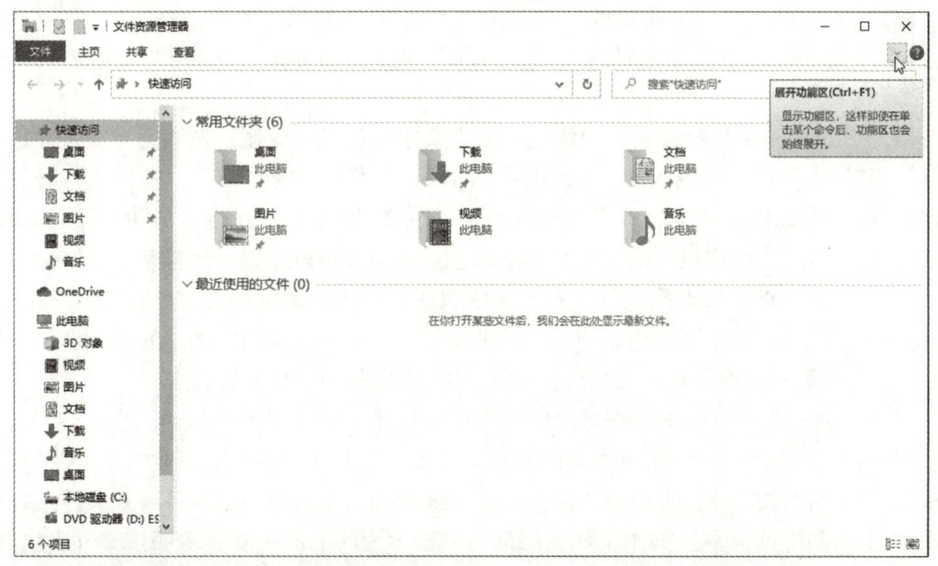

图 2-20　文件资源管理器窗口（最小化功能区）

（2）“文件资源管理器”窗口的组成

“文件资源管理器”窗口的各个不同部分用于帮助用户更轻松地使用文件、文件夹。如图 2-21 所示是一个典型的“文件资源管理器”窗口，主要分为以下几个组成部分。

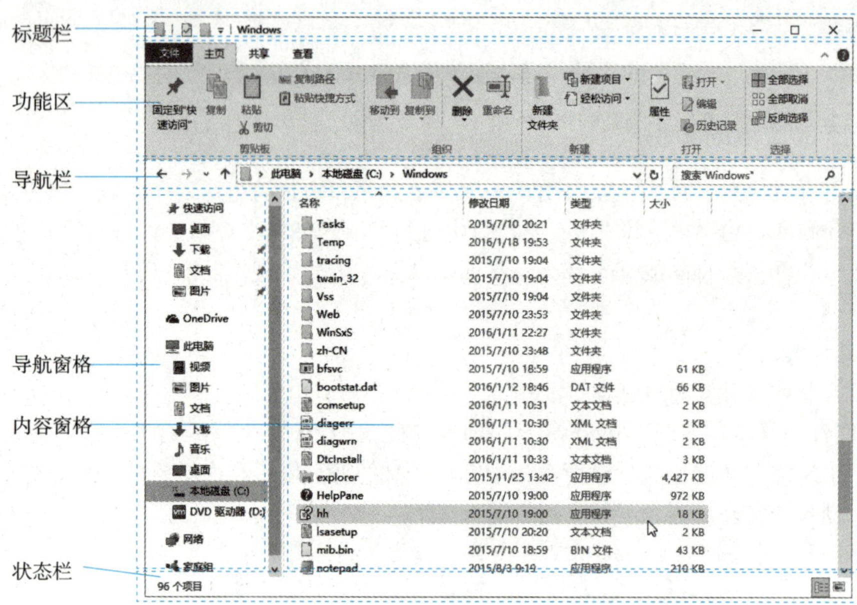

图 2-21 “文件资源管理器”窗口的组成

· 标题栏：窗口的第一行是标题栏，由 3 部分组成，从左到右依次为快速访问工具栏、窗口内容标题、窗口控制按钮（分别是窗口的最小化、最大化和关闭按钮）。

· 功能区：在 Windows 10 中，许多窗口有功能区，把命令按钮放在一个带状、多行的工具栏（称为功能区）中，目的是使用功能区代替先前的菜单、工具栏。每一个应用程序窗口中的功能区都是按应用来分类的，由多个“选项卡”（或称标签）组成，包含了应用程序所提供的功能。选项卡中的命令、选项按钮，按相关的功能组织在不同的“组”中。Windows 10 的功能区，在通常情况下显示 4 种选项卡，分别是“文件”“主页”“共享”和“查看”。

· 导航栏：由一组导航按钮、地址栏和搜索文本框组成。导航栏左侧为导航按钮，包括“返回”按钮←、“前进”按钮→、“最近浏览的位置”菜单 和“上移”按钮↑。导航栏中间的组合框为地址栏，用于显示或更改当前文件或文件夹所在的位置。导航栏右侧为搜索文本框，用于搜索当前窗口中的文件和文件夹。在搜索文本框中输入关键字，不必输入完整的文件（夹）名，即可搜索到文件（夹）名中包含所输入关键字的文件（夹），在搜索出的文件（夹）名中，会用不同颜色标记搜索的关键字，可以根据关键字的位置来判断结果文件（夹）是否是所需的文件（夹）。此外，还可以为搜索设置更多的附加选项。

· 导航窗格：在文件资源管理器左侧的导航窗格中，默认显示快速访问、OneDrive、此电脑、网络和家庭组，它们都是该设备的根文件夹。如果文件夹图标（例如此电脑图标）左侧显示为向右箭头 ›，表示该文件夹处于折叠状态，单击向右箭头可展开文件夹，同时向右箭头变为向下箭头 ⌄。如果文件夹图标左侧显示为向下箭头 ⌄，表明该文件夹已展开，单击它可折叠文件夹，同时向下箭头变为向右箭头 ›。如果文件夹图标左侧没有箭头图标（例如桌面图标，则表示该文件夹是最后一层，无子文件夹。

· 内容窗格：内容窗格是文件资源管理器最重要的部分，是显示当前文件夹中内容的区域。所有当前位置上的文件和文件夹都显示在内容窗格中，文件和文件夹的操作也在内容窗格中进行。在左侧的导航窗格中单击文件夹名，右侧内容窗格中将列出该文件夹中的内容。

在右侧内容窗格中双击文件夹图标将显示其中的文件和文件夹，双击某文件图标可以启动对应的程序或打开文档。如果通过在搜索文本框中键入关键字来查找文件，则仅显示当前位置中相匹配的文件（包括子文件夹中的文件）。

使用列标题可以更改文件列表中文件的整理方式。例如，可以单击列标题的左侧以更改显示文件和文件夹的顺序，也可以单击右侧下拉按钮以采用不同的方法筛选文件。注意，只有在“详细信息”视图中才有列标题。

· 状态栏：窗口的状态栏位于窗口的底部，包括窗口提示、详细信息和大图标。

2. 窗口的操作

（1）移动窗口

若要移动窗口，用鼠标指针指向其标题栏，然后将窗口拖动到希望移动到的位置。

（2）更改窗口的大小

· 若要使窗口填满整个桌面，单击其“最大化”按钮□或双击该窗口的标题栏。此时“最大化”按钮□变为有两个重叠方框的“向下还原”按钮。

· 若要将最大化的窗口还原到以前大小，单击其“向下还原”按钮，或者双击窗口的标题栏。

· 若要调整窗口的大小，鼠标移动到窗口的任意边框或角上。当鼠标指针变成双箭头时，拖动边框或角可以缩小或放大窗口。已最大化的窗口无法调整大小。虽然多数窗口可以被最大化和调整大小，但也有一些窗口的大小是固定的。

（3）最小化窗口

· 如果要使窗口临时从桌面上隐藏而不将其关闭，则可以将其最小化。若要最小化窗口，单击其“最小化”按钮 −，窗口会从桌面上隐藏，只在任务栏上显示为图标。

· 若要使最小化的窗口重新显示在桌面上，单击任务栏上的相应图标。窗口会按最小化前的样子显示。

（4）在窗口间切换

若要切换到其他窗口，只需单击任务栏上相应窗口的图标。该窗口将出现在其他窗口的前面，成为活动窗口（即当前正在使用的窗口）。

（5）关闭窗口

· 关闭窗口会将窗口从桌面和任务栏中删除，也就是结束了该程序的运行。若要关闭窗口，单击其“关闭”按钮×。

· 如果关闭文档，而未保存对其所做的更改，则会显示一个对话框，让用户确认是否将更改保存到该文档中。

3. 菜单的组成和操作

程序窗口中通常都有一个菜单栏，把程序要执行的命令组织在下拉菜单中，用户通过执行这些菜单命令完成需要的任务。菜单栏中显示菜单名，如“文件”“编辑”“格式”“查看”“帮助”等，每个菜单名对应一组菜单命令组成的下拉菜单。为了使屏幕整齐，会隐藏这些下拉菜单，只有在单击菜单名后才会显示对应的下拉菜单。如图 2-22 所示是在“记事本”窗口中单击菜单栏中的“编辑”后显示出的下拉菜单。

（1）下拉菜单组成部分的说明

· 灰色的菜单命令：下拉菜单中灰色的菜单命令表示该菜单命令在当前状态下不可执行（例如，剪贴板为空时，“粘贴”命令无法执行），此时无法选择该命令。

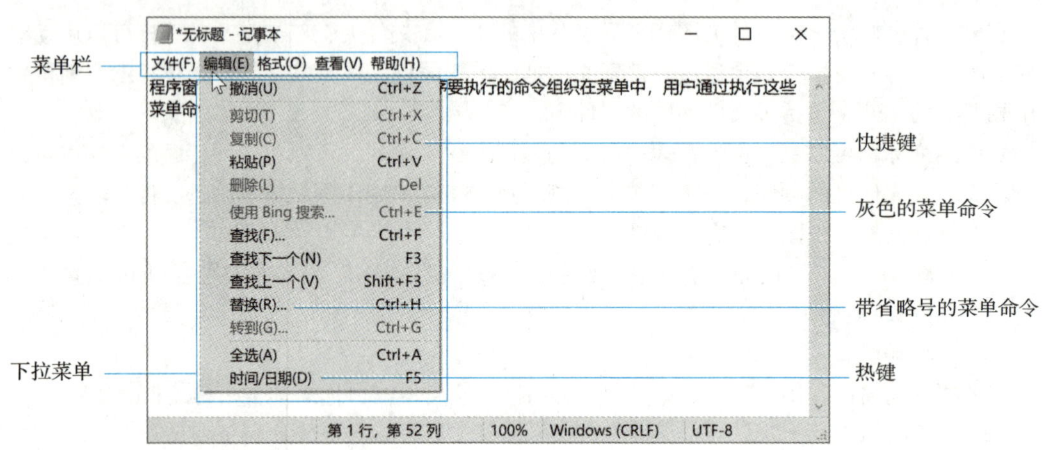

图 2-22 “记事本”窗口的菜单栏和下拉菜单

· 带省略号的菜单命令：若在菜单命令后跟一个省略号 ...，表示选择该命令后，将出现一个对话框，需要用户进一步提供信息或进行某些设置，然后才能执行。

· 快捷键：有些菜单命令后带有组合键，这就是该菜单命令的快捷键，如 Ctrl+V 组合键。用户可以不打开菜单，在编辑状态直接按快捷键来执行该菜单命令。

· 热键：菜单命令名后都有一个用括号括起来的字母，称为热键，如“粘贴（P）”。在打开下拉菜单后，用户可以在键盘上按热键来选择命令。

（2）下拉菜单的操作方法

① 打开下拉菜单的方法。

· 用鼠标打开下拉菜单：用鼠标单击菜单栏中的菜单名。

· 用键盘打开下拉菜单：按 Alt+“菜单名后括号内的字母”，如按 Alt+F 组合键打开“文件”下拉菜单。或者先按 F10 键，此时菜单栏上的第一个菜单名被选中，按左右箭头键选定需要的菜单名，按 Enter 或↑、↓键打开下拉菜单。

下拉菜单打开后，沿着菜单栏移动鼠标指针或按→、←键，选择的下拉菜单会自动打开，而无需再次单击菜单栏中的菜单名。

② 选择菜单命令。

· 用鼠标选择菜单命令：用鼠标单击下拉菜单中的菜单命令。

· 用键盘选择菜单命令：按下下拉菜单中菜单命令名后括号内的字母键，如在“文件”下拉菜单中按 S 键表示选择“保存”菜单命令。或者在下拉菜单中用↑、↓键移动光带到所选菜单命令上，按 Enter 键。

③ 关闭下拉菜单的方法。

· 用鼠标关闭下拉菜单：鼠标单击被打开下拉菜单以外的区域。

· 用键盘关闭下拉菜单：按 Alt 键、Esc 键或 F10 键。

4. 快捷菜单

快捷菜单是鼠标右键单击对象而显示的菜单，快捷菜单中包含了对该对象的常用操作命令。根据对象的不同，快捷菜单中的菜单命令也可能不同。

· 打开快捷菜单。用鼠标右击对象，或者选定对象后，按键盘上的快捷菜单键（或 Shift+F10 组合键）。

· 关闭快捷菜单。单击快捷菜单以外的区域，或者按 Alt 键或 F10 键。

5. 窗口在桌面上的贴靠

在 Windows 10 的桌面上，除可以把任务窗口拖动到任意位置外，还可以使用贴靠功能来快速布置窗口。Windows 10 桌面的贴靠点如图 2-23 所示。

图 2-23　Windows 10 桌面的贴靠点

（1）用鼠标贴靠窗口

① 左侧贴靠点。拖动窗口标题栏到左侧贴靠点，贴靠点会出现一个框。松开鼠标，则窗口将在桌面左半区域固定，同时其他窗口在桌面右半区域缩略显示。单击桌面右半区域的缩略窗口，该窗口将在桌面右半区域固定；若单击桌面右半区域非缩略窗口部分，其他窗口将在原来位置恢复显示。

② 右侧贴靠点。拖动窗口标题栏到右侧贴靠点，则窗口将在桌面右半区域固定。

③ 左上、左下、右上、右下贴靠点。拖动窗口标题栏到这些贴靠点，窗口将按四分之一大小贴靠到相应位置。

④ 上贴靠点。拖动窗口标题栏到上贴靠点，窗口将最大化显示。

把贴靠后的窗口拖离贴靠点后，窗口将恢复原来大小。

（2）使用快捷键贴靠窗口

按 Windows 键 + ←、→组合键，窗口左、右侧贴靠；按 Windows 键 + ↑、↓组合键，窗口将最大化显示或最小化隐藏。

2.4.4　对话框的打开、组成和操作

对话框是用于完成某项任务的小型窗口。用户按对话框中的选项进行设置，程序就会执行相应的命令。对话框与常规窗口有区别，虽然对话框有标题栏，但对话框没有菜单栏，多数对话框无法最大化、最小化或调整大小，但是它们可以被移动。对话框有多种形式，外观相差很大。下面以“文件夹选项”对话框为例讲解对话框的打开、组成和操作。

（1）“文件夹选项”对话框的打开

在“文件资源管理器”窗口中，单击“文件”选项卡→“更改文件夹和搜索选项”命

令，显示“文件夹选项”对话框中的“常规”选项卡，如图 2-24 所示。

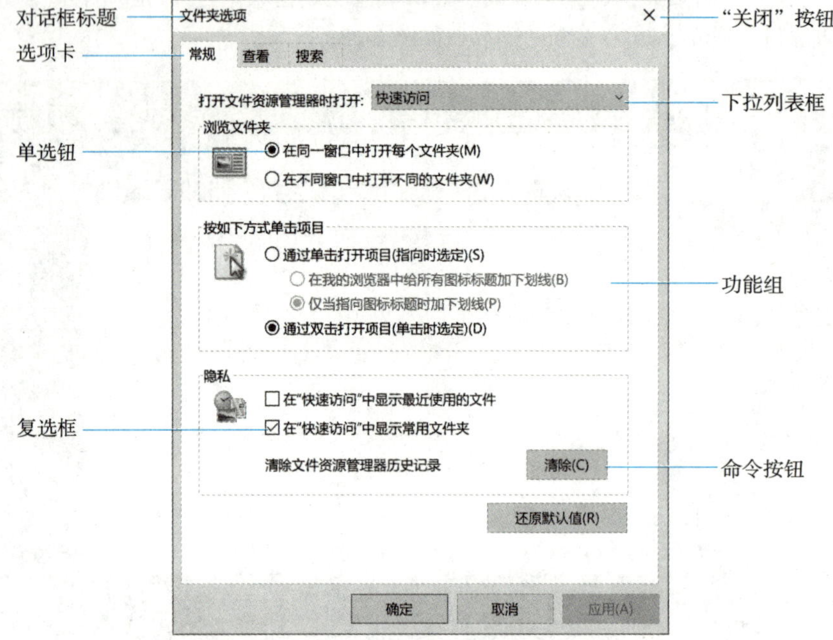

图 2-24 “文件夹选项”对话框中的“常规”选项卡

（2）对话框的组成和操作

· 选项卡：把相关功能的对话框组合在一起形成一个多功能对话框，每项功能的对话框称为一个选项卡，选项卡是对话框中叠放的页。

· 功能组：在一个对话框或者选项卡上，通常有多项功能，为了区分不同功能，往往将具有相同功能的选项放在一个功能组中。在功能组左上方有该功能组的说明。

· 选项按钮（单选钮）：可以让用户在两个或多个选项中选择一个选项。选项按钮经常出现在对话框中，被选中项的左边显示一个圆点◉，未选中项显示为空心○。若要选择一个选项，单击其中一个按钮。只能选择一个选项，因此也称单选钮。当前无法选择或清除的选项以灰色显示。

· 复选框：可让用户任意选中几项或全选或全不选。复选框外形为一个小正方形，☑表示选中，☐表示未选中。

· 命令按钮：对话框中都会有命令按钮，对话框中的命令按钮一般为上面有文字说明的矩形按钮，单击命令按钮会执行一个或一组命令。

有些对话框中还有链接，其实是链接形式的命令按钮，单击链接将打开一个窗口，淡灰色的链接表示当前不可用。

2.5 管理文件和文件夹

Windows 把所有软、硬件资源用文件或文件夹的形式来表示，所以管理文件和文件夹就是管理整个计算机系统。通常可以通过“文件资源管理器”对计算机系统进行统一的管理和操作。

2.5.1　文件与文件夹的相关概念

1. 文件

文件是 Windows 操作系统管理的最小单位，所以计算机中的许多数据（如文档、照片、音乐、电影、应用程序等），以文件的形式保存在存储介质（磁盘、光盘、U 盘、存储卡等）上。

2. 文件的分类

根据文件的用途，一般把文件分为如下三类。

· 第一类是系统文件，即用于运行操作系统的文件，例如 Windows 10 系统文件。

· 第二类是应用程序文件，即运行应用程序所需的一组文件，例如运行 Word、QQ 等软件所需要的文件。

· 第三类是使用应用程序创建的各类型的一个或一组文件，也称数据文件，在 Windows 中称为文档，例如 Word 文档、mp3 音乐文件、mp4 电影文件。用户在使用计算机的过程中，主要是对第三类文件进行操作，包括文件的创建、修改、复制、移动、删除等操作。

3. 文件名

一个文件一般由主文件名、扩展名和文件图标组成，主文件名和扩展名中间用小数点隔开。其中主文件名表示文件的名称，主文件名可以依照 Windows 命名规定命名；扩展名表示文件的类型，相同的扩展名具有一样的文件图标，以方便用户识别。

· 主文件名表示文件的名称，通过它可大概知道文件的内容或含义，对于主文件名，Windows 规定可以是英文字母、数字、汉字以及符号（一些特殊符号除外，例如“<”“>”“/”“\”“|”等）组成，组成文件名（包括扩展名）的字符数不得超过 255 个字符，一个汉字占两个英文字符的长度。文件名除了开头之外任何地方都可以使用空格，文件名不区分大小写，但在显示时保留大小写格式。

· 扩展名用于区分文件的类型，用来辨别文件属于哪种格式，通过什么应用程序打开。Windows 系统对某些文件的扩展名有特殊的规定，不同的文件类型其扩展名不一样，表 2-1 列出了一些常见的扩展名及其对应的图标和文件类型。如果扩展名更改不当，系统有可能无法识别该文件，或者无法打开该文件。

表2-1　常见的扩展名及其对应的图标和文件类型

扩展名	图标	文件类型	扩展名	图标	文件类型
.exe	有不同的图标	可执行文件	.avi、.mp4等		视频文件
.png、.bmp、.jpg等		图像文件	.doc、.docx		Word文档文件
.rar、.zip		压缩包文件	.wav、.mp3等		音频文件
.txt		文本文件	.htm、.html		网页文件

· 在“文件资源管理器”中查看文件时，文件的图标可直观地显示出文件的类型，以便于用户识别。

4. 文件夹

Windows 中的文件夹是用于存储程序、文档、快捷方式和其他文件夹的容器。文件夹分为标准文件夹和特殊文件夹两种。

· 标准文件夹：当打开一个标准文件夹时，它是以窗口的形式呈现在桌面上。

· 特殊文件夹：它们不对应于磁盘上的某个文件夹，这种文件夹实际上是程序。例如，打印机、网络、控制面板等。

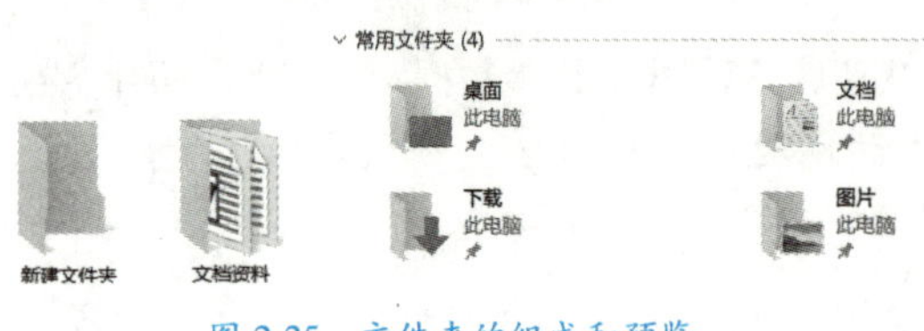

图 2-25　文件夹的组成和预览

文件夹也有自己的名字，取名的方法与文件相似，只是不用扩展名区分文件夹的类型。文件夹中还可以包含文件夹，称为子文件夹。文件夹由文件夹名和文件夹图标组成，通过文件夹图标的显示，就可以预览文件夹中的内容，如图 2-25 所示。

5．路径

在对文件或文件夹进行操作时，为了确定文件或文件夹在外存（硬盘、U 盘等）中的位置，需要按照文件夹的层次顺序沿着一系列的子文件夹找到指定的文件或文件夹。这种确定文件或文件夹在文件夹层次顺序中位置的一组连续的、由路径分隔符“\”分隔各文件夹名的字符串叫路径。描述文件或文件夹的路径有两种方法：绝对路径和相对路径。

· 绝对路径就是从目标文件或文件夹所在的根文件夹开始，到目标文件或文件夹所在文件夹为止的路径。绝对路径总是以盘符作为路径的开始符号。例如，a.txt 文件存储在 C: 盘的 Downloads 文件夹的 Temp 子文件夹中，则访问 a.txt 文件的绝对路径是：C:\Downloads\Temp\a.txt。

· 相对路径就是从当前文件夹开始，到目标文件或文件夹所在文件夹的路径。一个目标文件的相对路径会随着当前文件夹的不同而不同。例如，如果当前文件夹是 C:\Windows，则访问文件 a.txt 的相对路径是：..\Downloads\Temp\a.txt，这里的“..”代表父文件夹。

6．盘符

驱动器（包括硬盘驱动器、光盘驱动器、U 盘、移动硬盘、闪存卡等）都会分配相应的盘符（C:～Z:），用以标识不同的驱动器。硬盘驱动器用 C: 标识，如果划分多个逻辑分区或安装多个硬盘驱动器，则依次标识为 D:，E:，F: 等。光盘驱动器、U 盘、移动硬盘、闪存卡的盘符排在硬盘之后。A:，B: 用于软盘驱动器，现在已经淘汰不用。

7．通配符

当查找文件、文件夹时，可以使用通配符代替一个或多个字符。

星号“*”表示 0 个或多个字符。例如，ab*.txt 表示以 ab 开头的所有 .txt 文件。

问号“?”表示一个任意字符。例如，ab??? .txt 表示以 ab 开头的后跟 3 个任意字符的 .txt 文件，文件中有几个“?”就表示几个字符。

8．项目

在 Windows 中，项目（或称对象）是指管理的各种资源，如驱动器、文件、文件夹、打印机等。

2.5.2 “文件资源管理器”的设置

在 Windows 中，通常使用“文件资源管理器”对文件和文件夹进行操作。“文件资源管理器”窗口分为左、右两个窗格。左窗格是导航窗格，显示整个计算机资源的树形文件结构，并突出显示选定文件夹的名称。右窗格是内容窗格，显示的是当前文件夹（左窗口选定的项目）的具体内容。也就是说，导航窗格中只显示文件夹，文件只显示在内容窗格中。

1．导航窗格的组成和操作

通过“文件资源管理器”左窗格，可以在计算机的文件结构中选择需要定位的位置，所以左窗格称为导航窗格。使用导航窗格来改变位置，是最直观的导航方法。

导航窗格中的列表，将计算机资源分为快速访问、OneDrive、此电脑、网络等，如图 2-21 所示的导航窗格部分，以方便组织、管理及应用资源。

文件资源管理器以分层的方式显示计算机内所有文件的详细图表。使用文件资源管理器可以更方便地浏览、查看、移动和复制文件或文件夹等，用户可以不必打开多个窗口，而只在一个窗口中就可以浏览所有的磁盘和文件夹。在导航窗格中，常用的操作如下。

微视频：在导航窗格中显示所有文件

（1）更改当前文件夹的位置

在导航窗格中，单击文件夹名称（如“此电脑”），内容窗格中将显示该文件夹中包含的文件和文件夹等内容。

（2）在导航窗格中显示所有文件夹

导航窗格默认显示简洁方式。如果希望在导航窗格中显示所有文件夹，则单击“查看”选项卡，在“窗格”组中单击“导航窗格”，从下拉列表中选中“显示所有文件夹”，如图 2-26 所示。

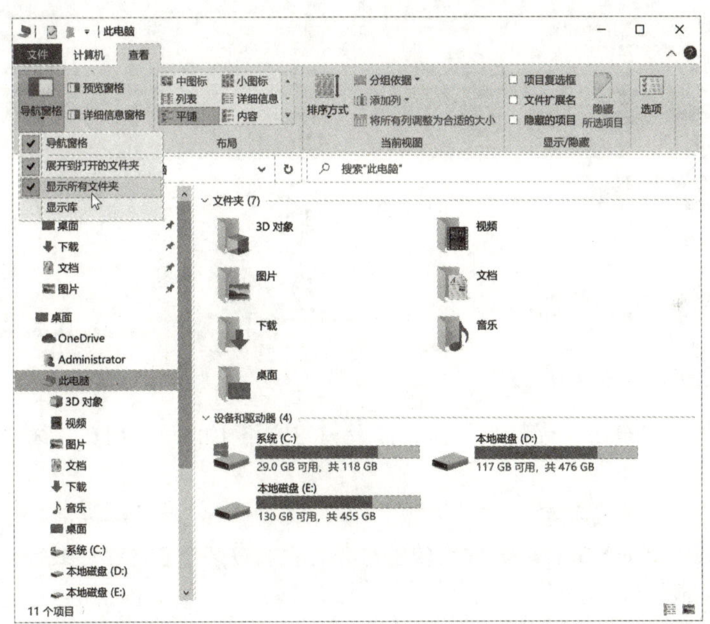

图 2-26　在导航窗格中显示所有文件夹

设置显示所有文件夹后，导航窗格将显示如图 2-26 所示的形式。在这种树状的显示方式中，以“快速访问”“桌面”作为所有文件夹的根文件夹，“桌面”下显示“控制面板”“回收站”等项目。

（3）导航窗格中列表的展开与折叠

展开的作用是便于看到文件夹的层次或树状结构，而折叠可以把暂时不关心的文件夹隐藏起来，使导航窗格变得更简洁。

- 当某项目的图标前有向右箭头 › 时，表示它有下级文件夹，单击向右箭头 ›（或双击项目名称）将展开它的下级文件结构，同时向右箭头 › 变为向下箭头 ⌄。如果项目前没有向

右箭头 › 或向下箭头 ∨，则表示该文件夹中不再包含文件夹，只包含文件。

· 当单击向下箭头 ∨（或双击名称）时，下级文件结构将折叠，向下箭头 ∨ 又变回向右箭头 ›。

导航窗格中列表的展开与折叠，并不改变当前文件夹的位置，所以内容窗格中显示的内容并不改变。

2. 内容窗格的设置和操作

内容窗格中显示当前文件夹中的文件和文件夹，对文件和文件夹的操作都是在内容窗格中进行的。

（1）设置显示布局

为了在内容窗格中更方便、直观地查看文件和文件夹，可通过“查看”选项卡“布局”组中的选项来设置内容窗格中的文件和文件夹的布局，比较常用的布局方式是“大图标”和“详细信息”，分别如图 2-27、图 2-28 所示，也可以通过状态栏右侧的两个相应图标按钮来设置“大图标”或“详细信息”。

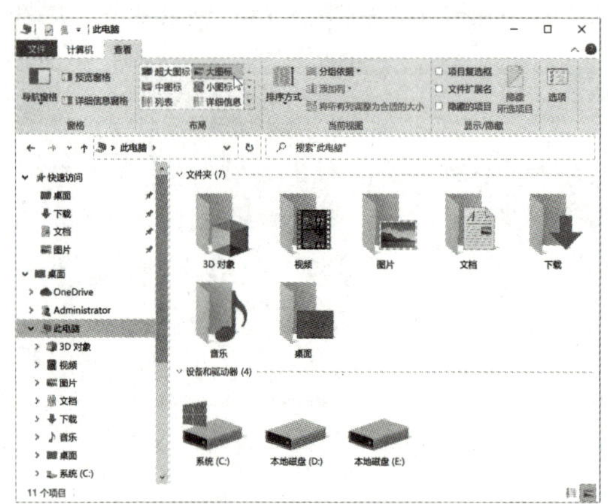

图 2-27 “大图标”布局

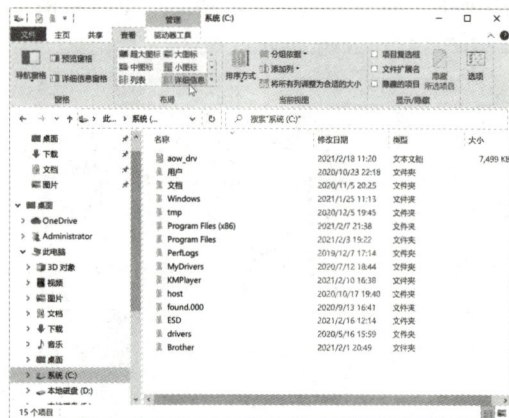

图 2-28 “详细信息”布局

在本章后续的讲解中，无特别说明，涉及内容窗格中的操作均在“详细信息”布局下进行。

（2）设置排序或筛选方式

当内容窗格中显示的文件或文件夹较多时，将它们按某个条件排序或筛选后，将更容易找到需要的文件或文件夹。

在“详细信息”布局下，文件和文件夹列表上会显示一行标题，默认显示“名称”“修改日期”“类型”“大小”。把鼠标指针放置在标题上，例如“名称”，标题突出显示，默认名称按递增排列，图标显示向上箭头 ∧；单击标题栏，改为递减排列，图标显示向下箭头 ∨；单击该标题右侧的下拉按钮 ∨，显示筛选方式下拉列表，在列表中复选需要显示名称的首数字、首字母、首拼音，则只显示复选的文件和文件夹，如图 2-29 所示。“修改日期”“类型”等标题，也可以按要求排序和在多个列上同时筛选。筛选当时有效，当再次显示该文件夹时，刚才的筛选失效。

微视频：显示文件的扩展名、隐藏的项目

（3）显示文件的扩展名、隐藏的项目

Windows 10 默认不显示文件的扩展名以及隐藏的文件和文件夹。一些恶意文件往往显示一个假的扩展名，而且是隐藏的文件，所以对于高级用户，显示文件的扩展名和隐藏的项目，可以了解更多信息。在“查看”选项卡“显示 / 隐藏”组中，选中“文件扩展名”与“隐藏的项目”复选框后，即显示文件的扩展名、隐藏的项目，如图 2-30 所示。

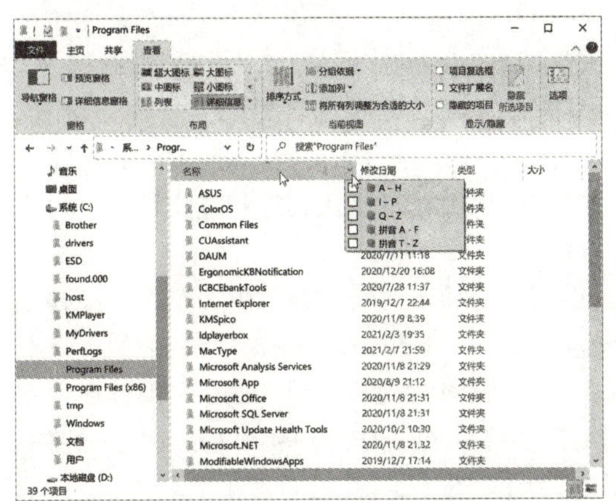

图 2-29　通过标题栏设置排序或筛选方式

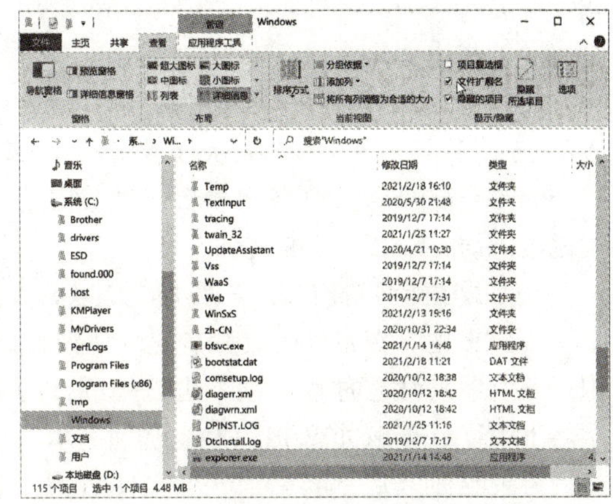

图 2-30　显示文件的扩展名、隐藏的项目

2.5.3　文件夹或文件的基本操作

微视频：在桌面上新建一个文件夹

文件夹或文件的基本操作主要包括新建、重命名、删除等。

1. 新建文件夹或文件

新建文件夹或文件是从无到有，新建一个空文件夹或空白的文件。可以在桌面、扩展分区等位置中新建文件夹或文件。

（1）新建文件夹

使用“文件资源管理器”新建文件夹的操作：通过左侧的导航窗格浏览到目标文件夹，右侧的内容窗格即显示目标文件夹中的内容。用下面 3 种方法之一新建文件夹。

· 使用快捷菜单新建文件夹。在右侧的内容窗格中，右键单击列表之外的空白区域。显示快捷菜单，单击“新建”→“文件夹”命令，如图 2-31 所示。在内容窗格名称列表底部将新建一个文件夹，默认文件夹名为“新建文件夹”。如果要重命名文件夹名，直接输入新的文件名称，例如 Temp123，最后按 Enter 键或鼠标单击其他空白区域。

· 使用功能区新建文件夹。展开功能区，在“主页”选项卡“新建”组中，单击“新建文件夹”，在内容窗格列表底部将新建一个文件夹，如图 2-32 所示。

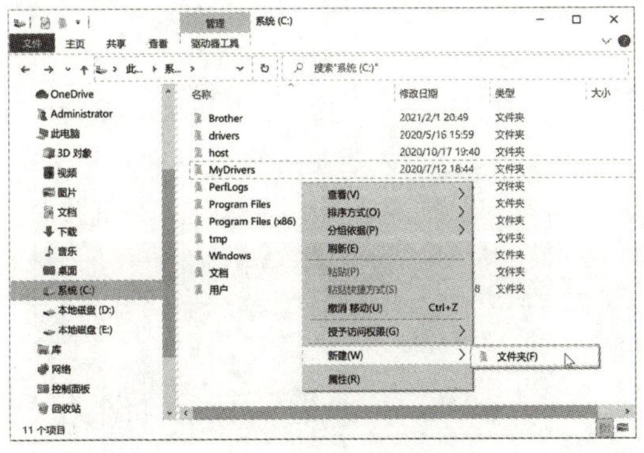

图 2-31　快捷菜单“新建”→“文件夹”命令

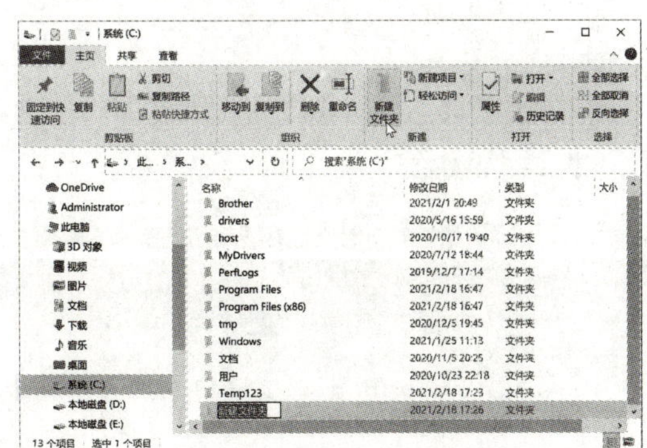

图 2-32　使用功能区新建文件夹

·使用导航窗口的快捷菜单新建文件夹。在左侧的导航窗格中，右键单击目标文件夹。显示快捷菜单，单击“新建”→“文件夹”命令，将新建一个文件夹，默认文件夹名为“新建文件夹”。

（2）新建文件

文件是通过应用程序新建的，一个应用程序只能新建某种特定类型的文件，例如，Word 应用程序新建 .doc 或 .docx 文档，记事本应用程序新建 .txt 文档，画图应用程序新建 .bmp 或 .jpg 等类型的文件。除了通过安装在 Windows 10 中的应用程序新建文件外，也可以通过下面方法之一新建文件。

·使用功能区新建文件。展开功能区，在“主页”选项卡“新建”组中，单击“新建项目”下拉按钮，在打开的列表中显示了可以新建的项目，如图 2-33 所示。列表中的项目会根据安装的应用程序而不同，也就是说，如果 Windows 10 中没有安装 Word 应用程序，将不会出现“Microsoft Word 文档”选项。单击“新建项目”下拉列表中的“文本文档”选项。在内容窗格列表底部将新建一个文件名为“新建文本文档 .txt”文档，其扩展名为 .txt，如图 2-34 所示，键入新的文档名，然后按 Enter 键或鼠标单击其他区域。注意，不要更改文件的扩展名，因为 Windows 是通过文件的扩展名来识别文件类型的，扩展名不正确将会造成使用不正确的应用程序去打开该文件或无法辨识，造成打开失败。

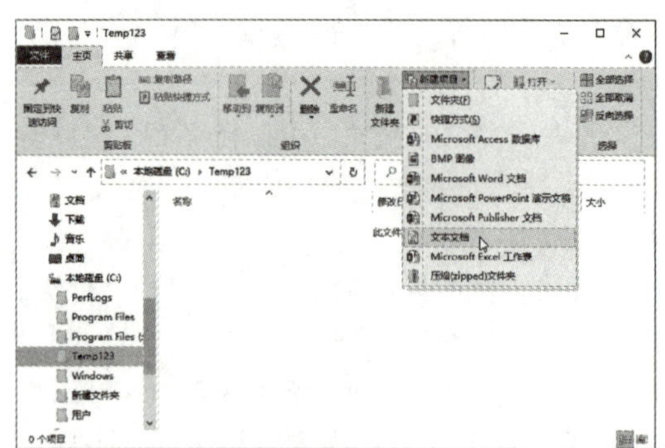

图 2-33 “新建项目”下拉列表

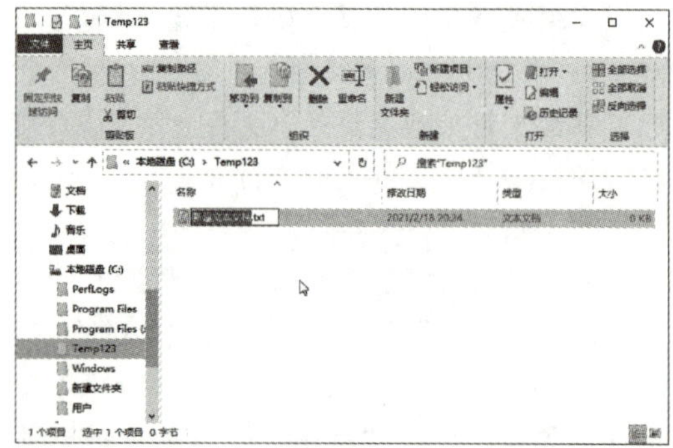

图 2-34 使用功能区新建文本文档

·使用快捷菜单新建文件。在右侧的内容窗格中，右键单击列表之外的空白区域。显示快捷菜单，在“新建”选项的子菜单中，单击需要新建的项目，如图 2-35 所示，快捷菜单中的项目与功能区中的相同。接下来的过程与使用功能区新建文件相同。

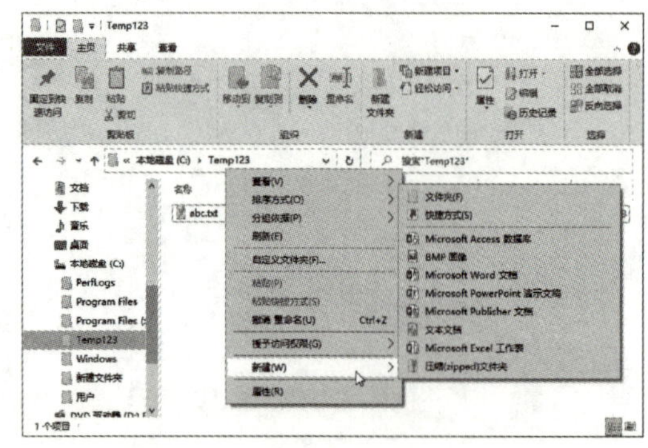

图 2-35 快捷菜单“新建”选项的子菜单

图 2-36 “目标文件夹访问被拒绝”对话框

对于受保存的分区位置，例如 C:\ 根文件夹或 C:\Windows 文件夹，新建或者复制文件到这里，将显示“目标文件夹访问被拒绝”对话框，如图 2-36 所示，需要提供管理员权限才能继续，可以单击“继续”按钮，如果不行，则单击“跳过”或“取消”按钮。

2. 选定文件夹或文件

在 Windows 操作系统中，总是遵循先选定，后操作的原则。在对文件夹或文件操作之前，首先要选定它们，一次可选定一个或多个对象，选定的文件夹或文件突出显示。有以下几种选定方法。

· 选定一个文件夹或文件：单击要选定的文件夹或文件。

· 框选文件夹或文件：在右侧的内容窗格中，按下鼠标左键拖动，将出现一个框，框住要选定的文件夹或文件，然后释放鼠标按钮。

· 选定多个连续文件夹或文件：先单击选定第一个对象，按下 Shift 键不放，然后单击最后一个要选定的对象。

· 选定多个不连续文件夹或文件：单击选定第一个对象，按下 Ctrl 键不放，然后分别单击各个要选定的对象。

· 反向选择：就是将文件夹或文件的选中状态反转，选中的文件夹或文件变为不选中，不选中的文件夹或文件变为选中，在“主页”选项卡“选择”组中，单击“反向选择”。

· 选定文件夹中的所有文件夹或文件：在“主页”选项卡“选择”组中，单击“全部选择”或“反向选择”，或者按 Ctrl+A 键组合。

· 如果在“查看”选项卡“显示 / 隐藏”组中，选中“项目复选框”，则在“名称”标题左侧和文件夹或文件前显示复选框，可以通过选中“名称”标题左侧的复选框来全选当前文件夹中的所有项目；也可以通过单击文件夹或文件前的复选框来选中多个文件夹或文件。

· 撤销选定：撤销一项选定，先按下 Ctrl 键，然后单击要取消的项目。若要撤销所有选定，则单击内容窗格列表外的区域。或者单击“选择”组中的“全部取消”。

3. 重命名文件夹或文件

重命名文件夹或文件可采用下列方法之一。

· 单击选中要重命名的文件夹或文件，在“主页”选项卡“组织”组中，单击“重命名”，这时文件夹名或文件名变为可输入状态，输入新的文件夹名或文件名，最后按 Enter 键或鼠标单击其他位置。

· 单击选中要重命名的文件夹或文件，然后再单击该文件夹名或文件名，使文件夹名或文件名变为可输入状态，输入新的文件夹名或文件名，最后按 Enter 键或鼠标单击其他位置。

· 右键单击要更改名称的文件夹或文件，在快捷菜单中单击“重命名”，使文件夹名或文件名变为手输入状态，输入新的文件夹或文件名，最后按 Enter 键或鼠标单击其他位置。

如果文件名显示扩展名，在重命名时不要改变文件的扩展名，否则可能会造成文件不能正常打开。

4. 复制、粘贴文件夹或文件

复制就是把一个文件夹中的文件或文件夹复制一份到另一个文件夹中，原文件夹中的内容仍然存在，新文件夹中的内容与原文件夹中的内容完全相同。

“复制”命令和“粘贴”命令是一对配合使用的操作命令，“复制”命令是把文件夹或文件在系统缓存（称为剪贴板）中保存副本，而“粘贴”命令是在目标文件夹中把剪贴板中的这个副本复制出来。

复制文件夹或文件可采用下面方法之一。

· 使用功能区复制。选定要复制的文件夹或文件（单选或多选），在“主页”选项卡“剪贴板”组中，单击“复制”，这时“粘贴”图标按钮将被点亮变为可用。

浏览到目标驱动器或文件夹，在“剪贴板”组中单击“粘贴”，则副本出现在目标驱动器或文件夹中。如果是在原来的文件夹中执行“粘贴”，则出现的副本主文件名中会加上尾缀“- 副本”。由于副本已经保存在剪贴板中，所以可以进行多次粘贴。

· 使用快捷菜单复制。选定要复制的文件夹或文件（单选或多选），右键单击打开快捷菜单，单击快捷菜单中的“复制”；浏览到目标驱动器或文件夹，右键单击列表外的区域，在快捷菜单中单击“粘贴”。

· 使用混合操作。选定要复制的文件夹或文件（单选或多选），按 Ctrl+C 组合键（或右键单击快捷菜单中的“复制”，或单击“主页”选项卡“剪贴板”组中的“复制”）执行复制；浏览到目标驱动器或文件夹，按 Ctrl+V 组合键（或右键单击快捷菜单中的“粘贴”，或单击“主页”选项卡“剪贴板”组中的“粘贴”）。

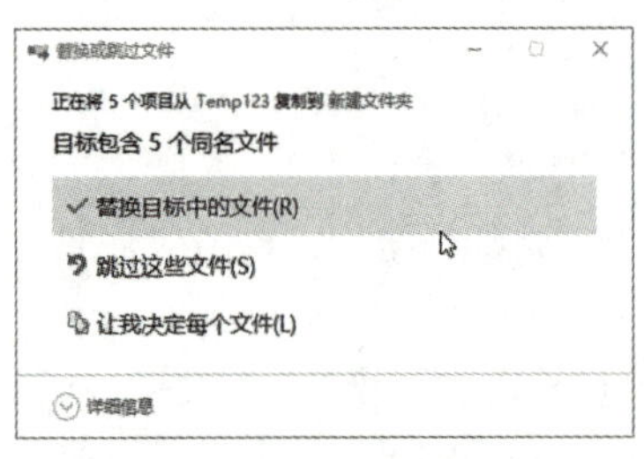

图 2-37 “替换或跳过文件”窗口

在复制过程中，如果复制的文件夹或文件与目标驱动器或文件夹中的文件夹或文件同名，将显示“替换或跳过文件”窗口，如图 2-37 所示，可以选择“替换目标中的文件”“跳过这些文件”或“让我决定每个文件”。

· 鼠标左键拖动复制。在源文件夹中选定要复制的文件夹或文件。在导航窗格中让目标文件夹显示出来，只需展开，但不要单击选定目标文件夹。如果源位置和目标位置在同一个分区（盘符），按下 Ctrl 键不松开，再用鼠标左键将选定的文件夹或文件拖动到目标文件夹上（如果拖动到导航窗格，拖动鼠标所到之处将自动展开文件夹），然后松开鼠标左键和 Ctrl 键。如果源位置和目标位置不在同一个分区（盘符），则可以直接拖动，而不用按下 Ctrl 键。

· 鼠标右键拖动复制。选定要复制的文件夹或文件，按下鼠标右键不松开，同时按下 Ctrl 键不放，将选定的文件夹或文件拖动到目标文件夹上，被拖动的图标下边显示“+ 复制到 × × ×”。松开鼠标右键和 Ctrl 键，此时显示快捷菜单，单击“复制到当前位置”，就完成了复制操作。

· 使用“复制到”命令。“复制到”是一个集复制与粘贴一体的操作。首先选定要复制的文件夹或文件，在“主页”选项卡中单击“复制到”下拉按钮，显示下拉列表，列表中列出了常用的文件夹。如果列表中有目标文件夹，则单击该文件夹；如果没有，则单击列表底部的“选择位置”。弹出“复制项目”对话框，浏览到目标驱动器或文件夹，单击“复制”按钮。

· 使用“发送到”命令。如果要把选定的文件夹或文件复制到 U 盘等移动存储器中，最简便的方法是右键单击选定的文件夹或文件，单击快捷菜单中的“发送到”子菜单中的移动存储器选项。

· 复制路径。复制路径是把所选项目的路径复制到剪贴板，而不是文件本身。单击“主页”选项卡“剪贴板”组中的“复制路径”，可以把路径字符串粘贴到任何位置，非常实用。

5. 撤销或恢复上次的操作

当操作错误，例如复制了不该复制的文件，删除了不该删除的文件夹，错误的重命名等操作，想要撤销刚刚的操作时，就可以使用撤销功能。如果执行撤销后发现刚才的操作没有错，需要恢复到撤销前的状态，可以使用恢复功能。

（1）用快捷键执行撤销或恢复操作

· 用快捷键执行撤销。发现刚才的操作错误时，按 Ctrl+Z 组合键则撤销刚才的操作。

· 用快捷键执行恢复。如果想回到执行撤销操作前的状态，按 Ctrl+Y 组合键恢复。

（2）用文件资源管理器执行撤销或恢复操作

默认情况下，文件资源管理器上并不显示“撤销”或“恢复”工具按钮，可以将其显示在文件资源管理器窗口左上角的快速访问工具栏上。设置方法是单击快速访问工具栏右端的“自定义快速访问工具栏”下拉按钮，显示下拉菜单，选中“撤销”和“恢复”，如图 2-38 所示，这时“撤销”和“恢复”图标按钮将出现在工具栏中。在需要执行撤销或恢复时，可以单击“撤销”或“恢复”图标按钮。

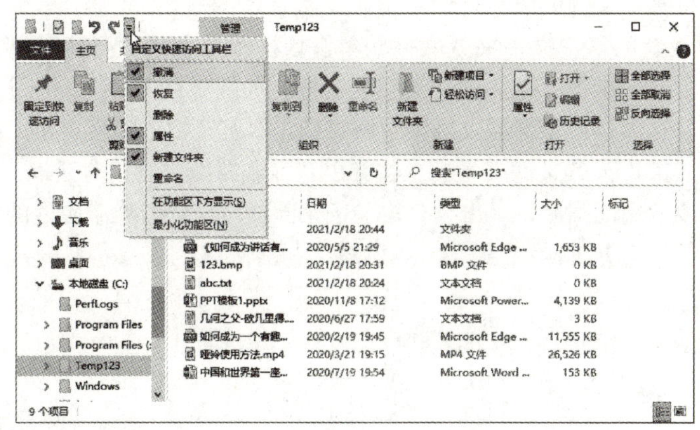

图 2-38　“自定义快速访问工具栏”下拉菜单

6. 移动、剪切文件夹或文件

移动是把一个文件夹中的文件夹或文件移到另一个文件夹中，原文件夹中的内容不再存在，都转移到新文件夹中。所以，移动也就是更改文件在计算机中的存储位置。

剪切与移动的功能相同，剪切是先把文件夹或文件复制到剪贴板中，并将源文件夹或文件标记为剪切状态，然后使用粘贴功能把剪贴板中的文件夹或文件粘贴到目标位置，同时删除源文件夹或文件。

可以采用下面方法之一移动、剪切文件夹或文件。

· 用鼠标左键拖动实现移动。先选定要移动的文件夹或文件，按下鼠标左键不松开，同时按下 Shift 键不放，将选定的文件夹或文件拖动到目标文件夹上，被拖动的图标下边显示“移动到 ×××”，然后松开鼠标左键和 Shift 键。

在同一磁盘驱动器的各个文件夹之间拖动对象时，Windows 默认为移动对象。在不同磁盘驱动器之间拖动对象时，Windows 默认为复制对象。为了在不同的磁盘驱动器之间移动对象，可以在拖动项目时按下 Shift 键不放。

· 用鼠标右键拖动实现移动。先选定要移动的文件夹或文件，按下鼠标右键不松开，同时按下 Shift 键不放，将选定的文件夹或文件拖动到目标文件夹上，被拖动的图标下边显示“移动到 ×××”，然后松开鼠标右键和 Shift 键。此时显示显示快捷菜单，单击“移动到当前位置”，就完成了移动操作。

· 用“移动到”下拉列表实现移动。首先选定要移动的文件夹或文件，在“主页”选项卡中单击“移动到”下拉按钮，显示下拉列表，列表中列出了最近使用过的文件夹。如果列表中有目标文件夹，则单击该文件夹；如果没有，则单击列表底部的“选择位置”。弹出“移动项目”对话框，浏览到目标驱动器或文件夹，单击“移动”按钮。

· 使用剪切实现移动。选定要移动的文件夹或文件，按 Ctrl+X 组合键（或单击右键快捷菜单中的“剪切”；或单击“主页”选项卡“剪贴板”组中的“剪切”）执行剪切，切换到目标驱动器或文件夹，按 Ctrl+V 组合键（或单击右键快捷菜单中的“粘贴”；或单击“主页”选项卡“剪贴板”组中的“粘贴”）执行粘贴，即可实现移动。

7. 设置文件夹或文件的属性、显示或隐藏文件夹或文件

文件夹或文件都有“只读”“隐藏”等属性，这是为文件夹或文件的安全而设置的，在默认情况下“隐藏”的文件夹或文件在文件资源管理器中不可见。

（1）设置文件夹或文件的属性

右键单击要设置的某个文件夹或文件，单击快捷菜单中的“属性”，在弹出的“属性”对话框的“常规”选项卡中，选中“隐藏”复选框，如图 2-39 所示。如果该文档是下载的，还会显示“安全”选项，可根据需要选中“解除锁定”复选框。最后单击“确定”按钮。如果设置的是含有子文件夹的文件夹属性，将弹出“确认属性更改”对话框，如图 2-40 所示，根据需要选择更改应用范围后，单击“确定”按钮，这时设置为隐藏属性的文件夹或文件将在文件资源管理器中不可见。

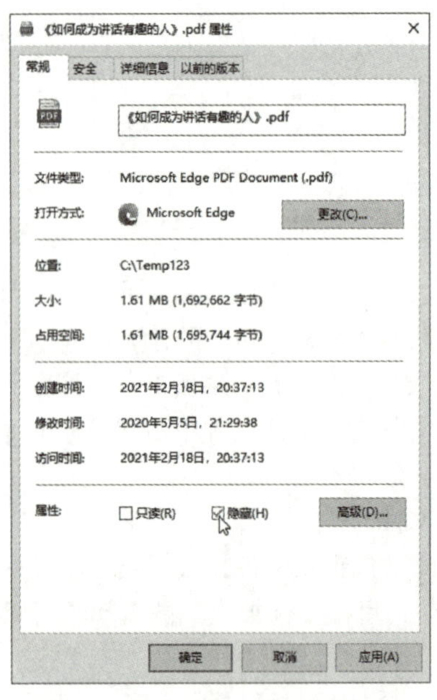

图 2-39 选中“隐藏”复选框

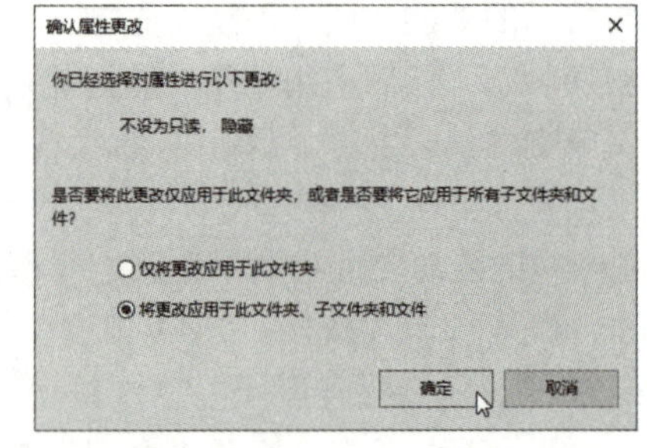

图 2-40 “确认属性更改”对话框

微视频：显示或隐藏文件夹或文件

（2）显示或隐藏文件夹或文件

Windows 默认不显示系统文件、具有隐藏属性的文件夹或文件，希望将其显示出来，则需要先在文件资源管理器中进行设置。

· 在“查看”选项卡“显示 / 隐藏”组中，选中“隐藏的项目”。在内容窗格中，系统文件、具有隐藏属性的文件夹或文件即可显示，其名称前的图标比正常情况下颜色淡了一些，如图 2-41 所示。如果取消选中“隐藏的项目”，则不显示系统文件、具有隐藏属性的文件夹或文件。

· 如需更详细设置文件夹或文件，可单击“查看”选项卡中的“选项”按钮。弹出“文件夹选项”对话框，单击“查看”选项卡，如图 2-42 所示，在“高级设置”列表框中，通过“隐藏受保护的操作系统文件（推荐）”复选框，“隐藏文件和文件夹”下的单选钮，“隐藏已知文件类型的扩展名”复选框来进行详细设置。

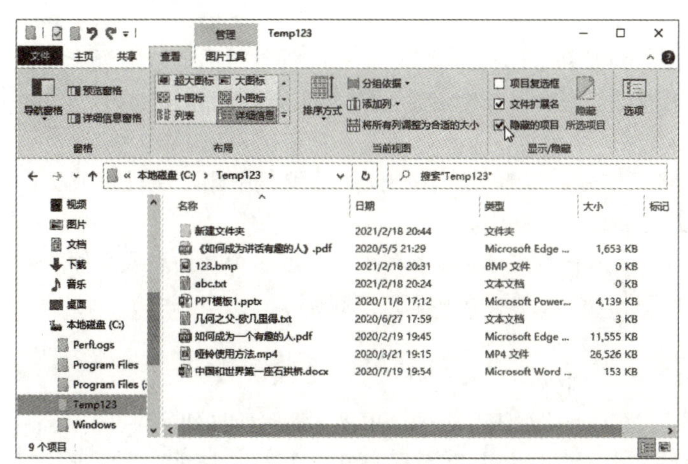

图 2-41　“查看”选项卡的“显示 / 隐藏”组

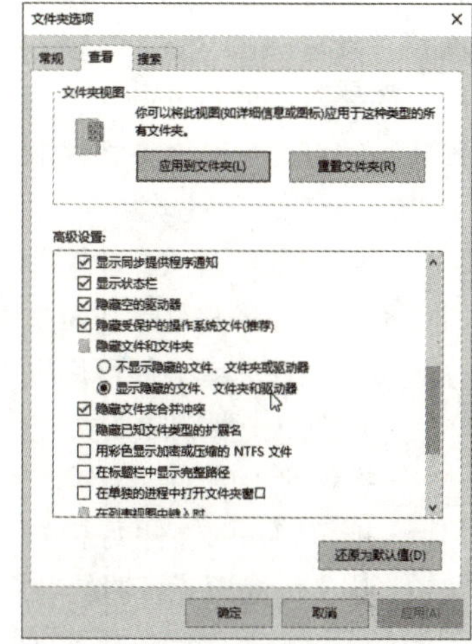

图 2-42　“查看”选项卡

8. 打开文件夹或文件

可以打开 Windows 中的文件夹或文件以执行各种任务。

（1）打开文件夹

在文件资源管理器中可用几种方法打开文件夹：在导航窗格中单击该文件夹名称；或者在内容窗格中双击该文件夹名称；或者选定需要打开的文件夹，在“主页”选项卡“打开”组中，单击“打开”，将在文件资源管理器中打开该文件夹，显示该文件夹中的内容。

（2）打开文件

若要打开文件，必须已经安装与此文件关联的应用程序。通常，该应用程序也创建了该文件。

· 双击要打开的文件，将使用默认应用程序打开该文件。双击文件时，如果该文件尚未打开，默认相关联的应用程序会自动将其打开。

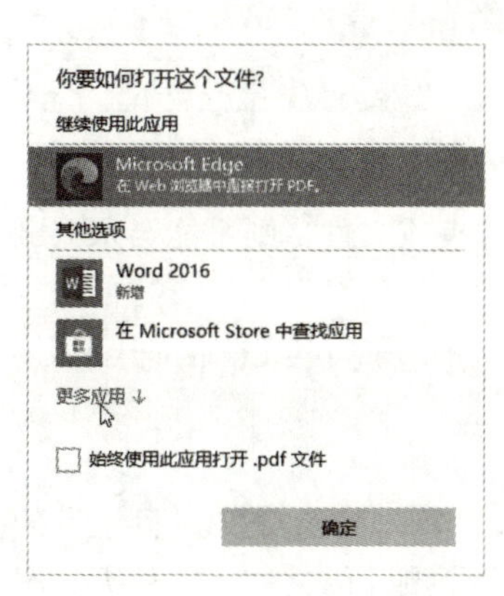

图 2-43　“你要如何打开这个文件？”对话框

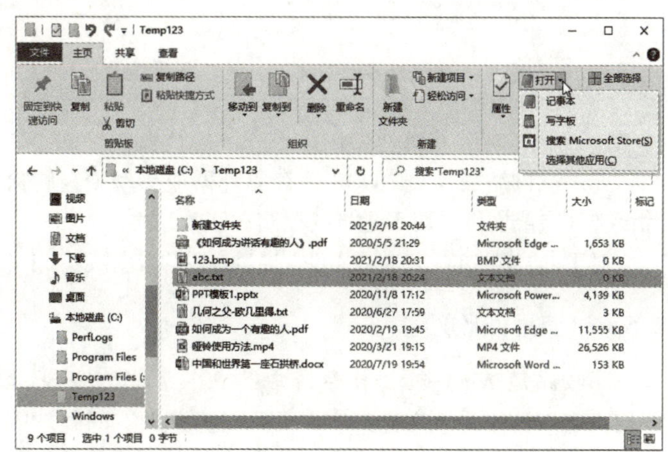

图 2-44　“打开”下拉列表

如果无法关联应用程序，将弹出“你要如何打开这个文件?”对话框，如图 2-43 所示，选择相应的应用程序，单击“确定”按钮。将用选择的应用程序打开该文件。

· 若要使用其他应用程序打开文件，在“主页”选项卡中“打开”组中，单击“打开”右侧的下拉按钮▾，在下拉列表中单击需要使用的应用程序，如图 2-44 所示。

· 右键单击该文件，在快捷菜单中单击“打开方式”，在弹出的“你要如何打开这个文件?”对话框中进行相应选择。

如果双击要打开的文件后弹出“需要新应用打开此 .××× 文件”对话框，则可能需要安装能够打开这种类型文件的应用程序，或者另外指定需要使用的应用程序。

9. 删除文件夹或文件

不需要的文件夹或文件可以将其删除，以释放存储空间。从硬盘中删除文件夹或文件时，不会立即将其删除，而是将其存储在回收站中。

删除文件夹或文件可用以下方法之一：首先选定要删除的一个或多个文件夹或文件。

· 右键单击要删除的文件夹或文件，在快捷菜单中单击“删除”。

· 按键盘上的 Delete 键。

· 把要删除的文件夹或文件拖动到“回收站”中。

· 在文件资源管理器的“主页”选项卡“组织”组中，单击“删除”按钮。

· 若要永久删除文件夹或文件，而不是先将其移至回收站，单击“主页”选项卡“组织”组中的“删除”下拉按钮，从下拉列表中单击“永久删除”命令，如图 2-45 所示。

· 永久删除文件夹或文件也可按 Shift+Delete 组合键来实现。

执行上述操作后，将显示确认执行永久删除操作的对话框，如图 2-46 所示。

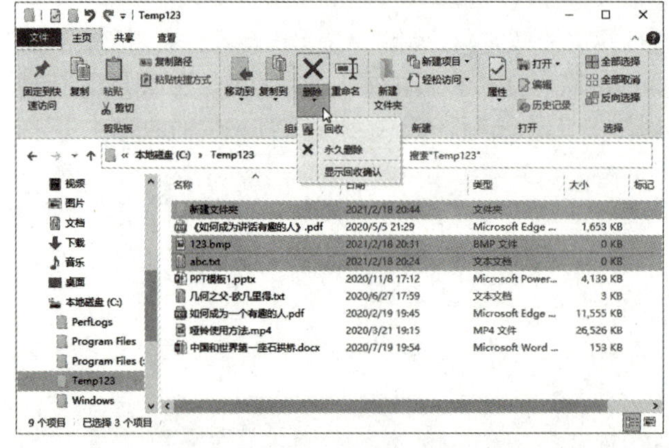

图 2-45 “永久删除”命令

图 2-46 确认执行永久删除操作的对话框

如果从网络文件夹、USB 闪存驱动器或移动硬盘删除文件夹或文件，则可能会永久删除该文件夹或文件，而不是将其存储在回收站中。

对于永久删除的文件夹或文件，通过专用的数据恢复工具软件，有可能将其完整或部分恢复。

2.5.4 使用回收站

回收站是 Windows 操作系统中的一个系统文件夹，默认在每个硬盘分区根目录下的 $RECYCLE.BIN 系统文件夹中，而且是隐藏的。回收站中保存了删除的文件、文件夹、图片、快捷方式和 Web 页等项目。当用户将某项目删除后，系统将其移到回收站中，实质上就是把它放到了这个文件夹，仍然占用磁盘的空间。这些被删除的项目将一直保留在回收站中，存放在回收站的项目可以恢复，只有在回收站里删除它或清空回收站才能使该项目真正地被删除，为硬盘释放存储空间。

1. 回收站的操作

（1）恢复回收站中的项目

在桌面上双击“回收站”图标，或者在导航窗格中单击“回收站”，在打开的“回收站”窗口中可执行以下操作。

· 恢复选定的项目：选定要恢复的文件、文件夹和快捷方式等项目，可以选中多个项目，然后在“回收站工具”选项卡“还原”组中，单击“还原选定的项目”按钮，如图 2-47 所示。或者右键单击选定的项目，从快捷菜单中单击“还原”。

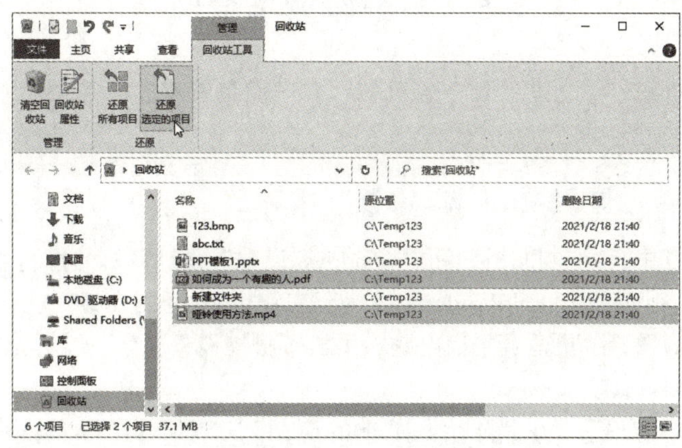

图 2-47 “还原选定的项目”按钮

· 还原所有项目：在“回收站工具”选项卡的“还原”组中，单击“还原所有项目”。

· 剪切：通过剪切回收站中的项目，然后用粘贴方式把回收站中的项目移动到目标位置。可以在选定项目后，按 Ctrl+X 组合键；或者右键单击选定的项目，在快捷菜单中单击“剪切”。然后导航到目标文件夹，按 Ctrl+V 组合键或在“主页”选项卡“剪贴板”组中单击“粘贴”。

（2）删除回收站中的项目

可以删除回收站中的某些项目或一次性清空回收站，可采用如下方法。

· 删除某些项目：选中要删除的项目，按 Delete 键，将弹出“删除文件”对话框，然后单击“是”。

· 删除所有项目：在“回收站工具”选项卡“管理”组中，单击“清空回收站”。弹出“删除多个项目”对话框，单击“是”。

· 若要在不打开回收站的情况下将其清空，在桌面上右键单击“回收站”图标，从快捷菜单中单击“清空回收站”。

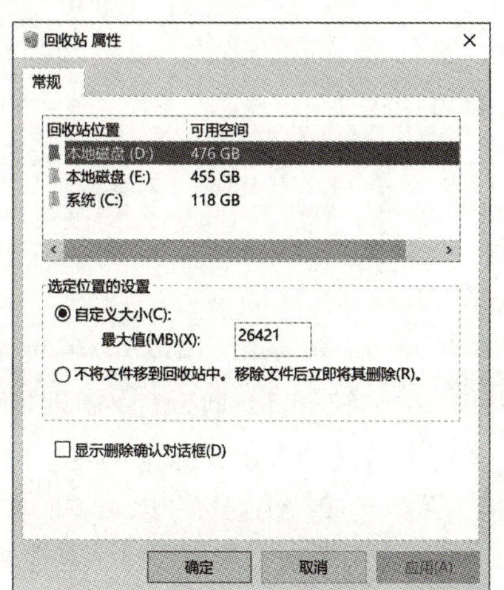

图 2-48 “回收站属性”对话框

2. 回收站的属性

在“回收站工具”选项卡“管理”组中，单击“回收站属性”，或者在桌面上右键单击“回收站”图标，在快捷菜单中单击“属性”。弹出“回收站属性”对话框，如图 2-48 所示。

·“回收站属性”对话框中的列表框：显示了各硬盘分区根目录下的回收站文件夹位置以及所在硬盘分区的可用空间容量。

·自定义大小：设置回收站占用的磁盘空间容量，单位 MB。注意，回收站占用的最大容量值不能超过该磁盘分区的可用空间容量。

·不将文件移到回收站中：选中本项，将停止使用回收站，所有删除的文件将直接永久删除。

·显示删除确认对话框：选中本项，在每次删除文件时都将显示“删除文件”或“删除多个项目”对话框。

2.6 系统设置与管理

可通过“控制面板”“设置”“任务管理器”和“设备管理器”等来管理计算机的硬件和软件资源。

微视频：使用控制面板

2.6.1 “控制面板”与“Windows 设置”

在 Windows 10 中，“控制面板”和“Windows 设置”是计算机的控制中心，对计算机的设置可以通过“控制面板”和“Windows 设置”来实现。“控制面板”适合用鼠标操作的桌面模式，“Windows 设置”更适合平板电脑、手机等触控设备。

1. 打开“控制面板”

单击“开始”按钮，在“开始”菜单的应用列表中单击“Windows 系统”文件夹，在展开的列表中单击“控制面板”。“控制面板”窗口默认显示为“类别”视图，单击“查看方式”下拉按钮，在弹出的下拉列表中可选择控制面板中项目的查看方式，如图 2-49 所示。

图 2-49 “控制面板”的“查看方式”下拉列表

在“控制面板”中可以使用两种不同的方法找到项目。

·浏览。可以通过单击不同的类别（如外观和个性化、程序、轻松使用等）并查看每个类别下列出的常用任务来浏览“控制面板”项目。或者在“查看方式”下拉列表中，单击“大图标”或“小图标”以查看所有“控制面板”项目的完整列表。

·使用搜索。若要查找感兴趣的设置或要执行的任务，可在搜索文本框中输入单词或短语。例如，输入“声音”可查找到与系统声音、系统音量、声卡、音频设备的设置有关的特定任务。

2．打开“Windows 设置”

在“开始”菜单系统功能列表中单击“设置”；或在任务栏右端的通知区中单击“通知中心”，在“通知中心”窗格中单击“所有设置”；或按 Windows 键+I 组合键。打开“Windows 设置”窗口，如图 2-50 所示。可以在“查找设置”搜索文本框中输入要进行设置的关键词来打开该设置，或者浏览列表选择相应设置选项。

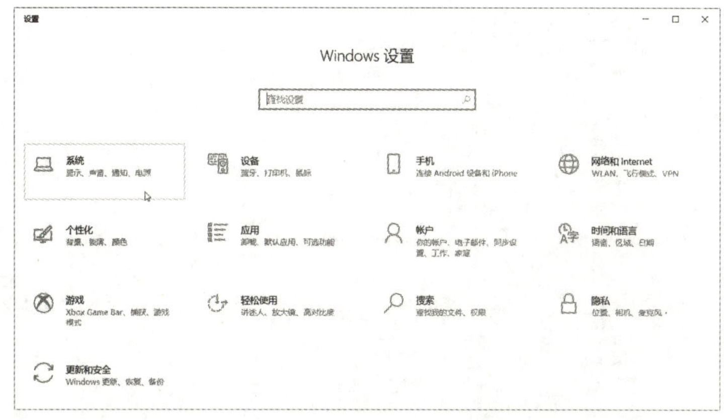

图 2-50　“Windows 设置”窗口

2.6.2　查看计算机的基本信息

在使用 Windows 10 操作系统的过程中，通过查看系统信息可以对计算机的硬件设备等有一个大概的了解。在“控制面板”的小图标视图中，单击“系统”；或者打开“文件资源管理器”，在左侧的导航窗格中，右键单击“此电脑”，在显示的快捷菜单中单击“属性”。上述操作都将显示“系统”窗口，在右侧“关于”窗格中可以查看有关计算机的基本信息，如图 2-51 所示，包括：

· 设备规格。设备名称、处理器等。单击“重命名这台电脑”可以更改设备名称。

· Windows 规格。列出计算机上运行的 Windows 版本信息。

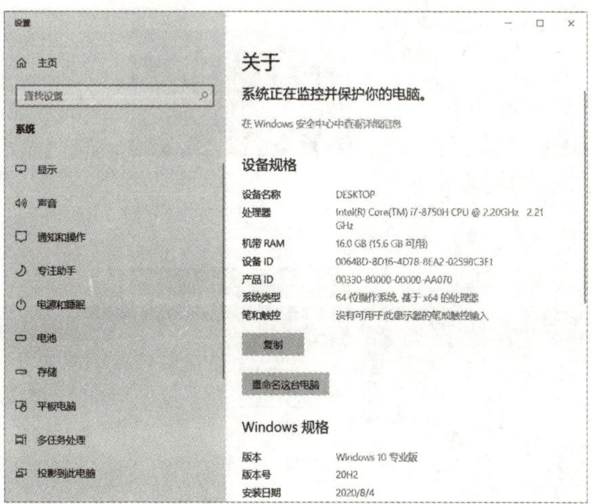

图 2-51　“关于”窗格

微视频：设置显示

2.6.3 设置显示属性

显示属性包括显示分辨率、文本大小、连接到投影仪等。鼠标右键单击桌面，在快捷菜单中单击“显示设置”；或者在“设置”窗口中单击“系统”。上述操作都将显示“显示”窗格，如图 2-52 所示。可以在“显示”窗格中设置与显示属性相关的项目。

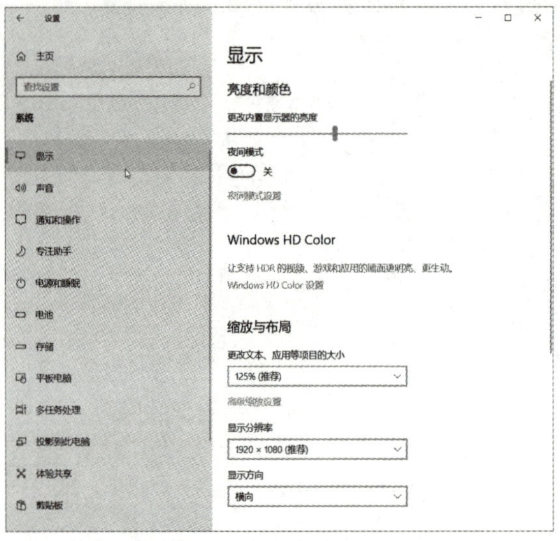

图 2-52 “显示”窗格

2.6.4 设置个性化

可对桌面、菜单、窗口等环境对象具有进行个性化设置，包括桌面背景、窗口颜色、声音方案和屏幕保护程序等，某些主题也可能包括桌面图标和鼠标指针。在“Windows 设置”窗口中，单击“个性化”；或者右键单击桌面空白区域，在快捷菜单中单击“个性化”。上述操作都将显示“个性化”窗口的“背景”窗格，如图 2-53 所示。

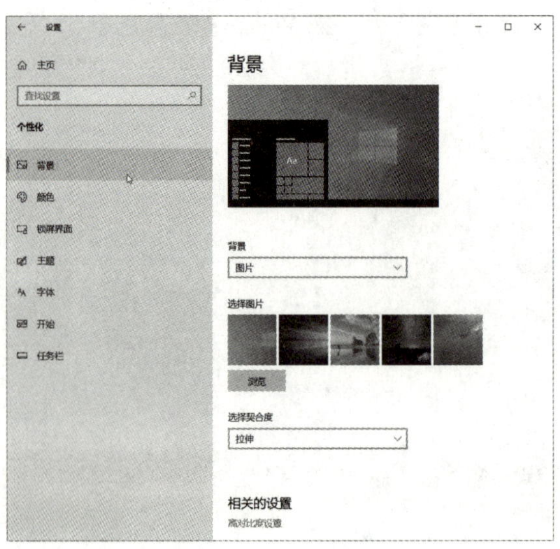

图 2-53 “背景”窗格

1. 桌面背景

在“背景”窗格中，可以设置桌面背景的样式。在“背景”下拉列表中可选择“图片”“纯色”或“幻灯片放映”。单击“选择图片”区中的图片，可以把选中的图片设置为桌面背景。单击“浏览”可以从计算机中选取其他图片作为桌面背景。在“选择契合度”下拉列表中选择图片在桌面上的排列方式，包括“填充”“适应”“拉伸”“平铺”“居中”“跨区”。其中“跨区”是 Windows 10 的新增选项，如果计算机连接两台或多台显示器，跨区则将图片延伸到辅助显示器的桌面中。

2. 锁屏界面

锁屏界面就是当注销当前账户、锁定账户、屏保时显示的界面，锁屏是保护用户计算机的隐私安全，又可以在不关机的情况下省电的待机方式。“锁屏界面”窗格如图 2-54 所示。

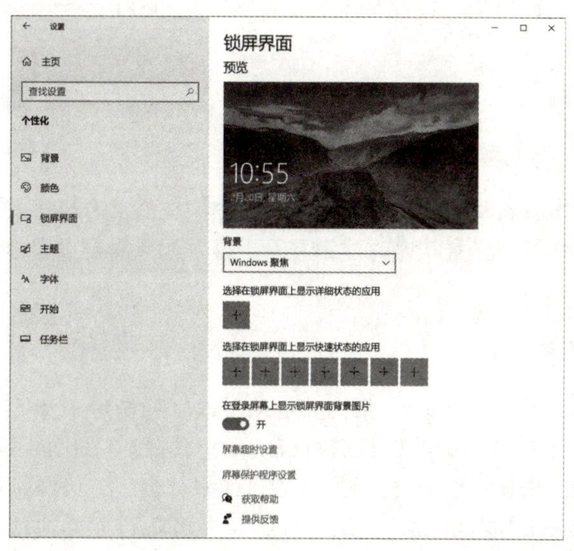

图 2-54 “锁屏界面”窗格

① 背景：在“背景”下拉列表中可以选择“Windows 聚焦”“图片”“幻灯片放映”，默认选择“Windows 聚焦”，当锁定屏幕后，系统会向用户随机推送一些绚丽的壁纸，并征求用户是否喜欢的反馈意见，单击“喜欢!”将继续保留当前壁纸，而“不喜欢?”则会自动更换新壁纸。这些壁纸不固定存放在计算机中，而是会在新的壁纸出现后将前面的壁纸自动删除。

② 选择显示详细状态的应用：在锁屏界面上显示一个应用的详细状态，主要是为移动终端而设置，如天气、日历等，默认显示“日历”。

③ 屏幕超时设置：单击“屏幕超时设置”，显示“电源和睡眠”窗格，如图 2-55 所示，在“屏幕”下可设置经过多长时间不操作计算机将关闭显示器；在“睡眠”下可设置经过多长时间不操作计算机将进入睡眠状态。

④ 屏幕保护程序设置：屏幕保护程序是在指定时间内没有使用鼠标、键盘或触屏时，出现在屏幕上的图片或动画。若要停止屏幕保护程序并返回桌面，只需移动鼠标、按任意键或触屏。Windows 10 提供了多个内置的屏幕保护程序，还可以使用保存在计算机上的个人图片来创建个性化的屏幕保护程序，也可以从网站上下载屏幕保护程序。在“锁屏界面”窗格中单击“屏幕保护程序设置”，显示“屏幕保护程序设置”对话框，如图 2-56 所示，在“屏幕保护程序”下拉列表中，单击要使用的屏幕保护程序。在“等待”数值选择框中可键

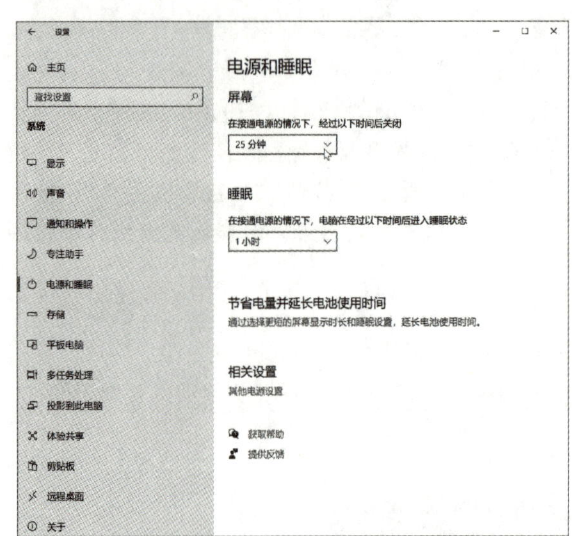

图 2-55 “电源和睡眠”窗格

图 2-56 “屏幕保护程序设置”对话框

入或选择用户停止操作后启动屏幕保护的时间，选中“在恢复时显示登录屏幕”复选框可在系统从屏幕保护状态恢复到正常状态时显示登录屏幕。如果需要设置电源管理，可单击“更改电源设置”。

2.6.5 管理应用程序

应用程序（Application Program）指为完成某项或多项特定工作的计算机程序，它运行在用户模式，可以和用户进行交互，具有可视的用户界面。应用程序与应用软件的概念不同。应用软件（Application Software）是按使用目的来分类的，可以是单一程序或其他从属组件的集合，例如 Microsoft Office。应用程序指单一可执行文件或单一程序，例如 Word、Photoshop。一般视程序为软件的一个组成部分。日常中非专业人员往往不将两者进行区分，统称为软件。

在 Windows 系统中，应用程序的扩展名为 .exe、.com 或 .dll。在 Mac OS X 下，应用程序的扩展名一般为 .app。App 是 Application（应用）的简称，App 是随着 iPhone 等智能手机的流行而出现的对智能手机应用程序的称呼。App 通常专指智能手机上的第三方应用程序。

1. 安装应用程序

· 从硬盘、U 盘、局域网安装程序的步骤。在文件资源管理器中浏览到应用程序的安装文件所在的位置，双击打开安装文件（文件名通常为 Setup.exe 或 Install.exe）。一般出现安装向导，然后按照屏幕上的提示进行操作就能完成安装。

· 从 Internet 安装程序的步骤。在 Web 浏览器中，单击指向程序的链接。执行下列操作之一：若要立即安装程序，单击“打开”或“运行”，然后按照屏幕上的提示进行操作。若要以后安装程序，单击“保存”，然后将安装文件下载到计算机上。做好安装该程序的准备后，双击该文件，并按照屏幕上的提示进行安装。这是比较安全的方法，因为可以在安装前扫描安装文件中的病毒。

2. 卸载或更改应用程序

正常安装的应用程序，通常在“开始”菜单应用列表的该程序文件夹中有一个卸载程序，称为“卸载 × × ×”，执行卸载程序将删除安装到系统中的该应用程序，并作清理系统环境等操作。不能在文件资源管理器中直接删除应用程序的文件和文件夹，在“开始”菜单中删除其快捷方式也没有真正删除该程序。但是，有些应用程序在“开始”菜单应用列表的该程序文件夹中没有提供卸载程序，这时就要用到以下两种卸载应用程序的方法。

· 在“Windows 设置”窗口中单击“应用”，显示“应用和功能”窗格，如图 2-57 所示。在应用程序列表中单击需要卸载的程序名称，显示“修改”和“卸载”按钮，单击“卸载”按钮，然后根据提示做相应操作。

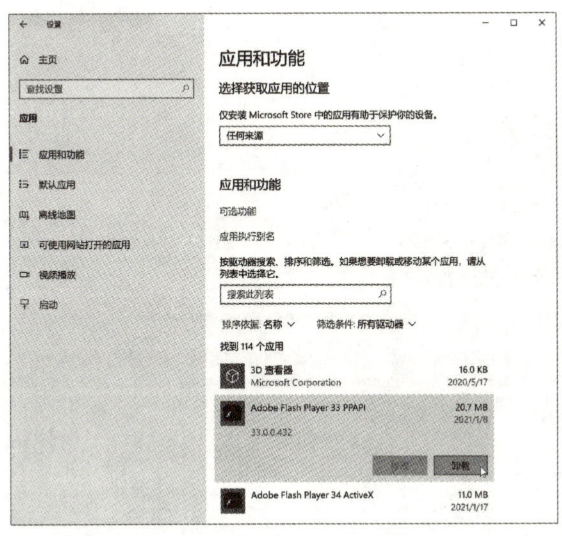

图 2-57　“应用和功能”窗格

· 在“控制面板”窗口“小图标”视图中单击“程序和功能”，打开“程序和功能”窗口。在程序列表中选择需要卸载的程序，在工具栏上单击出现的“卸载”按钮，如图 2-58 所示，然后按照提示操作就可以卸载程序。

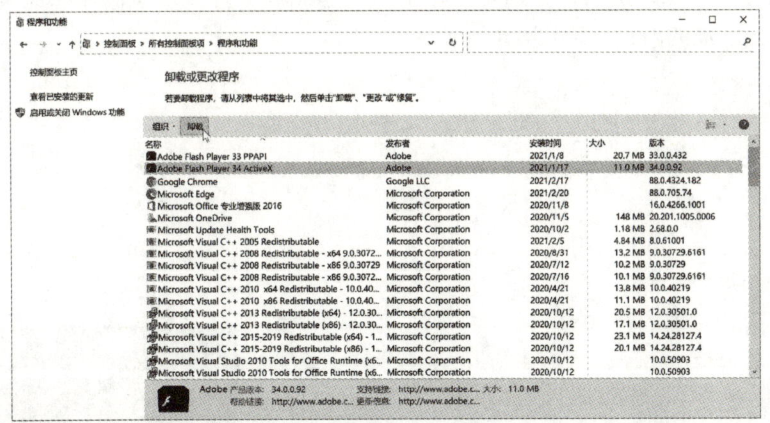

图 2-58　“卸载”按钮

除了卸载外，还可以更改或修复某些程序。单击“更改”“修复”或“更改 / 修复”(取决于所显示的按钮)，即可安装或卸载程序的可选功能。并非所有的程序都有“更改”“修复”或“更改 / 修复”按钮，许多程序只提供“卸载”按钮。

2.6.6 添加内置中文输入法及安装第三方的中文输入法

Windows 10 中内置了拼音、五笔输入法，称为内置输入法，安装第三方的中文输入法，可以获得更多的选择。

1. 添加内置中文输入法

在“Windows 设置”窗口中单击“时间和语言”，在窗口的左侧窗格单击“语言”，在右侧显示“语言”窗格，在“首选语言”中单击“中文（简体、中国）”下的“选项”按钮，如图 2-59 所示。

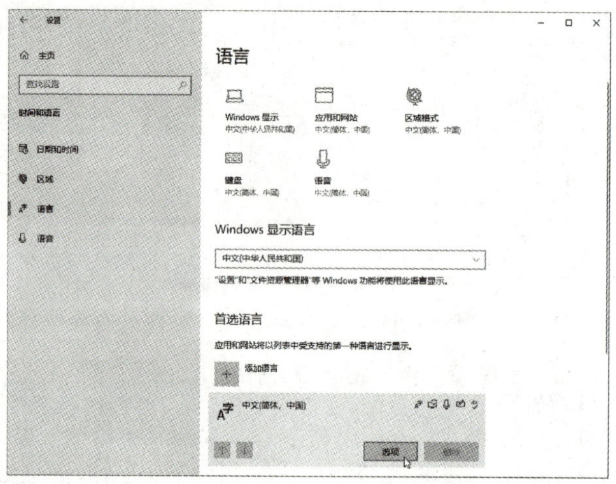

图 2-59 “语言”窗格

显示“语言选项：中文（简体，中国）”窗口，“键盘”下列出了已经安装的输入法。单击“添加键盘”，展开内置的输入法，内置有“微软拼音”“微软五笔”两种输入法，如单击“微软五笔”，如图 2-60 所示，即可添加“微软五笔”输入法。

添加内置中文输入法后，在通知区单击输入法图标，打开切换输入法列表，如图 2-61 所示，能看到添加的内置“微软五笔”输入法。

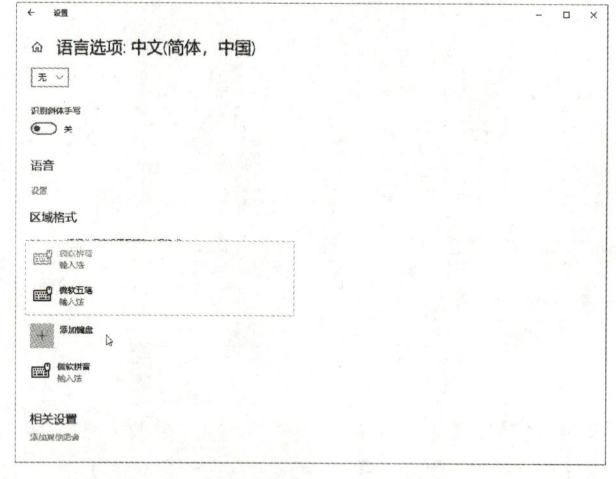

图 2-60 “语言选项：中文（简体，中国）”窗口

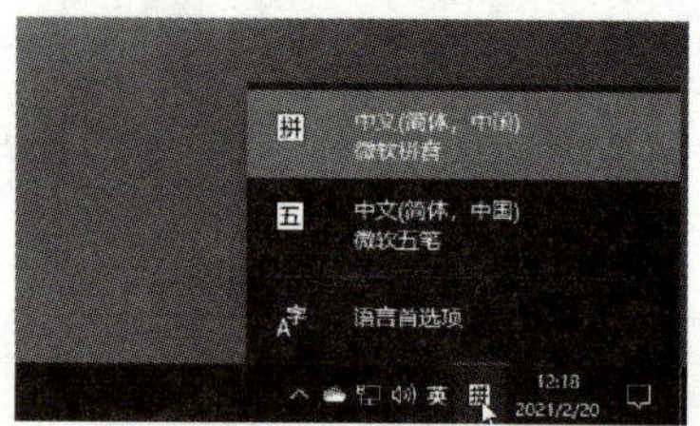

图 2-61 切换输入法列表

2. 安装第三方的中文输入法

微视频：安装其他输入法

中文有多种输入法，如果内置中文输入法无法满足需求，可以安装第三方的中文输入法，第三方的输入法需要下载才能安装。下面以安装手心输入法为例，介绍安装第三方中文输入法的方法。

① 打开浏览器，用搜索引擎找到“手心输入法”下载链接，把该输入法安装程序下载到本地硬盘。

② 双击下载的输入法安装程序文件，显示“用户账户控制”对话框，如图 2-62 所示，单击“是”。显示输入法安装向导的第一步，如图 2-63 所示，单击“立即安装”。显示安装进度，如图 2-64 所示。等待安装完成后，显示安装完成对话框，如图 2-65 所示，单击“完成”按钮。

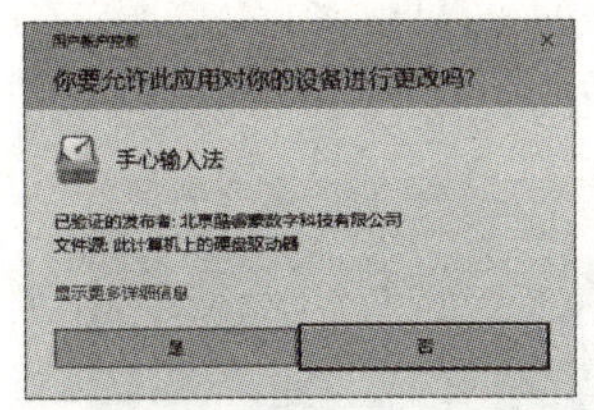

图 2-62　“用户账户控制”对话框

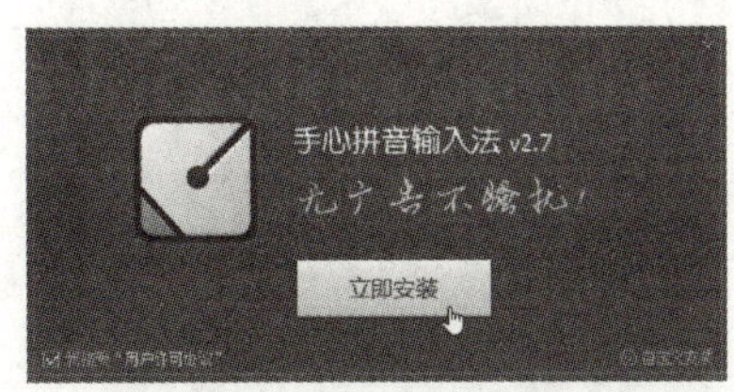

图 2-63　立即安装

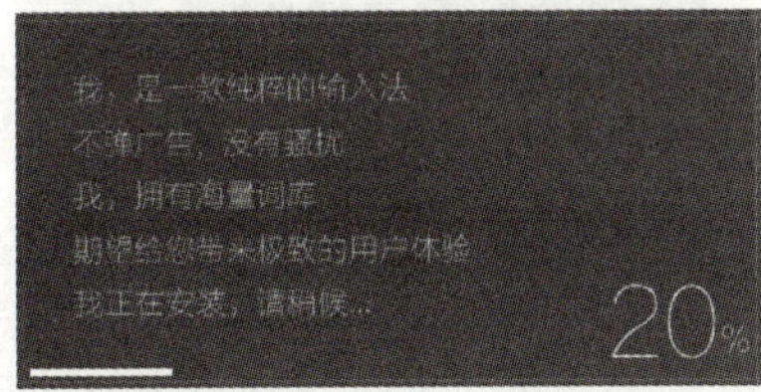

图 2-64　安装进度

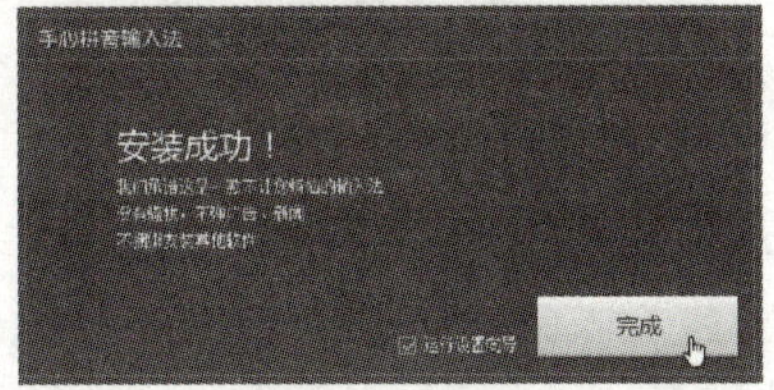

图 2-65　安装完成

③ 对输入法进行设置如图 2-66 所示。选择“全拼”还是“双拼”，这里选择一种快速的双拼输入法——自然码。在“皮肤字体大小”下拉列表中可选较大的字体，在“每页候选个数”下拉列表中选择一次显示候选字的个数。单击“下一步”按钮继续设置，显示设置皮肤步骤，如图 2-67 所示，选择一种皮肤样式，单击“下一步”。显示设置词库步骤，如图 2-68 所示，勾选需要安装的词库，单击“下一步”。显示完成步骤，如图 2-69 所示，可取消不需要的输入法，如果不需要微软五笔，则取消前面的复选框，单击“完成”按钮即可完成安装。

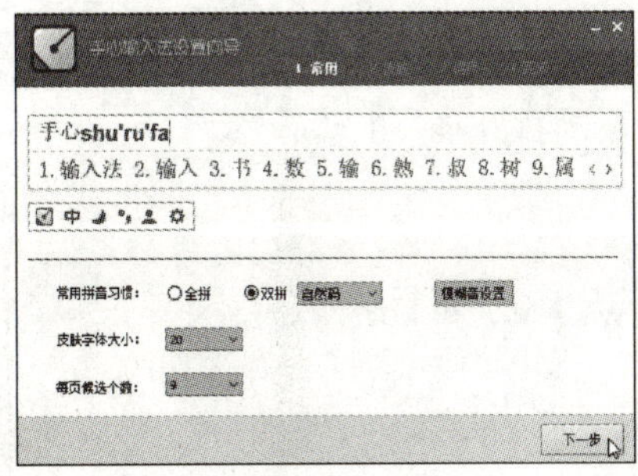

图 2-66　设置输入法

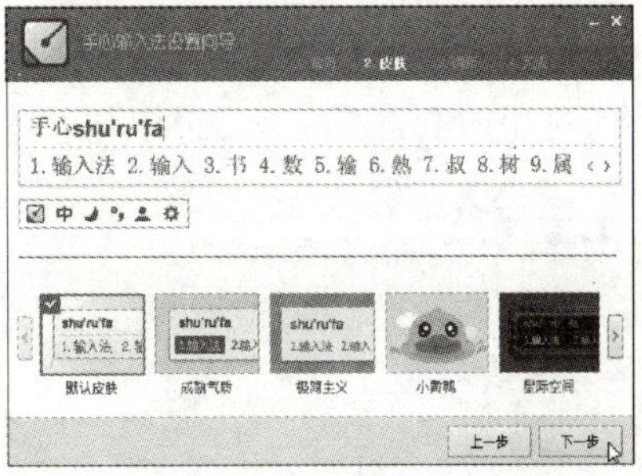

图 2-67　设置皮肤步骤

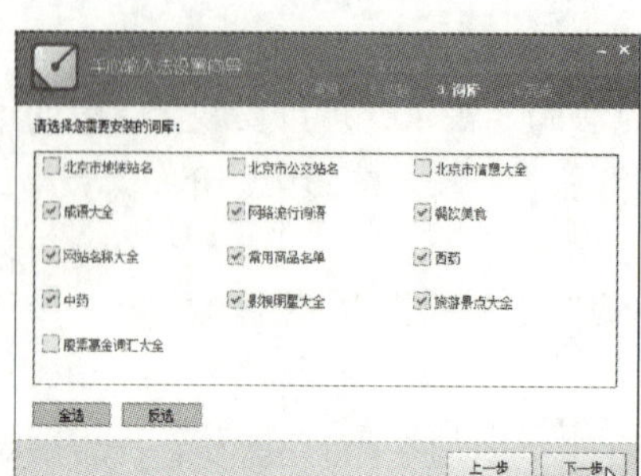

图 2-68 设置词库步骤

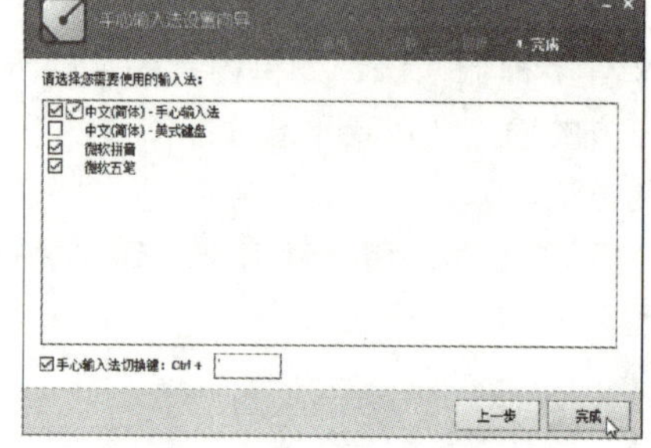

图 2-69 完成步骤

安装完成后，通知区中原来的微软输入法图标拼变为手心输入法图标，单击手心输入法图标，可以打开切换输入法列表，如图 2-70 所示。桌面上显示如图 2-71 所示的输入法工具栏，可以在输入法工具栏上单击各选项，设置常用的功能。

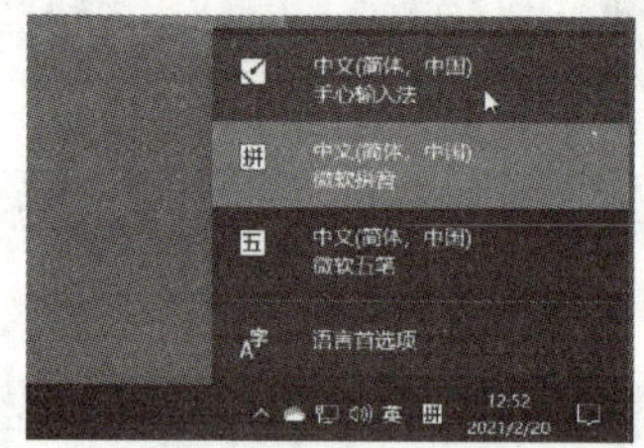

图 2-70 切换输入法列表

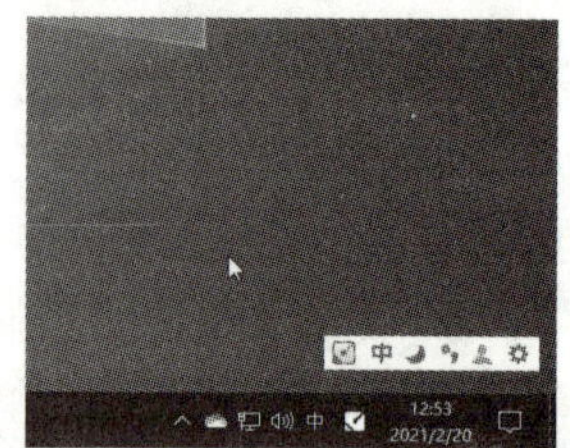

图 2-71 桌面上显示的输入法工具栏

3. 切换语言或输入法

如果安装了多个语言或输入法，用 Windows 键 + 空格键或单击通知区中的输入法图标，打开切换输入法列表，即可切换输入法。

用 Ctrl+ 空格键或者单击通知区中的语言图标，切换中英语言，如图 2-72 所示。

图 2-72 切换中英语言

如果只安装了一种中文输入法，则 Windows 键 + 空格键无效。只能用 Ctrl+ 空格键或者单击通知区中的语言图标，切换中英语言，且自动打开唯一的输入法。

微视频：连接无线网络

2.6.7 配置网络

现在常用的接入互联网的方式有：无线网（WLAN）和局域网（LAN）。

1. 连接无线网络

（1）首次连接无线网络

① 在 Windows 任务栏右端的通知区中，单击连接网络图标，展开网络列表，如图 2-73 所示，单击要连接 Wi-Fi 网络名称（如 map1600），显示“自动连接”复选框及“连接”

按钮，如图 2-74 所示，选中“自动连接”复选框并单击“连接”按钮。

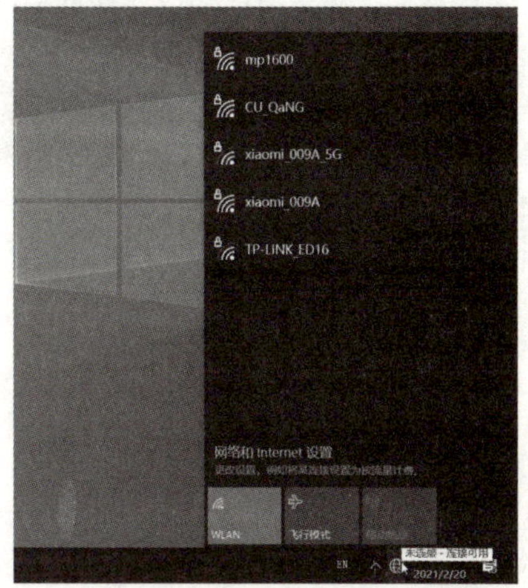

图 2-73　展开无线网络列表

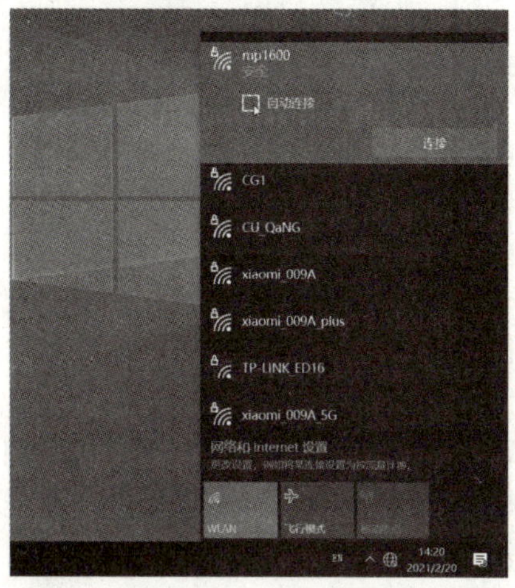

图 2-74　“自动连接”复选框及“连接”按钮

② 显示“输入网络安全密钥”文本框，在文本框中输入网络安全密钥，单击“下一步”按钮。如输入网络安全密钥正确无误，将连接到该无线网络，任务栏右端的通知区中显示无线网络图标。鼠标指针指向无线网络图标，可看到“Internet 访问”提示。

（2）默认无线网络的断开或连接

· 如果希望暂时断开无线网络，在 Windows 任务栏右端的通知区中，单击无线网络图标或网络图标，展开网络列表，单击“断开连接”按钮，如图 2-75 所示；或者单击通知中心图标，展开通知中心，如图 2-76 所示。单击“网络”按钮切换到无线网络列表，单击点亮的无线网络图标，使之熄灭，变为灰色。

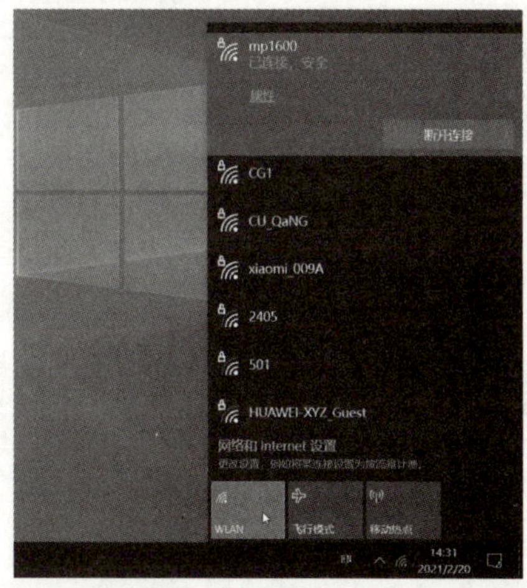

图 2-75　“断开连接”按钮

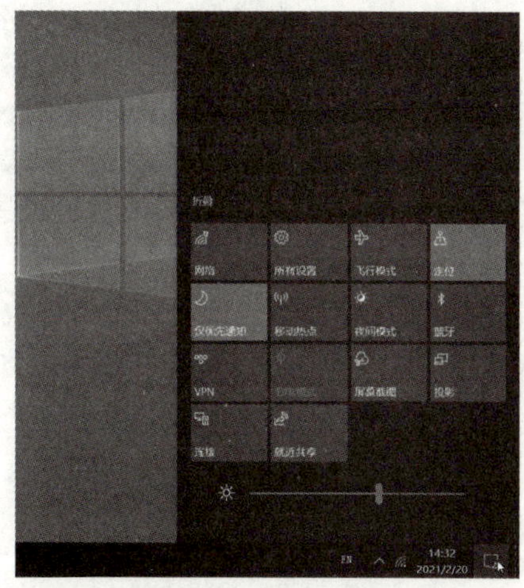

图 2-76　通知中心

· 如果希望再次接入无线网络，则单击连接网络图标，展开网络列表，选择需要连接的 Wi-Fi 网络并单击“连接”按钮；或者单击通知中心图标，展开通知中心。单击“网络”按钮切换到无线网络列表，单击灰色的无线网络图标，使之点亮，稍等片刻即自动连接到默认的无线网络。

“飞行模式”可以快速关闭计算机上的所有无线通信，包括无线网络、蓝牙、GPS 和近场通信（NFC）。若要启用飞行模式，选择任务栏上的无线网络图标或连接网络图标，然后单击“飞行模式”图标。

微视频：接入局域网

2. 接入局域网

许多学校、企业等单位均采用局域网方式接入互联网。如果是学校、企业等单位的局域网，一般不需要设置，插入双绞线的 RJ45 口就可接入局域网。

有些局域网需要手工设置 IP 地址、子网掩码、网关、DNS 等项目。例如，一台笔记本电脑网卡驱动程序已经安装完成，RJ45 口已经插好并接入局域网。配置内容如下：

IP 地址：192.168.12.7

子网掩码：255.255.255.0

默认网关：192.168.12.1

首选 DNS 服务器：202.96.64.68

备用 DNS 服务器：202.96.69.38

设置方法如下。

① 在桌面任务栏右端的通知区，单击网络图标，显示网络列表，单击“网络和 Internet 设置”。在“网络和 Internet”窗口显示“状态”窗格，如图 2-77 所示。

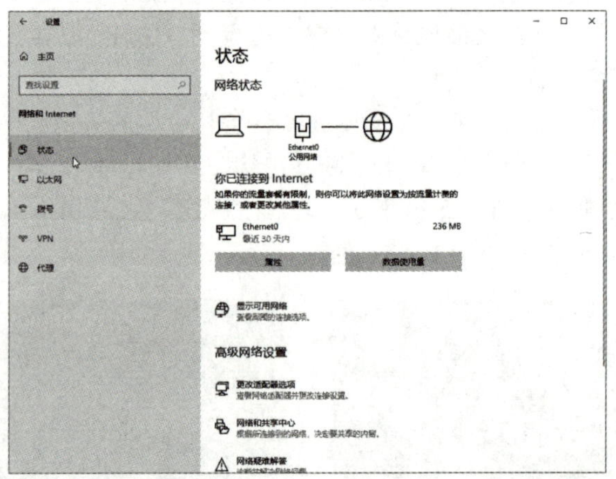

图 2-77 “状态”窗格

② 在左侧窗格中单击“以太网”，右侧显示“以太网”窗格，如图 2-78 所示。如果显示“未识别的网络　无 Internet”，则需要设置网络。在“相关设置”下，单击“更改适配器选项”。

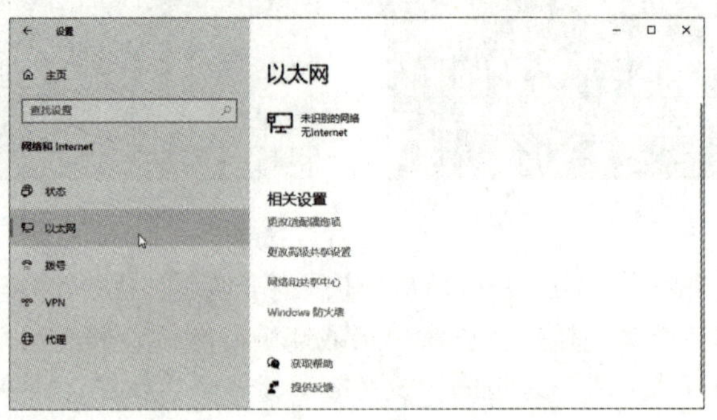

图 2-78 “以太网”窗格

③ 显示“网络连接”窗口，在该窗口中可以看到当前计算机与网络的连接情况，包括以太网卡、无线网卡的连接信息，如图 2-79 所示。鼠标右键单击“本地连接”，在快捷菜单中单击“属性”。

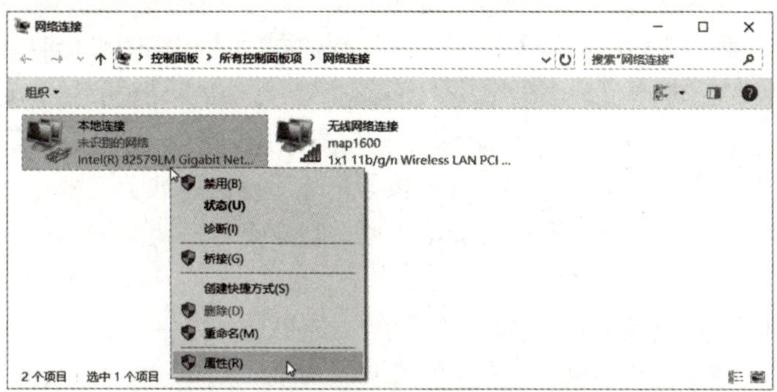

图 2-79 “网络连接”窗口

④ 打开“本地连接 属性”对话框，如图 2-80 所示。在“此连接使用下列项目”列表中，单击“Internet 协议版本 4（TCP/IPv4）”，再单击右下方的“属性”按钮。

⑤ 打开“Internet 协议版本 4（TCP/IPv4）属性”对话框，在“常规”选项卡中的项目包括 IP 地址、子网掩码、默认网关、DNS 服务器等，这些项目中的具体数字和选项，由网络用户的服务商或网络中心的网络管理人员提供，按照本例分配的配置内容进行配置，如图 2-81 所示。

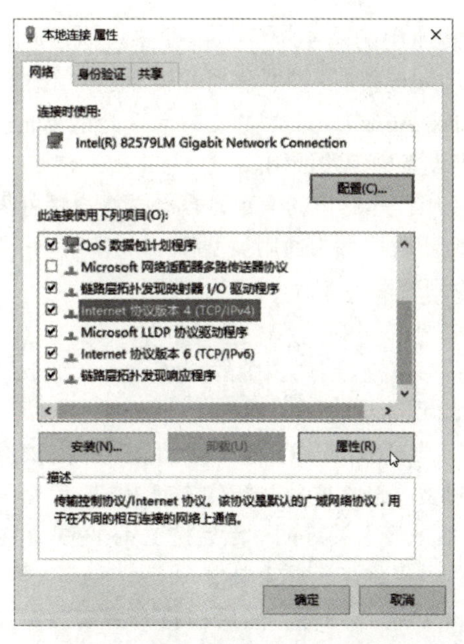

图 2-80 “本地连接 属性”对话框

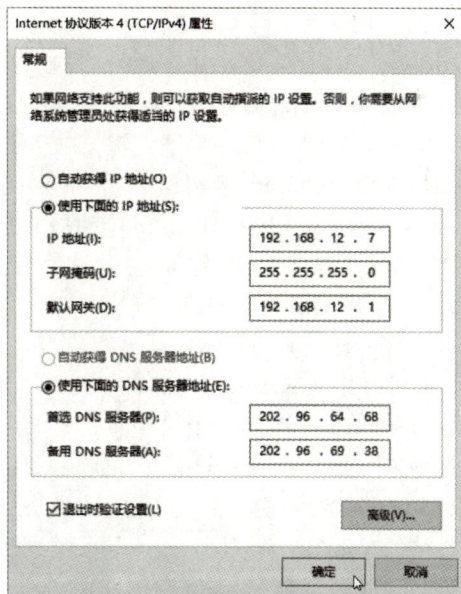

图 2-81 “常规”选项卡中的配置

依次单击“确定”按钮关闭打开的对话框。回到如图 2-79 所示的“网络连接”窗口，在窗口中可以看到网络已经连接到 Internet，完成局域网的接入。

现在许多单位或家庭中的路由器会自动分配 IP 地址，所以不用填写 IP 地址等，默认使用“自动获得 IP 地址”。也就是说，插入网线就可以用，不用再设置。

2.6.8 常用程序的使用

Windows 10 的应用程序有些集中在“Windows 附件”中，有些分列在“开始”菜单中。

1. 画图

打开“画图”程序的方法：单击“开始”按钮⊞，在“开始”菜单应用列表中单击“Windows 附件”，然后单击“画图”。

使用“画图”程序可以绘制、编辑图片，为图片加上文字说明，对图片进行裁剪、粘贴、翻转、拉伸、反色等操作。它的工具箱包括铅笔、颜色选取器、橡皮擦等工具，能完成常见的图片编辑功能。用它处理图片，简单方便，特别是对于初学者，很容易掌握。

2. 录音机

打开“录音机”程序的方法：单击“开始”按钮⊞，在“开始”菜单应用列表中单击“录音机”。

可以使用“录音机”来录制声音并将其作为音频文件保存在计算机上。若要使用“录音机”，计算机上必须装有声卡、扬声器、麦克风（或其他音频输入设备）。

2.6.9 应用商店

使用 PC 桌面模式，可以通过下载、硬盘、U 盘、光盘来安装应用程序。但是，如果要安装 Modern（适合平板、手机等触屏终端）应用程序，Windows 应用商店是安装 Modern 应用程序的唯一途径，应用商店中提供专用和通用两种类型的 Modern 应用程序。

1. 专用应用和通用应用

所谓专用应用，是指只能在唯一设备中安装使用的应用程序，也就是说对于收费的 Modern 应用程序，需要在 PC 和触屏终端的 Windows 应用商店中分别购买才能使用。而通用应用又称 Windows 通用应用（Windows Universal Apps），只要在某一个平台的 Windows 应用商店购买 Modern 应用程序，就可在其他平台设备中免费使用。

通用类型的 Modern 应用程序会根据屏幕或应用程序窗口的大小，自动选择合适的界面显示方式。Windows 10 操作系统自带的 Modern 应用程序都为通用类型程序。国内用户常用的 QQ、微信、淘宝、支付宝等应用，都是通用应用类型的 Modern 应用程序。

2. 安装 Modern 应用程序

单击任务栏或者“开始”屏幕，或者“开始”菜单应用列表中的“Microsoft Store”图标，即可打开 Windows 应用商店主页，如图 2-82 所示。

“Microsoft Store”目前有“主页”“游戏”“娱乐”“高效工作”和“促销品”5 个选项卡，每个选项卡网页中都会展示热门、推荐、免费、付费、最高评分、新品等列表。

如果要查找特定应用，可在右上角搜索文本框中输入关键词，然后按 Enter 键或单击搜索框右端的搜索图标⌕，则与输入的关键词匹配的结果将显示在窗口中。

如果要安装某个 Modern 应用程序，只需单击该应用图标，然后在打开的安装窗口中单击“获取”。显示安装窗口，单击“安装”按钮。安装完成后，单击“启动”按钮即可启动该应用，如图 2-83 所示。在“开始”菜单的应用列表中将显示该 Modern 应用程序图标。

对于付费 Modern 应用程序，安装时按照向导提示进行购买再安装即可。

图 2-82　Windows 应用商店主页

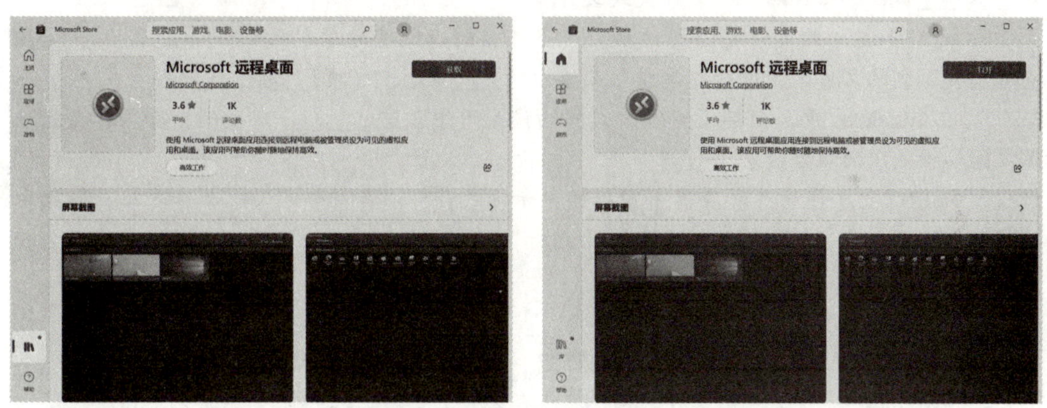

图 2-83　安装某个 Modern 应用程序

2.6.10　获取帮助

在使用计算机的过程中，可能会遇到计算机问题或不知如何操作的任务。若要解决此问题，就需要了解如何获取正确的帮助。

1. 获取 Windows 帮助和支持

单击“开始”按钮，在“开始”菜单的应用列表中单击“获取帮助”，在打开的“获取帮助”窗口中搜索问题并获取 Windows 帮助和支持。

2. 获取应用程序帮助

在应用程序的“帮助”菜单上，单击下拉列表中的“查看帮助”“帮助主题”或类似短语，或单击“帮助”按钮。还可以通过按 F1 键访问帮助，在几乎所有应用程序中，此功能键将打开“帮助”窗口。

3. 获取对话框和窗口帮助

除特定的应用程序帮助以外，有些对话框和窗口还包含有特定功能的帮助主题链接。如果看到圆形图标❓或内有一个问号的方形图标[?]，或者带下画线的彩色文本链接，单击可以打开帮助主题。

练习题

一、填空题

1. 操作系统是用来管理计算机________，控制计算机工作流程，并能方便________使用计算机的一系统程序的总和。

2. 选定多个不连续的文件夹或文件，应首先选定第一个文件夹或文件，然后按住____键，单击需要选定的文件夹或文件。

3. 在 Windows 中，将选择的对象复制到剪贴板所使用的组合键是________。

4. 在 Windows 文件资源管理器操作中，当打开一个子文件夹后，全部选中其内容的快捷是____。

5. Windows 窗口右上角具有最小化、最大化 / 向下还原和________三个按钮。

6. 选定多个连续的文件夹或文件，应首先选定第一个文件夹或文件，然后按住________键，单击最后一个文件夹或文件。

7. 选定要复制的文件夹或文件后，可选择“编辑”菜单中的____命令或者按____键，打开要复制到的文件夹，选择“编辑”菜单中的____命令或者按____键。

8. 在 Windows 中，中英文输入方式的切换是用组合键________实现的，要在各种输入法之间切换使用的组合键是________。

9. 可以改变文件资源管理器中图标的显示方式，可以在“查看”选项卡“布局”组中选择“超大图标”“大图标”“中图标”“小图标”“列表”“________”“平铺”或“内容”8 种方式之一。

二、简答题

1. 什么是操作系统？它有哪些基本功能？常用的操作系统有哪些？

2. 在 Windows 10 安装完成后，怎样才能在桌面上显示“此电脑”“网络”等图标？

3. 在 Windows 10 中如何打开窗口？如何移动窗口？如何关闭窗口？如何改变窗口大小？

4. 在 Windows 10 中如何选定单个文件夹或文件？如何选定多个连续的文件夹或文件？如何选定多个不连续的文件夹或文件？如何选定全部文件夹和文件？

5. 删除文件有哪些方法？

6. 文件夹重命名有哪些方法？

7. 在 Windows 10 中退出应用程序的方法有哪些？

8. 在 Windows 10 中切换应用程序窗口的方法有哪些？

三、上机操作题

1. 在 C:\ 中分别建立 Lx1、Lx2 和 Temp 文件夹。

在 Lx1 文件夹中新建一个名为 Book1.txt 的文本文档。再新建一个 Good 文件夹，把 Lx1 文件夹及其中的文件复制到 Good 文件夹中。把 Lx2 文件夹移动到 Good 文件夹中。

把 Lx2 文件夹设置为隐藏属性。

删除 Temp 文件夹。

2. 在 C:\ 中新建一个文件夹，命名为 user。

在 user 文件夹中新建一个文本文档，命名为 ABC.txt。

从其他文件夹中复制若干文件到 user 文件夹。

删除复制到 user 文件夹中除 A 开头的文件和文件夹。

从回收站中把刚删除的文件清除（如果回收站中有其他文件，其他文件不变）。

选择一个文件，将它隐藏起来。

显示隐藏的文件。

去除文件的隐藏属性，使它恢复原样。

第 3 章
网络基础与 Internet 应用

文本：第 3 章
学习目标

21 世纪的特征是数字化、信息化和网络化，21 世纪是一个以网络为核心的信息时代。当前的世界经济正在从工业经济向知识经济（Knowledge Based Economy）转变，知识经济中的两个重要特点就是信息化和全球化，要实现信息化和全球化就必须依靠完善的网络。因此网络已成为信息社会的命脉和发展知识经济的重要基础。

3.1 计算机网络概述

随着计算机网络的不断发展，计算机网络的体系结构、传输介质、网络设备等均已建立相应的标准，而这些标准促进了网络的健康发展。

3.1.1 计算机网络的概念

所谓计算机网络，是将地理位置不同并具有独立功能的多个计算机系统通过通信线路互联在一起，在网络软件的管理下实现资源共享和相互通信的系统。

1. 计算机网络的主要功能

（1）数据通信

数据通信是计算机网络最基本的功能之一。在计算机网络中可以实现计算机与计算机或计算机与终端之间的数据传输。数据通信主要包括电子邮件、传真、数据交换、远程登录、文件传输、信息浏览、信息查询以及电子商务等。

（2）资源共享

资源共享是计算机网络的重要功能。计算机资源包括硬件资源、软件资源和数据资源。资源共享是指网络中的各台计算机的资源可以相互通用，以提高计算机资源的利用率。

2. 计算机网络的发展历史

计算机网络的发展过程大致可划分为以下三个阶段：

第一阶段，以单台计算机为中心的远程联机系统，构成面向终端的“计算机网络”；这种方式只在计算机应用的早期使用过，现已基本上被淘汰。

第二阶段，以多台计算机通过通信线路互联的计算机网络，例如广泛流行的以太网就是以微型计算机组成的计算机网络。

第三阶段，具有统一的网络体系结构，遵循国际标准化协议的计算机网络，其典型应用是 Internet（因特网）。

3.1.2 计算机网络的组成结构

从资源构成的角度来看，计算机网络是由硬件和软件组成的。硬件包括各种主机、终端等用户端设备，以及交换机、路由器等通信控制处理设备。软件则由各种系统程序和应用程序以及大量的数据资源组成。

从逻辑功能的角度来看，计算机网络划分为资源子网和通信子网，如图 3-1 所示。

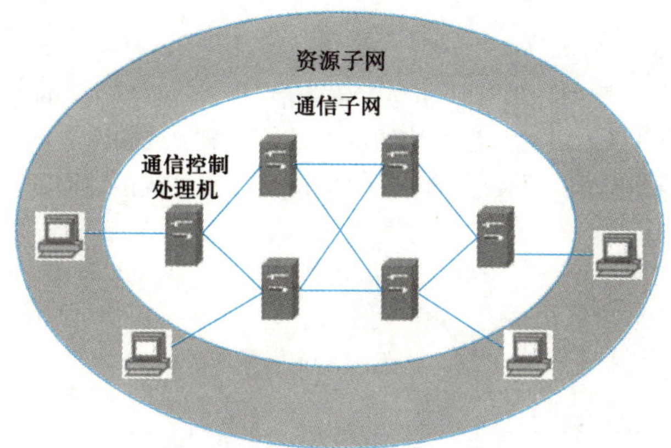

图 3-1　计算机网络划分为资源子网和通信子网

1. 计算机网络的分类

（1）按网络覆盖范围划分

① 局域网（Local Area Network，LAN）：在局部地区范围内的网络，它所覆盖的地区范围较小，大致在几米到几千米。一般由微型计算机通过高速通信线路相连。局域网在计算机数量配置上没有太多的限制，少的可以只有两台，多的可达几百台。局域网一般位于一栋建筑物或一个单位内。

② 城域网（Metropolitan Area Network，MAN）：是局域网的延伸，其作用范围一般在 10 千米到 100 千米。在一个大型城市或都市地区，一个 MAN 网络通常连接着政府机构、企业、公司等多个 LAN 网。由于光纤连接的引入，使 MAN 中高速的 LAN 互联成为可能。

③ 广域网（Wide Area Network，WAN）：其作用范围大致在几十千米到几千千米，也称为远程网。通过 WAN，任何不同地理位置的计算机节点之间均可以进行包括数据、语音、图像信号在内的通信。

（2）按通信介质划分

① 有线网：采用双绞线（低速）、同轴电缆（低速）、光纤（高速）等物理介质进行数据传输的网络。

② 无线网：采用无线电波（微波及卫星等形式）进行数据传输的网络。

2. 计算机网络的拓扑结构

计算机网络的拓扑结构是指构成网络的节点（例如计算机、工作站）和连接各节点的数据链路（例如传输线路）所组成的图形形状。计算机网络的拓扑结构主要有星状、环状、总线型、网状、树状、混合型、蜂窝状等结构。

（1）星状结构

星状结构是最早的通信网络的拓扑结构，其中每个节点通过传输线路与主控服务器相连，相邻节点之间的通信必须通过主控服务器的控制进行。星状结构属于集中控制方式的结构，其优点是结构简单，易于增加节点计算机；其缺点是可靠性差，一旦主控服务器发生故障，将造成整个网络系统的瘫痪。星状结构如图 3-2 所示。

（2）环状结构

网络中的各个节点连接到一个闭合的环路上，传输信息沿环路传递，由目的节点接收。

环状结构的优点是简单、成本低；缺点是可靠性差，任一节点发生故障都将导致网络的瘫痪。环状结构如图 3-3 所示。

（3）总线型结构

网络中的各个节点均由一根总线相连，传输信息可沿两个不同的方向由一个节点传向另一个节点，如图 3-4 所示。总线型结构的优点是易于增加或卸除节点计算机，系统可靠性高，某节点计算机发生故障，不会影响整个网络的运行。总线型结构是目前局域网普遍采用的拓扑结构形式。

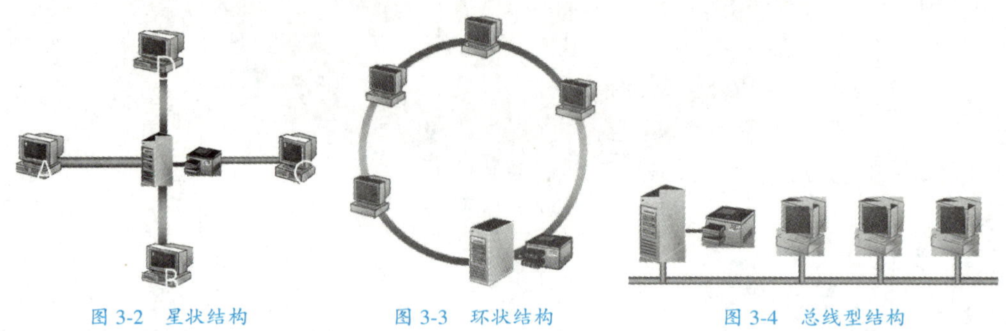

图 3-2　星状结构　　图 3-3　环状结构　　图 3-4　总线型结构

（4）网状结构

网络中的各节点通过传输线互联在一起，并且每一个节点至少与其他两个节点相连，如图 3-5 所示。网状结构具有较高的可靠性，但其结构复杂，实现起来费用较高，不易管理和维护。

（5）树状结构

树状结构是一种分级结构，如图 3-6 所示。在树状结构的网络中，任意两个节点之间不产生回路，每条通路都支持双向传输。这种结构的特点是扩充方便、灵活，成本低，易推广，适合于分主次或分等级的层次型管理系统。

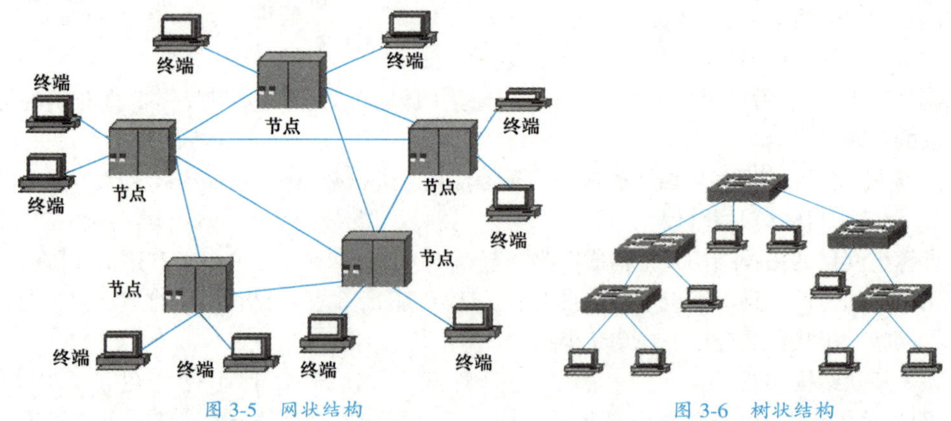

图 3-5　网状结构　　图 3-6　树状结构

（6）混合型结构

混合型结构可以是各种网络结构的组合，也可以是点一点相连结构的网络。

（7）蜂窝状结构

蜂窝状结构是无线局域网中常用的结构。它以无线传输介质（微波、红外线、激光等）来实现点到点和多点传输为特征，是一种无线网，适用于城市网、校园网、企业网。

3．传输介质

（1）有线传输介质

在两个通信设备之间实现的物理连接部分，能将信号从一方传输到另一方。有线传输介质包括双绞线、同轴电缆和光纤。双绞线和同轴电缆传输电信号，光纤传输光信号。

① 双绞线。由两条互相绝缘的铜线组成，其典型直径为 1 mm。两条铜线拧在一起，可以减少邻近的干扰，如图 3-7 所示。双绞线既可传输模拟信号，也可传输数字信号。其带宽取决于铜线的直径和传输距离，传输速率在 4～1 000 Mbps 之间。双绞线分为非屏蔽双绞线和屏蔽双绞线。屏蔽双绞线性能优于非屏蔽双绞线。由于其性能较好且价格便宜，双绞线得到广泛应用。

② 同轴电缆。以硬铜线为芯（导体），外包一层绝缘材料（绝缘层），这层绝缘材料再用密织的网状导体环绕构成屏蔽，其外又覆盖一层保护性材料（护套），如图 3-8 所示。同轴电缆具有更高的带宽和极好的噪声抑制特性，1 km 的同轴电缆可以达到 1～2 Gbps 的数据传输速率。

③ 光纤。由纯石英玻璃制成。纤芯外面包围着一层折射率比芯纤低的包层，包层外是一塑料护套。光纤通常被扎成束，外面有外壳保护，如图 3-9 所示。光纤的传输速率可达 100 Gbps。

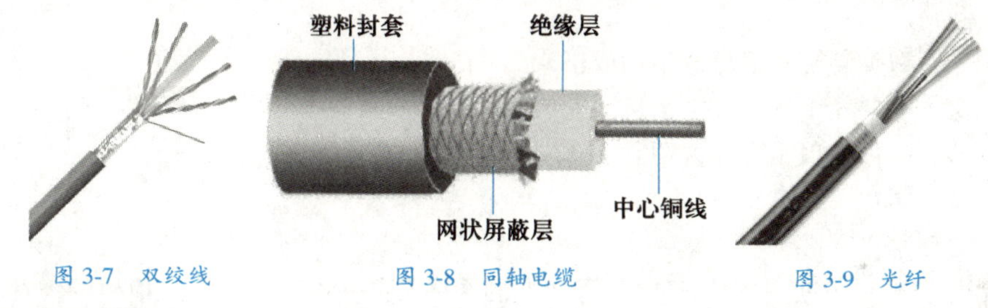

图 3-7　双绞线　　图 3-8　同轴电缆　　图 3-9　光纤

（2）无线传输介质

利用无线电波在空间的传播可以实现多种无线通信。在空间传输的电磁波根据频谱可分为微波、红外线、激光等，信息被加载在电磁波上进行传输。

① 微波传输。微波是频率在 10^{8}～10^{10} Hz 之间的电磁波。在 100 MHz 以上，微波可以沿直线传播，因此可以集中于一点。通过抛物线状天线把所有能量集中于一小束，便可以防止他人窃取信号和减少其他信号的干扰，但是发射天线和接收天线必须精确地对准。由于微波沿直线传播，当微波塔相距太远时，地表建筑物可能会挡住通路。因此，隔一段距离就需要一个中继站。微波塔越高，传输的距离就越远。微波通信被广泛用于长途电话通信、广播、电视传播以及其他方面的应用。

② 红外线传输。红外线是频率在 10^{12}～10^{14} Hz 之间的电磁波。无导向的红外线被广泛用于短距离通信。电视、录像机使用的遥控装置都利用了红外线装置。由于红外线不能穿透坚实的物体，一间房屋的红外系统不会对其他房屋的系统产生串扰，所以红外系统防窃听的安全性要比无线电系统好。

③ 激光传输。通过装在楼顶的激光装置来连接两栋建筑物的 LAN。由于激光信号是单向传输，因此每栋楼房都要有自己的激光以及测光装置。激光传输的缺点之一是不能穿透雨和浓雾，但是在晴天里可以工作得很好。

4. 通信协议

（1）计算机网络的体系结构

为了实现不同网络之间的数据通信，国际标准化组织（ISO）公布了网络体系结构模型的国际标准——开放系统互联参考模型（Open System Interconnect Reference Model，OSI/RM）。

7	应用层(Application)	为网络应用提供服务
6	表示层(Presentation)	数据表示
5	会话层(Session)	在用户间建立会话关系
4	传输层(Transport)	不同主机进程间的通信
3	网络层(Network)	在主机间传输分组
2	数据链路层(Data Link)	在节点间可靠地传输帧
1	物理层(Physical)	位流的透明传输

图 3-10　开放系统互联参考模型

开放系统互联参考模型将计算机网络采取分层处理的方式，每个层次有相对独立的功能和约定。这种分层体系结构可以灵活分割整个网络并且便于每一层各自的维护和检修。开放系统互联参考模型将计算机网络体系结构划分为 7 层，分别是物理层、数据链路层、网络层、传输层、会话层、表示层和应用层，如图 3-10 所示。

（2）网络协议

网络协议是计算机网络不可缺少的组成部分，是计算机网络赖以正常工作的基本保证。要在网络上进行通信，必须按照双方事先约定的规则进行。一般来说，由通信双方事先约定的、必须共同遵守的控制数据通信的规则、标准和约定称为网络协议。网络协议主要由以下三个要素组成。

① 语法：数据与控制信息的结构或格式。

② 语义：需要发出何种控制信息、完成何种动作以及做出何种应答。

③ 同步：事件实现顺序的说明。

5. 网络设备

（1）交换机

交换机（Switch）是一种用于电信号转发的网络设备。可以为接入交换机的任意两个网络节点提供独享的电信号通路。最常见的交换机是以太网交换机，如图 3-11 所示，其他常见的还有电话语音交换机、光纤交换机等。

（2）路由器

路由器（Router）是连接因特网中各局域网、广域网内的设备，是根据信道情况自动选择和设定路由、以最佳路径按前后顺序发送信号的设备，如图 3-12 所示。路由器是互联网络的枢纽。目前路由器已经广泛应用于各行各业，各种不同档次的产品已成为实现各种骨干网内部连接、骨干网间互联和骨干网与 Internet 互联互通业务的主力军。路由器和交换机的主要区别是交换发生在 OSI 参考模型第 2 层（数据链路层），而路由发生在第 3 层，即网络层。这一区别决定了路由器和交换机在移动信息的过程中需使用不同的控制信息，所以两者实现各自功能的方式不同。

图 3-11　以太网交换机

图 3-12　路由器

（3）网络终端

现代社会，人们对移动性和信息的需求急剧上升，越来越多的人希望在移动的过程中高速地接入 Internet，获取急需的信息，完成想做的事情。

目前常见的网络移动终端包括上网本、超极本、平板电脑、智能手机等。

① 上网本与超极本

Intel 公司关于“上网本”（Netbook）的描述是：上网本是采用 Intel Atom（凌动）处理器的无线上网设备，具备上网、收发邮件以及即时信息（Instant Messaging，IM）等功能，并可以实现网上冲浪、播放流媒体和音乐功能，但运行大型 3D 游戏、编程、制图等会很吃力。上网本如图 3-13a 所示。

超极本的厚度只有一支笔那么厚，由于采用了 SSD 固态硬盘，节省了大量的空间，使电脑厚度和存储性都得到很好的提升，如图 3-13b 所示。超极本待机时间长，正常使用能支持 7 个小时左右，这是普通笔记本电脑做不到的。

② 平板电脑

平板电脑（Tablet Personal Computer，Tablet PC），是一种小型、方便携带的个人电脑，以触摸屏作为基本输入设备，如图 3-14 所示。触摸屏（又称为数位板技术）允许用户使用触控笔、数字笔、手写、软键盘、语音识别等进行操作。

（a）上网本

（b）超极本

图 3-13　上网本与超极本

图 3-14　平板电脑

③ 智能手机

智能手机（Smart Phone）是指“像 PC 一样，具有独立的操作系统，可以由用户自行安装软件、游戏等第三方服务商提供的程序，通过此类程序不断对手机的功能进行扩充，并可以通过移动通信网络实现无线网络接入”。

除了具备手机的通话功能外，智能手机还具备了 PDA（Personal Digital Assistant，个人数字助理）的大部分功能，特别是个人信息管理以及基于无线数据通信的浏览器和电子邮件功能。智能手机为用户提供了足够的屏幕尺寸和随时随地的网络接入，既方便随身携带，又为软件运行和内容服务提供了广阔的舞台。很多增值业务已经展开，如股票、新闻、天气、交通、商品、应用程序下载、音乐图片下载等。融合 3C（Computer、Communication、Consumer）的智能手机已被广泛应用于人们的生活与工作中。

目前市场上的智能手机所使用的操作系统主要包括 Android、iOS 和 Windows Phone 等。

6. 常用的计算机网络术语

（1）衡量数据通信的主要技术指标

衡量数据通信的主要技术指标包括传输的数量和传输的质量两个方面。

① 带宽与数据传输速率

在数量方面，以带宽和传输速率来衡量传输的有效性。通常使用“带宽”描述模拟信号的传输能力，单位有 Hz、kHz、MHz 和 GHz。带宽越宽，其传输能力越强。

数据传输速率是指每秒钟允许传输的最大比特数，用来描述数字信号的传输能力，它的单位有 bps、kbps、Mbps 和 Gbps，一比特为一位二进制数值（0 或 1）。

② 误码率

在质量方面，以传输误码率来衡量传输的可靠性。误码率是指数据在通信线路上传输时，由于传输线路的噪声或其他干扰信号的影响，发送出的信号不能全部接收而产生的差错。在计算机网络中，一般要求误码率低于 10^{-6}。

（2）数字信号与模拟信号

数据通信通常是以电信号（或光信号）的形式从一端传输到另一端。信号是数据的电编码或磁编码，信号分为模拟信号和数字信号两类。

模拟信号是一种连续变化的电信号，可以用连续的电波表示，例如电话信号为模拟信号。

数字信号是一种离散的脉冲信号，可以用一个脉冲表示一位二进制数。由于计算机采用二进制编码，因此数字信号是计算机系统所采用的数据表示方式。

（3）调制、解调与调制解调器

信号传输分为模拟信号和数字信号，二者可以互相转换。例如，家庭上网时，需要借助电话线，而电话线只能传输模拟信号，因此必须要进行信号转换。调制是将数字信号转换为模拟信号的过程，一般用在计算机网络的发送端；解调是将已调制的模拟信号还原为数字信号的过程，一般用在计算机网络的接收端。

实现调制与解调的专用设备称为调制解调器（Modem），其主要功能是进行模拟信号与数字信号之间的转换。调制解调器分为外置式和内置式两种。外置式调制解调器单独放在计算机机箱外面，需要单独电源，其优点是抗干扰性强，质量好，灵活方便，但价格略高。内置式调制解调器是一块插件卡，直接插在计算机主板的插槽内，其优点是价格低，不需要单独的电源，但抗干扰性差，不灵活。

（4）数据传输方式

数据传输方式又称为数据通信方式，一般分为并行通信和串行通信。其中并行通信是指发送端同时传输多位（16 位或 32 位二进制信号）数据到接收端，并行通信一般距离比较近，且数据传输速率比较高。串行通信是指将发送端的数据一位一位地按顺序传输到接收端。

（5）网络操作系统

网络操作系统（Network Operating System）是网络用户与计算机网络之间的接口，是一种具有单机操作和网络管理双重功能的系统软件。网络操作系统一般包括以下 4 个部分：

① 具备单机操作系统的功能，作为网络操作系统的基础。

② 设置一个网络通信软件，以实现网络通信服务。

③ 设置一个文件服务程序（也称网络服务程序），以实现文件的共享。

④ 通过网络应用软件完善用户的工作环境，例如电子邮件、网络数据库管理系统等。

7. 无线局域网

无线局域网（Wireless Local Area Network，WLAN）是应用无线通信技术将计算机设备互联起来，构成相互通信和实现资源共享的网络。无线局域网的特点是不再使用通信电缆。无线传输介质可使通信终端在一定范围内灵活、简便、移动地接入通信网，因此无线局域网作为有线局域网的延伸，具有广阔的发展前景。

（1）无线局域网的组成

WLAN 由无线网卡，接入控制器（Access Controller，AC），无线接入点（Access Point，

AP），计算机和有关设备组成。

（2）无线局域网的网络结构

WLAN 使用的端口访问技术 IEEE 802.11b 标准支持两种网络结构。

① 基于 AP 的无线网络结构

所有工作站都直接与 AP 无线连接，由 AP 承担无线通信的管理及与有线网络连接的工作，是理想的低功耗工作方式。可以通过放置多个 AP 来扩展无线覆盖范围，并允许便携设备在不同 AP 之间漫游，如图 3-15 所示。目前实际应用的 WLAN 建网方案中，一般采用这种结构。

② 基于 P2P（Peer to Peer）的无线网络结构

用于连接 PC 或 Pocket PC，允许各台计算机在无线网络所覆盖的范围内移动并自动建立点到点的连接，如图 3-16 所示。

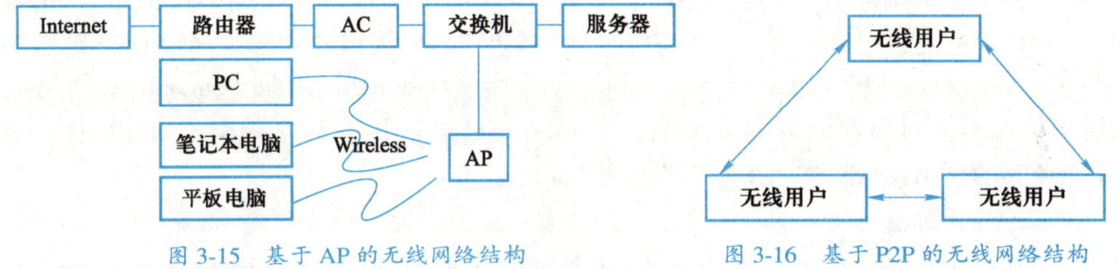

图 3-15　基于 AP 的无线网络结构　　图 3-16　基于 P2P 的无线网络结构

P2P 是一种对等网络技术，主要依赖网络中参与者的计算能力和带宽，不需要服务器。Pocket PC（简称 PPC）是一种可以上网的手持设备，可以与台式机实现信息交换和同步。

（3）无线局域网的优势

由于无线网络采用了微蜂窝网络技术，并拥有全向网桥等一批先进设备，可大规模减少网络中通信设备的数量。在微蜂窝数据网中，不需要像星状结构那样建立网络通信中心，简化了数据传输的路由选择，数据总是能找到最佳路径。

由于无线网络特有的优越性，其应用范围越来越广。现在已成功地应用于金融、证券、化工、机场、钢铁、电力等大中型经济或工业领域。

3.2　Internet 应用概述

多个局域网相互连接构成互联网络。互联网络主要解决不同类型网络之间的协议转换问题，以使不同类型的计算机网络可以实现相互连接。

3.2.1　Internet 的概念

Internet 是全球性的、最具影响力的、信息资源最丰富的计算机互联网络。Internet 是由分布在世界各地的、数以万计的各种规模的计算机网络，借助网络互联设备——路由器，相互连接而成的全球性的互联网络，它的逻辑结构示意图如图 3-17 所示。中文称为“因特网”，也称为“国际互联网”。

Internet 是一个信息资源网，代表着全球范围内一组无限增长的信息资源，是人类所拥有的最大的知识宝库之一。Internet 资源包括文本、图像、声音或视频等多种信息类型，涉及科学教育、商业经济、医疗卫生、文化娱乐等。

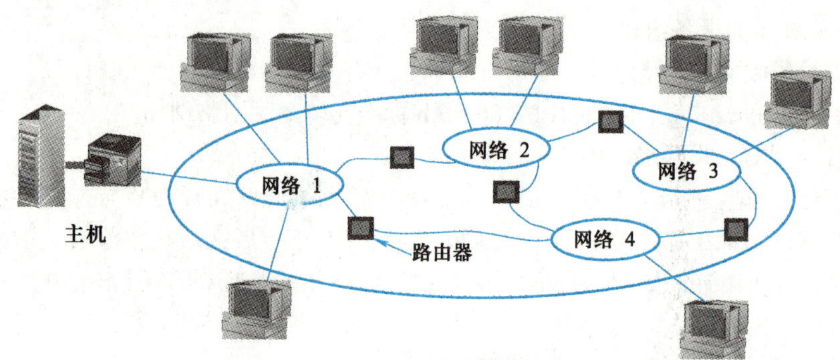

图 3-17 Internet 的逻辑结构示意图

Internet 起源于 1968 年美国国防部高级研究计划署（Advanced Research Project Agency，ARPA）提出并资助的 ARPANET 网络计划，其目的是将各地不同的主机以一种对等的通信方式连接起来。1969 年 12 月美国的分组交换网 ARPANET 投入使用，从此计算机网络的发展进入了一个崭新的纪元。美国国家科学基金会（National Science Foundation，NSF）认识到计算机网络对科学研究的重要性，于 1986 年建立了国家科学基金网 NSFNET，后来 NSFNET 接管了 ARPANET，并将其改名为 Internet。

1．Internet 协会

1992 年，由于 Internet 不再归美国政府管理，因此成立了一个国际性组织“Internet 协会”（Internet Society，ISOC）。Internet 协会的主要职责是根据 Internet 的发展，制定 Internet 的技术标准；制定并通过网络发布 Internet 的工作文件；代表 Internet 就技术问题进行国际协调；规划 Internet 的发展；检查下设机构的工作。Internet 协会是 Internet 最具权威的组织。

2．中国的 Internet 管理

我国于 1994 年 4 月正式接入 Internet。先后建成了中国科学技术网（CSTNET）、中国公用计算机互联网（CHINANET）、中国金桥信息网（CHINAGBN）及中国教育和科研计算机网（CERNET）四大具有国际出口的互联网。1997 年，中国互联网络信息中心（China Internet Network Information Center，CNNIC）成立于北京，行使国家互联网络信息中心的职责。作为中国信息社会基础设施的建设者和运行者，中国互联网络信息中心以“为我国互联网络用户提供服务，促进我国互联网络健康、有序发展”为宗旨，负责管理维护中国互联网地址系统，引领中国互联网地址行业发展，权威发布中国互联网统计信息，代表中国参与国际互联网社群。中国互联网络信息中心网址是：http://www.cnnic.net.cn。

3.2.2 TCP/IP 协议

ARPANET 网络的突出贡献之一，是成功地研制出了 TCP/IP 协议，实现了各种不同的计算机网络之间的通信。

Internet 是通过路由器（Router）或网关（Gateway）将不同类型的网络互联在一起的虚拟网络。它采用 TCP/IP 控制各个网络之间的数据通信，采用分组交换技术传输数据。

TCP/IP 协议是将世界上数以万计的网络和数百万台计算机联系在一起的纽带。虽然计算机分布在世界各地，但是接入 Internet 的计算机必须遵循统一的约定，即 TCP/IP 协议。

TCP/IP 是一个协议的集合，它对 Internet 中主机的寻址方式、主机的命名机制、信息的传输规则以及各种服务功能均做了详细约定。

1．TCP/IP 的体系结构

OSI 参考模型研究的初衷是希望为网络体系结构与协议的发展提供一种国际标准，TCP/IP 的广泛应用使 Internet 得到了飞速发展。虽然 TCP/IP 不是 ISO 标准，但 TCP/IP 已经成为“实际上的标准”，并形成了 TCP/IP 参考模型，其体系结构如图 3-18 所示。

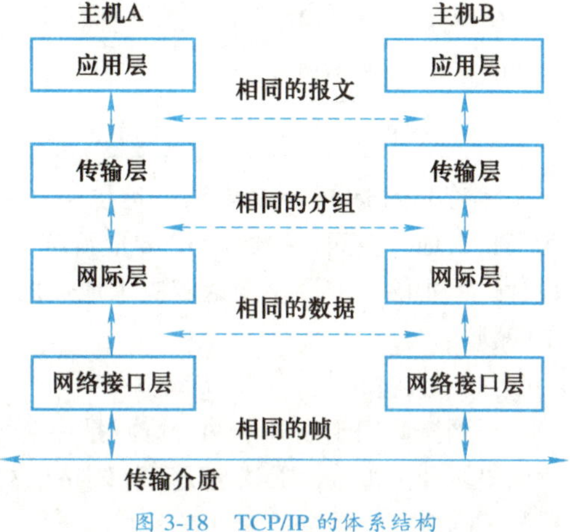

图 3-18　TCP/IP 的体系结构

2．IP 协议

网际协议（Internet Protocol，IP）的功能是将不同格式的物理地址转换为统一的 IP 地址，将不同格式的数据帧转换为“IP 数据报”。在 Internet 上发送 IP 数据报和接收 IP 数据报的主机均需要按 IP 协议处理数据与地址。

3．TCP 协议

传输控制协议（Transmission Control Protocol，TCP）向应用层提供面向连接的服务，以确保网上所发送的数据报的可靠性。一旦数据报丢失或破坏，TCP 将负责重新传输。

3.2.3　IP 地址和域名

1．IP 地址

接入 Internet 的计算机与接入电话网中的电话机很相似，每台计算机均有一个由授权机构分配的号码，称为 IP 地址（Internet Protocol Address）。一个 IP 地址由网络号和主机号两部分组成。网络号用于识别一个逻辑网络，主机号则用于识别该逻辑网络中的某台主机。Internet 中的每台主机至少有一个 IP 地址。

IP 地址由 4 个字节共 32 位二进制数表示。为方便用户，可用圆点“.”将 IP 地址分隔为四个部分，一个字节为一部分，每个部分用十进制数字表示，每个十进制数的范围是 0～255。

例如，202.93.120.21 是一个正确的 IP 地址，其前三个字节为网络号，即 202.93.120.0，最后一个字节为主机号，即 21。

IP 地址被划分为五类，以第一个字节区分：0～127 为 A 类地址，其中第一个字节表示网络号，后三个字节表示主机号；128～191 为 B 类地址，其中前两个字节表示网络号，后两个字节表示主机号；192～223 为 C 类地址，其中前三个字节表示网络号，最后一个字节表示主机号；D 类与 E 类地址留作特殊用途。例如，202.93.120.21 为 C 类地址。

因特网名称与数字地址分配机构（The Internet Corporation for Assigned Names and Numbers，ICANN）成立于 1998 年 10 月，是一个集合了全球网络界商业、技术及学术各领域专家的非营利性国际组织，负责网际协议（IP）地址的空间分配、协议标识符的指派、通用顶级域名（GTLD）以及国家和地区顶级域名（CCTLD）系统的管理以及根服务器系统的管理。由 ICANN 在全球范围内统一分配的 IP 地址见表 3-1。

表3-1 由ICANN在全球范围内统一分配的IP地址

网络类别	最大网络数	第一个可用的网络号	最后一个可用的网络号	每个网络中的最大主机数
A	126 (2^7–2)	1	126	16 777 214
B	16 384 (2^{14})	128	191.255	65 534
C	2 097 152 (2^{21})	192.0.0	223.255.255	254

随着 Internet 的不断发展，地址空间的不足已经成为妨碍 Internet 进一步发展的障碍。为了扩大地址空间，拟通过 IPv6 重新定义地址空间。IPv6 采用 128 位地址长度。在 IPv6 的设计过程中除了一劳永逸地解决了地址短缺问题以外，还考虑了在 IPv4 中未彻底解决的其他问题。

2. 子网掩码

子网掩码用于划分子网。掩码是一个 32 位二进制数字，用点分十进制来描述。掩码包含网络域和主机域，默认情况下，网络域地址全部为“1”，主机域地址全部为“0”。各类网络与子网掩码的对应关系见表 3-2。

3. 域名（Domain Name）

由于 IP 地址是一串数字，比较难记。为便于使用，可将 IP 地址的 4 个部分用字符串表示成具有一定意义的主机名或域名。

表3-2 各类网络与子网掩码的对应关系

网络类别	默认子网掩码
A	255.0.0.0
B	255.255.0.0
C	255.255.255.0

Internet 的域名结构由 TCP/IP 协议集中的域名系统（DNS）进行定义，其命名格式如下：

主机名 . 单位名 . 单位性质代码 . 国家代码

其中，“单位名”“单位性质代码”和“国家代码”称为“域名”。“单位名”由该单位自行命名，并在网上注册以避免重名，其余部分由网络管理机构确定。

（1）国家代码

国家代码由“Internet 国际特别委员会”制定，例如：“cn”代表中国，“jp”代表日本，“in”代表印度，“fr”代表法国，“uk”代表英国，等等。由于 Internet 起源于美国，所以美国没有国家代码。

（2）单位性质代码

单位性质代码遵循 Internet 规定的通用标准代码。

（3）单位名

这部分不做规定，但不能与网上已经注册的名称重名。

（4）主机名

主机名表示服务器的用途，例如：“WWW”表示提供万维网服务的服务器，“FTP”表示提供文件传输服务的服务器。

例如：pku.edu.cn 是北京大学的一个域名，其中 pku 是北京大学的英文缩写，edu 表示教育机构，cn 表示中国。

Internet 域名及其含义见表 3-3。

表3-3　Internet域名及其含义

域　名	含　义	域　名	含　义
com	商业组织	firm	公司企业
edu	教育机构	store	销售公司或企业
gov	政府部门	web	突出WWW活动的单位
mil	军事部门	arts	突出文化、娱乐活动的单位
net	主要网络支持中心	rec	突出消遣、娱乐活动的单位
org	非营利组织	info	提供信息服务的单位
int	国际组织	nom	个人

4. 默认网关

在网络通信过程中，当收发的数据无法找到指定的网关时，则会尝试从“默认网关”中收发数据，所以“默认网关”是需要设置的。默认网关的 IP 地址通常是具有路由功能设备的 IP 地址，如路由器、代理服务器等。

5. DNS 服务器

DNS 服务器的主要作用是将域名地址翻译成 IP 地址。TCP/IP 中有两个 DNS 服务器的 IP 地址，分别是“首选 DNS 服务器”和“备用 DNS 服务器”，当 TCP/IP 需要对一个域名进行 IP 地址翻译时，首先使用“首选 DNS 服务器”进行翻译，而当首选 DNS 服务器失效时，为保证用户正常访问网站，则会立即启用备用 DNS 服务器进行翻译。

3.2.4　Internet 服务

Internet 协会提出的目标是在尽可能大的范围内增强互联网的可用性和实用性；CNNIC 也以“为我国互联网络用户提供服务”为宗旨。因此，Internet 一直致力于“服务”。

1. 万维网（WWW）服务

WWW（World Wide Web）服务，又称 Web 服务，是目前 Internet 上一种基于超文本和超媒体的信息查询工具。WWW 提供了友好的信息查询接口和统一的用户界面，是 Internet 上最受欢迎的一种信息检索服务。WWW 将 Internet 上的所有数据作为超文本，不仅可以以传统的线性方式组织，也可以交叉地通过关键词进行搜索；在一个文档中只要选取一个关键词，即可打开与该关键词链接的另一个文档，这个文档既可以在同一台主机上，也可以在其他 Internet 服务器上。WWW 服务是 Internet 发展中的一个里程碑。

万维网的核心部分由三个标准构成。

统一资源标识符（URL）：一个世界通用的、负责给万维网资源定位的系统。

超文本传输协议（HTTP）：负责规定浏览器和服务器怎样互相交流。

超文本标记语言（HTML）：作用是定义超文本文档的结构和格式。

万维网联盟（W3C）创建于 1994 年，其职能是使计算机能够在万维网不同形式的信息之间更有效地存储和通信。

WWW 服务的工作原理如图 3-19 所示。

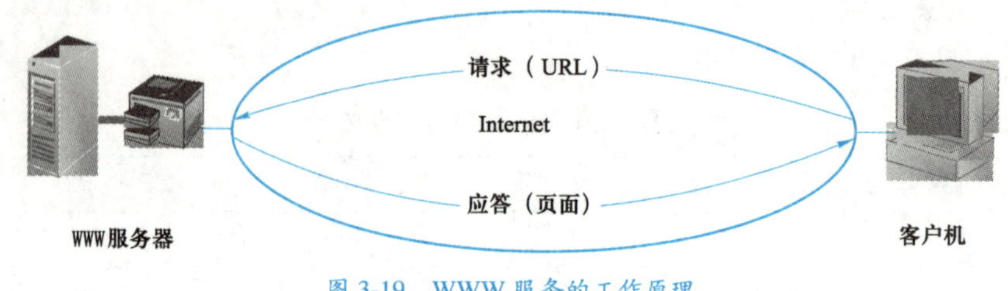

图 3-19 WWW 服务的工作原理

2. 电子邮件（E-mail）服务

E-mail 是目前 Internet 上使用最频繁的一种服务，也是 Internet 最重要、最基本的应用。E-mail 可以发送和接收文字、图像、声音等多媒体信息，并可以同时发送给多个接收者。

Internet 上的电子邮件是一种极为方便的通信工具，已经成为多媒体信息传输的重要手段之一。Internet 上有大量的邮件服务器。用户需要使用 E-mail 时，必须在一家 Internet 服务商注册，签订服务协议，用户才能拥有个人账号，在服务器中开辟个人邮箱。

在 Internet 中，每位用户的邮箱具有一个全球唯一的通信地址，这个通信地址由两部分组成，前一部分是用户在邮件服务器中的账号，后一部分是邮件服务器的主机域名，中间由“@”分隔。邮箱通信地址的格式如下：

用户名 @ 主机名 . 域名

例如：sun@sohu.com 是一个邮箱地址，其中 sun 为用户在邮件服务器上的账号，sohu.com 为邮件服务器的主机名与域名。

3. 文件传输（FTP）服务

文件传输协议（File Transfer Protocol，FTP）是 Internet 传统的服务之一。FTP 使用户能在两个联网的计算机之间传输包括文本文件、二进制文件、图像文件、声音文件、压缩文件等不同格式的文件。FTP 是 Internet 传输文件的主要方法之一。FTP 服务多用于文件下载。

文件下载是指将文件从服务器传输到客户机，如果将文件从客户机传输到服务器则称为文件上传。

FTP 服务是一种实时的联机服务，用户在访问 FTP 服务器之前必须进行登录，这种工作方式限制了 Internet 上一些公用文件及资源的发布。为此，Internet 上的多数 FTP 服务器均提供了匿名（Anonymous）登录服务，上网的任何用户只要以 Anonymous 为用户名，以个人的 E-mail 地址为口令，即可登录到 FTP 服务器。Internet 用户可通过 FTP 功能下载文件，免费获取 Internet 的丰富资源。常用的 FTP 下载工具主要有 CuteFTP、FlashFXP 等。

4. 远程登录（Telnet）服务

Telnet 是 Internet 提供的一种协议，为用户在 Internet 上提供登录服务，因此又称为远程登录协议。用户可通过 Telnet 命令使自己的计算机暂时成为远程计算机的终端，直接调用远程计算机的资源和服务。利用远程登录，用户可以实时使用远程计算机对外开放的全部资源。例如可以查询数据库、检索资料，或利用远程计算机完成只有巨型机才能完成的工作。Internet 的许多服务也是通过 Telnet 实现的。

此外，Internet 还提供新闻（Usenet）、网络论坛（Net News）、电子公告板（BBS）、文件查询（Archie）、关键词检索（WAIS）、菜单检索（Gopher）、图书查询系统（Libraries）、聊天室（IRC）、网上购物、网络电话等服务。

3.3　Internet 的接入

Internet 的服务提供商（Internet Service Provider，ISP）是用户接入 Internet 的入口点。对于初次上网的用户，首先要在 ISP 注册，与 ISP 签订服务合同，并获取一个用户账号。ISP 应提供用户名、用户密码以及接入的方式，用户得到 ISP 提供的专用硬件或软件，然后按照 ISP 提供的安装和操作方法，在计算机上安装并设置。

3.3.1　Internet 的接入方式

Internet 的接入方式一般分为宽带接入、局域网接入、专线接入、无线接入等方式。

1. 拨号接入

拨号接入是指通过普通电话线路接入 Internet，一般家庭均使用这种方式。用户在访问 Internet 时，通过拨号方式经由公共交换电话网络（Public Switched Telephone Network，PSTN）与 ISP 的远程访问服务（Remote Access Service，RAS）建立连接，借助 ISP 的连接通路访问 Internet，如图 3-20 所示。

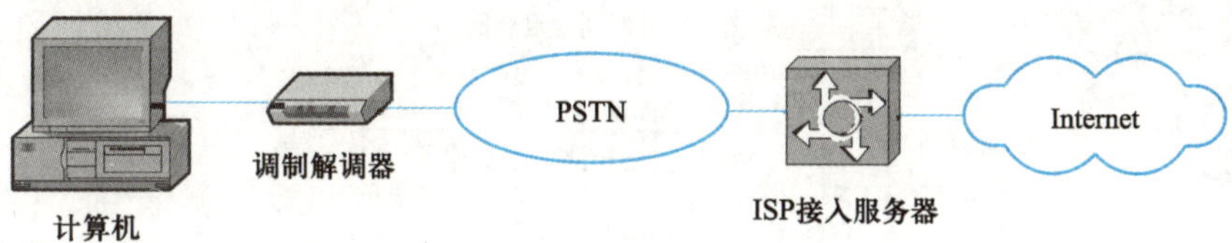

图 3-20　拨号接入 Internet

ADSL 是一种通过现有普通电话线为家庭、办公室提供宽带数据传输服务的技术。ADSL 技术通过现有的电话线网络，在线路两端加装 ADSL 设备即可为用户提供宽带接入服务，如图 3-21 所示。

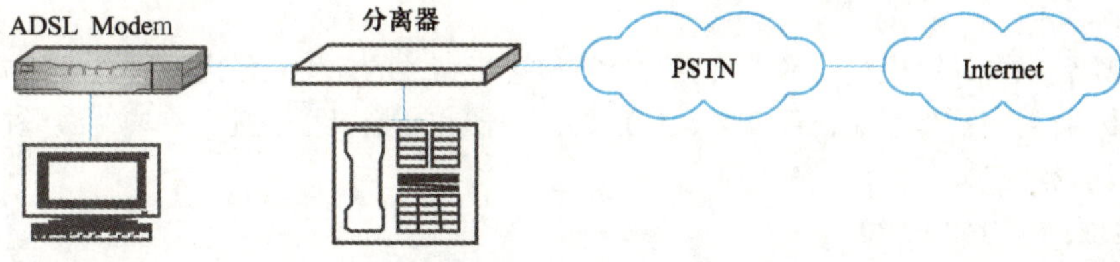

图 3-21　ADSL 接入 Internet

SLIP 和 PPP 是两个用于拨号接入的通信协议。SLIP（Serial Line Internet Protocol，串行线路网际协议）是一种用于将一台计算机通过电话线连入 Internet 的远程访问协议。PPP（Peer-Peer Protocol，端对端协议）也是一种将一台计算机通过电话线连入 Internet 的远程访问协议。由于 PPP 协议出现较晚，所以功能比 SLIP 协议强大，目前用得较多的是 PPP 协议。

2. 专线接入

专线接入是指用户与 ISP 之间通过专用线路连接。目前一些公司和单位具有自己的局域网，局域网通过租用的 ISP 专用线路直接接到 Internet。专线入网是指通过光缆、电缆或卫星微波等无线通信方式接入 Internet。

（1）数字专线

一般采用光纤、卫星、微波等作为传输介质，计算机与专线之间以及 ISP 接入端与专线

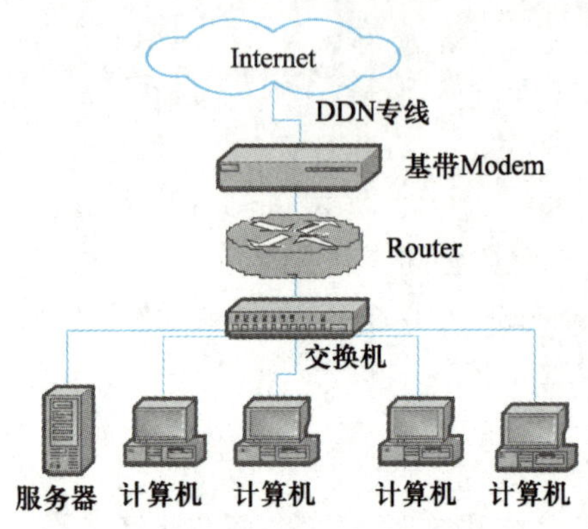

图 3-22 DDN 专线接入

之间一般连接有路由器等设备，在线路上直接传输的是数字信号。具有传输质量高、传输速度快、传输距离长等优点。

DDN（Digital Data Network，数字数据网）（图 3-22） 和 ISDN（Integrated Services Digital Network，综合业务数字网）是属于专线接入中的数字专线接入方式。

（2）模拟专线

在线路上传输的是模拟信号，计算机与专线之间及 ISP 接入端与专线之间必须安装调制解调器等数 / 模转换设备。使用这种工作方式的专线主要有铜质介质，如电话线、同轴电缆等。模拟专线在信号发送和接收之间要经过两次数字信号和模拟信号的转换。

基于有线电视网（Cable Modem，电缆调制解调器）接入 Internet，如图 3-23 所示。

图 3-23 通过 Cable Modem 接入 Internet

3.3.2 计算机网络配置

微视频：配置计算机网络参数（有线）

实例 3.1 将计算机通过局域网接入 Internet

任务描述：

单位购置一台计算机，技术人员要对计算机进行相关的配置，使之能通过单位局域网访问 Internet。计算机操作系统已经安装，单位的路由器和交换机已经配置完毕，线缆接通。新计算机的配置内容如下：

IP 地址：192.168.10.20

子网掩码：255.255.255.0

默认网关：192.168.10.1

首选 DNS 服务器：202.96.64.68

备用 DNS 服务器：202.96.69.38

新计算机名称：Computer

任务分析：

新计算机通过局域网访问 Internet，需要设置网络中的“本地连接”属性。

实施步骤：

① 将计算机插好网线，接入网络。

② 在“控制面板”中单击“网络和 Internet”选项，选择“网络和共享中心”，在“网络和共享中心”窗口中可以看到当前计算机与网络的连接情况，如图 3-24 所示。

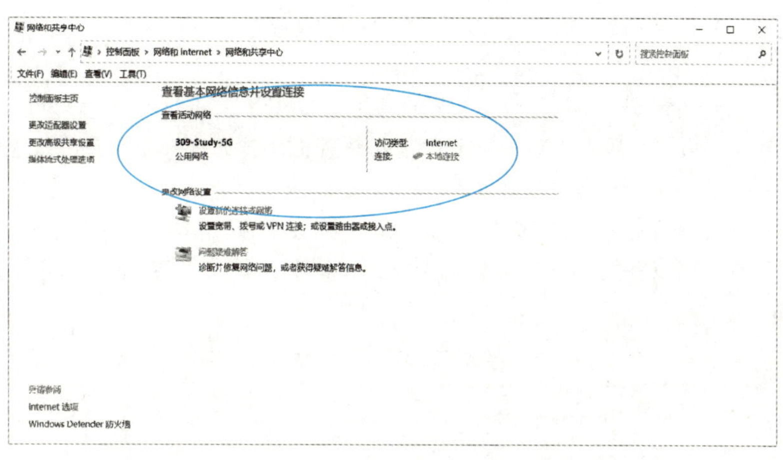

图 3-24　“网络和共享中心”窗口

③ 单击“本地连接”图标，打开“本地连接 状态”对话框，可以查看当前网络的连接信息、网络接收与发送数据量信息，如图 3-25 所示。

· 单击“详细信息”按钮，可以查看当前连接网络的详细信息。

· 单击“禁用”按钮，可以禁用当前网络。

④ 单击“属性”按钮，打开“本地连接 属性”对话框，如图 3-26 所示。

⑤ 选中“Internet 协议版本 4（TCP/IPv4）”选项，然后单击“属性”按钮，在弹出的“Internet 协议版本 4（TCP/IPv4）属性”对话框中输入相应的 IP 地址、子网掩码、默认网关、首选 DNS 服务器、备用 DNS 服务器等信息，最后单击“确定”按钮退出，如图 3-27 所示。至此，网络参数配置完成。

图 3-25　“本地连接　状态”对话框

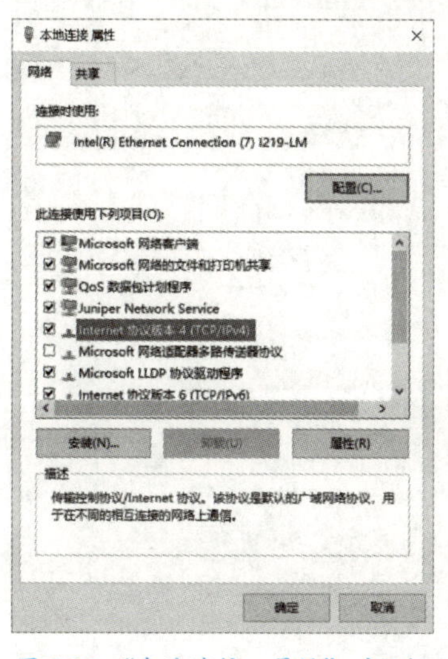

图 3-26　“本地连接　属性”对话框

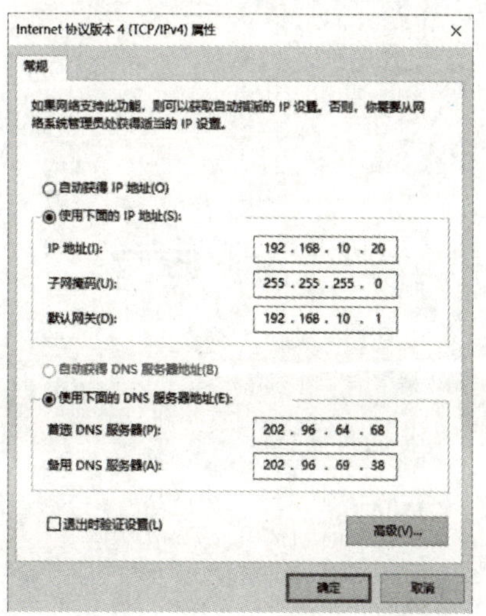

图 3-27　“Internet 协议版本 4（TCP/IPv4）属性”对话框

微视频：配置计算机网络参数（无线）

拓展训练：

将计算机通过家庭无线路由器连入 Internet。

目前的家庭网络，多数采用无线路由器接入 Internet。计算机开启后，可以查看无线接入信息，还可以选择有效的无线接入网络。

① 在“控制面板”中单击“网络和 Internet”选项，选择“网络和共享中心”，在“网络和共享中心”窗口可以看到当前计算机的网络连接情况，如图 3-28 所示。注意图 3-28 与图 3-24 的区别。

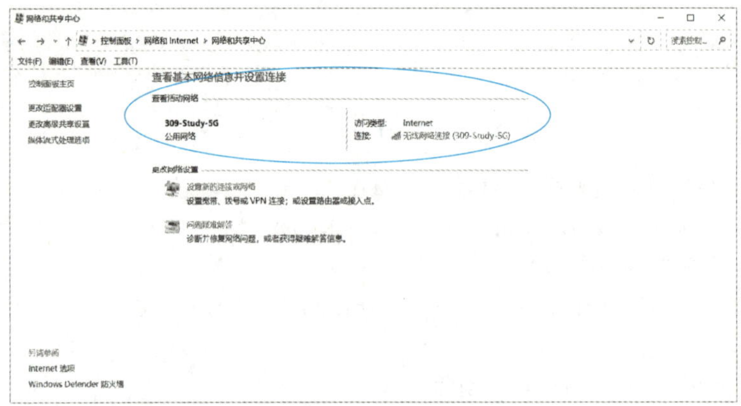

图 3-28 “网络和共享中心”窗口

② 单击“无线网络连接”图标，打开“无线网络连接 状态”对话框，可以查看当前连接信息、网络接收与发送数据量信息，如图 3-29 所示。注意图 3-29 与图 3-25 的区别。

· 单击“详细信息”按钮，可以查看当前连接的无线网络信息。

· 单击“禁用”按钮，可以禁用当前网络。

· 单击“属性”按钮，可以设置 TCP/IP。

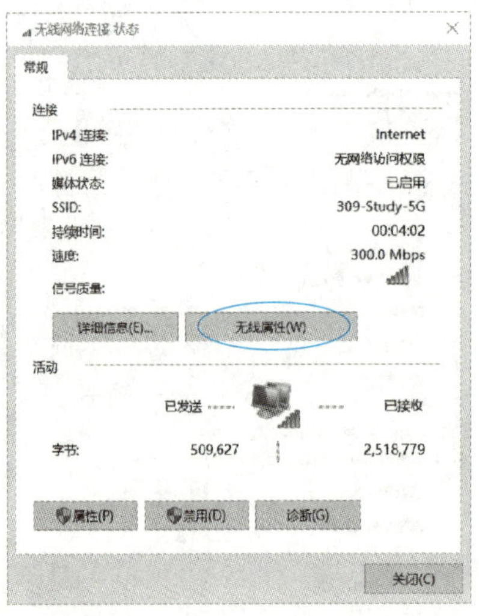

图 3-29 “无线网络连接 状态”对话框

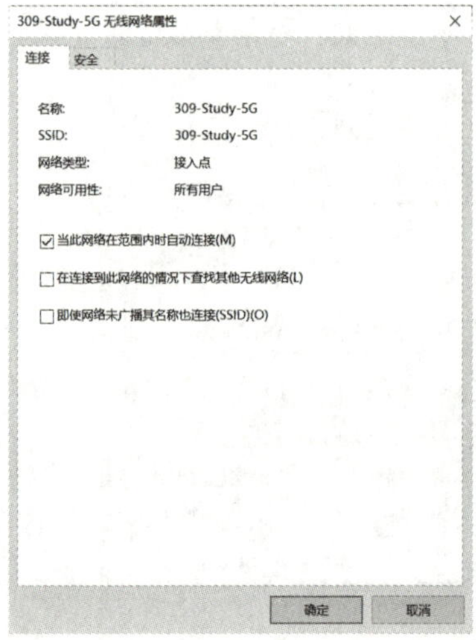

图 3-30 “无线网络属性”对话框

· 单击“无线属性”按钮，打开“无线网络属性”对话框，选中“当此网络在范围内时自动连接”复选框，还可选中“在连接到此网络的情况下查找其他无线网络”等复选框，如图 3-30 所示。

③ 在“网络和 Internet”窗口，单击“连接到网络”选项，在弹出的对话框中显示当前搜索到的无线网络信号，可以选择可用的无线网络，并连接，如图 3-31 所示。

图 3-31　连接当前搜索到的无线网络信号

课堂训练：

将上述拓展训练中的 IP 地址的获取方式由静态地址设置改为动态获取地址。

课堂训练：

将个人手机通过 Wi-Fi 上网。Wi-Fi 是一种可以将个人电脑、手持设备（如 PDA、智能手机）等终端以无线方式互相连接的技术，是一种帮助用户访问电子邮件、Web 和流式媒体的移动互联网技术。它为用户提供了无线的宽带互联网访问。同时，它也是在家里、办公室或在旅途中上网的快速、便捷的途径。能够访问 Wi-Fi 网络的地方被称为热点。

微视频：配置家庭宽带连接网络参数

实例 3.2　将计算机通过宽带网络接入 Internet

任务描述：

某家庭购置一台笔记本电脑，需要通过家庭网络接入 Internet。

任务分析：

通过家庭网络接入 Internet，可以使用拨号接入、专线接入等方式。现确定使用宽带方式接入 Internet。

实施步骤：

① 在如图 3-24 或图 3-28 所示的“网络和共享中心”窗口中，单击“设置新的连接或网络”选项，打开“设置连接或网络”窗口，如图 3-32 所示。

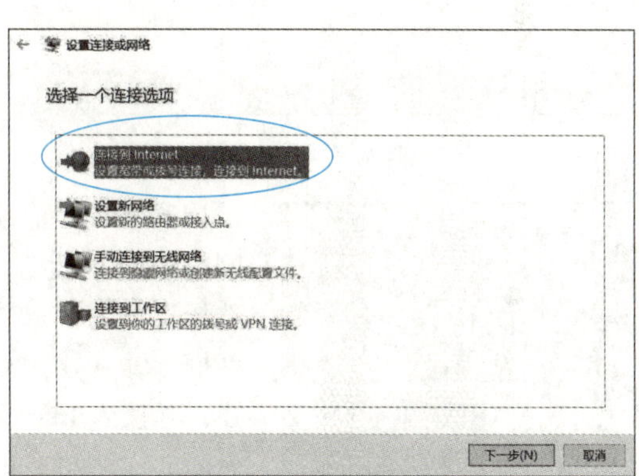

图 3-32　“设置连接或网络”窗口

② 选择“连接到 Internet”选项，然后单击“下一步”按钮，打开“连接到 Internet”窗口，在“你希望如何连接”选项组中，选中“显示此计算机未设置使用的连接选项”复选框，此时窗口中共有两个选项，如图 3-33 所示。

- “宽带”：用于设置使用宽带网络连接。
- “拨号”：用于设置使用拨号网络或 ISDN 连接。

③ 选择“宽带”选项，在“键入你的 Internet 服务提供商（ISP）提供的信息”设置页面中输入 ISP 提供的“用户名”和“密码”，并在“连接名称”文本框中输入自己选择的名字，如“宽带连接”，如图 3-34 所示。

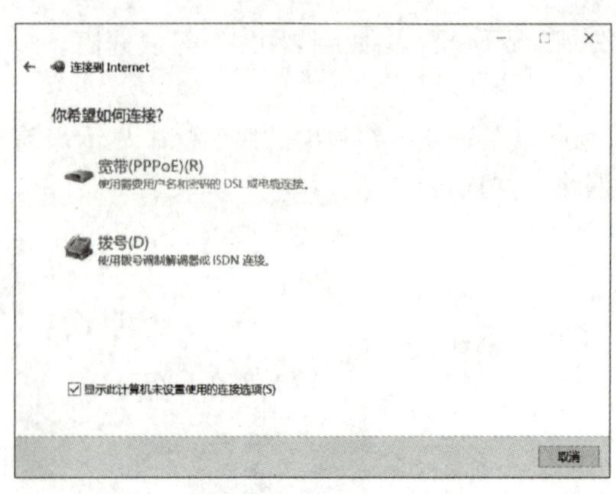

图 3-33 “你希望如何连接”设置页面

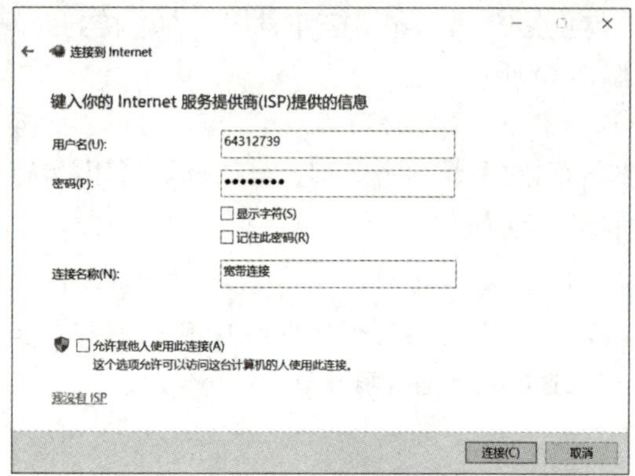

图 3-34 设置宽带连接信息

④ 单击“连接”按钮，开始搜索网络，如图 3-35 所示。搜索到网络后，提示“连接已经可用”，并出现“立即连接”按钮。

⑤ 此时可以单击“立即连接”按钮建立连接，也可以单击“关闭”按钮，结束建立过程，如图 3-36 所示。

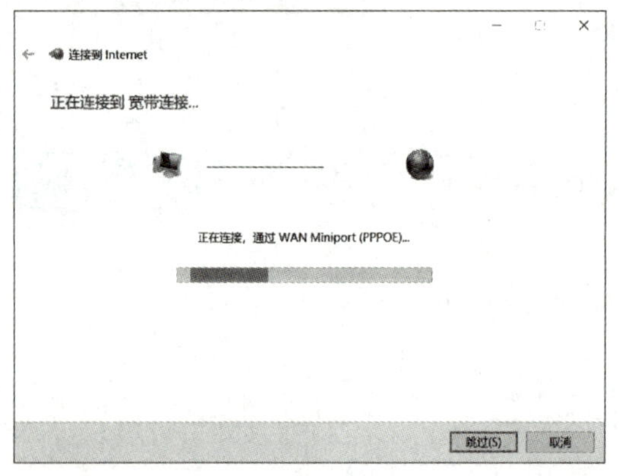

图 3-35 搜索要连接的宽带网络

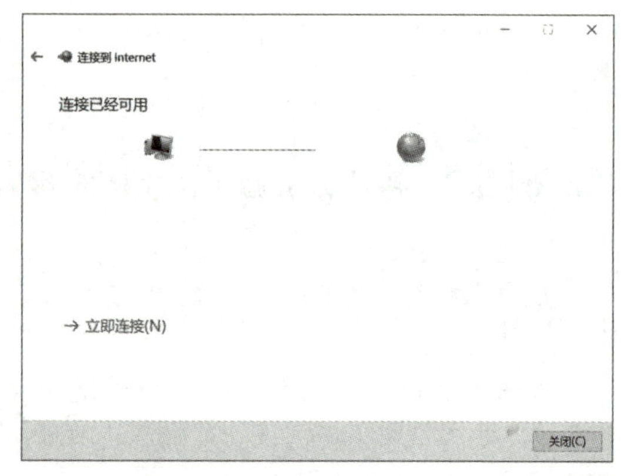

图 3-36 建立（关闭）连接

图 3-37 网络连接对话框

⑥ 单击“任务栏”右侧的网络图标，显示如图 3-37 所示的网络连接对话框，单击“宽带连接”，弹出“拨号”设置窗口，选择建立的“宽带连接”，单击“连接”按钮，弹出“登录”对话框，输入用户名和密码后，单击“确定”按钮，即可连接网络，并接入 Internet，如图 3-38 所示。

课堂训练：

（1）在如图 3-33 所示的窗口中，单击“拨号”选项，在“键入你的 Internet 服务提供商（ISP）提供的信息”设置页面中根据提示设置拨号连接，如图 3-39 所示。

（2）在图 3-32 所示的窗口中，选择“手动连接到无线网络”选项，看看怎样设置或选择无线网。

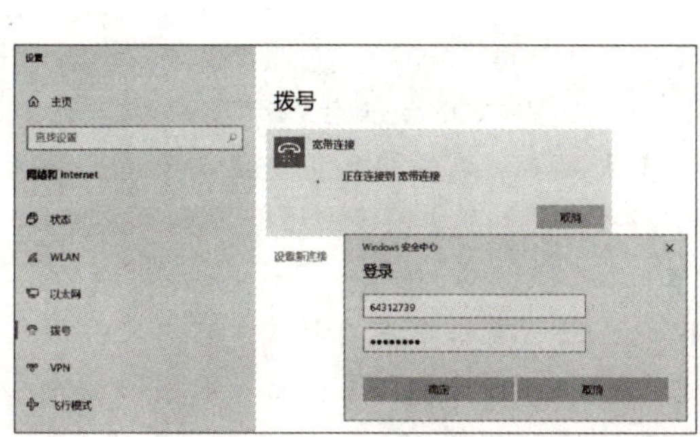

图 3-38　登录宽带连接

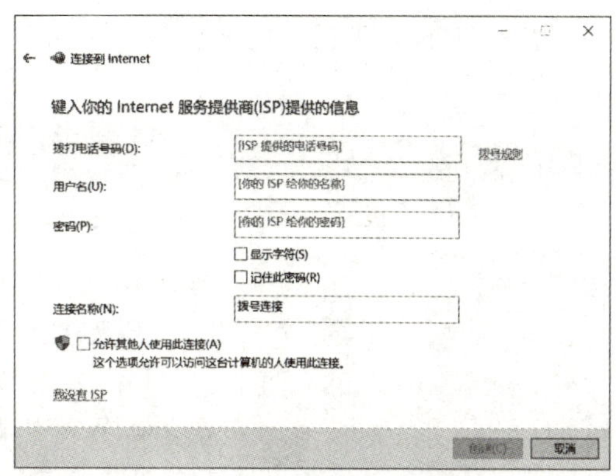

图 3-39　设置拨号连接

3.4　Internet 的应用

网页浏览器是帮助人们访问网络上各种信息资源的软件工具，Internet Explorer（简称 IE），就是目前常用的浏览器之一。

3.4.1　网上浏览与信息服务

微视频：用 IE 浏览器打开网页

实例 3.3　认识 IE 浏览器与 URL

任务描述：

打开 IE 浏览器，在地址栏中输入“搜狐”网站的地址并进入“搜狐”主页；了解浏览器的功能与设置。

实施步骤：

① 启动 IE 浏览器。在“开始”菜单应用列表中单击“Windows 附件”→“Internet Explorer”选项，启动 IE 浏览器，如图 3-40 所示。

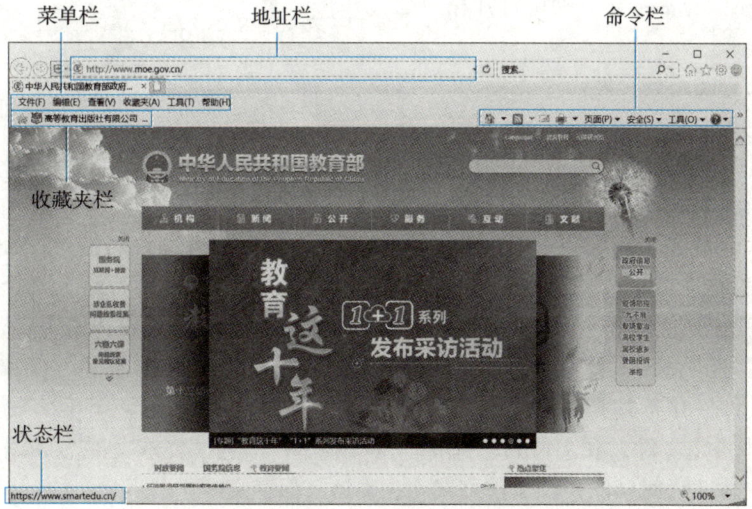

图 3-40　IE 浏览器窗口

② 在 IE 浏览器的“地址栏”中输入“http://www.sohu.com”并按 Enter 键，打开“搜狐”主页。

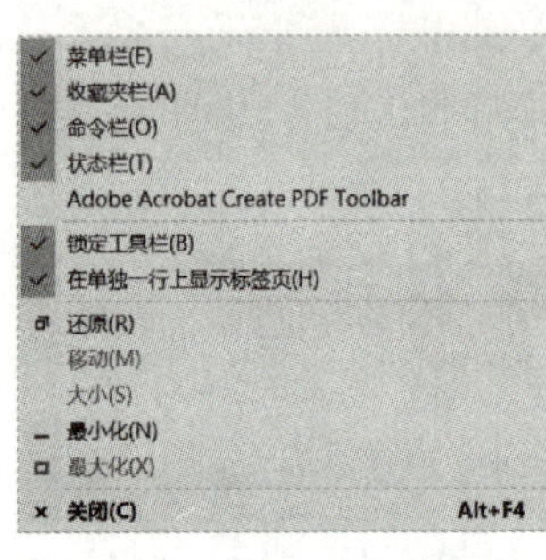

图 3-41 设置 IE 浏览器上显示的项目

③ 单击“搜狐”主页中的“新闻”，进入“新闻”页面。

提示： 启动 IE 之后，如果 IE 页面没有“菜单栏”“命令栏”等时，可右击 IE 标题栏，在弹出的快捷菜单中设置需要在 IE 浏览器上显示的项目，如图 3-41 所示。

知识与技能：

网页是 WWW 服务器所提供信息的形式，它以文件形式存放在 WWW 服务器中。主页也是网页，它是访问网站的入口，其文件名一般为“index.html”或“index.htm”等。

用户在访问不同应用协议的主机时，一般使用统一资源定位符（Uniform Resource Locator，URL）。在浏览器中输入 URL 地址时，如果没有包含网页路径和文件名，则默认访问的网页是主页。URL 由以下几部分组成：协议、主机名、路径及文件名。

打开所访问的主页后，可以通过主页上的超链接，转到其他的 WWW 页面进行浏览。

微视频：使用搜索引擎（百度）

实例 3.4 使用搜索引擎

任务描述：

熟悉搜索引擎的概念，熟悉搜索引擎的使用，下载并保存搜索到的文章与图片。

任务分析：

启动搜索引擎，输入需要搜寻资料的关键词，判别筛选搜索到的是否为有用信息，将有用信息与图片下载并保存到指定文件夹中。

实施步骤：

① 浏览器中打开“百度”的主页 http://www.baidu.com/，在文本框中输入“中国最新战斗机”，将在网页内容窗口自动显示搜索到的网站信息，如图 3-42、图 3-43 所示。

② 单击感兴趣的链接，即可打开相应的网页。

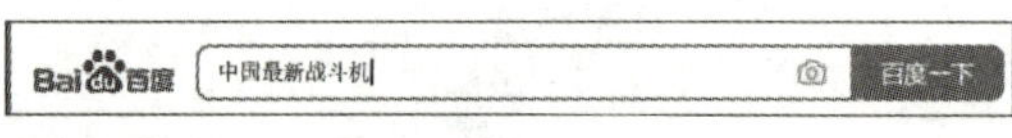

图 3-42 百度搜索引擎

③ 从 Internet 下载文件。

· 当前图片的保存：鼠标指向需要保存的图片，右击，在弹出的快捷菜单中选择“图片另存为”选项，在“保存图片”对话框中指定文件夹和文件名，单击“保存”按钮。

试一试： 快捷菜单中的“电子邮件图片”“设置为背景”“转到我的图片”“查看源”等选项的功能是什么？

· 当前背景图片的保存：鼠标指向需要保存的背景图片，右击，在弹出的快捷菜单中选择“背景另存为”选项，在“保存图片”对话框中指定文件夹和文件名，单击“保存”按钮。

· 当前文件保存为文本文件：在菜单栏中单击“文件”→“另存为”命令，在“保存网页”对话框中指定文件夹和文件名，并将“保存类型”改为“文本文件”，单击“保存”按钮。保存为文本文件时，图片及文件格式将丢失，只保存文字。

· 网页的保存：对于喜欢的网页，可以保存起来。被保存的网页是 HTML 文件，可以

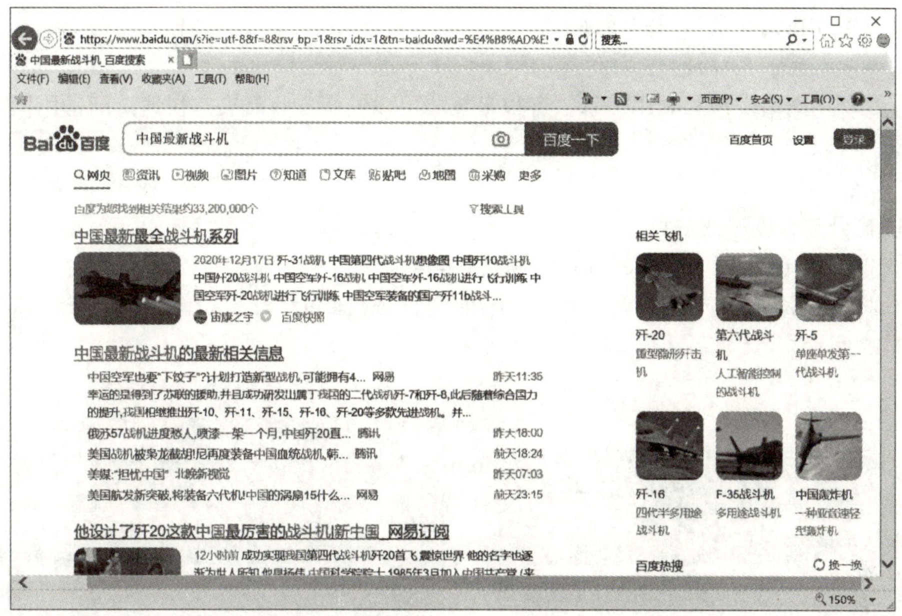

图 3-43　搜索结果显示

在浏览器中脱机浏览。在菜单栏中单击“文件”→“另存为”命令，在“保存网页”对话框中指定文件夹和文件名，单击“保存”按钮。

· 对网页提供的“下载文件”的保存：许多网页为用户提供了专门用于下载的文件。单击下载文件链接，弹出下载对话框，单击“保存”按钮，在出现的“另存为”对话框中指定文件夹和文件名，单击“保存”按钮后，IE 开始下载文件。

提示： 目前网上许多信息与图片已经明确标明受知识产权保护，所以搜索到的信息与图片不可用于商业活动，在引用时应标明作者与出处。

知识与技能：

Internet 是一个巨大的信息资源库，它的信息分布在众多主机中，用户可以借助 Internet 提供的搜索引擎，输入关键词进行搜索，找到所需要的信息。

搜索引擎的主要任务是在 Internet 中主动搜索 Web 站点中的信息并对其自动索引，其索引内容存储在可供查询的大型数据库中。当用户利用关键词查询时，搜索引擎将搜索出包含该关键词信息的网址及其内容简介，并提供通向该网站的链接。

拓展训练：

浏览网页并下载自己喜欢的信息和图片。

3.4.2　网页收藏与 IE 设置

实例 3.5　收藏夹与历史记录的使用

任务描述：

利用 IE 提供的收藏夹，可以保存用户喜欢的网页地址。收藏夹的管理如同文件夹一样，允许用户在收藏夹中创建子文件夹。存入收藏夹的网页，可以重新命名。另外，通过历史记录可以轻松地找到经常访问的网页。

任务分析：

有效利用网络发现和利用信息，有很多技巧可以使用。收藏夹是快速访问常用网页的一种途径，可以提高工作效率。

微视频：利用浏览器收藏网址

实施步骤：

① 打开“百度”的主页。

② 单击菜单栏的“收藏夹”命令，如图 3-44 所示。

③ 将当前网页收入收藏夹。单击“添加到收藏夹”命令，弹出“添加收藏”对话框，如图 3-45 所示。

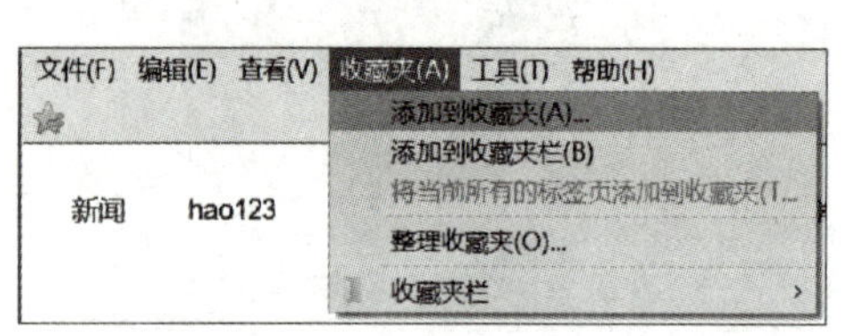

图 3-44 “收藏夹”下拉菜单

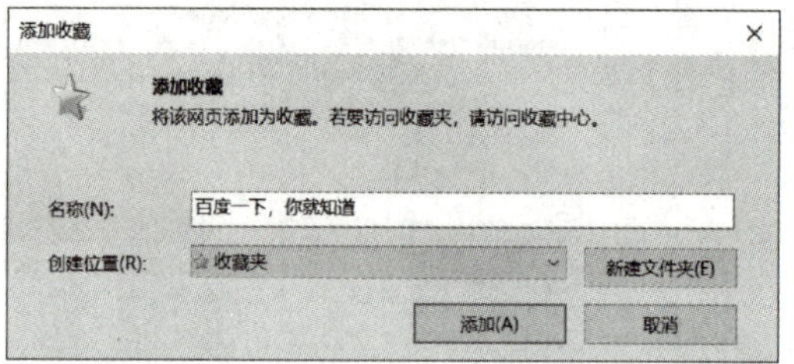

图 3-45 “添加收藏”对话框

· 通过“名称”文本框，可以为保存的网页重新命名。

· 通过“创建位置”下拉列表，可以选择保存网页的文件夹。

· 单击“新建文件夹”按钮，可以创建新的子文件夹。

图 3-46 当前网页添加到收藏夹栏

· 单击“添加”按钮，可将当前网页地址收入收藏夹。

④ 将当前网页添加到收藏夹栏。在如图 3-44 所示的“收藏夹”下拉菜单中，单击“添加到收藏夹栏”命令，当前网页即添加到收藏夹栏，如图 3-46 所示。

单击收藏夹栏左侧的“添加到收藏夹栏”按钮，也可以完成上述操作。

⑤ 整理收藏夹。在如图 3-44 所示的“收藏夹”下拉菜单中，单击“整理收藏夹”命令，打开“整理收藏夹”对话框，如图 3-47 所示。

微视频：整理收藏夹

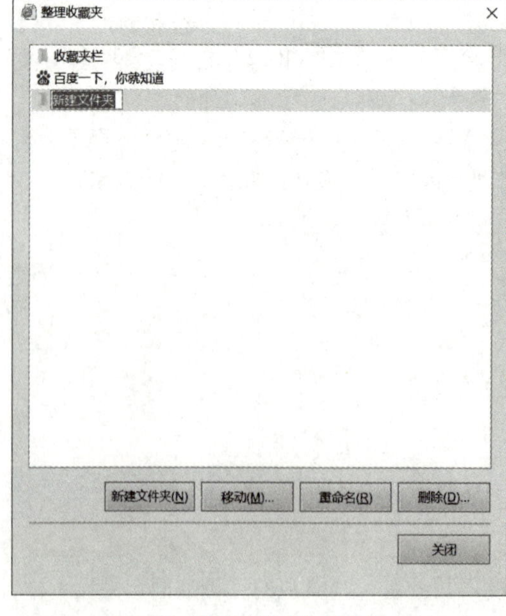
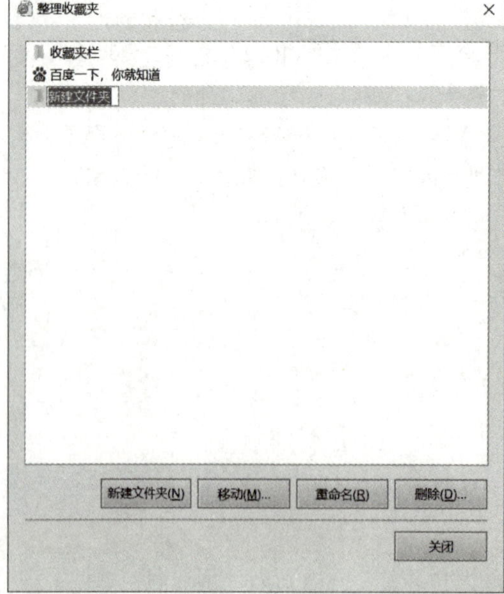

图 3-47 “整理收藏夹”对话框

· 单击“新建文件夹”按钮，可以创建新的子文件夹。

· 选中网页或文件夹后，单击“重命名”按钮，可以重新命名选中的网页或文件夹。

· 选中网页或文件夹后，单击“删除”按钮，可以删除选中的网页或文件夹。

· 用鼠标左键可以拖动选中的网页或文件夹，移动到新的文件夹中。

⑥ 打开“查看收藏夹、源、历史记录”窗格。在 IE 界面的右上角，单击图标按钮☆，“查看收藏夹、源、历史记录”窗格将显示在 IE 界面的右侧，“收藏夹”选项卡被选中并在下方显示收藏内容如图 3-48 所示。

⑦ 通过“收藏夹”或“收藏夹栏”打开网页。

· 单击菜单栏上的“收藏夹”菜单，在下拉菜单中找到并单击需要访问的网页。

· 在“收藏夹栏”单击需要访问的网页。

· 在如图 3-48 所示的“收藏夹”选项卡中找到并单击需要访问的网页。

图 3-48 “收藏夹”选项卡

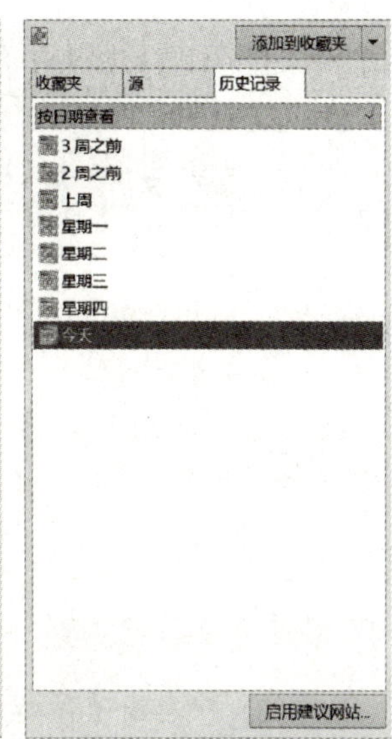

图 3-49 “历史记录”选项卡

⑧ 使用历史记录。在如图 3-49 所示的“历史记录”选项卡中可以查询以前的上网记录，也可以通过历史记录重新打开网页。单击指定日期的文件夹，显示该网页文件夹保存的网页浏览记录，单击选中的网页即可打开网页。

知识与技能：

源，即 RSS 源。RSS 是在线共享内容的一种方式。在时效性比较强的网页上使用 RSS 订阅，能更快速地获取信息，让用户及时获取订阅网站内容的最新更新。订阅源后，IE 将自动检查网站并下载新的内容，使用户可以查看自从上一次访问该源之后的新内容。源通常用于新闻和博客网站。

网站发布一个 RSS 文件后，这个 RSS 文件包含的信息能直接被其他站点调用，由于数据是标准格式，所以也能在其他终端和服务中使用。一个网站联盟也能通过互相调用彼此的 RSS 文件，自动显示网站联盟中其他站点上的最新信息。这种联合使得一个站点的内容更新越及时、RSS 文件被调用得越多，该站点的知名度就会越高，从而形成一种良性循环。

随着越来越多的网站对 RSS 的支持，RSS 已经成为目前最成功的应用之一。RSS 搭建了信息迅速传播的一个技术平台，使得每个人都成为潜在的信息提供者。

拓展训练：

建立“源”。

第一次查看某网站时，IE 将自动搜索源。如果源可用，“源”按钮将更改颜色并播放声音。单击“源”按钮，然后单击想要查看的源。

① 当打开一个允许订阅的源网站时，将自动变为红色。

② 单击“源”按钮，以查找该网页上的源。

③ 如果源可用，并且允许订阅，则自动打开网页，并在网页上方显示允许订阅的提示，如图 3-50 所示。

④ 单击“订阅该源”链接，打开如图 3-51 所示的对话框。输入源的名称，然后选择要在其中创建源的文件夹，单击“订阅”按钮，所订阅的源保存到“源”选项卡中。

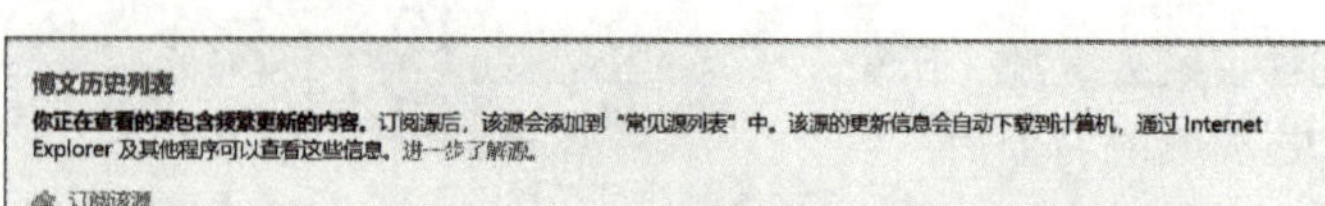

图 3-50　允许订阅的提示

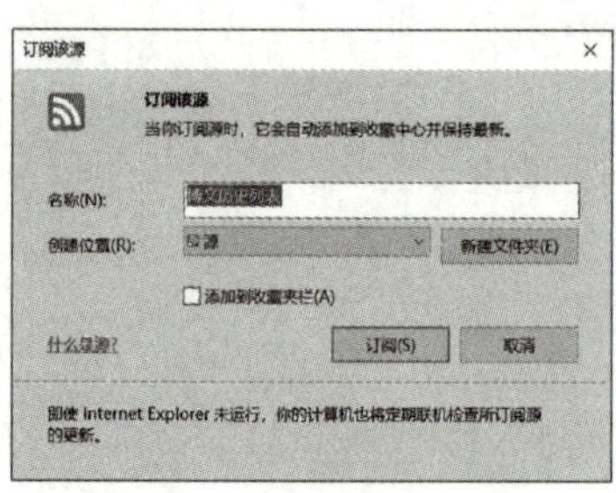

图 3-51　“订阅该源”对话框

试一试： 如何查看保存的“源”？观察一下，“源”自动更新后有什么提示？

微视频：Internet 常规选项的设置

实例 3.6　Internet 选项设置

任务描述：

IE 浏览器为用户提供了多种个性化设置，用户可以根据自己的需求方便地改变系统的默认设置。例如，启动 IE 时的主页、历史记录的保存时间、打开网页时是否显示多媒体信息等。

任务分析：

“Internet 选项”对话框中共有 7 个选项卡，浏览所有的设置选项，重点掌握“常规”选项卡与“高级”选项卡中选项的设置。

实施步骤：

① 单击“工具”下拉菜单中的“Internet 选项”命令，打开“Internet 选项”对话框，如图 3-52 所示。

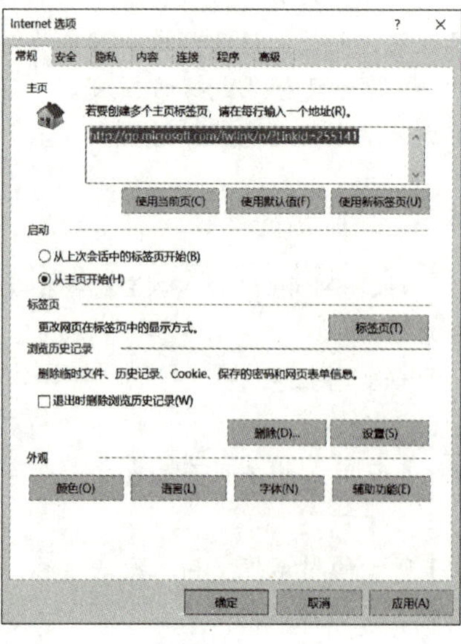

图 3-52　“Internet 选项”的“常规”选项卡

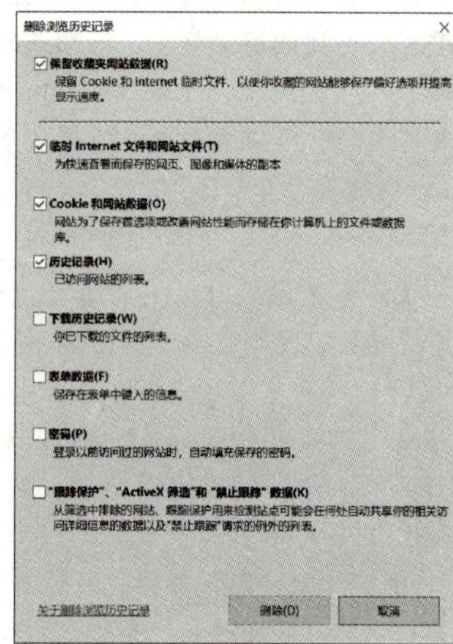

图 3-53　“删除浏览历史记录”对话框

②“常规”选项卡的设置。

· 更改主页：这里所说的主页，是指 IE 启动后最先显示的网页。单击“使用当前页”按钮，可将当前浏览的网页设置为主页。

· 退出 IE 时删除浏览历史记录：首先选中“退出时删除浏览历史记录”复选框，单击“删除”按钮，打开“删除浏览历史记录”对话框，可以设置需要删除的项目，如图 3-53 所示。单击“设置”按钮，打开“网站数据设置”对话框，可以设置历史记录中保留网页的天数等信息，3 个选项卡如图 3-54 所示。

拓展训练：

浏览“Internet 选项”的“安全”“隐私”“内容”“连接”“程序”“高级”选项卡，选择需要的选项进行设置。

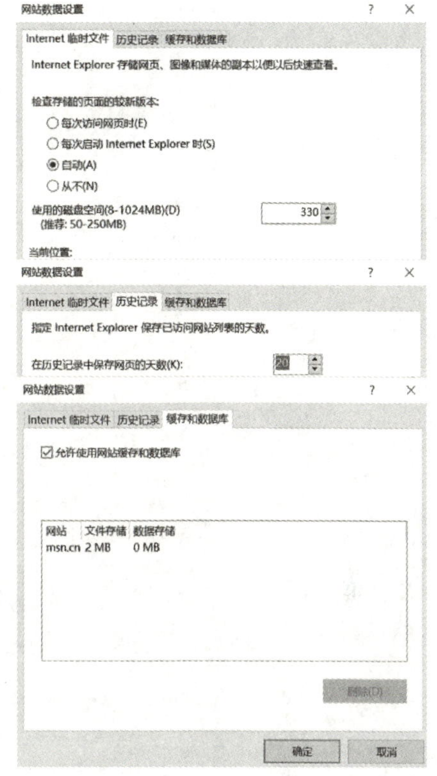

图 3-54　“网站数据设置”对话框的 3 个选项卡

3.4.3　电子邮件

实例 3.7　使用 Microsoft Outlook 收发电子邮件

任务描述：

Microsoft Outlook 是目前常用的电子邮件管理工具之一，除了可以收发电子邮件以外，还可以汇集多个电子邮箱于一身，对收到的电子邮件及时提醒用户阅读。

任务分析：

电子邮件是实现信息交流的主要网络工具之一。收发电子邮件通常需要进入邮箱所在网站，登录邮箱再进行操作，但如果用户创建了多个邮箱，需要逐一登录，经常出现某邮箱长期没有使用的情况甚至被停用。Microsoft Outlook 提供了一种桌面收发和管理邮件的方法，不必登录每个邮箱就可以收发、管理邮件，因此 Microsoft Outlook 是提高邮件管理和使用效率的有效工具。

实施步骤：

1. 配置 Microsoft Outlook

微视频：配置 Microsoft Outlook

① 单击“开始”按钮，在“开始”菜单应用列表中单击“Outlook 2016”启动配置向导；单击“下一步”按钮，打开“账户设置”对话框，如图 3-55 所示。

② 选择“是”单选按钮，单击“下一步”按钮，打开“添加账户”对话框，输入姓名、电子邮件地址、密码等信息，如图 3-56 所示。

③ 单击“下一步”按钮，开始配置，如图 3-57 所示。

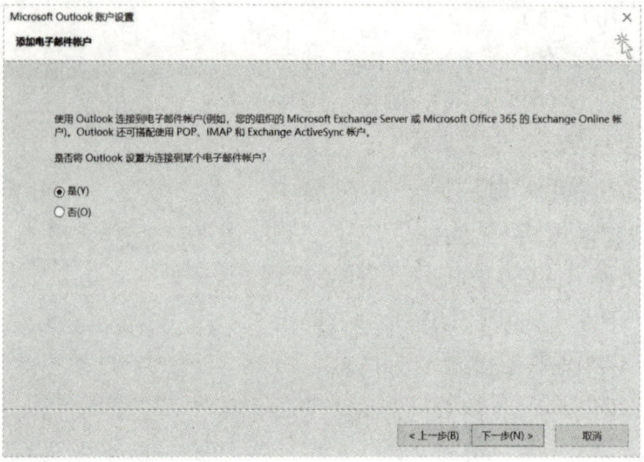

图 3-55 “账户设置”对话框

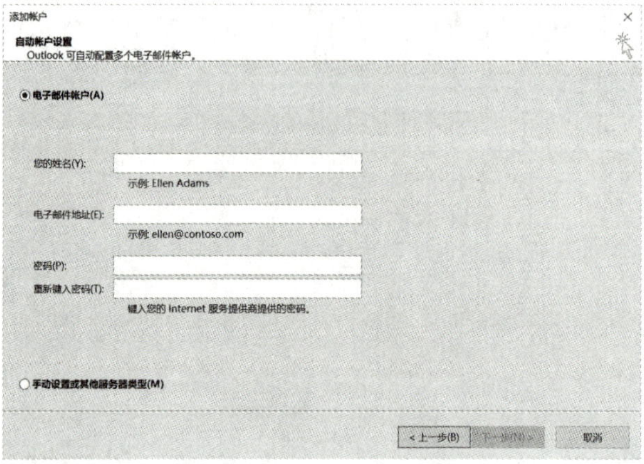

图 3-56 “添加账户”对话框

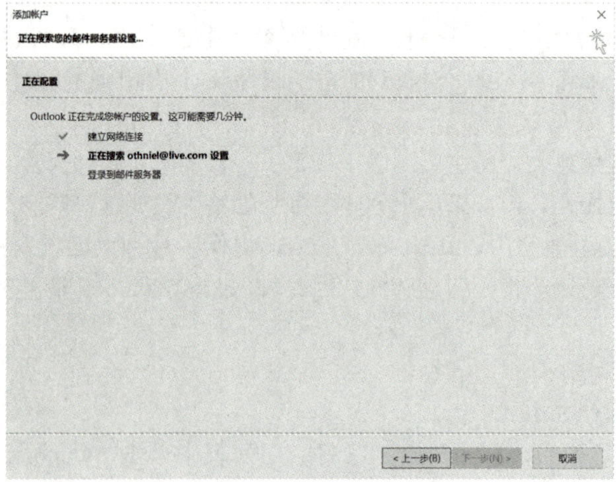

图 3-57 开始配置

④ 成功配置并准备就绪后，显示如图 3-58 所示的提示。如果单击“添加其他账户”按钮，重新打开如图 3-56 所示的对话框，可以添加其他的邮箱账户。单击“完成”按钮后将启动 Microsoft Outlook。

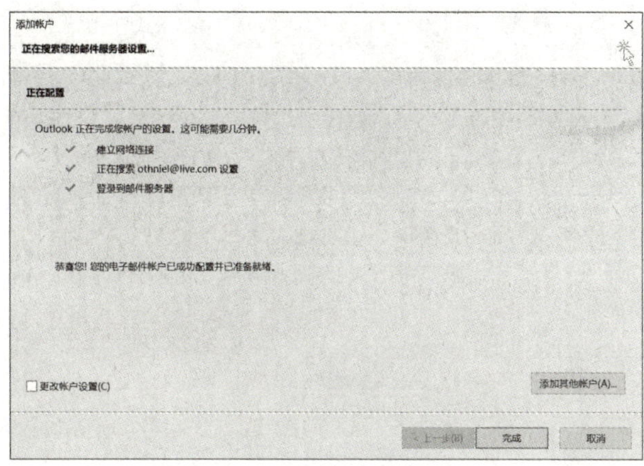

图 3-58　成功配置并准备就绪提示

2. 使用 Microsoft Outlook

① 启动 Microsoft Outlook，打开如图 3-59 所示的窗口。

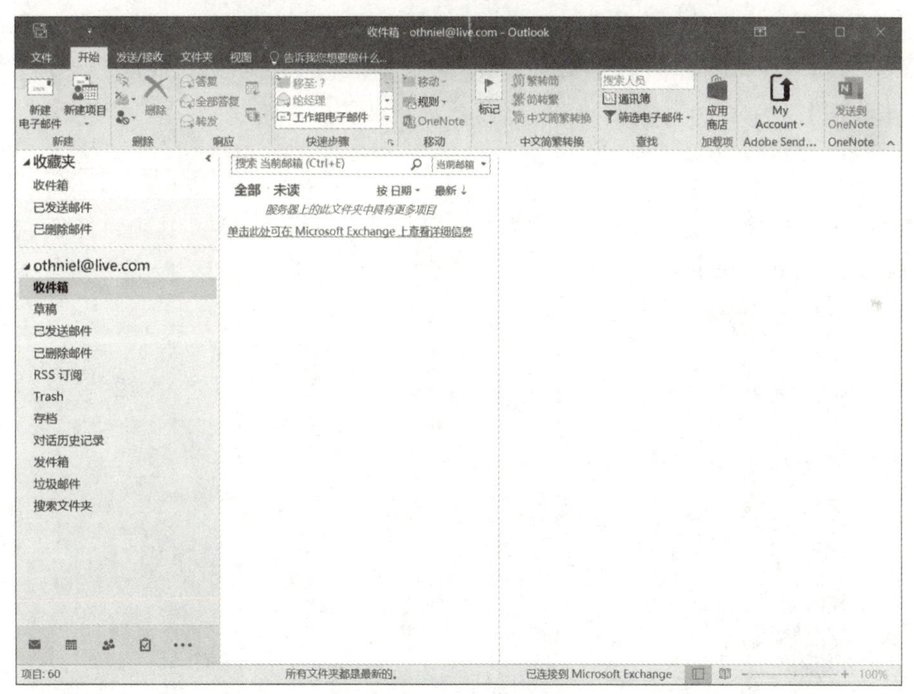

图 3-59　Microsoft Outlook 窗口

微视频：使用 Microsoft Outlook 阅读邮件

② 阅读邮件。单击指定邮箱下的“收件箱”选项，所有收到的邮件将显示在“邮件列表”窗格。单击“邮件列表”窗格中的某封邮件，其内容将显示在“邮件内容”窗格，在此窗格内可以阅读或下载附件。

微视频：使用 Microsoft Outlook 撰写邮件

③ 写邮件。单击“开始”→“新建电子邮件”按钮，打开写邮件窗口，如图 3-60 所示。撰写完邮件正文后单击“附加文件”按钮，在下拉菜单中单击“浏览此电脑”命令，弹出“插入文件”对话框，选择需要附加的文件，单击“插入”按钮，选取的附件将添加在邮件正文上方，单击“发送”按钮，写好的邮件被发出。

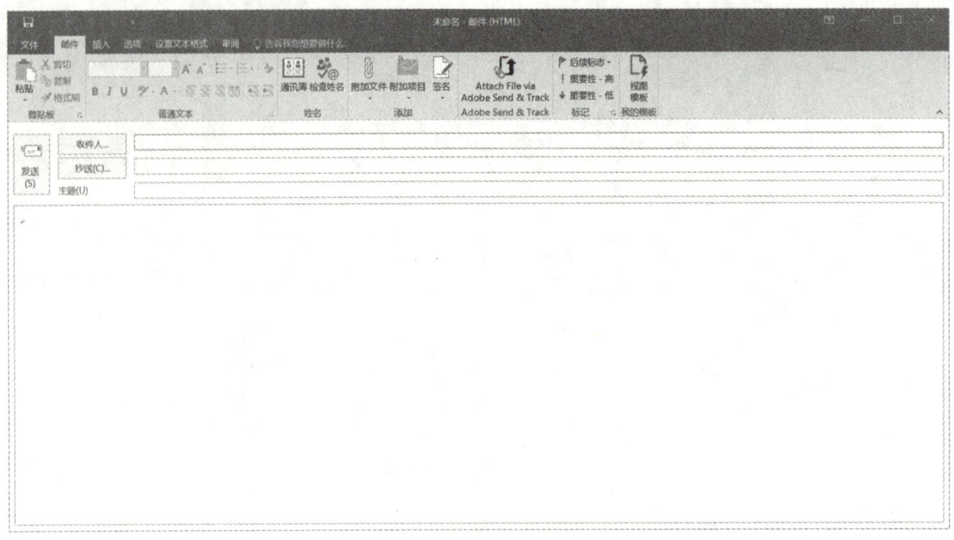

图 3-60 写邮件窗口

④ 删除处理。选中邮件，单击“开始”→“删除”→“删除”按钮。

微视频：使用 Microsoft Outlook 进行账户管理

⑤ 回复邮件。选中邮件，单击“开始”→“响应”→“答复”按钮，显示“答复”窗格。

⑥ 转发邮件。选中邮件，单击“开始”→“响应”→“转发”按钮，显示“转发”窗格。

⑦ 账户管理。单击窗口左上角的“文件”选项卡，选择“信息”选项，打开“账户信息”窗口，如图 3-61 所示。

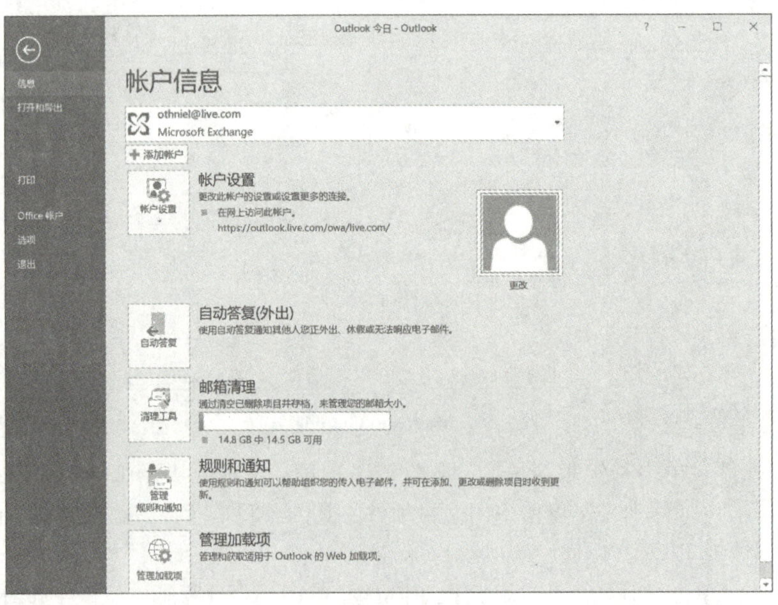

图 3-61 “账户信息”窗口

· 单击“添加账户”按钮，打开“添加账户”窗口，可以添加新的邮件地址。

· 单击“账户设置”按钮，在弹出的下拉菜单中单击“账户设置”命令，打开“账户设置”窗口。在“电子邮件”选项卡的“电子邮件账户”列表中选择某一账户，单击“更改”按钮，可以修改该账户的用户名等信息；单击“删除”按钮，可以删除选中的电子邮件账户；单击“新建”按钮，可以添加新的关联邮箱，如图 3-62 所示。

⑧ 常规设置。在“文件”选项卡中选择“选项”，打开“Outlook 选项”对话框。该对话框中汇集了所有关于 Outlook 的设置。例如：

· 在“常规”选项卡中，可以设置 Outlook 为电子邮件、联系人、日历的默认程序。

· 在“邮件”选项卡中，可以设置邮件到达时的提示等。

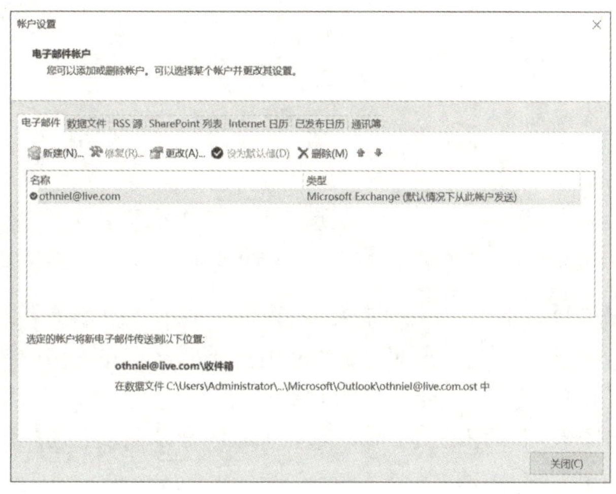

图 3-62　“账户设置”窗口中的“电子邮件”选项卡

3.4.4　常见网络工具与服务

1．FTP 文件传输

FTP 主要应用在 C/S（客户机 / 服务器）模式下，用于文件传输。服务器类型为“ftp://”。

（1）使用 IE 浏览器登录 FTP 服务器实现文件的上传与下载

在 IE 浏览器地址栏中输入 FTP 服务器地址，按 Enter 键，弹出登录对话框，输入用户名和密码后，单击“登录”按钮，如图 3-63 所示，即可打开 FTP 服务器。

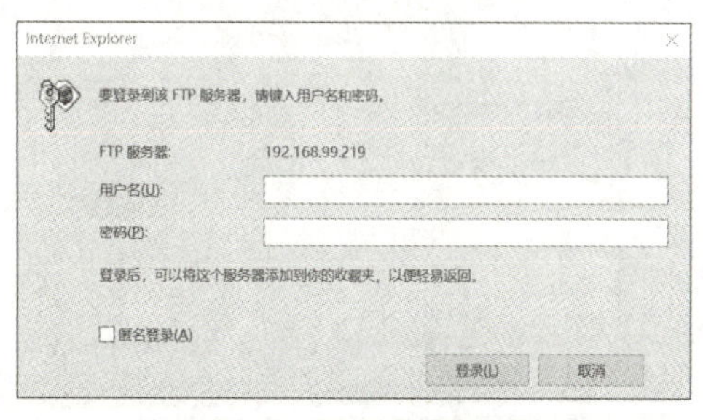

图 3-63　FTP 服务器登录窗口

微视频：使用 CuteFTP 软件登录 FTP 服务器

有些 FTP 服务器提供了匿名访问，可以通过选中“匿名登录”复选框进行登录。

如果权限允许的话，在 FTP 服务器登录窗口可以开始上传或下载操作。

（2）使用 CuteFTP 软件登录 FTP 服务器实现文件的上传与下载

启动 CuteFTP 软件，在“主机：”文本框中输入 FTP 服务器地址，并输入用户名、密码，单击“连接”按钮，即可登录服务器，如图 3-64 所示。

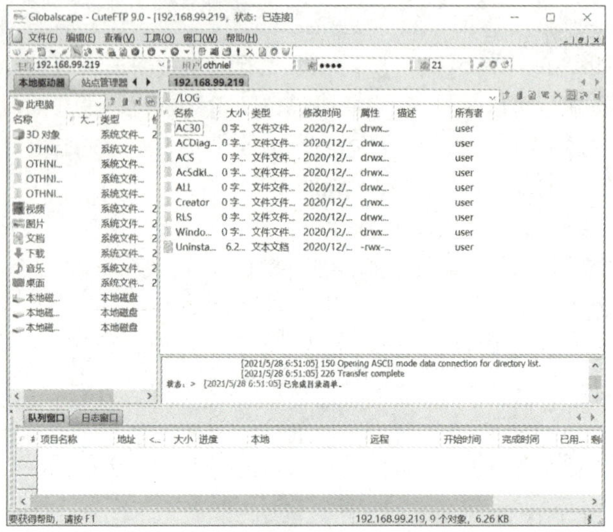

图 3-64　CuteFTP 窗口

微视频：使用 CuteFTP 软件向 FTP 服务器上传文件

CuteFTP 左窗格中显示本地计算机内容，右窗格中显示 FTP 服务器的内容。在右窗格中选中文件或文件夹，单击“下载”按钮，即可开始下载。在左窗格中选择需要上传的文件或文件夹，单击“上载”按钮，即可实现上传。

微视频：使用 CuteFTP 软件从 FTP 服务器下载文件

也可以使用右键快捷菜单中的“下载”与“上载”命令完成上述操作。

2. 远程登录

使用 Windows 提供的远程桌面功能，可以通过自己的计算机访问其他计算机上的资源和服务，即用户可以从家里连接到工作计算机，也可以从办公室连接到家里的计算机。

（1）设置被访问端

微视频：设置远程访问的被访问端

① 右击桌面“此电脑”图标，在弹出的快捷菜单中选择“属性”选项，在“系统”窗口中单击“远程设置”选项，打开“系统属性”对话框，切换到“远程”选项卡，如图 3-65 所示。

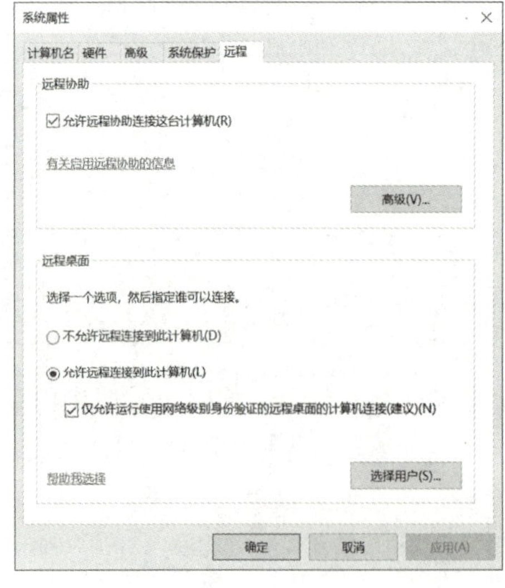

图 3-65　“远程”选项卡

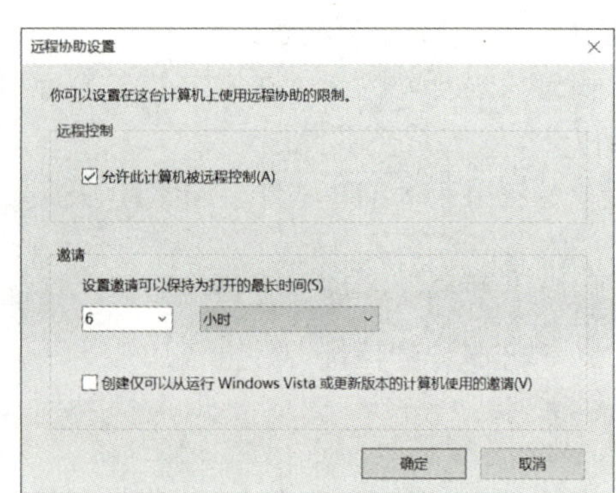

图 3-66　“远程协助设置”对话框

② 选中“允许远程协助连接这台计算机”复选框，单击“高级”按钮，打开“远程协助设置”对话框，如图 3-66 所示。

③ 选中“允许此计算机被远程控制”复选框，并设置邀请连接的时间，如 6 小时，单击“确定”按钮。返回“系统属性”对话框，单击“选择用户”按钮，在弹出的“远程桌面用户”对话框中可以添加允许远程访问的计算机账号。

微视频：远程访问

（2）远程访问

单击“开始”按钮，在“开始”菜单应用列表中选择“Windows 附件”→“远程桌面连接”命令，打开“远程桌面连接”窗口，如图 3-67 所示。输入远程计算机的名字或 IP 地址，单击“连接”按钮，开始进行连接。

连接成功后弹出远程桌面的“欢迎”窗口，输入用户名和密码后即可远程访问。

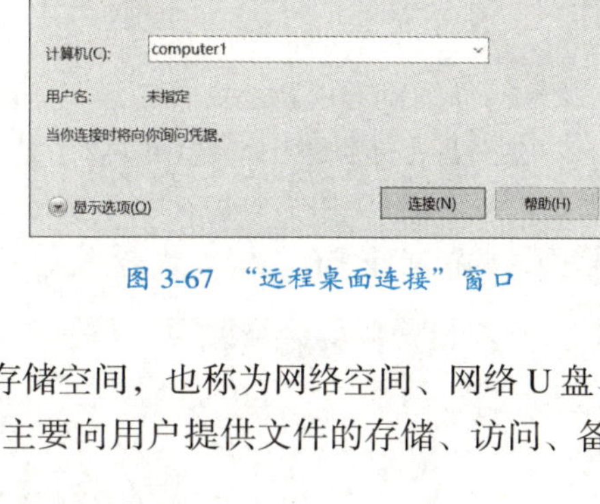

图 3-67　“远程桌面连接”窗口

3. 网络存储空间

网络存储空间，是用户基于 Internet 登录网站进行信息数据上传、下载、共享等操作的信息数据存储空间，也称为网络空间、网络 U 盘、网络硬盘等。网络存储空间是一种在线存储服务，主要向用户提供文件的存储、访问、备份、共享等文件管理功能。

微视频：网盘的文件上传（以 126 邮箱为例）

现在很多网络服务商提供免费的网络存储空间，只要注册、登录后，即可使用。很多电子邮件系统也启用了网络存储空间，以方便用户存储信息数据。

（1）126 网易网盘的文件上传

① 登录 126 邮箱。在邮箱左侧选择“文件中心”选项，打开网盘窗口，如图 3-68 所示。

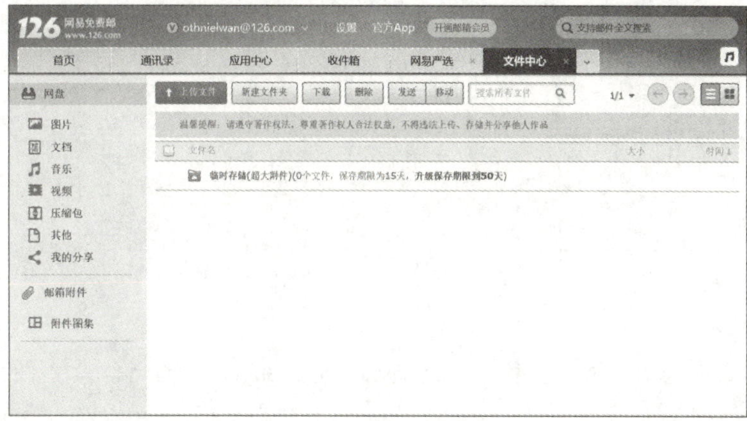

图 3-68　126 网易网盘窗口

② 单击“上传文件”按钮，打开“选择要加载的文件”对话框，如图 3-69 所示。

③ 选择要上传的文件，单击“打开”按钮，即开始上传，上传成功后，弹出“上传完毕”提示窗口，如图 3-70 所示。

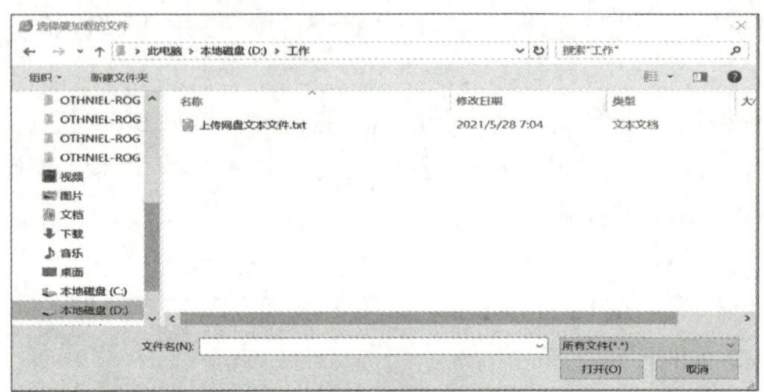

图 3-69 “选择要加载的文件”对话框

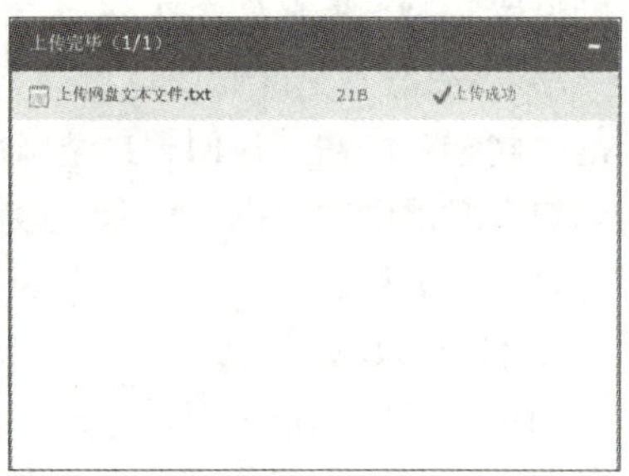

图 3-70 “上传完毕”提示窗口

微视频：网盘的文件下载（以 126 邮箱为例）

（2）126 网易网盘的文件下载

在网盘存储目录中，选中需要下载的文件左侧的复选框，然后单击“下载”按钮，弹出“保存”提示框，单击“保存”下拉按钮，选择“另存为”命令，在弹出的“另存为”对话框中，选择文件保存位置，单击“保存”按钮，如图 3-71、图 3-72 所示。

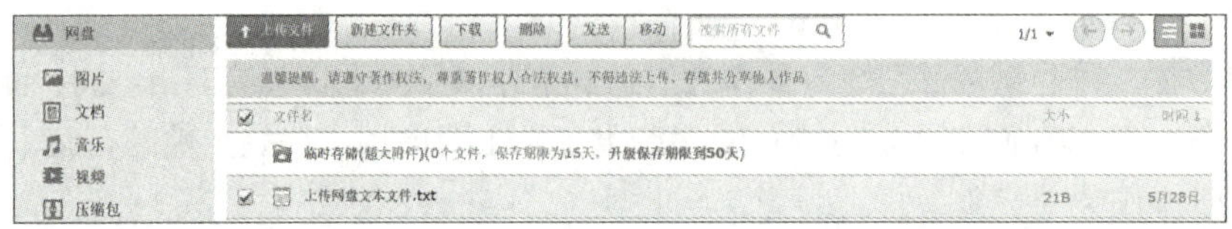

图 3-71 网盘存储目录

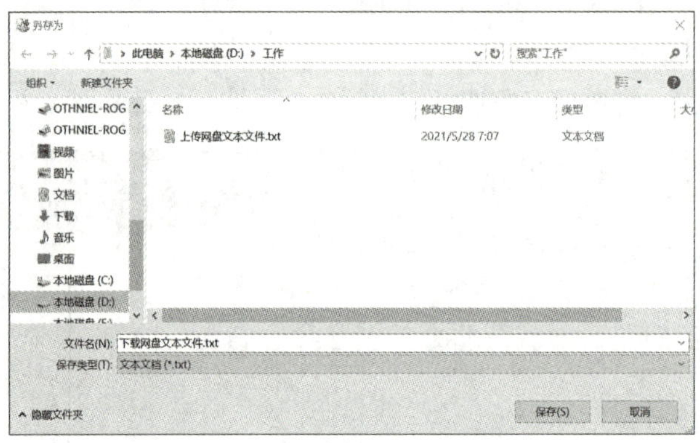

图 3-72 网盘文件“另存为”对话框

4. 即时通信

目前用于即时通信的软件很多，常见的包括 QQ、Skype、UC 等。

（1）QQ

打开腾讯网（http://www.qq.com/），单击“QQ 号码”超链接可以方便地注册一个 QQ 账号。

在 QQ 登录界面输入账号和密码，单击“登录”按钮，即可登录 QQ。

在“我的好友”中，双击接收消息人的图标，打开对话窗口。在信息窗口中编辑信息或粘贴需要发送的附件，单击“发送”按钮，即可向对方发送即时消息或传递文件。

单击群的图标，打开“群 / 讨论组”窗口，可以建立多人参加的群或讨论组。群或讨论组适合于学习组进行讨论与共享资料。

（2）Skype

Skype（中文名：讯佳普），是一种网络即时语音通信工具，其功能包括视频聊天、多人语音会议、多人聊天、传送文件、文字聊天等。通过 Skype，人们可以免费高清晰与其他用户语音对话，也可以拨打国内、国际电话，无论固定电话、手机均可直接拨打，并且可以实现呼叫转移、短信发送等功能。Skype 目前已成为全球最受欢迎的网络通信工具之一。

打开 Skype 中文官方网站（http://skype.gmw.cn/），可以注册 Skype 账号和下载 Skype 软件。

（3）UC

UC 是一种网络即时聊天工具，前身是朗玛 UC。UC 采用自由变换场景、个性在线心情等人性化设计，配合视频电话、信息群发、文件互传、在线游戏等，在用文字聊天的同时能边说、边看、边玩。

官方网站：http://m.sina.com.cn/m/sinauc.shtml。

5. 网上学习与网上购物

（1）网上学习

网上学习是利用 Internet 进行教与学。学习网站一般提供视频教学、学习课件、练习等，并组织网上答疑、辅导和讨论。学生可以通过网络提交作业，教师可以通过网络批改作业。目前很多知名大学、高中、初中开设了网校、网上继续教育学院等。

（2）网上购物

网上购物目前已经成为大多数年轻人喜欢的消费方式。用户通过 Internet 搜索商品信息，通过电子订单发出购物请求，通过网上支付结算，厂商通过邮寄或快递公司送货上门。

（3）网上银行

网上银行又称网络银行、在线银行，是指银行利用 Internet 技术，通过 Internet 向客户提供开户、销户、查询、对账、行内转账、跨行转账、信贷、网上证券、投资理财等传统服务项目，客户足不出户就能够安全便捷地管理存款、支票、信用卡及个人投资等。

网上银行又被称为 3A 银行，因为它不受时间、空间限制，能够在任何时间（Anytime）、任何地点（Anywhere），以任何方式（Anyway）为客户提供金融服务。

客户只要拥有能够上网的计算机，就可以不受时间、空间的限制享受网上金融服务。网上交易时，客户需要从银行网站下载特定程序安装在自己的计算机中。

6. 博客与微博

（1）博客

博客（Blog）一词源于“网络日志”（Web Log）的缩写，是表达个人思想，张扬自身个性，拓展个人社交圈的网络平台，是一个完全属于个人的信息交流与沟通平台。用户可以将生活、工作、学习中的点滴，或闪现的灵感等及时记录下来；可以将精美照片展现给广大网友；可以与朋友分享自己的心情故事；可以结识和会聚有相同兴趣、爱好的朋友，进行深度交流和沟通。

（2）微博

微博可以理解为“微型博客”或者“一句话博客”。用户可以将看到的、听到的、想到的事情写成一句话（一般不超过 140 个字），或发一张图片，通过计算机或手机随时随地分享给朋友。朋友们可以在第一时间看到彼此发表的微博信息，随时一起分享、讨论。

7. 免费信息发布

免费信息发布是指在特定类别的网站上发布个人的信息。允许用户免费发布信息的网站包括以下几类：

大型网络贸易平台，例如：阿里巴巴、慧聪、淘宝等。

大型在线都市社区平台，集分类信息、新闻、资讯、论坛等于一体，例如：今题网等。

拥有全国各地分站的平台，例如：百业信息网、58 同城网、赶集网等。

网站信息专一的行业门户，例如：中国工业信息网、中服网、中国汽车工业信息网等。

分类信息平台，例如：七八供求网、赶会网、久久信息网、娃酷网、百姓网、金泉网等。

发布信息的具体操作：

① 注册账号，每个渠道至少注册 1 个账号。

② 根据所发布信息确定面向的客户群体、选择适合的模块。

③ 将准备好的信息内容复制或写到相应的分类信息平台上。

④ 发布。

如图 3-73 所示是“赶集网”主页，单击“免费发布信息”按钮，在“选择大类”页面中，选择发布信息的种类，例如，选择“求职简历”，如图 3-74 所示，登录后即可进入“填写信息”页面。

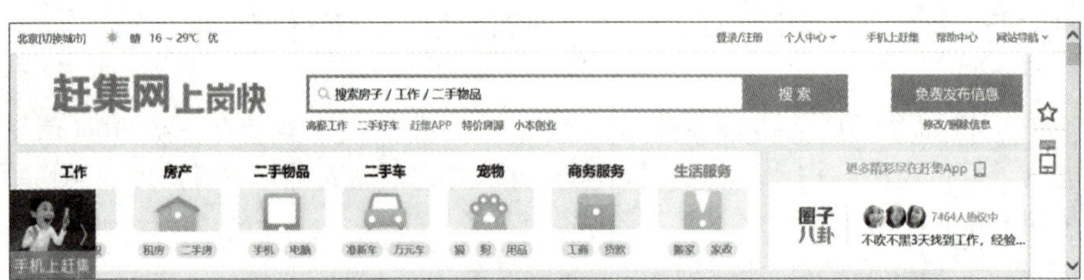

图 3-73 “赶集网”主页

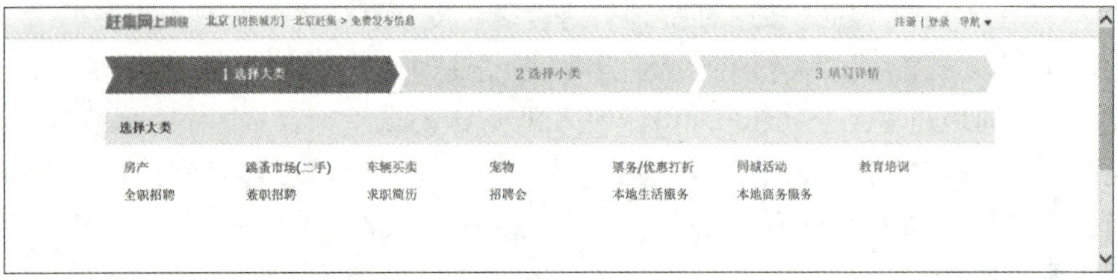

图 3-74 赶集网免费发布信息页面

按要求填写或选择信息，填写完毕后单击“立即发布”按钮。

3.5 网络信息安全

随着计算机技术的飞速发展，信息网络已经成为社会发展的重要保证。信息网络涉及一个国家的政府、军事、文教、商业经济、科研等诸多领域，因此网络信息安全至关重要。

3.5.1 网络信息安全的特征

网络信息安全是一门涉及计算机科学、网络技术、通信技术、密码技术、信息安全技术、应用数学、数论、信息论等多种学科的综合性学科。

网络信息安全主要是指网络系统的硬件、软件及系统中数据的安全性，防止偶然或恶意的破坏、更改和泄露，保证系统连续、可靠、正常地工作，保证网络服务不中断。

网络信息安全的主要特征包括：

① 信息完整性。网络信息在传输、交换、存储和处理过程中，不因种种原因而改变其原有的内容、形式和流向，即保持信息的真实性与原始性。

② 信息保密性。网络信息只能提供给授权对象、以授权的方式使用，防止信息的泄露和非法窃取。

③ 信息可用性。网络信息可被授权人按需访问和使用，网络信息发生意外被破坏时能及时恢复。杜绝“拒绝服务”现象。

④ 不可否认性。“否认”是指参与通信的一方或双方拒绝承认参与了本次通信。不可否认性是保证信息行为人不能否认其信息行为的一种约束或策略。

⑤ 信息可控性。对网络中的信息传播和信息内容实现有效控制，即网络系统中的任何信息要在一定传输范围和存放空间内可控。

3.5.2 网络信息受到的威胁

网络攻击的本质就是寻找一切可能存在的网络安全缺陷来达到对系统及资源的损害。

1. 网络存在不安全的原因

网络上存在的不安全是由网络自身存在的缺陷所造成的。例如，网络信息在输入、处理、传输、存储、输出过程中存在的信息被篡改、伪造、破坏、窃取、泄露等不安全因素；网络操作系统、数据库以及通信协议等存在安全漏洞和隐蔽信道等不安全因素；磁盘高密度存储受到损坏造成大量信息的丢失、存储介质中的残留信息泄密等不安全因素；网络设备工作时产生的辐射电磁波造成的信息泄密等不安全因素。

文本：中华人民共和国网络安全法

2. 网络安全面临的威胁

① 网络实体面临的威胁。主要指网络中的计算机、通信设备、存放数据的存储介质、传输线路、供电系统、防雷电系统、抗电磁干扰系统等出现的故障威胁。

② 恶意程序的威胁。主要指以网络蠕虫、间谍软件、木马程序为代表的恶意程序对网络的攻击所造成的威胁。

文本：中华人民共和国个人信息保护法

③ 计算机病毒的威胁。目前，全球已发现 6 万余种计算机病毒，并且还在以每天出现十余种的速度发展。

④ 非法入侵者的威胁。主要指以非授权方式登录主机，从而窃取敏感数据、篡改重要信息；通过监听网络设备所发出的无线射频、电磁辐射窃取或提取信息。

⑤ 信息战的威胁。为军事战略而取得信息优势，所采取的干扰或摧毁对方信息和信息系统的手段。

3. 网络上常见的攻击方式

（1）密码攻击

通过窃取密码方式攻击网络。密码攻击是在不知道密钥的情况下，恢复出明文。常用的密码攻击有唯密文攻击、已知明文攻击、选择明文攻击和自适应选择明文攻击 4 类。

郑重建议用户：设置密码时，不要使用自己的名字、生日、电话号码等规律性很强的字符与数字，这样的密码在黑客庞大的字典文件面前实在是不堪一击。

（2）木马程序攻击

木马程序，又称为木马，全称为特洛伊木马（Trojan Horse），其名称取自希腊神话的特洛伊木马计。

木马程序通过修改注册表等手段潜伏在系统中，用户上网后，种植木马的黑客可以通过服务器端木马程序控制用户的计算机，从而获取用户的密码等重要信息，其危害性非常大。

木马程序危害在于多数有恶意企图，例如，占用系统资源，降低计算机效能，危害本机信息安全（盗取 QQ 账号、游戏账号甚至银行账号），将本机作为工具来攻击其他设备等。

（3）网络钓鱼

网络钓鱼是指通过欺骗性的电子邮件和伪造的 Web 站点进行的网络诈骗活动。诈骗者通常将自己伪装成网络银行、在线零售商和信用卡公司等可信任网站，以骗取用户的私人信息。

典型的网络钓鱼攻击，首先通过发送声称来自银行或其他知名机构的欺骗性电子邮件，将收信人引诱到一个通过精心设计、并与用户所登录网站非常相似的钓鱼网站上，然后获取用户在此网站上输入的个人敏感信息（如用户名、口令、账号 ID、密码或信用卡详细信息）。通常这个攻击过程不会让受害用户警觉。它是“社会工程攻击”（利用“社会工程学”实施的网络攻击行为）的一种形式。

郑重建议用户：在进入网上银行或进行网上支付时，一定要认真辨别网站的真伪。

（4）黑客攻击

黑客（Hacker）通过破解或破坏某个程序、系统，危害网络安全。

黑客攻击手段可分为非破坏性攻击和破坏性攻击两类。非破坏性攻击一般是为了扰乱系统的运行，并不盗窃系统资料，通常采用拒绝服务攻击或信息炸弹；破坏性攻击是以侵入他人计算机系统、盗窃系统保密信息、破坏目标系统的数据为目的。黑客常用的攻击手段如下。

① 信息炸弹。信息炸弹是指使用一些特殊工具软件，短时间内向目标服务器发送大量超出系统负荷的信息，造成目标服务器超负荷、网络堵塞、系统崩溃的攻击手段。

② 拒绝服务。拒绝服务（DoS）攻击又叫分布式拒绝服务攻击，这是使用超出被攻击目标处理能力的大量数据包来消耗系统可用资源，最后致使网络服务瘫痪的一种攻击手段。攻击者首先侵入并控制某个网站，然后在服务器安装并启动一个可由攻击者控制的进程，攻击者把攻击对象的 IP 地址作为指令下达给进程时，这些进程开始对目标主机发起攻击。这种方式威力巨大，顷刻之间就可以使被攻击目标带宽资源耗尽，导致服务器瘫痪。

③ 网络监听。网络监听是一种监视网络状态、数据流以及网络上传输信息的管理工具，它将网络接口设置在监听模式，可以截获网上传输的信息。当黑客登录网络主机并取得超级用户权限后，使用网络监听可以有效地截获网上数据。这是黑客使用最多的方法，通常用于获取用户口令。

④ 后门程序。一些系统在开发时留下了一些用于测试和修改的秘密入口，黑客利用穷举搜索法发现并利用这些入口进入系统并发动攻击。

⑤ 密码破解。密码破解也是黑客常用的攻击手段之一。

（5）垃圾邮件攻击

一些垃圾邮件发送组织或是非法信息传播者，为了大面积散布信息，常采用多台机器同时巨量发送的方式攻击邮件服务器，造成邮件服务器大量带宽损失，并严重干扰邮件服务器进行正常的邮件递送工作，严重时将导致网络阻塞。

3.5.3　网络安全防范体系

网络安全防范体系一般划分为四个层次，不同层次反映了不同的安全问题。

（1）物理层安全

主要指物理环境的安全性。物理层的安全包括通信线路、物理设备、机房等的安全。物理层的安全主要体现在通信线路的可靠性（线路备份、网管软件、传输介质）、软硬件设备的安全性（替换设备、拆卸设备、增加设备）、防灾害能力、防干扰能力，以及设备的运行环境、不间断电源保障等。

（2）系统层安全

主要指操作系统的安全性。系统层的安全主要是操作系统的安全，包括身份验证、访问控制、系统漏洞、操作系统的安全配置、病毒对操作系统的威胁等。

（3）网络层安全

网络层的安全主要是网络方面的安全，包括网络层身份认证、网络资源的访问控制、数据传输的保密与完整性、远程接入的安全、域名系统的安全、路由系统的安全、入侵检测的手段、网络设施防病毒等。

（4）应用层安全

应用层的安全主要是提供服务所采用的应用软件和数据的安全，包括 Web 服务、电子邮件系统、DNS 等。

此外，管理的安全性也是不容忽视的。安全管理包括安全技术、设备管理、安全管理制度、部门与人员的组织规则等，管理的制度化极大地影响着整个网络的安全。

练 习 题

一、完成下列填空，并结合关键词通过百度检索扩展阅读

1. 计算机网络按距离划分可分为三类，分别是________、局域网和________。按通信介质划分可分为两类，分别是有线网和________。其中有线网一般采用________、________和光缆等物理介质传输数据。

2. 数据通信可分为基带传输和________传输。

3. 数据传输方式也称数据通信方式，一般分为并行通信和________通信。

4. 计算机网络的拓扑结构主要包括________、________、________和网状结构、树状结构、混合型结构、蜂窝状结构。

5. 网卡也叫网路适配器，是计算机与________的接口。

6. 数据传输速率是指________。

7. 误码率是指________，它是衡量________的重要指标。

8. Internet 中的每台计算机至少有一个 IP 地址，一个 IP 地址由两部分组成，分别是________和________。

9. 将计算机输出的数字信号转换成模拟信号的过程叫作________，而将模拟信号转换成数字信号的过程叫作________。

10. Internet 的中文名称是________，Internet 最常用的基本服务是 Telnet、FTP、________和________。

11. 每个域名地址由四部分组成，分别是______、______、______、______。一个域名地址的扩展名是 .cn，其含义是代表______。

12. 计算机网络的核心功能是________。

13. HTTP 是________。

14. IP 地址由________和________组成，共________位二进制数。

15. C 类网络默认的子网掩码是________。

16. E-mail 的地址通用格式是________。

17. Internet 中专门用于搜索信息的软件称为________。

18. ADSL 的中文名称是________。

19. 常见网络互联设备有________、________、________和中继器。

二、选择题

1. 计算机网路的主要功能是________。
   A. 统一管理　　B. 扩大存储容量
   C. 资源共享　　D. 提高设备性能

2. 调制解调器的主要功能是________。
   A. 数字信号放大　　B. 模拟信号和数字信号转换
   C. 数字信号编码　　D. 模拟信号放大

3. Internet 采用的通信协议是________。
   A. FTP　　B. SPX/IPX
   C. TCP/IP　　D. WWW

4. 一个计算机实验室要实现计算机联网，一般应选择________网。
   A. LAN　　B. MAN
   C. WAN　　D. GAN

5. 最早出现的计算机网路是________。
   A. Novell　　B. ARPANET
   C. Internet　　D. LAN

6. 要在浏览器中查看某公司的主页，必须要知道________。
   A. WWW 服务器地址　　B. TCP 地址
   C. IP 地址　　D. WWW 客户机地址

7. 一台主机的电子邮件地址为 sun@163.com，其中，sun 代表________。
   A. 域名　　B. 网络地址
   C. 主机名　　D. 用户名

8. FTP 代表的是________。
   A. 电子邮件　　B. 网络会议
   C. 文件传输协议　　D. 远程登录协议

9. ________是移动互联网的组成部分。
   A. 智能终端　　B. 移动存储
   C. 移动网站　　D. 电话线

10. 在因特网域名中，gov通常表示________。
   A. 商业组织　　B. 非营利性组织
   C. 政府机构　　D. 教育机构
11. 计算机网络系统由________组成。
   A. 通信子网和资源子网　　B. 传输介质和通信设备
   C. 计算机和路由器　　D. 硬件和软件
12. TCP协议是________。
   A. 网际协议　　B. 地址解析协议
   C. 传输控制协议　　D. 用户数据协议
13. 计算机网络中网关的主要作用是________。
   A. 过滤网络中的信息　　B. 传递网络中的身份识别信息
   C. 用于连接若干个同类网络　　D. 用于连接若干个异构网络
14. 在数据通信过程中，将模拟信号还原为数字信号的过程称为________。
   A. 调制　　B. 解调
   C. 流量控制　　D. 差错控制
15. 在局域网中以集中方式提供共享资源并对这些资源进行管理的计算机称为________。
   A. 服务器　　B. 主机　　C. 工作站　　D. 终端
16. 下列传输协议中，采用了加密技术的是________。
   A. Telnet　　B. FTP
   C. HTTP　　D. SSH
17. OSI七层模型中，提供面向用户连接服务的是________。
   A. 物理层　　B. 数据链路层
   C. 传输层　　D. 会话层
18. E-mail的一般格式是________。
   A. 用户名.域名　　B. 用户名·域名
   C. 用户名@域名　　D. 用户名#域名
19. 在IE浏览器中，“收藏夹”收藏的是________。
   A. 网站标题　　B. 网站内容
   C. 网页地址　　D. 网页内容
20. 通过网站的域名可知所属机构，下列网站中属于政府机构网站的是________。
   A. www.rkb.gov.cn　　B. www.ceiaec.org
   C. www.sina.com.cn　　D. www.pku.edu.cn
21. Internet创建的最初目的是用于________。
   A. 经济　　B. 教育
   C. 政治　　D. 军事
22. 为与网络传输介质相连，计算机中必须有的设备是________。
   A. 交换机　　B. 集线器　　C. 网卡　　D. 路由器
23. 以下各项中________不是Internet的功能。
   A. 万维网　　B. 电子邮件
   C. 网上邻居　　D. 电子公告牌

24. 拥有计算机并以拨号方式接入网络的用户需要使用的网络设备是________。

A. CD-ROM　　B. 鼠标

B. 电话机　　D. Modem

三、通过阅读教材或信息检索，回答下列问题

1. 什么是计算机网络？计算机网络的主要功能有哪些？
2. 什么是网络协议？
3. Internet 的主要连接方式是什么？
4. 简述什么是网页，什么是主页。
5. 常见的搜索引擎有哪些？

四、上机操作题

1. 练习使用 Internet 搜索信息。
2. 练习使用 Microsoft Outlook 发送和接收 E-mail。
3. 练习 IE 收藏夹的使用。
4. 练习 IE 历史记录的使用。
5. 使用 IE 浏览器把网易（http://www.163.com）设置成主页。

第 4 章
信息处理技术基础

“信息时代”是一个知识和信息爆炸式发展的时代。面对海量信息，如何从中提取有用的信息，分析其规律，发现新知识，将其作为决策的依据？这就要用到信息处理技术。本章将主要介绍信息处理技术的基本概念以及信息获取、信息加工处理、信息安全等方面的基础知识。

文本：第 4 章学习目标

4.1　信息处理的基本概念

随着计算机科学及其应用技术的不断发展，计算机在信息处理领域得到广泛的应用。人们可以利用计算机快速地接收、存储、加工、传送各种信息，具有速度快、精度高、容量大的特点，可以轻松进行海量信息处理。

文本：信息源及其类型

4.1.1　信息与数据

1. 信息的含义

信息（Information）通常表现为消息或通知。一般来说，信息是由信息源（如自然界、人类社会等）发出的被使用者接收和理解的各种信号。信息是客观世界各种事物变化和特征的反映，是物质世界中事物的存在方式或运动状态，以及对这种方式或状态的直接或间接表述。例如，窗外的一声鸣笛，传达给人们的信息是“有一辆汽车在行驶，提醒路人注意避让”。

2. 信息的主要特征

① 可识别性。信息可以直接或间接地识别。

② 可存储性。信息可以通过各种方法存储和记录下来。

③ 可扩充压缩性。信息可以被加工、概括、归纳、放大或缩小。

④ 可再生性。信息可以被广泛、重复地使用。

⑤ 可传递性。信息可以广泛传递。

⑥ 可转换性。信息可以由一种形态转换成另一种形态。

⑦ 时效性。信息是否有效会随着时间的推移而变化。

⑧ 可度量性。信息可采用某种度量单位进行度量，并进行信息编码。

⑨ 可共享性。信息可以被不同的个体或群体在同一时间或不同时期共同享用。信息量不会因为一方拥有而使另一方失去或减少，这是信息不同于物质和能量的一个本质特征。

3. 信息的类型

信息广泛存在于自然界、生物界和人类社会。

信息按产生的客体的性质可分为以下几种：

① 自然信息。例如，瞬时发生的声、光、热、电等。

② 生物信息。例如，遗传信息、生物体内信息交流、动物种群内的信息交流。

③ 社会信息。例如，科技信息、经济信息、政治信息、军事信息、文化信息等。

信息以所依附的载体为依据可分为以下几种：

① 文献信息。以文字、图形、符号、声频、视频等方式记录在各种文献中的信息。

② 口头信息。指人们通过口头语言形式传递的信息。

③ 电子信息。指以电信号形式存在的信息，如存储在计算机中的数据。电子信息在信息的存储、传播、加工和应用方面，具有独特优势，代表着信息科技的主流。

④ 生物信息。指生物体所承载的信息，如基因组信息等。

文本：二进制数据

4. 数据的含义

数据（Data）是客观事物的属性值，用来描述事物的特性、事实、概念等。例如，（170，65）这一对数据是用来描述一个人的身高和体重的数据。因为在计算机中，各种信息都要以二进制数据形式表示，所以将经编码后的数字、文字、图形、声音和图像等都视为数据。

数据是信息的载体，例如上述（170，65）这一对数据，承载着一个人的身高和体重信息。在信息系统中，信息通过数据体现其可存储、可压缩、可扩充、可再生、可传递、可转换、可共享等特征。

4.1.2 信息处理与应用的基本过程

人们在信息处理与应用的过程中，总要对收集到的原始信息进行加工，使之转变成为可利用的有效信息。一般来说，信息处理与应用的基本过程要经过信息获取、信息处理、辅助决策、交流与展示四个步骤来完成，如图 4-1 所示。

图 4-1 信息处理与应用的基本过程

实例 4.1 根据学生要求开设选修课程

任务描述：

数学系要开设 3 门计算机类选修课程，如何根据多数学生的要求，在计算机系统概论、Java 语言程序设计、C 语言程序设计、多媒体软件应用技术、计算机网络工程、常用办公软件应用、网页制作、统计分析软件 SPSS 这 8 门课程中，确定将要开设的 3 门课程?

任务分析：

向全系学生公布可选课程信息，通过发放调查问卷获取学生的选择意向（信息获取），对所有选择意向进行统计（信息处理），根据统计结果做出开设课程的决策（辅助决策），展示统计结果信息并向学生说明决策依据（交流与展示）。

实施步骤：

① 信息获取：（问卷调查）对数学系学生发放问卷，公布可选课程信息，并收集学生的选择信息。

数学系计算机类选修课调查问卷

为确定数学系开设的计算机类选修课程，请同学们从下列课程中选择你最想学习的 3 门课程。

A. 计算机系统概论　　B. Java 语言程序设计　　C. C 语言程序设计

D. 多媒体软件应用技术　　E. 计算机网络工程　　F. 常用办公软件应用

G. 网页制作　　H. 统计分析软件 SPSS

你的选择是____________

---

② 信息处理：（统计、排序）对回收上来的 83 份调查问卷进行信息处理，经过处理的结果见表 4-1。

表 4-1 选修课调查问卷统计、排序结果

序号	计算机选修课程名称	人数	百分比
1	计算机系统概论	4	4.82%
2	Java语言程序设计	12	14.46%
3	C语言程序设计	15	18.07%
4	计算机网络工程	29	34.94%
5	网页制作	32	38.55%
6	多媒体软件应用技术	42	50.60%
7	统计分析软件SPSS	50	60.24%
8	常用办公软件应用	58	69.88%

文本：统计分析软件 SPSS

③ 辅助决策：从此次的调查结果（表 4-1）可以看出，多数学生希望学习的计算机课程是常用办公软件应用，占总选课人数的 69.88%；其次是统计分析软件 SPSS 和多媒体软件应用技术，各占总选课人数的 60.24% 和 50.60%。因此，数学系决定根据多数学生的意见开设以上 3 门计算机类选修课程。

④ 交流与展示：将信息处理的结果，即相关决定的依据，以直观的形式向同学们说明。这里用统计结果的条形图进行信息处理结果的展示，达到与学生交流沟通的目的，如图 4-2 所示。

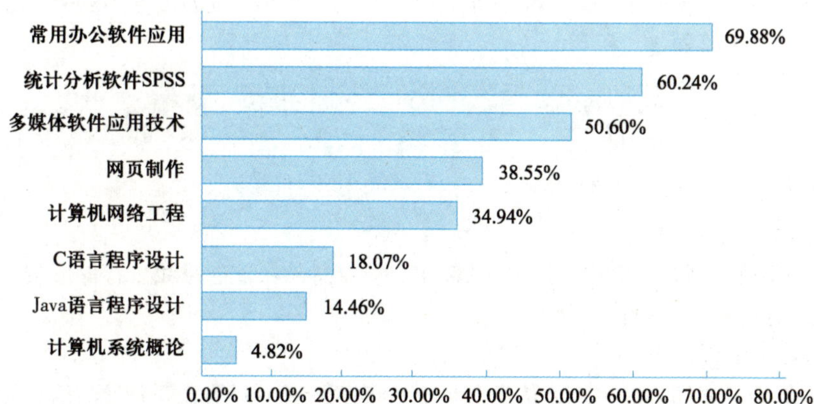

图 4-2 选修课调查问卷统计结果信息条形图

知识与技能：

1. 信息社会

信息社会也称信息化社会，是工业化社会以后，信息起主要作用的社会。在农业和工业社会中，物质和能源是主要资源，所从事的是大规模的物质生产；而在信息社会中，信息成为比物质和能源更为重要的资源，以开发和利用信息资源为目的，信息经济活动迅速扩大，逐渐取代工业生产活动而成为国民经济活动的主要内容。信息社会的特点：

（1）社会经济的主体由制造业转向以高新科技为核心的第三产业，即信息和知识产业占据主导地位。

（2）劳动力主角不再是机械的操作者，而是信息的生产者和传播者。

（3）交易结算不再主要依靠现金，而是主要依靠信用。

（4）贸易不再主要局限于国内，跨地区、跨国贸易将成为社会主流。

2. 信息技术

信息技术（Information Technology，IT）是利用计算机进行信息处理，利用现代电子通信技术从事信息采集、存储、加工、利用以及相关产品制造、技术开发、信息服务的学科。信息技术是研究信息的获取、传输和处理的技术，由计算机技术、微电子技术、光电子技术、通信技术、网络技术、感测技术、控制技术、显示技术等结合而成。

3. 信息系统

信息系统是一个由人、计算机及其他外围设备等组成的能进行信息的收集、传递、存储、加工、维护和使用的系统。有时也会把非计算机的、全部人工处理信息的系统称为信息系统。一个信息系统通常应有数据输入、数据处理、打印输出、查询统计和系统维护等基本功能。在当前计算机应用的众多领域中，信息处理是最广泛也是最重要的应用领域之一。

4.2 信息获取

信息获取是指根据特定的目的和要求，采用科学的方法，对分散的、有用的信息进行收集、获取的过程。信息获取是完成信息处理任务的前提。

4.2.1 信息获取的基本流程

在获取信息时，要按照一定的流程来进行，任何一个项目都应尽可能满足如图 4-3 所示的信息获取的基本流程。

信息需求分析 → 录找 / 选择合适的信息源 → 确定信息采集的方法和途径 → 制定信息采集策略 → 实施信息采集策略 → 结果评价

图 4-3 信息获取的基本流程

1. 信息需求分析

需求分析是指理解问题对初始信息的需求，对信息的获取、采集、存储形成一个确定的方案，为之后的信息采集打下基础。

2. 寻找 / 选择合适的信息源

信息收集的渠道和方法众多，信息源也比较丰富，从不同信息源获得的信息对解决问题的作用是不同的。在进行信息采集前应尽可能选择好的信息采集渠道，以免给后续甄别工作带来不便。

3. 确定信息采集的方法和途径

信息采集的方法有许多，要从众多的方法中选出一种或两种最适合的方法。当然，如果有必要，也可以进行多种方法的信息采集，最后进行信息的汇总和对比，以保证信息的可靠性。

4. 制定信息采集策略

按照选定好的信息采集的渠道和方法，制定一套合理的方案，信息采集时按照该方案步骤实施。

5. 实施信息采集策略

按照制定的方案进行信息的采集。

6．结果评价

对信息采集的结果进行综合评价，只有在真实可靠的初始信息的基础上，才能得到有效的信息处理结果。

4.2.2　信息获取的原则

信息获取有以下 5 个方面的原则，这些原则是保证信息获取质量最基本的要求。

1．可靠性原则

信息获取的可靠性是指获取的信息必须是真实对象或环境所产生的，必须保证信息来源是可靠的，必须保证获取的信息能反映真实的状况。可靠性原则是信息获取的基础。

2．完整性原则

信息获取的完整性是指获取的信息在内容上必须完整无缺，信息获取必须按照一定的标准要求，获取反映事物全貌的信息。完整性原则是信息利用的基础。

3．实时性原则

信息获取的实时性是指能及时获取所需的信息，一般有三层含义：一是指信息自发生到被获取的时间间隔，间隔越短就越及时，最快的是信息获取与信息发生同步；二是指在企业或组织执行某一任务急需某一信息时能够很快获取到该信息；三是指获取某一任务所需的全部信息所花去的时间越短越高效。实时性原则保证信息获取的时效。

4．准确性原则

准确性是指获取到的信息与应用目标和工作需求的关联程度比较高，获取到信息的表达是无误的、适用的、有价值的。关联程度越高，适应性越强，就越准确。准确性原则保证信息获取的价值。

5．易用性原则

信息获取的易用性是指获取的信息按照一定的形式表示，便于使用。

4.2.3　信息获取的方法

获取信息的方法有许多种，如访谈法、问卷法、观察法、实验法、信息检索法等。本节将重点介绍这些信息获取的方法。

1．访谈法

文本：电话调查法

访谈法即访谈调查法，是以口头形式，根据被调查者的答复收集客观的、不带偏见的事实材料，以准确地说明样本所要代表的总体的一种方式。访谈法包括访问法、电话法、座谈会法等。

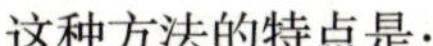

这种方法的特点是：

① 它是一种研究性的访谈，是一种有目的、有计划、有准备的谈话，而且，在谈话的过程中要有非常强的针对性，始终围绕着研究的主题而进行。日常的非正式的谈话则不同，没有明确的目的，谈话方式也比较松散、随意。

② 访谈调查以口头提问形式来收集资料，整个访谈过程是调查者与被调查者直接见面，并相互影响，相互作用，形成互动。

（1）访谈法的优点

① 方便易行。

② 灵活性强。

③ 能够获得直接、可靠的信息和资料。

④ 不受书面语言文字的限制。

⑤ 容易进行深入调查。

（2）访谈法的缺点

① 调查效率比较低。

② 分析处理难度比较大。

③ 调查易受调查者的主观影响。

（3）访谈的技巧

① 应遵循共同的标准程序，忌只凭主观印象，或漫无边际的交谈。

② 访谈前要收集被调查者的资料，如经历、个性、专长、兴趣等。

③ 问题要简单易答，适合被调查者。

④ 做好心理调控。

⑤ 避免集体访谈中的权威效应。

实例 4.2　大学食堂经营状况调查

任务描述：

近年来，物价波动较大，高校食堂的经营状况也受到一定的影响，学生们常有一些议论。因此，需对食堂进行一个调查了解，以促进食堂经营方与学生们加强沟通，相互理解。

任务分析：

围绕食堂餐饮问题，了解各方的意见、价格调整原因及调价程序等，促进食堂经营方与学生们加强沟通，主要目的是进行双方信息的交流，促进相互理解，改正错误因素。调查需要从学生处获得对饭菜价格的意见信息，从食堂负责人处获得经营成本的信息，从食堂采购员处获得市场物价信息。将这些信息汇总、分析，并将情况向各方说明。

实施步骤：

① 了解目前食堂的情况，如口味、品种、价格等。

② 编写学生访谈提纲。例如：

1. 您好，请问您是哪一届学生？您今天这一餐在学校食堂消费多少？您平时平均每天消费多少？

2.（如果是大一学生）您觉得学校食堂的饭菜贵吗？（如果是大二或者大三学生）您觉得食堂近两年涨价幅度大吗？

3. 那您觉得目前食堂饭菜价位合理吗？您是否能够接受，为什么？

4. 有和同类学校食堂价位比较过吗？

5. 您对食堂有什么建议吗？

③ 编写食堂负责人访谈提纲。例如：

1. 请问现在食堂的整体运营情况怎样？盈利还是亏本？

2. 请问学校对食堂有补贴政策吗？能简单介绍下具体的政策吗？食堂和学校后勤处是怎样的关系？

3. 最近食堂的饭菜价格有变动吗？目前的饭菜价格是什么时候开始实行的？未来一段时间饭菜价格会有变化吗？如果饭菜价格上涨或者下调需要经过怎样的程序？

4. 您认为目前的饭菜价格合理吗？您感觉学生能够接受目前的饭菜价格吗？

5. 目前食堂运营有什么主要困难？打算怎么解决？

6. 学生与食堂有哪些沟通渠道？您对学生有什么话说吗？

7. 食堂各类职工现在的薪酬分别是多少？这个劳务成本占食堂运营总成本多大比例？

8. 请问学校如何加强卫生管理？食堂的日常卫生质量安全问题有成文的监督机制吗？能简单介绍一下吗？

④ 编写采购人员的访谈提纲。例如：

1. 食堂今天的采购量有多少？平均每天采购金额是多少？采购量最大的物资是什么？

2. 目前市场物价情况怎样？哪些东西上涨快？

3. 食堂有成文的采购机制吗？供货商是怎样确定的？要成为学校食堂的供货商需要走哪些程序？

4. 您认为在目前的物价水平下，对照食堂的销售情况，食堂运营会是盈利还是亏本？

5. 针对目前市场上地沟油泛滥的情况，学校食堂采购的食用油是什么油？从哪个厂家拿货？

⑤ 预约被访谈对象，按照约定好的时间进行访谈。

⑥ 访谈结束后，整理访谈记录，提出建议，形成访谈报告，提交单位领导做出决策。

文本：调查问卷的设计

2. 问卷法

问卷法即问卷调查法，是用统一、严格设计的问卷来收集被调查者数据资料的一种方法。其特点是标准化较高，避免了研究的盲目性和主观性，而且能在较短的时间内收集到大量的资料，也便于定量分析。因此，问卷法是一种常用的信息获取方法。

（1）问卷法的优点

① 节省时间、经费和人力。

② 调查结果容易量化。

③ 调查结果便于统计处理与分析。

④ 可以进行大规模的调查。

（2）问卷法的缺点

① 科学的调查问卷的设计比较困难。

② 调查结果广而不深。

③ 调查结果的质量常常得不到保证。

④ 问卷调查的回收率难以保证。

实例 4.3　大学生兼职情况调查

任务描述：

为了进一步了解大学生在上大学期间从事兼职工作与在校兼职创业的情况，开展一次大学生兼职相关问题的调查研究。

任务分析：

大学生在校期间兼职信息是分散的，一般学生只准确掌握自己的兼职信息。要获得一个大学生群体的兼职信息，需要将每一名学生的兼职信息汇总起来。通过问卷调查法对大学生兼职工作的情况进行了解，将调查的结果进行汇总分析，撰写调查报告。

实施步骤:

① 编写大学生兼职调查方案。例如:

大学生兼职情况调查方案

一、调查背景

当今,大学教育已得到普及,大学生在校期间除了需要学习理论知识外,还希望获得一些实际工作经验,于是就出现了兼职现象。我们就大学生兼职这一现象开展调查,并做出大学生兼职情况的调查报告。

二、调查目的

了解大学生的兼职情况。

三、调查内容(略)

四、调研地区、对象、样本(略)

五、调查形式、方法

采用问卷调查法,人员随机发放问卷的调查方式。

六、问卷的发放数量与投放方式

按样本数量发放问卷30份,采用送发问卷的发放形式。

七、资料的整理与分析方法

文本:调查报告

对合格的问卷进行登记与统计,得出可供分析使用的初步计算结果,进而对调查结果做出准确的描述以及分析,为进一步分析提供依据。

八、调研时间(略)

九、调研经费预算(略)

十、调研报告提交方式

根据本次调查的实施情况、调查结果及分析结果,撰写调查报告。

② 设计调查问卷。例如,下面是一个简单的样卷。

大学生兼职情况调查问卷

当今,大学教育已得到普及,大学生在校期间除了需要学习理论知识外,还希望获得一些实际工作经验,于是就出现了兼职现象。我们就大学生兼职这一现象开展调查。此调查为无记名调查,期待大家的回复,谢谢了!

1. 您的性别是(　　)。

A. 女　　B. 男

2. 您的家庭所在地是(　　)。

A. 城市　　B. 中、小城市　　C. 城镇　　D. 乡村

3. 您的家庭经济情况(　　)。

A. 非常好　　B. 较好　　C. 一般　　D. 困难

4. 对在校大学生兼职的看法是(　　)。

A. 支持,认为这是个锻炼的机会　　B. 支持,这可以赚钱

C. 反对,影响学习　　D. 中立

5. 想过要兼职吗? 做过兼职吗?(　　)

A. 想过,做过兼职　　B. 想过,但没做过兼职

C. 没有想过,更没做过兼职

6. 你做兼职的主要目的是什么？（　　）

A. 赚钱　　B. 锻炼自己　　C. 了解社会

D. 广交朋友　　E. 其他

7. 你认为在校期间做兼职对毕业后找工作是否有帮助？（　　）

A. 有很大帮助　　B. 有一定帮助　　C. 没帮助　　D. 不知道

8. 你一般选择什么时间做兼职？（　　）

A. 周末　　B. 寒暑假　　C. 节假日

D. 根据课余情况而定

9. 你选择兼职的标准是什么？（多选）（　　）

A. 收入　　B. 兴趣　　C. 与自己专业有关　　D. 时间

E. 劳累程度　　F. 距学校远近　　G. 其他

10. 如果是你选择，你想做什么类型的兼职？（多选）（　　）

A. 家教　　B. 销售员　　C. 服务员

D. 打字员　　E. 翻译　　F. 其他

---

③ 按照方案实施。

④ 对回收上来的问卷进行整理分析，撰写调查报告。

3．观察法

观察法是人们有目的、有计划地通过感观和辅助仪器对处于自然状态下的客观事物进行系统的考察，从而获得经验和事实的一种科学研究方法。

观察法可以分为公开观察法和隐蔽观察法两种。

公开观察是指调查者在调查地点是公开的，即被调查者意识到有人在观察自己的言行。隐蔽观察是指被调查者没有意识到自己的行为已被观察和记录。这两种方法都是直接收集第一手资料的调查方法。

（1）观察法的优点

① 自然、客观、准确。

② 应用范围广泛。

③ 不受语言交流或人际交往中可能发生的种种误会的干扰。

④ 观察法简便、易行，比较灵活，可随时随地进行调查。

（2）观察法的缺点

① 受时间的限制。

② 受被调查者限制。

③ 受调查者本身限制。

④ 调查者只能观察外表现象和某些物质结构。

（3）观察法应用范围

① 对实际行动和迹象的观察，如调查者通过对顾客购物行为的观察，预测某种商品的销售情况。

② 对语言行为的观察，如观察顾客与售货员的谈话。

③ 对表现行为的观察，如观察顾客与售货员谈话时的面部表情等。

④ 对空间关系和地点的观察，如利用交通计数器对来往车流量的记录。

⑤ 对时间的观察，如观察顾客进出商店的时间以及在商店逗留的时间。

⑥ 对文字记录的观察，如观察人们对广告文字内容的反应。

文本：客流量

实例 4.4　商场客流量调查

任务描述：

调查某商场每天早中晚的总体客流量情况，从而帮助商场做出更好的管理决策。

任务分析：

不同时间商场客流量的信息情况会有很大差别，要获取准确的客流量信息，就要在不同的时间进行观察，如平日、休息日、节假日等。将所观察到的信息进行汇总分析，撰写调查报告。

实施步骤：

① 制订调查的计划。

· 调查的时间：平日、休息日、节假日各一天。

· 调查地点：商场各出入口。

· 商场客流量调查表（表 4-2）。

表4-2　商场客流量调查表

调查日期:______年______月______日　　　　星期______

时　间	地　点			合　计
	主入口进店	东门进店	南门进店	
10:00—12:00				
12:01—14:00				
14:01—16:00				
16:01—18:00				
18:01—20:00				
20:01—21:00				
合　计				

② 实地观察，记录数据。

③ 对记录的数据进行分析汇总，撰写调查报告。

4. 实验法

实验法也称实验调查法，是指从影响调研问题的许多因素中选出一两个因素，按照一定的实验假设，通过实验活动来认识实验对象的本质及其发展规律的调查。

实验法是一种强有力的研究形式，它能够证明所感兴趣的变量之间因果关系的存在形式。凡是某一商品在改变品种、品质、包装、设计、价格、广告、陈列方法等因素时都可以应用这种方法。实验调查法的基本要素为：

① 实验者，即市场实验调查有目的、有意识的活动主体。

② 实验对象，即通过实验调查所要了解认识的市场现象。

③ 实验环境，即实验对象所处的市场环境。

④ 实验活动，即改变市场现象所处市场环境的实践活动。

⑤ 实验检测，即在实验过程中对实验对象所做的检验和测定。

（1）实验法的优点

① 能够在市场现象的发展变化过程中，直接掌握大量的第一手资料。

② 能够揭示或确立市场现象之间的相关关系。

③ 市场实验调查还特别有利于探索解决市场问题的具体途径和方法。

（2）实验法的缺点

① 实验对象和实验环境的选择，难以具有充分的代表性。

② 实验法对实验者的要求比较高，花费的时间也比较长。

③ 在实验调查中，人们很难对实验过程进行充分有效的控制。

实例 4.5　某公司改进咖啡杯设计的市场实验

任务描述：

某公司要对咖啡杯进行改进设计，通过市场实验来确定公司咖啡杯杯型和颜色的改进方案。

任务分析：

通过让被调查者使用不同杯型和颜色的咖啡杯，获取被调查者使用信息，对所得到的信息进行统计处理，根据统计结果做出决策，确定公司咖啡杯最终杯型和颜色的改进方案。

实施步骤：

① 咖啡杯选型调查，让 500 个家庭主妇对设计的多种咖啡杯子进行观摩评选，研究主妇们用干手拿杯子时，哪种形状好；用湿手拿杯子时，哪种不易滑落。

② 调查研究结果，选用四方长腰果形杯子。

③ 各种颜色会使人产生不同感觉，通过调查实验，选择了颜色最合适的咖啡杯子。

④ 请 30 人，让他们每人各喝 4 杯相同浓度的咖啡，但是咖啡杯的颜色分别为咖啡色、青色、黄色和红色。

⑤ 记录调查结果：使用咖啡色杯子的人认为“太浓了”的占 2/3，使用青色杯子的人都异口同声地说“太淡了”，使用黄色杯子的人都说“不浓，正好”，而使用红色杯子的 30 人中竟有 27 个人说“太浓了”。

⑥ 根据这一调查，公司咖啡店里的杯子以后一律改用红色杯子。

该店借助于颜色，既可以节约咖啡原料，又能使绝大多数顾客感到满意。结果这种咖啡杯投入市场后，与市场上的其他公司的产品开展激烈竞争，以销售量比对方多两倍的优势取得了胜利。

5. 信息检索法

信息检索有广义和狭义之分。广义的信息检索全称为“信息存储与检索”，是指将信息按一定的方式组织和存储起来，并根据用户的需要找出有关信息的过程。狭义的信息检索为“信息存储与检索”的后半部分，通常称为“信息查找”或“信息搜索”，是指从信息集合中找出所需要的有关信息的过程。狭义的信息检索包括 3 个方面的内容：了解用户的信息需求、信息检索的技术或方法、满足用户的需求。

文本：手工检索

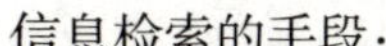

信息检索的手段：

① 手工检索。

② 机械检索。

③ 网络检索。

信息检索的对象：

① 文献检索，是以传统介质（纸张）和现代介质（如磁盘、光盘、缩微胶片等）记录和存储的知识信息为对象的检索。文献通常包括图书、期刊、会议文献、科技报告、专利文献、标准文献、学位论文、产品资料、技术档案和政府出版物等。

② 数据检索，是以数值或数据（包括图表、公式等）为对象的检索。

③ 事实检索，是以某一客观事实为检索对象，查找某一事物发生的时间、地点及过程的检索。

文本：$PM_{2.5}$

实例 4.6 《$PM_{2.5}$ 对人体健康的影响》课题资料检索

任务描述：

伴随着雾霾天气的发生及人们健康意识的增强，“$PM_{2.5}$”这一生僻的专业词汇迅速受到大家的关注，为此开展《$PM_{2.5}$ 对人体健康的影响》课题研究，需要检索相关资料。

任务分析：

《$PM_{2.5}$ 对人体健康的影响》课题资料检索可从国内和国外两个领域的文献资源分别入手，如图书、期刊会议文献、科技报告、专利文献、标准文献、学位论文、产品资料等，也可以使用网络检索等方法来检索相关信息。

实施步骤：

① 文献检索方法，信息的来源主要有图书、期刊会议文献、科技报告、专利文献、标准文献、学位论文、产品资料等。

② 网络检索的方法也有多种，本例主要利用搜索引擎进行关键词搜索、利用专业的网站和数据库系统以关键词方式检索。

③ 网络检索方案：

· 利用搜索引擎进行关键词检索，如百度（http://baidu.com）等。

· 图书馆和数据库的专业检索，如中国国家图书馆（http://www.nlc.cn/）、万方数据（http://www.wanfangdata.com.cn/）等。

④ 资料检索完成后，写出检索效果评价。

4.3 信息加工处理

在信息系统中，信息加工处理的主要内容有：信息的筛选、信息的排序、信息的分类、信息的分析和研究。信息的加工处理主要是通过对信息的载体“数据”进行处理来实现的。在数据处理过程中，通过对数据的采集、存储、检索、加工、变换和传输等步骤，实现对信息的加工处理。信息加工处理的整个过程既有自动完成的，也有手工完成的。

图片：视觉错觉

1. 信息的筛选

面对复杂的世界，人们观察和认识到的信息有时是不准确的。例如，观察图 4-4，很容易从错觉中获得不正确的信息。而正确的决策一定是以掌握准确的信息为基础，因此如何从大量的信息中筛选出真正有价值的信息是十分重要的。

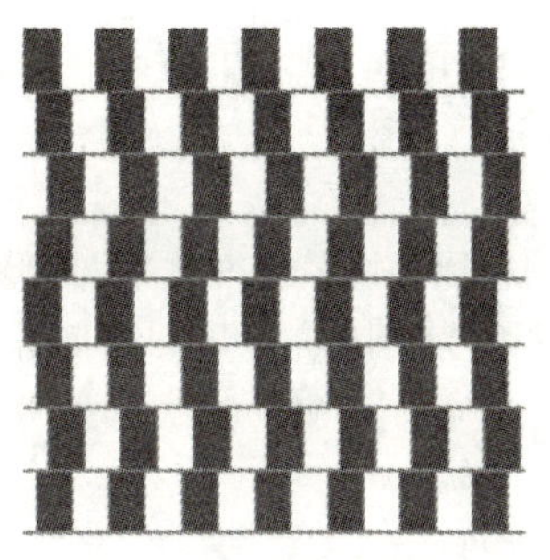

（a）是平行线？还是……？

（b）是静的，还是动的？

图 4-4 视觉错觉

信息筛选（Data Filter）是指对已有信息进行有意识过滤和挑选，滤去不需要的信息，选出所需要的信息。

（1）信息的鉴别方法

① 全面检验。从多方面来检验信息以确定其完整与否，不完整的就是伪信息。

② 多要素核查。一条真实而有价值的信息，含有时间、地点、事物或物品、数量与价格、状态、本质、规格与功用、信息来源。要识别一条信息的真与假，需一一核查落实（核查方法有电话电报询问、委托有关人员查询或通过信息网络核查、现场调查等）。

③ 权威佐证。一条貌似真实的信息，只要用权威性信息加以比较就会原形毕露，现出假象。如一条内部公布的数字是否准确，只要用统计局的数字予以佐证，就能识别真假。

④ 相互检验。同一客观事物反映的信息，可用不同方式检验，如同一品牌、同一档次的汽车价位可以通过不同的购车网站的信息进行比较。

（2）信息的筛选方法

① 需求取舍法：是针对用户信息需求的目的，将所掌握的信息需求分出层次，以决定其取舍的方法，其步骤如图 4-5 所示。

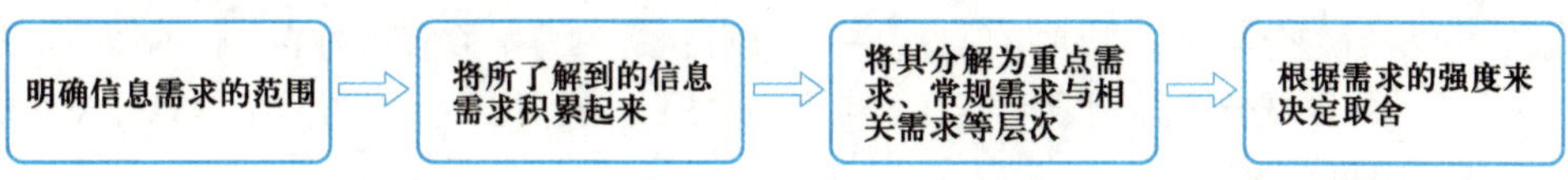

图 4-5 需求取舍法步骤

② 逐层筛选法：粗选，是将从各种渠道、运用不同的方法采集来的信息，经鉴别筛选后，分成与用户有关和无关的两种；精选，是对相关的信息进行进一步区分的办法，在粗选的基础上，将与用户有关的信息分成直接有关与间接有关的信息两类，然后对直接有关的信息又区分为最重要的信息、较重要的信息、一般的信息。

③ 查重法：剔除内容重复的信息，选留有用信息，以减少其他信息工作环节的干扰。当然，如果需要，也可以保存一部分重要的信息资料副本，以供一定情况下的多人使用。

④ 时序法：按时间顺序对信息资料进行取舍。在同一内容的情况下，较新的信息资料选留，较旧的则剔除。这样可以使选留的信息在一定时间区间内更有价值，特别是对于来自文献中的信息资料，更需选择时间最近的予以留存。

⑤ 类比法：将同类型的信息进行比较，信息量大，更能反映事物的本质问题，则留下来；反之，则剔除。当然，有的虽然信息量并不很大，或者反映事物本质也并不深刻的信息资料，可能作为主要信息资料的重要补充内容，也应选留，不能一概剔除。

⑥ 专家评估法：对某些专业性强、技术性强的信息，可以请有关专家或专业人员进行评估，根据其评估结果，综合考虑选留和剔除问题。

2. 信息的排序

信息排序是指将一组数据按照大小、高低、优劣等顺序进行依次排列的过程。依据数据在经过排序之后的有序序列中的位置确定的测度称为顺序统计量。数据排序为计算取值范围、最大值、最小值等总体参数提供了便利，有助于人们了解数据大致的分布状态，数据排序也是有效地进行数据分类或分组的前期准备。

① 字母型数据：升序排序：a～z，A～Z；降序排序：z～a，Z～A。

② 汉字型数据：汉字的排序方式很多。按汉语拼音字母排序，与字母型数据的排序完全一致；按笔画排序，是按笔画的多少进行升序和降序排序。

③ 数值型数据：设一组数据为 x_1，x_2，…，x_n，升序排序后可表示为 $x_1<x_2<\cdots<x_n$；降序排序后可表示为 $x_1>x_2>\cdots>x_n$。

3. 信息的分类

信息分类是根据信息内容的学科属性与其他相关的特征，对各种类型的信息予以系统的揭示和区分，并进行组织的一种活动。

（1）文献分类法

文献分类法是依照文献的内容、性质分门别类地组织和揭示文献的方法。对文献工作者而言，熟悉文献分类法是为了更科学地组织和揭示文献；对一般读者而言，掌握文献分类的基本知识有助于了解文献。

文本：中国图书馆图书分类法

目前国内以《中国图书馆图书分类法》应用得最为广泛。第五版的《中国图书馆图书分类法》设有 22 大类，各大类用英文字母作标记符号。

（2）网络信息分类法（非文献）

网络信息分类法以数以百万计的服务器上的信息资源为处理对象，按便于终端用户使用的方式确定类目，组织成逐级展开的等级系统，通过对应信息资源的链接，组织和揭示网络文献。网络信息分类法组织虚拟信息，一个类目就是一类相关信息的节点，不涉及物理排列，用户不需要根据分类标记索取信息，也无须使用分类标记，但作为网络信息分类法的后台运作，分类标记有用。

① 按内容性质进行分类。例如，新浪网新闻频道的主要栏目有时政、国际、经济、社会、军事、体育、娱乐、文化、环保、科技等，这些均是按照内容性质进行栏目划分和稿件归类的。

② 按信息形式进行分类。从信息形式看，网站内容分为文字、图片、动画、视频、音频、互动等类型。目前看来，文字仍然是网站内容信息的主要形式，视频和图片是辅助性的信息形式。

③ 按时效和重要性进行分类。这种分类方式充分利用读者对文稿时效性和重要新闻的关注，可以有效地吸引读者注意，这两种方式大量地运用于网站栏目中。频道的先后顺序和栏目的前后排列已隐性地体现稿件的重要程度，单设相关频道或栏目无疑再次提醒受众关注该栏目及内容。

④ 按体裁形式进行分类。例如，文学类稿件从体裁上分为小说、散文、诗歌、杂文等。

4. 信息的分析和研究

信息分析是指通过已知信息揭示客观事物的运动规律。这些规律是客观上已经产生和存在的，信息分析的任务就是要用科学的理论、方法和手段，在对大量的信息进行收集、加工整理的基础上，透过由各种关系交织而成的错综复杂的表面现象，把握其内容本质，从而获得对客观事物运动规律的认识。

文本：统计分析

（1）常规统计分析方法

① 计数。计数是指算出符合特定条件的全部个体数目。例如，北京市民拥有私家汽车的总量。

② 加总。加总是对符合特定条件的全部个体的参数值求和，以得到样本或总体的某一方面的总量。例如，北京市汽车销售总额。

③ 比例。比例是样本或总体的一个组成部分相对于整体的相对数，通常用百分数表示。比例的计算公式为：

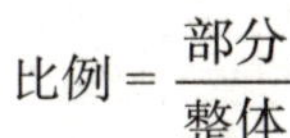

$$比例 = \frac{部分}{整体}$$

④ 分布。分布是样本或总体的结构或构成情况的反映，包含着对应变量的全部信息，分布乃是统计学最为重要的概念。例如，北京市大学毕业生就业去向分布。

⑤ 平均数与标准差。平均数与标准差是概括反映分布状况的两个基本指标，平均数说明样本或总体某一变量的一般水平，标准差则刻画样本或总体某一变量相对于平均数的差异大小。

（2）其他的信息分析法

① 信息联想法。联想本来是指由感知事物联想到另一事物的心理过程，这里是指在事物之间建立或发现相关关系的思维活动，其关键是准确把握事物之间的关系。常见信息联想法有：比较分析、逻辑分析、头脑风暴、触发词、强制联想、特性列举、偶然联想链、因果关系、相关分析、关联树和关联表、聚类分析、判别分析、路径分析、因子分析、主成分分析、引文分析等。

② 信息综合法。综合是把研究对象的各部分、方面、因素有机联结和统一起来，从总体上进行考察和研究的一种思维方法。常见的信息综合法有归纳综合、图谱综合、兼容综合、扬弃综合、典型综合、背景分析、环境扫描、SWOT 分析、系统识别、数据挖掘等。

③ 信息预测法。预测是人们利用已掌握的知识和手段，预先推知和判断事物未来发展的活动。常见的信息预测法有：逻辑推理、趋势外推、回归分析、时间序列等。

④ 信息评估法。信息评估是在对大量相关信息进行分析与综合的基础上，经过优化选择和比较评价，形成能满足决策需要的支持信息的过程。通常包括综合评估、技术经济评价、实力水平比较、功能评价、成果评价、方案优选等形式。常见的评估方法有指标评分、层次分析、价值工程、成本–效益分析、可行性研究、投入产出分析、系统工程和运筹学方法等。

4.4　信息辅助决策

决策就是基于事实做出正确判断，或对需要解决的问题做出决定。长期以来，决策主要依靠人的经验，称为经验决策。随着知识经济、信息时代的来临，决策学从经验决策发展到科学决策。决策过程是一个充满逻辑、严谨并且多层次的一个复杂的过程。决策不仅需要对大量有关信息进行分析、筛选、判断，进而进行创造性的方案拟订、评价、选择和实施，而且决策还需要快速、准确、全面的信息支持。从战略决策的角度而言，正确的决策源于正确的判断，正确的判断源于全面信息的收集与系统分析，从而达到对客观情况的全面而系统把握。本节主要介绍信息辅助决策的主要原则。

实例 4.7　确定获得一等奖学金学生名单

任务描述：

某班期末考试结束，学校要求按照学习成绩评选出获得一等奖学金的学生。

注意： 学生获得一等奖学金的条件是：本学期各门课程成绩均在 85 分以上。

任务分析：

学生每门课程的成绩是由任课教师评定的，期末考试结束后，从任课教师处获取学生每门课程成绩（信息获取），将成绩汇总成一张成绩表，然后运用逐层筛选法对学生课程成绩进行筛选，筛选出本学期各门课程成绩均在 85 分以上的学生（信息处理），得到获得一等奖学金的学生名单（辅助决策）。

实施步骤：

① 从任课教师处获取班级各门课程的期末成绩汇总表，见表 4-3。

表4-3　期末成绩汇总表

学号	姓　名	Linux操作系统	Java语言程序设计	企业数据维护	ERP管理系统	网站管理
1	丁　娇	86	89	85	85	78
2	李小红	61	83	68	46	75
3	马玉华	87	71	54	69	69
4	王　晓	65	82	65	66	75
5	刘　鹏	56	70	60	60	68
6	刘　宏	50	64	60	60	67
7	刘国明	80	85	76	90	81
8	刘明祥	92	93	90	93	92
9	赵　洋	87	85	86	87	85
10	李　旭	83	85	85	90	83
11	张　伟	76	73	72	72	74
12	韩　坤	77	81	80	88	81
13	孙　丹	55	62	60	73	80
14	冯　宁	63	82	74	72	82
15	孙　杰	47	65	60	60	71

② 将 Linux 操作系统课程成绩在 85 分以上的学生名单筛选出来，不够 85 分的删除掉，筛选出来的结果见表 4-4。

表4-4　Linux操作系统课程成绩在85分以上的学生名单

学号	姓　名	Linux操作系统	Java语言程序设计	企业数据维护	ERP管理系统	网站管理
1	丁　娇	86	89	85	85	78
3	马玉华	87	71	54	69	69
8	刘明祥	92	93	90	93	92
9	赵　洋	87	85	86	87	85

③ 从表 4-4 中将 Java 语言程序设计课程成绩在 85 分以上的学生名单筛选出来，不够 85 分的删除掉，见表 4-5。

表4-5　Java语言程序设计课程成绩在85分以上的学生名单

学号	姓　名	Linux操作系统	Java语言程序设计	企业数据维护	ERP管理系统	网站管理
1	丁　娇	86	89	85	85	78
8	刘明祥	92	93	90	93	92
9	赵　洋	87	85	86	87	85

④ 依照②、③步骤将企业数据维护、ERP 管理系统、网站管理课程成绩在 85 分以上的学生名单筛选出来，得到各门课程成绩均在 85 分以上的学生名单，见表 4-6。

表4-6　各门课程成绩均在85分以上的学生名单

学号	姓　名	Linux操作系统	Java语言程序设计	企业数据维护	ERP管理系统	网站管理
8	刘明祥	92	93	90	93	92
9	赵　洋	87	85	86	87	85

⑤ 根据筛选出的结果，确定本学期获得一等奖学金的名单是刘明祥、赵洋。

实例 4.8　确定运动会男子跳远成绩名次

文本：跳远比赛

任务描述：

学校举行运动会，每项比赛只给前 8 名学生颁奖，男子跳远比赛结束后，给出男子跳远颁奖名单。

任务分析：

记录每名运动员决赛 3 次试跳成绩（获取信息），从有效成绩中选取最好成绩信息，作为运动员的最终比赛成绩，然后将最终比赛成绩进行降序排序（信息处理），根据排序结果取前 8 名，确定男子跳远比赛成绩及获奖名单（辅助决策）。

实施步骤：

① 在每位运动员 3 次试跳的有效成绩中选取最好成绩信息，作为每位运动员的最终比赛成绩，见表 4-7。

表4-7　男子跳远成绩记录表

号码	姓　名	班级	成绩/m			比赛最终成绩/m	名次	备注
			一	二	三			
001	章子平	1022333	×	5.34	4.97	5.34		
125	宋　鑫	1012112	5.72	6.07	6.35	6.35		
034	黄礼镇	0932114	×	×	5.56	5.56		
045	刘　鹏	0911222	6.01	5.89	×	6.01		
023	王龙辉	0932113	5.21	5.46	5.38	5.46		
241	唐管民	1052111	×	6.19	5.76	6.19		
198	袁涛汉	1052121	5.97	6.43	6.13	6.43		
367	杨　戈	1052221	×	×	×	0		
276	赵　刚	1052311	4.98	×	5.67	5.67		
086	邹　腾	1122531	6.01	6.32	6.52	6.52		
051	陈小亮	1122532	5.21	5.46	×	5.46		
612	杨世安	1122541	5.95	6.05	6.16	6.16		
490	彭　招	1122551	×	5.37	5.89	5.89		
291	朝　鹏	1122552	6.02	6	5.92	6.02		
112	邱国祥	1122611	6.12	5.9	5.76	6.12		

② 按照比赛的最终成绩进行降序排序，排序结果见表 4-8。

表4-8 按照比赛最终成绩进行降序排序结果

号码	姓　名	班级	成绩/m			比赛最终成绩/m	名次	备注
			一	二	三			
086	邹　腾	1122531	6.01	6.32	6.52	6.52	1	
198	袁涛汉	1052121	5.97	6.43	6.13	6.43	2	
125	宋　鑫	1012112	5.72	6.07	6.35	6.35	3	
241	唐管民	1052111	×	6.19	5.76	6.19	4	
612	杨世安	1122541	5.95	6.05	6.16	6.16	5	
112	邱国祥	1122611	6.12	5.9	5.76	6.12	6	
291	朝　鹏	1122552	6.02	6	5.92	6.02	7	
045	刘　鹏	0911222	6.01	5.89	×	6.01	8	
490	彭　招	1122551	×	5.37	5.89	5.89	9	
276	赵　刚	1052311	4.98	×	5.67	5.67	10	
034	黄礼镇	0932114	×	×	5.56	5.56	11	
023	王龙辉	0932113	5.21	5.46	5.38	5.46	12	
051	陈小亮	1122532	5.21	5.46	×	5.46	13	
001	章子平	1022333	×	5.34	4.97	5.34	14	
367	杨　戈	1052221	×	×	×	0	15	

③ 根据排序的结果，确定男子跳远比赛的最终 1～8 名依次是：邹腾、袁涛汉、宋鑫、唐管民、杨世安、邱国祥、朝鹏、刘鹏。

文本：进步幅度

实例 4.9　确定学习成绩进步奖名单

任务描述：

某班学期末，根据学生期中考试成绩和期末考试成绩评出本学期进步最大的前三名学生，并进行奖励。如何确定奖励名单？

注意： 获进步奖条件，期末各科成绩要求均及格；期末总分比期中总分进步幅度最大的前三名学生。

任务分析：

学生每门课程的成绩是由任课教师评定的，从任课教师处获取学生每门课程的期中成绩和期末成绩（信息获取）；先筛选出期末各科成绩均及格的名单，然后计算筛选出来的学生的成绩进步幅度，再对进步幅度进行排序（信息处理）；根据排序结果，确定获得学习成绩进步奖的学生名单（辅助决策）。

进步幅度 =（期末成绩 – 期中成绩）/ 期中成绩。

实施步骤：

① 从任课教师处获取班级各门课程的期中成绩汇总表，见表 4-9；期末成绩汇总表，见表 4-3。

表4-9 期中成绩汇总表

学号	姓　名	Linux操作系统	Java语言程序设计	企业数据维护	ERP管理系统	网站管理
1	丁　娇	80	64	89	85	80
2	李小红	61	60	83	68	60
3	马玉华	56	61	71	67	65
4	王　晓	65	64	82	65	63
5	刘　鹏	56	69	70	60	61
6	刘　宏	50	66	64	60	0
7	刘国明	80	81	85	76	85
8	刘明祥	62	60	82	74	75
9	赵　洋	83	90	85	80	78
10	李　旭	83	82	85	85	85
11	张　伟	76	71	73	72	68
12	韩　坤	77	76	81	80	86
13	孙　丹	55	75	62	60	60
14	冯　宁	63	64	82	74	64
15	孙　杰	47	62	65	60	70

② 筛选出期末成绩均及格的学生名单，见表 4-10。

表4-10 期末成绩均及格的学生名单

学号	姓　名	Linux操作系统	Java语言程序设计	企业数据维护	ERP管理系统	网站管理
1	丁　娇	86	89	85	85	78
4	王　晓	65	82	65	66	75
7	刘国明	80	85	76	90	81
8	刘明祥	92	93	90	93	92
9	赵　洋	87	85	86	87	85
10	李　旭	83	85	85	90	83
11	张　伟	76	73	72	72	74
12	韩　坤	77	81	80	88	81
14	冯　宁	63	82	74	72	82

③ 计算出期中成绩、期末成绩总分，然后按以下公式计算进步幅度，结果见表 4-11。

进步幅度 =（期末总分 – 期中总分）/ 期中总分

表4-11 进步幅度计算结果

学号	姓　名	期中总分	期末总分	进步幅度
1	丁　娇	398	423	6.3%
4	王　晓	339	353	4.1%
7	刘国明	407	412	1.2%
8	刘明祥	353	460	30.3%
9	赵　洋	416	430	3.4%
10	李　旭	420	426	1.4%
11	张　伟	360	367	1.9%
12	韩　坤	400	407	1.8%
14	冯　宁	347	373	7.5%

④ 对进步幅度进行降序排序，见表 4-12。

表4-12 进步幅度降序排序结果

学号	姓 名	期中总分	期末总分	进步幅度
8	刘明祥	353	460	30.3%
14	冯 宁	347	373	7.5%
1	丁 娇	398	423	6.3%
4	王 晓	339	353	4.1%
9	赵 洋	416	430	3.4%
11	张 伟	360	367	1.9%
12	韩 坤	400	407	1.8%
10	李 旭	420	426	1.4%
7	刘国明	407	412	1.2%

⑤ 根据排序结果，确定获取学习成绩进步奖的是刘明祥、冯宁和丁娇。

实例 4.10 某公司扩大生产规模方案决策

任务描述：

某公司根据产品的市场销售情况需要扩大生产规模，新建一个大厂需要投资 30 万元，而新建一个小厂需要投资 20 万元，如何决策？

任务分析：

建设大厂、小厂投资不同，建成后产量也不相同。收集在不同产量下，市场发生波动时的盈亏信息，并预测市场销路好与差的概率，运用专业知识对信息进行加工处理，做出决策。

文本：损益值

实施步骤：

① 获取相关信息。

一个方案是新建一个大厂，预计需投资 30 万元，销路好时可获利 100 万元，销路不好时亏损 20 万元；另一个方案是新建一个小厂，需投资 20 万元，销路好时可获利 60 万元，销路不好时仍可获利 30 万元。市场预测结果显示，此种产品销路好的概率为 0.7，销路不好的概率为 0.3。

② 计算两种方案的损益值。

方案 1 损益值 = 100 × 0.7+（–20 × 0.3）= 64（万元）

方案 2 损益值 = 60 × 0.7+（30 × 0.3）= 51（万元）

③ 绘制决策树，如图 4-6 所示。

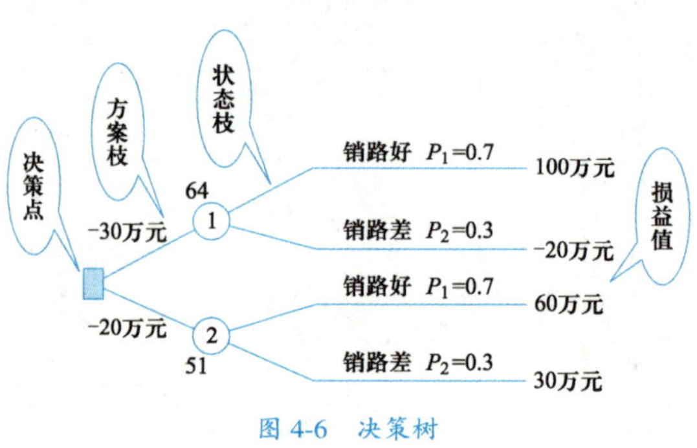

图 4-6 决策树

④ 计算两种方案的净收入预测：

方案 1 预期净收入 = 损益值 – 投资 = 64 – 30 = 34（万元）

方案 2 预期净收入 = 损益值 – 投资 = 51 – 20 = 31（万元）

⑤ 根据计算出的预期净收入，最终决定新建一个大厂。

在实际的工作和生活中，一些问题比较简单，运用简单的信息处理方法就可以解决问题；而更多的问题比较复杂，需要在信息获取、信息处理和辅助决策中运用多种专业知识和专业方法，才能科学地解决问题。因此，只有将信息处理能力与专业能力相结合，才能更好地开展各项工作。

4.5　信息的交流与展示

信息交流是指不同时间或不同空间上的认知主体（即人或由人组成的机构、组织等）之间相互交换、共享信息的过程。本节主要对信息交流的概念、当面交流、书面交流和远程交流进行介绍。

1. 信息交流的概念

信息交流也称信息传播。

狭义的信息交流：人与人之间通过符号传递信息、观念、态度、感情等现象（传播学定义）。

广义的信息交流：以任何方法或形式，在两个或两个以上的主体（比如人、计算机、网络实体等）之间传递、交换或分享任何种类的信息的任何过程，也称为信息传播。信息交流的方式主要有当面交流、书面交流和远程交流，如图 4-7 所示。

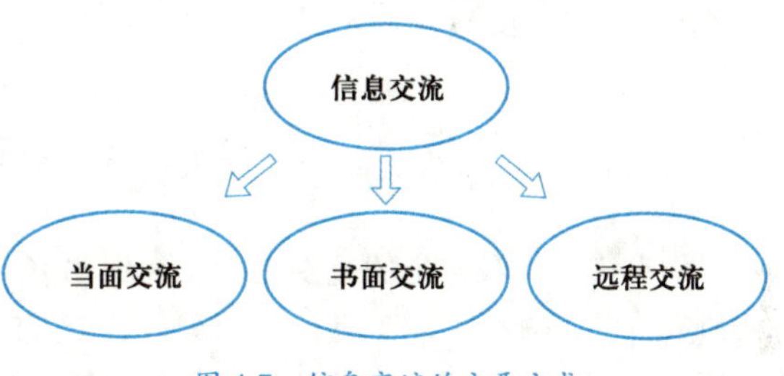

图 4-7　信息交流的主要方式

2. 当面交流

当面交流是指在两个人（或多人）之间进行的面对面的信息交流。当面交流是以语言为媒体的信息传递，形式主要包括面对面交谈、电话、开会、讲座、讨论等。当面交流除了用语言进行的信息传递与交流外，还可以使用身体姿势、面部表情等形体语言进行交流。

3. 书面交流

书面交流是以文字为媒体的信息传递，形式主要包括文件、报告、信件、书面合同等。书面交流是一种比较经济的沟通方式，交流的时间一般不长，交流成本也比较低。这种交流方式一般不受场地的限制，因此被广泛采用。这种方式一般在解决较简单的问题或发布信息时采用。在计算机网络及通信系统普及应用的今天，采用书面交流方式进行沟通的人已经越来越少。

4. 远程交流

远程交流是指信息由发送人传递到接收人的过程，是通过基于信息技术（IT）的计算机网络来实现信息交流的活动。主要包括电子邮件、网络电话、网络传真、网络新闻发布、即时通信（QQ、微信等）。

当面交流、书面交流和远程交流的优缺点比较见表 4-13。

表4-13 当面交流、书面交流和远程交流的优缺点比较

	优点	缺点
当面交流	① 能观察收讯者的反应 ② 能立刻得到回馈 ③ 有机会补充阐述及举例说明 ④ 可以用声音和姿势来加强 ⑤ 能确定沟通是否成功 ⑥ 有助于建立共识与共鸣 ⑦ 有助于改善人际关系	① 通常口说无凭（除非录音） ② 效率较低 ③ 不能与太多人双向沟通 ④ 有时因情绪而说错话 ⑤ 言多必失 ⑥ 对不善言辞者不利 ⑦ 偏向啰唆，大多数人不会言简意赅
书面交流	① 可以是正式的或非正式的，可长可短 ② 可以使写作人能够从容地表达自己的意思 ③ 词语可以经过仔细推敲，而且还可以不断修改，直到满意表达 ④ 书面材料是准确而可信的证据 ⑤ 书面文本可以复制，同时发送给许多人，传达相同的信息 ⑥ 书面材料传达信息的准确性高	① 发文者的语气、强调重点、表达特色，以及发文的目的经常被忽略而使理解有误 ② 信息及含义会随着信息内容所描述的情况，以及发文和收文时的部门而有所变更（个人观点、发文者的地位、外界的影响）
远程交流	① 大大降低了沟通成本 ② 使语音沟通立体直观化 ③ 极大缩小了信息存储空间 ④ 使工作便利化 ⑤ 跨平台，容易集成	① 沟通信息呈超负荷 ② 口头沟通受到极大的限制 ③ 纵向沟通弱化，横向沟通扩张

4.6 信息安全知识

文本：数字签名

信息安全本身包括的范围很大。大到国家军事政治等机密安全，小到如防范商业企业机密泄露、防范青少年对不良信息的浏览、个人信息的泄露等。网络环境下的信息安全体系是保证信息安全的关键，包括计算机安全操作系统、各种安全协议、安全机制（数字签名、信息认证、数据加密等），直至安全系统，其中任何一个安全漏洞便可能威胁全局安全。

1. 信息安全的概念

信息安全是一门涉及计算机、网络技术、通信技术、密码技术、信息安全技术以及应用数学等多种学科的综合性学科。在信息系统中存储大量的日常业务处理信息、技术经济信息，企业或政府高层决策信息。一旦信息系统遭到任何的破坏或出现故障，都将对用户、组织乃至整个社会产生巨大的影响。

2. 信息安全的基本内容

① 实体安全。实体安全就是计算机设备、设施（含网络）以及其他媒体免遭地震、水灾、火灾、有害气体和其他环境事故破坏的措施和过程。包括三个方面：环境安全、设备安全和媒体安全。

② 运行安全。运行安全是指保障信息处理过程的安全性。

③ 信息资产安全。信息资产安全是指防止文件、数据和程序等信息资产被恶意非授权泄露、更改和破坏或被非法控制，确保信息的完整性、保密性、可用性和可控性。

信息资产安全主要包括：数据库安全、网络安全、病毒防护、操作系统安全、访问控制、加密和鉴别。

④ 人员安全。人员安全主要是指信息系统使用人员的安全意识、法律意识和安全技能等。

3. 信息安全要素

信息安全的要素包括真实性、机密性、完整性、可用性、不可抵赖性、可控性和可审查性。

① 真实性：是对信息的来源进行判断，能对伪造来源的信息予以鉴别。

② 机密性：确保信息不暴露于未授权的实体或进程。

③ 完整性：保证数据的一致性，防止数据被非法用户篡改。

④ 可用性：保证合法用户对信息和资源的使用不会被不正当地拒绝。

⑤ 不可抵赖性：建立有效的责任机制，防止用户否认其行为。

⑥ 可控性：可以控制授权范围的信息内容、流向和行为方式。

⑦ 可审查性：为出现的网络安全问题提供调查的依据和手段。

4. 信息安全等级保护

信息安全等级保护是对信息和信息载体按照重要性等级进行分级保护的一种方法，在中国、美国等很多国家都存在的一项信息安全措施。在中国，信息安全等级保护广义上为涉及该工作的标准、产品、系统、信息等均依据等级保护思想的安全工作；狭义上一般指信息系统安全等级保护，是指对国家安全、法人和其他组织及公民的专有信息以及公开信息和存储、传输、处理这些信息的信息系统分等级实行安全保护，对信息系统中使用的信息安全产品实行按等级管理，对信息系统中发生的信息安全事件分等级响应、处置的综合性工作。

《中华人民共和国计算机信息系统安全保护条例》第九条规定："计算机信息系统实行安全等级保护。安全等级的划分标准和安全等级保护的具体办法，由公安部会同有关部门制定。"

文本：中华人民共和国计算机信息系统安全保护条例

按照计算机信息系统安全保护等级划分准则（GB 17859—1999），将计算机信息系统安全保护划分为 5 个等级。

第一级：用户自主保护级，是指本级的计算机信息系统可信计算基通过隔离用户与数据，使用户具备自主安全保护的能力。它具有多种形式的控制能力，对用户实施访问控制，即为用户提供可行的手段，保护用户和用户组信息，避免其他用户对数据的非法读写与破坏。

第二级：系统审计保护级，是指与用户自主保护级相比，本级的计算机信息系统可信计算基实施了粒度更细的自主访问控制，它通过登录规程、审计安全性相关事件和隔离资源，使用户对自己的行为负责。

第三级：安全标记保护级，是指提供有关安全策略模型、数据标记以及主体对客体强制访问控制的非形式化描述；具有准确地标记输出信息的能力；消除通过测试发现的任何错误。

第四级：结构化保护级，是指本级的计算机信息系统可信计算基建立于一个明确定义的形式化安全策略模型之上，它要求将第三级系统中的自主和强制访问控制扩展到所有主体与客体。此外，还要考虑隐蔽通道。本级的计算机信息系统可信计算基必须结构化为关键保护元素和非关键保护元素。计算机信息系统可信计算基的接口也必须明确定义，使其设计与实现能经受更充分的测试和更完整的复审。加强了鉴别机制；支持系统管理员和操作员的职能；提供可信设施管理；增强了配置管理控制。系统具有相当的抗渗透能力。

第五级：访问验证保护级，是指本级的计算机信息系统可信计算基满足访问监控器需求，访问监控器仲裁主体对客体的全部访问。访问监控器本身是抗篡改的，必须足够小，能够分析和测试。为了满足访问监控器需求，计算机信息系统可信计算基在其构造时，排除那些对实施安全策略来说并非必要的代码；在设计和实现时，从系统工程角度将其复杂性降低到最低程度。支持安全管理员职能；扩充审计机制，当发生与安全相关的事件时发出信号；提供系统恢复机制。系统具有很高的抗渗透能力。

知识与技能：

可信计算基是“计算机系统内保护装置的总体，包括硬件、固件、软件和负责执行安全策略的组合体。它建立了一个基本的保护环境，并提供一个可信计算系统所要求的附加用户服务”。通常所指的可信计算基是构成安全计算机信息系统的所有安全保护装置的组合体（通常称为安全子系统），以防止不可信主体的干扰和篡改。

5．知识产权与标准法规

知识产权与标准法规主要包括著作权法、商标法、专利法、计算机软件保护条例、计算机病毒及防范方面的法规条例以及合同法。

文本：版权

（1）知识产权

知识产权又称为智慧财产权，是指人们对其智力劳动成果所享有的民事权利。知识产权是依照各国法律赋予符合条件的著作者以及发明成果拥有者在一定期限内享有的独占权利，是一种无形的财产。它有两类：一类是版权，另一类是工业产权。其特点有无形性、双重性、确认性、独占性、地域性和时间性。

（2）标准化

标准是对重复性事物和概念所做的统一规定。规范、规程都是标准的一种形式。标准化的实质是通过制定、发布和实施标准达到统一，其目的是获得最佳秩序和社会效益。

文本：信息标准化

标准化是在经济、技术、科学及管理等社会实践中，以改进产品、过程和服务的适用性，防止贸易壁垒，促进技术合作，促进最大社会效益为目的，对重复性事物和概念通过制定、发布和实施标准达到统一，获得最佳秩序和社会效益的过程。

① 标准化的作用

· 为科学管理奠定了基础。
· 促进经济全面发展。
· 促进技术进步。
· 保证生产正常进行。
· 促进对自然资源的合理利用。
· 合理发展产品品种，保证产品质量，维护消费者利益。
· 促进国际技术交流和贸易发展，提高产品在国际市场上的竞争能力。
· 在社会生产组成部分之间进行协调，确立共同遵循的准则，建立稳定的秩序。

② 信息技术标准化

信息技术标准化是围绕信息技术开发、信息产品的研制和信息系统建设、运行与管理而开展的一系列标准化工作。其中主要包括信息技术术语、信息表示、汉字信息处理技术、媒体、软件工程、数据库、网络通信、电子数据交换、电子卡、管理信息系统、计算机辅助技术等方面标准化。

· 信息编码标准化。编码是一种信息表现形式。

· 条码标准化。条码是一种特殊的代码，是一组规则排列的条、空及其对应字符组成的标记，用以表示一定的信息。

· 汉字编码标准化。汉字编码是对每一个汉字按一定的规律用若干个字母、数字、符号表示出来。

· ISO 9000 标准。ISO 9000 标准是国际标准化组织（ISO）在 1994 年提出的概念，是指由 ISO/TC176（国际标准化组织品质管理和品质保证技术委员会）制定的国际标准。这个第三认证方不受产销双方经济利益支配，公证、科学，是各国对产品和企业进行质量评价和监督的通行证，也是客户对供方质量体系审核的依据。

练习题

一、选择题

1. 如果按照专业信息工作的基本环节将信息技术进行划分，“风云二号”气象卫星主要属于________的应用。

A. 信息获取技术　　B. 信息传递技术
C. 信息存储技术　　D. 信息加工技术

2. 信息处理过程包括了对信息的________。

A. 识别、采集、表达、传输
B. 采集、存储、加工、传输
C. 鉴别、比较、统计、计算
D. 获取、选择、计算、存储

3. ________不属于信息的加工。

A. 归并　　B. 查询
C. 预测　　D. 传输

4. ________不属于信息加工的主要工作。

A. 数据筛选　　B. 编程
C. 数据采集　　D. 数据分析

5. 数据收集过程中经常会发生错误，数据出错的情况有很多种，最严重的错误是________。

A. 数据过时　　B. 数据格式错
C. 数据内容错　　D. 数据多余或不足

6. 以下关于信息特性的叙述中，不正确的是________。

A. 信息具有客观性，反映了客观事物的运动状态和方式
B. 信息具有可传输性，可采用多种方式进行传递
C. 信息具有时效性，信息的价值必然随时间的推移而降低
D. 信息具有层次性，可分战略信息、战术信息和操作信息多个层次

7. 以下关于信息和数据的叙述中，不正确的是________。

A. 从数据中常可抽出信息　　B. 客观事物中都蕴含着信息
C. 信息是抽象的，数据是具体的　　D. 信息和数据都由数字组成

二、通过阅读教材或信息检索，回答下列问题

1. 什么是信息？信息的形态有哪些？
2. 信息的主要特征是什么？
3. 从信息所依附的载体来划分信息的类型有哪些？
4. 什么是数据？
5. 什么是信息化？
6. 什么是信息社会？信息社会的特征有哪些？
7. 什么是信息技术？信息技术的特点有哪些？
8. 什么是信息收集？
9. 什么是信息处理？
10. 什么是信息存储？
11. 什么是知识产权？
12. 什么是标准化？

第5章 数据统计分析与 Excel 2016 应用

Excel 是为进行数据统计分析而开发的一种软件工具。Excel 拥有强大的计算、统计、分析功能，可以帮助用户对繁杂的数据进行处理。本章主要介绍数据统计分析的概念、Excel 2016 基本操作、工作表的格式化、公式与函数的使用、图表的使用、工作表的数据库操作、打印工作表等内容。

文本：第5章学习目标

5.1 数据统计分析的基本概念

掌握一定的数据统计分析的基本知识，是现在高职学生必备的基本技能，本节主要内容包括数据统计分析的基本概念、简单的数据统计及数据统计分析方法。

文本：统计学

5.1.1 统计分析

1. 统计学概念

统计是处理数据的一门科学，是收集、分析、解释数据并从数据中得出结论的科学。

数据分析是指选择适当的统计方法对收集来的大量第一手资料和第二手资料进行分析研究，以求最大化地挖掘数据资料的价值，发挥数据的作用，是为了提取有用信息和形成结论而对数据加以详细研究和概括总结的过程。

2. 简单的数据统计

随着社会、经济和科学技术的飞速发展，统计知识已广泛应用于各个领域。用统计知识来解决实际问题，可以帮助人们更好地管理数据。下面简单介绍一些统计的基础知识。

（1）总体、个体、样本和样本容量

总体是指所要考察对象的全体。个体是指总体中的每一个考察对象。样本是指总体中所抽取的一部分个体。样本容量是指一个样本的必要抽样单位数目。

例如：某市 5 万名学生参加体检，为了解 5 万名学生的身高情况，从中抽取 5 000 名学生的身高进行分析。请问本题中的总体、个体、样本及样本容量分别是什么？

解：本题是为了解 5 万名学生的身高情况，所以总体是 5 万名学生；个体是每名学生的身高；样本是抽取的 5 000 名学生的身高；样本容量是 5 000。

（2）平均数

平均数是指在一组数据中所有数据之和除以这组数据的个数。平均数是统计中的一个重要概念，是表示一组数据集中趋势的量数，它是反映数据集中趋势的一项指标。它主要包括算术平均数、调和平均数和几何平均数。

① 算术平均数主要用来反映统计对象的一般情况，也可用它进行不同数据的比较，从而看出组与组之间的差别。设一组数据为 X_1，X_2，…，X_n，算术平均数的计算公式为：

$$算术平均数 = (X_1+X_2+\cdots+X_n)/n$$

例如：某小卖部，“十一”放假三天的销售额分别为540元、600元、480元，求“十一”三天的日平均销售额是多少?

解：平均销售额 =（540 + 600 + 480）/3 = 540（元）

② 调和平均数是平均数的一种，是标志值倒数的平均数的倒数。主要用来解决在无法掌握总体单位数的情况下，只有每组的变量值和相应的标志总量，而需要求得平均数的情况下使用的一种数据方法。调和平均数公式为：

$$\text{调和平均数} = \frac{n}{\sum\frac{1}{X}}$$

例如：某菜店西红柿分为甲、乙、丙三个等级，甲级每元 0.5 斤，乙级每元 1 斤，丙级每元 1.5 斤，那么若甲、乙、丙级西红柿各买 1 斤，平均每元可买多少斤?

解：$M = \frac{n}{\sum\frac{1}{X}} = \frac{3}{\sum\left(\frac{1}{0.5}+\frac{1}{1}+\frac{1}{1.5}\right)} = \frac{3}{3.667} \approx 0.82$（斤 / 元）

③ 几何平均数是 n 个观察值连乘积的 n 次方根。主要用于对比率、指数等求平均和计算平均发展速度。几何平均数公式为：

$$\text{几何平均数} = \sqrt[n]{X_1 \times X_2 \times \cdots \times X_n}$$

例如：一个长方形的边长分别是 4 和 9，求一个和它面积相同的正方形的边长是多少?

解：$a=\sqrt[2]{4\times 9}=6$

（3）众数

众数是指一组数中出现次数最多的数。简而言之，众数就是一组数中占比例最大的那个数。

例如：有一组数 1，2，3，2，4，那么这组数中的众数就是 2。因为在这组数中 2 出现了两次，而其他数字只出现了 1 次。

（4）中位数

中位数是指一组数据按从小到大的排序依次排列，处在中间位置的一个数，或是最中间的两个数的平均数。

例如：有一组数 1，2，3，4，5，那么这组数的中位数就是 3。

有一组数 1，2，3，4，5，6，那么这组数的中位数为（3+4）/2=3.5。

（5）标准差

标准差是总体各单位标准值与其平均数离差平方的算术平均数的平方根，是概率统计中最常使用作为统计分布程度上的测量，它反映组内个体间的离散程度。

标准差计算公式：假设有一组数值 X_1，X_2，X_3，…，X_n（皆为实数），其平均值为$\bar{x}$，标准差 σ 的计算公式为

$$\sigma=\sqrt{\frac{1}{n}\sum_{i=1}^{n}(X_i-\bar{x})^2}$$

例如，A、B 两组各有 6 位学生参加同一次语文测验，A 组的分数为 95、85、75、65、55、45，B 组的分数为 73、72、71、69、68、67。这两组的平均数都是 70，但 A 组的标准差为 18.71 分，B 组的标准差为 2.37 分，说明 A 组学生之间的差距比 B 组学生之间的差距大得多。

（6）方差

方差是各个数据与其算术平均数的离差平方和的平均数，通常以 σ^2 表示。方差的计量单位和量纲不便于从经济意义上进行解释，所以实际统计工作中多用方差的算术平方根——标准差来测度统计数据的差异程度。方差的计算公式为：

文本：抽样

$$\sigma^2=\frac{1}{n-1}\sum_{i=1}^{n}(X_i-\bar{x})^2$$

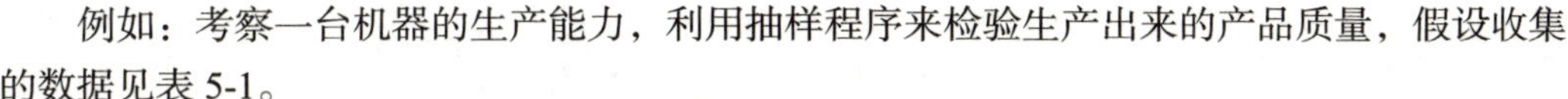

例如：考察一台机器的生产能力，利用抽样程序来检验生产出来的产品质量，假设收集的数据见表 5-1。

表 5-1　测量结果

测量次数	1	2	3	4	5	6	7	8	9	10	11	12	13	14
测量结果	3.43	3.45	3.43	3.48	3.52	3.50	3.39	3.48	3.41	3.38	3.49	3.45	3.51	3.50

根据该行业通用法则，如果一个样本中的 14 个数据项的方差大于 0.005，则该机器必须停机待修。问此时的机器是否必须停机？

解：根据已知数据，计算

平均值 $\bar{x}=\frac{\sum x}{n}=3.459$

方差 $\sigma^2=\frac{1}{n-1}\sum_{i=1}^{n}(X_i-\bar{x})^2=0.002<0.005$

因此，该机器工作正常。

5.1.2　统计过程

统计工作过程一般由统计设计、统计调查、统计资料整理和统计分析四部分组成。

1. 统计设计

统计设计是统计工作的首要阶段，是根据统计研究的目的和研究对象的特点，明确统计指标和指标体系，以及对应的分组方法，并以统计分析方法指导实施的统计活动。统计设计的基本任务是制订各种统计工作方案，作为统计工作的指导依据。统计设计所制订的方案包括统计指标体系、统计分类目录、统计报表制度、统计调查方案、统计汇总或整理方案以及统计分析方案等方面的内容。

2. 统计调查

统计调查是根据调查的目的与要求，运用科学的调查方法，有计划、有组织地收集数据资料的工作活动。常用的方法有普查、抽样调查和统计报表等。

3. 统计资料整理

统计资料整理简称统计整理，是指根据统计研究的目的，对统计调查所得到的原始资料进行科学的分类和汇总，或对已初步加工的次级资料进行再加工，使其系统化、条理化、科学化，以反映所研究的现象总体特征。

4. 统计分析

统计分析是指运用统计方法及相关的知识，定量与定性相结合对统计资料进行研究的活动。它是继统计设计、统计调查、统计资料整理之后，对统计数据加以详细研究和概括总结的过程。

5.2 Excel 2016 概述

Excel 2016 是电子表格处理软件，是 Microsoft 公司开发的计算机办公软件 Office 2016 的组件之一。Excel 2016 不仅具有强大的数据组织、计算、分析、统计等功能，还可以通过图表等多种形式对数据结果进行形象化显示。Excel 2016 广泛应用于管理、统计、财经、金融等众多领域。

5.2.1 Excel 2016 的启动与退出

1. 启动 Excel 2016

在“开始”菜单的应用列表中单击“Excel 2016”命令。启动 Excel 2016 进入 Excel 操作环境。

2. 退出 Excel 2016

退出 Excel 2016 的方法也有多种。单击右上角的“关闭”按钮或按“Alt+F4”组合键，都可以退出 Excel 2016。

5.2.2 Excel 2016 的窗口组成

Excel 2016 应用程序的窗口主要是由标题栏、快速访问工具栏、功能区、编辑栏、工作表编辑区、工作表标签、滚动条、状态栏、视图按钮、显示比例滑块等组成。Excel 2016 工作界面如图 5-1 所示。

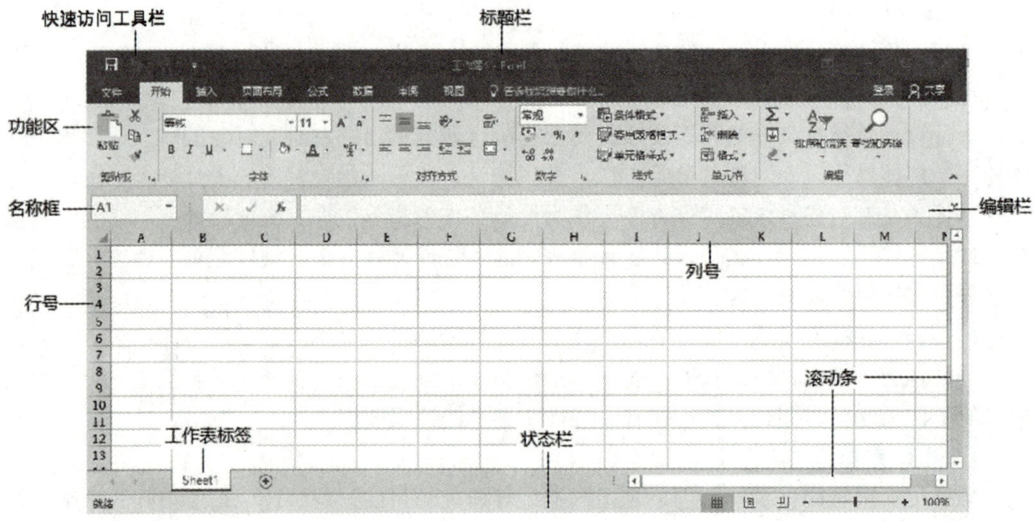

图 5-1 Excel 2016 工作界面

1. 编辑栏

主要是用于输入或显示当前单元格中的数值和公式。

2. 名称框

用来显示活动单元格的名称。如单元格被命名，则显示其名称，否则显示单元格的地址。

3．工作表编辑区

用于显示或编辑工作表中的数据。

4．状态栏

状态栏位于 Excel 2016 窗口的底部，用于显示当前操作的一些信息。

5.2.3　Excel 2016 工作簿、工作表与单元格

1．工作簿

工作簿是指 Excel 环境中用来储存并处理工作数据的文件。也就是说 Excel 文档就是工作簿。它是 Excel 工作区中一个或多个工作表的集合，其扩展名为 .xlsx。每一本工作簿可以包含许多不同的工作表，工作簿中最多可建立 255 个工作表。

2．工作表

工作表是显示在工作簿窗口中的表格。在 Excel 2016 中，一个工作表可以由 1 048 576 行和 16 384 列构成。行的编号从 1 到 1 048 576，列的编号依次用字母 A，B，…，AA，AB，…，AAA，AAB，…XFD 表示。行号显示在工作簿窗口的左边，列号显示在工作簿窗口的上边。Excel 默认一个工作簿有一个工作表，用户可以根据需要添加工作表。

3．单元格

单元格是表格中行与列的交叉部分，它是组成表格的最小单位，单个数据的输入和修改都是在单元格中进行的。单元格按所在的行列位置来命名，例如，地址“A5”指的是第 A 列与第 5 行交叉位置上的单元格。

5.3　Excel 2016 的基本操作

Excel 2016 电子表格处理软件是一款常用的办公软件。本节主要介绍工作簿、工作表、单元格的基本操作。

5.3.1　工作簿的操作

1．新建工作簿

微视频：新建工作簿

通常情况下，启动 Excel 2016 时显示 Excel 2016 的“打开或新建”窗口，单击“空白工作簿”模板，系统会新建一个名为“工作簿 1”的空白工作簿。若要再想新建一个空白工作簿，可以按“Ctrl+N”组合键，或单击“文件”菜单中的“新建”命令，在右侧“新建”选项卡中单击“空白工作簿”模板，如图 5-2 所示，即可完成新建工作簿。

2．保存工作簿

当对工作簿进行了编辑操作后，为防止数据丢失，应养成及时保存文件的习惯。要保存工作簿，可单击“快速访问工具栏”上的“保存”按钮；或单击“文件”菜单中的“保存”命令，在“另存为”选项卡中单击“浏览”，打开“另存为”对话框，在其中选择工作簿的保存位置，输入工作簿名称，然后单击“保存”按钮，如图 5-3 所示，即可完成保存工作簿的操作。

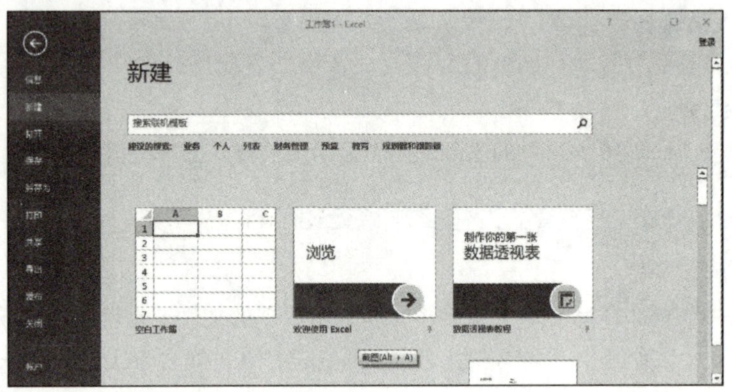

图 5-2 新建空白工作簿

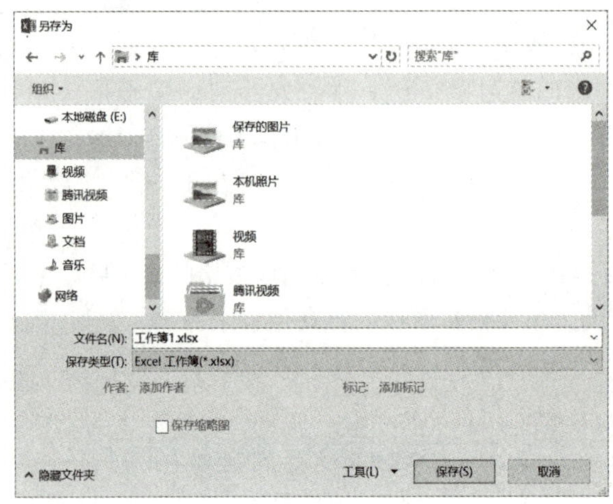

图 5-3 “另存为”对话框

知识与技能:

当再次对工作簿进行保存操作时，就不会打开“另存为”对话框，而是直接保存。若要将工作簿换名保存，可单击“文件”菜单中的“另存为”命令。

3. 打开工作簿

打开工作簿是将磁盘中的工作簿文件调入内存，并显示在 Excel 应用程序窗口中。通过单击“文件”菜单中的“打开”命令，或直接双击工作簿文件图标，可打开工作簿。

4. 关闭工作簿

单击工作簿窗口右上角的“关闭”按钮；或单击“文件”菜单中的“关闭”命令，即可关闭工作簿。若工作簿进行了编辑操作后尚未保存，此时会弹出一个提示对话框，用户可根据提示进行相应的操作。

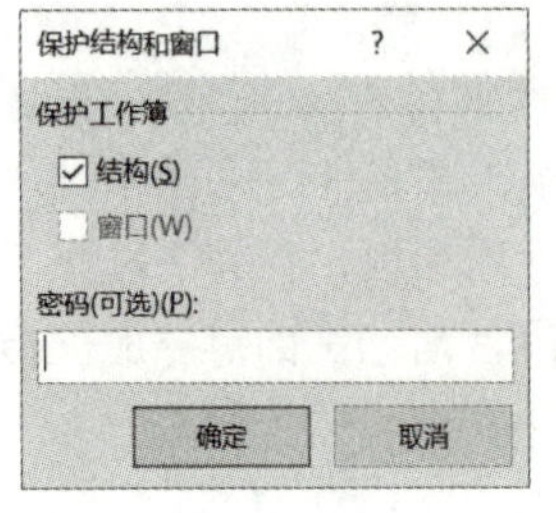

图 5-4 “保护结构和窗口”对话框

5. 保护工作簿

保护工作簿可防止用户添加或删除工作表，或是显示隐藏的工作表。同时还可防止用户更改已设置的工作簿显示窗口的大小或位置。这些保护可以应用于整个工作簿。

操作方法：在“审阅”选项卡的“更改”组中单击“保护工作簿”按钮，打开“保护结构和窗口”对话框，如

图 5-4 所示，可根据需要选中“结构”或“窗口”复选框，然后在“密码”文本框中输入保护密码并单击“确定”按钮，再在打开的“确认密码”对话框中输入同样的密码并确定，即可对工作簿执行保护操作。

知识与技能：

结构：选中“结构”复选框，可使工作簿的结构保持不变，此时，复制、删除、重命名工作表等操作均无效，但可以对工作表内的数据进行操作。

窗口：选中“窗口”复选框，当打开工作簿时，不能改变工作簿窗口的大小和位置，不能关闭工作簿窗口。Excel 2016 中，“窗口”复选框已禁用。

撤销工作簿保护：在“审阅”选项卡的“更改”组中单击“保护工作簿”按钮，若设置了密码保护工作簿，则此时会打开如图 5-5 所示的“撤销工作簿保护”对话框，输入“密码”，然后单击“确定”按钮。

图 5-5　“撤销工作簿保护”对话框

6. 隐藏／显示工作簿

（1）隐藏工作簿

在“视图”选项卡“窗口”组中单击“隐藏”按钮 隐藏。

（2）显示工作簿

在“视图”选项卡“窗口”组中单击“取消隐藏”按钮 取消隐藏。

5.3.2　工作表的操作

1. 插入工作表

启动 Excel 2016，并创建一个空白的工作簿，该工作簿中只包含一个工作表，如需要更多的工作表，用户可以根据需要插入新的工作表，具体插入工作表的方法如下：

在“开始”选项卡的“单元格”组中单击“插入”下拉按钮，选择“插入工作表”命令，即可在当前活动工作表的前面插入一个新的工作表。或单击工作表标签右侧的“新工作表”按钮⊕，即可在当前活动工作表的后面插入一个新的工作表。

2. 删除工作表

删除工作表的具体方法如下。

选定一个或多个工作表，然后右击选定的工作表标签，在弹出的快捷菜单中单击“删除”命令，就可以删除工作表，如图 5-6 所示。

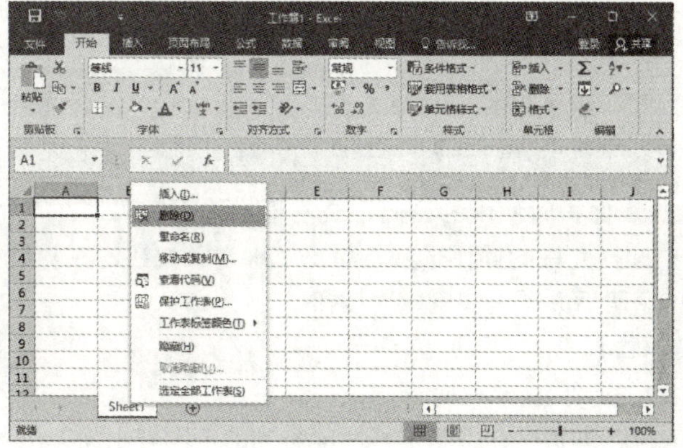

图 5-6　删除工作表

知识与技能：

工作表删除时一定要慎重，因为工作表一旦被删除就不能恢复了。

3. 重命名工作表

在默认情况下，工作表都是以“Sheet1”“Sheet2”……的方式进行命名，为了使工作表看上去一目了然，方便管理，就需要将工作表重命名。

要重命名工作表，只需双击要重命名的工作表标签，然后输入新的工作表名称即可。

4. 移动或复制工作表

移动或复制工作表操作可以在同一个工作簿中进行移动或复制，也可以在不同的工作簿之间进行移动或复制。

（1）同一个工作簿中移动或复制工作表

在同一个工作簿中，直接拖动工作表标签至所需要的位置即可实现工作表的移动；若在拖动工作表标签的过程中按住 Ctrl 键，则可实现工作表的复制。

（2）不同工作簿间移动或复制工作表

① 打开要进行移动或复制的源工作簿和目标工作簿，单击要进行移动或复制操作的工作表标签，然后在“开始”选项卡的“单元格”组中单击“格式”下拉按钮，选择“移动或复制工作表”命令，打开“移动或复制工作表”对话框，如图 5-7 所示。

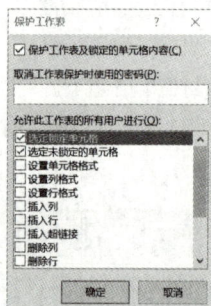

② 在“将选定工作表移至工作簿”下拉列表中选择目标工作簿；在“下列选定工作表之前”列表中选择要将工作表移动或复制到目标工作簿的位置；若要复制工作表，选中“建立副本”复选框；最后单击“确定”按钮，就可实现在不同工作簿间工作表的移动或复制。

微视频：保护工作表

5. 保护工作表

设置对工作表的保护可以避免工作表中的数据被别人修改和破坏，防止信息泄露。具体方法如下。

① 切换到要进行保护的工作表，然后在“审阅”选项卡的“更改”组中单击“保护工作表”按钮，打开“保护工作表”对话框，如图 5-8 所示。

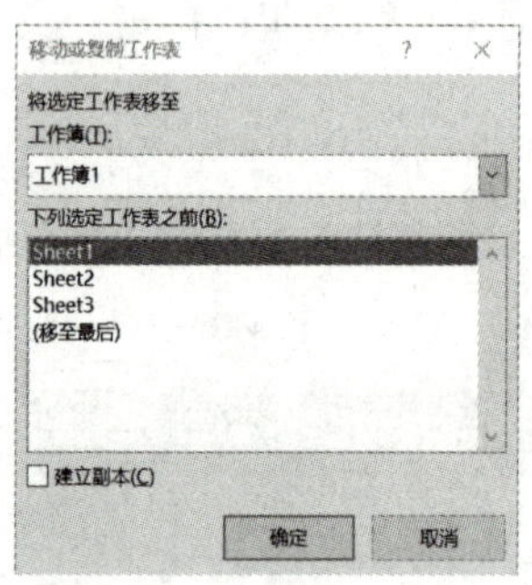

图 5-7 “移动或复制工作表”对话框

图 5-8 “保护工作表”对话框

② 在“取消工作表保护时使用的密码”文本框中输入密码；在“允许此工作表的所有用户进行”列表框中选择允许的操作选项，单击“确定”按钮，在随后打开的“确认密码”对话框中输入同样的密码后并单击“确定”按钮。

6. 拆分或冻结工作表

（1）拆分工作表

在对大型数据表进行编辑时，由于屏幕所能看到的范围有限而无法做到数据上下、左右对照，此时可以通过拆分窗口，在多个窗口中操作就很方便了。拆分工作表的方法如下。

选择要拆分的工作表，在“视图”选项卡的“窗口”组中单击“拆分”按钮 拆分 。便可将选择的工作表拆分成四个窗口，如图 5-9 所示。

	A	B	C	D	C	D	E	F	G
3	冰箱	海尔	¥2,088.00	¥1,888.00	¥2,088.00	¥1,888.00	3	李红	
4	冰箱	西门子	¥1,988.00	¥1,788.00	¥1,988.00	¥1,788.00	2	张玲	
5	彩电	三星	¥2,688.00	¥2,388.00	¥2,688.00	¥2,388.00	3	李辉	
6	彩电	长虹	¥1,988.00	¥1,988.00	¥1,988.00	¥1,988.00	2	赵燕	
7	彩电	三星液晶	¥4,688.00	¥4,088.00	¥4,688.00	¥4,088.00	1	赵辉	
8	空调	美的	¥3,188.00	¥2,888.00	¥3,188.00	¥2,888.00	3	何军	
9	空调	格力	¥2,988.00	¥2,988.00	¥2,988.00	¥2,988.00	2	林小英	
10	空调	LG	¥3,688.00	¥2,988.00	¥3,688.00	¥2,988.00	4	王莉	
11	冰箱	海尔	¥2,088.00	¥1,888.00	¥2,088.00	¥1,888.00	3	赵燕	
46	彩电	三星	¥2,688.00	¥2,388.00	¥2,688.00	¥2,388.00	2	李辉	
47	彩电	长虹	¥1,988.00	¥1,988.00	¥1,988.00	¥1,988.00	0	赵燕	
48	彩电	三星液晶	¥4,688.00	¥4,088.00	¥4,688.00	¥4,088.00	4	赵辉	
49	空调	美的	¥3,188.00	¥2,888.00	¥3,188.00	¥2,888.00	3	何军	
50	空调	格力	¥2,988.00	¥2,988.00	¥2,988.00	¥2,988.00	2	林小英	
51	空调	LG	¥3,688.00	¥2,988.00	¥3,688.00	¥2,988.00	2	王莉	
52	冰箱	海尔	¥2,088.00	¥1,888.00	¥2,088.00	¥1,888.00	2	李红	
53	冰箱	西门子	¥1,988.00	¥1,788.00	¥1,988.00	¥1,788.00	1	张玲	
54	彩电	三星	¥2,688.00	¥2,388.00	¥2,688.00	¥2,388.00	1	李辉	
55	彩电	长虹	¥1,988.00	¥1,988.00	¥1,988.00	¥1,988.00	1	赵燕	

销售清单 Sheet1 Sh ...

图 5-9 工作表拆分

（2）冻结工作表

微视频：冻结工作表

在查看报表时，有时会因为行或列太多，而使得数据的内容与行列标无法对照，此时就可以利用冻结窗格的功能来解决。冻结窗格的具体方法如下。

选择工作表中的任意单元格，在“视图”选项卡的“窗口”组中单击“冻结窗格”下拉按钮，选择“冻结首行”命令即可，如图 5-10 所示。

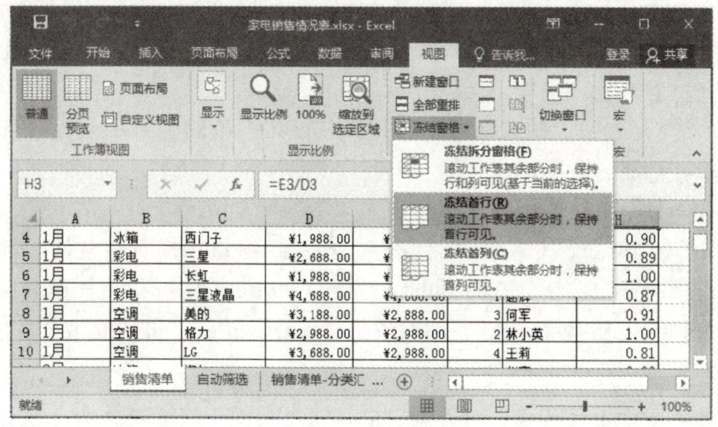

图 5-10 冻结首行

知识与技能：

根据需要也可选择“冻结拆分窗格”或“冻结首列”。若要取消窗格冻结，可选择工作表中的任意单元格，然后在“冻结窗格”下拉列表中选择“取消冻结窗格”命令即可。

7. 隐藏或显示工作表

（1）隐藏工作表

在“开始”选项卡的“单元格”组中单击“格式”下拉按钮，选择“隐藏和取消隐藏”→“隐藏工作表”命令，如图 5-11 所示，即可隐藏工作表。

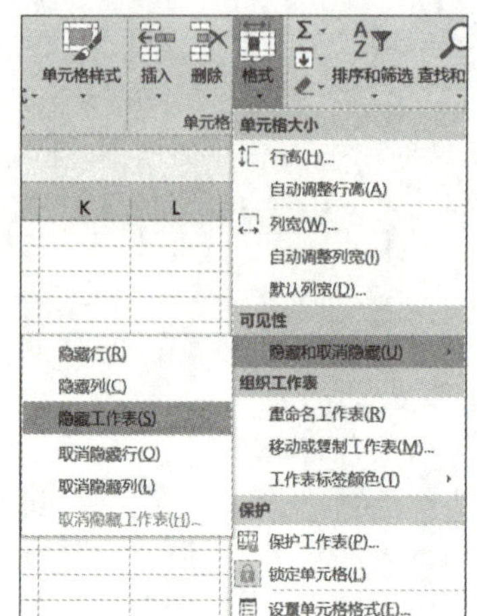

图 5-11 隐藏工作表

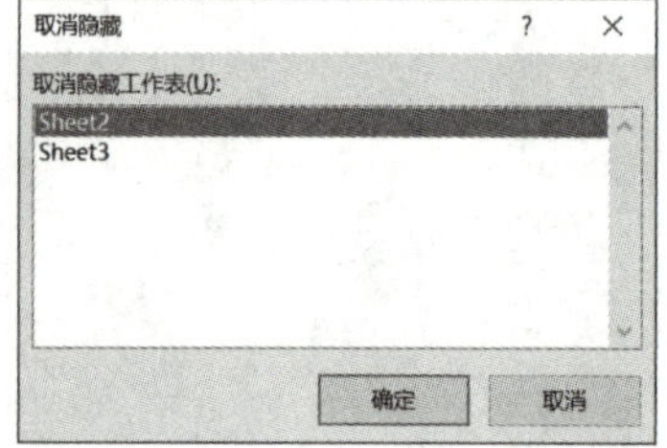

图 5-12 “取消隐藏”对话框

（2）显示工作表

在“开始”选项卡的“单元格”组中单击“格式”下拉按钮，选择“隐藏和取消隐藏”→“取消隐藏工作表”命令，打开“取消隐藏”对话框，在“取消隐藏工作表”列表框中选择要显示的工作表，然后单击“确定”按钮，即可取消隐藏工作表，如图 5-12 所示。

实例 5.1 创建“学生基本情况”工作簿

任务描述：

在 Excel 中，新建一个工作簿，将“Sheet1”工作表重命名为“学生基本情况”，并将工作簿保存为“学生基本情况表 .xlsx”。

实施步骤：

① 单击“文件”选项卡的“新建”按钮，在窗口中部的“可用模板”列表中单击“空白工作簿”选项，创建一个新的工作簿。

② 双击“Sheet1”工作表标签，然后输入“学生基本情况”。

③ 单击“快速访问工具栏”上的“保存”按钮，窗口切换到“文件”选项卡的“另存为”选项，单击“浏览”按钮，在打开的“另存为”对话框中选择工作簿的保存位置，并输入工作簿名称为“学生基本情况表”，然后单击“保存”按钮，即可完成操作。

拓展训练：

（1）新建一个空白工作簿，保存到“文档”文件夹中，文件名为“练习 1.xlsx”。

（2）在“练习 1.xlsx”工作簿中插入三个新工作表，并且将工作表“Sheet1”“Sheet2”“Sheet3”“Sheet4”分别改名为“一季度”“二季度”“三季度”“四季度”。

微视频：选取单元格

5.3.3 单元格的操作

1. 选取单元格

在 Excel 2016 中，要对某个单元格或单元格区域进行输入、编辑等操作时，首先要选取该单元格或单元格区域。

（1）选取一个单元格

方法一：用鼠标单击所要选取的单元格。

方法二：在名称框内输入要选取的单元格的名称，然后按回车键。例如，要选取“A2”单元格，可在名称框内输入“A2”。

（2）选取一整行

用鼠标单击所要选取的行的行号即可。

（3）选取一整列

用鼠标单击所要选取的列的列号即可。

（4）选取整个工作表

用鼠标单击全选按钮，如图 5-13 所示。

（5）选取单元格区域

① 选取连续的单元格区域

选取的单元格区域的第一个单元格，然后按住鼠标左键拖动到要选取区域的最后一个单元格再放开鼠标左键。

知识与技能：

先用鼠标单击要选取的单元格区域的左上角的单元格，然后按住 Shift 键不放，再单击要选取区域的右下角的单元格即可。

② 选取不连续的单元格区域

按下 Ctrl 键不放，然后拖动鼠标或逐一单击，选取其余部分的单元格区域即可，如图 5-14 所示。

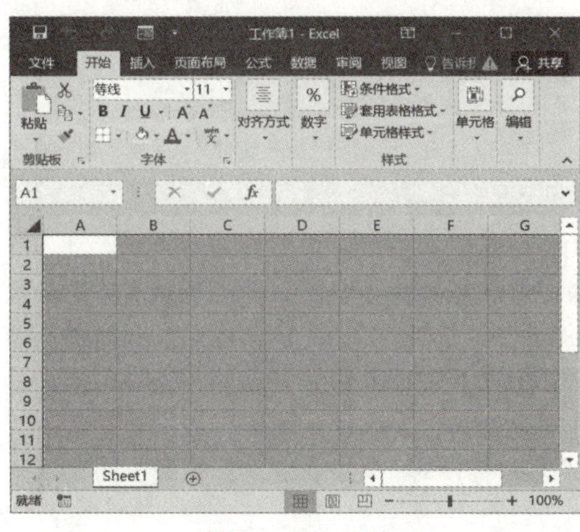

图 5-13　全选按钮

图 5-14　选取的不连续的单元格区域

2. 插入单元格、行或列

在“开始”选项卡的“单元格”组中单击“插入”下拉按钮，选择相应的命令即可，如图 5-15 所示。

知识与技能：

选择的单元格的数量即是插入单元格的数量，例如选择 6 个单元格，则会插入 6 个单元格。

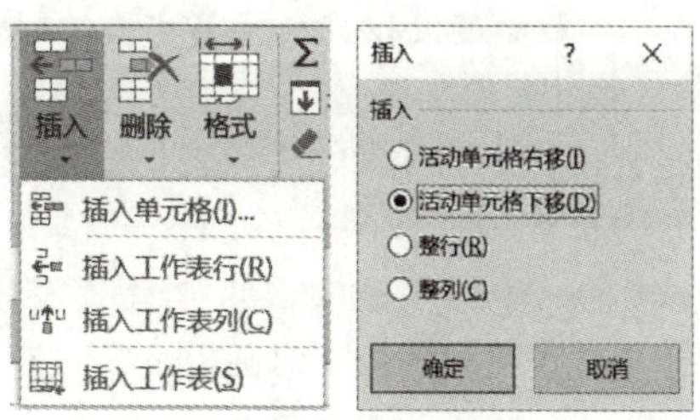

图 5-15　插入单元格、行和列

3. 删除单元格

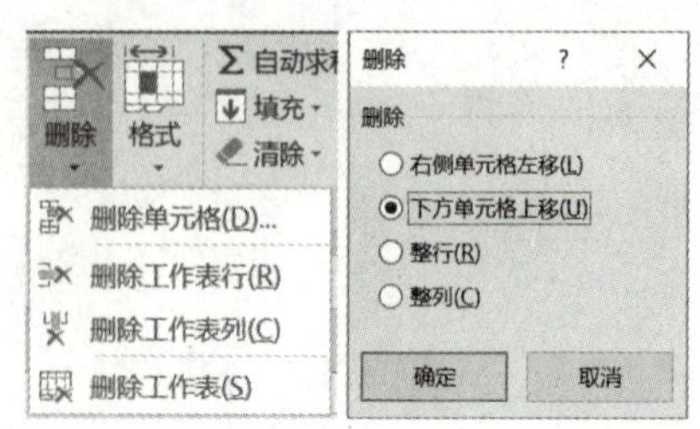

图 5-16 删除单元格、行和列

当工作表中的一些数据不再需要时，可以将其删除。删除操作是将选定的行、列和单元格删除掉，由其他的行、列和单元格来补充空位。操作方如下。

在“开始”选项卡的“单元格”组中单击“删除”下拉按钮，选择相应的命令即可，如图 5-16 所示。

4. 复制、移动

在 Excel 的输入或编辑中，如果需要输入和已有内容一样的内容，就没必要再输入了，可以采用复制的方法来完成。

（1）复制

首先选取所要复制的内容，然后按“Ctrl+C”组合键，再将光标移到要复制到的位置，按“Ctrl+V”组合键，即可将所需内容复制到指定位置。

（2）移动

首先选取所要移动的内容，然后按“Ctrl+X”组合键，再将光标移到要移动到的位置，按“Ctrl+V”组合键，即可将所需内容移动到指定位置。

5.3.4 编辑数据

1. 清除数据

清除数据操作是将选定的行、列和单元格中的内容清除，而不会删除行、列和单元格。方法是在“开始”选项卡中的“编辑”组中单击“清除”下拉按钮，然后在展开的命令列表中选择要清除的方式，如图 5-17 所示。

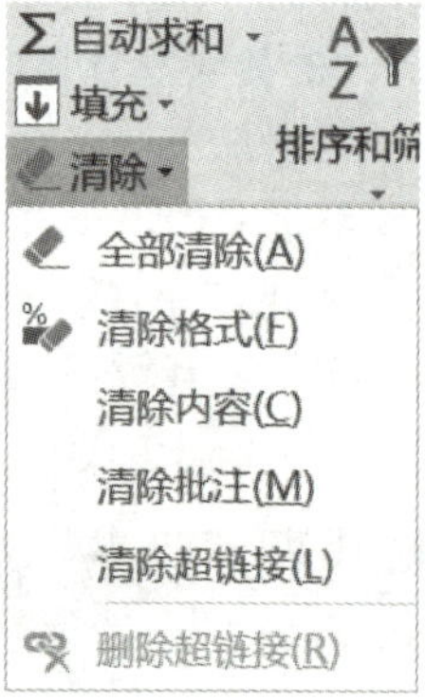

图 5-17 “清除”命令列表

知识与技能：

不同清除命令的含义如下。

· 全部清除：表示清除所有内容，包括格式、内容、批注和超链接。

· 清除格式：表示仅清除格式，不清除内容、批注和超链接。例如，某个单元格内输入了红色的字母“A”，选择了“清除格式”后，只是将字母“A”恢复为系统默认的颜色，字母“A”仍然存在。

· 清除内容：表示只清除内容，格式、批注和超链接仍然保留。例如，某个单元格内输入了红色的字母“A”，选择了“清除内容”后，单元格中的“A”没有了，但是如向该单元格中重新输入数据，则新输入的数据字体颜色仍为红色。

· 清除批注：仅删除单元格的批注。

· 清除超链接：仅将单元格的超链接清除，格式还在。

2. 查找数据

在 Excel 2016 的工作表中要快速搜索到某一指定的数据，可使用查找的方法。具体操作方法如下。

在“开始”选项卡的“编辑”组中单击“查找和选择”下拉按钮，选择“查找”命令，打开“查找和替换”对话框，在“查找内容”组合框中输入要查找的内容，然后单击“查找下一个”按钮，如图 5-18 所示。

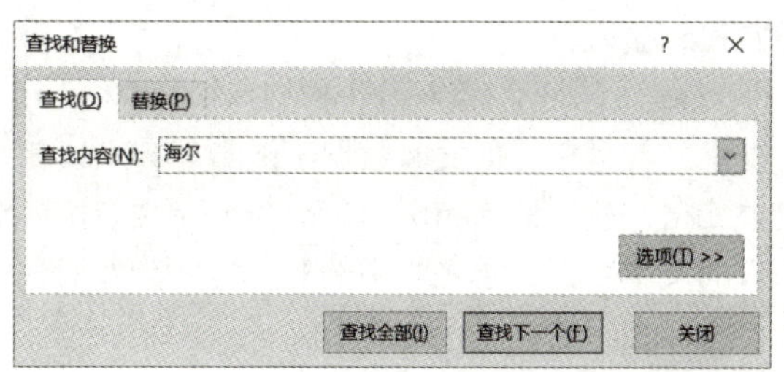

图 5-18　“查找和替换”对话框

3．替换数据

微视频：替换数据

在 Excel 2016 工作表中可以自动替换数据，或替换指定的格式，具体操作方法如下。

打开“查找和替换”对话框，切换到“替换”选项卡，在“查找内容”组合框中输入要查找的内容，在“替换为”组合框内输入要替换为的内容，然后若单击“替换”按钮，则会逐一对查找的内容进行查找并替换；单击“全部替换”按钮，将替换所有符合条件的内容；单击“查找下一个”按钮，将跳过查过的内容进行查找而不替换。

知识与技能：

单击“查找和替换”对话框中的“选项”按钮，展开“选项”内容，如图 5-19 所示。

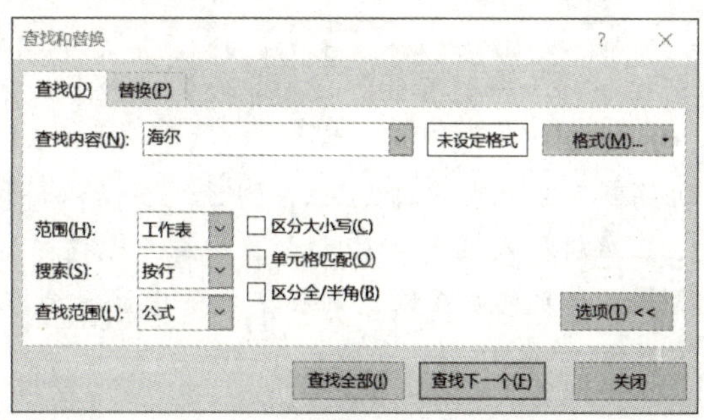

图 5-19　“查找和替换”对话框中展开的“选项”内容

· 范围：选择所要查找的范围是“工作表”或“工作簿”。

· 搜索：选择所要查找的方法是“按行”或“按列”。

· 查找范围：选择要查找的数据的类型是“公式”“值”或“批注”。

· 区分大小写：选择此项则在查找中区分大小写字母，否则不区分。

· 单元格匹配：选择此项则在查找中只查找单元格的内容与“查找内容”中输入的内容完全一致的单元格，否则查找单元格内容包含查找内容的单元格。

· 区分全 / 半角：选择此项则在查找中区分全、半角字符，否则不区分。

5.4　工作表格式化设置

为了使工作表更加美观，Excel 提供了设置工作表的一些方法，主要包括单元格格式、调整行高和列宽、数字格式、对齐方式和模板的使用等。

5.4.1　输入数据

在 Excel 的单元格中可以输入各种类型的数据，如文本、数值、时间、日期和公式等，每种数据都有它特定的格式和输入方法。

1. 输入文本数据

文本可以是字母、汉字、符号等。但文本数据不能参与算术运算。

输入方法：先选定单元格，然后输入相应内容，输入完成后按回车键即可。

在默认情况下，输入的文本数据在单元格中的对齐方式为左对齐，用户也可根据需要改变对齐方式。

知识与技能：

如果想把数字作为文本输入，可先输入单引号“'”(半角符号)，然后再输入数字。

例如：想输入邮政编码 100018，可输入 '100018。

2. 输入数值数据

输入方法：先选定单元格，然后输入相应内容，输入完成后按回车键即可。

在默认情况下，输入的数值数据在单元格中的对齐方式为右对齐，用户也可根据需要改变对齐方式。

知识与技能：

· 输入分数：没有整数部分，则需要在分数值前先输入数字 0 和空格，再输入分数。例如，要输入分数“1/2”，则要输入“0（空格）1/2”。若分数有整数部分，需要先输入整数和空格，再输入分数部分。例如，要输入分数“$1\frac{1}{2}$（等于 1.5）”，则要输入“1（空格）1/2”。

· 输入负数：必须在数字前加一个负号“–”，或给数字加上一个圆括号。例如：输入“(99)”，系统会将其当作“–99”。

· 如果输入的数值的整数部分长度超过 11 位，则系统自动以科学记数的形式表示。例如，数值 123 456 789 012 在编辑栏内显示为 12 位数，但在单元格内显示为 1.23457E+11

· 如果输入数据长度超过单元格宽度时，则在单元格中显示为“####”，只需要增大单元格宽度就可让数据正常显示。

3. 输入时间数据

输入时间的格式有多种，用户可根据自己的需要选择。

例如：要输入“下午 2 点 10 分 30 秒”，则只要输入“14:10:30”或输入“2:10:30 PM”即可。其中 PM 表示下午，AM 表示上午。

知识与技能：

如果要输入当前的系统时间，可按“Ctrl+Shift+;”组合键。

4. 输入日期数据

日期数据的格式也有多种，用户也可根据需要选择。输入方法：用斜杠“/”或“-”来分隔年、月、日。

例如：要输入“2013 年 5 月 2 日”，则可以输入“13/5/2”或“13-5-2”。

知识与技能：

如果要输入当前的系统日期，可按“Ctrl+;”组合键。

5. 自动输入数据

Excel 提供的自动填充功能不仅可以在不同的单元格中输入相同的数据，还可以在某些单元格中输入具有一定规律的数据。

(1) 在不同单元格中输入相同的数据

如果要在不同单元格中输入相同的数据，可以先选取要输入相同数据的单元格区域，然后输入数据，输入完成后再按“Ctrl+Enter”组合键，即可在选定的连续或不连续的区域内输入相同的数据。

（2）在同一行或同一列中输入相同的数据

具体操作方法：

① 选定一个单元格并在其中输入数据。

② 用鼠标拖动填充柄经过需要填充数据的单元格，然后释放鼠标按键。

例如：要将 B1 到 B5 的单元格内，都输入文字“电子表格”，操作方法如下。

① 选定 B1 单元格，并输入“电子表格”。

② 将鼠标指针移到 B1 单元格右下角的填充柄时，鼠标指针变成“+”形状，按下鼠标左键向下拖动到 B5 单元格后松开，即可完成。如图 5-20 所示，B1 到 B5 单元格内都输入“电子表格”。

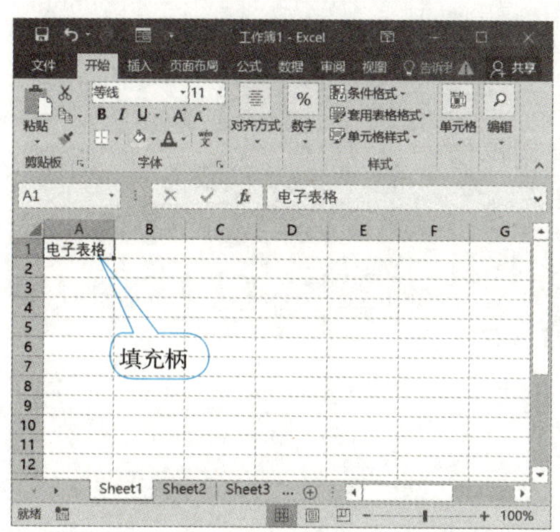

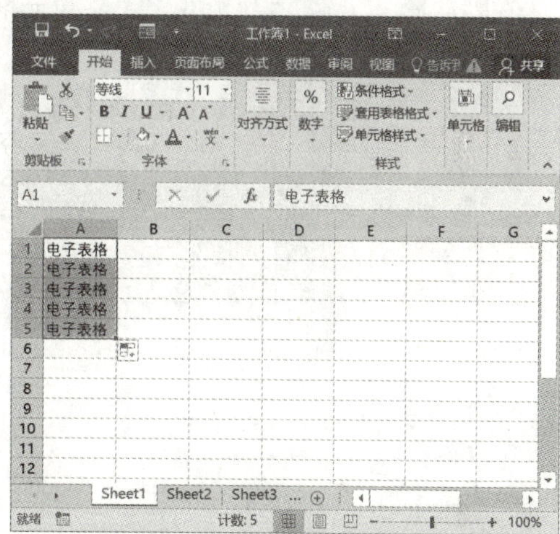

图 5-20　用填充柄在一列中填充“电子表格”

（3）序列填充

微视频：序列填充

在选定的单元格中输入各种数据序列，如等差序列、等比序列、日期序列等。

方法一：先输入两个单元格的内容，用以创建序列的模式，再拖动填充柄。

例如：要输入步长为 3 的等差序列 1，4，7，…，13，操作方法如下：

① 选取一个单元格，输入初始值“1”。

② 在相邻的下一个单元格中输入“4”（因为步长为 3）。

③ 选取前面输入了数据的两个单元格。将鼠标指针指向填充柄，然后按住鼠标左键拖动。

④ 在序列的最后一个单元格处松开鼠标左键即可。

知识与技能：

对于这些有规律的数据，可以在单元格中输入初始数据，然后选定要从该单元格开始填充的单元格区域，在“开始”选项卡的“编辑”组中单击“填充”下拉按钮，选择“序列”命令，在打开的“序列”对话框中选择所需的选项，如图 5-21 所示。

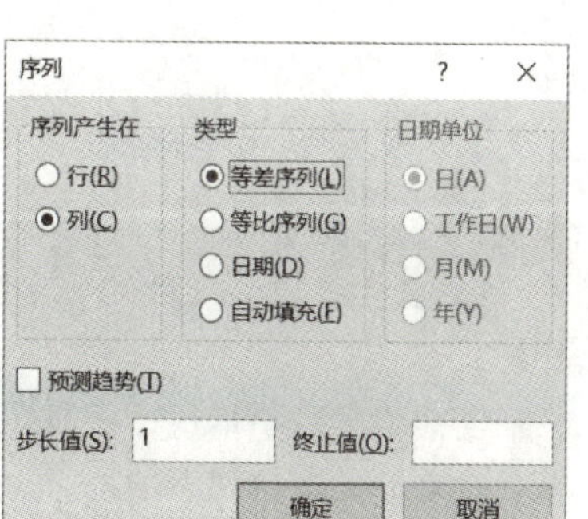

图 5-21　“序列”对话框

实例 5.2 录入学生基本情况表信息

任务描述：

为了今后的数据计算、统计分析，需要将学生基本信息情况录入到 Excel 中，图 5-22 为录入完成的学生基本情况表。

1	学生基本情况表					
2	学号	姓名	性别	身份证号	政治面貌	生源地区
3	1	丁娇	女	110226198611144721	团员	北京市
4	2	李小红	女	120224198509040827	团员	天津市
5	3	马玉华	女	140104198606073048	团员	山西省
6	4	王晓	女	140108198601133625	群众	山西省
7	5	刘鹏	男	430102198508281932	团员	湖南省
8	6	刘宏	女	140105198602132529	团员	山西省
9	7	刘国明	男	220226198510110055	群众	吉林省
10	8	刘明祥	女	220101198511114565	团员	吉林省
11	9	赵洋	男	110224198411260039	团员	北京市
12	10	李旭	男	410228198501031518	团员	河南省
13	11	张伟	男	110223198511012714	团员	北京市
14	12	韩坤	男	150105198506018910	群众	内蒙古
15	13	孙丹	女	150228198508284120	团员	内蒙古
16	14	冯宁	女	150222198505024341	团员	内蒙古
17	15	孙杰	女	650107198602150324	团员	新疆
18	16	孙苗苗	女	110111198509076128	团员	北京市
19	17	孙凡	女	360106198609192125	团员	江西省
20	18	孙爱媛	女	110101198511281523	群众	北京市
21	19	孙慧	女	110109198508182322	群众	北京市
22	20	王红丹	女	650221198510082822	群众	新疆

图 5-22 学生基本情况表

任务分析：

学生基本情况信息来源于学生入学时填写的学生基本情况登记表，采集每名学生基本情况信息，填入 Excel 工作表，要保证数据的正确性、完整性，例如身份证号数据显示的正确性等。学生基本情况数据能够支持班主任或教学系、学生处、教务处等部门的使用。

实施步骤：

① 打开文件“学生基本情况表”。

② 在“学生基本情况”工作表中录入数据。

拓展训练：

制作如样张所示“学生登记表”，如图 5-23 所示。

1	学生登记表				
2	姓名	电话	成绩	出生日期	学费
3	王静	66734321	567	1990/9/12	¥2,200.00
4	李涛	45678920	478	1990/7/27	¥2,200.00
5	孙萌	56743287	521	1989/11/1	¥2,200.00
6	赵磊	34987654	389	1990/1/17	¥2,200.00
7	张霞	23456719	492	1989/5/25	¥2,200.00

图 5-23 “学生登记表”样张

5.4.2 设置单元格格式

微视频：设置数字格式

1. 设置数字格式

Excel 中提供了多种的数字格式，可根据需要选择不同的数字格式，如货币样式、百分比样式等。

若想设置数字格式，可以在“开始”选项卡的“数字”组中单击“数字格式”下拉列表框，在展开的下拉列表中进行选择。

若要为数字格式设置更多选项，可单击“开始”选项卡的“数字”组右下角的对话框启动器按钮，打开“设置单元格格式”对话框，在“数字”选项卡中进行设置，如图 5-24 所示。

在“数字”选项卡的“分类”列表框中选择一种数字类型，其右侧就会出现相应的选项，将选项设置好后，单击“确定”按钮即可完成设置。如图 5-25 所示为几种不同的数字类型。

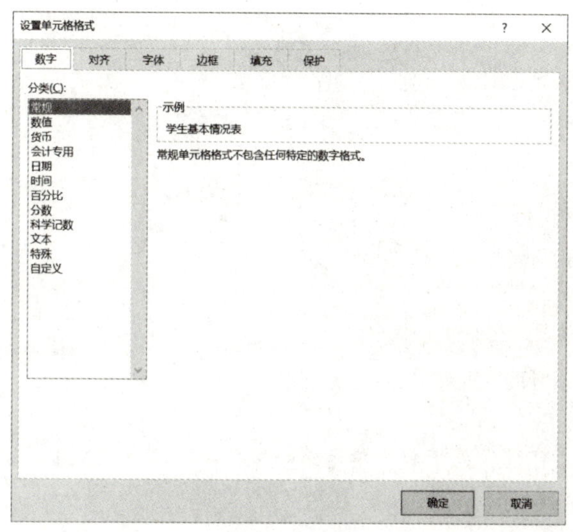

图 5-24　“数字”选项卡

9876.543	常规
9876.54	数值(保留2位小数
¥9,876.54	货币
¥　9,876.54	会计专用
987654.30%	百分比
9876 1/2	分数(分母为1位)
9.88E+03	科学记数(保留2位小数)
9876.543	文本
009877	特殊(转换成邮编)
九千八百七十六.五四三	特殊(转换成中文小写数字)
玖仟捌佰柒拾陆.伍肆叁	特殊(转换成中文大写数字)

图 5-25　几种不同的数字类型

2. 设置对齐方式

数据在单元格的对齐方式分为水平对齐方式和垂直对齐方式。默认情况下，在水平方向，文本左对齐、数值和日期右对齐、逻辑值为居中对齐；在垂直方向，所有数据都为居中对齐。

简单的对齐操作，可在选中单元格或单元格区域后直接单击“开始”选项卡的“对齐方式”组中的相应按钮。

- 按钮：设置水平方向左对齐。
- 按钮：设置水平方向居中对齐。
- 按钮：设置水平方向右对齐。
- 按钮：设置垂直方向顶端对齐。
- 按钮：设置垂直方向居中对齐。
- 按钮：设置垂直方向底端对齐。

对于较复杂的对齐操作，则要利用“设置单元格格式”对话框的“对齐”选项卡来进行设置，如图 5-26 所示。

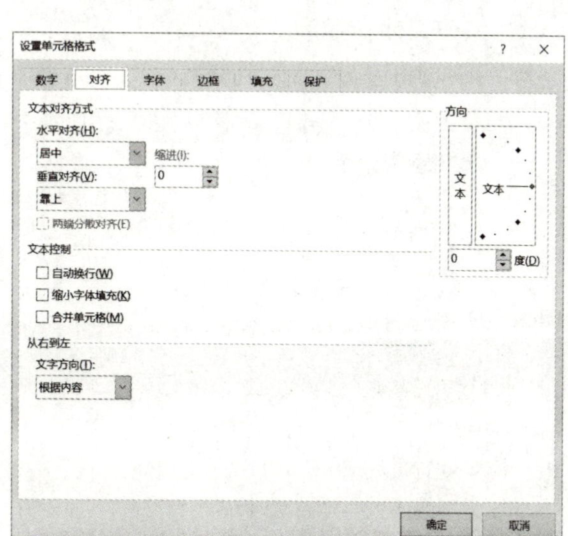

图 5-26　“对齐”选项卡

知识与技能：

（1）水平对齐

“两端对齐”只有当单元格的内容是多行时才起作用，表示其多行文本两端对齐；“分散对齐”是将单元格中的内容以两端撑满方式与两边对齐；“填充”通常用于修饰报表，当选择该选项时，Excel 会自动将单元格中已有内容不断复制至填满该单元格，如图 5-27 所示。

（2）垂直对齐

在“垂直对齐”列表框中，选择一种所需要的垂直对齐方式。如图 5-28 所示为不同的垂直对齐方式。

	A	B	C	D	E
1	靠左	居中	靠右	分散对齐	填充填充填充填充填充

图 5-27 不同的水平对齐方式

	A	B	C
1	靠上	居中	靠下

图 5-28 不同的垂直对齐方式

（3）数据方向

在“方向”组中，可以设置数据水平旋转的角度。单元格会随数据旋转而改变行高。如图 5-29 所示为不同的数据方向。

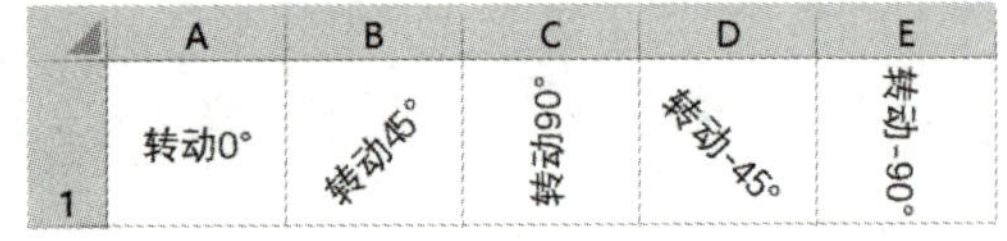

图 5-29 不同的数据方向

（4）自动换行

当数据长度超过单元格宽度时自动换一行。

（5）缩小字体填充

当数据长度超过单元格宽度时自动缩小字体，而不超出单元格的边界。

（6）合并单元格

合并选定的单元格。

3．设置边框

在 Excel 工作表中，行和列是用灰色网格线分隔的。这些网格线是打印不出来的。要想打印出来边框，就需要设置边框线。

要设置边框，首先选中单元格或单元格区域，然后单击“开始”选项卡的“字体”组中的“边框”下拉按钮，从中选择所需的边框样式即可，如图 5-30 所示。

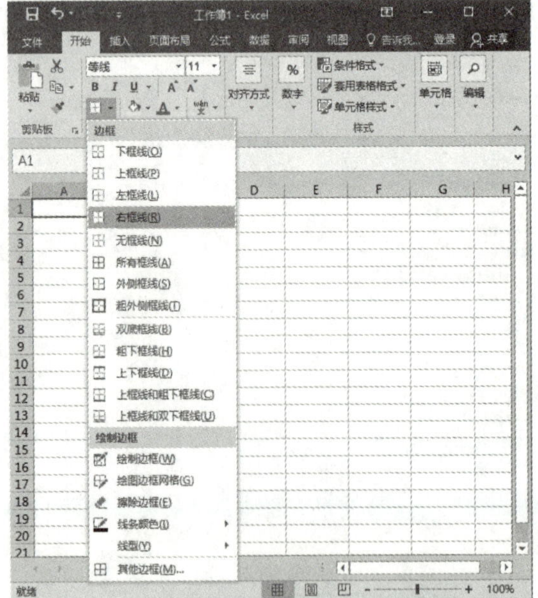

图 5-30 “边框”下拉列表

也可利用“设置单元格格式”对话框的“边框”选项卡来进行设置，如图 5-31 所示。

可在“预置”和“边框”中设置边框样式；在“线条”选项组的“样式”列表框中设置线条样式，在“颜色”下拉列表框中设置边框线条的颜色。设置完成后，单击“确定”按钮即可。

微视频：设置填充色

4．设置填充色

要设置单元格的底纹，可以在“开始”选项卡的“字体”组中单击“填充颜色”按钮，从中选择一种填充颜色即可。也可使用“设置单元格格式”对话框中的“填充”选项卡进行设置，如图 5-32 所示。

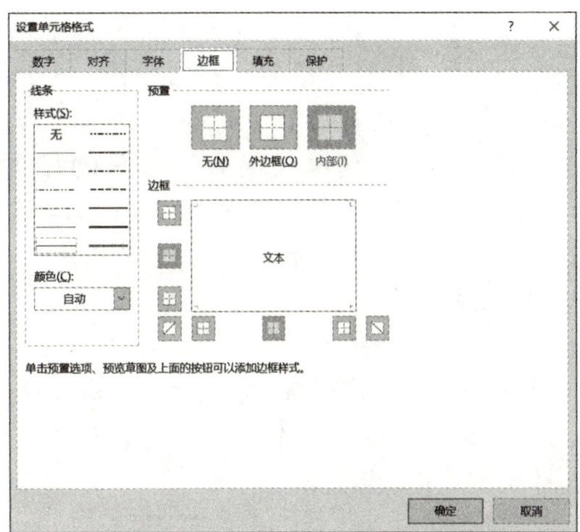

图 5-31　单元格格式“边框”选项卡

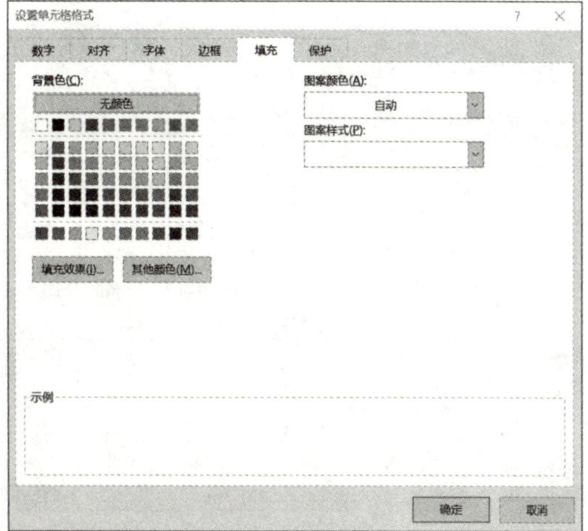

图 5-32　“填充”选项卡

5.4.3　设置列宽与行高

微视频：设置列宽与行高

系统默认行高和列宽有时并不能满足需要，这时用户可以调整行高和列宽。通常可用鼠标拖动方法或“格式”列表中的命令来调整行高和列宽。

1. 鼠标拖动方法

对精确度要求不高时，可使用鼠标拖动方法调整行高和列宽。

将鼠标移动到调整行高的行号的下边框，鼠标指针变成✚形状时（图 5-33），向下（或向上）拖动鼠标，即可调整该行的行高。

鼠标移动到调整列宽的列号的右边框，鼠标指针变成✚形状时（图 5-34），向右（或向左）拖动鼠标，即可调整该列的列宽。

2. 使用“格式”列表中的命令方法

要想精确地调整行高和列宽，可选中要调整的行或列，然后在“开始”选项卡的“单元格”组中单击“格式”按钮，在展开的列表中选择“行高”或“列宽”命令，打开“行高”或“列宽”对话框，如图 5-35 所示，输入行高或列宽值，最后单击“确定”按钮即可。

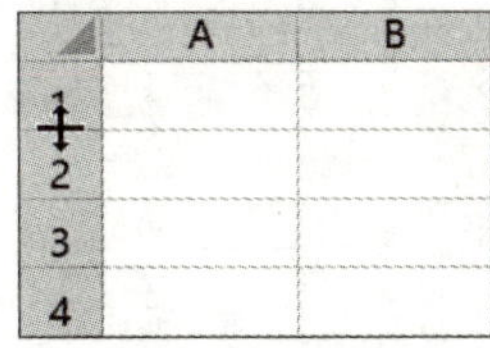

图 5-33　手动调整行高

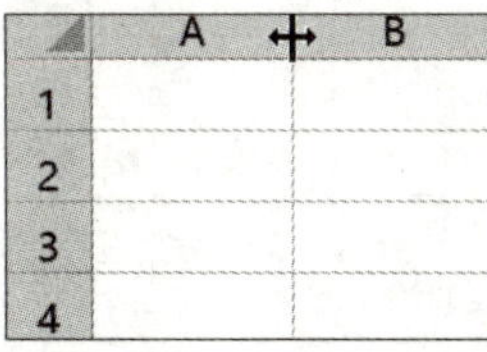

图 5-34　手动调整列宽

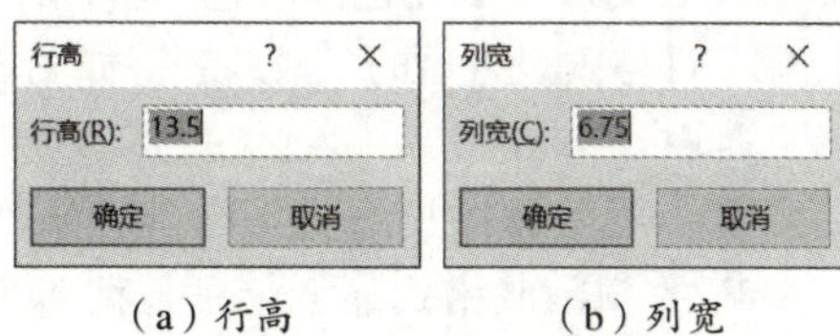

（a）行高　（b）列宽

图 5-35　“行高”和“列宽”对话框

知识与技能：

在“开始”选项卡的“单元格”组中单击“格式”下拉按钮，选择“自动调整行高”或“自动调整列宽”命令，可以将行高或列宽自动调整为合适的宽度或高度。

实例 5.3 学生基本情况表的格式设置与美化

	A	B	C	D	E	F
1	学生基本情况表					
2	学号	姓名	性别	身份证号	政治面貌	生源地区
3	1	丁娇	女	110226198611144721	团员	北京市
4	2	李小红	女	120224198509040827	团员	天津市
5	3	马玉华	女	140104198606073048	团员	山西省
6	4	王晓	女	140108198601133625	群众	山西省
7	5	刘鹏	男	430102198508281932	团员	湖南省
8	6	刘宏	女	140105198602132529	团员	山西省
9	7	刘国明	男	220226198510110055	群众	吉林省
10	8	刘明祥	女	220101198511114565	团员	吉林省
11	9	赵洋	男	110224198411260039	团员	北京市

图 5-36 格式设置与美化后的最终效果

任务描述：

为“学生基本情况表”工作簿中的“学生基本情况”工作表进行格式设置与美化。格式设置美化后的最终效果如图 5-36 所示，第 2 行设置“黄色”底色。

实施步骤：

① 选择要进行格式设置的单元格区域。

② 打开如图 5-31 所示的“边框”选项卡，为表格设置边框。

③ 标题“学生基本情况表”字号设为 16 号，宋体，居中。

④ 表格中文字设为 12 号、宋体、水平与垂直均居中。

⑤ 选择表头行，在“开始”选项卡的“字体”组中单击“填充颜色”按钮，然后选择“黄色”。

⑥ 在“开始”选项卡的“单元格”组中单击“格式”按钮，在展开的列表中选择“行高”项，打开“行高”对话框，输入“20”；调整列宽，选择“自动调整列宽”。

5.4.4 条件格式

条件格式是指当单元格中的数据满足某个条件时，数据的格式为指定的格式，否则为原来的格式。要设置条件格式，可在“开始”选项卡的“样式”组中单击“条件格式”下拉按钮，在展开的列表中选择某一条规则。

微视频：条件格式设置

实例 5.4 条件格式设置

任务描述：

将“成绩表”工作表中不及格的成绩所在单元格格式设置为浅红填充色深红色文本，使之一目了然，完成条件格式设置后的“成绩表”如图 5-37 所示。

	A	B	C	D
1	成绩表			
2	姓名	数学	语文	计算机
3	王莹	90	71	60
4	张帅	67	85	39
5	李杰	83	46	75
6	孙涛	54	69	59
7	赵强	74	61	81
8	罗小红	89	90	71
9	吴玲莉	78	76	89
10	李辉	67	69	72
11	赵燕	45	77	50
12	赵辉	83	56	79
13	何军	84	87	73
14	林小英	65	78	57
15	赵群英	36	69	48

图 5-37 完成条件格式设置后的“成绩表”

任务分析：

从一批数据中挑选出符合某种条件的数据，并以特殊的颜色或格式显示，是数据整理（校验、分类、筛选）的工作方式之一，在使用 Excel 进行数据处理时常用“条件格式”来实现数据整理，可以使不及格的成绩突出地显示出来。

实施步骤：

① 首先选择数据处理对象——要设置条件格式的单元格区域 B3：D15，如图 5-38 所示。

② 在“开始”选项卡的“样式”组中单击“条件格式”下拉按钮，选择“突出显示单元格规则”→“小于”命令，如图 5-39 所示。

	A	B	C	D
1	成绩表			
2	姓名	数学	语文	计算机
3	王莹	90	71	60
4	张帅	67	85	39
5	李杰	83	46	75
6	孙涛	54	69	59
7	赵强	74	61	81
8	罗小红	89	90	71
9	吴玲莉	78	76	89
10	李辉	67	69	72
11	赵燕	45	77	50
12	赵辉	83	56	79
13	何军	84	87	73
14	林小英	65	78	57
15	赵群英	36	69	48

图 5-38 选择单元格区域

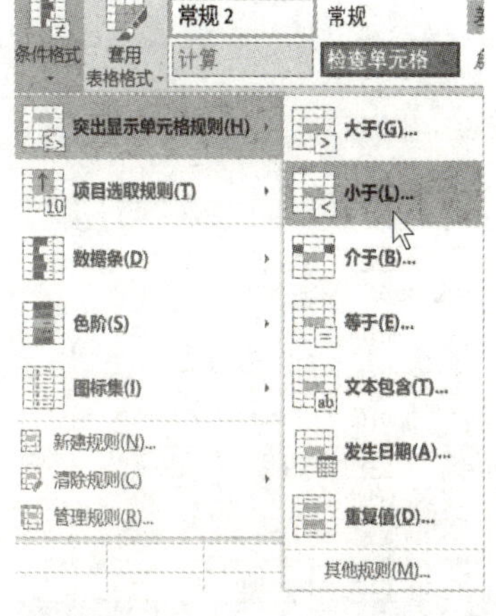

图 5-39 “突出显示单元格规则”列表

③ 在打开的“小于”对话框中设置具体的小于值，输入“60”，在“设置为”列表框中选择“浅红填充色深红色文本”选项，如图 5-40 所示，然后单击“确定”按钮，即可完成设置。

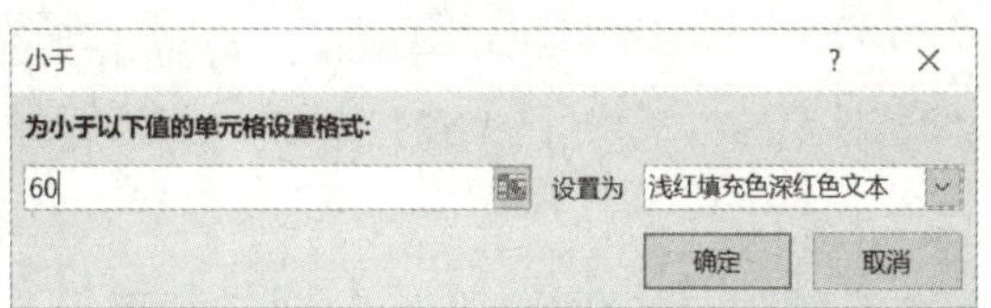

图 5-40 “小于”对话框设置

知识与技能：

Excel 2016 提供了 5 种条件规则，各规则的含义如下。

“突出显示单元格规则”：突出显示所选择的单元格区域中符合特定条件的单元格。

“项目选取规则”：其作用与突出显示单元格规则相同，只是设置的条件不同。

“数据条”“色阶”和“图标集”：利用数据条、色阶和图标来标识各单元格中数据的大小，从而方便查看和比较数据。

拓展训练：

通过使用“条件格式”设置，将所有“应发工资”高于 2 000 元的单元格加红色填充，实现突出显示，如图 5-41 所示。

	A	B	C	D	E
1	某厂工资表				
2	编号	姓名	基本工资	奖金	应发工资
3	1	王静	¥1,678.00	¥500.00	¥2,178.00
4	2	李涛	¥1,320.00	¥300.00	¥1,620.00
5	3	孙萌	¥1,790.00	¥350.00	¥2,140.00
6	4	赵磊	¥1,178.00	¥400.00	¥1,578.00
7	5	张霞	¥1,023.00	¥500.00	¥1,523.00

图 5-41 “条件格式”设置样张

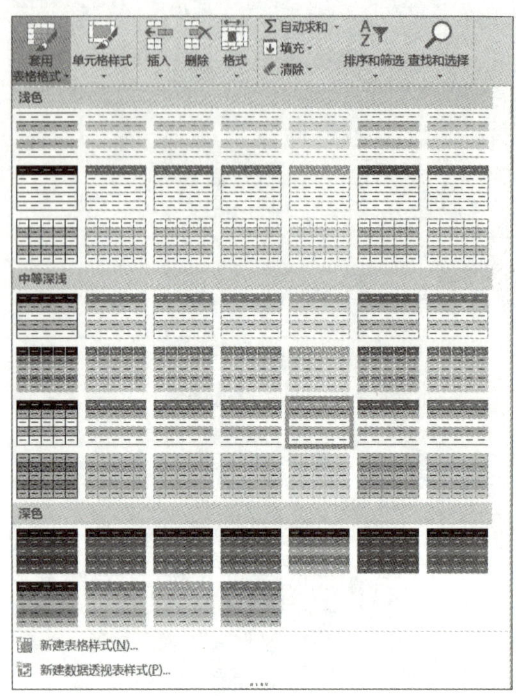

图 5-42 “套用表格格式”下拉列表

5.4.5 自动套用格式及模板的使用

1. 套用表格格式

Excel 2016 的套用表格格式功能可以根据预设的格式，将制作的报表格式化，产生美观的效果，从而节省设置报表格式的时间，同时使表格符合数据库表单的要求。

选择要格式化的单元格区域，在“开始”选项卡的“样式”组中单击“套用表格格式”下拉按钮，在打开的下拉列表中选择所需要的格式，如图 5-42 所示，然后确定应用范围，单击“确定”按钮即可完成套用表格格式。

2. 模板使用

Excel 2016 提供一些预先设计好的常用表格，将其作为模板，方便用户使用。要使用模板，可单击“文件”选项卡中的“新建”按钮，在窗口中选择相应的模板。

微视频：建立员工考勤时间表

实例 5.5 建立员工考勤时间表

任务描述：

使用模板，建立一个员工考勤时间表，如图 5-43 所示。

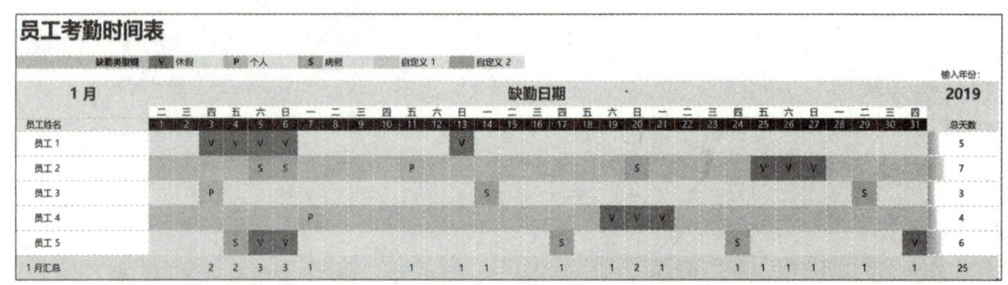

图 5-43 员工考勤时间表

实施步骤：

① 单击“文件”选项卡中的“新建”，在“搜索联机模板”文本框中输入“员工考勤时间表”，单击“开始搜索”按钮，搜索完成后，下方即显示“员工考勤时间表”模板，如图 5-44 所示。

② 单击“员工考勤时间表”，弹出的“员工考勤时间表”对话框，如图 5-45 所示，单击“创建”按钮。

③ 单击“创建”按钮后，会自动下载该联机模板并建立一个名为“员工考勤时间表 1”的工作簿。

④ 根据需要对“员工考勤时间表”进行修改，满足个性化需求。

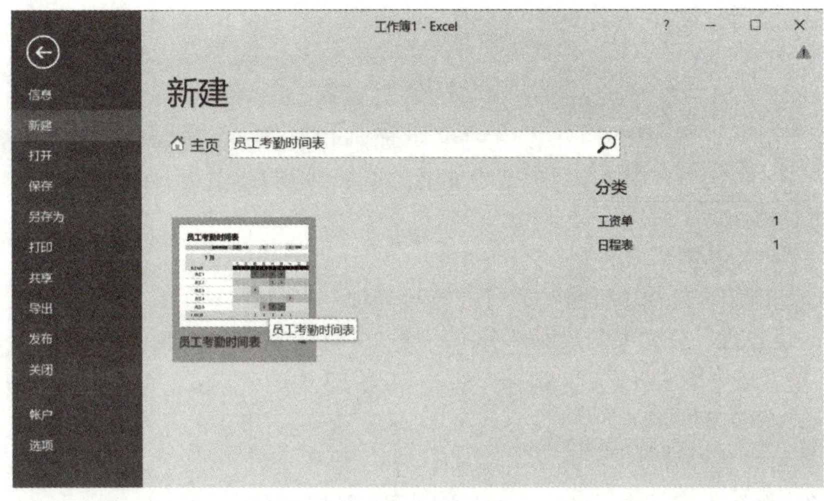

图 5-44　“员工考勤时间表”模板

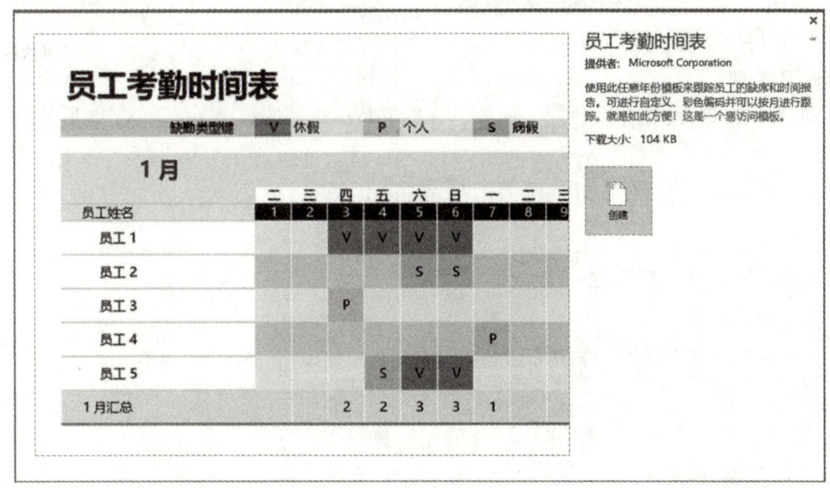

图 5-45　“员工考勤时间表”对话框

5.5　公式与函数的使用

Excel 2016 之所以具备强大的数据分析与处理功能，其中公式和函数起了非常重要的作用，利用公式和函数可以对表格中的数据进行各种计算和处理，因此本章将重点介绍公式和函数的使用方法。

5.5.1　单元格地址引用

单元格地址引用分为相对地址引用、绝对地址引用和混合地址引用三种。

1. 相对地址引用

相对地址引用：是单元格地址中仅含有单元格的列号与行号，例如“A1”“C9”。当把一个含有单元格地址的公式复制到一个新的位置时，公式中的单元格地址会随着改变。例如，在 E3 单元格中输入公式“=B3+C3+D3”，将 E3 中的公式复制到 E4 单元格时，E4 中的公式就自动变为“=B4+C4+D4”。

2. 绝对地址引用

绝对地址引用：是在单元格的列号与行号前各加一个“$”，例如“$A$1”“$C$9”。当把公式复制到新位置时，公式中的绝对地址保持不变。例如，在E3单元格中输入公式“=$B$3+$C$3+$D$3”，将E3中的公式复制到E4中时，E4中的公式仍然是“=$B$3+$C$3+$D$3”。

微视频：混合地址引用

3. 混合地址引用

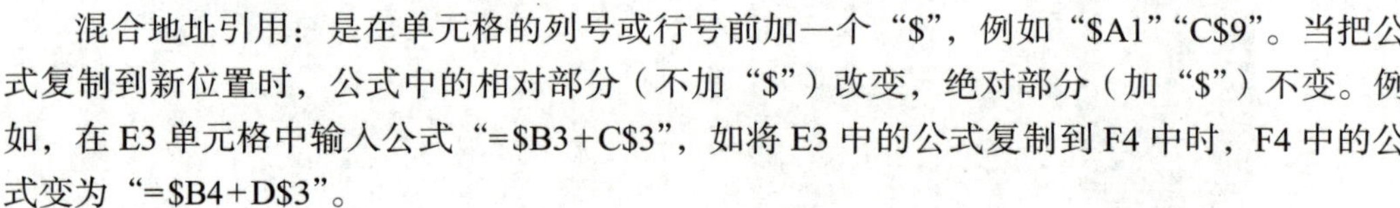

混合地址引用：是在单元格的列号或行号前加一个“$”，例如“$A1”“C$9”。当把公式复制到新位置时，公式中的相对部分（不加“$”）改变，绝对部分（加“$”）不变。例如，在E3单元格中输入公式“=$B3+C$3”，如将E3中的公式复制到F4中时，F4中的公式变为“=$B4+D$3”。

4. 单元格区域引用

（1）使用逗号

逗号可将两个单元格引用联合起来，常用于引用不相邻的单元格。例如“A1，D3，S7”表示引用A1、D3和S7单元格。

（2）使用冒号

冒号表示一个单元格的区域。例如，A1:A4表示A1到A4的所有单元格（A1、A2、A3和A4）。

（3）引用同一工作簿的不同工作表中的单元格

格式如下：

<工作表>！<单元格地址>

例如：Sheet1！A1。

（4）引用不同工作簿的工作表中的单元格

格式如下：

<[工作簿文件名]><工作表>！<单元格地址>

例如：[成绩表]Sheet1！A1。

5.5.2 公式的使用

1. 公式的概念

（1）什么是公式

公式是对工作表中的数据进行计算的表达式，表达式由数据、单元格地址、函数和运算符等组成。

（2）公式的组成

公式必须以等号“=”开头，等号后面可由如下5种元素组成。

· 运算符：例如，“+”或者“*”号。

· 单元格引用：例如，“A1:C5”。

· 数值或文本：例如，“100”或“计算机”。

· 工作表函数：可以是Excel内置的函数，例如SUM或MAX，也可以是自定义的函数。

· 括号：即“(”和“)”。它们用来控制公式中各表达式被处理的优先级。

2. 运算符

在公式中使用的运算符包括：算术运算符、比较运算符、文本运算符和引用运算符等。

（1）算术运算符

算术运算符是用来进行算术运算，其运算结果仍然是数值。算术运算符的含义、示例及运算结果见表 5-2。

表5-2　算术运算符的含义、示例及运算结果

算术运算符	含　义	示　例	运算结果
+	加法	1+1	2
–	减法	2–1	1
*	乘法	1*2	2
/	除法	2/4	0.5
^	乘方	2^3	8
%	求百分比	15%	0.15

算术运算符的优先级由高到低的顺序为：%、^、* 和 /、+ 和 –；如果优先级相同，则按照从左向右的顺序进行计算。

（2）比较运算符

比较运算符是用来进行比较数值大小，其运算结果是一个逻辑值 TRUE（真）或 FALSE（假）。比较运算符的含义、示例及运算结果见表 5-3。

表5-3　比较运算符的含义、示例及运算结果

比较运算符	含　义	示　例	运算结果
=	等于	3=4	FALSE
>	大于	3>4	FALSE
<	小于	3<4	TRUE
>=	大于等于	3>=4	FALSE
<=	小于等于	3<=4	TRUE
<>	不等于	3<>4	TRUE

（3）文本运算符

文本运算符只有“&”，用来连接字符串，其运算结果仍然是文本类型。文本运算符的含义、示例及运算结果见表 5-4。

表5-4　文本运算符的含义、示例及运算结果

文本运算符	含　义	示　例	运算结果
&	字符串连接	“万事”&“如意”	万事如意

（4）引用运算符

引用运算符有 3 个，引用运算符的含义、示例见表 5-5。

表5-5　引用运算符的含义、示例

引用运算符	含　义	示　例
:（冒号）	区域运算符，用于引用单元格区域	A5:C10
,（逗号）	联合运算符，用于引用多个单元格区域	A5:C10, E5:F10
（空格）	交叉运算符，用于引用两个单元格区域的交叉部分	B3:D3 C1:C5

（5）运算符的优先级

四种运算符的优先级由高到低的顺序为：引用运算符、算术运算符、文本运算符、比较运算符，见表 5-6。

表5-6 运算符的优先顺序

优先顺序	符　号	说　明
1	：（空格），	引用运算符：冒号、空格、逗号
2	–	算术运算符：负号
3	%	算术运算符：百分比
4	^	算术运算符：乘方
5	*和/	算术运算符：乘和除
6	+ 和 –	算术运算符：加和减
7	&	文本运算符：连接文本
8	=, <, >, <=, >=, <>	比较运算符：比较两个值

3．输入公式

输入公式的步骤：

① 选定要输入公式的单元格。

② 先在单元格中输入“=”，然后输入计算式（或在编辑框中输入公式也可）。

③ 按回车键确定（或单击编辑栏中的“输入”按钮✓）。

微视频：计算总成绩

实例 5.6　计算总成绩

任务描述：

需要计算“成绩表”中每个人的总分，也就是说使用公式计算每个人“数学”“语文”和“计算机”的总成绩。

任务分析：

各门课程的成绩汇总到“成绩表”后，使用单元格求和公式或 SUM 函数对各门课程的成绩进行求和计算，得到总分，可以看出每名学生总分高低；还可以排出名次，反映学生学习的总体成效，发现是否存在偏科等现象。

实施步骤：

① 在 E2 单元格输入“总分”。

② 在 E3 单元格中输入公式“=B3+C3+D3”，如图 5-46 所示。

③ 按回车键确定（或单击编辑栏中的“输入”按钮✓），计算结果如图 5-47 所示。在单元格中得到的是公式运算结果，在编辑栏中显示的是公式。

SUM　fx =B3+C3+D3

	A	B	C	D	E
1	成绩表				
2	姓名	数学	语文	计算机	总分
3	王莹	90	71	60	=B3+C3+D3
4	张帅	67	85	39	
5	李杰	83	46	75	

图 5-46　输入公式

E3　fx =B3+C3+D3

	A	B	C	D	E
1	成绩表				
2	姓名	数学	语文	计算机	总分
3	王莹	90	71	60	221
4	张帅	67	85	39	
5	李杰	83	46	75	

图 5-47　计算结果

④ 使用填充柄复制公式，如图 5-48 所示。

	A	B	C	D	E
1	成绩表				
2	姓名	数学	语文	计算机	总分
3	王莹	90	71	60	221
4	张帅	67	85	39	191
5	李杰	83	46	75	204
6	孙涛	54	69	59	182
7	赵强	74	61	81	216
8	罗小红	89	90	71	250
9	吴玲莉	78	76	89	243
10	李辉	67	69	72	208
11	赵燕	45	77	50	172
12	赵辉	83	56	79	218
13	何军	84	87	73	244
14	林小英	65	78	57	200
15	赵群英	36	69	48	153
16					

图 5-48 使用填充柄复制公式

知识与技能：

· 公式必须以等号“=”开头，且输入的必须是英文的等号“=”。

· 通常情况下在单元格中只能看到计算结果。单击相应的单元格，在编辑栏中可以看到公式。

· 编辑公式时，输入单元格位置引用时可以不用键盘输入，只需用鼠标单击相应的单元格，公式中就会自动出现该单元格的地址。

图片：销售统计表

拓展训练：

按要求制作销售统计表：

· 按照样张建立销售统计表，如图 5-49 所示。

	A	B	C	D	E	F	G
1	销售统计表						
2	季度 / 地区	第一季度	第二季度	第三季度	第四季度	地区总计	百分比
3	华北地区	872	234	460	417		
4	华南地区	436	801	527	349		
5	西北地区	671	649	365	746		
6	西南地区	563	874	385	846		
7	总计						

图 5-49 销售统计表

· 利用公式方法计算各地区的年销售总额分别放到 F3:F6 单元格中。再根据上述结果计算出全部的销售总额，放到 B7 单元格中。

· 利用公式计算出各地区销售额占总销售额的百分比，用百分数表示放到 G3:G6 单元格中。

5.5.3 函数

1. 什么是函数

在 Excel 中函数是预先定义的，可执行计算、分析等处理数据任务的特殊公式。

2. 函数的组成

Excel 中函数由函数名和用括号括起来的一系列参数构成：

< 函数名 >（参数 1，参数 2，…）

· 函数名：函数名代表了函数的功能和用途。

· 参数：参数可以是数字、文本、逻辑值（例如 TRUE 或 FALSE）、数组、错误值（例如 #N/A）或单元格引用。指定的参数都必须为有效参数值。

3．输入函数

输入函数的方法有两种：一种是像输入公式一样直接输入函数，另一种是使用“插入函数”对话框的方法输入函数。前者可参照输入公式的方法进行操作，下面介绍后者的具体操作步骤。

① 选定要输入函数的单元格。

② 单击编辑栏上的“插入函数”按钮 fx ，打开“插入函数”对话框。

③ 选择所需要的函数，然后单击“确定”按钮，弹出“函数参数”对话框。

④ 在“函数参数”对话框中设置参数。可直接输入数值或单元格区域。也可单击文本框右侧的按钮，用鼠标选定所需要的单元格区域。

⑤ 设置好参数后，单击“确定”按钮即可完成操作。

实例 5.7　学生成绩的分布情况统计

任务描述：

对学生的成绩进行统计分析，通过使用函数计算每个学生的总分、平均分、排名和统计成绩的频率等。

学生“成绩表”统计计算结果如图 5-50 所示。

成绩表					
姓名	数学	语文	计算机	总分	名次
王莹	90	71	60	221	4
张帅	67	85	39	191	10
李杰	83	46	75	204	8
孙涛	54	69	59	182	11
赵强	74	61	81	216	6
罗小红	89	90	71	250	1
吴玲莉	78	76	89	243	3
李辉	67	69	72	208	7
赵燕	45	77	50	172	12
赵辉	83	56	79	218	5
何军	84	87	73	244	2
林小英	65	78	57	200	9
赵群英	36	69	48	153	13

分数频率统计				
成绩	标准	数学	语文	计算机
不及格	60以下	3	2	5
中等	60~74	4	5	4
良好	75~89	5	5	4
优秀	90以上	1	1	0

成绩分界点	
	59
	74
	89

图 5-50　“成绩表”统计计算结果

任务分析：

学生的各科成绩可以从每门课程的任课教师那里获取，需要对取得的成绩进行整理，将其按照要求录入到电子表格中。录入的过程中要注意录入的内容要准确无误。本例中我们打开已有的“成绩表”文件，分别利用 SUM、RANK、FREQUENCY 函数求总分、排名和统计成绩的频率。

实施步骤：

1．计算“总分”

① 打开“成绩表”工作表，添加“总分”“名次”列及“分数频率统计”和“成绩分界点”相关内容，如图 5-51 所示。

	A	B	C	D	E	F	G	H	I	J	K	L
1	成绩表											
2	姓名	数学	语文	计算机	总分	名次		分数频率统计				
3	王莹	90	71	60				成绩	标准	数学	语文	计算机
4	张帅	67	85	39				不及格	60以下			
5	李杰	83	46	75				中等	60~74			
6	孙涛	54	69	59				良好	75~89			
7	赵强	74	61	81				优秀	90以上			
8	罗小红	89	90	71								
9	吴玲莉	78	76	89				成绩分界点	59			
10	李辉	67	69	72					74			
11	赵燕	45	77	50					89			
12	赵辉	83	56	79								
13	何军	84	87	73								
14	林小英	65	78	57								
15	赵群英	36	69	48								

图 5-51 添加相关内容后的“成绩表”

② 计算总分。单击 E3 单元格，在 E3 单元格中输入“=SUM（B3:D3）”，然后按回车键就可得到计算结果，如图 5-52 所示。

SUM　=SUM(B3:D3)

	A	B	C	D	E	F
1	成绩表					
2	姓名	数学	语文	计算机	总分	名次
3	王莹	90	71	=SUM(B3:D3)		
4	张帅	67	85	39		
5	李杰	83	46	75		
6	孙涛	54	69	59		
7	赵强	74	61	81		
8	罗小红	89	90	71		
9	吴玲莉	78	76	89		
10	李辉	67	69	72		
11	赵燕	45	77	50		
12	赵辉	83	56	79		
13	何军	84	87	73		
14	林小英	65	78	57		
15	赵群英	36	69	48		

E3　=SUM(B3:D3)

	A	B	C	D	E	F
1	成绩表					
2	姓名	数学	语文	计算机	总分	名次
3	王莹	90	71	60	221	
4	张帅	67	85	39		
5	李杰	83	46	75		
6	孙涛	54	69	59		
7	赵强	74	61	81		
8	罗小红	89	90	71		
9	吴玲莉	78	76	89		
10	李辉	67	69	72		
11	赵燕	45	77	50		
12	赵辉	83	56	79		
13	何军	84	87	73		
14	林小英	65	78	57		
15	赵群英	36	69	48		

图 5-52 “总分”计算及结果

微视频：RANK 函数使用

③ 使用填充柄复制公式，得到所有学生的总分成绩。

2. 按总分进行排名

① 单击 F3 单元格，然后单击编辑栏上的“插入函数”按钮 *fx*，打开“插入函数”对话框。

② 在“插入函数”对话框的“或选择类别”下拉列表中选择“全部”，在“选择函数”列表中选择“RANK”函数，如图 5-53 所示；然后单击“确定”按钮，打开“函数参数”对话框。

③ 在“函数参数”对话框中的“Number”文本框中单击，然后在工作表中单击要进行排名的单元格 E3，如图 5-54 所示。

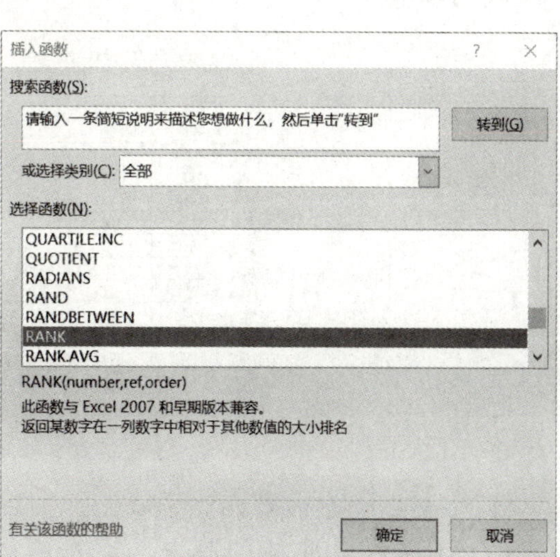

图 5-53 选择“RANK”函数

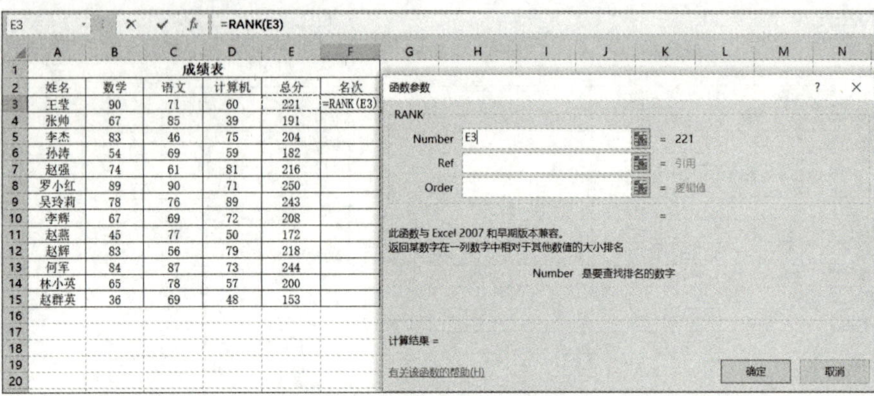

图 5-54 编辑“Number”参数

④ 在“Ref”文本框中单击，用鼠标在工作表中选择要参与排名的单元格区域 E3:E15，然后按键盘上的 F4 键，将单元格的相对引用转换为绝对引用，如图 5-55 所示。

F3 =RANK(E3,$E$3:$E$15)

	A	B	C	D	E	F
1	成绩表					
2	姓名	数学	语文	计算机	总分	名次
3	王莹	90	71	60	221	E$15)
4	张帅	67	85	39	191	
5	李杰	83	46	75	204	
6	孙涛	54	69	59	182	
7	赵强	74	61	81	216	
8	罗小红	89	90	71	250	
9	吴玲莉	78	76	89	243	
10	李辉	67	69	72	208	
11	赵燕	45	77	50	172	
12	赵辉	83	56	79	218	
13	何军	84	87	73	244	
14	林小英	65	78	57	200	
15	赵群英	36	69	48	153	

函数参数
RANK
Number E3 = 221
Ref $E$3:$E$15 = {221;191;204;182;216;250;243;208;17
Order = 逻辑值
= 4
此函数与 Excel 2007 和早期版本兼容。
返回某数字在一列数字中相对于其他数值的大小排名
Ref 是一组数或对一个数据列表的引用。非数字值将被忽略
计算结果 = 4
有关该函数的帮助(H)
确定 取消

图 5-55 编辑“Ref”参数

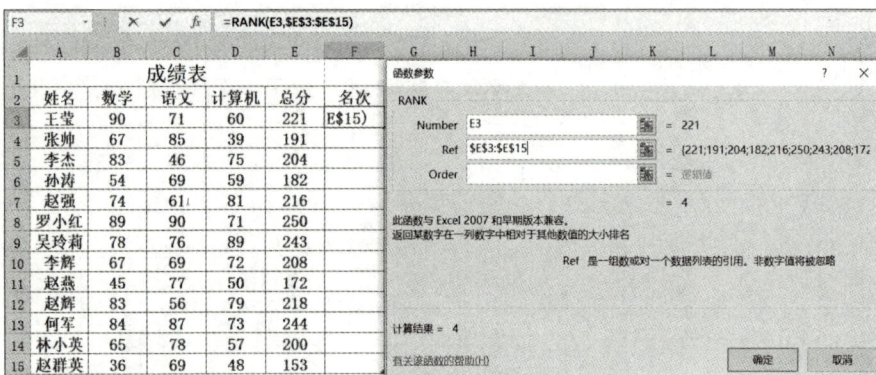

⑤ 单击“确定”按钮即可得到结果；然后使用填充柄复制公式，得到所有学生的排名，如图 5-56 所示。

	A	B	C	D	E	F
1	成绩表					
2	姓名	数学	语文	计算机	总分	名次
3	王莹	90	71	60	221	4
4	张帅	67	85	39	191	10
5	李杰	83	46	75	204	8
6	孙涛	54	69	59	182	11
7	赵强	74	61	81	216	6
8	罗小红	89	90	71	250	1
9	吴玲莉	78	76	89	243	3
10	李辉	67	69	72	208	7
11	赵燕	45	77	50	172	12
12	赵辉	83	56	79	218	5
13	何军	84	87	73	244	2
14	林小英	65	78	57	200	9
15	赵群英	36	69	48	153	13

图 5-56 排名结果

3. 统计成绩的频率

① 计算数学成绩的频率。首先选择输出频率的区域 J4:J7，然后输入公式“=FREQUENCY（B3:B15，$I$9:$I$11）”，最后再按“Ctrl+Shift+Enter”组合键即可得到数

学成绩的频率，如图 5-57 所示。

J4　{=FREQUENCY(B3:B15,$I$9:$I$11)}

成绩表					
姓名	数学	语文	计算机	总分	名次
王莹	90	71	60	221	4
张帅	67	85	39	191	10
李杰	83	46	75	204	8
孙涛	54	69	59	182	11
赵强	74	61	81	216	6
罗小红	89	90	71	250	1
吴玲莉	78	76	89	243	3
李辉	67	69	72	208	7
赵燕	45	77	50	172	12
赵辉	83	56	79	218	5
何军	84	87	73	244	2
林小英	65	78	57	200	9
赵群英	36	69	48	153	13

分数频率统计				
成绩	标准	数学	语文	计算机
不及格	60以下	3		
中等	60~74	4		
良好	75~89	5		
优秀	90以上	1		

成绩分界点	
	59
	74
	89

图 5-57　数学成绩的频率

② 使用填充柄复制公式，得到语文、计算机成绩的频率。

知识与技能：

在 Excel 2016 中，函数按其功能可以分为数学与三角函数、财务函数、统计函数、查找与引用函数、日期时间函数、逻辑函数等。在这里只介绍常用的内置函数的用法。

（1）SUM：函数

函数格式：SUM（Number1，Number2，…）

函数功能：计算单元格区域中所有数据的和。Number1，Number2，…代表 1 到 255 个待求和的数值。

函数举例：

① SUM（1，2）：计算 1+2 的值，结果为 3。

② SUM（A1，C2，E3）：计算 A1、C2 和 E3 单元格中数据的和。

③ SUM（A1:E3）：计算 A1 到 E3 单元格区域中数据的和。

（2）AVERAGE 函数

函数格式：AVERAGE（Number1，Number2，…）

函数功能：统计参数的算术平均值。

函数举例：

① AVERAGE（1，2）：计算 1 和 2 的算术平均值，结果为 1.5。

② AVERAGE（A1，C2，E3）：计算 A1、C2 和 E3 单元格中数据的算术平均值。

③ AVERAGE（A1:E3）：计算 A1 到 E3 单元格区域中数据的算术平均值。

（3）COUNT 函数

函数格式：COUNT（Number1，Number2，…）

函数功能：统计参数中数字项的个数。

函数举例：

① COUNT（A1，C2，E3）：统计 A1、C2 和 E3 单元格中数字项的个数。

② COUNT（A1:E3）：统计 A1 到 E3 单元格区域中数字项的个数。

（4）MAX 函数

函数格式：MAX（Number1，Number2，…）

函数功能：找出参数中数值的最大值。

函数举例：

① MAX（1，2）：找出 1 和 2 中的最大值，结果是 2。

② MAX（A1，C2，E3）：找出 A1、C2 和 E3 单元格中的最大值。

③ MAX（A1:E3）：找出 A1 到 E3 单元格区域中的最大值。

（5）MIN 函数

函数格式：MIN（Number1，Number2，…）

函数功能：找出参数中数值的最小值。

函数举例：

① MIX（1，2）：找出 1 和 2 中的最小值，结果是 1。

② MIX（A1，C2，E3）：找出 A1、C2 和 E3 单元格中的最小值。

③ MIX（A1:E3）：找出 A1 到 E3 单元格区域中的最小值。

（6）RANK 函数

函数格式：RANK（Number，Ref，Order）

函数功能：返回某一数值在一列数值中的相对于其他数值的排位。Number 代表需要排序的数值；Ref 代表排序数值所处的单元格区域；Order 代表排序方式参数（如果为“0”或者忽略，则按降序排名；如果为非“0”值，则按升序排名）。

（7）FREQUENCY 函数

函数格式：FREQUENCY（Data_array，Bins_array）

函数功能：以一列数组返回某个区域中数据的频率分布。Data_array 表示用来计算频率的一组数据或单元格区域；Bins_array 表示为前面数组进行分隔一列数值。

微视频：MID 函数使用

实例 5.8　获取出生日期

任务描述：

利用“学生基本情况表”中的数据获取学生的出生日期，如图 5-58 所示。

	A	B	C	D	E	F	G
1	学生基本情况表						
2	学号	姓名	性别	身份证号	政治面貌	生源地区	出生日期
3	1	丁娇	女	110226198611144721	团员	北京市	19861114
4	2	李小红	女	120224198509040827	团员	天津市	19850904
5	3	马玉华	女	140104198606073048	团员	山西省	19860607
6	4	王晓	女	140108198601133625	群众	山西省	19860113
7	5	刘鹏	男	430102198508281932	团员	湖南省	19850828

图 5-58　获取学生的出生日期

任务分析：

身份证号的第 7 位至第 14 位分别代表出生日期的年、月、日，因此可以利用“学生基本情况表”中的“身份证号”的信息提取学生的出生日期。

实施步骤：

① 打开“学生基本情况”文件，在 G2 单元格中输入“出生日期”。

② 在 G3 单元格输入“=MID（D3，7，8）”，如图 5-59 所示。

	A	B	C	D	E	F	G
1	学生基本情况表						
2	学号	姓名	性别	身份证号	政治面貌	生源地区	出生日期
3	1	丁娇	女	110226198611144721	团员	北京市	=MID(D3,7,8)
4	2	李小红	女	120224198509040827	团员	天津市	
5	3	马玉华	女	140104198606073048	团员	山西省	
6	4	王晓	女	140108198601133625	群众	山西省	
7	5	刘鹏	男	430102198508281932	团员	湖南省	

图 5-59　输入 MID 函数

③ 按 Enter 键就可得到计算结果，如图 5-60 所示。

	A	B	C	D	E	F	G
1	学生基本情况表						
2	学号	姓名	性别	身份证号	政治面貌	生源地区	出生日期
3	1	丁娇	女	110226198611144721	团员	北京市	19861114
4	2	李小红	女	120224198509040827	团员	天津市	
5	3	马玉华	女	140104198606073048	团员	山西省	
6	4	王晓	女	140108198601133625	群众	山西省	
7	5	刘鹏	男	430102198508281932	团员	湖南省	

图 5-60　出生日期结果

④ 使用填充柄复制函数，得到所有学生的出生日期。

知识与技能：

（1）MID 函数

函数格式：MID（text，start_num，num_chars）

函数功能：从一个文本字符串的指定位置开始，截取指定个数的字符。

参数说明：text 代表一个文本字符串，start_num 表示指定的起始位置，num_chars 表示要截取的数目。

函数举例：

A1="信息处理技术"

C1=MID（A1，3，2）

则 C1="处理"

（2）LEFT 函数

函数格式：LEFT（text，num_chars）

函数功能：从一个文本字符串的左侧开始，截取指定数目的字符。

函数举例：

A1="信息处理技术"

C1=LEFT（A1，2）

则 C1="信息"

（3）RIGHT 函数

函数格式：RIGHT（text，num_chars）

函数功能：从一个文本字符串的右侧开始，截取指定数目的字符。

函数举例：

A1="信息处理技术"

C1=RIGHT（A1，2）

则 C1="技术"

实例 5.9　销售人员奖金统计

任务描述：

某家电卖场规定销售人员促销的售价不低于 8 折（即售价不得低于定价的 80%），否则需要请示店面经理。售价高于 8 折的部分，提取 15% 作为销售人员的奖金。

由于每位销售人员卖出的产品的折扣各不相同，所以需要对卖出商品折扣进行判断，然后再根据高出的部分计算出每位销售人员的奖金，如图 5-61 所示。

	A	B	C	D	E	F	G	H	I
1	家电产品销售情况统计表								
2	月份	类别	商品型号	市场定价	成交单价	数量	销售员	折扣	奖金
3	1月	冰箱	海尔	¥2,088.00	¥1,888.00	3	李红	0.904215	¥97.92
4	1月	冰箱	西门子	¥1,988.00	¥1,788.00	2	张玲	0.899396	¥59.28
5	1月	彩电	三星	¥2,688.00	¥2,388.00	3	李辉	0.888393	¥106.92
6	1月	彩电	长虹	¥1,988.00	¥1,988.00	2	赵燕	1	¥119.28
7	1月	彩电	三星液晶	¥4,688.00	¥4,088.00	1	赵辉	0.872014	¥50.64
8	1月	空调	美的	¥3,188.00	¥2,888.00	3	何军	0.905897	¥151.92
9	1月	空调	格力	¥2,988.00	¥2,988.00	2	林小英	1	¥179.28
10	1月	空调	LG	¥3,688.00	¥2,988.00	4	王莉	0.810195	¥22.56

图 5-61　销售人员奖金计算结果

任务分析：

家电卖场的销售数据，可以通过家电卖场的统计报表获得。本例使用“销售人员奖金统计 .xlsx”的数据，根据销售折扣核定销售人员的奖金。首先要通过公式求出卖出产品的折扣，然后利用 IF 函数判断每个人的奖金系数，最后利用公式计算出每个人的奖金。

奖金 =（售价 × 数量 – 8 折价格 × 数量）× 15%

=（定价 × 实际折扣 × 数量 – 定价 × 0.8 × 数量）× 15%

= 定价 × 数量 ×（实际折扣 – 0.8）× 15%

实施步骤：

① 打开“销售人员奖金统计”工作表，添加“折扣”“奖金”列，如图 5-62 所示。

	A	B	C	D	E	F	G	H	I
1	家电产品销售情况统计表								
2	月份	类别	商品型号	市场定价	成交单价	数量	销售员	折扣	奖金
3	1月	冰箱	海尔	¥2,088.00	¥1,888.00	3	李红		
4	1月	冰箱	西门子	¥1,988.00	¥1,788.00	2	张玲		
5	1月	彩电	三星	¥2,688.00	¥2,388.00	3	李辉		
6	1月	彩电	长虹	¥1,988.00	¥1,988.00	2	赵燕		
7	1月	彩电	三星液晶	¥4,638.00	¥4,088.00	1	赵辉		
8	1月	空调	美的	¥3,188.00	¥2,888.00	3	何军		
9	1月	空调	格力	¥2,988.00	¥2,988.00	2	林小英		
10	1月	空调	LG	¥3,688.00	¥2,988.00	4	王莉		

图 5-62　“销售人员奖金统计”工作表

② 在 H3 单元格中输入“=E3/D3”，计算出实际的折扣，然后使用填充柄复制公式，得到所有卖出产品的折扣，如图 5-63 所示。

	A	B	C	D	E	F	G	H	I
1	家电产品销售情况统计表								
2	月份	类别	商品型号	市场定价	成交单价	数量	销售员	折扣	奖金
3	1月	冰箱	海尔	¥2,088.00	¥1,888.00	3	李红	0.904215	
4	1月	冰箱	西门子	¥1,988.00	¥1,788.00	2	张玲	0.899396	
5	1月	彩电	三星	¥2,688.00	¥2,388.00	3	李辉	0.888393	
6	1月	彩电	长虹	¥1,988.00	¥1,988.00	2	赵燕	1	
7	1月	彩电	三星液晶	¥4,688.00	¥4,088.00	1	赵辉	0.872014	
8	1月	空调	美的	¥3,188.00	¥2,888.00	3	何军	0.905897	
9	1月	空调	格力	¥2,988.00	¥2,988.00	2	林小英	1	
10	1月	空调	LG	¥3,688.00	¥2,988.00	4	王莉	0.810195	

图 5-63　计算折扣

③ 在 I3 单元格输入“=D3*F3*”后，单击编辑栏上的“插入函数”按钮 *fx*，打开“插入函数”对话框，选择 IF 函数，然后单击“确定”按钮。

微视频：IF 函数的参数设置

④ 在“函数参数”对话框中的 Logical_test（条件测试）文本框中输入“H3>0.8”，在 Value_if_true（条件成立）文本框中输入“(H3−0.8)*15%”，在 Value_if_false（条件不成立）文本框中输入“0”，如图 5-64 所示。

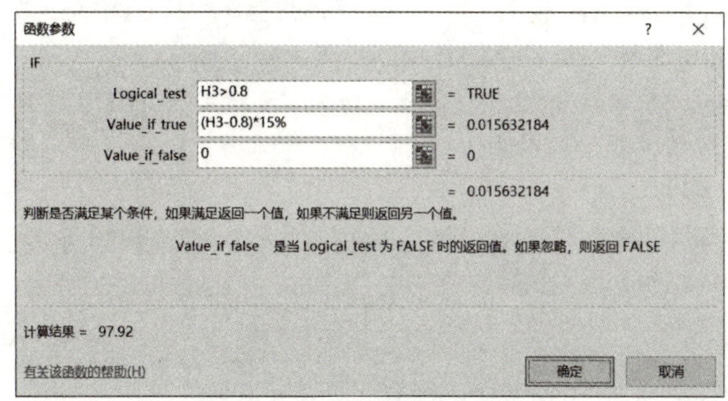

图 5-64　IF 函数的参数设置

⑤ 单击“确定”按钮返回，得到计算结果，如图 5-65 所示。

	A	B	C	D	E	F	G	H	I
1	家电产品销售情况统计表								
2	月份	类别	商品型号	市场定价	成交单价	数量	销售员	折扣	奖金
3	1月	冰箱	海尔	¥2,088.00	¥1,888.00	3	李红	0.904215	97.92
4	1月	冰箱	西门子	¥1,988.00	¥1,788.00	2	张玲	0.899396	
5	1月	彩电	三星	¥2,688.00	¥2,388.00	3	李辉	0.888393	
6	1月	彩电	长虹	¥1,988.00	¥1,988.00	2	赵燕	1	
7	1月	彩电	三星液晶	¥4,688.00	¥4,088.00	1	赵辉	0.872014	
8	1月	空调	美的	¥3,188.00	¥2,888.00	3	何军	0.905897	
9	1月	空调	格力	¥2,988.00	¥2,988.00	2	林小英	1	
10	1月	空调	LG	¥3,688.00	¥2,988.00	4	王莉	0.810195	

图 5-65　I3 的计算结果

⑥ 使用填充柄复制公式，得到所有人的奖金，再将奖金单元格设置为“会计专用”数值格式，最终结果如图 5-61 所示。

知识与技能：

（1）IF 函数

函数格式：IF（Logica_test，value_if_true，value_if_false）

函数功能：判断一个条件是否满足（第 1 个参数），如果满足，则返回一个值（第 2 个参数）；如果不满足，则返回另一个值（第 3 个参数）。

函数举例：

IF（A1>3，1，2）：如果 A1 单元格中的数据大于 3，那么结果为 1，否则结果为2。

（2）OR 函数

函数格式：OR（Logical1，Logical2，…）

函数功能：返回逻辑值，仅当所有参数值均为逻辑“假（FALSE）”时返回逻辑“假（FALSE）”，否则都返回逻辑“真（TRUE）”。

参数说明：Logical1，Logical2，…表示 1 到 255 个结果为 TRUE 或 FALSE 的检测条件。

函数举例：

C1 单元格输入公式“=OR（A1>=10，B1>=10）”，按回车键。如果 C1 中返回 TRUE，说明 A1 和 B1 中的数值至少有一个大于或等于 10，如果返回 FALSE，说明 A1 和 B1 中的数值都小于 10。

（3）AND 函数

函数格式：AND（Logical1，Logical2，…）

函数功能：返回逻辑值：如果所有参数值均为逻辑“真（TRUE）”，则返回逻辑“真（TRUE）”，反之返回逻辑“假（FALSE）”。

参数说明：Logical1，Logical2，…表示 1 到 255 个结果为 TRUE 或 FALSE 的检测条件，检测内容可以是逻辑值、数组或引用。

函数举例：

在 C1 单元格输入公式“=AND（A1>=10，B1>=10）”，按回车键。如果 C1 中返回 TRUE，说明 A1 和 B1 中的数值均不小于 10，如果返回 FALSE，说明 A1 和 B1 中的数值至少有一个小于 10。

微视频：FV 函数使用

实例 5.10　零存整取的存款总和

任务描述：

小李刚参加工作，每个月有了固定的收入。他选择了某银行的零存整取存款方案，准备每月的固定日子存入银行 1 500 元，为期 3 年，并享有 3.25% 的年利率，计算出小李 3 年后的存款账户总额。

任务分析：

“零存整取”是工薪阶层常用的投资方式，这就需要计算该项投资的未来值，从而决定是否选择某种储蓄方式。零存整取必须是每月存一次，每次存相同金额。

零存整取定期储蓄计息公式是：利息 = 月存金额 × 累计月积数 × 月利率，其中累计月积数 =（存入次数 +1）÷ 2 × 存入次数。

利用 Excel 的函数功能可以简化处理工作，选用 FV 函数（基于固定利率及等额分期付款方式，返回某项投资的未来值）可以方便快捷地求出零存整取的存款账户总额。

实施步骤：

① 根据已知条件，新建一个“零存整取”工作表，效果如图 5-66 所示。

② 在 B5 单元格中输入“=FV（B4/12，B3，B2）”，如图 5-67 所示。

③ 按回车键后，得到的计算结果是小李 3 年后存款总额为 56 639.72 元，如图 5-68 所示。

	A	B
1	零存整取存款	
2	每月存款	-1500
3	期数（月）	36
4	利率	3.25%
5	存款总额	

图 5-66　零存整取存款表

IF　×　✓　fx　=FV(B4/12,B3,B2)

	A	B	C	D
1	零存整取存款			
2	每月存款	-1500		
3	期数（月）	36		
4	利率	3.25%		
5	存款总额	=FV(B4/12, B3, B2)		
6		FV(rate, nper, pmt, [pv], [type])		

图 5-67　输入 FV 函数

	A	B
1	零存整取存款	
2	每月存款	-1500
3	期数（月）	36
4	利率	3.25%
5	存款总额	¥56, 639.72

图 5-68　零存整取计算结果

拓展训练：

使用公式的方法进行计算，验证函数计算的正确性。

知识与技能：

（1）FV 函数

函数格式：FV（rate，nper，pmt，pv，type）

函数功能：基于固定利率和等额分期付款方式，返回某项投资的未来值。

参数说明：rate 为各期利率；nper 为总投资期，即该项投资的付款基数；pmt 为各期所应支付的固定金额；pv 为现值，即从该项投资开始计算时已经入账的款项，或一系列未来的款的当前值的累积和，也称为本金，如省略 pv，则假设其值为 0；type 为数字 0 或 1，用以指定各期的付款时间是期初还是期末，type 为 0 或省略，表示期末，若为 1，表示期初。

（2）DATE 函数

函数格式：DATE（year，month，day）

函数功能：给出指定数值的日期。

参数说明：year 为指定的年份数值（小于 9 999），month 为指定的月份数值（可以大于 12），day 为指定的天数。

函数举例：

DATE（2013，7，15），确认后，显示 2013-7-15。

5.6　图表的使用

文本：图表

Excel 2016 中的图表可以将数据图形化，更直观地显示数据，使数据对比和变化趋势一目了然，提高信息的价值，更准确直观地表达信息。

5.6.1　图表的类型

在 Excel 2016 中可以创建各种类型的图表，各种类型图表的作用如下。

1．柱形图

柱形图是用宽度相同的柱形的高度或长短来表示数据多少的图形。

柱形图用于显示一段时间内的数据变化或显示各项之间的比较情况。使人们能够一眼看出各个数据的大小，易于比较数据之间的差别，能清楚地表示数量的多少，如图 5-69 所示。

2．折线图

折线图是以折线的上升或下降来表示统计数量增减变化的统计图。

折线图可显示随时间而变化的连续数据，适用于显示在相等时间间隔下数据的趋势。与柱形图相比，折线图不仅可以表示数量的多少，而且可以反映同一事物在不同时间里发展变化的情况。例如，通过图 5-70 所示的折线图可以清楚地看出近几年中国 GDP 增长率的发展趋势。

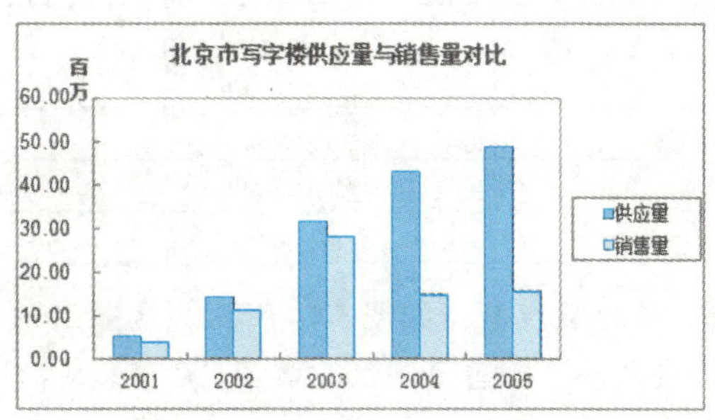

图 5-69　柱形图

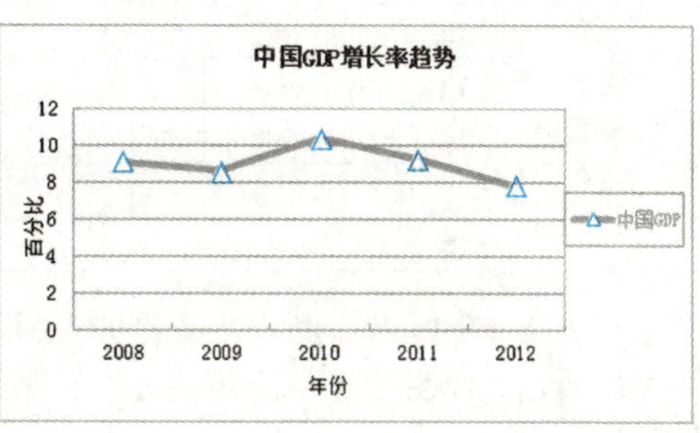

图 5-70　折线图

3．饼图

饼图是用圆形及圆内扇形的角度来表示数值大小的图形。

饼图主要用于表示一个样本（或总体）中各组成部分占总体的比例，对于研究结构性问题十分有用。如图 5-71 所示，通过饼图可以很直观地看出各种饮料所占的市场份额。

4．圆环图

圆环图是由两个及两个以上大小不一的饼图叠在一起，挖去中间的部分所构成的图形。

圆环图与饼图类似，但又有区别。圆环图中间有一个“空洞”，每一个样本用一个环来表示，样本中的每一部分数据用环中的一段表示。因此，圆环图可以显示多个样本各部分所占的相应比例，从而有利于对构成的比较研究。通过图 5-72 可以比较出各种饮料在 2010 年和 2011 年所占的市场份额。

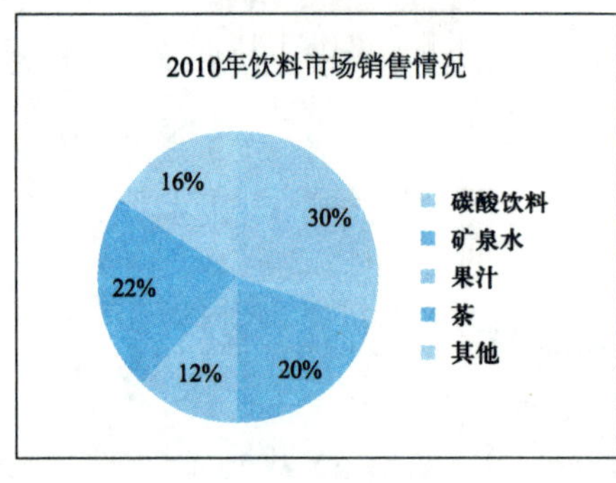

图 5-71　饼图

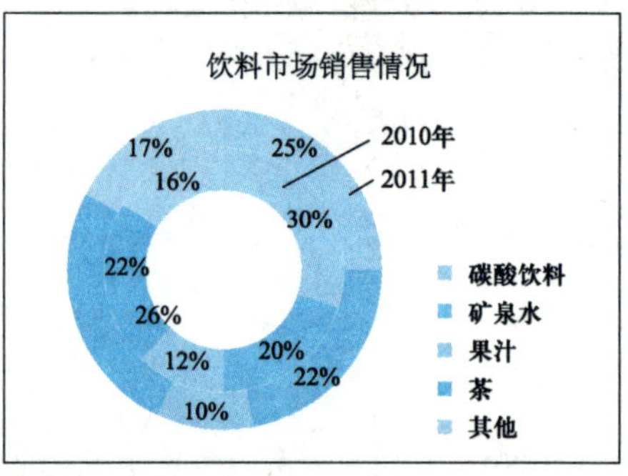

图 5-72　圆环图

5．散点图

散点图是用二维坐标展示两个变量之间关系的一种图形。它用坐标横轴代表变量 x，纵轴代表变量 y，每组数据（x，y）在坐标系中用一个点表示，n 组数据在坐标系中形成的 n 个点称为散点，由坐标及其散点形成的二维数据图称为散点图。

散点图适合用于表示表格中数值之间的关系，常用于统计与科学数据的显示。特别适合用于比较两个可能互相关联的变量。

例：小麦的单位面积产量与降雨量和温度等有一定关系。为了解它们之间的关系形态，收集到数据见表 5-7，分析小麦产量与降雨量的关系。

表5-7　小麦产量与降雨量和温度的数据

降雨量/mm	温度/℃	产量/（kg/hm^2）
6	25	2 245
8	41	3 500
10	57	4 450
12	68	5 700
14	112	5 800
16	96	7 500
18	120	8 250

根据表 5-7 可以绘制出小麦产量与降雨量关系的散点图，如图 5-73 所示。从散点图中可以看出，小麦产量与降雨量之间有明显的线性关系，随着降雨量的增多，产量也随之增加。

文本：气泡图

6. 气泡图

气泡图是一种特殊的散点图，可显示 3 个变量的关系。气泡图最适合用于较小的数据集。

给散点图中的每个点添加一些信息，即可形成气泡图。例如，用气泡的大小表示第三个数据。数据集很稀疏时，使用气泡图最合适。如果图表包含的数据点太多，气泡将导致图表很难看懂。

散点图与气泡图都能够显示两三个不同的变量之间的关系。创建数据时要小心，散点可显示两个变量之间是否存在关系，而气泡图有一项独特功能，即能够提供第三维数据。

例：根据表 5-7 绘制的气泡图如图 5-74 所示。

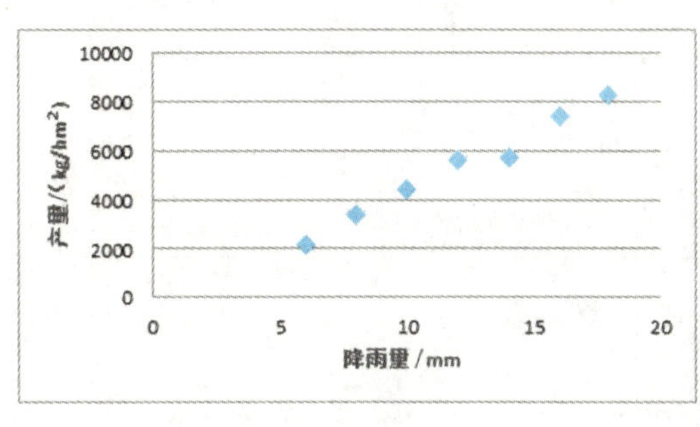

图 5-73　散点图

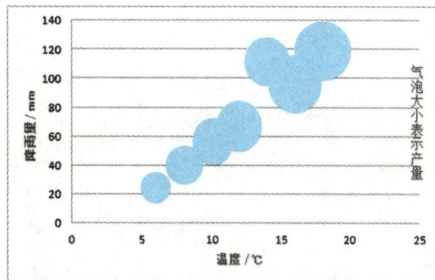

图 5-74　气泡图

从图 5-74 可以看出，随着温度的升高，降雨量也在增加；随着温度和降雨量的增加，小麦的产量也在提高（气泡在变大）。

7. 雷达图

雷达图是显示多个变量的常用图示方法。雷达图显示数值相对于中心点的变化情况，显示时可以为每个数据点显示标记。

雷达图在显示或对比各变量的数值总和时十分有用，假定各变量的取值具有相同的正负号，则总的绝对值与图形所围成的区域成正比。此外，利用雷达图也可以研究多个样本之间的相似程度。

例：我国城乡居民家庭平均每人各项生活消费支出构成数据见表 5-8。绘制雷达图。

表5-8　城乡居民家庭平均每人各项生活消费支出构成　　单位：%

项　　目	城镇居民	农村居民
食　　品	37.12	45.59
衣　　着	9.79	5.67
家庭设备用品及服务	6.3	4.2
医疗保健	7.31	5.96
交通、通信	11.08	8.36
教育文化娱乐服务	14.35	12.13
居　　住	10.74	15.87
杂项商品与服务	3.3	2.21

根据表 5-8 的数据绘制的雷达图如图 5-75 所示。从图中可以看出以下几点：

① 无论是城镇居民还是农村居民，家庭消费支出中食品支出的比重都是最大的。

② 杂项商品与服务的比重都是最小的。

③ 除食品支出和居住支出，城镇居民的支出比重都高于农村居民。

④ 城镇居民支出和农村居民支出在结构上具有很大的相似性。

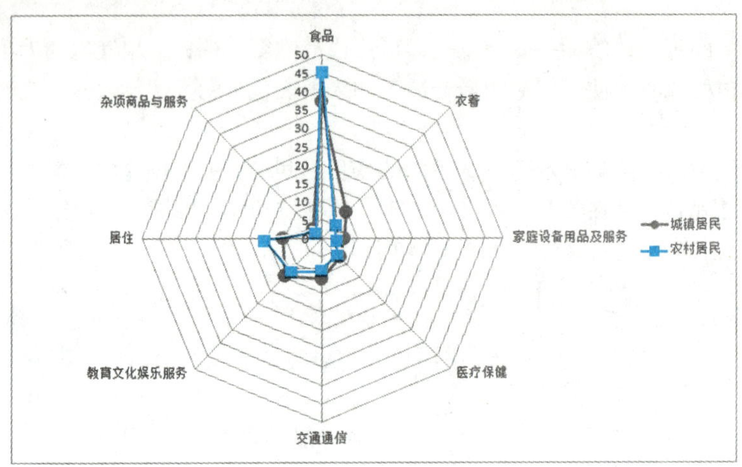

图 5-75　雷达图

5.6.2　创建图表

在 Excel 2016 中创建图表的方法有两种：一种是通过快捷键来创建图表，另一种是通过“插入”选项卡的“图表”组来创建图表。

（1）用快捷键创建图表

先选中要创建图表的数据区域，然后按 F11 键，即可自动添加一个工作表名为“chart*”的工作表，并在其中建立了一张根据选中的数据区域创建的图表。

（2）通过“插入”选项卡的“图表”组来创建图表

首先选中要创建图表的数据区域，然后在“插入”选项卡的“图表”组中单击要插入的图表类下拉按钮，在打开的列表中选择子类型，即可在当前工作表中插入所选类型图表。

实例 5.11　创建“销售额”的柱状图和饼图

任务描述：

为电器销售情况表创建一张冰箱、彩电、空调的“销售额”图。

任务分析：

可从“销售情况图表”工作表中获取所需要的数据信息，通过“插入”选项卡的“图表”组进行创建图表。用图表将数据展示出来会更加形象和直观。

实施步骤：

	A	B	C	D	E
1	电器销售情况表				
2	序号	类别	销售额	数量	销售百分比
3	1	冰箱	¥9, 240. 00	5	26%
4	2	彩电	¥11, 140. 00	6	32%
5	3	空调	¥14, 640. 00	9	42%

图 5-76　选择要创建图表的区域

① 选择单元格区域 B2:C5，如图 5-76 所示。

② 在“插入”选项卡的“图表”组中单击“插入柱形图或条形图”下拉按钮，选择“簇状柱形图”命令，如图 5-77 所示。

③ 在工作表中插入一张嵌入式柱形图表，如图 5-78 所示。

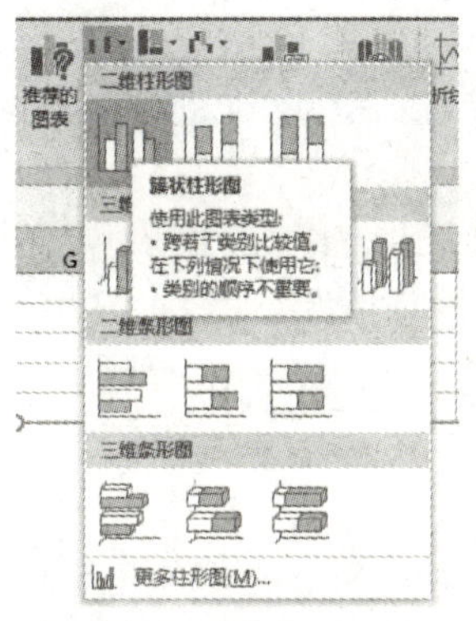

图 5-77　选择柱形图

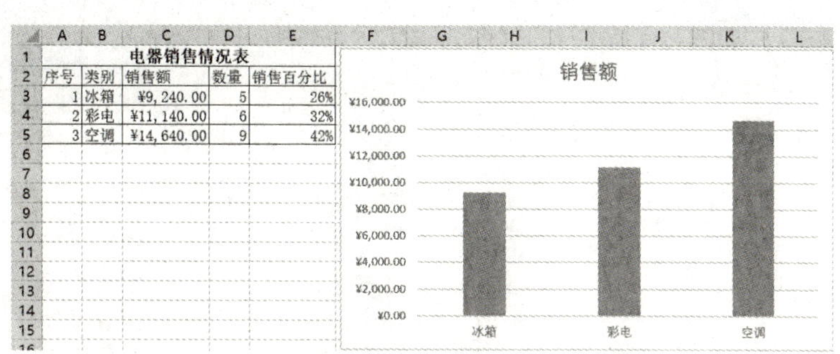

图 5-78　柱形图

④ 在"设计"选项卡的"类型"组中单击"更改图表类型"命令，打开"更改图表类型"对话框，选择"折线图"，如图 5-79 所示。

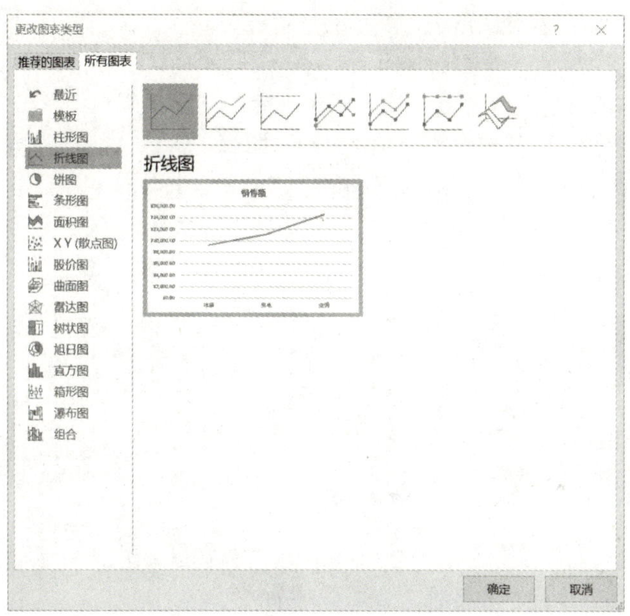

图 5-79　"更改图表类型"对话框

⑤ 单击"确定"按钮，得到折线图，如图 5-80 所示。

⑥ 按照上面相同的方法，可更改为饼图，如图 5-81 所示。

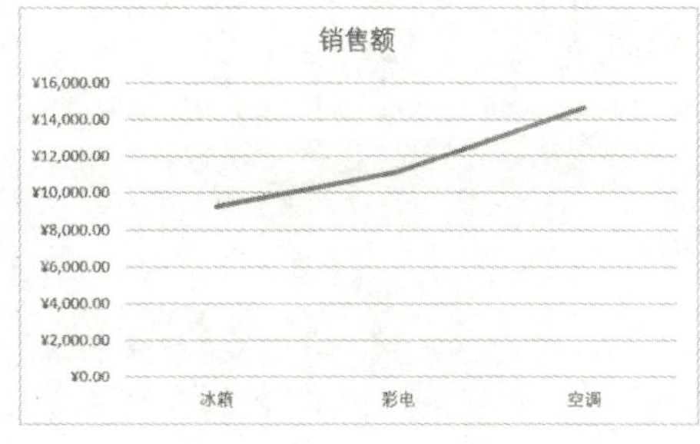

图 5-80　折线图

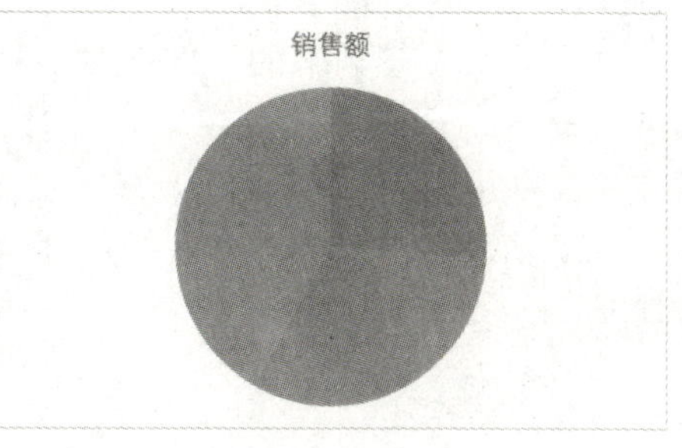

图 5-81　饼图

微视频：制作图表

实例 5.12　制作“销售情况”双轴柱线复合图

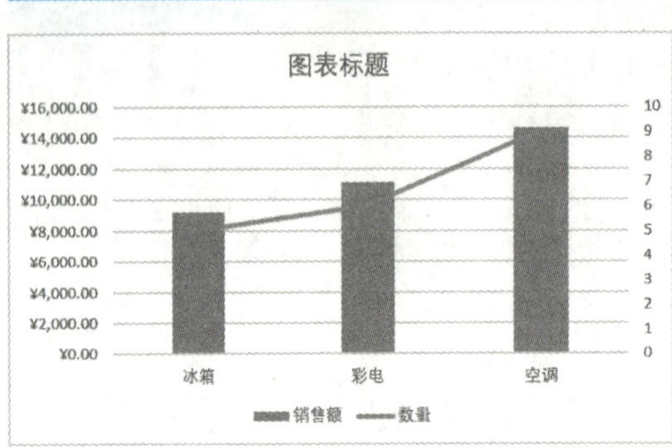

图 5-82　双轴柱线复合图

任务描述：

根据“销售情况图表”工作表中的数据，绘制一张“销售情况”图表，其中“销售额”用柱形图，“数量”用折线图来展示，如图 5-82 所示。

任务分析：

有时需要在一张图表上对比数额差距很大的两组数据，使用同一坐标轴，数值较小的数据几乎无法显示出来，因此需要使用双坐标轴，同时展示出两组数据的状态或规律。本例从“销售情况图表”工作表中获取所需要的数据，然后利用设置次坐标的方法来实现在一张图中使用两种图形进行展示的技术技巧。

实施步骤：

① 选取单元格区域 B2:D5，在“插入”选项卡的“图表”组中单击“插入柱形图或条形图”下拉按钮，选择“簇状柱形图”命令，建立图表。

② 双击“水平（类别）轴”，在窗口右侧弹出“设置坐标轴格式”窗格，如图 5-83 所示。

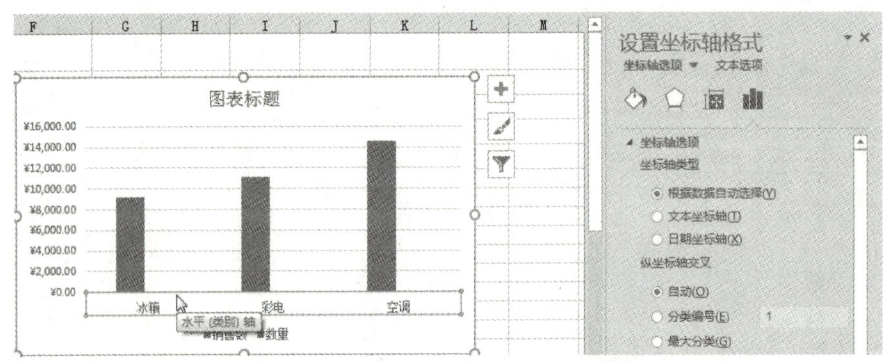

图 5-83　“设置坐标轴格式”窗格

③ 在“设置坐标轴格式”窗格中选择“坐标轴选项”下拉菜单中的“系列‘数量’”命令，如图 5-84 所示。

④ 打开“设置数据系列格式”窗格，选择“次坐标轴”，此时图表如图 5-85 所示。

⑤ 在“设计”选项卡的“类型”组中单击“更改图表类型”命令，打开“更改图表类型”对话框，将数量的图表类型改为折线图，如图 5-86 所示。

⑥ 点击“确定”按钮，即可完成如图 5-82 所示的双轴柱线复合图。

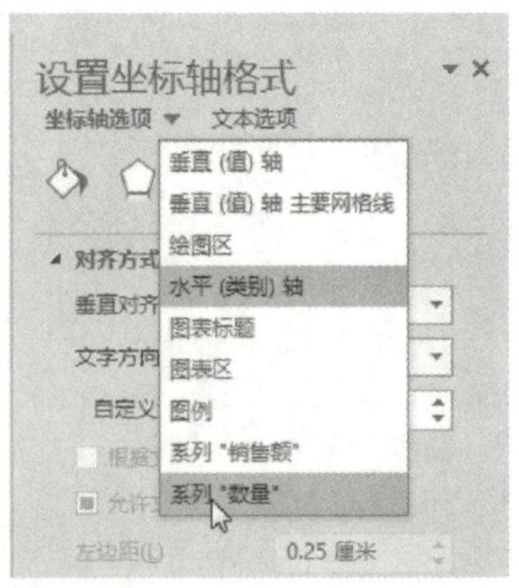

图 5-84　选择“系列‘数量’”命令

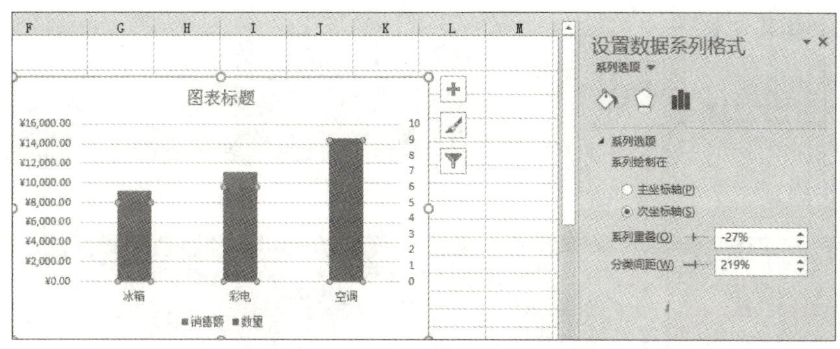

图 5-85　设置次坐标轴后的图表

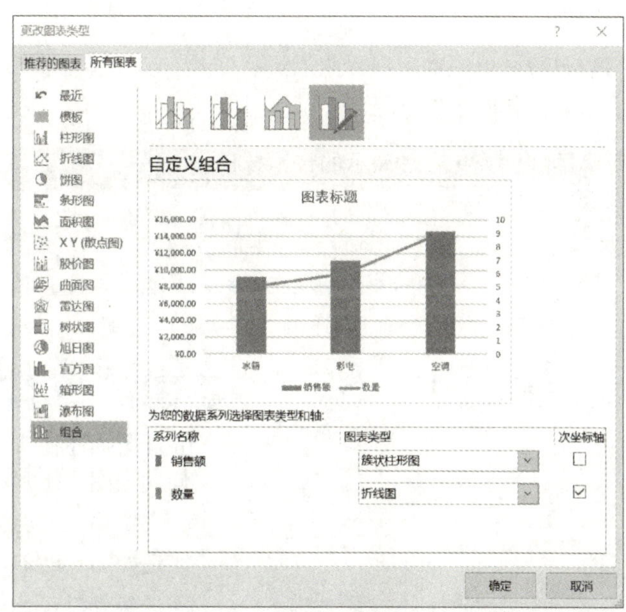

图 5-86　数量的图表类型设为折线图

5.6.3　图表的编辑与格式设置

一个图表创建完成后，用户还可以根据需要对图表进行编辑，如移动图表位置、调整图表大小、向图表中添加或删除数据，对图表进行格式化等。

1. 图表编辑

（1）移动图表

移动图表的方法：将鼠标移动到图表内，这时鼠标指针变成✥形状，拖动鼠标，图表的位置会随着鼠标的移动而改变。用这样的方法把图表移动到恰当的位置，松开鼠标即可。

（2）改变图表大小

改变图表大小的方法：先单击选中图表，图表的四角和四边的中间位置出现一组控制点。将鼠标指针移动到某个控制点上，这时鼠标指针变成双箭头形状，然后拖动它就可以改变图表的大小。

（3）删除图表

删除图表的方法：选中要删除的图表，按 Delete 键即可完成删除。

2. 图表格式设置

图表创建完成后，会显示“图表工具”选项卡，其中包括“设计”“格式”二个选项卡。

（1）“设计”选项卡

在该选项卡中可以完成更改图表类型，切换行、列数据，快速设置图表布局和图表样式等，如图 5-87 所示。

图 5-87 “设计”选项卡

（2）“格式”选项卡

在该选项卡中可以设置图形中各组成元素的形状样式、填充、轮廓和效果以及文本的艺术字样式、图形的大小等，如图 5-88 所示。

图 5-88 “格式”选项卡

微视频：美化图表

实例 5.13 美化“销售情况图表”

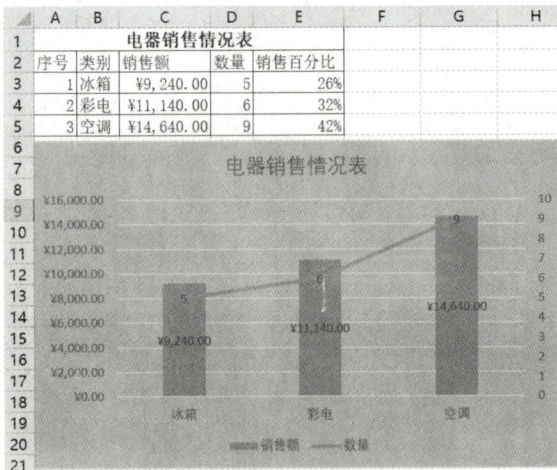

电器销售情况表

序号	类别	销售额	数量	销售百分比
1	冰箱	¥9,240.00	5	26%
2	彩电	¥11,140.00	6	32%
3	空调	¥14,640.00	9	42%

图 5-89 美化后的“电器销售情况表”

任务描述：

使用“图表工具”对创建的图表的大小、文字格式、背景等进行必要的调整，实现如图 5-89 所示的美化效果。

任务分析：

美观的图表是信息展示的基本要求，通过美化图表，可以达到突出主题、赏心悦目的效果以及激发受众的兴趣、改善交流的效果。

实施步骤：

① 打开“电器销售情况表”。

② 单击图表，用鼠标拖动的方法调整图表的大小，并拖动图表到适当的位置。

③ 修改图表标题为“电器销售情况表”。在“设计”选项卡的“图表布局”组中单击“添加图表元素”下拉按钮，选择“图表标题”选项中的“图表上方”命令，如图 5-90 所示。在图表上方会显示图表标题，然后在该标题中输入“电器销售情况表”，如图 5-91 所示。

④ 为图表添加数据标签。在“设计”选项卡的“图表布局”组中单击“添加图表元素”下拉按钮，选择“数据标签”选项中的“居中”命令，如图 5-92 所示。在图表上即添加了数据标签，如图 5-93 所示。

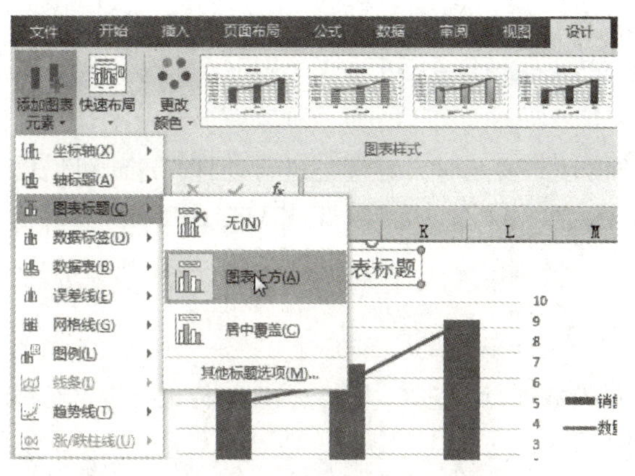

图 5-90　“图表上方”命令

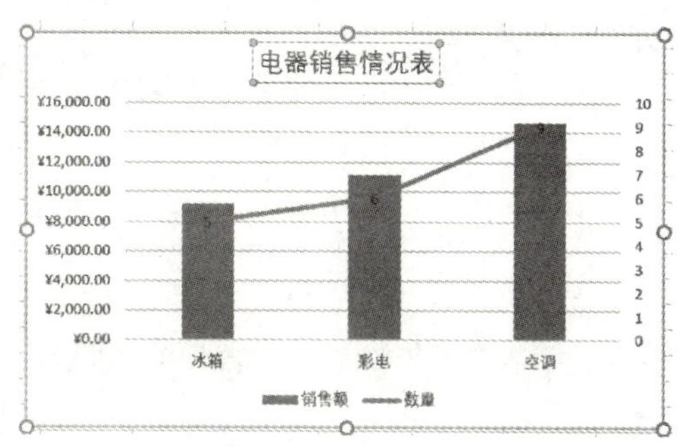

图 5-91　修改“图表标题”

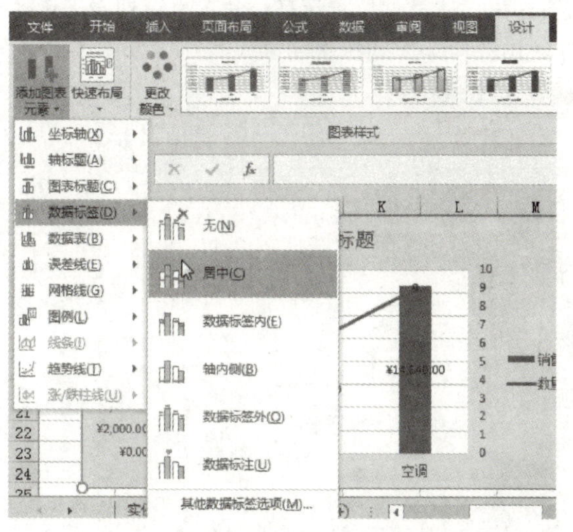

图 5-92　“居中”命令

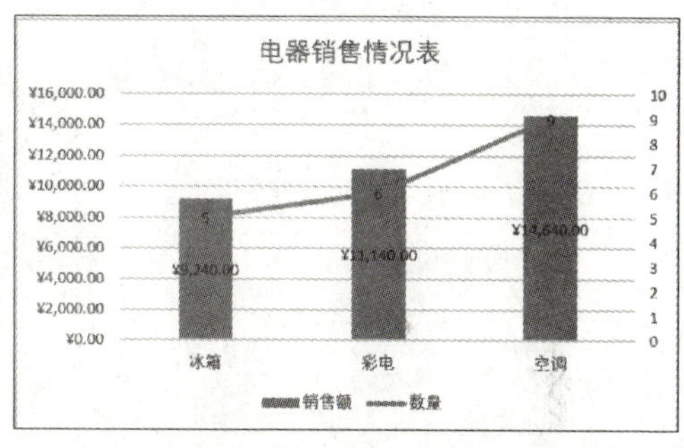

图 5-93　添加“数据标签”后的图表

⑤ 给图表添加背景颜色。在“格式”选项卡的“当前所选内容”组中单击“图表区”按钮，选择“图表区”命令，如图 5-94 所示；然后在“格式”选项卡的“形状样式”组中单击“形状填充”按钮，选择“标准色”组中的“浅绿”，如图 5-95 所示，完成对图表的美化。

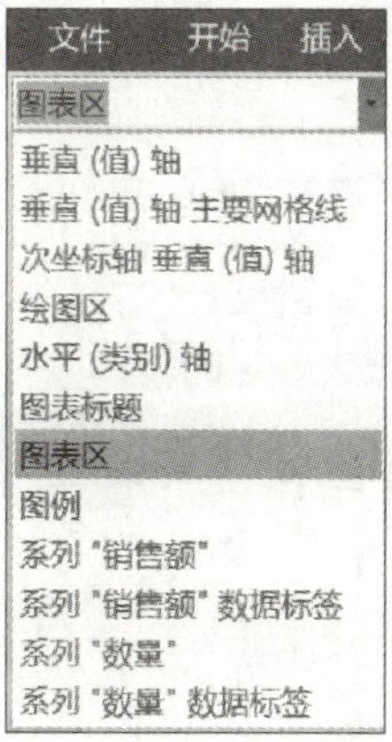

文件　开始　插入
图表区
垂直 (值) 轴
垂直 (值) 轴 主要网格线
次坐标轴 垂直 (值) 轴
绘图区
水平 (类别) 轴
图表标题
图表区
图例
系列 "销售额"
系列 "销售额" 数据标签
系列 "数量"
系列 "数量" 数据标签

图 5-94　选择“图表区”命令

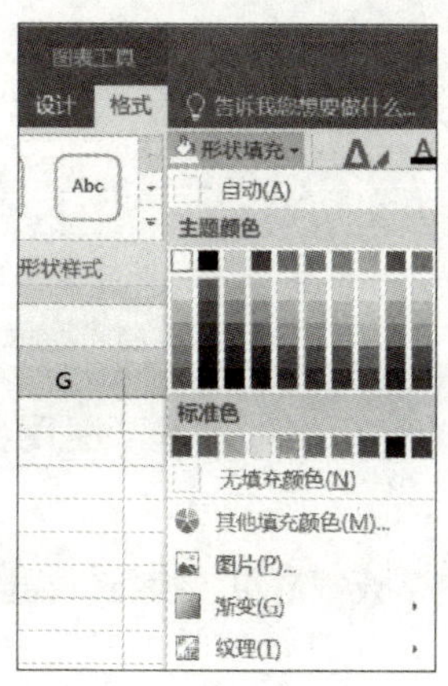

图 5-95　填充颜色

5.7 工作表的数据库操作

在实际工作中我们常常面临着大量的数据且需要及时、准确地进行处理，这时可借助于 Excel 2016 提供的数据清单技术、数据排序、数据筛选、分类汇总和数据透视表等功能来处理。

5.7.1 数据清单的使用

数据清单是工作表中包含相关数据的一系列数据行，它可以像数据库一样进行浏览与编辑等操作。

设置添加“记录单”的方法：单击“文件”选项卡的“选项”命令，在打开的“Excel 选项”对话框中选择“快速访问工具栏”选项；在“从下列位置选择命令”下拉列表中选择“不在功能区中的命令”，找到“记录单”命令并将其添加到快速访问工具栏，如图 5-96 所示。此时在快速访问工具栏中出现了“记录单”按钮。

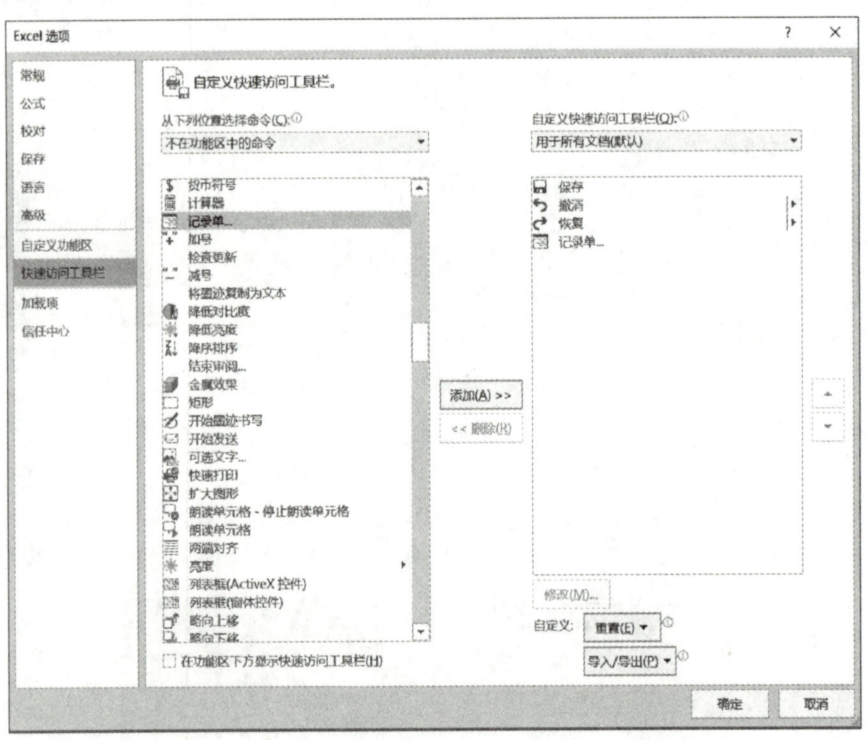

图 5-96 “Excel 选项”对话框

微视频：数据清单查询

实例 5.14 使用数据清单查询“成绩表”

任务描述：

使用“成绩表”数据清单，执行查询操作。

实施步骤：

① 打开“成绩表”文件。

② 选取单元格区域 A2：G15，然后单击快速访问工具栏中的“记录单”按钮，即可弹出“数据清单”对话框，如图 5-97 所示。

成绩表						
学号	姓名	数学	语文	计算机	总分	名次
1	王莹	90	71	60	221	4
2	张帅	67	85	39	191	10
3	李杰	83	46	75	204	8
4	孙涛	54	69	59	182	11
5	赵强	74	61	81	216	6
6	罗小红	89	90	71	250	1
7	吴玲莉	78	76	89	243	3
8	李辉	67	69	72	208	7
9	赵燕	45	77	50	172	12
10	赵辉	83	56	79	218	5
11	何军	84	87	73	244	2
12	林小英	65	78	57	200	9
13	赵群英	36	69	48	153	13

图 5-97 “数据清单”对话框

③ 查询学号为 5 的学生成绩记录。在“数据清单”对话框中，单击“条件”按钮，在打开的空白记录框的“学号”文本框中输入“5”，如图 5-98 所示，然后按回车键即可显示查询到的记录，如图 5-99 所示。

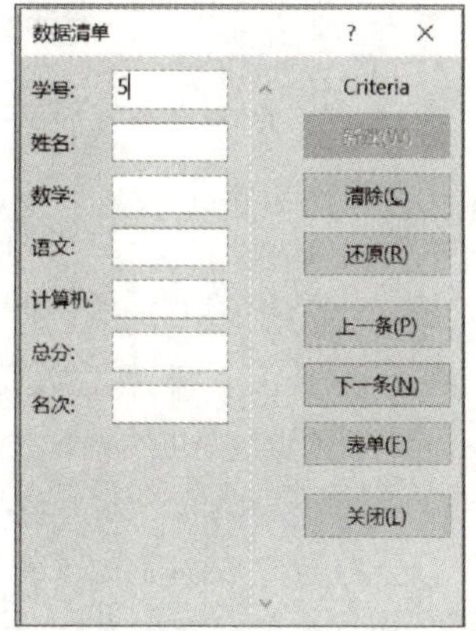

图 5-98 设置查询条件

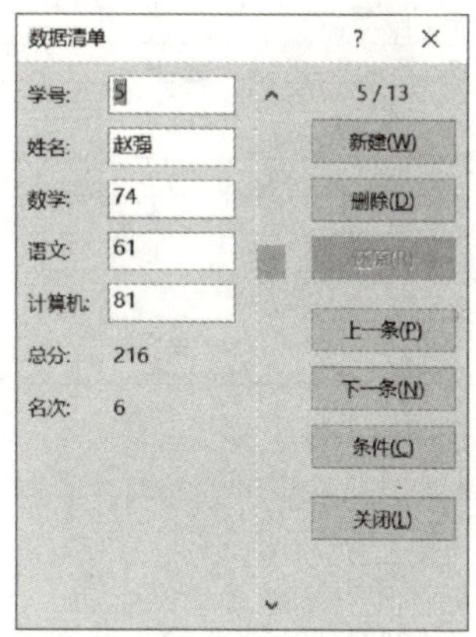

图 5-99 查询结果

知识与技能：

数据清单中的列被认为是数据库的字段，数据清单中的列标记被认为是数据库的字段名，数据清单中的每一行被认为是数据库的一条记录。每列必须有一个列标题；列标题必须是唯一的，各列标题须在同一行上且列标题必须在数据的上面；每列中的数据必须是相同的类型。

（1）添加记录

单击“数据清单”对话框中的“新建”按钮，在弹出的空白记录单中输入相应内容，输入完成后按回车键，即可添加一条新记录。

（2）删除记录

在“数据清单”对话框中用滚动条或用“上一条”和“下一条”按钮定位到要删除的记录上，然后单击“删除”按钮，即可删除该记录。

（3）编辑记录

在“数据清单”对话框中，先定位到要编辑的记录上，然后对需要修改的字段进行修改，完成后按回车键即可。

（4）查询记录

在“数据清单”对话框中，单击“条件”按钮，在打开的空白记录框中输入查询条件，然后按回车键即可显示查询到的记录。

5.7.2 数据排序

排序是对工作表中的数据进行重新组织安排的一种方式。在 Excel 2016 中，用户可以根据数据需要对区域中的数据进行排序。排序的方式有升序、降序。简单的排序可以使用“数据”选项卡的“排序和筛选”组中的“升序”按钮或“降序”按钮。多关键字的排序要使用“排序和筛选”组中的“排序”按钮。

微视频：排序

实例 5.15 对“成绩表”进行排序

	A	B	C	D	E	F
1	成绩表					
2	姓名	数学	语文	计算机	总分	名次
3	罗小红	89	90	71	250	1
4	何军	84	87	73	244	2
5	吴玲莉	78	76	89	243	3
6	王莹	90	71	60	221	1
7	赵辉	83	56	79	218	5
8	赵强	74	61	81	216	6
9	李辉	67	69	72	208	7
10	李杰	83	46	75	204	8
11	林小英	65	78	57	200	9
12	张帅	67	85	39	191	10
13	孙涛	54	69	59	182	11
14	赵燕	45	77	50	172	12
15	赵群英	36	69	48	153	13

图 5-100 排序结果

任务描述：

针对“成绩表”工作表，对其按“总分”进行排序，排序结果如图 5-100 所示。

任务分析：

学生的成绩可以从任课教师那里得到，并计算出每位学生的总分（这部分内容前面已经完成），按“总分”对学生成绩进行排序，排序后就可以很方便地了解每位学生在班级里的名次。排序是数据整理的环节之一，属于初步的数据处理。

实施步骤：

① 打开“成绩表”工作表，单击要进行排序的工作表中的任意非空单元格，然后在“数据”选项卡的“排序和筛选”组中单击“排序”按钮。

② 在打开的“排序”对话框中设置“主要关键字”条件，然后单击“添加条件”按钮，添加一个次要关键字，设置内容如图 5-101 所示。

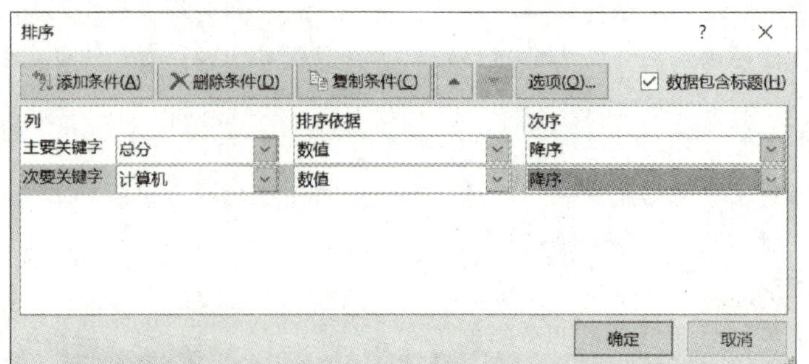

图 5-101 “排序”对话框

③ 单击“确定”按钮，即可得到排序的结果。

知识与技能：

在 Excel 中，不同数据类型的默认排序方式如下。

（1）升序排序

数字：按从最小的负数到最大的正数进行排序。

日期：按从最早的日期到最晚的日期进行排序。

文本：按照特殊字符、数字（0～9）、小写英文字母（a～z）、大写英文字母（A～Z）、汉字（以拼音排序）排序。

逻辑值：FALSE 排在 TRUE 之前。

空白单元格：总是放在最后。

（2）降序排序

与升序排序的顺序相反。

5.7.3　数据筛选

Excel 提供的筛选功能可以把暂时不需要的数据隐藏起来，而只显示那些符合条件的数据记录。系统提供了两种筛选方法：自动筛选和高级筛选。

实例 5.16　销售数量筛选

微视频：筛选

任务描述：

在“家电销售情况表”中，筛选出 1 月份销售量在 3 台（含 3 台）以上的产品数据，如图 5-102 所示。

	A	B	C	D	E	F	G
1	家电产品销售情况统计表						
2	月份	类别	商品型号	市场定价	成交单价	数量	销售员
3	1月	冰箱	海尔	¥2,088.00	¥1,888.00	3	李红
5	1月	彩电	三星	¥2,688.00	¥2,388.00	3	李辉
8	1月	空调	美的	¥3,188.00	¥2,888.00	3	何军
10	1月	空调	LG	¥3,688.00	¥2,988.00	4	王莉

图 5-102　自定义筛选结果

任务分析：

数据处理的基本目的是从大量的、可能是杂乱无章的、难以理解的数据中抽取或推导出对于某些特定的人们来说是有价值、有意义的数据（信息）。筛选是指按照一定的条件，找出符合条件的数据或记录。筛选属于初步的数据处理，它从大量的数据中找出符合条件的数据，这些数据能反映某种有用的信息，或为后续处理做好准备。

实施步骤：

① 打开“家电销售情况表”中的“销售清单”工作表。

② 单击要进行筛选的工作表中的任意非空单元格，然后在“数据”选项卡的“排序和筛选”组中单击“筛选”按钮。

③ 此时，工作表标题行的每个字段名右侧出现一个下拉箭头，单击“月份”字段箭头，出现相应的下拉列表，选择“1 月”，如图 5-103 所示；单击“确定”按钮，即可得到月份为

“1 月”的筛选结果。

	A	B	C	D	E	F	G
1	家电产品销售情况统计表						
2	月份	类别	商品型号	市场定价	成交单价	数量	销售员
				2,088.00	¥1,888.00	3	李红
				1,988.00	¥1,788.00	2	张玲
				2,688.00	¥2,388.00	3	李辉
				1,988.00	¥1,988.00	2	赵燕
				4,688.00	¥4,088.00	1	赵辉
				3,188.00	¥2,888.00	3	何军
				2,988.00	¥2,988.00	2	林小英
				3,688.00	¥2,988.00	4	王莉
				2,088.00	¥1,888.00	3	赵燕
				1,988.00	¥1,788.00	5	张玲
				2,688.00	¥2,388.00	8	李辉
				1,988.00	¥1,988.00	6	林小英
				4,688.00	¥4,088.00	8	赵辉
				4,688.00	¥4,088.00	12	李红
				3,188.00	¥2,888.00	6	李红
				2,988.00	¥2,988.00	3	李辉

升序(S)
降序(O)
按颜色排序(T)
从“月份”中清除筛选(C)
按颜色筛选(I)
文本筛选(F)
搜索
(全选)
1月
2月
3月
4月
确定 取消

图 5-103 筛选条件为“1 月”

④ 单击“数量”字段箭头，出现相应的下拉列表，选择“数字筛选”→“大于或等于”命令，如图 5-104 所示。

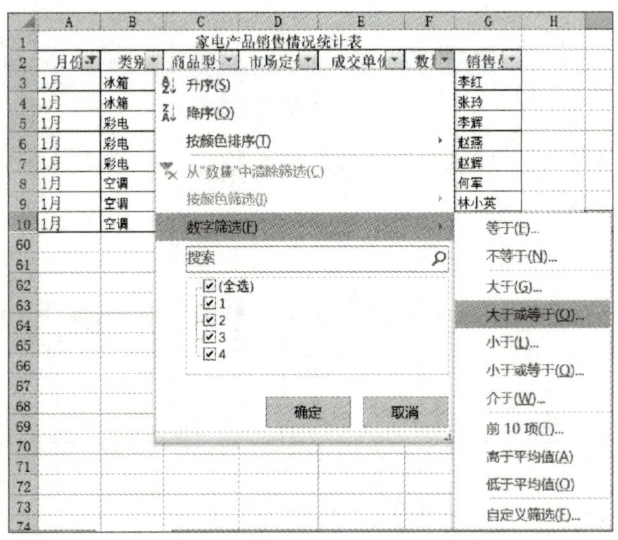

图 5-104 选择筛选条件

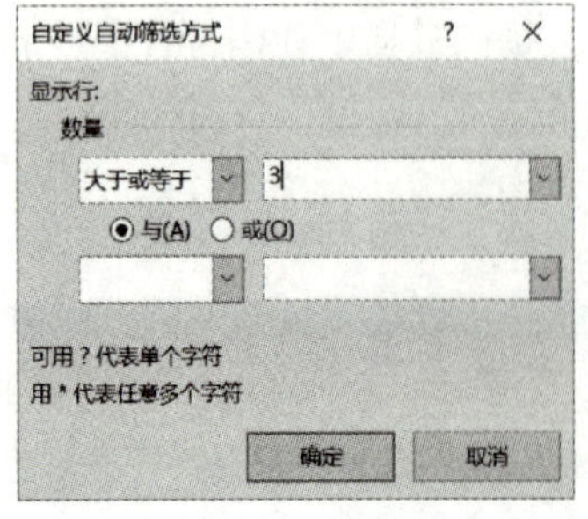

图 5-105 “自定义自动筛选方式”对话框

⑤ 在打开的“自定义自动筛选方式”对话框中按照要求设置筛选条件，如图 5-105 所示，然后单击“确定”按钮，最终筛选结果如图 5-102 所示。

知识与技能：

在“自定义自动筛选方式”对话框中同时设置两个条件时，如选择“与”单选按钮，则要求筛选出同时满足两个条件的记录；如选择“或”单选按钮，则要求筛选出的记录只要满足两个条件中的一个即可。对一个字段筛选完成后，还可以对其他字段再次筛选。

实例 5.17 按条件对成绩进行筛选

任务描述：

将成绩表中数学高于 70 分、语文高于 80 分且计算机高于 70 分的学生成绩筛选出来。

实施步骤：

① 打开“成绩表”文件，建立条件区域，如图 5-106 所示。

	A	B	C	D	E	F	G	H	I	J
1	成绩表									
2	姓名	数学	语文	计算机	总分	名次		数学	语文	计算机
3	王莹	90	71	60	221	4		>70	>80	>70
4	张帅	67	85	39	191	10				
5	李杰	83	46	75	204	8				
6	孙涛	54	69	59	182	11				
7	赵强	74	61	81	216	6				
8	罗小红	89	90	71	250	1				
9	吴玲莉	78	76	89	243	3				
10	李辉	67	69	72	208	7				
11	赵燕	45	77	50	172	12				
12	赵辉	83	56	79	218	5				
13	何军	84	87	73	244	2				
14	林小英	65	78	57	200	9				
15	赵群英	36	69	48	153	13				

条件区域

图 5-106 条件区域

② 在“数据”选项卡的“排序和筛选”组中单击“高级”按钮，在打开的“高级筛选”对话框的“列表区域”文本框中设置要筛选的数据区域；在“条件区域”文本框中输入设置好的条件区域，如图 5-107 所示。

③ 单击“确定”按钮，得到如图 5-108 所示的高级筛选结果。

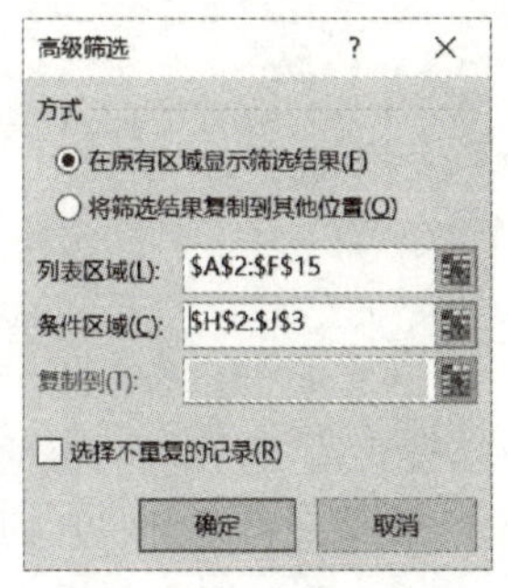

图 5-107 “高级筛选”对话框

	A	B	C	D	E	F
1	成绩表					
2	姓名	数学	语文	计算机	总分	名次
8	罗小红	89	90	71	250	1
13	何军	84	87	73	244	2

图 5-108 高级筛选结果

知识与技能：

自动筛选只能对一个字段进行筛选，不能使用较复杂的条件，要想使用较为复杂的条件就必须用高级筛选。高级筛选是根据条件区域中的条件进行筛选。

在“数据”选项卡的“排序和筛选”组中单击“高级”按钮，可以打开“高级筛选”对话框。在“高级筛选”对话框中，若选择“在原有区域显示筛选结果”单选按钮，则筛选结果将显示在原数据所在位置；若选择“将筛选结果复制到其他位置”单选按钮，则将把筛选结果显示到指定的位置上；若选中“选择不重复的记录”复选框，则重复记录只显示一条，否则重复的记录全部显示出来。

5.7.4 分类汇总

在实际工作生活中经常要对一些数据进行分类汇总。在 Excel 中，分类汇总的方式有求和、平均值、最大值、最小值等多种。

要进行分类汇总的数据表的第一列必须有列标签，在分类汇总之前必须先对数据进行排序，使得数据中拥有同一类关键字的记录集中在一起，然后再对记录进行分类汇总操作。

微视频：分类汇总

实例 5.18 销售员的销售额汇总

任务描述:

针对“家电销售情况表”的工作表，对每位“销售员”的销售额进行汇总，汇总结果如图 5-109 所示。

	A	B	C	D	E	F	G	H
1	家电产品销售情况统计表							
2	月份	类别	商品型号	市场定价	成交单价	数量	销售员	销售总额
3	1月	彩电	长虹	¥1,988.00	¥1,988.00	2	赵燕	3976.00
4	2月	冰箱	海尔	¥2,088.00	¥1,888.00	3	赵燕	5664.00
5	3月	彩电	长虹	¥1,988.00	¥1,988.00	7	赵燕	13916.00
6	4月	彩电	长虹	¥1,988.00	¥1,988.00	3	赵燕	5964.00
7	5月	彩电	长虹	¥1,988.00	¥1,988.00	1	赵燕	1988.00
8	6月	彩电	长虹	¥1,988.00	¥1,988.00	0	赵燕	0.00
9	7月	彩电	长虹	¥1,988.00	¥1,988.00	1	赵燕	1988.00
10							**赵燕 汇总**	33496.00
11	1月	彩电	三星液晶	¥4,688.00	¥4,088.00	1	赵辉	4088.00
12	2月	彩电	三星液晶	¥4,688.00	¥4,088.00	8	赵辉	32704.00
13	3月	彩电	三星液晶	¥4,688.00	¥4,088.00	10	赵辉	40880.00
14	4月	彩电	三星液晶	¥4,688.00	¥4,088.00	12	赵辉	49056.00
15	5月	彩电	三星液晶	¥4,688.00	¥4,088.00	6	赵辉	24528.00
16	6月	彩电	三星液晶	¥4,688.00	¥4,088.00	4	赵辉	16352.00
17	7月	彩电	三星液晶	¥4,688.00	¥4,088.00	3	赵辉	12264.00
18							**赵辉 汇总**	179872.00
19	1月	冰箱	西门子	¥1,988.00	¥1,788.00	2	张玲	3576.00
20	2月	冰箱	西门子	¥1,988.00	¥1,788.00	5	张玲	8940.00
21	3月	冰箱	西门子	¥1,988.00	¥1,788.00	9	张玲	16092.00
22	4月	冰箱	西门子	¥1,988.00	¥1,788.00	2	张玲	3576.00
23	5月	冰箱	西门子	¥1,988.00	¥1,788.00	1	张玲	1788.00
24	6月	冰箱	西门子	¥1,988.00	¥1,788.00	0	张玲	0.00
25	7月	冰箱	西门子	¥1,988.00	¥1,788.00	1	张玲	1788.00

图 5-109 分类汇总结果

分类汇总 ? ×
分类字段(A):
销售员
汇总方式(U):
求和
选定汇总项(D):
☐ 商品型号
☐ 市场定价
☐ 成交单价
☐ 数量
☐ 销售员
☑ 销售总额
☑ 替换当前分类汇总(C)
☐ 每组数据分页(P)
☑ 汇总结果显示在数据下方(S)
全部删除(R) 确定 取消

图 5-110 “分类汇总”对话框

任务分析:

分类汇总是数据处理的方法之一，对大量的数据按其数值进行分类，对每一种数值的数量进行统计，从而了解每种数值所反映事实的“量”，从杂乱数据中发现潜在的“事实”，可能成为决策的依据。Excel 的“分类汇总”要求先将数据通过排序，将相同数值的数据放在一起，再进行汇总统计，形成新的数据——汇总结果，它们可能会反映出某种信息。

实施步骤:

① 打开“家电销售情况表”，对“销售员”列按照降序进行排序。

② 在“数据”选项卡的“分级显示”组中单击“分类汇总”按钮，打开“分类汇总”对话框。

③ 在“分类字段”下拉列表中选择要进行分类的字段“销售员”；在“汇总方式”下拉列表选择要汇总的方式“求和”；在“选定汇总项”下拉列表选择要汇总的列标题“销售总额”，如图 5-110 所示。

④ 单击“确定”按钮，即可完成分类汇总。

知识与技能：

图 5-109 中的左上角有 3 个按钮，分别单击这些按钮，可以显示不同级别的分类汇总。

单击图 5-109 中左侧的[-]按钮，可以隐藏明细数据，同时[-]按钮变为[+]按钮；而单击[+]按钮，则可以显示明细数据。

5.7.5 数据透视表和数据透视图

数据透视表是一种可以对大量数据快速建立交叉列表的交互式表格，它属于分类汇总，但分类方式可以灵活设置。用户可旋转其行和列以查看源数据的不同汇总结果，还可以通过显示不同的标签来筛选数据，或者显示所关注区域的明细数据。

要创建数据透视表或图，可在“插入”选项卡的“表格”组中单击“数据透视表”按钮或在“图表”组中单击“数据透视图”按钮来进行创建。

实例 5.19 创建“家电销售情况”数据透视表

微视频：制作数据透视表

任务描述：

为了能够快速汇总家电销售情况，查看各类型家电销售的明细数据，对“家电销售情况表”建立数据透视表，如图 5-111 所示。

	A	B	C	D	E
1	求和项:数量	列标签 ▾			
2	行标签 ▾	冰箱	彩电	空调	总计
3	1月	5	6	9	20
4	2月	8	34	19	61
5	3月	19	25	33	77
6	4月	8	24	21	53
7	5月	5	12	11	28
8	6月	2	6	7	15
9	7月	3	5	4	12
10	总计	50	112	104	266

图 5-111 创建完成的数据透视表

任务分析：

“数据透视”是高级的分类汇总，是灵活、有效的数据处理方法，它将排序、筛选和分类汇总等操作一次完成，并生成汇总表或图表，是 Excel 2016 强大数据处理能力的具体体现。数据透视可以快速汇总大量的原始数据，根据设定的筛选条件、指定的行标签和列标签以及汇总统计的字段和数值汇总方式，获得灵活、直观的分析结果，通常可以得到一些基于数据的结论性信息，反映客观事实，作为决策依据。

实施步骤：

① 打开“家电销售情况表”文件，单击工作表的任意非空的单元格，然后在“插入”选项卡的“表格”组中单击“数据透视表”按钮，打开“创建数据透视表”对话框。

② 在打开的“创建数据透视表”对话框的“表 / 区域”文本框中自动显示引用的工作表名称和单元格区域；在“选择放置数据透视表的位置”选项组中选择“新工作表”单选按钮，如图 5-112 所示。

③ 单击“确定”按钮，一个空的数据透视表就会添加到新建的工作表中，并显示“数据透视表工具”选项卡及“数据透视表字段”窗格，如图 5-113 所示。

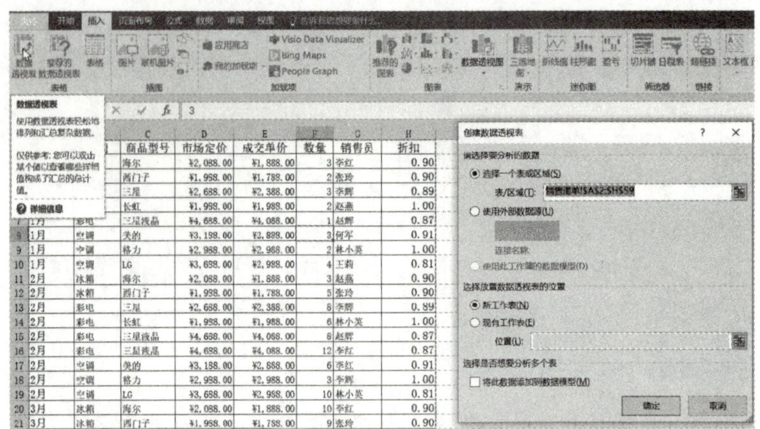
图 5-112 “创建数据透视表”对话框

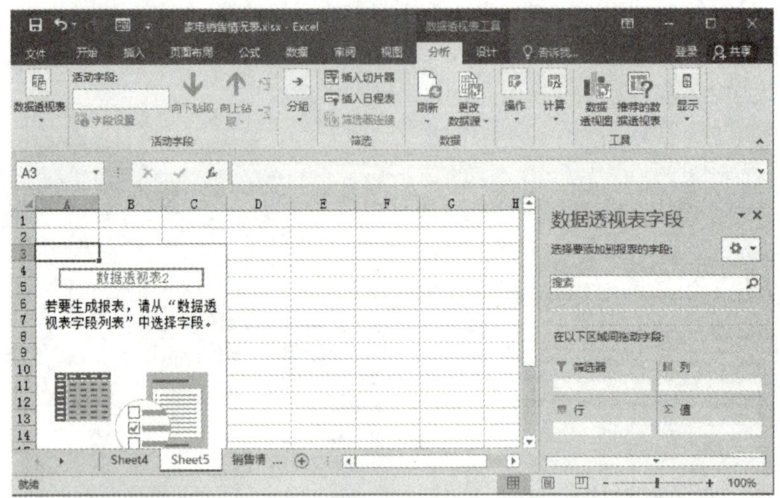

图 5-113 添加一个空的数据透视表

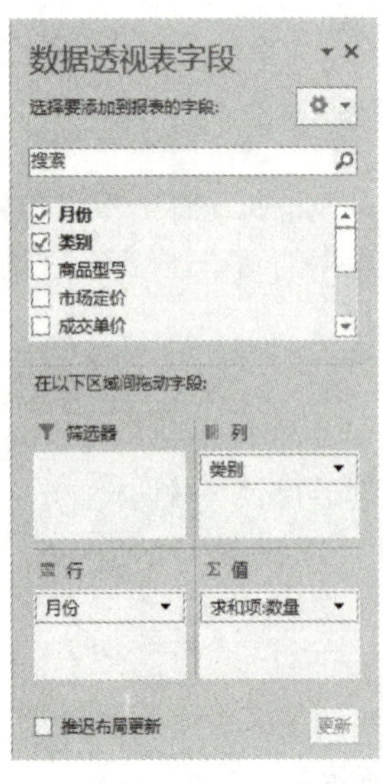

图 5-114 “数据透视表字段”设置

④ 将“月份”字段拖动到“数据透视表字段”窗格中的“行”区域，“类别”字段拖动到“列”区域，“数量”字段拖动到“值”区域，如图 5-114 所示。

⑤ 最后在“数据透视表字段”窗格外单击，即可创建好数据透视表。

知识与技能：

（1）创建完成的数据透视表，还可单击数据透视表中的任意非空单元格，进入编辑状态，进行添加字段、删除添加的字段、交换行列位置、删除数据透视表等操作。

（2）为确保数据可用于数据透视表，对数据源有如下要求：

① 数据源中不能有空列或空行。

② 数据源中不能有自动小计。

③ 数据源中第一行要包含列标签。

④ 数据源中的各列只包含一种类型的数据。

（3）利用数据透视表获取所需的数据汇总结果，难点在于正确设计报表筛选条件、合理选择“行标签”和“列标签”构造行列表结构、恰当选择汇总统计字段及汇总方式，从而得到所需的统计结果。“行标签”和“列标签”均把标签（字段）的取值作为分类依据，“列标签”通常仅适用于不同取值种类较少的情况，否则表格太宽，不易查看，也不美观。

微视频：制作数据透视图

实例 5.20　建立“家电销售情况”数据透视图

任务描述：

为了能够更直观、快速地了解家电销售情况，除了建立数据透视表外，还可以建立数据透视图，如图 5-115 所示。

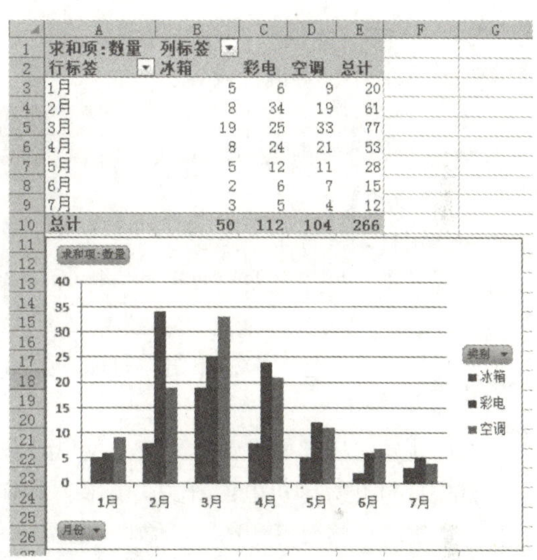

求和项:数量	列标签			
行标签	冰箱	彩电	空调	总计
1月	5	6	9	20
2月	8	34	19	61
3月	19	25	33	77
4月	8	24	21	53
5月	5	12	11	28
6月	2	6	7	15
7月	3	5	4	12
总计	50	112	104	266

图 5-115　数据透视表与透视图样张

任务分析：

“数据透视图”是“数据透视表”的图表式表达，两者之间相互关联（修改时同步联动），数据透视图是更直观、更灵活的信息表现形式。

实施步骤：

① 打开“家电销售情况表”文件，单击工作表的任意非空的单元格，然后在“插入”选项卡的“图表”组中单击“数据透视图”下拉按钮，选择“数据透视图”命令，打开“创建数据透视图”对话框。

② 在打开的“创建数据透视图”对话框中的“表 / 区域”文本框中自动显示引用的工作表名称和单元格区域；在“选择放置数据透视图的位置”选项组中选择“新工作表”单选按钮。

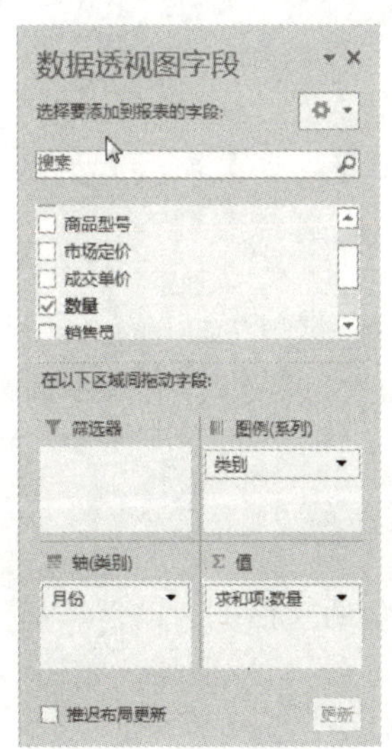

图 5-116　“数据透视图字段”设置

③ 单击“确定”按钮，系统自动新建一个工作表以放置数据透视图。在“数据透视图字段”窗格中，将“月份”字段拖动到“轴（类别）”区域，“类别”字段拖动到“图例（系列）”区域，“数量”字段拖动到“值”区域，如图 5-116 所示。

④ 最后在数据透视表外单击，即可创建数据透视表和图。

知识与技能：

创建数据透视图后，可以利用“数据透视图工具”选项卡中的各子选项卡对数据透视图进行编辑操作，如修改图表类型、添加图表和坐标轴标题等。

5.8 打印工作表

在 Excel 中，可以方便地打印整个或部分工作表和工作簿。但为了使打印出来的效果更加理想，通常在打印前要进行设置打印页面和预览打印结果。

5.8.1 页面的设置

工作表的页面设置包括设置打印纸张大小、页边距、打印方向、页眉和页脚，以及是否打印标题行等。

可以在“页面布局”选项卡的“页面设置”组中对“页边距”“纸张方向”“纸张大小”“打印区域”“分隔符”等进行设置。也可以通过“页面设置”对话框对“页边距”“纸张方向”“纸张大小”等进行设置。

5.8.2 打印预览和打印

1. 打印预览

在使用打印机打印工作表之前，可以使用“打印预览”功能查看打印效果，因为打印预览看到的效果与打印出来的效果是一样的，当打印预览的效果满意时再进行打印，避免造成浪费。

选择“文件”选项卡，单击“打印”按钮，在右侧窗格中可显示打印预览效果。

2. 打印输出

打印预览之后，如设置效果符合用户要求，就可以进行打印输出操作。

首先要打开打印机电源开关，安装好打印纸，然后“文件”选项卡中的“打印”按钮，在打开的窗格中将要打印的“份数”、使用的“打印机”、打印的范围等进行设置，最后单击“打印”按钮进行打印。

微视频：打印

实例 5.21 从 Excel 打印成绩表

任务描述：

需要打印输出“成绩表”中的内容。为了确保打印输出的效果，首先要进行页面设置，然后再进行打印预览，确认效果符合要求后，再进行打印输出。

任务分析：

以纸质的形式传递数据和信息是最常用的数据表示方式之一。打印在纸上的 Excel 电子表格，应该大小合适、布局合理美观，符合人们的排版习惯，让人们能够直观、方便地观察数据，发现文本、数据、图表等所承载的信息。

实施步骤：

① 打开“成绩表”文件，切换到“数据清单”工作表。

② 在“页面布局”选项卡的“页面设置”组中单击右下角的对话框启动器按钮，打开“页面设置”对话框，在“页面”选项卡设置打印方向、纸张大小等，如图 5-117 所示。

③ 切换到“页边距”选项卡，如图 5-118 所示，对页边距选项进行设置。

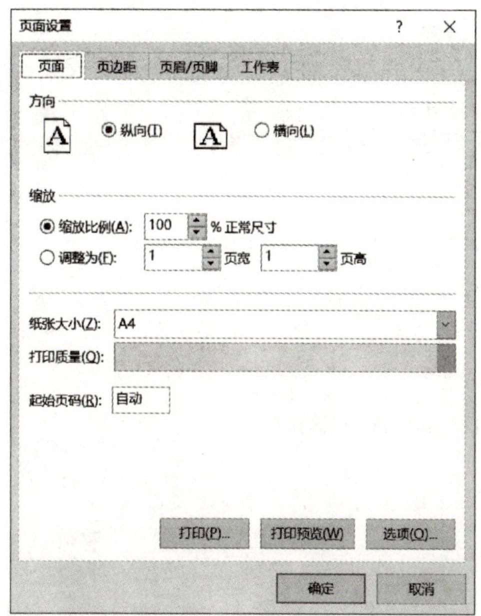

图 5-117 “页面”选项卡

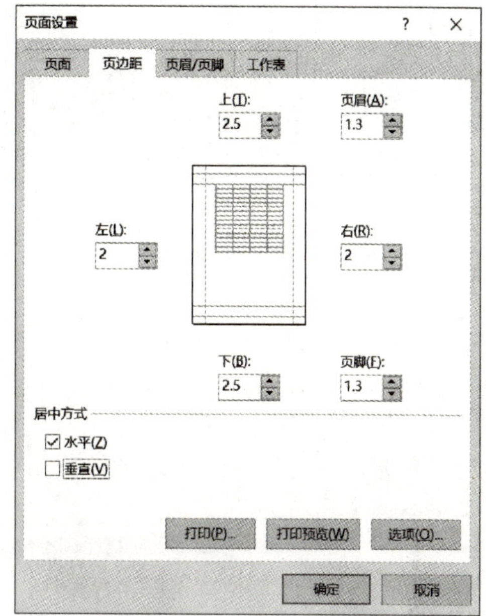

图 5-118 “页边距”选项卡

④ 切换到“页眉 / 页脚”选项卡，然后单击“自定义页眉”按钮，在打开的“页眉”对话框的“右”文本框中输入“学生成绩报表”，如图 5-119 所示；单击“确定”按钮，页眉设置完成。

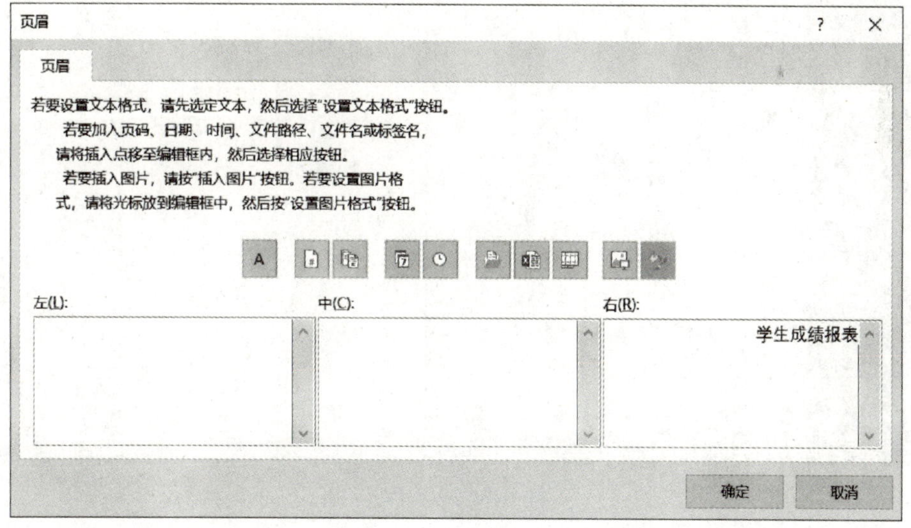

图 5-119 “页眉”对话框

⑤ 在“页眉 / 页脚”选项卡中单击“页脚”下拉列表中的“第 1 页，共? 页”命令，完成页脚的设置，如图 5-120 所示。

⑥ 切换到“工作表”选项卡，如图 5-121 所示，对工作表选项进行设置。

⑦ 在“页面设置”对话框中单击“打印预览”按钮，在打开的界面中预览打印效果，在“份数”组合框中输入“3”，如图 5-122 所示。

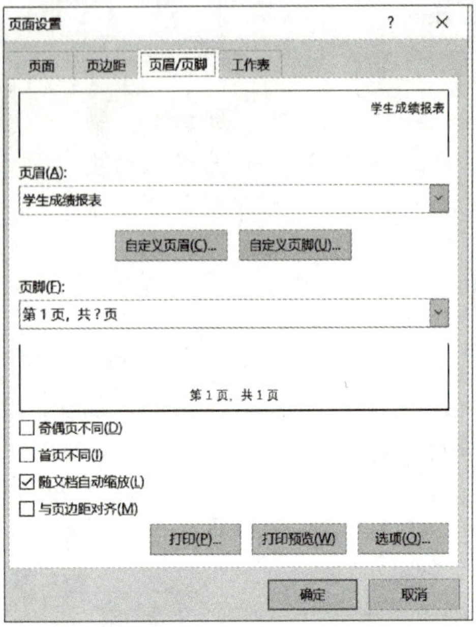

图 5-120 “页眉/页脚”选项卡

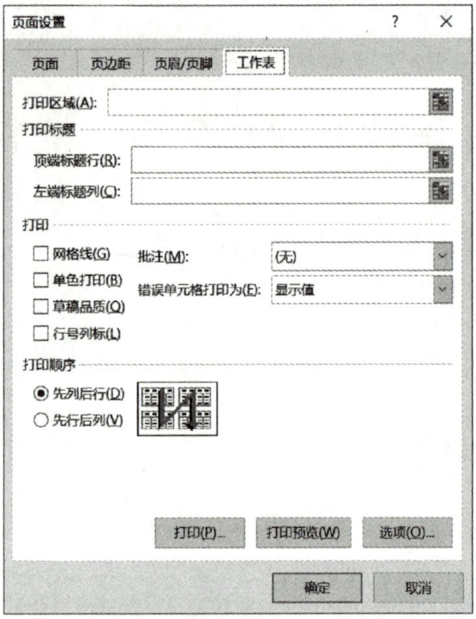

图 5-121 “工作表”选项卡

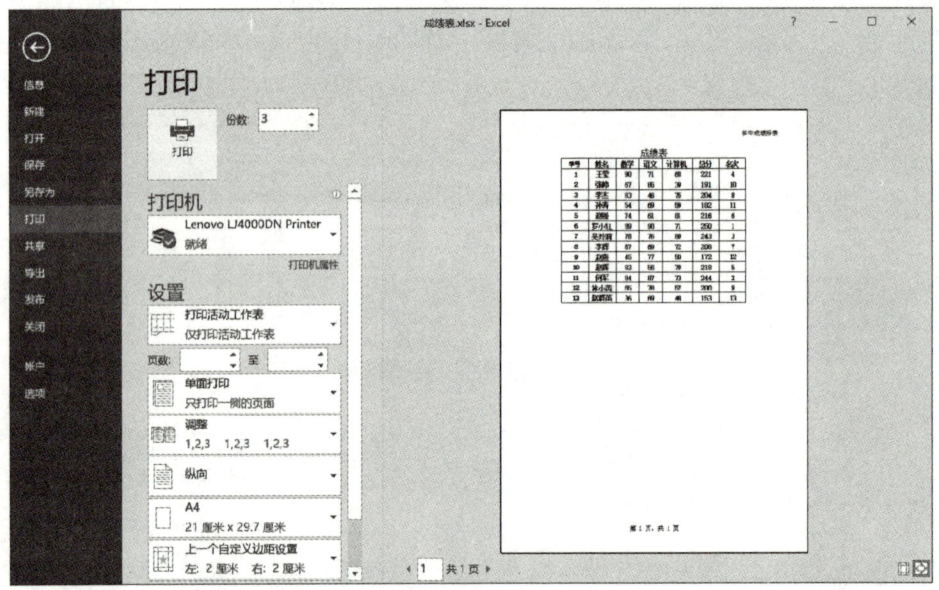

图 5-122 打印预览

⑧ 最后单击“打印”按钮进行打印。

知识与技能:

① 在“页边距”选项卡中的“居中方式”选项组中，可以直接设置工作表打印输出的内容在打印纸上是水平居中还是垂直居中。

② 一次打印多个工作表：首先选择要打印的多个工作表，然后单击“文件”选项卡上的“打印”按钮。

实例 5.22　食品公司销售分析

任务描述：

某食品公司主要经营各类干货的批发业务，各类干货均有零售指导价格，即销售单价，批发价格根据购买数量的多少有相应的折扣。请你帮助公司销售部计算销售额并进行销售情况分析。

折扣方案：

购买数量 0～149 斤，无折扣；购买数量 150～299 斤，折扣 6%；购买数量 300 斤及以上，折扣 8%。

任务分析：

销售产品的具体资料可以通过订货单获取（信息采集），将所有订货单信息整理录入到 Excel 工作表中（信息录入与校验），按照购买每种商品的数量给出相应的折扣并计算出销售价格（数据加工处理）；再按照每种商品的销售总量分析（统计分析），为公司创新经营策略提供依据（辅助决策）。

实施步骤：

① 建立一个新的工作簿，命名为“食品公司销售分析”；将 Sheet1 工作表重命名为“食品公司销售分析”。

② 根据订货单，将订货信息录入到“食品公司销售分析”工作表中，如图 5-123 所示。

	A	B	C	D	E	F	G	H	I	J
1	销售情况表									
2	购货商	购货数量				销售金额				销售总额
3		牛肉干（斤）	山核桃（斤	香蕉干（斤）	榛子（斤）	牛肉干（元）	山核桃（元）	香蕉干（元）	榛子（元）	
4	A公司	280	100	80	500					
5	C公司	340	70	120	340					
6	B公司	160	450	350	70					
7	D公司	150	125	240	360					
8										
9										
10	折扣表					销售价格表				
11	数量	折扣率	说明			商品名称	销售价格			
12	0	0%	0－149			牛肉干	60			
13	150	6%	150－299			山核桃	35			
14	300	8%	300以上			香蕉干	10			
15						榛子	25			

图 5-123　销售情况表

③ 利用公式和 IF 函数计算出 A 公司购买牛肉干所需的金额，在 F4 单元格内输入公式“=（1–IF（B4>=$A$14，$B$14，IF（B4>=$A$13，$B$13，$B$12）））*$G$12*B4”。再利用填充柄的方法计算出其他的销售金额，如图 5-124 所示。

	A	B	C	D	E	F	G	H	I	J
1	销售情况表									
2	购货商	购货数量				销售金额				
3		牛肉干(斤)	山核桃(斤)	香蕉干(斤)	榛子(斤)	牛肉干(元)	山核桃(元)	香蕉干(元)	榛子(元)	销售总额
4	A公司	280	100	80	500	15792	3500	800	11500	
5	B公司	160	450	350	70	9024	14490	3220	1750	
6	C公司	340	70	120	340	18768	2450	1200	7820	
7	D公司	150	125	240	360	8460	4375	2256	8280	
8										
9										
10	折扣表					销售价格表				
11	数量	折扣率	说明			商品名称	销售价格			
12	0	0%	0-149			牛肉干	60			
13	150	6%	150- 299			山核桃	35			
14	300	8%	300以上			香蕉干	10			
15						榛子	25			

图 5-124　计算销售金额

④ 利用 SUM 函数计算出销售总额，并按销售总额进行降序排序，如图 5-125 所示。

	A	B	C	D	E	F	G	H	I	J
1	销售情况表									
2	购货商	购货数量				销售金额				
3		牛肉干(斤)	山核桃(斤)	香蕉干(斤)	榛子(斤)	牛肉干(元)	山核桃(元)	香蕉干(元)	榛子(元)	销售总额
4	A公司	280	100	80	500	15792	3500	800	11500	31592
5	C公司	340	70	120	340	18768	2450	1200	7820	30238
6	B公司	160	450	350	70	9024	14490	3220	1750	28484
7	D公司	150	125	240	360	8460	4375	2256	8280	23371

图 5-125 计算销售总额并按销售总额降序排序

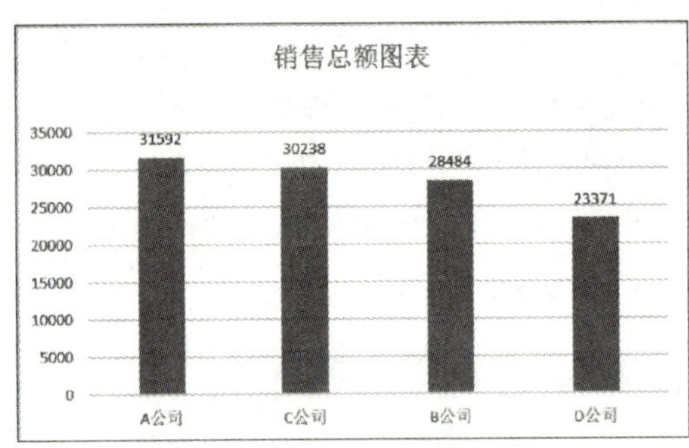

图 5-126 销售总额簇状柱形图

⑤ 选择购货商单元格区域 A4：A7 与销售总额单元格区域 J4：J7，然后插入图表，选择簇状柱形图，修改图表标题——销售总额图表，并且添加外部数据标签，如图 5-126 所示。

⑥ 数据分析，辅助决策。通过销售情况表和销售总额图表可以看出，A、B、C、D 四家公司的购买力相差不多，购买力最强的是 A 公司（31 592 元），最弱的是 D 公司（23 371 元）。因此，食品公司应给予四家公司基本一致的关注度，提供相仿的客户日常信息服务；为了鼓励 D 公司加大消费量，除了加大推销力度外，还可以提供加大折扣等措施来刺激消费。从购买数量来看，A 公司和 C 公司喜欢榛子和牛肉干、B 公司喜欢山核桃和香蕉干、D 公司喜欢榛子和香蕉干，在下一年的产品推销时，面向不同公司可以加大相应商品的推介力度；当然，综合考虑货源等因素，也可以采取反向推销策略，建议各公司经理给职工们提供不同的商品，带给职工变化和新鲜感。

练 习 题

一、选择题

1. 新建工作簿文件后，默认第一张工作簿的名称是________。

   A. Book　　B. 表　　C. Book1　　D. 表 1

2. 若在数值单元格中出现一连串的“###”符号，希望正常显示则需要______。

   A. 重新输入数据　　B. 调整单元格的宽度

   C. 删除这些符号　　D. 删除该单元格

3. 下列表示 Excel 工作表单元格绝对引用的选项中，正确的是________。

   A. C125　　B. $BB$59　　C. $DI36　　D. FE$7

4. 为了区别数字与数字字符串数据，Excel 要求在输入项前添加____符号来确认。

   A. ″　　B. ′　　C. #　　D. @

5. 在同一个工作簿中要引用其他工作表某个单元格的数据（如 Sheet8 中 D8 单元格中的数据），下面的表达方式中正确的是________。

   A. =Sheet8!D8　　B. =D8（Sheet8）

C. +Sheet8!D8　　　　D. $Sheet8>$D8

6. 在 Excel 中，如果单元格 A5 的值是单元格 A1、A2、A3、A4 的平均值，则下列公式中错误的为________。

A. =AVERAGE（A1:A4）　　　　B. =AVERAGE（A1，A2，A3，A4）

C. =（A1+A2+A3+A4）/4　　　　D. =AVERAGE（A1+A2+A3+A4）

7. 在 Excel 操作中，假设 A1、B1、C1、D1 单元格的值分别为 2、3、7、3，则 SUM（A1:C1）/Dl 的值为________。

A. 15　　B. 18　　C. 3　　D. 4

8. 在 Excel 工作表中，正确表示 IF 函数的表达式是________。

A. IF（"平均成绩">60，"及格"，"不及格"）

B. IF（e2>60，"及格"，"不及格"）

C. IF（f2>60、及格、不及格）

D. IF（e2>60，及格，不及格）

9. Excel 工作表中，单元格 A1、A2、B1、B2 的数据分别是 11、12、13、“x”，函数 SUM（A1:A2）的值是________。

A. 18　　B. 0　　C. 20　　D. 23

10. 下面是几个常用的函数名，其中功能描述错误的是________。

A. SUM 用来求和　　　　B. AVERAGE 用来求平均值

C. MAX 用来求最小值　　　　D. MIN 用来求最小值

二、简答题

1. 什么是数据分析？

2. 什么是平均数？

3. 什么是工作簿？什么是工作表？

4. 公式由哪几部分组成？

5. 引用单元格地址有几种方式？举例说明。

三、操作题

图片：某胡同月费一览表

1. 按要求制作某胡同月费一览表。

（1）按照图 5-127 所示，建立某胡同月费一览表。

	A	B	C	D	E
1	某胡同月费一览表				
2	门牌号	水费	电费	燃气费	总计
3	1	¥56.80	¥205.10	¥23.90	
4	2	¥43.70	¥197.60	¥37.60	
5	3	¥51.40	¥278.30	¥17.40	
6	最高费				
7	最低费				
8	平均费				

图 5-127　某胡同月费一览表

（2）利用公式或函数的方法计算每户的总计费用。

（3）利用函数分别计算出水费、电费、燃气费的最高、最低和平均的使用费用。

2. 按照要求制作救灾统计表。

（1）按照图 5-128 所示，建立救灾统计表。

（2）利用公式或函数的方法计算各单位捐献总计，分别填入 E3：E5 单元格中。

（3）选“单位”和“总计”两列数据，绘制单位捐款的三维饼图，要求有图例并显示各单位捐款总数的百分比，图表标题为“各单位捐款总数百分比图”，嵌入到数据表格的下方。

	A	B	C	D	E
1	救灾统计表				
2	单位	捐款(万元)	实物(件)	折合人民币(万元)	总计(万元)
3	第一部门	2.54	45	1. 36	3.9
4	第二部门	1.23	34	1.13	2.36
5	第三部门	2.13	65	2.74	4.87

图 5-128　救灾统计表

3. 按照图 5-129 所示数据样表建立表 E1.xlsx。

	A	B	C	D
1	姓名	性别	政治面貌	总分
2	赵强	男	团员	389
3	李杰	女	团员	423
4	张帅	男	群众	346
5	王莹	女	群众	478
6	孙涛	男	群众	502

图 5-129　数据样表

（1）以总分为关键字降序排列，并另存为 E2.xlsx。

（2）打开表 E1.xlsx，用“自动筛选”的方法显示总分高于 450 分的学生记录，并另存为 E3.xlsx。

（3）打开表 E1.xlsx，以“政治面貌”为分类字段将“政治面貌”进行“计数”分类汇总，并另存为 E4.xlsx。

第 6 章
文档编辑排版与 Word 2016 应用

使用文字处理软件可以实现轻松的编辑，排版出漂亮的文档。Word 是办公软件套装 Office 中最常用的组件之一。Word 充分利用了 Windows 图文并茂的特点，为处理文字、表格、图形、图片等提供了一整套功能齐全、运用灵活、操作方便的运行环境，同时也为用户提供了“所见即所得”的操作界面。

文本：第 6 章学习目标

6.1 文档式信息展示

漂亮的版面，重点突出的文档，正规专业的排版，能让阅读者在轻松、愉快中获取文档要表达的信息，这就是文档式信息展示追求的目标。要方便、简单、快速地实现对文档的排版，就需要使用一款文字处理软件。文字处理软件是一种集文字录入、存储、编辑、浏览、排版、打印等功能于一体的应用软件，使用文字处理软件可以编排书稿、文章、信函、简历、网页等文档。目前有多种文字处理软件，常用的有 Word、WPS Office 等，其中微软公司的 Word 是目前最常用的文字处理软件之一，它是一种集文字处理、表格处理、图文排版和打印于一身的办公软件。

Word 2016 是 Microsoft 公司开发的办公软件套装 Office 2016 的组件之一。利用 Word 2016 的文档格式设置工具，可轻松、高效地组织、编写具有专业水准的文档。使用 Word 2016 文字处理软件，可以实现以下几个方面的功能。

· 文档的基本操作，包括创建、编辑、保存、打印文档，使用不同视图方式浏览文档等。

· 文档的格式设置，包括设置文档的格式，插入分隔符、页码、符号，设置文档的页面格式、页眉和页脚等。

· 表格操作，包括插入和编辑表格，设置表格的格式等。

· 图文表混合排版，包括使用文本框，插入并编辑图片、艺术字、剪贴画、图表等，图、文、表混合排版，合并文档等。

6.2 Word 2016 概述

本节将介绍 Word 2016 的启动和窗口组成、文档视图、工作环境设置等内容。

6.2.1 Word 2016 的启动和窗口组成

在“开始”菜单的应用列表中单击“Word 2016”命令，启动 Word 2016。显示 Word 2016 的“打开或新建”窗口，如图 6-1 所示，单击“空白文档”模板。

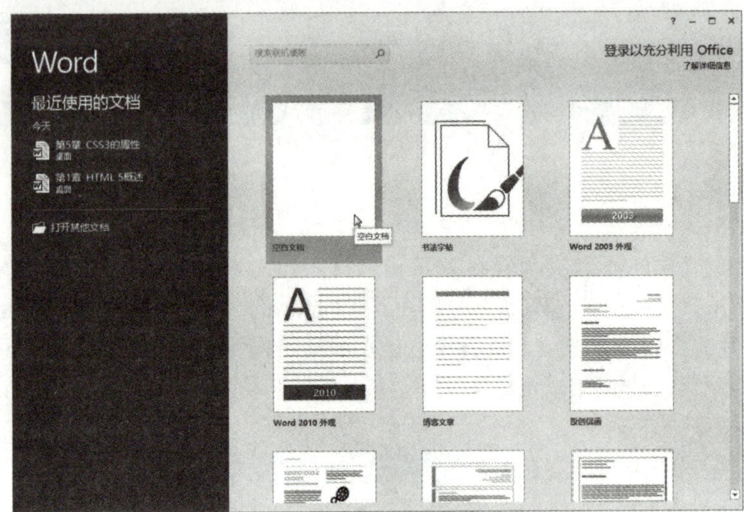

图 6-1 “打开或新建”窗口

打开 Word 2016 的编辑窗口，同时新建名为“文档 1”的空白文档，Word 2016 窗口的组成如图 6-2 所示。

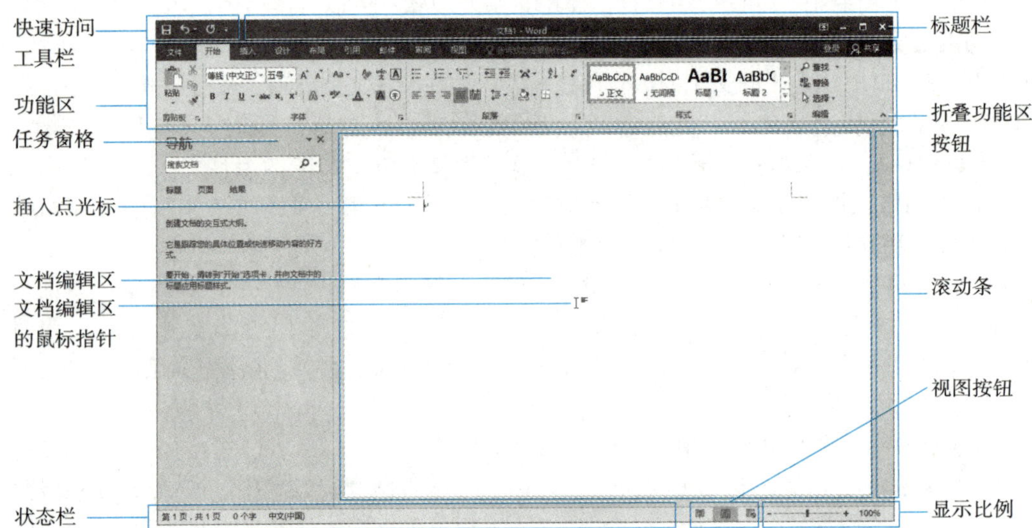

图 6-2 Word 2016 窗口的组成

Word 2016 窗口由下面几部分组成。

1. 标题栏

标题栏显示正在编辑的文档的文件名以及所使用的软件名（Word）。对于新建并且没有保存的文档名默认为“文档 1”、“文档 2”……。

标题栏的右侧是“功能区显示选项”按钮和窗口控制按钮。

2. 快速访问工具栏

快速访问工具栏是一个可自定义的工具栏，它包含一组独立于当前显示的功能区上选项卡的命令按钮。常用命令位于此处，例如“保存”、“撤消”、“恢复”等。

3. "文件"菜单

"文件"菜单中包含的命令有"信息""新建""打开""保存""另存为""打印""关闭""选项"等，如图 6-3 所示。单击左侧的菜单命令，其右侧将以选项卡的形式显示相应内容，如图 6-3 所示是单击"打开"菜单命令后显示的"打开"选项卡。

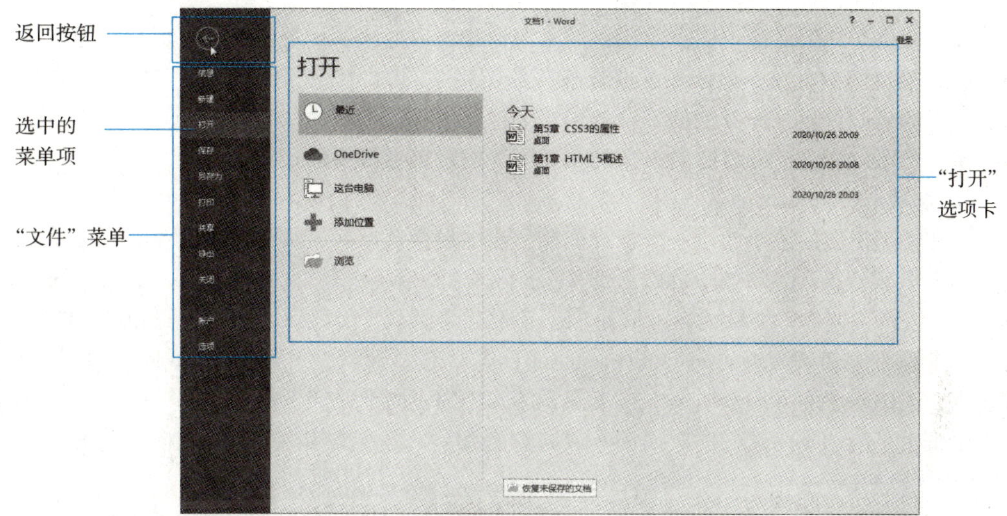

图 6-3 "文件"菜单和"打开"选项卡

提示，若要从"文件"菜单返回到文档，请单击"返回"按钮，或者按键盘上的 Esc 键。

4. 功能区

编辑文档时用到的功能命令位于功能区中，功能区上的选项卡按照命令的功能分别组织到不同的选项卡上，每个选项卡都与一种类型的活动相关。每个功能区根据各自功能的不同又分为若干个组。单击选项卡名称可切换到其他选项卡。

Word 2016 功能区中的选项卡包括开始、插入、设计、布局、引用、邮件、审阅、视图等，有些选项卡会随着已经操作的内容、环境来改变。还有"告诉我您想要做什么"文本框、"登录"和"共享"按钮。

如图 6-4 所示是"开始"选项卡，包含了常用的命令按钮和选项。选项卡根据功能又划分为多个组：剪贴板、字体、段落、样式、编辑。在某些组的右下角有一个对话框启动器按钮，单击它将显示相应的对话框或列表，可做更详细的设置。例如，单击"开始"选项卡"字体"组右下角的对话框启动器按钮，将显示"字体"对话框。

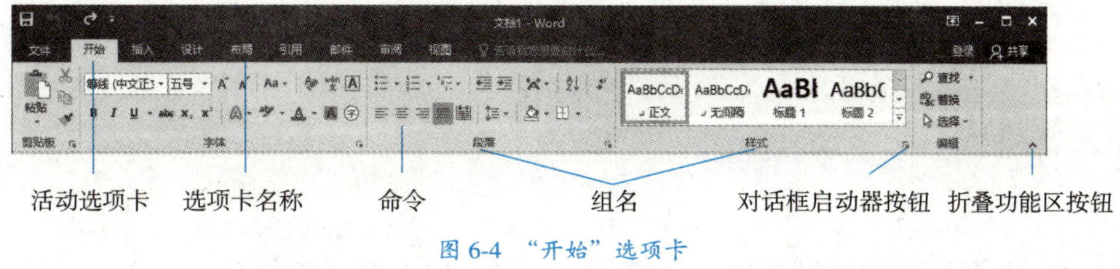

图 6-4 "开始"选项卡

每个选项卡都与一种类型的活动相关，某些选项卡只在需要时才显示。例如，仅当选择图片后，才显示"图片工具"选项卡。

5. 文档编辑区

窗口中部大面积的区域为文档编辑区，用户输入和编辑的文字、表格、图形、图片等都是在文档编辑区中进行，排版后的结果也在编辑区中显示。文档编辑区中，不断闪烁的竖线“|”是插入点光标，输入的文字将出现在插入点位置。

6. 任务窗格

任务窗格是 Office 应用程序中提供的常用命令窗口，一般出现在 Office 应用程序窗口的左侧或右侧，用户可以一边使用这些操作任务窗格中的命令，一边继续处理文档。如图 6-2 所示显示的是“导航”任务窗格。任务窗格会根据用户操作的命令自动出现，对于不需要的任务窗口，可以单击任务窗口右上角的“关闭”按钮✕将其关闭。

7. 滚动条

当文档编辑区的大小超过一个窗口能够显示的最大区域后，将出现滚动条，包括垂直滚动条和水平滚动条。滚动条中的方形滑块□指示出插入点在整个文档中的相对位置。拖动方形滑块□，可快速移动文档内容，同时滚动条附近会显示当前移到内容的页码和简略内容。

单击垂直滚动条两端的向上箭头▲或向下箭头▼，可使文档内容向上或向下滚动一行。单击垂直滚动条中的方形滑块上部或下部，使文档内容向上或向下移动一屏幕。

单击水平滚动条两端的向左箭头◀或向右箭头▶，可使文档内容向左或向右移动。

8. 状态栏

状态栏显示当前编辑的文档的某些信息、当前选择的文档视图等，可以单击状态栏上的这些提示按钮。

（1）页码、字数、语言 第 12 页，共 17 页 8353 个字 中文(中国)

状态栏左侧显示当前编辑的文档窗口和插入点所在页的信息。

页码 第 12 页，共 17 页：文档当前的页码及总页数，单击该位置，Word 2016 窗口左侧显示“导航”任务窗格，如图 6-2 所示，在导航窗格中显示插入点附近的页的缩略图，单击页的缩略图可快速把插入点移动到该页。再次单击则关闭导航窗格。

字数 8353 个字：文档的字数，单击可显示“字数统计”对话框。

拼写和语法检查：单击按钮，显示“拼写检查”任务窗格，可做文字校对。

语言（国家 / 地区）：显示插入点位置文字的语言，插入点在汉字附近则显示中文(中国)，插入放在英文单词处，则显示英语(美国)。单击则显示“语言”对话框。

（2）更改视图

状态栏右侧有 3 个视图按钮，分别为：阅读视图、页面视图、Web 版式视图。单击可改变当前视图。

（3）缩放 - + 100%

状态栏右侧有一组文档内容显示比例按钮和滑块，可改变编辑区域的显示比例。单击“缩放级别”（如 100%）可显示“显示比例”对话框。

6.2.2 Word 2016 的文档视图

为了更好地编辑和查看文档，Word 2016 提供了 5 种显示文档的方式（文档视图），在功能区的“视图”选项卡的“视图”组中，可以选择这 5 种文档视图之一，分别是：阅读视图、页面视图、Web 版式视图、大纲视图和草稿视图，如图 6-5 所示。在状态栏右侧显示有 3 个视图按钮，分别是：阅读视图、页面视图、Web 版式视图。一般情况下，默认显示页面视图。

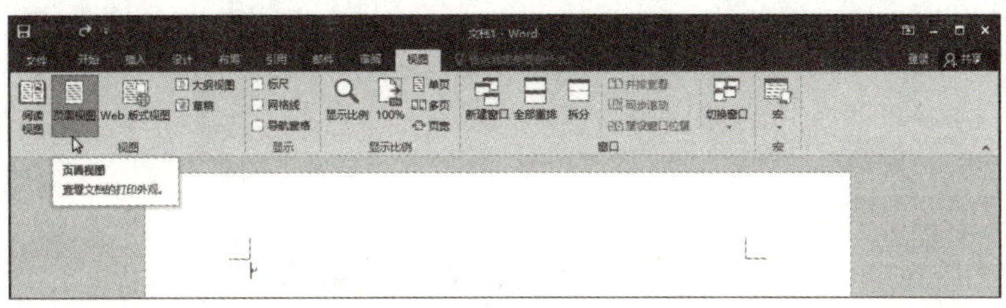

图 6-5　“视图”选项卡的“视图”组

· 页面视图。在页面视图下，文档将按照与实际打印效果一样的方式显示。

· 阅读视图。这种显示方式对于阅读来说比较方便，但是在该方式下，所有的排版格式都被打乱了。

· Web 版式视图。Web 版式视图显示文档在 Web 浏览器中的外观。

· 大纲视图。用缩进文档标题的方式显示文档结构的级别，可以方便地查看文档的结构。

· 草稿视图。草稿视图显示文字的格式，简化了页面布局，不显示页边距、页眉和页脚、背景、图形对象以及没有设置为“嵌入型”环绕方式的图片，这样可快速输入和编辑文字。

实例 6.1　分别用 Word 2016 的 5 种文档视图显示文档

任务描述：

打开示例 Word 文档，分别用 Word 2016 的 5 种文档视图显示文档。

实施步骤：

① 打开“我要去旅行 .docx”文档，导航到第 1 章位置。

② 分别用 5 种文档视图显示文档并且注意观察文档在不同视图下的显示效果。如图 6-6、图 6-7 所示分别是文档的页面视图、Web 版式视图。

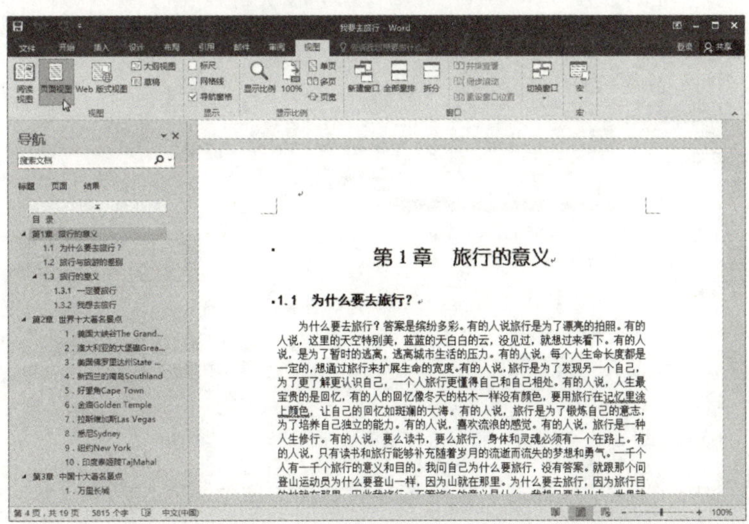

图 6-6　用页面视图显示的文档

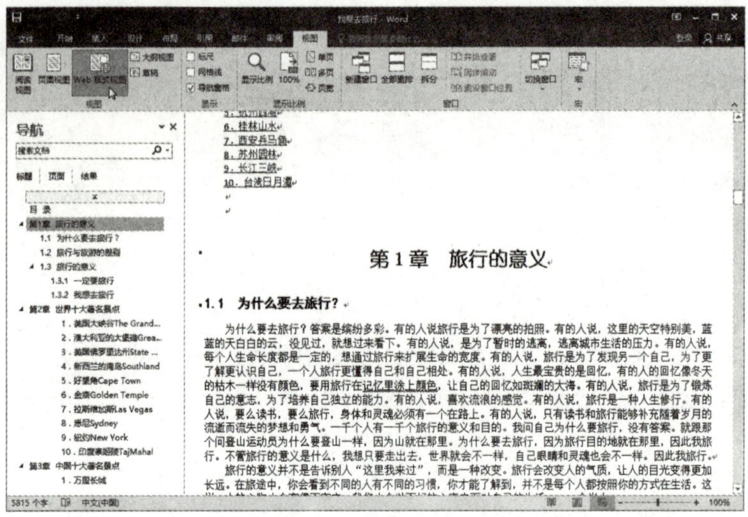

图 6-7　用 Web 版式视图显示的文档

6.2.3　Word 2016 工作环境设置

由于需要编辑的文档类型不同（例如书、公文、海报），用户的操作习惯不同，在安装完成 Word 后，正式使用 Word 前，通常应该先设置 Word 的工作环境。Word 2016 对环境的设置，都放置在“文件”菜单中。单击“文件”菜单底部的“选项”命令，在显示的“Word 选项”对话框中进行工作环境的相关设置。

微视频：自定义快速访问工具栏

1. 自定义快速访问工具栏

对于一些经常使用的命令，可将其放置到快速访问工具栏中，例如打开文档命令。在“Word 选项”对话框左侧窗格中单击“快速访问工具栏”，如图 6-8 所示。

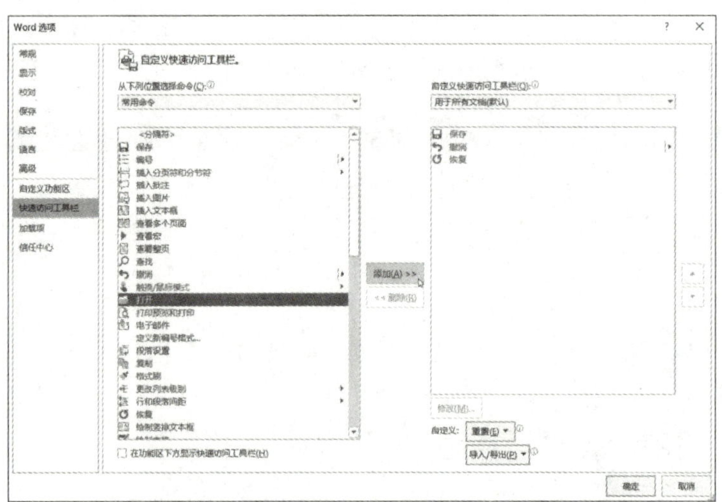

图 6-8　“Word 选项”对话框中的“快速访问工具栏”选项

在右侧窗格中，首先从左侧列表框中选择要添加的命令，例如单击选中“打开”命令，然后单击列表框中间的“添加”按钮，选中的“打开”命令即出现在右侧的列表框中。单击“确定”按钮后，在快速访问工具栏中可以看到刚才添加的“打开”命令。建议添加常用的命令，如打开、新建、打印等。

2. 自定义文档保存方式

文档保存方式包括保存文档的默认格式、自动保存时间、文件默认保存位置，在“Word 选项”对话框左侧窗格中单击“保存”，然后在右侧窗格中进行相应设置，如图 6-9 所示。

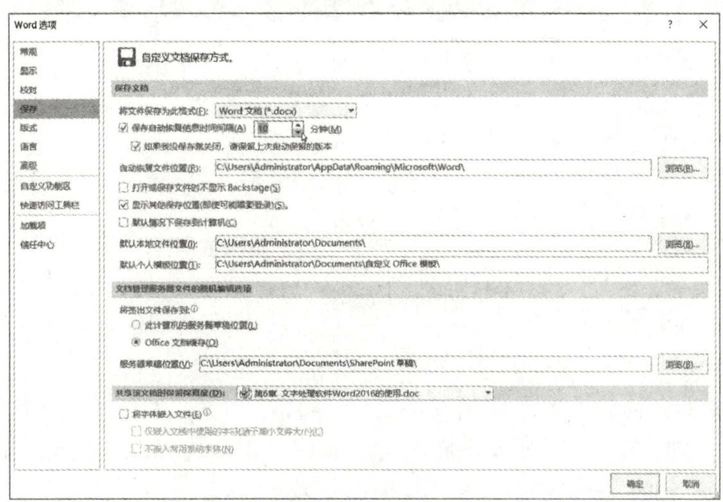

图 6-9　“Word 选项”对话框中的“保存”选项

3. 设置格式标记

在编辑过程中，如果想检查在每段结束时是否按了 Enter 键，是否按了空格键，或在输入编辑过程中是否按规定格式进行了排版，这时就要在文档中显示控制字符的格式标记。

（1）设置显示或隐藏格式标记

单击“文件”菜单中的“选项”，在打开的“Word 选项”对话框左侧窗格中单击“显示”。在右侧窗格中的“始终在屏幕上显示这些格式标记”选项组中，默认选中“制表符”“空格”和“段落标记”。为了显示所有格式标记，最好选中“显示所有格式标记”，如图 6-10 所示。

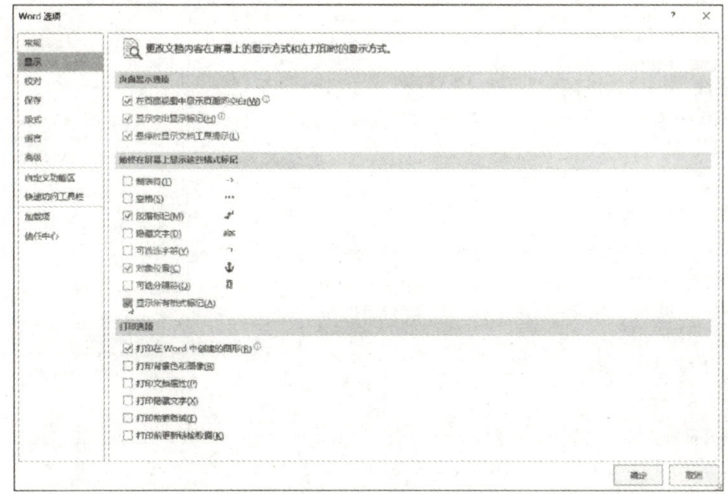

图 6-10　“Word 选项”对话框中的“显示”选项

(2)设置显示或隐藏编辑标记

在“开始”选项卡的“段落”组中，单击“显示/隐藏编辑标记”按钮，如图 6-11 所示。

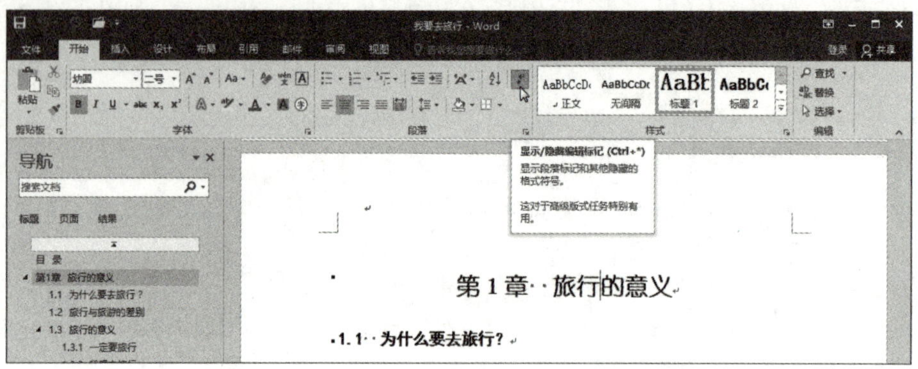

图 6-11 “显示/隐藏编辑标记”按钮

注意，如果在“Word 选项”对话框选择了一些始终显示的格式标记（例如制表符、空格、段落标记），则“显示/隐藏编辑标记”按钮不会隐藏这些始终显示的格式标记。

4. 取消自动更正

在输入和编辑过程中，Word 默认启用一些自动更正功能，例如，输入直引号“" "”将自动变为弯引号““ ””；输入“1.”按 Enter 后，将在下行出现“2.”，并且排列方式也变了。严重情况下，自动更正会让用户无法完成需要的排版要求。因此，应根据需要取消一些默认设置。

在“Word 选项”对话框左侧窗格中单击“校对”，如图 6-12 所示。

在右侧窗格中单击“自动更正选项”按钮，显示“自动更正”对话框，在“键入时自动套用格式”选项卡和“自动套用格式”选项卡中，可以根据需要取消一些 Word 默认选中的复选框，建议取消选中“键入时自动替换”和“键入时自动应用”选项组中的所有选项，如图 6-13 所示。

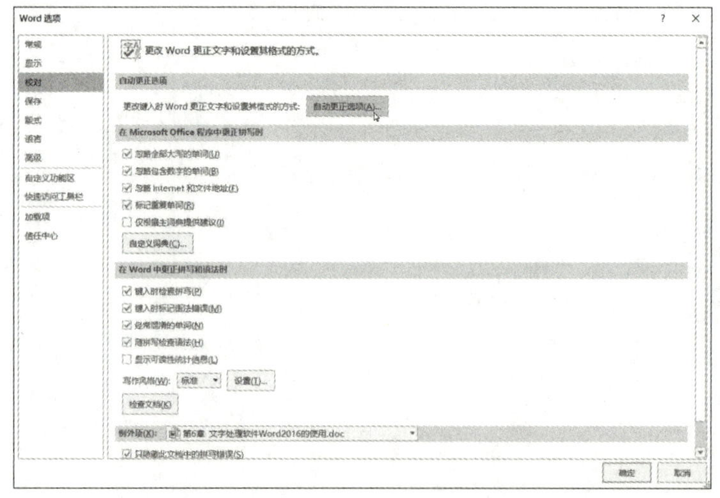

图 6-12 “Word 选项”对话框中的“校对”选项

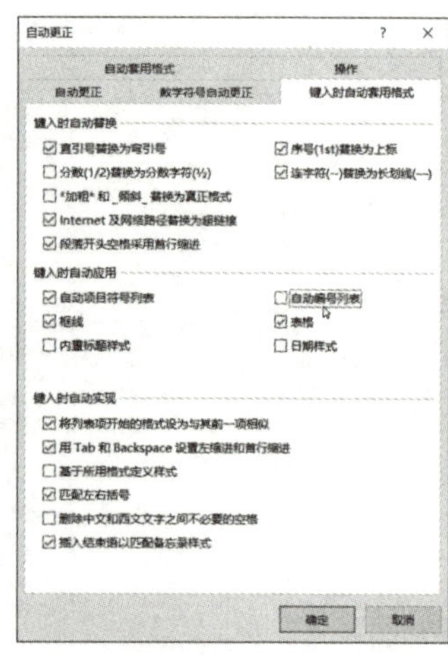

图 6-13 “自动更正”对话框中的选项卡

6.2.4　创建文档

创建一篇新的空白文档的方法有多种，可以根据需要来选择。通常都是先新建 Word 空白文档，然后在空白文档中输入文字等内容。新建空白文档有多种方法，常用下列方法之一。

1. 在启动 Word 应用程序时新建文档

通过“开始”菜单等方式，启动 Word 2016 应用程序。显示 Word 2016 的“打开或新建”窗口，如图 6-1 所示，单击“空白文档”模板或其他模板。Word 2016 会根据用户选定的模板新建一个文档，并取名为“文档 1”。如图 6-2 所示是单击“空白文档”模板后创建的空白文档。

2. 在打开的现有文档中新建文档

如果已经启动 Word 2016 应用程序，当前处在编辑窗口状态，如图 6-2 所示，需要新建文档时，在功能区左端单击“文件”。显示“文件”菜单的“信息”选项卡，如图 6-14 所示。

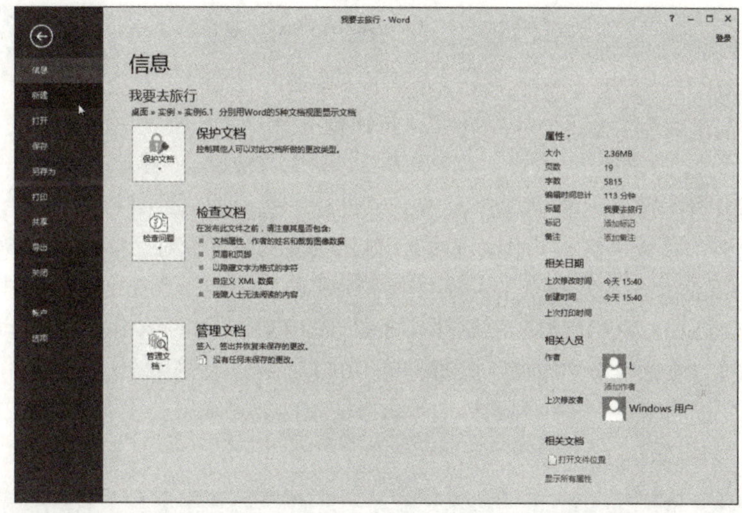

图 6-14　“文件”菜单的“信息”选项卡

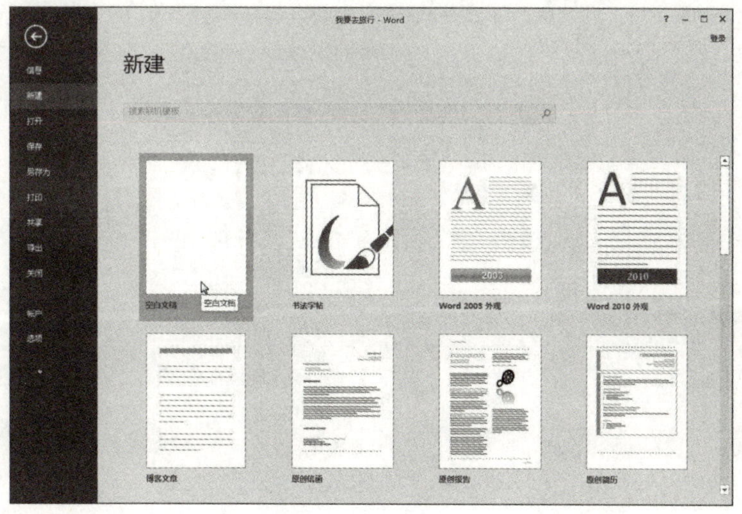

图 6-15　“文件”菜单中的“新建”选项卡

单击“文件”菜单中的“新建”，右侧显示“新建”选项卡，如图 6-15 所示，单击“空白文档”模板。显示如图 6-2 所示的 Word 2016 编辑窗口。

3. 从模板创建文档

“模板”是“模板文件”的简称，“模板”是一种特殊的文件，每个模板都提供了一个样式集合，供格式化文档使用。除了样式外，模板还包含一些其他元素，比如宏、自动图文集、自定义的工具栏等。因此可以把模板形象地理解成一个容器，它包含上面提到的各种元素。

在新建文档时可使用模板来新建文档，包括“空白文档”，这时 Word 即是使用 Normal 模板来创建一个新空白文档。Word 2016 提供了许多类型的文档模板，包括空白文档、简历、经典的课程教学大纲、年底报告、APA 论文格式等。可以链接到微软的网站上在线获取、更新模板。

实例 6.2　使用模板创建文档

任务描述：

使用模板创建书法字帖。

实施步骤：

① 单击“文件”菜单中的“新建”。显示“新建”选项卡，如图 6-15 所示。

② 单击需要的模板，例如“书法字帖”，显示“增减字符”对话框，如图 6-16 所示。在“字体”下的下拉列表框中选择需要的字体，在“字符”下选择要添加到字帖中的字符，在选择字符时，可以在“可用字符”下拉列表框中单击选择一个字符，也可以拖动选择一个区域中的一批字符，然后单击“添加”按钮将选中的文字添加到字帖中，多次操作把所有字符添加到右侧的“已用字符”下拉列表框中。所有字符添加完成后，单击“关闭”按钮，关闭对话框。

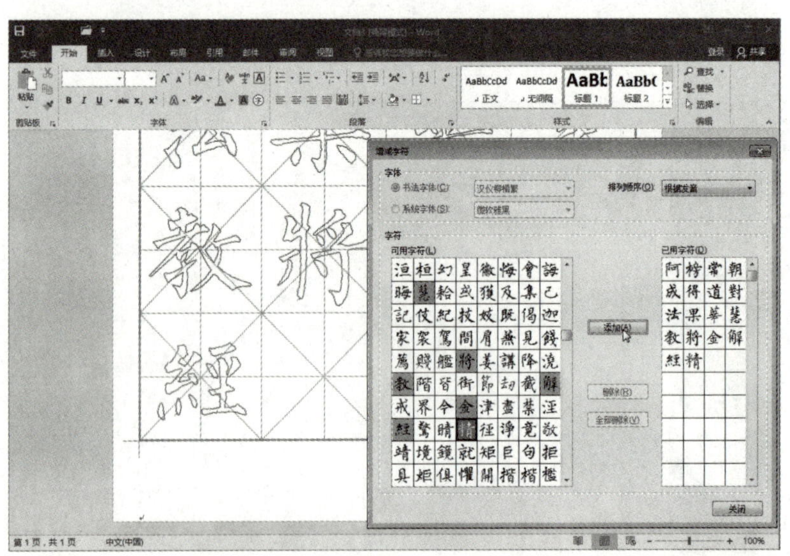

图 6-16 “书法字帖”对话框

注意，不同的模板会显示不同的对话框或者内容，要依据提示做相应的操作。

③ 文档编辑区显示字帖，如图 6-17 所示。然后可以将其打印到纸上，作为字帖练习用。

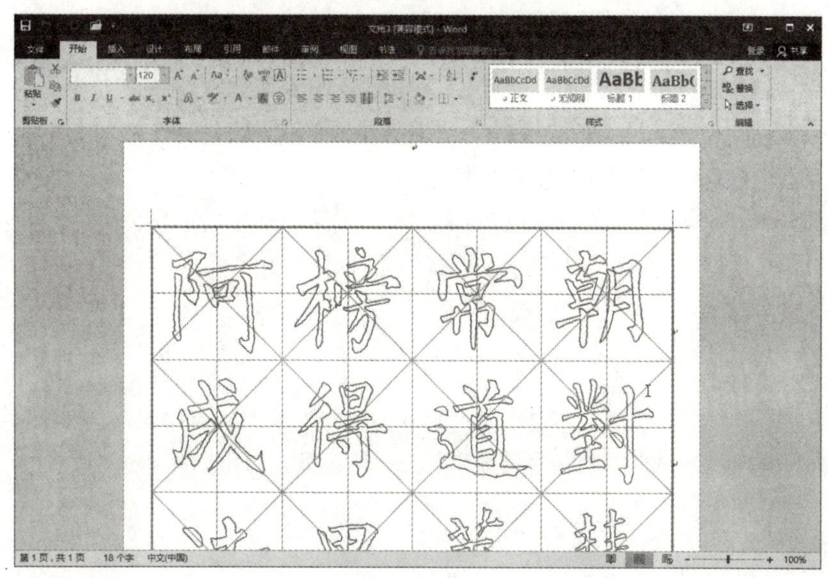

图 6-17 “书法字帖”模板创建的文档

④ 保存文档时，一定要注意“文档三要素”，即保存的位置、文件名、类型。在“快速访问工具栏”上，单击“保存”或者按 Ctrl+S 键，或者单击“文件”菜单中的“保存”。如果是第一次保存该文件，则显示“另存为”选项卡，如图 6-18 所示。“另存为”选项卡分为两列，左侧显示文件夹，包括 OneDrive（默认）、这台电脑等，右侧显示左侧选定的文件夹中的子文件夹。

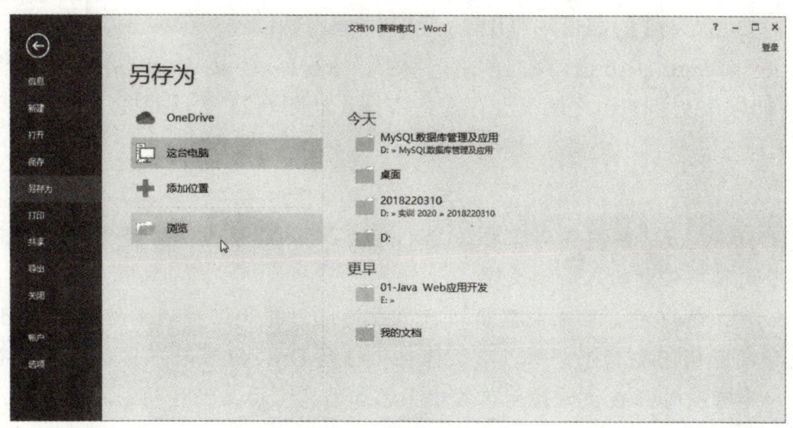

图 6-18 “另存为”选项卡

若要将文档保存在其他位置，单击“浏览”，显示“另存为”对话框，如图 6-19 所示，浏览到保存文档的文件夹，为文档键入一个文件名，然后单击“保存”按钮。

有时会弹出“将文档升级到最新的文件格式”提示对话框，如图 6-20 所示，一般情况下选中“不再询问”复选框，单击“确定”按钮回到编辑状态，此时，文档标题栏显示新文件名，完成文档的保存。

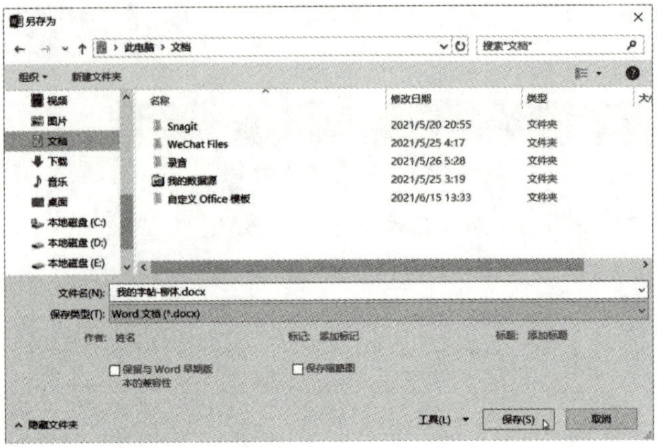

图 6-19 “另存为”对话框

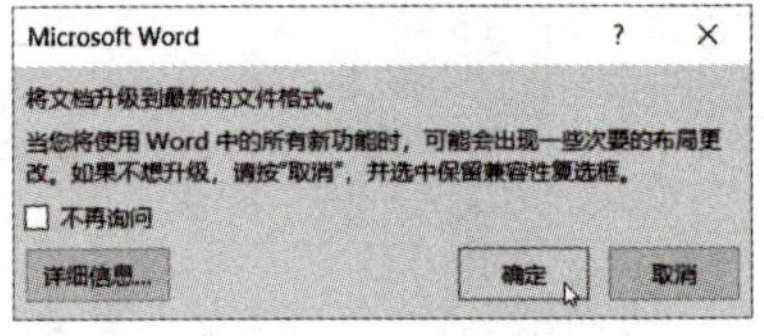

图 6-20 “将文档升级到最新的文件格式”提示对话框

如果文档已经保存并命名，不会出现“另存为”对话框，而直接保存到原来的文档中以当前已编辑的内容代替原来内容，当前编辑状态保持不变，可继续编辑文档。

6.2.5 关闭文档或结束 Word 2016

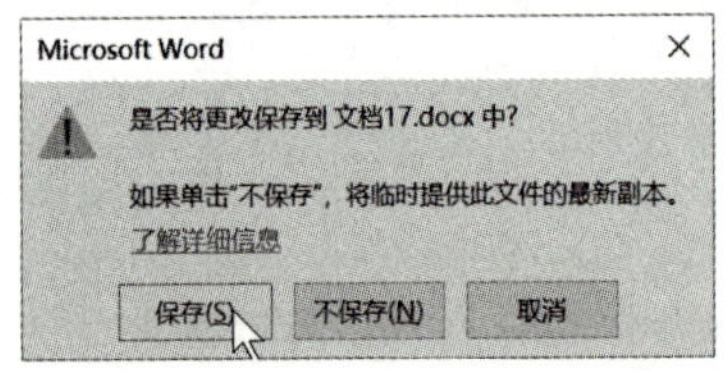

图 6-21 “是否将更改保存到 ××× 中”提示对话框

1. 关闭文档

关闭当前正在编辑的文档的方法为：单击“文件”菜单中的“关闭”，会弹出“是否将更改保存到 ××× 中”提示对话框，如图 6-21 所示。若要保存更改则单击“是”，不保存更改则单击“否”。若不关闭文档，仍继续编辑，则单击“取消”。

2. 结束 Word 2016

如果不需要在 Word 的编辑环境中继续编辑文档，则要结束 Word 应用程序。若要结束 Word 2016，单击 Word 2016 窗口右上角的“关闭”即可。结束 Word 也将关闭编辑窗口中的 Word 文档，如果该文档编辑之后没有存盘，将打开如图 6-21 所示的提示框，询问用户是否保存更改。

拓展训练

（1）启动 Word，新建 3 个文档，分别命名文档名称为“练习 1”“练习 2”“练习 3”。在每个文档中任意输入一些文字。

（2）设置工作环境，要求：显示所有格式标记，默认保存的文档格式为 .docx，自动保存文档的时间间隔为 1 分钟，默认保存文档到 D:\，键入时不自动编号，不自动把直引号替换为弯引号。在快速访问工具栏上添加新建空白文档按钮。

（3）使用“基本简历”模板，编写自己的基本简历。

6.3 文档的编辑排版

文档的编辑排版包括文档的编辑，字体、字号、段落、页面设置等文档的排版。

6.3.1　文档的基本编辑排版

微视频：查找文本

对文档中的文字、字符、图形、图片等内容，可以进行移动插入点、选定文档、复制、删除、查找等操作，这些操作称为编辑；对文档中的文字进行格式设置，包括字体格式、段落格式等，对页面，包括其纸张大小、每行字数和每页行数、页面方向、页边距等进行设置，以使其美观和便于阅读，这些操作称为排版。

实例 6.3　上行文的编辑、排版

任务描述：

按照上行文的公文格式及排版要求，编辑一份“请示”文档，如图 6-22 所示是上行文公文的排版示例。

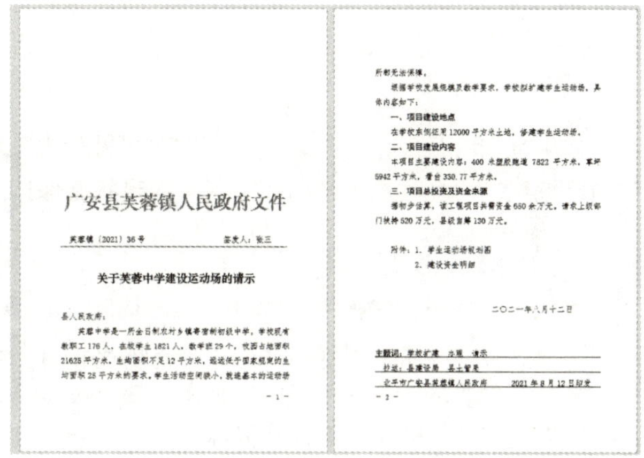

广安县芙蓉镇人民政府文件

芙蓉镇〔2021〕36 号　　　　签发人：张三

关于芙蓉中学建设运动场的请示

县人民政府：

芙蓉中学是一所全日制农村乡镇寄宿制初级中学，学校现有教职工 176 人，在校学生 1821 人，教学班 29 个，校园占地面积 21625 平方米，生均面积不足 12 平方米，远远低于国家规定的生均面积 25 平方米的要求，学生活动空间狭小，就连基本的运动场所都无法保障。

根据学校发展规模及教学要求，学校拟扩建学生运动场，具体内容如下：

一、项目建设地点

在学校东侧征用 12000 平方米土地，修建学生运动场。

二、项目建设内容

本项目主要建设内容：400 米塑胶跑道 7822 平方米，草坪 5942 平方米，看台 330.77 平方米。

三、项目总投资及资金来源

据初步估算，该工程项目共需资金 650 余万元。请求上级部门扶持 520 万元，县级自筹 130 万元。

附件：1. 学生运动场规划图
　　　2. 建设资金明细

二〇二一年八月十二日

主题词：学校扩建　办理　请示

抄送：县建设局　县土管局

北平市广安县芙蓉镇人民政府　　2021 年 8 月 12 日印发

图 6-22　上行文公文的排版示例

任务分析：

我国对公文（函、请示、报告、通知、规定等）有明确的格式要求，中共中央办公厅、国务院办公厅印发《党政机关公文处理工作条例》（中办发〔2012〕14 号）是目前执行的主要依据。撰写公文，必须遵照相应公文的撰写规范来进行，依照标准格式来排版。因此，完成此类任务，通常先找规范、再看范例，参照样张准确、快速地成任务。

实施步骤：

1. 新建文档

启动 Word 2016，新建一个空白文档。文档名为“芙蓉镇 2021-36.docx”，保存到文件夹“D:\2021 年 - 上行文”中。

2. 录入正文文字

文档中闪烁的插入点光标“|”和鼠标指针“I”具有不同的外观和作用。插入点光标用于指示在文档中输入文字和图形的当前位置，它只能在文档区域移动；鼠标指针则可以在桌面上任意移动，移动鼠标指针或者拖动滚动块，并不改变插入点的位置，只有用鼠标在文档中单击才改变插入点。用鼠标单击需要输入文字的位置，或按键盘上的方向键，可以改变插入点的位置。也可以使用“即点即输”，即将鼠标指针移动到要输入文字的位置，然后双击。

从输入法工具栏中选取一种中文输入法。输入标题，然后按 Enter 键另起一段，使插入点移到下一行。输入其他正文，插入点会随着文字的输入向后移动。在输入文字时可以按空格键。如果输错了文字，可按 Backspace 键删除刚输入的错字，然后输入正确的文字。输入过程中，当文字到达右页边距时，插入点会自动折回到下一行行首。一个自然段输入完成后按一次 Enter 键，段尾有一个“↵”符号，代表一个段落的结束，如图 6-23 所示。

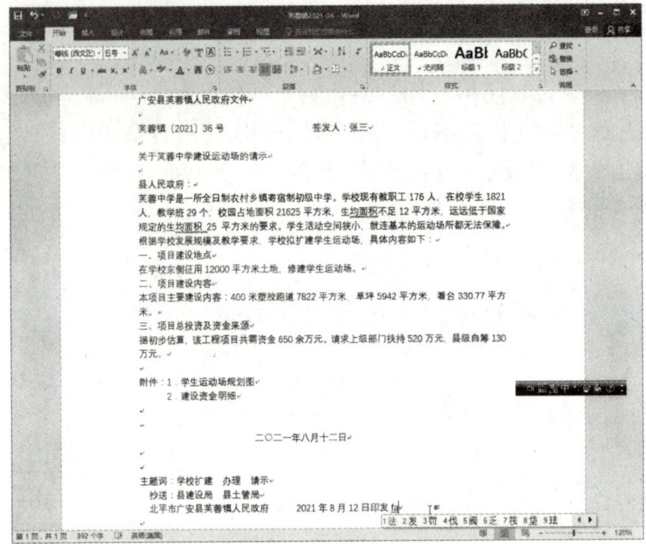

图 6-23　录入文字

3．选定文本

Windows 环境下的程序，都遵循“先选定，后操作”的规定。在 Word 中，选定文本内容后，被选中的部分变为突出显示，一旦选定了文本就可以对它进行多种操作，如删除、移动、复制、更改格式等。用鼠标选定文本的方法是：在要开始选择的位置单击，按下鼠标左键，然后在要选择的文本上拖动鼠标。

4．设置字符格式

字符格式包括字符的字体、字号、颜色、字形（如粗体、斜体、下划线）等。默认字号是五号字，中文字体是宋体，西文字体是 Times New Roman。可以根据需要重新设置文本的字体。

设置字符格式的方法有两种：一种是在未输入字符前设置，其后输入的字符将采用设置的格式；另一种是先选定文本块，然后再设置，它只对该文本块起作用。

微视频：使用“字体”组设置字符格式

选中文本“广安县芙蓉镇人民政府文件”后，将指针移到自动出现的浮动工具栏上，单击“字体”框右侧的下拉按钮，从字体列表中选“华文中宋”；单击“字号”框右侧的下拉按钮，从“字号”下拉列表中选“小初”；单击“字体颜色”按钮，设为红色。完成后如图 6-24 所示。

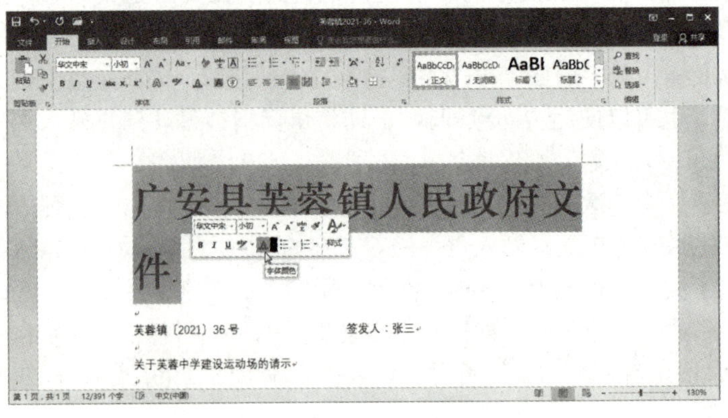

图 6-24　使用浮动工具栏设置

微视频：使用“字体”对话框设置字符格式

也可以选定要更改的文本后，使用“开始”选项卡的“字体”组进行设置。或者，单击“开始”选项卡的“字体”组右下角的对话框启动器按钮，显示“字体”对话框，如图 6-25 所示，在“字体”对话框中对字符格式进行详细设置。

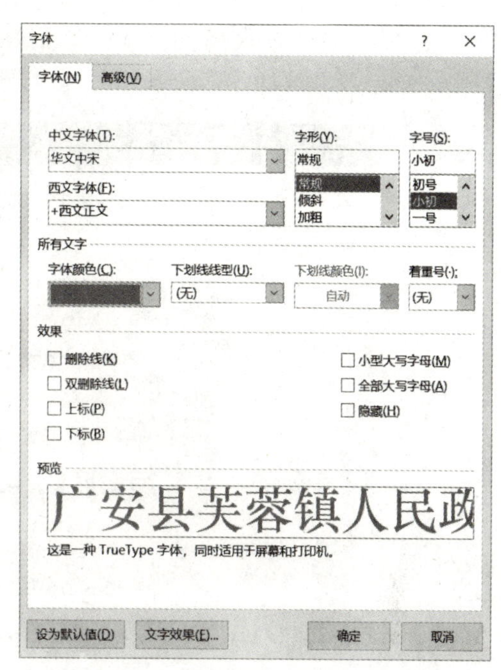

图 6-25 “字体”对话框

在红头文件下选中所有段落，把字体设置为“仿宋”“三号”。选中签发人“张三”，把字体设置为“楷体”。

标题“关于……请示”按规定用“二号小标宋体字”，由于 Windows 10 中默认不安装这种字体，可用“华文中宋”“二号”。“一、……”“二、……”“主题词：”等用“黑体”“三号”。

5. 设置段落格式

段落是文本、图片及其他对象的集合，每个段落结尾跟一个段落标记“↵”，每个段落都有自己的格式。设置段落格式是对某个段落设置格式，段落格式包括段落的对齐方式、段落的行距、段落前后的间距等。

（1）设置段落的水平对齐方式

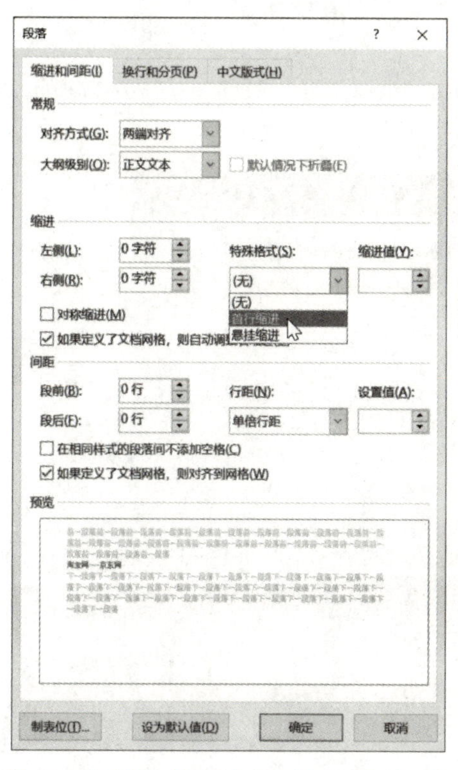

图 6-26 “段落”对话框的“缩进和间距”选项卡

在“开始”选项卡的“段落”组中，有“文本左对齐”、“居中”、“文本右对齐”、“两端对齐”、“分散对齐”按钮。单击需要对齐的段落，把插入点置于该段落中，然后单击对齐按钮。把红头文件段落、标题段落，设置为“居中”。

（2）设置段落首行缩进

在“开始”选项卡上，单击“段落”组中的对话框启动器。显示“段落”对话框的“缩进和间距”选项卡，如图 6-26 所示。

对于中文段落，最常用的段落缩进是首行缩进 2 个字符。在“缩进”选项组的“特殊格式”下拉列表中，选择“首行缩进”选项，“缩进值”数值选择框中显示“2 字符”。该段落以及后续键入的所有段落的首行都将缩进。

选中“县人民政府：”至“主题词”之间的段落，设置段落首行缩进 2 个字符。

6. 更改行距

行距是从一行文字的底部到下一行文字底部的间距。Word 会自动调整行距以容纳该行中最大的字体和最高的图形。如果某行包含大字符、图形或公式，将自动增加该行的行距。单击要更改行距的段落。在“开始”选项卡的“段落”组中，单击“行和段落间距”按钮，打开列表如图 6-27 所示。

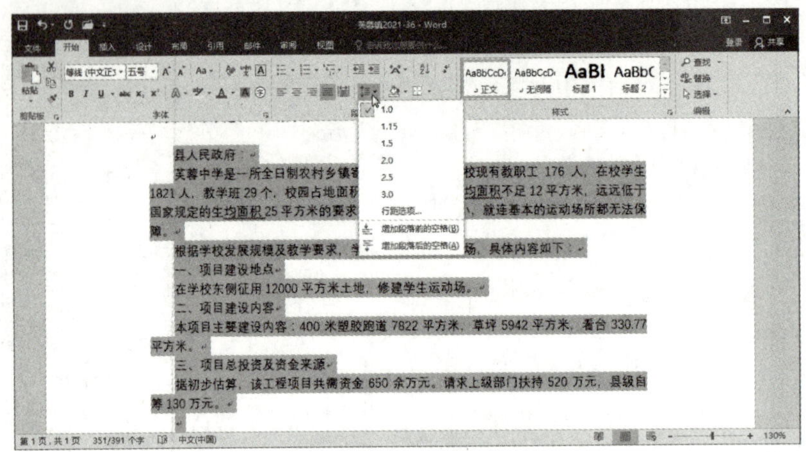

图 6-27 “行和段落间距”列表

执行下列操作之一：

· 要应用新的设置，单击所需行距对应的数字。例如，如果单击“2.0”，所选段落将采用双倍行距。

· 要设置更精确的行距，在列表中单击“行距选项”，显示“段落”对话框的“缩进和间距”选项卡，如图 6-26 所示，在“行距”选项组中设置所需的选项和值。

选中“县人民政府：”及之后的段落，设置行距为“固定值”“28 磅”。

7. 页面设置

① 在“布局”选项卡的“页面设置”组中，单击“纸张大小”按钮，如图 6-28 所示，从下拉列表中选取需要的纸张大小——A4。

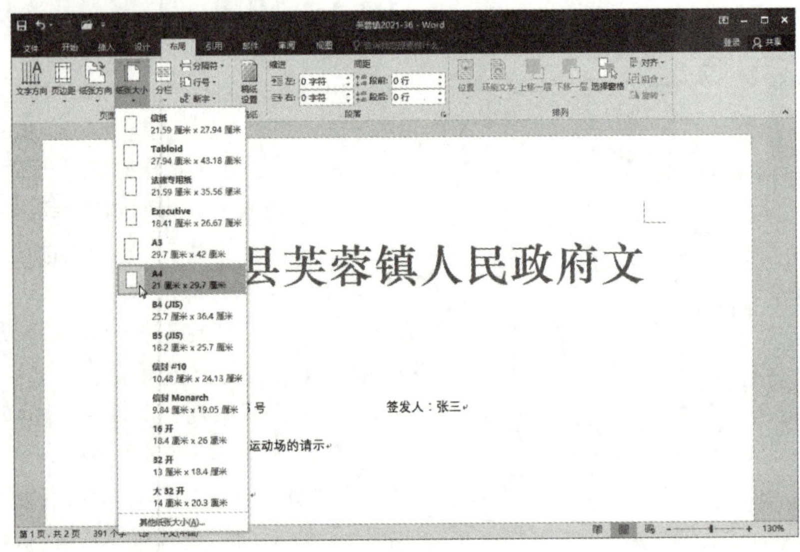

图 6-28 “布局”选项卡的“页面设置”组

或者，单击“页面设置”组右下角的对话框启动器按钮，显示“页面设置”对话框，在“纸张”选项卡中，选择“纸张大小”为“A4”，如图 6-29 所示。

② 页边距是页面上打印区域之外四周的空白区域。根据公文要求的数据，可算出页边距尺寸。在“页边距选项卡”的“页边距”选项组中，“上”页边距设置为 3.7 厘米，“下”页边距设置为 3.5 厘米，“左”页边距设置为 2.8 厘米，“右”页边距设置为 2.6 厘米，“装订线”设置为 0 厘米，“装订线位置”设置为“左”；“纸张方向”设置为“纵向”。如图 6-30 所示，按此数值设定即可实现版心尺寸 156 mm × 225 mm（不含页码）。

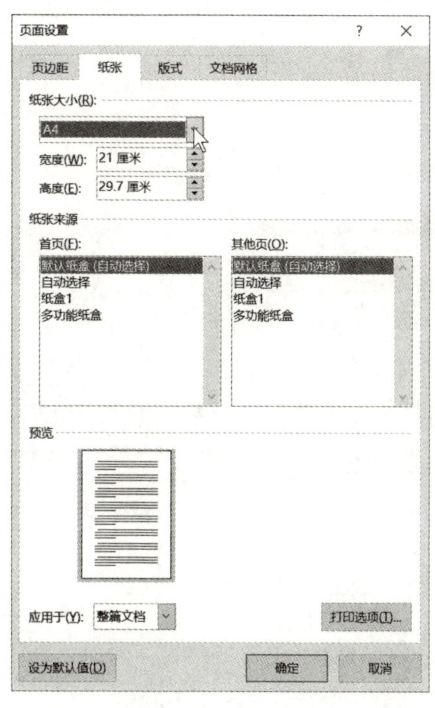

图 6-29 “纸张”选项卡

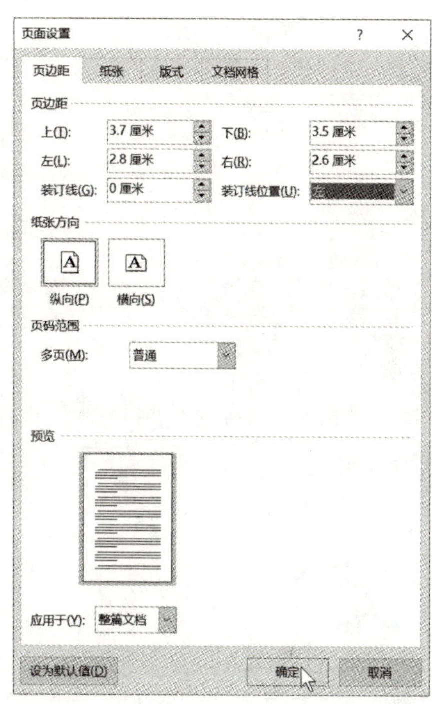

图 6-30 设置页边距

8. 设置页眉和页脚

在“页面设置”对话框的“版式”选项卡中，将“距边界”的“页脚”设置为 3 厘米，可实现一字线距版心下边缘 7 mm，设置“页眉”为 1 厘米；选中“奇偶页不同”复选框，这样可实现单、双页码分置左、右；设置“节的起始位置”设置为“新建页”，“垂直对齐方式”设置为“顶端对齐”，如图 6-31 所示。

9. 设置每页行数与每页字数

① 在“页面设置”对话框的“文档网格”选项卡中，如图 6-32 所示，单击“字体设置”按钮。

② 显示“字体”对话框的“字体”选项卡，在“中文字体”下拉列表框中选中“仿宋”，在“西文字体”下拉列表框中选中“（使用中文字体）”，在“字号”列表框中选中“三号”，如图 6-33 所示，最后单击“确定”按钮。

③ 回到“页面设置”对话框的“文档网格”选项卡，选中“指定行和字符网格”单选钮，取消选中“使用默认跨度”复选框；设置“每行”字符数为 28，“每页”行数为 22 在“应用于”下拉列表框中选择“整篇文档”，如图 6-34 所示。最后，单击“确定”按钮，关闭“页面设置”对话框。

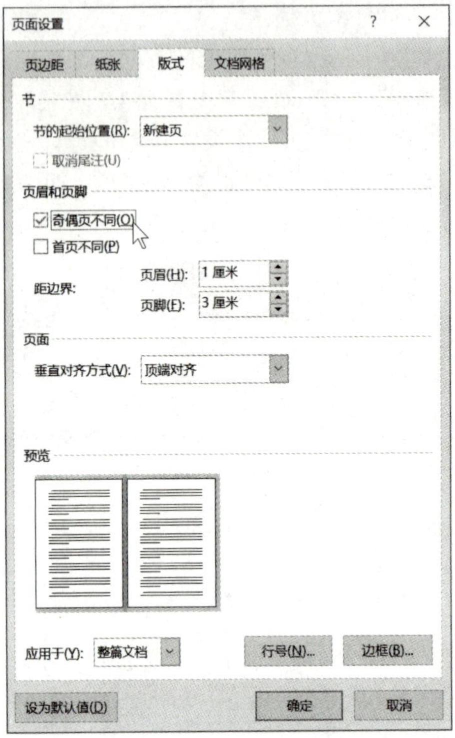

图 6-31 设置页眉和页脚

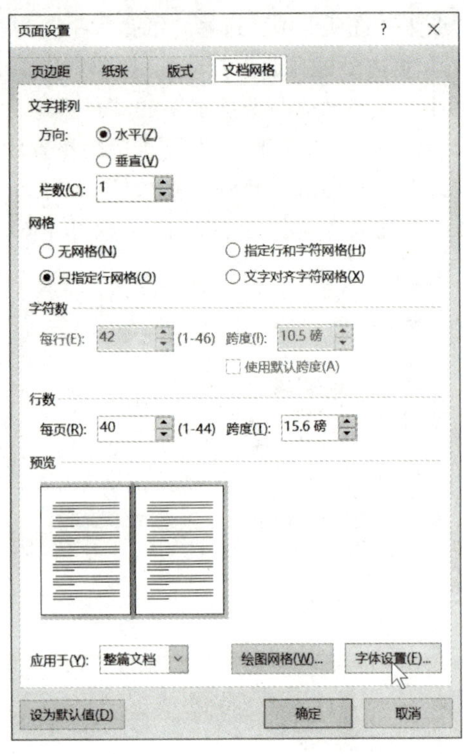

图 6-32 “页面设置”对话框的“文档网格”选项卡

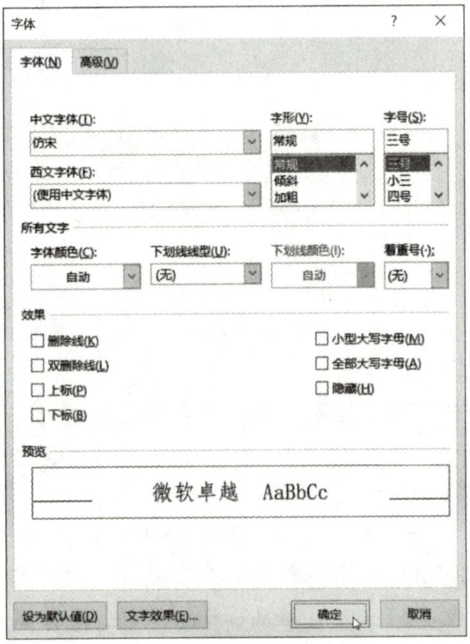

图 6-33 设置正文字体

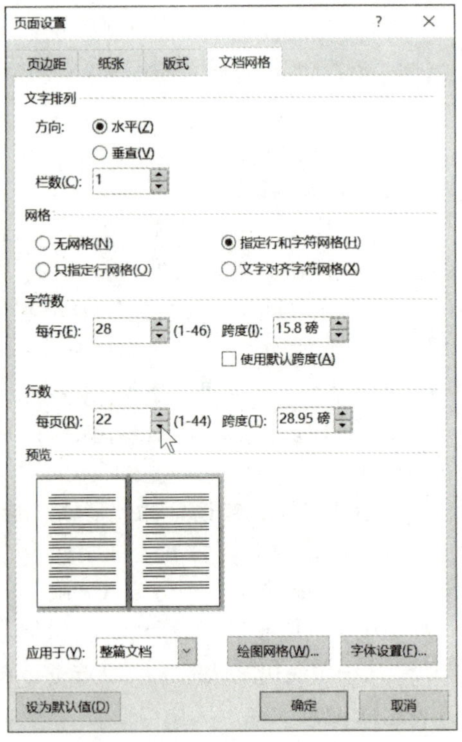

图 6-34 设置每页行数和每行字数

10. 插入页码

微视频：插入符号

由于在“页面设置”对话框的“版式”选项卡中设置了“奇偶页不同”，下面就要分别设置来插入奇数页的页码和偶数页的页码。

① 把插入点放置到奇数页（这里是第 1 页）中，在“插入”选项卡的“页眉和页脚”组中，单击“页码”按钮。打开下拉列表，指向“页面底端”选项，从列表中单击页码居右侧的“普通数字 3”，如图 6-35 所示。

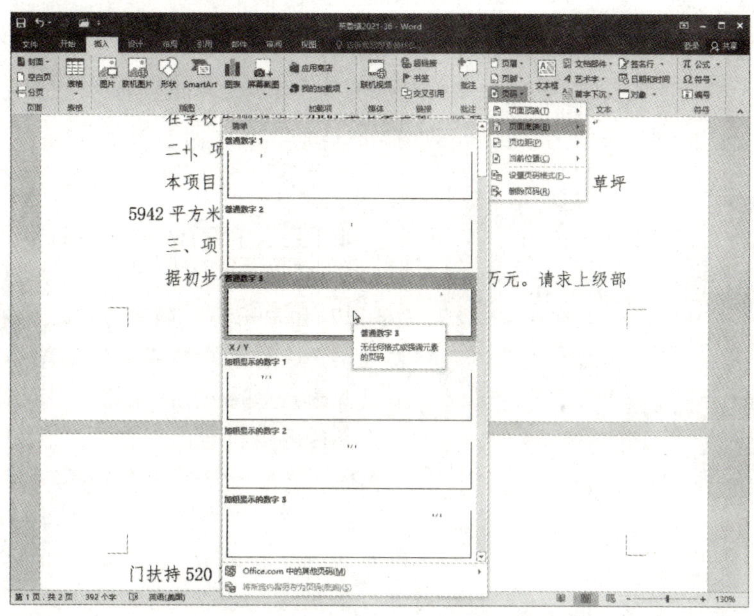

图 6-35　插入奇数页的页码

这时，切换到“页眉和页脚”视图，文档内容部分显示为灰色，插入点定位在页码上。选中页码“1”，在“开始”选项卡的“字体”组中单击“字号”，把页码数字设置为“四号”，如图 6-36 所示。

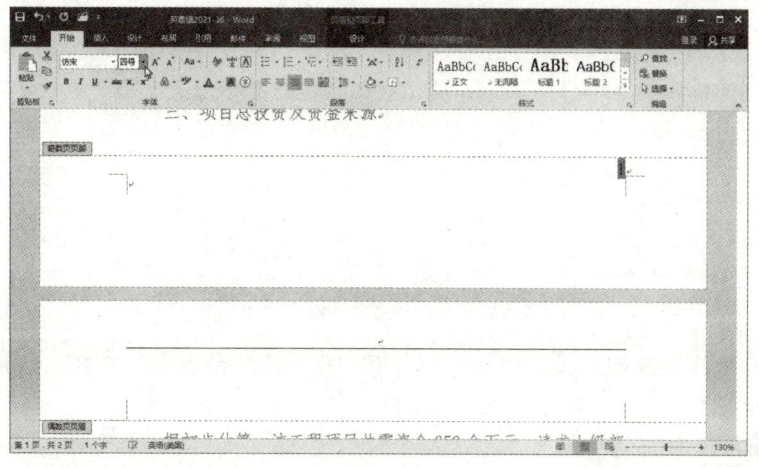

图 6-36　插入到奇数页的页码

在“1”数字后面单击，取消对“1”的选定，按一下空格键以便插入一个空格符，再插入一个全角的减号“－”。插入“－”的方法为：单击“插入”选项卡的“符号”组中的“符号”按钮，显示“符号”列表，如图 6-37 所示，单击需要的符号。

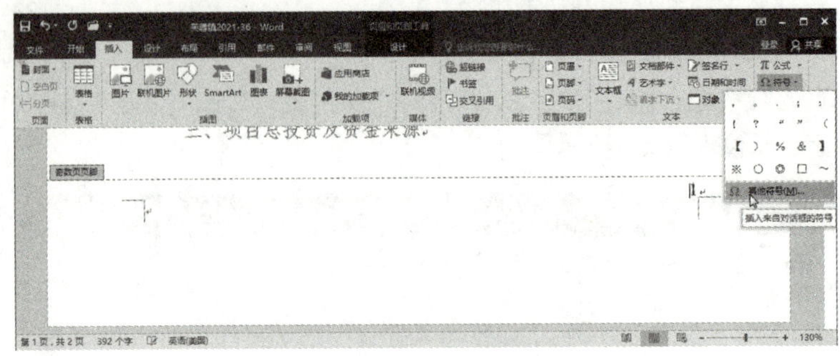

图 6-37 “符号”列表

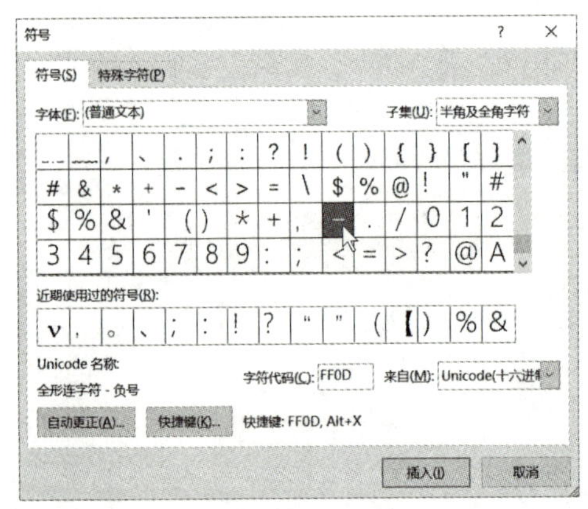

图 6-38 “符号”对话框的“符号”选项卡

如果列表中没有要插入的符号，单击“其他符号”，显示“符号”对话框，如图 6-38 示，从“字体”和“子集”列表中选取相应的选项后，将列出该字体包含的符号，如图 6-38 所示为字体是普通文本的全角字母数字。双击要插入的符号，则插入的符号出现在插入点上。在“1”前面再插入一个全角的减号“－”和空格符。

选中“－ 1 －”，设置为宋体、四号字，如图 6-39 所示，单击“关闭页眉和页脚”按钮。

② 把插入点放置到偶数页（第 2 页）中，在“插入”选项卡的“页眉和页脚”组中，单击“页码”按钮，打开下拉列表，指向“页面底端”选项，从列表中选择页码居左侧的“普通数字 1”。用同样方法，插入和设置偶数页的页码。

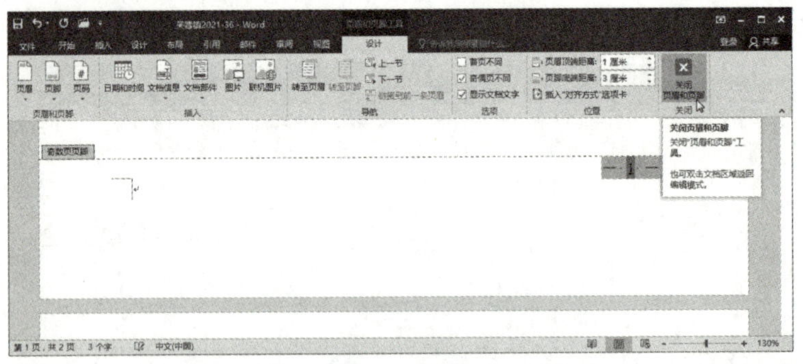

图 6-39 设置完成的奇数页的页码

提示： 如果要删除页码，在“插入”选项卡的“页眉和页脚”组中，单击“页码”按钮，打开下拉列表，单击“删除页码”选项。

11. 画红头文件下的横线

红头文件下有一条与版心同宽的红色粗横线，绘制方法是：在“插入”选项卡的“插图”组中，单击“形状”，从列表中选择“直线”，如图 6-40 所示。

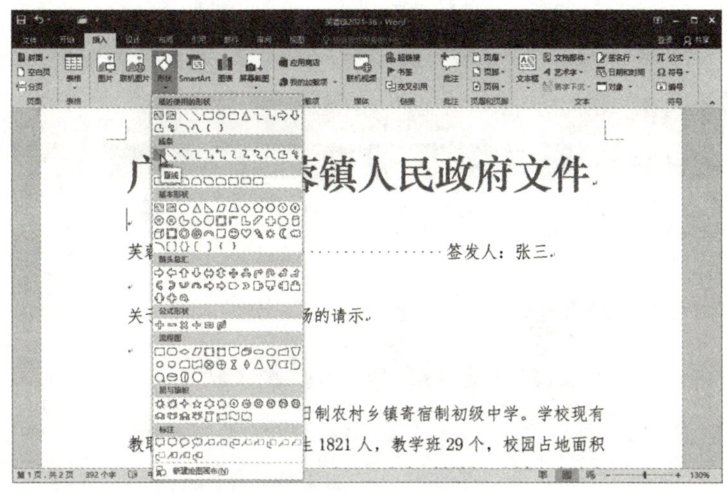

图 6-40　“形状”列表

此时鼠标指针变为“十”，按下 Shift 键不松开，从页面的左侧向右拖动鼠标，绘制出与页面版心同宽的一条横向直线，如图 6-41 所示。先松开鼠标左键，再松开 Shift 键。

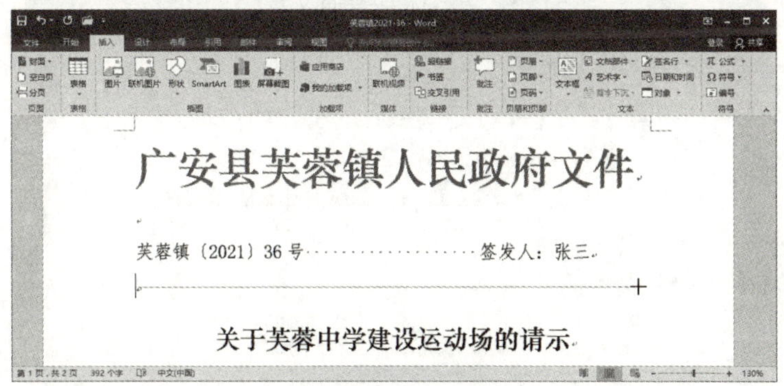

图 6-41　绘制的横线

双击横线，切换到绘图状态，在“格式”选项卡的“形状样式”组中，单击“形状轮廓”，在“标准色”列表中选择“红色”。再次单击“形状轮廓”，指向“粗细”选项，从列表中选择“2.25 磅”，如图 6-42 所示。

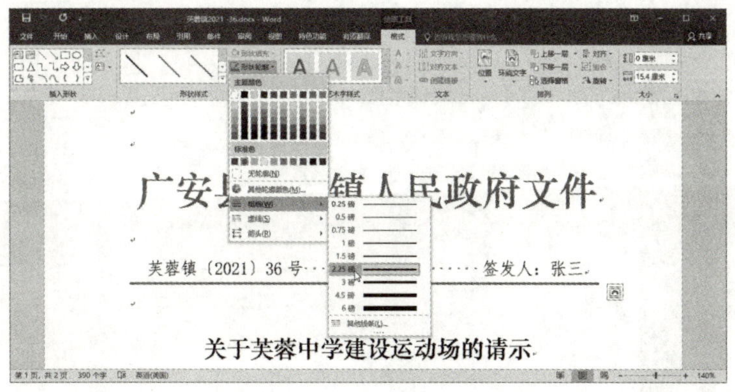

图 6-42　设置横线的颜色和粗细

12. 设置下划线

主题词等三行带有下划线，选中这三行，在“开始”选项卡的“字体”组中，单击“下划线”按钮，如图 6-43 所示。

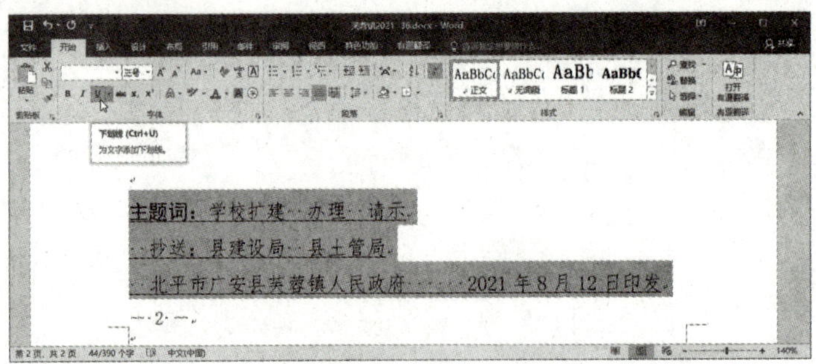

图 6-43　设置下划线

为了使下划线与版心同宽，在行尾按空格键，直到与版心同宽。这时会发现这三行的下划线右端总是无法对齐，可分别在这三行的尾按 Tab 键，使之右对齐，完成后如图 6-44 所示。

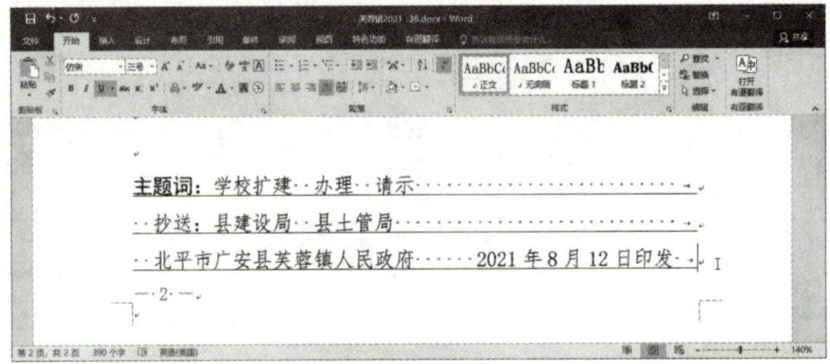

图 6-44　使下划线右端对齐

13. 打印文档

单击“文件”菜单中的“打印”命令，显示“打印”选项卡。“打印”选项卡分为左右两列，默认打印机的属性显示在左列，文档的预览显示在右列，如图 6-45 所示。

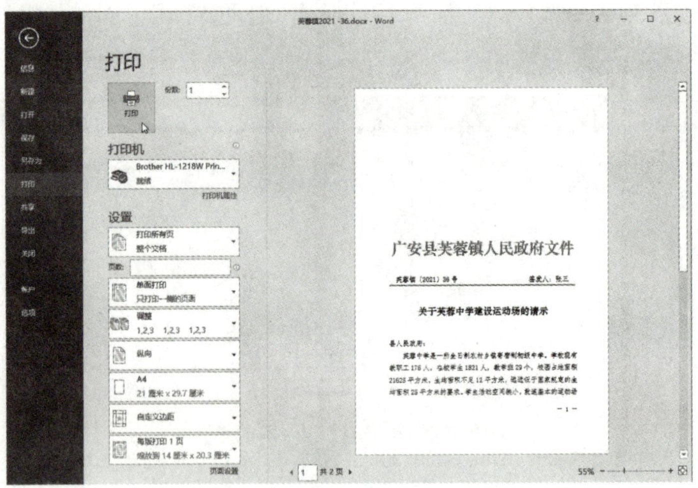

图 6-45　“打印”选项卡

在右列中，可以按不同比例预览文档。如果需要返回到文档并进行更改，单击“文件”菜单的返回按钮⊙。在左列中，可以设置打印选项。在“份数”框中输入需打印的份数。可以指定要打印的范围（打印所有页、打印所选内容、打印当前页面、自定义打印范围），可以单面打印、双面打印等，如需打印非连续页，要输入页码，并以逗号相隔；对于某个范围的连续页码，可以输入该范围的起始页码和终止页码，并以连字符（减号）相连。

如果打印机的属性设置以及文档均已符合要求，可以单击“打印”打印文档。

14. 保存为模板

浏览文档，调整一些对齐，使之符合公文的格式及排版要求。至此，文档就编辑、排版完成了。

为了将来使用方便，可以把这个文档保存为模板。以后再编辑上行文时，可基于这个模板创建文档，编辑时只需替换相关的文字内容，而不用再做页面、页码、字体等排版设置。

保存为模板的方法为：单击“文件”菜单中的“另存为”命令。在“另存为”选项卡中，单击“浏览”。在弹出的“另存为”对话框中浏览到“文档”文件夹下的“自定义 Office 模板”子文件夹，在“保存类型”下拉列表中，单击“Word 模板”选项。在“文件名”组合框中输入模板名称，例如“上行文”，如图 6-46 所示，然后单击“保存”按钮。

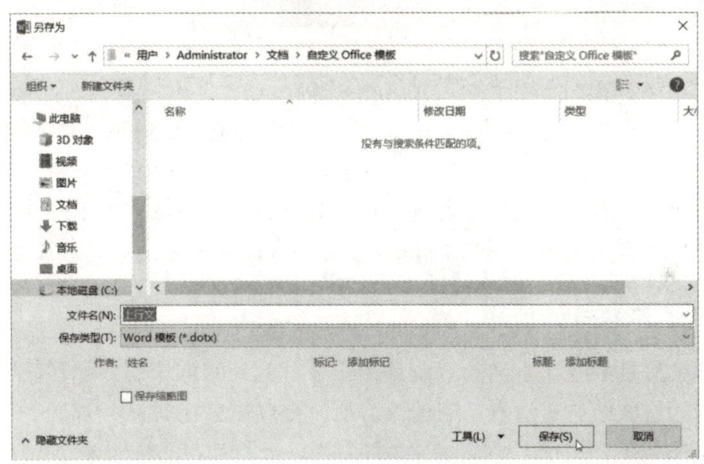

图 6-46　另存为模板对话框

图 6-47　“新建”选项卡中的“个人”模板

如果要使用这个已保存的“上行文”模板，在“文件”菜单中，单击“新建”命令。在“新建”选项卡中，单击“个人”，则显示用户个人保存的模板，如图 6-47 所示。单击“上行文”则创建基于“上行文”模板的文档。

知识与技能

1. 公文的概念

公文是指机关、团体、企事业单位在公务活动中所使用的书面材料的总称。我国的党、政、军等机关以《党政机关公文格式》(GB/T 9704—2012) 为标准。

行文是指一个机关单位给另一个机关单位发送的公文。行文关系是指发文机关单位和收文机关单位之间的关系，亦即由组织系统、领导关系和职权范围所确定的机关单位之间的公文授受关系。我国国家机关的行文有如下三种关系。

下行文：处于领导、指导地位的上级机关向被领导、指导的下级机关发送的行文，例如批示、指示、通报等。

上行文：被领导、指导的下级机关向上级领导、指导机关发送的行文，例如请示、汇报等。上行文首页上部的空白是给上级负责人批示用的区域。

平行文：具有平行关系或不相隶属关系的机关之间使用的行文，例如函。

2. 排版要求

GB/T 9704—2012 规定：

公文用纸采用 A4 型纸，尺寸为：210 mm×297 mm，页边与版心尺寸的天头（上白边）为 37 mm，订口（左白边）为 28 mm，版心尺寸为 156 mm×225 mm（不含页码）。

公文格式各要素一般用三号仿宋体字，每面排 22 行，每行排 28 个字。

公文页码用四号半角白体阿拉伯数码标识，置于版心下边缘之下 1 行，数码左右各放一条四号一字线，一字线距版心下边缘 7 mm。单页码居右空 1 字，双页码居左空 1 字。

6.3.2 项目符号和编号的使用

项目符号和编号是放在文本前的点或其他符号，起到强调作用。合理使用项目符号和编号，可以使文档的层次结构更清晰、条理更清楚、重点更突出。

实例 6.4 快速编排项目符号与编号

任务描述：

在文档中用项目符号和编号快速编排。

任务分析：

使用项目符号时用符号来引导，相关内容具有并列的关系，不分先后，地位一致。使用项目编号时，则用数字来引导，相关内容存在先后顺序问题。项目符号和编号均可以使用多级列表，使得文档呈现更清晰的层次结构。

实施步骤：

1. 在列表中添加项目符号或编号

① 选择要向其添加项目符号或编号的一个或多个段落，如图 6-48 所示左图。

② 在“开始”选项卡的“段落”组中，单击“项目符号”☰▾或“编号”☰▾，如图 6-48 所示右图；或者，单击“项目符号”☰▾或“编号”☰▾后面的下拉按钮，有多种项目

符号样式和编号格式可供选择。

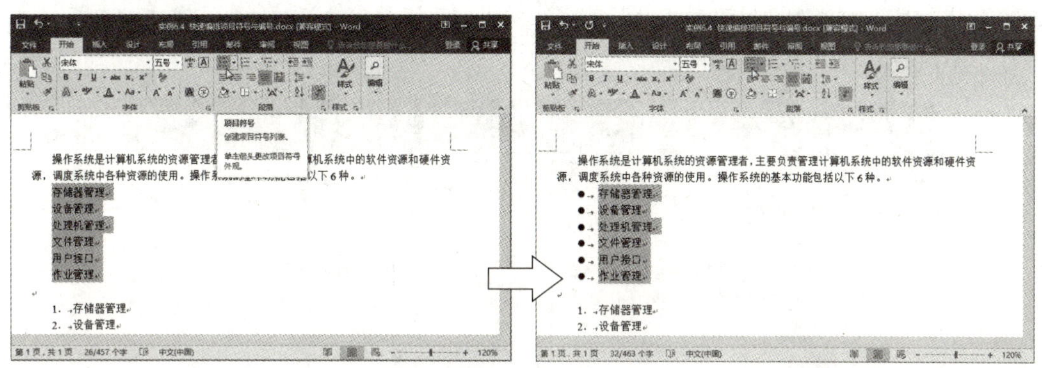

图 6-48　设置项目符号或编号

2. 取消项目符号或编号

由于通过上面方法添加的项目符号或编号常常不能满足需要，这时就需要先取消项目符号或编号，然后再采用输入或插入项目符号或编号的方法添加项目符号或编号。

① 单击或者选中多行列表中的项。

② 在“开始”选项卡的“段落”组中，单击突出显示的“项目符号”或“编号”；或者单击后面的下拉按钮，在“编号库”中单击“无”。或者在“开始”选项卡的“字体”组中，单击“清除所有格式”。

知识与技能

1. 向文字或段落应用（或更改）底纹

选中要应用（或更改）底纹的文字或段落。在“开始”选项卡的“段落”组中，单击“底纹”按钮旁边的下拉按钮，显示“底纹”列表，如图 6-49 所示。在“主题颜色”列表中，选择要用来为选定内容添加底纹的颜色（默认为无颜色）。

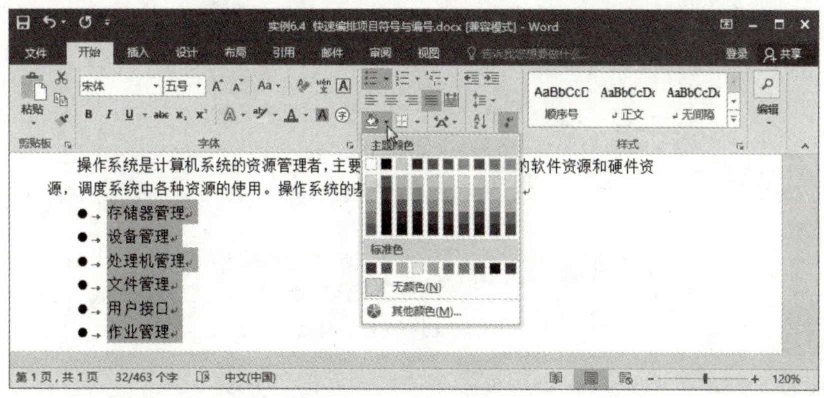

图 6-49　“底纹”列表

如果要使用主题颜色以外的特定颜色，单击“标准色”列表中的一种颜色或者单击“其他颜色”选项，以便查找所需的确切颜色。更改文档的主题颜色时，标准色不会更改。

2. 向文字或段落应用（或更改）边框

选中要应用（或更改）边框的文字或段落。在“开始”选项卡的“段落”组中，单击“边框”按钮旁边的下拉按钮⊞，从显示的“边框”列表中选择需要的边框类型，如图6-50所示。或者，单击“边框和底纹”选项，弹出“边框和底纹”对话框，单击“边框”选项卡，如图6-51所示。

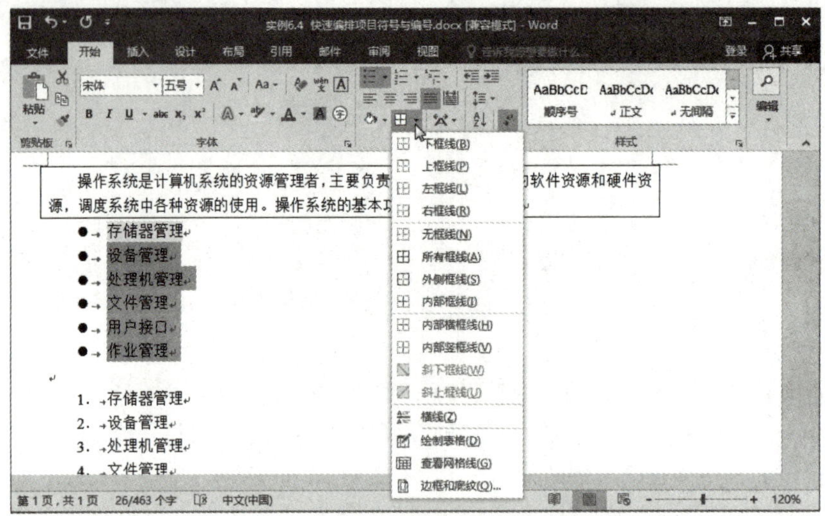

图 6-50 “边框”列表

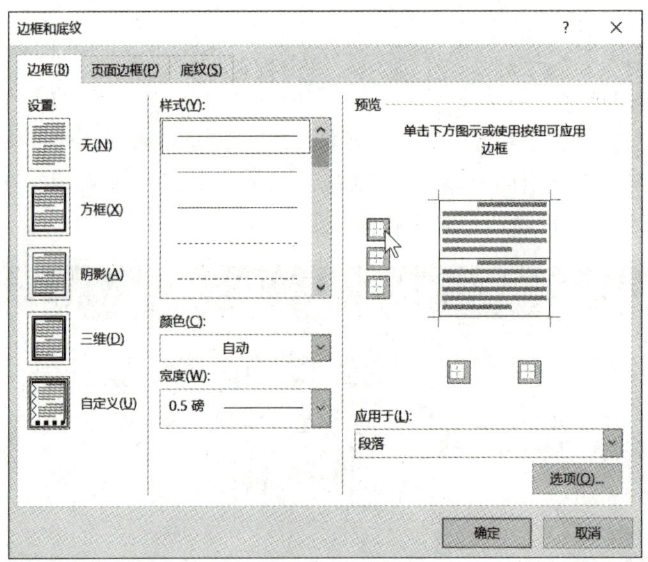

图 6-51 “边框和底纹”对话框

在“设置”选项组中选择一个边框类型（如“方框”“阴影”或“三维”）；在“样式”列表框中选择一种线型；在“颜色”下拉列表框中选择一种边框颜色；在“宽度”下拉列表框中选择线条的粗细磅值；在“应用于”下拉列表框中选定“文字”或“段落”；在“预览”区，单击图示中的边框或使用按钮可以设置上下左右边框是否应用刚才的设置，如图6-51所示。单击“确定”按钮完成设置。

微视频：设置超链接

3. 设置超链接

Word中的超链接，可以链接到文件、网页、电子邮件地址。选中要链接的文字内容，例如“新浪网”，如图 6-52 所示左图。单击“插入”选项卡“链接”组中的“超链接”按钮，显示“插入超链接”对话框；在“地址”组合框中输入或者粘贴地址到该框中，单击“确定”按钮。此时，超链接文字被自动加上下划线并以默认蓝色显示。将鼠标指向超链接文字时，将出现提示文字。按下 Ctrl 键并单击鼠标将自动链接到该地址。

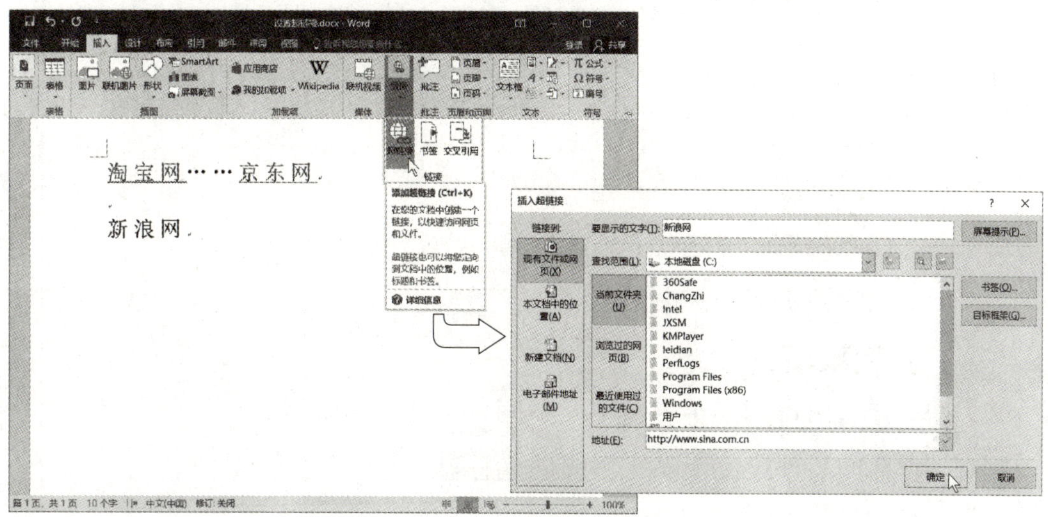

图 6-52　链接到地址

4. 设置首字下沉格式

首字下沉是加大的大写首字母或字，操作方法为：单击选定要以首字下沉开头的段落。在“插入”选项卡的“文本”组中，单击“首字下沉”下拉按钮，在显示的“首字下沉”列表中单击“下沉”，如图 6-53 所示。如果要取消首字下沉，只需在“首字下沉”列表中，单击“无”。

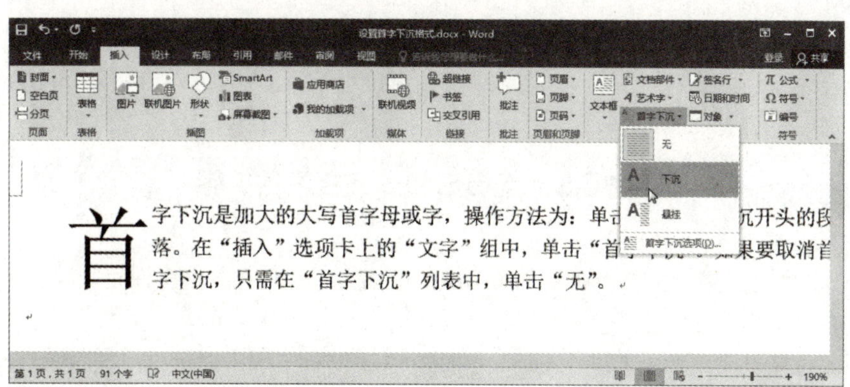

图 6-53　设置首字下沉

拓展训练

（1）用字体的上标、下标设置数学公式的字体格式：$a_1x^2 + a_2x + a_3 = 0$

（2）录入下面说明书，要求标题为华文新魏三号居中，二级标题为黑体四号，正文为宋体小四号。可用格式刷复制二级标题。

宝光牌调光护眼台灯说明书

宝光牌调光护眼台灯是我厂根据人的视觉功能设计的一种照明灯具，可按不同需要选择合适的亮度，使用方便，安全可靠，在一定程度上能起到保护视力的作用。

使用说明：

◎ 使用电压 220 V/50 Hz。

◎ 灯泡功率，应选用 60 W 为宜。

◎ 调光挡次四挡。

注意事项：

※ 产品出售后半年内发生质量问题，我厂负责实行“三包”。

※ 在产品外包装上贴有激光防伪标签。

价格地址：

⊙ 统一售价：29 元整

⊙ 联系电话：010-66778899

⊙ 网　　址：http://www.abc.com

6.3.3 多个窗口和多个文档的编辑

可以在 Word 中打开多个文档，在多个文档窗口中编辑。

实例 6.5 多窗口和多文档间的编辑

任务描述：

在 Word 中打开多个文档，在多个文档窗口中编辑，并且在多个文件间复制、粘贴。

任务分析：

Windows 是一个多任务的操作系统，Windows 下的各个应用程序之间可以通过复制、粘贴操作实现数据的交换等功能。Word 同样能同时打开和编辑多个文档，实现多个文档的编辑。

实施步骤：

1. 多个窗口

（1）打开文档

在打开文档的状态下，可以再打开其他文档，其操作方法与在一个 Word 窗口中打开一个文档相同。

（2）转换文档窗口

如果同时打开了多个文档，而又没有进行全部重排，这时编辑窗口只显示一个文档，若要编辑其他文档，就要转换文档窗口。转换文档窗口的方法有两种。

· 在“视图”选项卡的“窗口”组中，单击“切换窗口”按钮，列表中显示所有打开的文档名，文档名前面有对号标记✔的是当前屏幕显示的文档名，如图 6-54 所示。单击要显示的文档名，则当前编辑窗口将显示选定的文档。

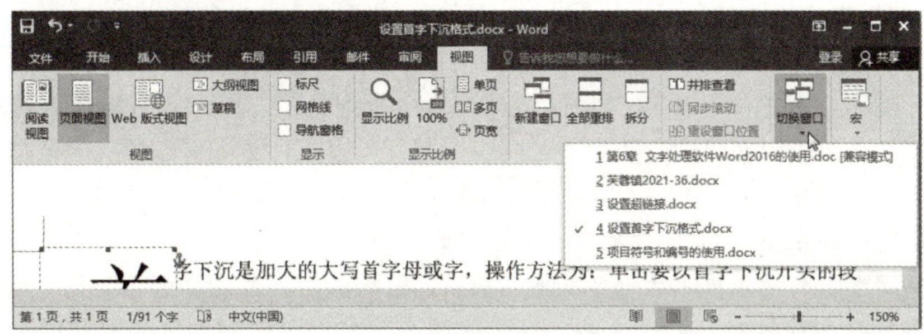

图 6-54　“切换窗口”列表

· 在 Windows 10 中，Word 打开多个文档后，Word 图标 在任务栏上会出现层叠的边框，鼠标指针移动到 Word 图标上，将弹出文档名列表，如图 6-55 所示。单击要显示的文档名，则当前编辑窗口将显示选定的文档。

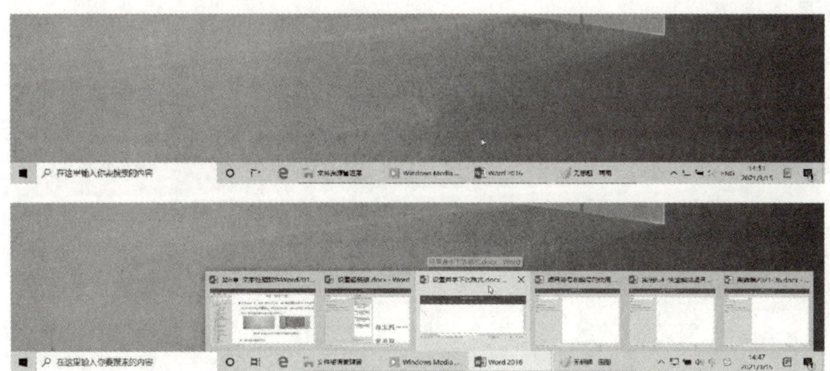

图 6-55　Windows 任务栏上的 Word 图标和文档名列表

（3）同时查看文档的两个节

如果要在长文档的两个节之间移动或复制文本，可将窗口拆分为两个窗格。在一个窗格中显示所需移动或复制的文字或图形，在另一个窗格中显示文字或图形的目的位置，然后选定并拖动文字或图形穿过窗格之间的拆分栏。

单击“视图”选项卡“窗口”组中的“拆分”按钮即可将窗口拆分为两个窗格。若要返回到单个窗口，单击“视图”选项卡“窗口”组中的“取消拆分”按钮。

（4）同时打开多个文档窗口

在“视图”选项卡的“窗口”组中，单击“全部重排”按钮，可将打开的多个文档同时显示在屏幕上。然后拖动 Word 窗口的边框调整窗口大小，拖动标题栏调整在屏幕上的位置。如果希望恢复只显示一个文档窗口，可双击要显示文档的标题栏。

某一时刻仅有一个活动窗口，只有在活动窗口，才能进行编辑操作，改变活动窗口的方法很简单，只要在需要工作的窗口中单击任一处即可。

（5）并排查看窗口

打开两个或两个以上 Word 文档，在当前文档窗口中，单击“视图”选项卡“窗口”组中的“并排查看”按钮。显示“并排比较”对话框，选择一个准备进行并排比较的 Word 文档，然后单击“确定”按钮。“窗口”组中的“同步滚动”按钮自动有效，可以实现在滚动当前文档时另一个文档同时滚动。

2. 多个文档的编辑

Windows 为应用程序之间的数据交换提供了剪贴板，剪贴板是一块存放临时交换数据的内存区域，在应用程序中可以用“复制”“剪切”命令把文字、图形等各种数据信息传递到剪贴板上。在其他应用程序中，使用“粘贴”命令，可以把存放在剪贴板上的数据传送到该应用程序。

几乎所有的 Windows 应用程序的“编辑”菜单中都有“剪切”“复制”“粘贴”命令，这三个命令是用来向剪贴板复制数据及从剪贴板粘贴数据的。在使用“剪切”和“复制”命令前，必须先选择要剪切或复制的内容。使用这两个命令都可以把选定的内容传送到剪贴板上，只是“剪切”命令将在应用程序中删除选定的内容，而“复制”命令却不删除。

当选定的内容被传送到剪贴板上后，在任何 Windows 应用程序中都可使用“粘贴”命令把剪贴板上的内容传送到该应用程序中。使用“粘贴”命令后，剪贴板上的内容并不清除，所以可进行多次粘贴操作。

知识与技能

1. 分栏

Word 默认文档采用单栏排版，可以改为两栏或多栏。如果要对全部文档分栏，插入点可在文档中的任何位置。如果要对部分段落分栏，要先选定这些段落。在“布局”选项卡的“页面设置”组中，单击“分栏”按钮，从下拉列表中选择“一栏”“两栏”“三栏”“偏左”或“偏右”选项。如果选定“更多分栏”，则显示“分栏”对话框。在“预设”选项组中选定分栏类型，或者在“栏数”数值选择框中输入分栏数，在“宽度和间距”选项组中设置“栏宽”和“间距”。

如果需要各栏之间的分隔线，选中“分隔线”复选框。在“应用于”下拉列表框中选定应用范围，可以是“整篇文档”“插入点之后”或“所选文字”等。单击“确定”按钮。

如果“应用于”下拉列表框中选择的是“插入点之后”或“所选文字”，确定后会自动加上分节符。

2. 设置制表位

按 Tab 键后，插入点移动到的位置称为制表位。采用制表位可以按列对齐各行。

（1）显示或隐藏标尺

标尺包括水平标尺和垂直标尺，用于显示文档的页边距、段落缩进、制表位等，默认不显示标尺。如果要显示标尺，在“视图”选项卡的“显示”组中，选中“标尺”复选框，如图 6-56 所示，在文档编辑区的上边和左边可以看到水平标尺和垂直标尺。如果要隐藏标尺，则取消选中“标尺”复选框。

微视频：使用水平标尺设置制表位

（2）使用水平标尺设置制表位

制表位是水平标尺上的位置，指定文字缩进的距离或一栏文字开始之处。默认状态下，每两个字符有一个制表位。设置制表位的如下。

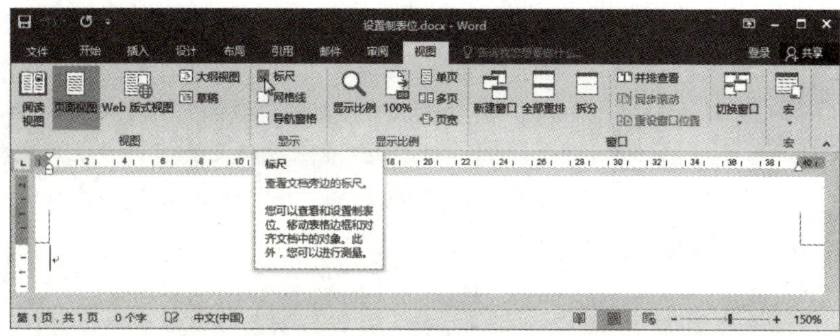

图 6-56　设置显示或隐藏标尺

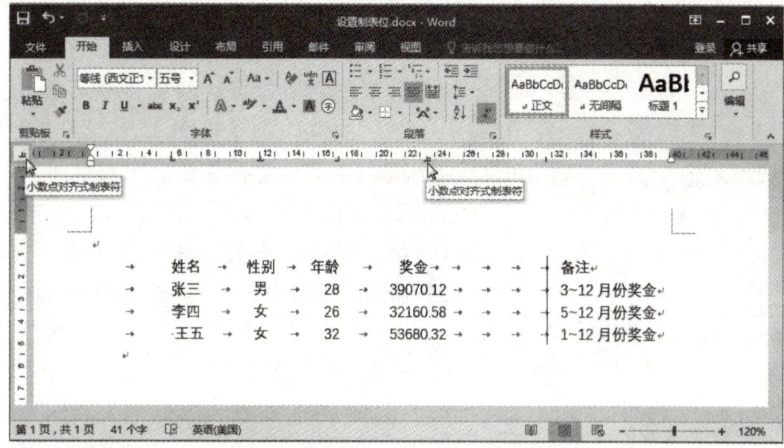

图 6-57　使用制表位设置文本对齐示例

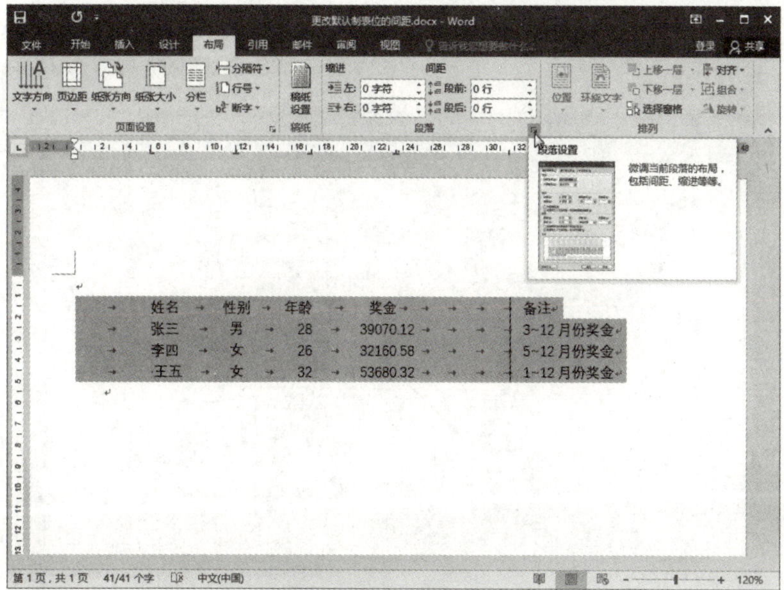

图 6-58　“布局”选项卡“段落”组的对话框启动器按钮

① 单击水平标尺最左端的方形按钮└（如图 6-56 所示），直到它更改为所需制表符类型：└（左对齐）、┘（右对齐）、┴（居中对齐）、┴.（小数点对齐）或 |（竖线对齐）。

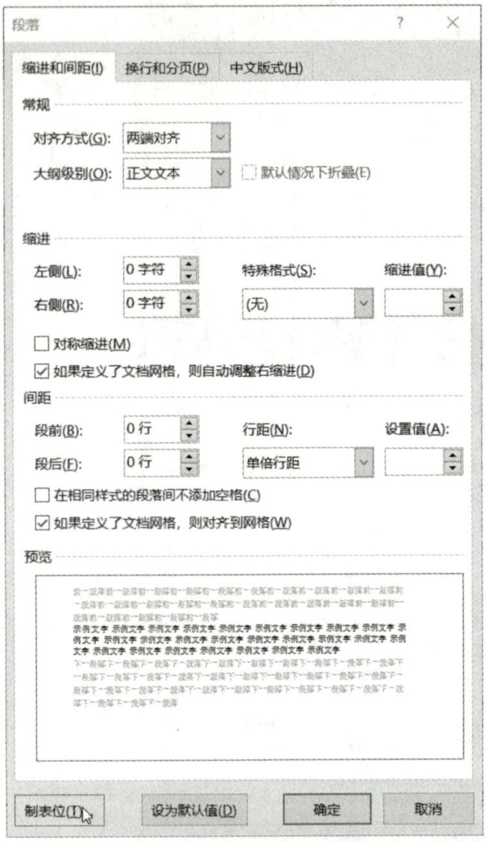

② 在水平标尺的下边框上单击要插入制表位的位置，刚才选定的制表位符号将出现在该处。一行可设置多个制表位。

③ 若需要多行相同的制表位，按 Enter 键，设置的制表位将被应用到新行。

④ 按下 Tab 键，直到光标移到该制表位处，这时输入的新文本在此对齐。用制表位设置文本对齐的示例，如图 6-57 所示。

（3）更改默认制表位的间距

如果设置手动制表位，在标尺上设置的手动制表位会替代默认的制表位。

① 如果设置了制表位，则单击或选中该行。单击“布局”选项卡“段落”组中的对话框启动器按钮，如图 6-58 所示。

② 在显示的“段落”对话框“缩进和间距”选项卡中，单击“制表位”按钮，如图 6-59 所示。

③ 显示“制表位”对话框，在“默认制表位”数值选择框中，输入所需的默认制表位间距大小（单位是字符）。如果该行已经有制表位，则显示已有的制表位，如图 6-60 所示。

图 6-59 “制表位”按钮

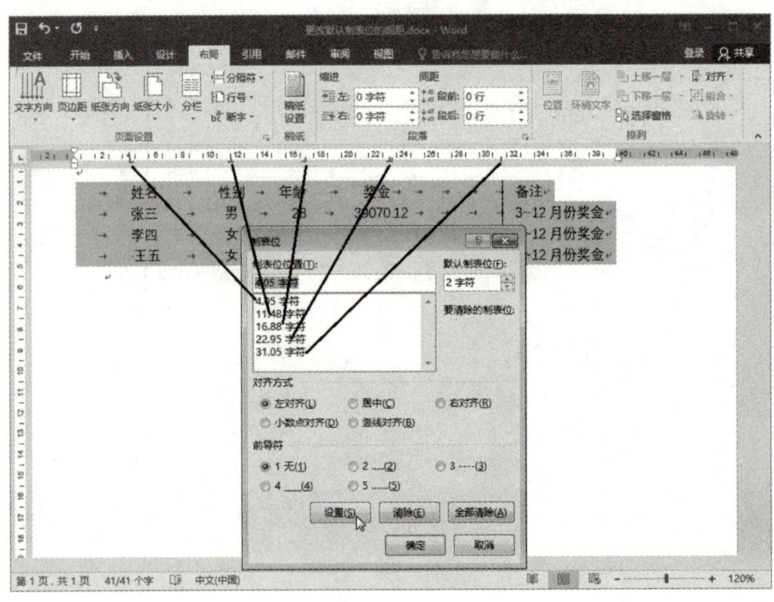

图 6-60 设置默认制表位

④ 在“对齐方式”选项组中选取一种对齐方式。在“前导符”选项组中选取一种前导符。

⑤ 单击“设置”按钮，选定的制表位出现在“制表位位置”下的列表框中。

如果要删除某个制表位，先在“制表位位置”下的列表框中选定要清除的制表位，单击“清除”按钮。

⑥ 重复③～⑤，设置多个制表位。单击“确定”按钮，结束设置。

拓展训练

录入和排列对齐下面列表，点心、饮料左对齐，价格右对齐。

提示，在“制表位”对话框中设置（价格前面的点线在两个“制表位位置”下分别设置“前导符”），只需完成一行制表位的设置，其他行可使用格式刷。

微视频：拓展训练（制表位）

下午茶　点心坊

点心：

蜂蜜松饼 ························ ￥80　　蓝莓松饼 ························ ￥90

香蕉酥派 ························ ￥60　　苹果酥派 ························ ￥70

香草冰淇淋松饼 ·········· ￥120　　低脂鲜奶油松饼 ·············· ￥110

饮料：

百汇水果茶 ············ ￥100 壶　　伯爵奶茶 ···················· ￥60/ 杯

玫瑰花果茶 ············ ￥100 壶　　锡兰奶茶 ···················· ￥70/ 杯

宁静之旅 ················ ￥120 壶　　伯爵奶茶 ···················· ￥80/ 杯

6.4　表格的制作

表格由行和列的单元格组成，可以在单元格中填写文字、插入图片以及插入另外一个表格。可以采用自动制表也可以采用手工制表，还可以将已有文本转换为表格。

6.4.1　插入表格

插入表格就是将表格插入文档之中。通过“插入表格”对话框设置表格的列数和行距，则可按要求自动生成表格。

实例 6.6　课表的制作

任务描述：

制作一张课表，如图 6-61 所示。

任务分析：

制作课表，可以在 Excel 中实现，也可以在 Word 中绘制。从学校教务处（办）获得课表编排结果，利用 Word 或 Excel 可以制作课表。课表项通常包含课程简介、授课地点、主讲教师等，还可能涉及单双周问题。制作的课表应比较美观，符合使用者的审美要求。

北京信息职业技术学院 2021 － 2022 学年第 1 学期课表

班级：2122311　　院系：软件与信息学院　　专业：软件技术

	星期一	星期二	星期三	星期四	星期五
第一节 第二节	计算机信息处理技术 机房 5 吴天	数学 1403 王芳	JAVA 程序基础 机房 6 赵丽	公英 1 赵越	计算机系统基础 机房 6 林红
第三节 第四节	公英 1 1101 赵越	MySQL 应用机房 3 刘平	JAVA 程序基础 机房 6 赵丽	MySQL 应用机房 3 刘平	数学 1403 王芳
第五节 第六节	选修课		选修课	计算机信息处理技术 机房 5 吴天	
第七节 第八节			选修课		

图 6-61　课表

插入表格

表格尺寸

列数(C)：6

行数(R)：5

"自动调整"操作

◉ 固定列宽(W)：自动

○ 根据内容调整表格(F)

○ 根据窗口调整表格(D)

☐ 为新表格记忆此尺寸(S)

确定　取消

图 6-62　"插入表格"对话框

实施步骤：

1. 新建表格

创建表格的方法如下。

① 由于课程表比较宽，需要 A4 纸横放。单击"布局"选项卡"页面设置"组中的"纸张方向"按钮，在列表中选择"横向"；单击"纸张大小"按钮，在列表中选择"A4"。

② 在要插入表格的位置单击；单击"插入"选项卡"表格"组中的"表格"按钮，显示"表格"菜单，然后单击"插入表格"命令。

③ 显示"插入表格"对话框，如图 6-62 所示。在"表格尺寸"选项组中，输入列数和行数，如 6 列、5 行。单击"确定"按钮。

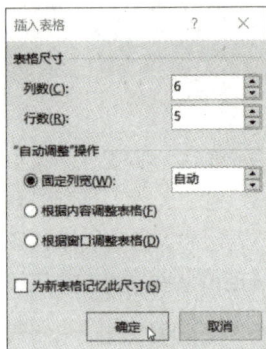

④ 插入的表格出现在插入点处，同时显示"表格工具"的"设计"选项卡，如图 6-63 所示。

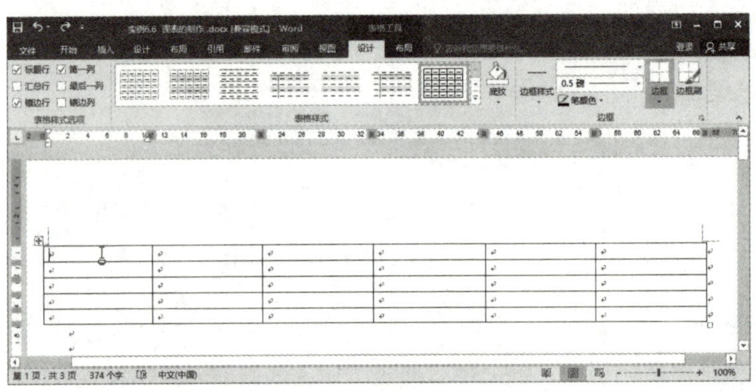

图 6-63　插入的空表格

⑤ 如果表格处于文档的第一行，当要在表格上面添加空行时，可以单击第一行第一列的单元格，将插入点放置到该单元格中，然后按 Enter 键。

⑥ 在表格上面输入表格的标题，在表格中输入文字，设置表格中文字的字体、字号等格式。

2. 调整表格的列宽和行高

自动创建表格时，Word 将表宽设置为页宽，列宽设置为等宽，行高设定为等高。根据需要，可以对其进行调整。

微视频：调整列宽

（1）调整列宽

将指针停留在需更改其宽度的列的边框上，直到指针变为 ·||·，拖动边框，调整到所需的列宽，如图 6-64 所示。

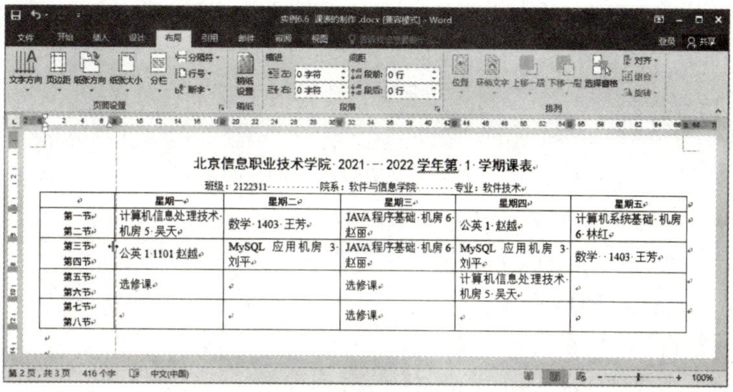

图 6-64　调整列宽

在调整列宽时，如果只拖动鼠标，则整个表格宽度不变，表格线相邻两列宽度改变；如果先按下 Shift 键不放，将鼠标定位到表格线并拖动鼠标，则当前列宽度改变，其他列宽均不变，整个表格宽度也改变；如果先按下 Ctrl 键不放，将鼠标定位到表格线并拖动鼠标，则表格线左侧各列宽不变，右侧各列按比例改变，整个表格宽度不变。也可以在“表格工具”的“布局”选项卡中，单击“表”组中的属性按钮，在弹出的“表格属性”对话框的“列”选项卡中改变列宽。

（2）调整行高

把鼠标指针停留在要调整高度的行的边框上，直到指针变为÷，拖动边框。也可以在“表格属性”对话框的“行”选项卡中改变行高。

（3）平均分布行或列

在表格内单击；单击“表格工具”的“布局”选项卡，在“单元格大小”组中，单击“分布行”按钮分布行或“分布列”按钮分布列。

（4）调整整个表格尺寸

将指针置于表格上，直到表格尺寸控点出现在表格的右下角。将指针停留在表格尺寸控点上，使其出现一个双向箭头，拖动表格的边框至所需尺寸。

3．表格中单元格内容的对齐方式

默认情况下，表格中的文字与单元格的左上角对齐。可以根据需要改变单元格中文字的对齐方式。把插入点放置到需改变文字对齐方式的单元格中，或者选中多个单元格，或者整

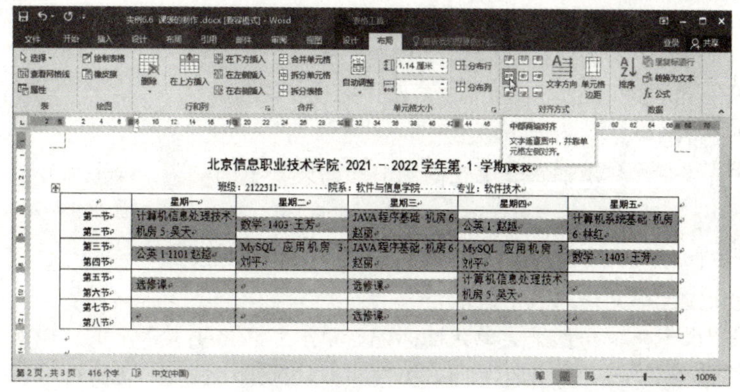

图 6-65　单元格内容的对齐方式

个表格。单击“表格工具”下的“布局”选项卡，在“对齐方式”组中，选择对齐方式，如图 6-65 所示。对齐方式包括：靠上两端对齐、靠上居中对齐、靠上右对齐、中部两端对齐、水平居中、中部右对齐、靠下两端对齐、靠下居中对齐、靠下右对齐。

4. 修改底色

表格默认无底色，可以为全部表格或个别单元格添加或修改底色。在表格中选定要修改底色的单元格，或者整个表格。单击“表格工具”的“设计”选项卡，在“表格样式”组中，单击“底纹”按钮下面的下拉按钮，从列表中选择需要的颜色。

5. 更改或取消表格框线

（1）更改表格框线

① 用鼠标选定要更改边框的单元格、行、列或表格。

② 单击“表格工具”的“设计”选项卡，在“边框”组中，选定框线的样式（“边框样式”“笔样式”“笔划粗细”“笔颜色”）。在“表格样式”组中，单击“边框”下的箭头，从下拉列表中，执行下列操作之一：

· 单击预定义边框集之一。如图 6-66 所示。

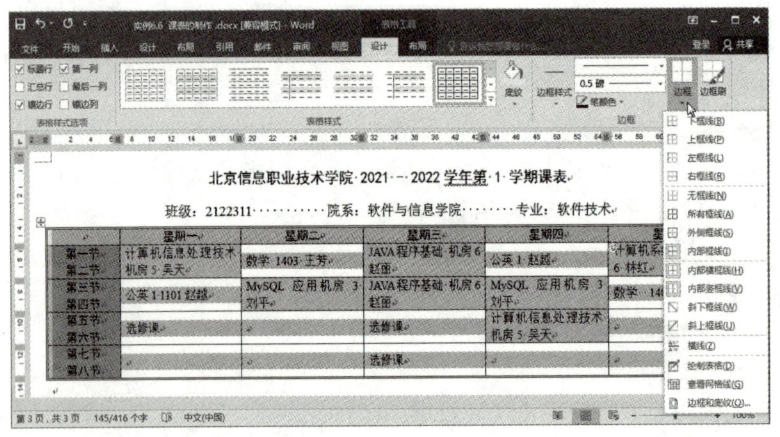

图 6-66 设置表格的边框

· 单击“边框和底纹”命令，显示“边框和底纹”对话框，单击“边框”选项卡，然后选择需要的选项。

（2）删除整个表格的表格边框

首先选定表格。在页面视图中，把鼠标指针停留在表格上，直至表格左上角外部显示表格移动柄，然后单击表格移动柄。单击“表格工具”的“设计”选项卡，在“表格样式”组中，单击“边框”按钮下的下拉按钮，选择“无框线”。

（3）只给指定的单元格添加表格边框

选定需要的单元格，包括结束单元格标记。如果看不到标记，单击“开始”选项卡“段落”组中的“显示 / 隐藏”按钮。单击“表格工具”的“设计”选项卡，在“边框”组中，单击“边框”按钮下的下拉按钮，从列表中选择要添加的边框。

（4）只删除指定单元格的表格边框

选定需要的单元格，包括结束单元格标记。单击“表格工具”下的“设计”选项卡，在“边框”组中，单击“边框”按钮下的下拉按钮，从列表中选择“无边框”选项。

知识与技能

除通过“插入表格”对话框新建表格外，还可以使用“表格”菜单和表格模板新建表格。

1. 使用“表格”菜单

在要插入表格的位置单击。单击“插入”选项卡“表格”组中的“表格”按钮，显示“表格”菜单，然后在“插入表格”下，拖动鼠标以选择需要的行数和列数，如图 6-67 所示。松开鼠标按键后，表格被插入到插入点处，可以使用显示的“表格工具”的“设计”选项卡修改表格。

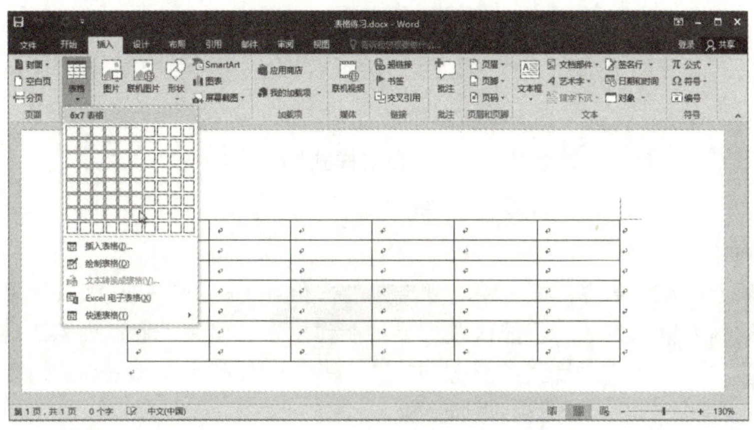

图 6-67　使用“表格”菜单插入表格

2. 使用表格模板

在要插入表格的位置单击。单击“插入”选项卡“表格”组中的“表格”按钮，显示“表格”菜单，指向“快速表格”，再单击需要的模板，如图 6-68 所示。

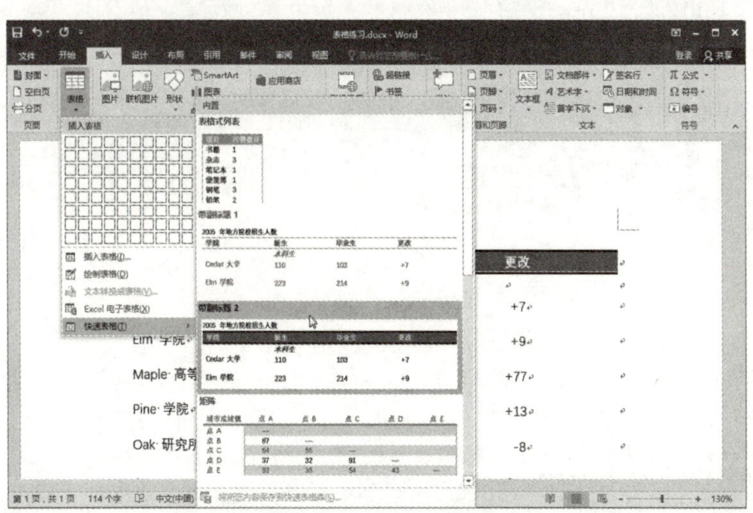

图 6-68　使用表格模板插入表格

6.4.2　绘制表格

绘制表格就是通过绘制表格外框、行线、列线的方法，逐步制作表格。

实例 6.7 差旅费报销单的制作

任务描述：

制作一张差旅费报销单，如图 6-69 所示。

差 旅 费 报 销 单

部门________ 年 月 日

出差人									出差事由						
出发				到达				交通工具	交通费		出差补贴		其他费用		
月	日	时	地点	月	日	时	地点		单据张数	金额	天数	金额	项目	单据张数	金额
													住宿费		
													市内车费		
													邮电费		
													办公用品费		
													不买卧铺补贴		
													其他		
合计															
报销总额	人民币（大写）									预借旅费	￥		不领金额	￥	
													退还金额	￥	

主管 审核 出纳 领款人

图 6-69 差旅费报销单

任务分析：

像差旅费报销单这样的表格，相对复杂一些，但在 Excel 中可以比较容易的实现。在 Word 中通过绘制表格的方法，也能比较容易地制作出来。但是，通过插入表格的方法，就无法一次实现了，可采用绘制表格的方法实现。

实施步骤：

1．绘制表格

用“绘制表格”工具可方便地画出非标准的各种复杂表格。绘制表格的方法如下。

① 在要创建表格的位置单击；单击“插入”选项卡“表格”组中的“表格”按钮，显示“表格”菜单，然后单击“绘制表格”命令。指针会变为铅笔状。

② 要定义表格的外边界，先绘制一个矩形。按下鼠标左键，从左上方到右下方拖动鼠标绘制表格的外框线，松开鼠标左键得到绘制的表格外框。如图 6-70 所示。

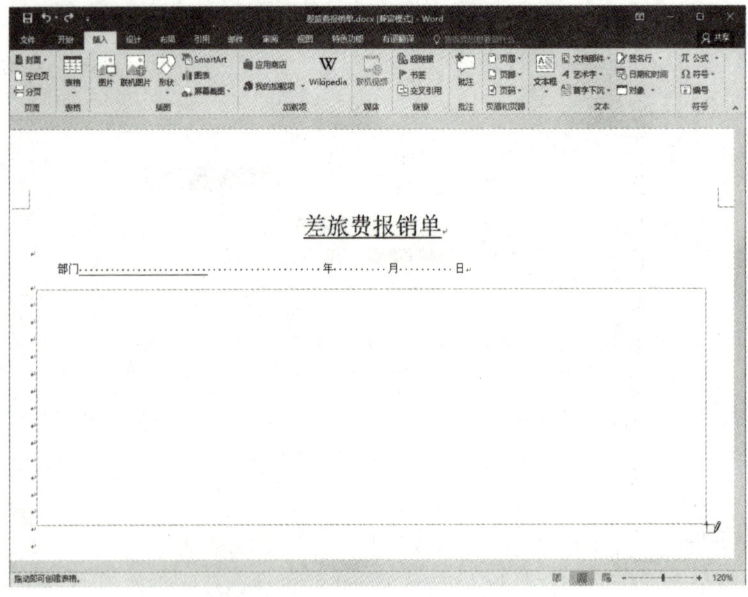

图 6-70 绘制表格外框

③ 在该矩形内绘制列线和行线。拖动笔形鼠标指针，在表格内画行线和列线（、、、，绘制行线和列线后的表格，如图 6-71 所示。如果要添加一个行线或列线，只需在某一行或列上再绘制一条线。

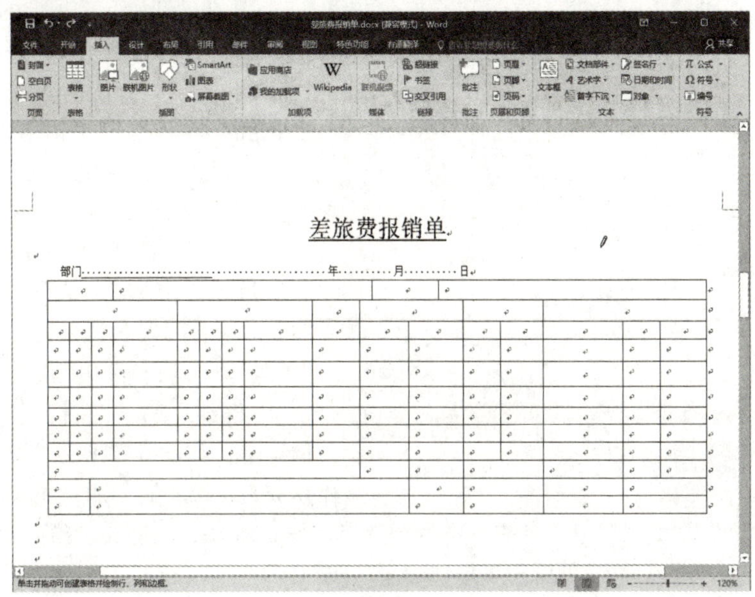

图 6-71　绘制行线和列线后的表格

2. 擦除表格线段

要擦除一条线或多条线，在“表格工具”的“布局”选项卡的“绘图”组中，单击“橡皮擦”按钮。指针会变为橡皮擦状，单击要擦除的线条。如果要继续绘制列线和行线，单击“绘制表格”按钮。指针会变为铅笔状。

3. 在表格中输入内容

① 建立空表格后，可把插入点放置到单元格中，插入的内容可以是文本、图片和另外的表格。每一个单元格都是一个独立的编辑单元，每个单元格都有自己的段落标记，如果要换行分段，可以按 Enter 键，单元格的高度会增高，可以输入多行文字。当在单元格中输入的内容到达单元格的右边线时，单元格的宽度可能会自动加宽，以适应内容。

如果不希望自动调整表格，把插入点放置到表格中的任何单元格内，单击“表格工具”下的“布局”选项卡，在“表”组中，单击“属性”按钮，显示“表格属性”对话框，在“表格”选项卡中单击“选项”按钮，弹出“表格选项”对话框，如图 6-72 所示，取消选中“自动重调尺寸以适应内容”前的复选框。确定后，单元格的宽度将固定，当内容占满单元格后单元格高度自动增高，内容自动转到下一行。

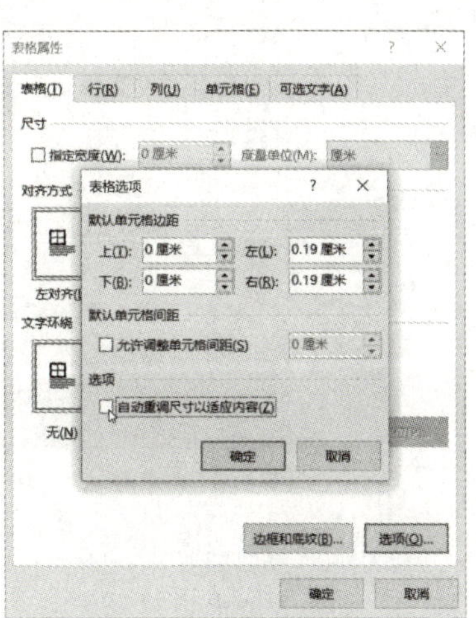

图 6-72　“表格选项”对话框

② 对单元格中的内容设置格式，包括字体、对齐方式等。

4. 更改表格框线

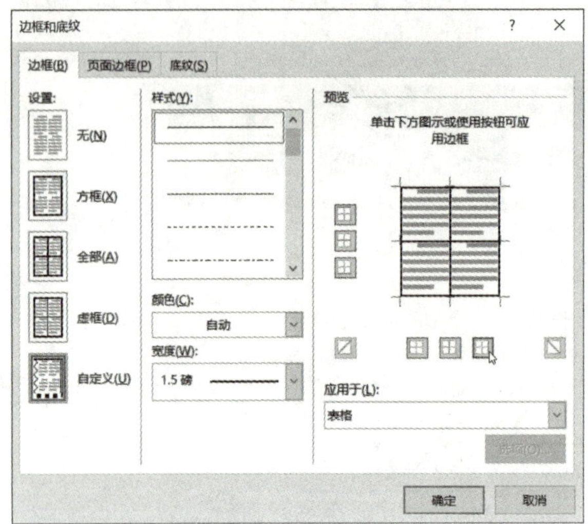

图 6-73 “边框和底纹”对话框的“边框”选项卡

① 单击表格左上角外部的表格移动柄⊞，选中表格。

② 在“开始”选项卡的“段落”组中，或者在“表格工具”的“设计”选项卡的“边框”组中，单击“边框”下拉按钮，在列表中单击“边框和底纹”命令，显示“边框和底纹”对话框，在“边框”选项卡中设置。把表格外框设置为1.5磅，内框线为0.5磅，在“设置”选项组中单击“自定义”按钮，在“宽度”下拉列表框中选“1.5磅”；在“预览”区域分别单击“上框线”⊞、“下框线”⊞、“左框线”⊞、“右框线”⊞，如图6-73所示。由于内框线默认是0.5磅，就不用设置了，如果是其他宽度，则要先在“宽度”下拉列表框中进行选择，如0.75磅，然后在“预览”区域分别单击“横线”⊞、“竖线”⊞。最后，单击“确定”按钮。

完成后的差旅费报销单如图6-74所示。

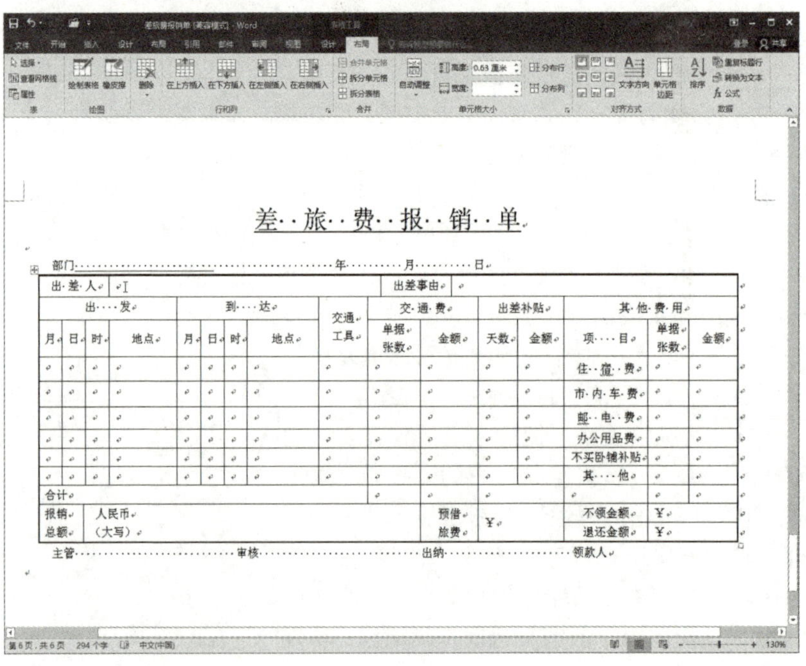

差旅费报销单

部门…………年…………月…………日

出差人									出差事由					
出发				到达				交通工具	交通费		出差补贴		其他费用	
月	日	时	地点	月	日	时	地点		单据张数	金额	天数	金额	项目	单据张数	金额
													住宿费		
													市内车费		
													邮电费		
													办公用品费		
													不买卧铺补贴		
													其他		
合计															
报销总额	人民币（大写）								预借旅费	¥			不领金额	¥	
													退还金额	¥	

主管…………审核…………出纳…………领款人

图 6-74 完成后的差旅费报销单

微视频：绘制表格

知识与技能

1. 在单元格中绘制斜线

在单元格中绘制斜线有如下几种方法。

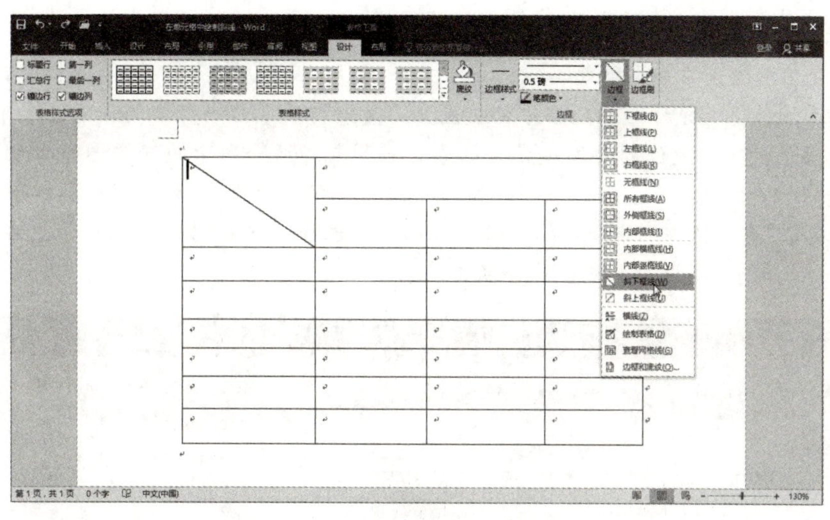

图 6-75　绘制斜线单元格

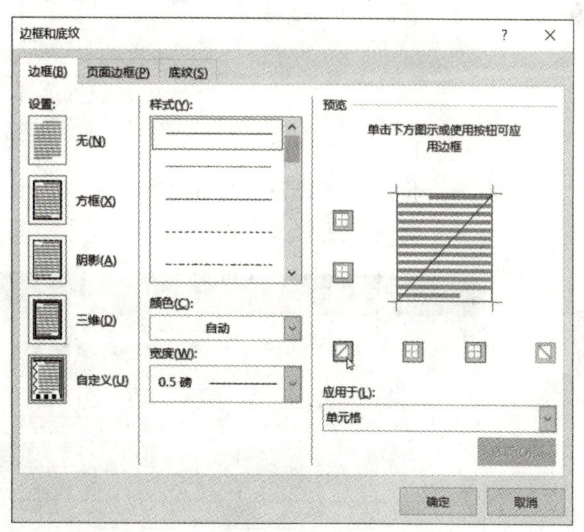

图 6-76　“边框”选项卡

· 在“边框”下拉列表中单击“绘制表格”命令，指针会变为铅笔状。沿单元格对角方向拖动画出对角斜线。

· 单击要绘制斜线的单元格，把插入点放置到该单元格中；在“边框”下拉列表中单击“斜下框线”或“斜上框线”命令，如图 6-75 所示。也可以在列表中单击“边框和底纹”，显示“边框和底纹”对话框，在“应用于”中选定“单元格”，单击斜线、，如图 6-76 所示。

· 选定要绘制斜线的单元格，单击浮动工具栏中的“边框”按钮后的下拉按钮，从菜单中选择“斜下框线”或“斜上框线”命令。

2. 选定表格、行、列或单元格

必须先选定表格中需要修改的部分，才能对其进行操作。

· 选定整张表格。在页面视图中，将鼠标指针停留在表格上，直至显示表格移动柄，然后单击表格移动柄。

· 选定一行或多行。鼠标指针移至相应行的左侧并单击可选定一行；在相应行的左侧，向上或向下拖动鼠标或单击连续多行的第一行左侧，按住 Shift 键，单击连续多行的最后一行，可选定连续多行；单击相应行的左侧，按住 Ctrl 键，单击其他行的左侧，可选定不连续的多行。

· 选定一列或多列。鼠标指针移至相应列的顶部网格线或边框，选定一列或多列的操作方法同选定一行或多行。

· 选定一个单元格。单击该单元格的左边缘。

3. 插入行、列

（1）使用功能区添加单行或单列

如需添加行，将光标定位到要添加位置的上边一行或下边一行中的任意一个单元格中；如需添加列，将光标定位到要添加位置的左边一列或右边一列中的任意一个单元格中。在“表格工具”的“布局”选项卡的“行和列”组中，根据情况选择，如需添加行可以选择“在上方插入”或“在下方插入”；如需添加列可以选择“在左侧插入”或“在右侧插入”。例如，选择“在下方插入”，如图 6-77 所示。

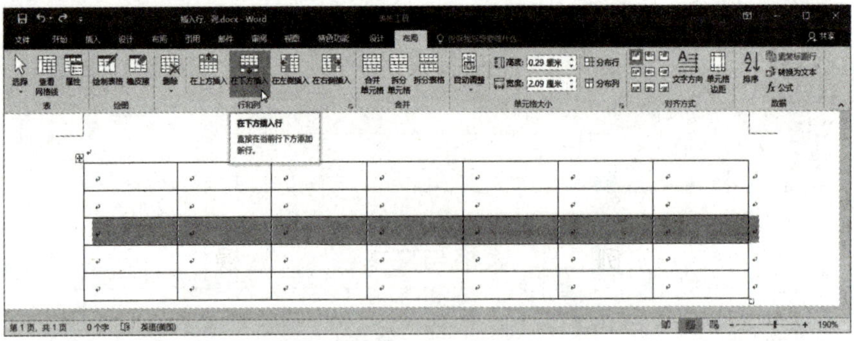

图 6-77 使用功能区插入单行或单列

（2）用表格添加标记插入行、列

插入行：将鼠标指针移至两行之间分割线的左侧，单击出现的添加行标记⊕，如图 6-78 所示，会在分割线位置插入一行。

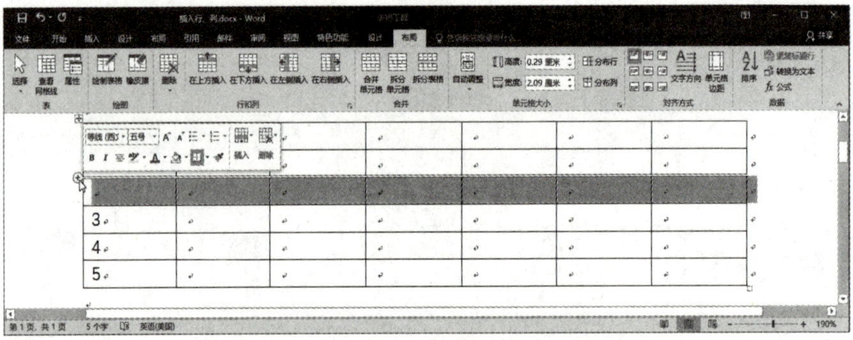

图 6-78 用表格添加标记插入行

插入列：将鼠标指针移至两列之间分割线的上方，单击出现的添加列标记⊕，会在分割线位置插入一列。

（3）用表格的快捷菜单插入行、列

如需插入行，将光标定位到要插入位置的上边一行或下边一行中的任意一个单元格中；如需插入行，将光标定位到要插入位置的左边一列或右边一列中的任意一个单元格中。单击鼠标右键，选择“插入”，然后根据需要选择选项。

（4）在表格行尾部外通过按 Enter 键插入行

在某行的最后一个单元格右边框外，段落符号内单击，把插入点放置到该行最后一个单元格右边框外，然后按 Enter 键，即可在该行下方插入一行新行。

4. 删除整个表格

可以一次性同时删除整个表格及其内容。有以下两种方法删除整个表格。

· 在页面视图中，把鼠标指针停留在表格上，直至显示表格移动柄⊞，然后单击表格移动柄⊞来选定整张表格。按 Backspace 键，将整个表格删除。如果不确定是否处于页面视图，可以单击状态栏上的"页面视图"按钮。

· 在表格中单击。单击"表格工具"的"布局"选项卡的"行和列"组中，单击"删除"按钮，从下拉列表中单击"删除表格"命令。

5. 删除表格的内容

可以删除某单元格、某行、某列或整个表格的内容。当删除表格的内容时，文档中将保留表格的行和列。在表格中，选定要清除的整张表格、一行或多行、一列或多列或一个单元格，按 Delete 键。

6.4.3　表格和文本之间的转换

实例 6.8　表格与文本之间的转换

任务描述：

把网页中的表格复制到 Word 中，快速生成标准的 Word 表格。

任务分析：

网页上的表格，直接粘贴到 Word 中，会出现许多空格、换行符等不需要的字符，且表格线是网页中的形式。如果直接把粘贴过来的网页样式的表格修改为 Word 中需要的表格样式，则比较麻烦。采用将表格转换成文本，将文本转换成表格的功能，可以比较容易地在 Word 中做成需要的表格样式。

实施步骤：

1. 将表格转换成文本

① 在网页中，选定表格及其标题，如图 6-79 所示，按 Ctrl+C 组合键复制选定的内容。

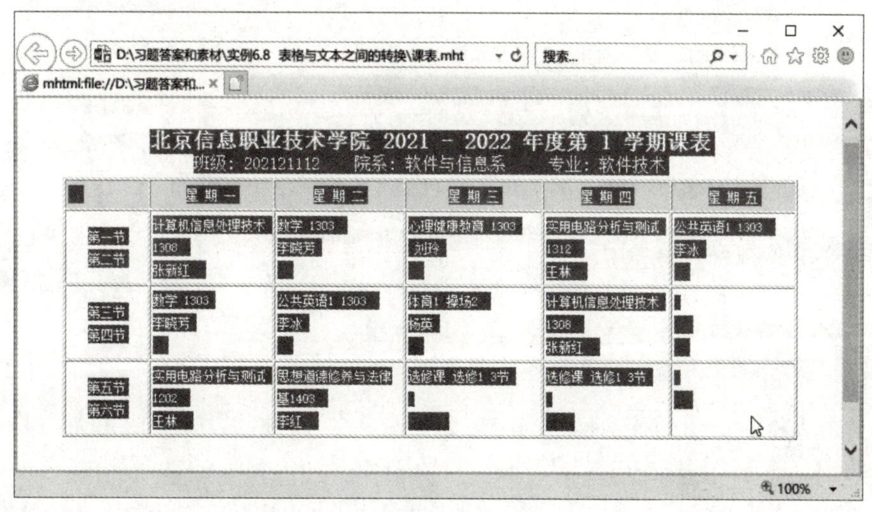

	星期一	星期二	星期三	星期四	星期五
第一节 第二节	计算机信息处理技术 1308 张新红	数学 1303 李晓芳	心理健康教育 1303 刘玲	实用电路分析与测试 1312 王林	公共英语1 1303 李冰
第三节 第四节	数学 1303 李晓芳	公共英语1 1303 李冰	体育1 操场2 杨英	计算机信息处理技术 1308 张新红	
第五节 第六节	实用电路分析与测试 1202 王林	思想道德修养与法律 基1403 李红	选修课 选修1 3节	选修课 选修1 3节	

图 6-79　在浏览器中选定要复制的网页内容

② 切换到 Word，按 Ctrl+V 组合键粘贴到文档中，如图 6-80 所示。

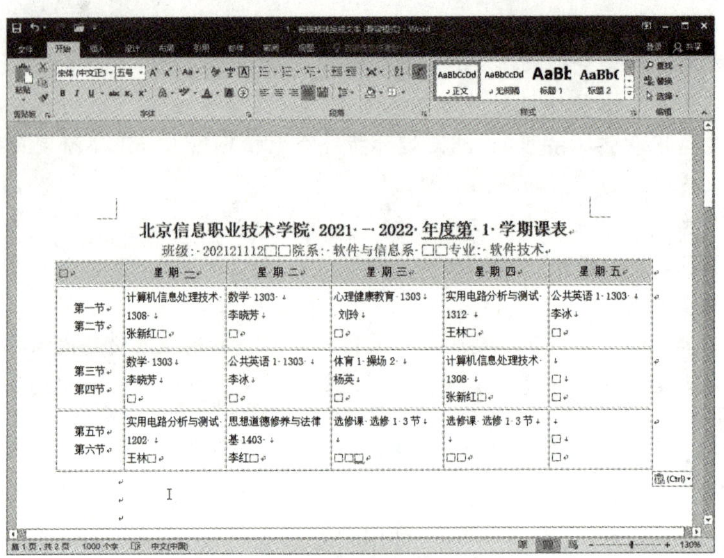

图 6-80　粘贴到 Word 文档中

③ 在“开始”选项卡的“段落”组中，选中“显示 / 隐藏编辑标记”，会在表格中看到许多“↓”（换行符）、“□”（全角空格）、“ · ”（半角空格）、“↵”（Word 的换段符）等符号，其中“↓”“□”应该删除。在需要空格的位置，按 Space（空格键）产生半角空格。每个单元格中的内容要合为一段，即只能有一个“↵”。为了在转换时能看清列标题，在第一列的空白单元格中任意输入一个字或词，以后再删除。整理后的表格如图 6-81 所示。

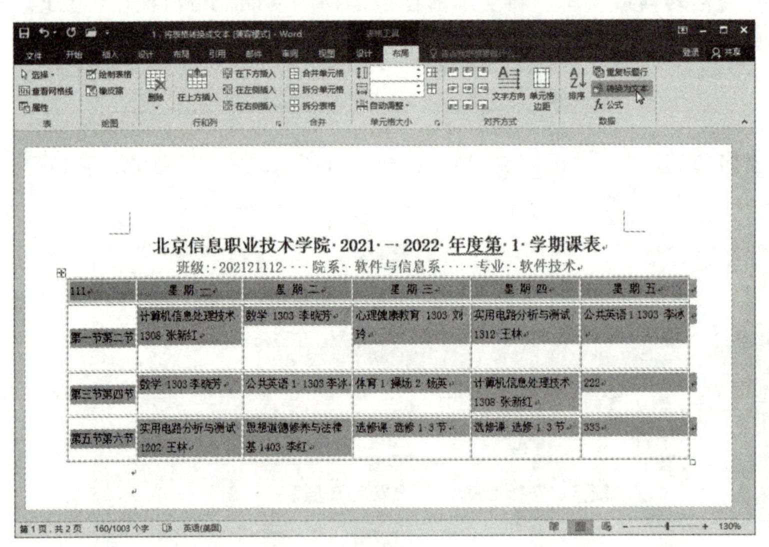

图 6-81　整理后的表格

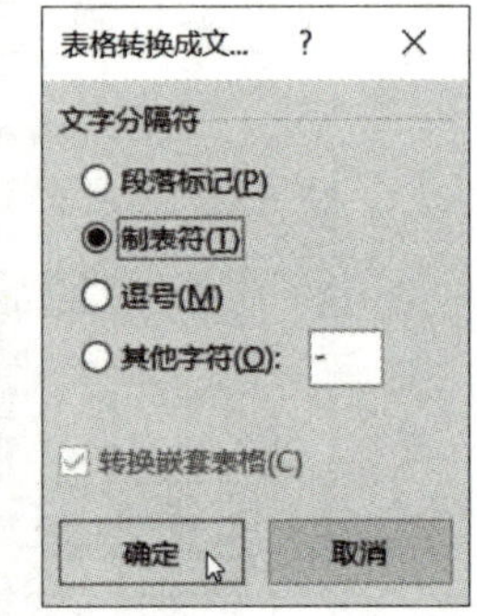

图 6-82　“表格转换成文本”对话框

④ 单击表格左上角的移动柄⊞选定整个表格。在“表格工具”的“布局”选项卡的“数据”组中，单击“转换为文本”按钮。同时记住这是一个 6 列 4 行的表格。

⑤ 显示“表格转换成文本”对话框，如图 6-82 所示。在“文字分隔位置”选项组中，选择要用于代替列边界的分隔符，一般采用制表符。最后单击“确定”按钮。

表格转换成文本后，其形式如图 6-83 所示。

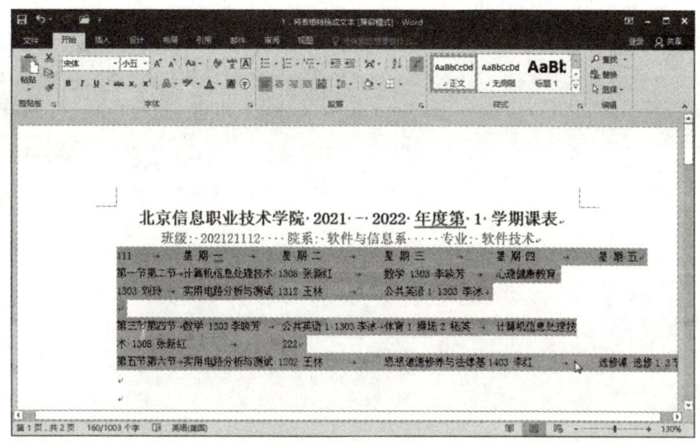

图 6-83 表格转换成文本后的形式

2．将文本转换成表格

微视频：将文本转换成表格

有些文本具有明显的行列特征，例如使用制表符、逗号、空格等分隔的文本，可以把这类文本自动转换为表格中的内容。在需要转换为表格的文本中插入分隔符（例如逗号或制表符），以指示将文本分成列的位置。使用段落标记指示要开始新行的位置。例如，在某一行上有两个单词的列表中，在第一个单词后面插入逗号或制表符，以创建一个两列的表格。

① 选定要转换的文本。如图 6-84 所示，为以英文逗号“,”分隔的文本。

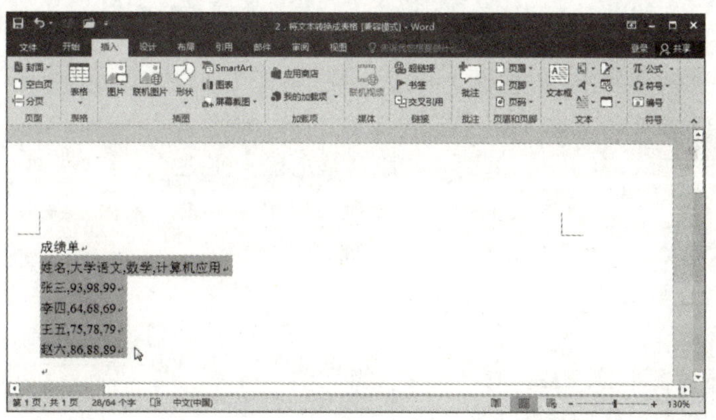

图 6-84 选定以“,”分隔的需转换成表格的文本

② 单击“插入”选项卡“表格”组中的“表格”按钮，从下拉列表中选择“文本转换成表格”命令。

③ 显示“将文字转换成表格”对话框，如图 6-85 所示。在“将文字转换成表格”对话框的“文字分隔位置”选项组中，选中要在文本中使用的分隔符对应的单选按钮。在“列数”数值选择框中，选择列数。如果未看到预期的列数，则可能是文本中的一行或多行缺少分隔符。单击“确定”按钮。

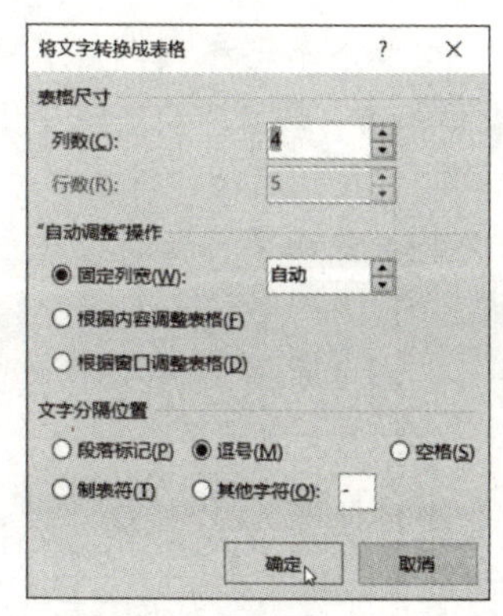

图 6-85 “将文字转换成表格”对话框

④ 转换成的表格如图 6-86 所示，表格线已经是 Word 中需要的样式。然后可以对单元格中的内容按 Enter 键分

段，设置对齐方式，设置表格线的样式等。

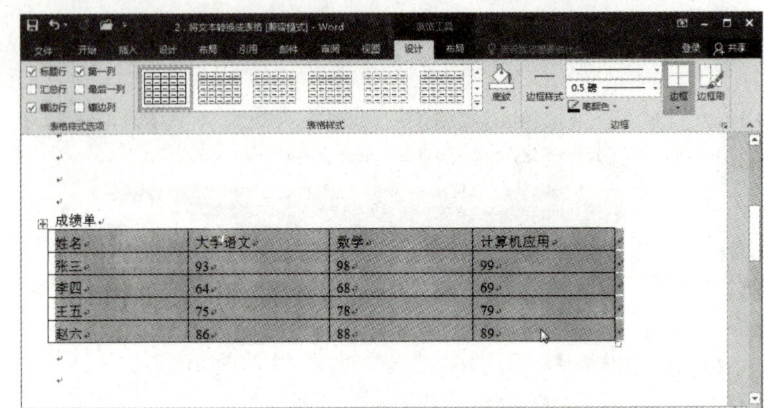

图 6-86 转换成的表格

知识与技能

1. 插入单元格

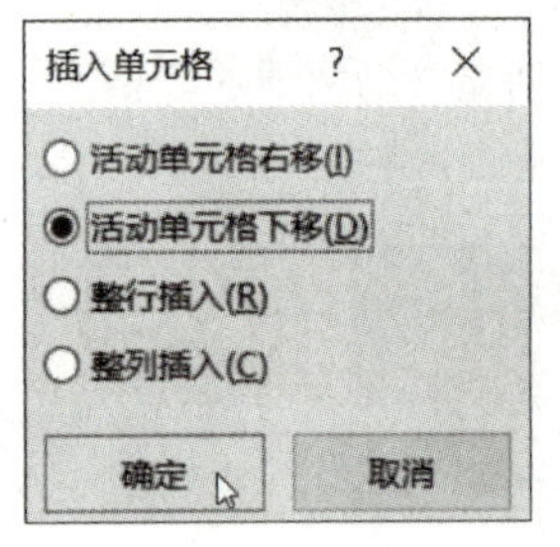

图 6-87 “插入单元格”对话框

在要插入单元格处的右侧或上方的单元格内单击；在“表格工具”的“布局”选项卡上，单击“行和列”对话框启动器，显示“插入单元格”对话框，如图 6-87 所示；选择下列选项之一：“活动单元格右移”“活动单元格下移”“整行插入”“整列插入”，然后单击“确定”按钮。

2. 删除单元格、行或列

选定要删除的单元格、行或列；在“表格工具”的“布局”选项卡的“行和列”组中，单击“删除”按钮，从下拉菜单中根据需要选择“删除单元格”“删除列”或“删除行”命令。

3. 合并或拆分单元格

（1）合并单元格

选定要合并的多个单元格；在“表格工具”的“布局”选项卡的“合并”组中，单击“合并单元格”按钮。

（2）拆分单元格

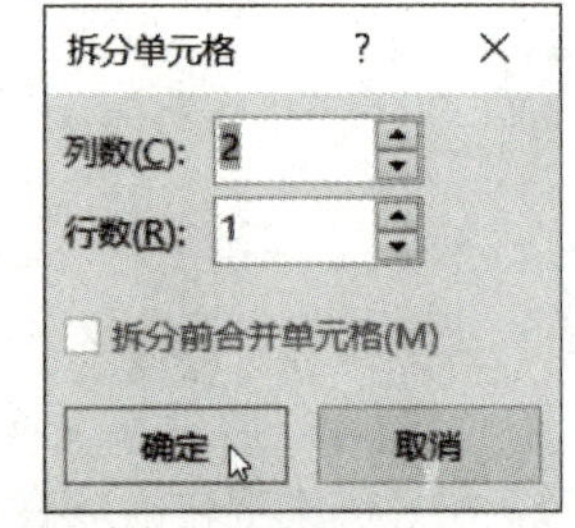

图 6-88 “拆分单元格”对话框

在单个单元格内单击，或选定多个要拆分的单元格。在“表格工具”的“布局”选项卡的“合并”组中，单击“拆分单元格”按钮，显示“拆分单元格”对话框，如图 6-88 所示。输入要将选定的单元格拆分成的列数和行数，然后单击“确定”按钮。

4. 拆分表格

把插入点置于表格需拆分处的行中的任意单元格中；在“表格工具”的“布局”选项卡的“合并”组中，单击“拆分表格”按钮，原表格即在拆分处拆分成上下两个表格并以一行空行来分隔。如果插入点放置在第一行的任意单元格中，则单击“拆分表格”按钮后，只在原表格上方插入一行空行。

6.4.4　表格内数据的排序与计算

实例 6.9　班级成绩单的排序与计算

任务描述：

班级成绩单的排序，班级成绩单的计算。

任务分析：

在 Word 表格中，可以实现排序、求和、计算平均值等简单的数据处理功能。如果需要实现复杂的数据处理功能，Word 就不容易实现了，应该在 Excel 中操作，然后将处理后的表格插入到 Word 中。

实施步骤：

1．表格内容的排序

（1）对表格中的单列排序

① 选定要排序的列，如图 6-89 所示。

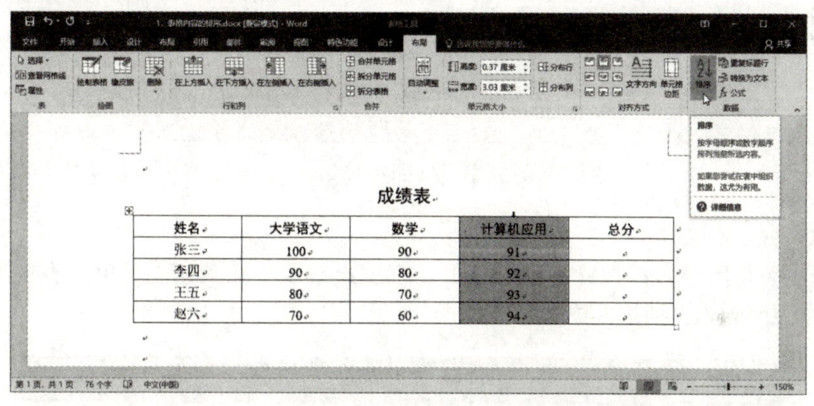

姓名	大学语文	数学	计算机应用	总分
张三	100	90	91	
李四	90	80	92	
王五	80	70	93	
赵六	70	60	94	

图 6-89　选定一列

② 在“表格工具”的“布局”选项卡的“数据”组中，单击“排序”按钮，如图 6-89 所示。显示“排序”对话框，如图 6-90 所示，“主要关键字”自动显示为选定的列——“计

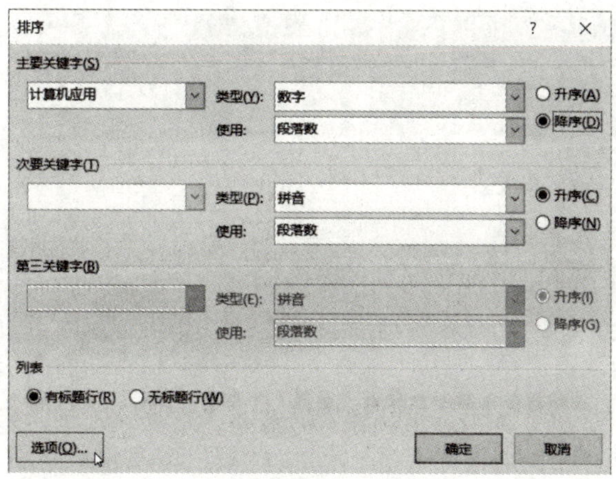

图 6-90　“排序”对话框

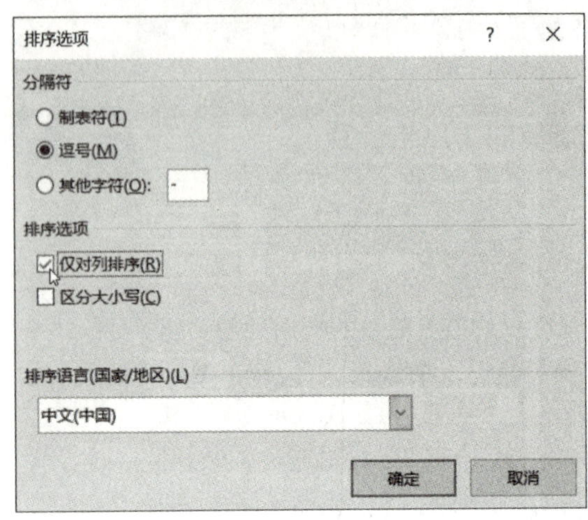

图 6-91 “排序选项”对话框中对单列进行排序设置

算机应用”，可根据需要选择排序类型、单击“升序”或“降序”单选钮；在“列表”选项组中，根据需要单击“有标题行”或“无标题行”。单击“选项”按钮。

③ 显示“排序选项”对话框，选中“仅对列排序”，如图 6-91 所示，单击“确定”按钮。

④ 返回到“排序”对话框，单击“确定”按钮。该列将按要求排序，排序后的表格如图 6-92 所示。从排序结果可以看出，只有选定的单列进行了排序。所以，这种单列排序方法不适合有行、列关系的表格。

成绩表

姓名	大学语文	数学	计算机应用	总分
张三	100	90	94	
李四	90	80	93	
王五	80	70	92	
赵六	70	60	91	

图 6-92 单列排序后的表格

（2）对表格内容排序

① 在页面视图中，将指针移到表格上，直至出现表格移动柄⊞。单击表格移动柄⊞，以选定要排序的表格，如图 6-93 所示。

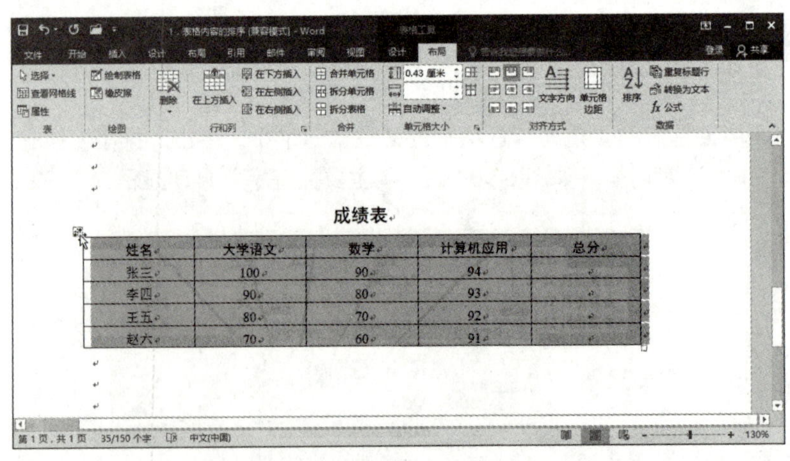

图 6-93 选定表格

② 在“表格工具”的“布局”选项卡的“数据”组中，单击“排序”按钮。显示“排序”对话框，在其中选择所需的选项。例如，按姓名笔画升序排序，在“主要关键字”下拉列表框选择“姓名”，在“类型”下拉列表框中选“笔划”并选中“升序”单选钮，如图 6-94 所示，单击“确定”按钮。

表格内容将按要求排序，排序后的表格如图 6-95 所示。

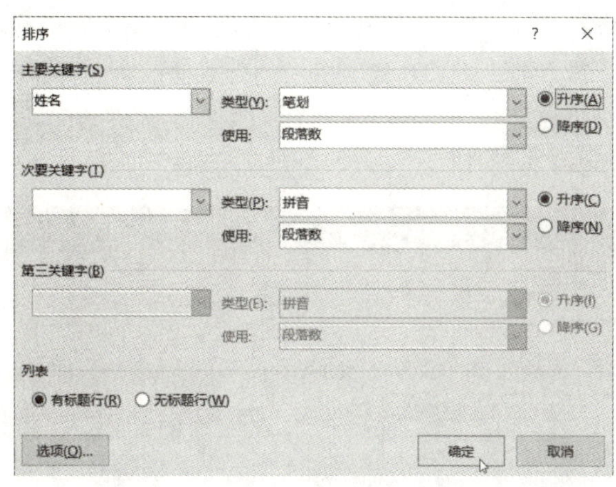

图 6-94　“排序”对话框中对表格内容进行排序设置

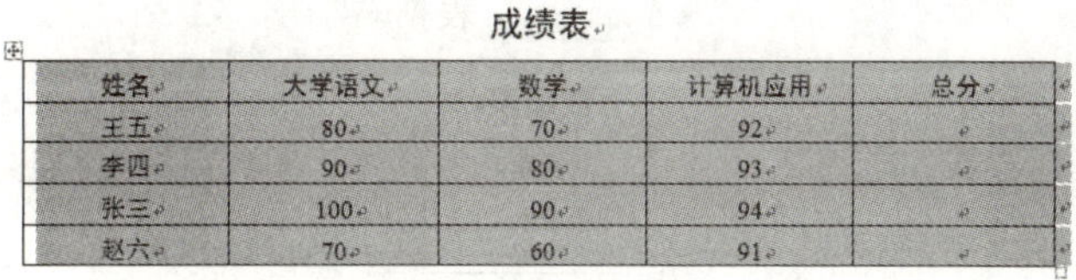

成绩表

姓名	大学语文	数学	计算机应用	总分
王五	80	70	92	
李四	90	80	93	
张三	100	90	94	
赵六	70	60	91	

图 6-95　对表格内容排序后的表格

2. 计算

① 计算前，先单击要放置计算结果的单元格，例如“大学语文”下的“平均分数”单元格，如图 6-96 所示。在“表格工具”的“布局”选项卡的“数据”组中，单击“公式”按钮 *fx* 公式。

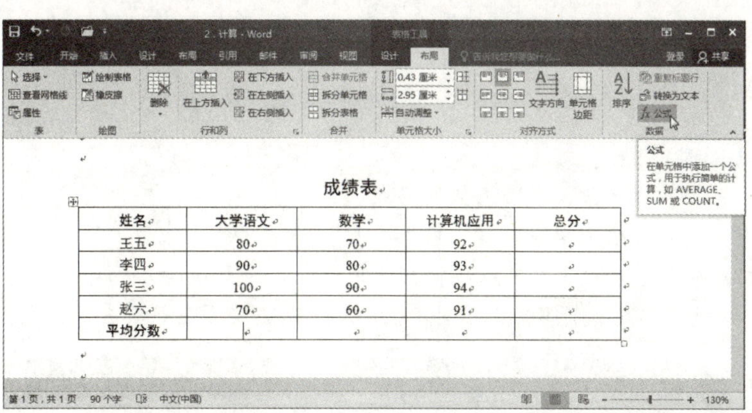

图 6-96　计算前的表格

② 显示“公式”对话框，如果选定的单元格位于一列数值的下方，则在“公式”文本框中自动显示“=SUM（ABOVE）”，表示对上方的数值求和，如图 6-97 所示；如果选定的单元格位于一行数值的右侧，则在“公式”框中显示“=SUM（LEFT）”，表示对左侧的数值求和。

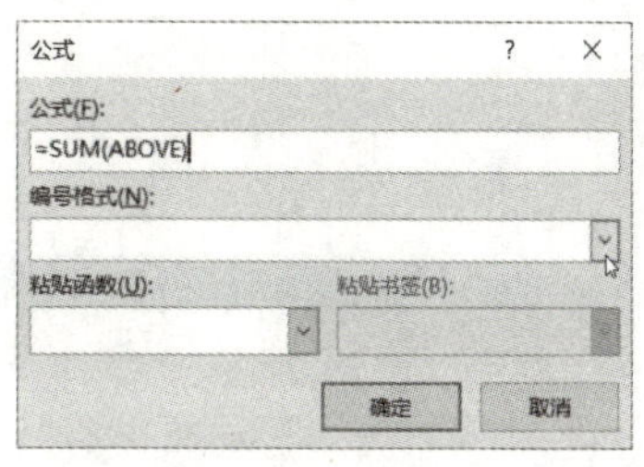

图 6-97　“公式”对话框

在“编号格式”下拉列表框中选择“0.00”，因保留一位小数，可改为“0.0”，如图 6-97 所示。因要计算平均值，选择“粘贴函数”下拉列表框中的“AVERAGE”，“AVERAGE()”出现在“公式”文本框中的“=SUM（ABOVE）”之后，把“公式”框中的公式修改为“=AVERAGE（ABOVE）”，如图 6-98 所示，单击“确定”按钮。

计算结果即出现在该单元格中。

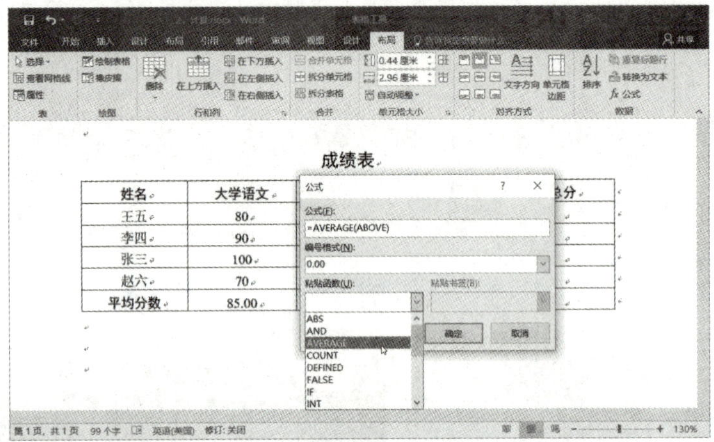

图 6-98 “公式”对话框中计算平均值的相应设置

用同样方法计算其他数值，计算平均值后的表格如图 6-99 所示。

成绩表

姓名	大学语文	数学	计算机应用	总分
王五	80	70	92	242.0
李四	90	80	93	263.0
张三	100	90	94	284.0
赵六	70	60	91	221.0
平均分数	85.00	75.00	92.50	84.2

图 6-99 计算平均值后的表格

知识与技能

1. 使用“表格样式”设置整个表格的格式

在要设置格式的表格内单击。在“表格工具”的“设计”选项卡的“表格样式”组中，将指针停留在每个表格样式上，可以预览表格的外观，如图 6-100 所示，直至找到要使用的样式为止。要查看更多样式，单击“其他”按钮。单击样式可将其应用到表格。

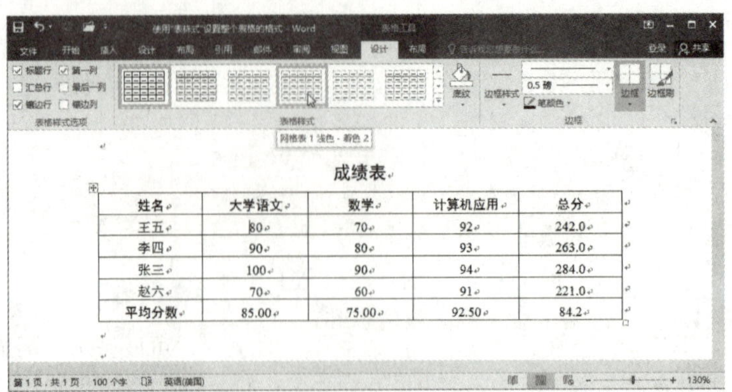

图 6-100 使用“表格样式”设置整个表格的格式

在“表格样式选项”组中（图 6-100 所示左端的功能区），选中或取消选中每个表格元素旁边的复选框，如“标题行”“第一列”等，以应用或删除选中的样式。

2. 在后面的页面中重复表格标题

单击表格的第一行（标题行），把插入点放置到标题行的任意单元格中。在“表格工具”的“布局”选项卡的“数据”组中，单击“重复标题行”按钮。Word 会自动在每个由自动分页符生成的新页面上重复表格标题。如果在表格中插入手动分页符，则 Word 不会重复标题。

拓展训练

（1）绘制如图 6-101 所示的求职登记表，表格中的内容请填写自己的相关信息。

（2）制作一张公司季度销售统计表，如图 6-102 所示。表格外框线为细双线，为了区分不同列、行的项目，设置不同的背景色。

求职登记表

姓　名		性　别		出生年月		照片
籍　贯		民　族		政治面貌		
通信地址				邮政编码		
电子邮件				电　话		
学　历						
工作经历						
应征职位						
期望待遇						

图 6-101　求职登记表

国际贸易公司季度平板电视机销售统计表

季度 / 种类	季度				年合计	季平均
	第一季	第二季	第三季	第四季		
海洋 46 英寸	32	19	21	38	110	27.5
康丽 32 英寸	15	8	23	20	66	16.5
乐花 37 英寸	26	16	35	39	116	29
松源 47 英寸	37	29	28	42	136	34
季平均	27.5	18	26.75	34.75		
季合计	110	72	107	139	428	

图 6-102　公司季度销售统计表

6.5　图文混排

插入到 Word 文档中的对象主要有两种：文字对象和图形对象。由文字对象组成段落，而图形对象有其特有的属性，二者要通过一定的方法实现图文混排。

6.5.1　插入图片、剪贴画

图片是由其他程序创建的图像，包括位图、扫描的图片和照片以及剪贴画。可以将图片和剪贴画插入或复制到文档中。还可以更改文档中图片或剪贴画与文本的位置。

实例 6.10　从网页中获得图、文资料编辑成册

任务描述：

从互联网的网页中获得图片、文字资料，在 Word 中编辑成册，要求：纸张为 A4，大标题为黑体三号、居中，小标题为黑体五号、左端缩进 2 字，正文为宋体五号、首行缩进 2 字。图片单独占一行、居中、缩进 0 字符。

任务分析：

在编辑文档资料时，经常需要从网页中复制文字和图片，可以采用在网页中选中所有文字、图片，一次性复制、粘贴到 Word 文档中的方法；也可以逐段的复制、粘贴文字，一张

一张的复制、粘贴图片；还可以先把图片另存到硬盘上，对图片进行一些处理，然后再把图片插入到 Word 文档中；对于有些网页可能无法选中和复制，还要采用其他方法。也就说，要根据网页中文字、图片的性质，选择不同的复制、粘贴方法。

实施步骤：

① 新建一个 Word 文档。打开需要获得图片、文字资料的网页。

② 在打开的网页中，如果要获得网页上的文字，可拖动鼠标选中文字，然后单击鼠标右键，从快捷菜单中选择“复制”命令，如图 6-103 所示；或者选中文字后，按 Ctrl+C 组合键。在选取网页中的文字时，为了容易操作，不要一次选中多过的内容，最好一次选取一段或连续的几段。

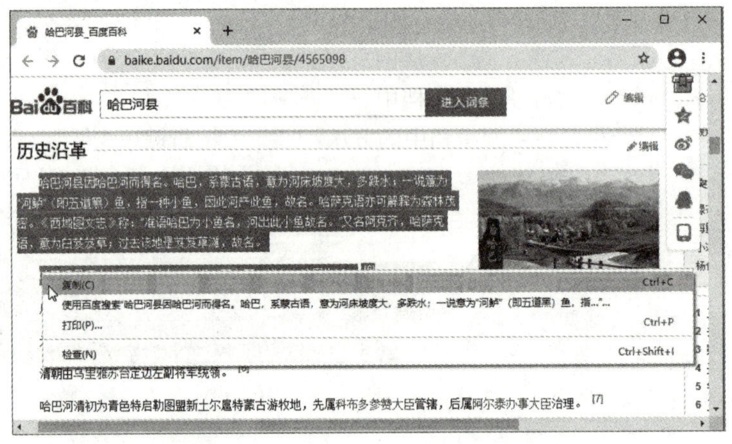

图 6-103　选中网页中的内容并复制

③ 切换到 Word，在文档中单击插入点位置。单击“开始”选项卡“剪贴板”组中的“粘贴”按钮（或按 Ctrl+V 组合键），这时网页内容被复制到目标位置。但是，复制过来的内容带有许多不需要的格式。在粘贴文本的右下方出现“粘贴选项”按钮(Ctrl)，单击(Ctrl)或按 Ctrl 键，打开其列表，显示如图 6-104 所示。

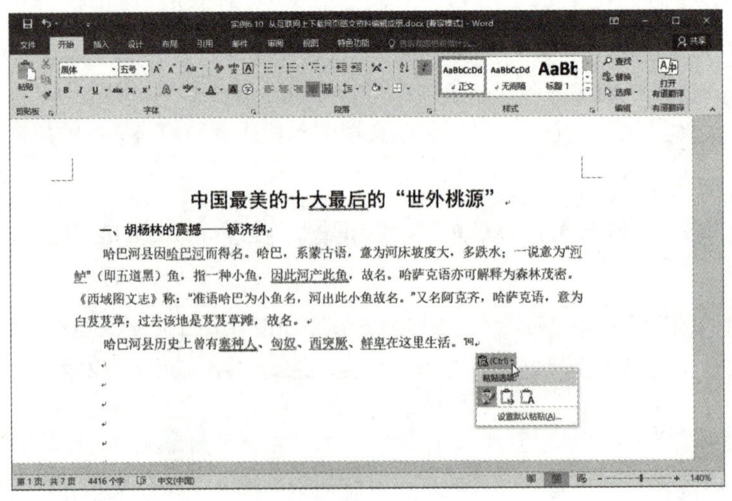

图 6-104　“粘贴选项”列表

执行下列操作之一：

· 如果要保留粘贴文本的格式，单击“保留源格式”按钮。

· 如果要与插入粘贴文本附近文本的格式合并，单击“合并格式”按钮。

· 如果要删除粘贴文本的所有原始格式，单击“只保留文本”按钮。如果所选内容包括非文本的内容，“只保留文本”选项将放弃此内容或将其转换为文本。例如，如果在粘贴包含图片和文字的内容时，选择“仅保留文本”选项，将忽略粘贴内容中的图片。本次操作应该选择此选项。

或者，单击“开始”选项卡“剪贴板”组中的“粘贴”下拉按钮，从列表中单击“只保留文本”按钮，只把文字粘贴过来。

④ 在复制网页中的文字和图片时，一般是把文字和图片分别复制到文档中。复制网页中的图片有两种方法，一种是直接把图片从网页中复制、粘贴到文档中；另一种是先把网页中的图片保存到硬盘上，然后再插入到文档中。

· 把图片从网页中复制、粘贴到文档中的方法：在网页中右键单击图片，在快捷菜单中单击“复制”命令，如图 6-105 所示。然后，切换到 Word，在文档中单击插入点位置，按 Ctrl+V 组合键。

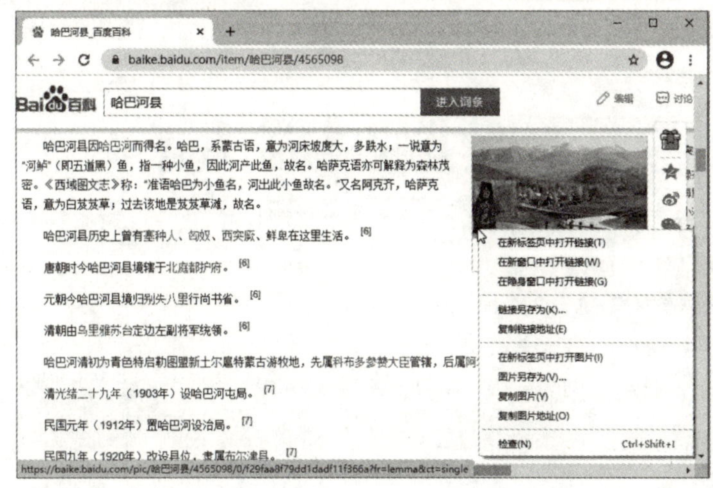

图 6-105　复制网页中的图片

· 把网页中的图片保存到硬盘上，然后再插入到文档中的方法：在网页中右键单击图片，在快捷菜单中单击“将图片另存为”命令。显示“另存为”对话框，选择存放图片的位置，也可更改图片的名称，如图 6-106 所示。

⑤ 插入来自文件的图片。在文档中单击要插入图片的位置。在“插入”选项卡的“插图”组中，单击“图片”按钮，如图 6-107 所示。

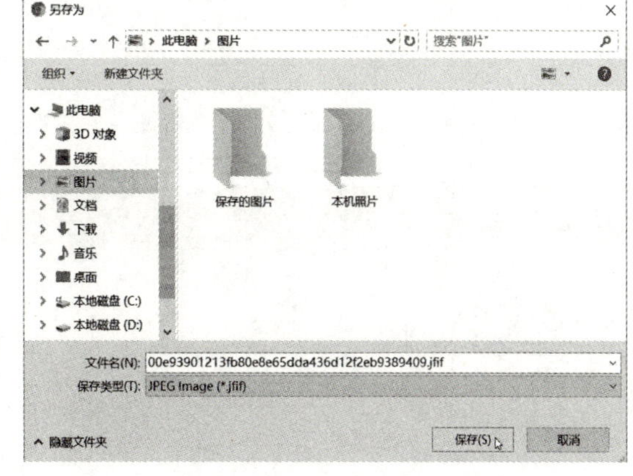

图 6-106　“另存为”对话框中保存网页中的图片

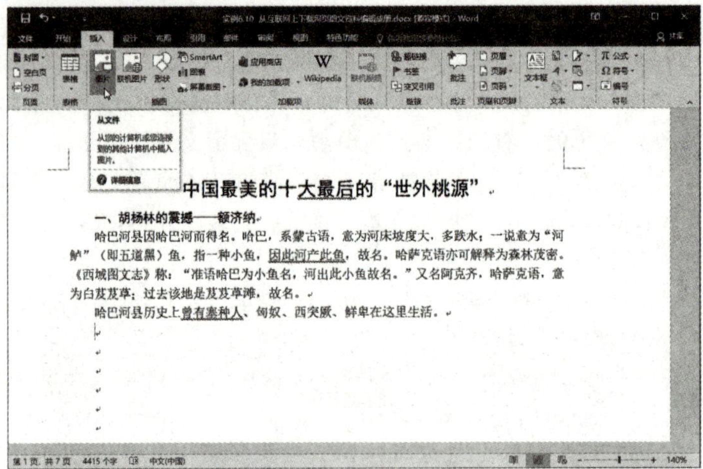

图 6-107 “插入”选项卡“插图”组中的“图片”按钮

⑥ 显示“插入图片”对话框，如图 6-108 所示。找到并双击要插入的图片。即可将图片插入到插入点位置。

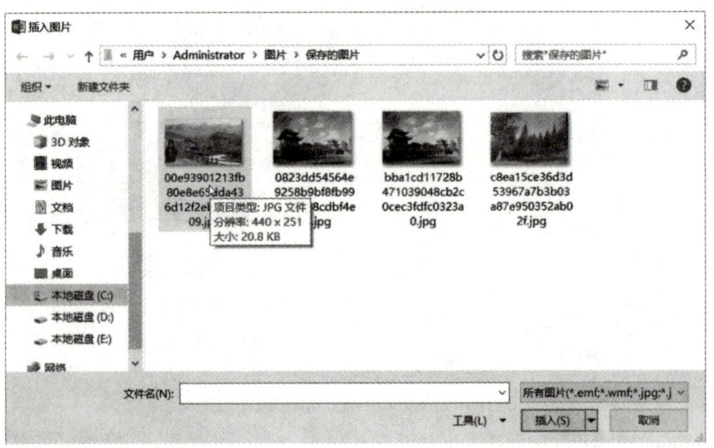

图 6-108 “插入图片”对话框

⑦ 按任务描述要求设置字体、字号、段落等。

微视频：插入联机图片

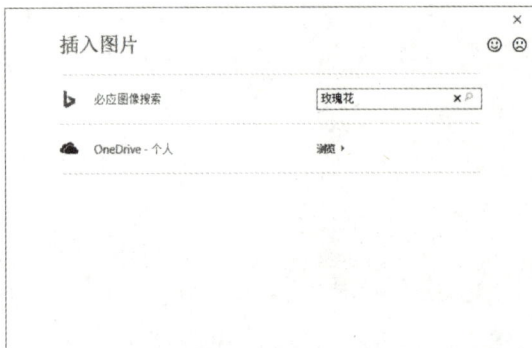

插入图片
必应图像搜索 玫瑰花
OneDrive - 个人 浏览 ›

图 6-109 “插入图片”对话框

知识与技能

1. 插入联机图片

可以通过网络获得图片。在文档中单击要插入图片的位置。在“插入”选项卡的“插图”组中，单击“联机图片”按钮。显示“插入图片”对话框，如图 6-109 所示。

（1）必应搜索

如果在“必应图像搜索”文本框中输入关键字，例如“玫瑰花”，按 Enter 键或单击搜索按钮图标。显示 bing 搜索对话框，如图 6-110 所示，选择搜索到的一张或多张图片，单击“插入”按钮。如果有的图片无法下载，将显示“正在下载所选文件”对话框，并出现无法下载提示，单击“无论怎样继续”按钮，已下载的图片将插入到插入点位置。

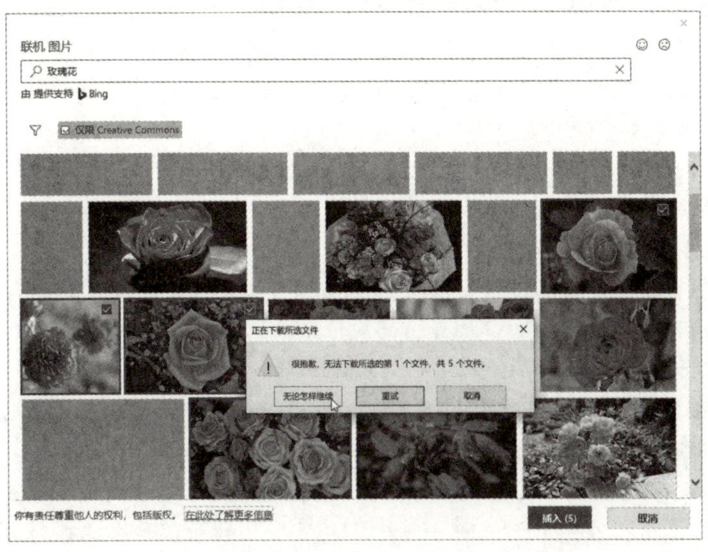

图 6-110　bing 搜索对话框

（2）OneDrive-个人

如果需要插入的图片保存在 Microsoft OneDrive 个人云存储空间，可单击“插入图片”对话框中的“OneDrive-个人”，将登录到自己的 OneDrive 网盘中，浏览到要插入的图片，单击选中，然后单击“插入”按钮。

2. 选中、复制和删除图片

（1）选中图片

单击文档中的图片，图片边框会出现 8 个控制柄，表示已选中该图片，同时图片右上部将出现“布局选项”按钮，如图 6-111 所示。利用图片的控制柄和“布局选项”按钮，可以设置图片的大小和布局。

微视频：选中、复制和删除图片

图 6-111　选中图片

如果要选中多张图片，单击第一张图片，然后按下 Ctrl 键的同时单击其他图片（必须是浮动型图片）。

（2）图片的复制和删除

单击图片，执行下列操作之一：

· 要复制图片，按 Ctrl+C 组合键，或者单击“开始”选项卡“剪贴板”组中，或者在右击图片弹出的快捷菜单中的“复制”。

· 要剪切图片，按 Ctrl+X 组合键，或者单击“开始”选项卡“剪贴板”组中“剪切”，或者在右击图片弹出的快捷菜单中单击“剪切”。

· 要删除图片，按 Delete 键。

将插入点置于要放置图片的位置。按 Ctrl+V 组合键，或者单击“开始”选项卡“剪贴板”组中的“粘贴”，或者在右击鼠标弹出的快捷菜单中单击“粘贴”选项组中的相应命令。

微视频：更改图片的环绕方式

3. 更改图片的环绕方式

Word 中的图片有两种环绕的方式：嵌入型和浮动型。嵌入型图片在 Word 文档中，与文字相同，是随行和段落排版的。浮动型图片是插入绘图层的图形，可在页面上任意放置，例如可使其位于文字或其他对象的上方或下方。设置图片的环绕方式的步骤如下。

① 单击选定图片，在图片右上部出现“布局选项”按钮。单击“布局选项”按钮，显示“布局选项”列表，如图 6-112 所示；或者，在“图片工具”下的“格式”选项卡的“排列”组中，单击“位置”按钮，显示“位置”列表。

图 6-112 “布局选项”列表

② 执行下列操作之一：

· 若要将嵌入型图片更改为浮动型图片，可选择任一“文字环绕”选项组中的选项。

· 若要将浮动型图片更改为嵌入型图片，可选择“嵌入型”或“嵌入文本行中”。

· 单击“查看更多”或“其他布局选项”命令。显示“布局”对话框，单击“文字环绕”选项卡，如图 6-113 所示，选择需要的环绕方式。

微视频：调整图片大小

4. 调整图片大小

（1）粗略调整图片大小

单击文档中的图片，将鼠标指针置于其中的一个控制柄上，鼠标指针变为↕、⟺、⤡

或↗。如果要按比例缩放图片，则拖动四个角上的控制点；如果要改变高度或宽度，则拖动上、下或左、右边的控制点。当图片调整为合适的大小后，松开鼠标。

（2）精确调整图片大小

双击文档中的图片。在“图片工具”下的“格式”选项卡的“大小”组中，通过“高度”数值选择框或“宽度”数值选择框来调整图片的大小。或者单击“大小”组的对话框启动器，或者右击图片，单击快捷菜单中的“大小和位置”，显示“布局”对话框的“大小”选项卡，如图 6-114 所示，选中“锁定纵横比”复选框可保持图片不变形，调整“缩放”选项组中的“高度”或“宽度”数值选择框，可以精确缩放图片。单击“重置”按钮则图片大小各设置选项复原。

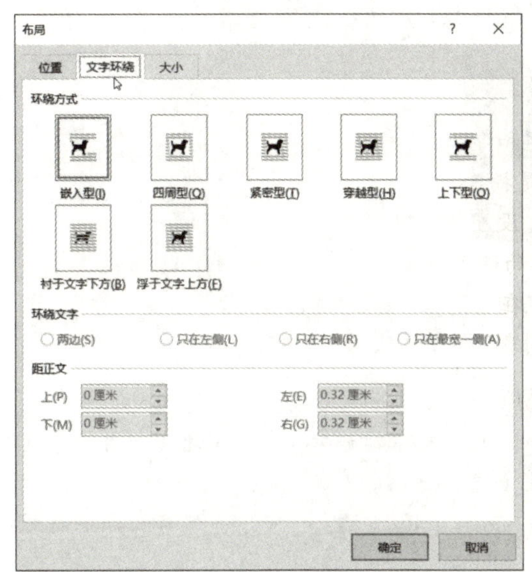

图 6-113　“文字环绕”选项卡

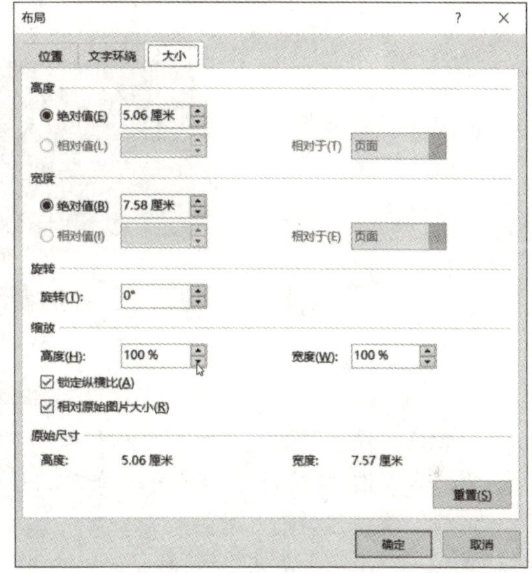

图 6-114　“布局”对话框的“大小”选项卡

5. 旋转图片

单击选定文档中的图片，图片边框出现 8 个控制柄和一个旋转柄。将鼠标指针置于旋转柄上，鼠标指针变为，如图 6-115 所示的左图。按下鼠标左键不放，鼠标指针变为，拖动鼠标以旋转图片，如图 6-115 所示的中图。旋转合适角度后，如图 6-115 所示的右图，松开鼠标。

微视频：旋转图片

图 6-115　旋转图片

6. 裁剪图片

微视频：裁剪图片

裁剪操作通过减少垂直或水平边缘来删除或屏蔽不希望显示的图片区域。

① 双击要裁剪的图片。在“图片工具”下的“格式”选项卡的“大小”组中，单击“裁剪”按钮，图片控制柄处出现黑色裁剪柄。

② 将鼠标指针置于裁剪柄上，鼠标指针将变为⊢、⊤、⊥或⊣，执行下列操作之一：

· 若要裁剪某一侧，将该侧的裁剪柄向里拖动，如图 6-116 所示。

· 若要同时均匀地裁剪两侧，按下 Ctrl 键的同时将任一侧的裁剪柄向里拖动。

· 若要同时均匀地裁剪全部四侧，按下 Ctrl 键的同时将图片一个角上的裁剪柄向里拖动。

· 若要在图片周围添加页边距，将裁剪柄拖离图片中心。

· 若要放置裁剪，请移动裁剪区域（通过拖动裁剪柄的方框边缘）或图片。

③ 完成后按 Esc 键，或再次单击“裁剪”按钮上部。

图 6-116　裁剪图片

微视频：修饰图片

7. 修饰图片

可以通过添加阴影、发光、映像、柔化边缘、凹凸和三维旋转等效果来增强图片的感染力，也可以在图片中添加艺术效果或更改图片的亮度、对比度或模糊度。

注意，有些修饰图片的操作之后需要把文档保存为 .docx 格式，而不能保存为以前的文件格式 .doc，才能显示这些修饰效果。

（1）添加图片预设样式

单击图片，图片边框出现 8 个控制柄，同时出现“图片工具”。在“图片工具”下的“格式”选项卡的“图片样式”组中，单击“图片预定义样式”列表右侧的“其他”按钮，从展开的“图片预定义样式”列表中选取需要的预设样式，如图 6-117 所示。可以将鼠标指针移至任意一个效果选项上，并使用“实时预览”查看在应用该效果后图片的外观，然后再单击所需的效果选项。

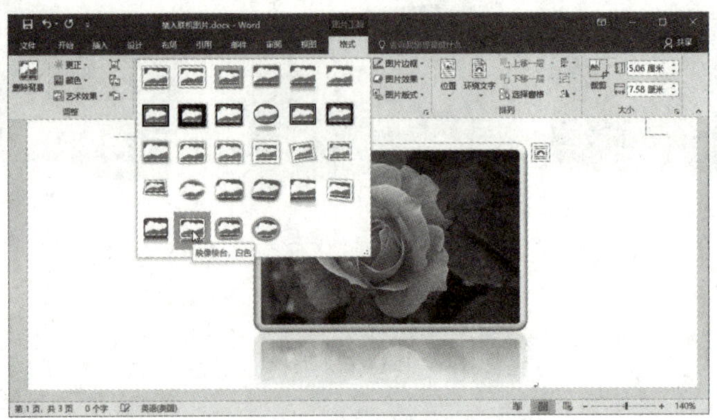

图 6-117　展开的“图片样式”列表

（2）给图片添加边框

单击要添加边框的图片。在“图片工具”下的“格式”选项卡的“图片样式”组中，单击“图片边框”按钮，在下拉列表中为图片添加边框并设置“颜色”“粗线”“虚线”等选项。

6.5.2　插入艺术字、文本框

艺术字是添加到文档中的包含特殊文本效果的装饰性文本，可以通过更改文字或艺术字的填充、更改其轮廓或添加效果（如阴影、反射、发光、三维旋转或棱台）来更改其外观。

文本框是一种可移动、可调大小的放置文字或图形容器。文本框可以像图形一样放置在页面中的任何位置，还可以设置样式、边框、阴影等格式，文本框主要用于设计复杂版面。使用文本框，可以在一页上放置多个文字块，或使文字按与文档中其他文字不同的方向排列。

实例 6.11　制作一张班级周报

任务描述：

周报样式如图 6-118 所示。要求纸张为 A4，上、下、左、右页边距分别为 2.5 厘米、2.5 厘米、2 厘米、2 厘米，纵向。正文是五号宋体。标题用艺术字，插入文本框、线条、图片文件，段落首行缩进 2 字符，艺术字、文本框、图片、线条都设置为浮于文字上方。

软件工程系 211301 班　　2021 年 2 月 16 日星期一

周报　健康专刊

本刊编辑委员会
主　　任：张三
主　　编：李四
责任编辑：王五

饮食对健康的影响

对于养生保健，在饮食方面的调养是一个很好的方法。“健康是吃出来的”这句话一点也不假，保养就得要有节制地吃、有选择地吃。

调养是抗衰老的核心问题，尤其是压力过大的职业人员，更要重视调养。调养有两种方式：一是注重传统和基础营养，保持果蔬、肉类、豆类、谷麦类以及低脂和无脂食品的均衡摄入。二是适当选用科学的健康食品，如保健品。不管采取哪类方式，都要有行之有效的方法。

应尽可能多吃豆腐、海带、萝卜等碱性食物，这些食物可以使体内呈弱碱性，可促进细胞的新陈代谢，使肌肤健康、平滑、富有光泽。同时，还应控制鸡肉、牛肉、玉米、啤酒等弱酸性食品的摄入。还要降低食物中的盐分和糖分，以减轻消化系统的负担。最后，要保持三餐饮食营养均衡，使得内脏功能运转正常，这是创造良好肌肤状况的关键。

素食更健康

素食者更健康，这一观念已被越来越多的研究成果证明。所谓素食，是指膳食的构成以植物性食物为主，动物性食物很少或一点不沾。营养学家也认为，对于女性而言，摄取素食不仅有益健康，而且有助于保养肌肤和减肥。除了摄取常规的基础性营养，如蛋白质、脂肪、糖类、维生素、矿物质、水、膳食纤维等七大营养元素之外，还应根据自己的年龄、身体状况和特定需求，选择有不同功效的保健品。美容类保健品主要有卵磷脂、核酸、蜂王浆、花粉、抗氧化物等。保健品作为一种补充食物，要坚持服用，在饭前空腹食用更有利于吸收。不过要注意，每种保健品含有特殊功效，不要超出人体的需求量，超过限量对人体会有不良影响。

一些不良的饮食习惯会对健康造成危害

1.长期不吃早餐的人，胆汁发生变化，胆汁浓缩胆固醇积累在胆囊中形成胆结石，易患心肌梗塞，因早晨胃是空的，体内会形成更多的血栓蛋白，能导致血栓形成，诱发心肌梗塞，还会引起代谢失调而肥胖。

2.长期蹲着吃饭的人，影响消化功能，易引起消化道疾病。

3.经常吃汤饭喝汤水的人，易引起食道和胃的癌变。

4.经常吃饭太快不细嚼慢咽的人，易引起胃炎，胃溃疡。

5.经常吃饭过饱的人易引起消化不良，诱发高血压、冠心病等。

6.偏食的人易导致某种营养缺乏。

7.经常饮食过咸的人，易患高血压，对心肝肾有害。

8.喜欢吃甜食的人，易患心血管疾病、肥胖及糖尿病。

9.吃晚餐太迟的人易患尿路结石，冠心病、肠癌、发胖等。

祝您健康

图 6-118　周报

任务分析：

从周报的样式可以看到，大字体采用的修饰较多，因此可以采用艺术字功能；其他内容块都有各自独有的外观，如边框、背景、横排或竖排，就要采用文本框功能。

实施步骤：

1．设置纸张

按任务描述要求设置纸张和页边距，保存文件。

2．插入并设置线条

① 在“插入”选项卡的“插图”组中，单击“形状”按钮，单击“线条”下的“直线”。鼠标指针变为十字形状，先按下 Shift 键不松开，在文档中页面上边距处从左向右拖动画出直线，与页面版心同宽。

② 右击刚才画出的线条，从快捷菜单中单击“设置形状格式”。窗口右侧弹出“设置形状格式”任务窗格，并显示“填充与线条”选项卡的“线条”选项组，如图 6-119 所示。

在“线条”选项组中，设置为“实线”，“颜色”为“蓝色”，“宽度”为“2 磅”，“短划线类型”为“方点”。在“效果”选项卡中，根据需要设置一种预设的阴影效果。最后关闭任务窗格。

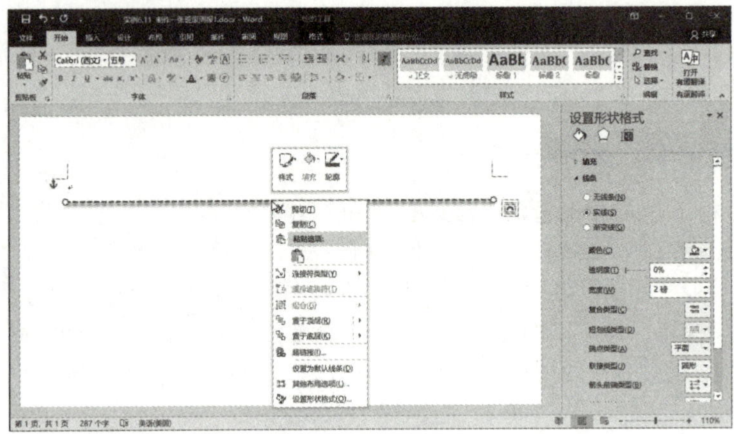

图 6-119 设置线段

③ 将设置好的线条拖放到页面合适位置。

微视频：插入艺术字

3. 插入艺术字

① 在文档中要插入艺术字的位置单击，在“插入”选项卡的“文本”组中，单击“艺术字”按钮，从列表中选择艺术字样式，如图 6-120 所示。

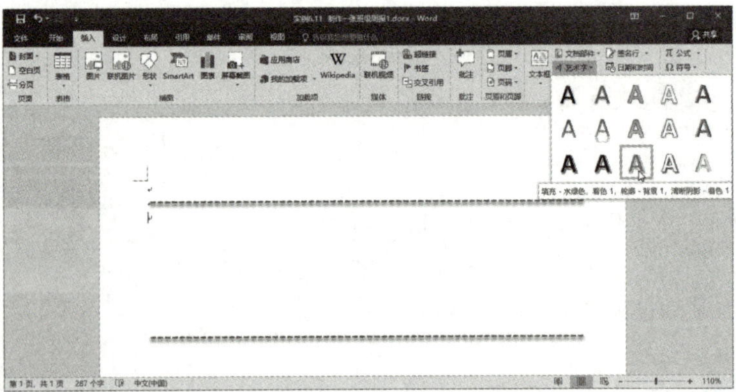

图 6-120 选择艺术字样式

插入的艺术字文本框如图 6-121 所示，在其中输入文字“周报”。

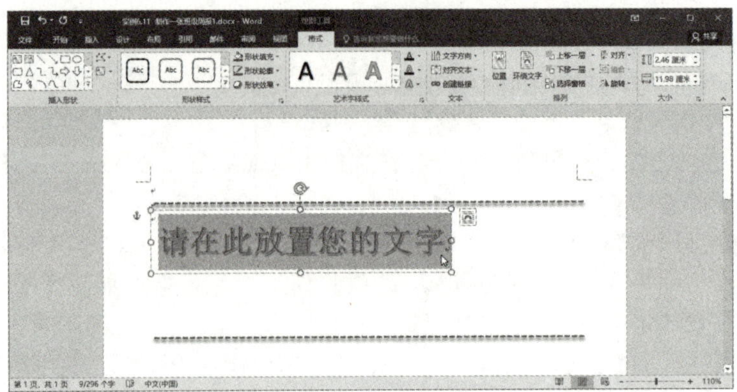

图 6-121 在艺术字文本框中键入文字

注意： Word 2016 的艺术字不是图形对象，是一种包含文字的特殊文本框。

② 如果要更改艺术字，单击要更改的艺术字文本框的边框。在“开始”选项卡的“字体”组中，设置为黑体、120 磅。单击“字体”组右下角的对话框启动器按钮，显示“字体”对话框，在“高级”选项卡中，“缩放”数值选择框中设置为“80%”，把字体设置为瘦高型，如图 6-122 所示。

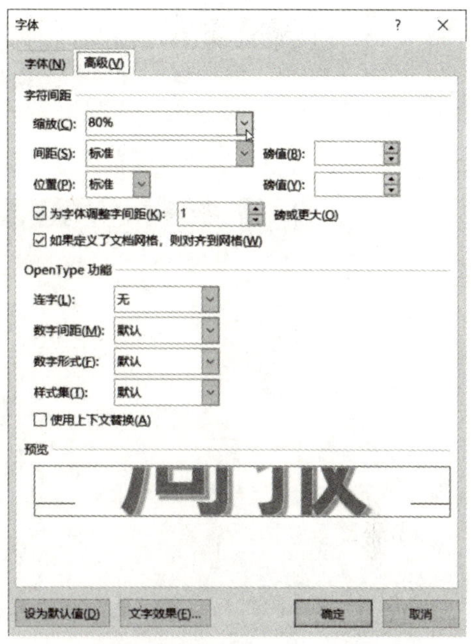

图 6-122 缩放字体

在“绘图工具”下的“格式”选项卡中，单击“艺术字样式”组中的“文本效果”按钮，显示“文本效果”列表，在“阴影”中选择“右上对角透视”选项，如图 6-123 所示。

③ 再插入一个艺术字，文字为“健康专刊”，设置为隶书、初号、浅绿色，在“康”后按 Enter 键，分为两行。在“文本效果”列表中设置为某一“棱台”效果。如图 6-124 所示。

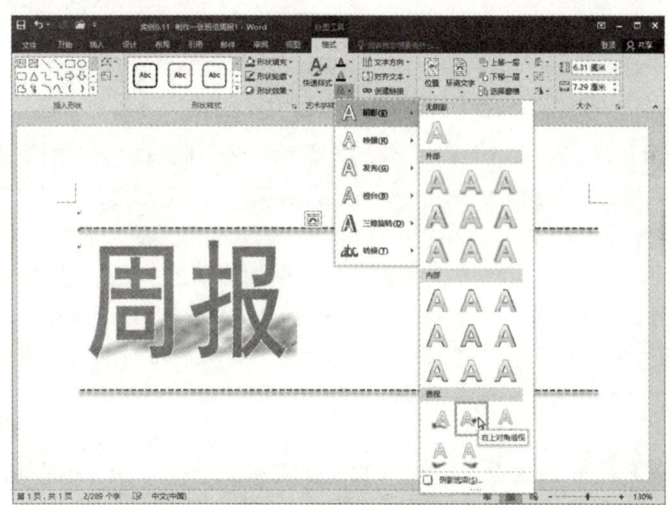

图 6-123 设置透视效果

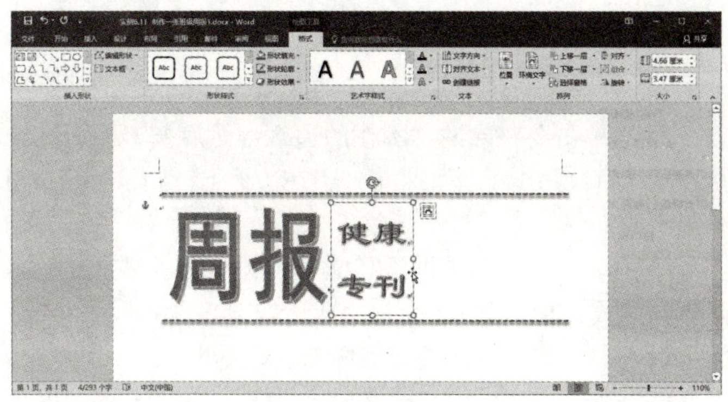

图 6-124 “棱台”效果

微视频：插入文本框

4．插入文本框

① 在“插入”选项卡的“文本”组中，单击“文本框”按钮，显示文本框列表，如图6-125所示。单击列表中的“绘制文本框”命令。鼠标指针变为十，在文档中需要插入文本框的位置单击插入或拖动绘制所需大小的文本框。

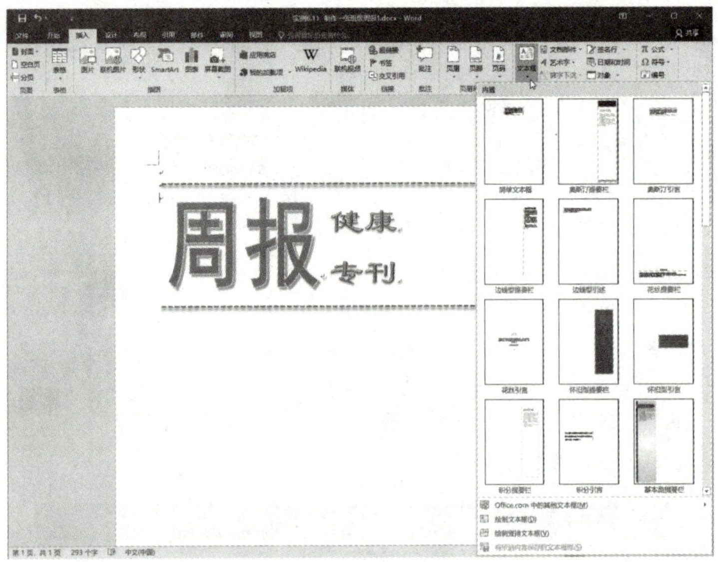

图 6-125　文本框列表

② 在文本框内单击，输入或粘贴文本。若要设置文本框中的文本的格式，可选择文本，然后使用“开始”选项卡“字体”组中的格式设置选项。若要改变文本框的位置，可单击该文本框，然后在指针变为✢时，将文本框拖到新位置。输入文字后的文本框，如图6-126所示。

③ 更改文本框的边框。可以更改或删除文本框的边框的颜色、粗细或样式，也可以取消整个边框。右击文本框边框，从快捷菜单中单击“设置形状格式”命令。弹出“设置形状格式”任务窗格，并显示“填充与线条”选项卡的“线条”选项组。设置为“无线条”，然后关闭任务窗格。设置完成后，显示如图6-127所示。

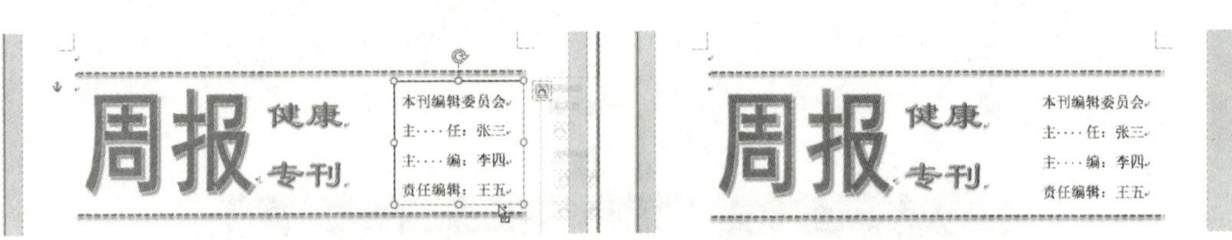

图 6-126　输入文字后的文本框

图 6-127　取消文本框的边框

如果要删除文本框，单击要删除的文本框的边框，然后按Delete键。请确保指针不在文本框内部，而是在文本框的边框上。如果指针不在边框上，则按Delete键会删除文本框内的文本，而不会删除文本框。

④ 插入其他文本框（其中一个文本框是竖排文本框），在文本框中输入或粘贴文字，改变文本框边框的颜色和样式，改变填充颜色。完成后如图6-118所示。

⑤ 插入或粘贴一张图片，设置图片的文字环绕方式为浮于文字上方。

提示： 如果绘制了多个文本框，则可将各个文本框链接在一起，以便文本能够从一个文本框延续到另一个文本框。单击其中一个文本框，在“绘图工具”下的“格式”选项卡的“文本”组中单击“创建链接”按钮，鼠标指针变为，然后移动到另一个文本框上，鼠标指针变为，单击鼠标左键完成文本框之间的链接。

6.5.3 绘制形状

Word 中的形状是一些预设的矢量图形对象，包括线条、基本几何形状、箭头、公式形状、流程图形状、星、旗帜和标注等。

实例 6.12 绘制程序流程图

任务描述：

绘制一幅条件分支流程图，如图 6-128 所示。

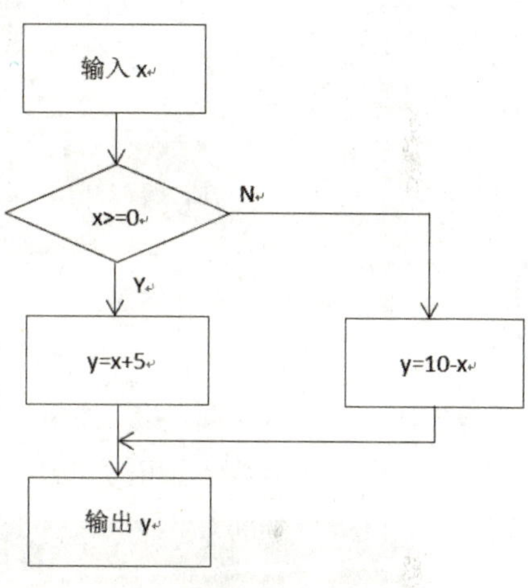

图 6-128 条件分支流程图

任务分析：

绘制矢量图形有许多方法，如果图形比较简单，就可以采用 Word 中自带的绘制形状来实现。如果要绘制更加复杂、专业的矢量图形，就要采用专业的矢量绘图软件，例如 Microsoft Visio，图形绘制完成后，将其插入到 Word 中。

实施步骤：

1．插入形状

① 单击文档中要创建形状的位置。在“插入”选项卡的“插图”组中，单击“形状”按钮。显示预设的“形状”列表。列表中提供了 8 种形状：线条、矩形、基本形状、箭头总汇、公式形状、流程图、星与旗帜和标注。单击所需形状，这里单击“矩形”，如图 6-129 所示。

微视频：插入形状

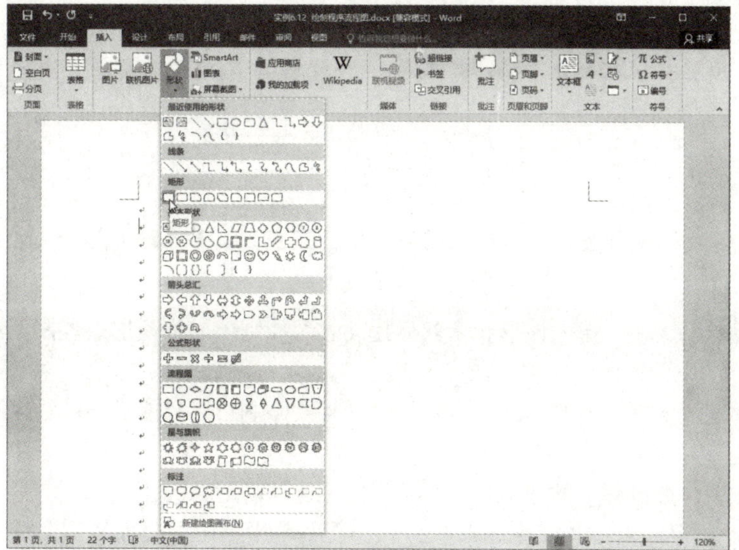

图 6-129 “形状”列表

② 单击文档中的任意位置，然后拖动以放置形状，如图 6-130 所示。要创建规范的正方形或圆形（或限制其他形状的尺寸），在拖动的同时按下 Shift 键。

③ 由于默认形状样式不符合要求，需要更改其外观。在“绘图工具”的“格式”选项卡的“形状样式”组中，单击“形状填充”按钮后的下拉按钮。在列表中选择“无填充颜色”命令，如图 6-130 所示。

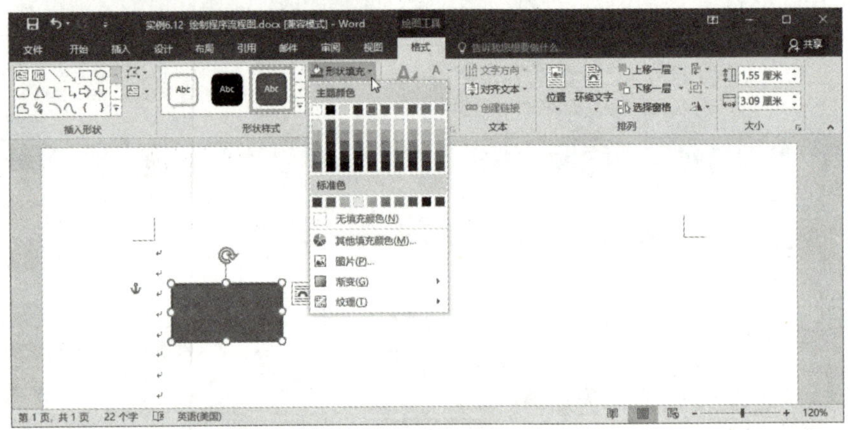

图 6-130 “形状填充”列表

④ 单击“形状轮廓”按钮后的下拉按钮，如图 6-131 所示。在列表中的“标准色”下单击“黑色”；在列表中的“粗细”中，单击“0.5 磅”。

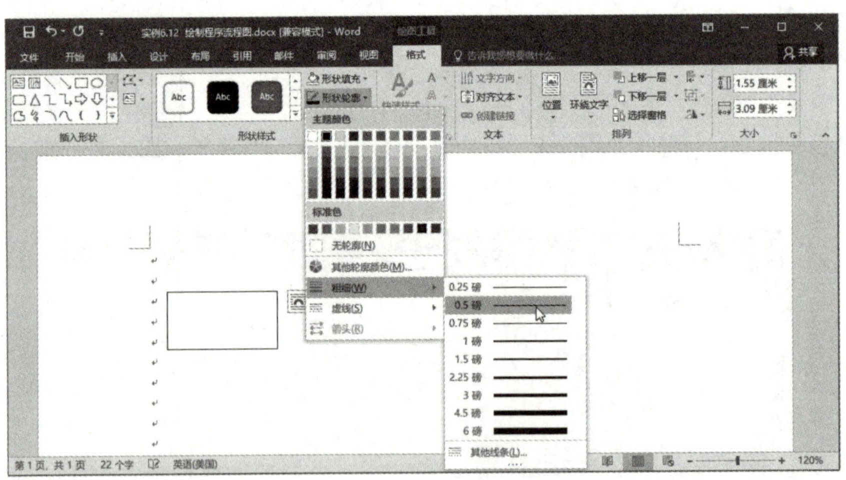

图 6-131 “形状轮廓”列表

要调整形状的大小，单击该形状，然后拖动它的控制柄。拖动这些控制柄可以更改对象的大小。

选定要移动的形状，将其拖到新的位置。如果要限制形状只能横向或纵向移动，先按下 Shift 键不放再拖动形状。

选定形状后，按键盘上的→、←、↑、↓键也能移动形状。

⑤ 右键单击要向其添加文字的形状，从快捷菜单中单击“添加文字”命令。插入点出现在形状中，然后键入文字。输入文字后，如果看不到输入的文字，先单击形状边框，在

“开始”选项卡的“字体”组中，单击“字体颜色”按钮 A 后的下拉按钮，把字体设置为黑色。单击“居中”按钮，如图 6-132 所示。

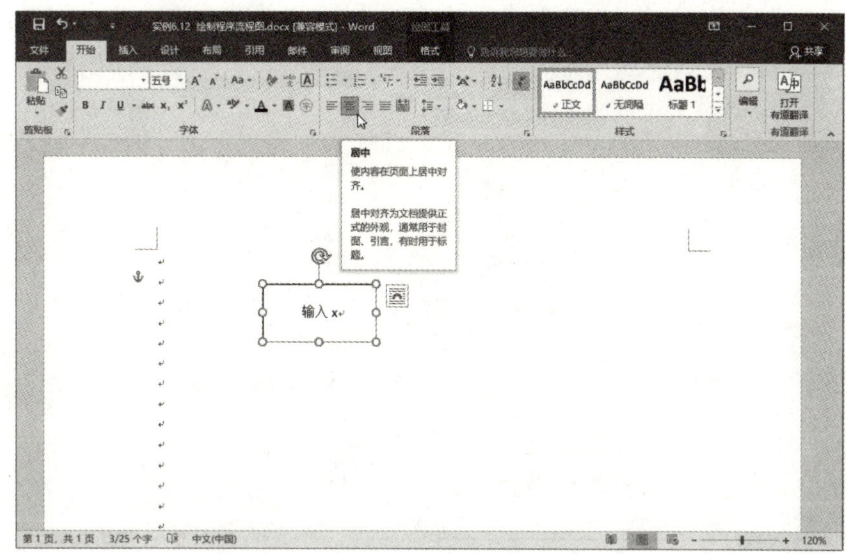

图 6-132　添加文字

⑥ 重复①～⑤绘制其他形状和直线，并设置形状的样式，添加文字，设置字体格式和段落，绘制完成后如图 6-133 所示，其中“Y”“N”放置于文本框中。为了提高绘图速度，相同形状可采用复制已有形状的方法。

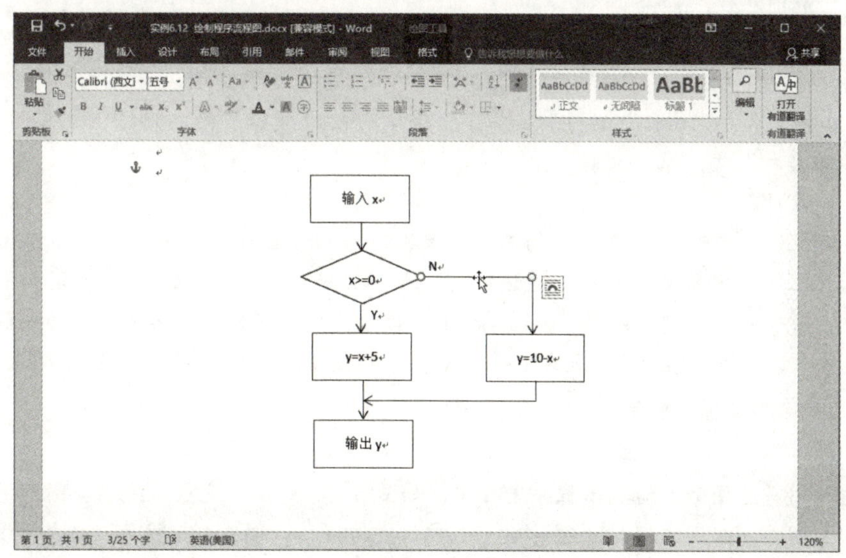

图 6-133　绘制完成的条件分支流程图

2. 形状的组合、排列

组合对象是将多个对象组合在一起，以便将它们作为一个对象来进行移动、缩放等。先按住 Shift 键不放，单击需组合的各个对象。右键单击形状，从快捷菜单中指向“组合”，单击子菜单中的“组合”命令，如图 6-134 所示。或者在“绘图工具”的“格式”选项卡的

“排列”组中，单击“组合对象”按钮，在列表中单击“组合”命令。形状组合后将成为一个图形对象。

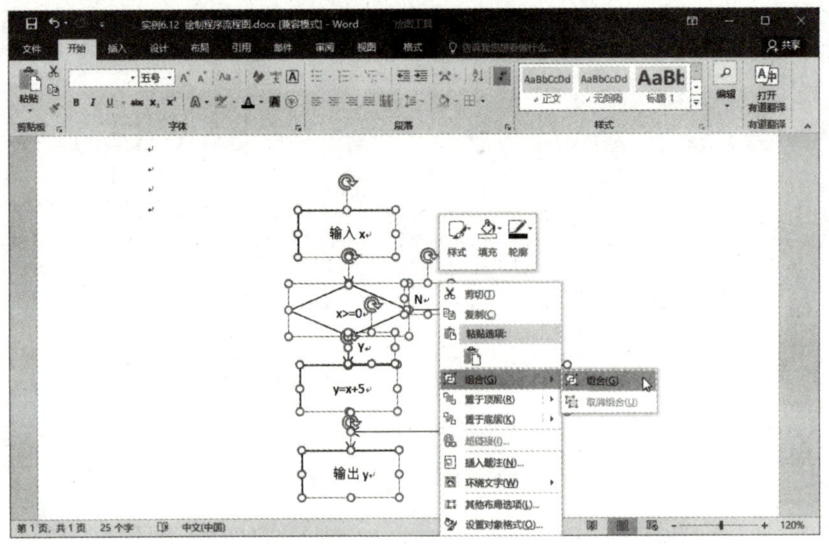

图 6-134 组合形状

知识与技能

（1）取消对象组合

取消对象组合的方法为：右键单击已组合的对象，从快捷菜单中指向“组合”，单击子菜单中的“取消组合”命令。

（2）翻转对象

单击要翻转的形状、图片、剪贴画或艺术字，在“绘图工具”的“格式”选项卡的“排列”组中，单击“旋转”按钮 旋转，然后从列表中选择“向右旋转 90 度”“向左旋转 90°”“垂直旋转”或“水平旋转”。

（3）叠放对象

单击对象，如果看不到叠放中的某个对象，可以按 Tab 键向前循环（或按 Shift+Tab 组合键向后循环）选定对象，直到选定该对象。在“绘图工具”的“格式”选项卡的“排列”组中，单击 上移一层 或 下移一层 按钮后的下拉按钮，然后从列表中单击“上移一层”“置于顶层”或者“浮于文字上方”。或者右击对象，从快捷菜单中指向“置于顶层”或“置于底层”，再单击子菜单中的命令。

拓展训练

（1）用自选图形，绘制出程序流程图，如图 6-135 所示。完成后要组合图形。

（2）制作一张图文混排的运动健身小常识宣传页，如图 6-136 所示。要求：纸张为 16 开（18.4 厘米 ×26 厘米），上、下、左、右页边距分别为 1.2 厘米、1.2 厘米、1.8 厘米、1.7 厘米，纵向；字符每行 40 字，每页 40 行；正文是五号宋体，标题用艺术字；插入图片文件、剪贴画、自选图形，部分段落设置分栏，有些图片采用四周型文字环绕方式。

微视频：插入公式

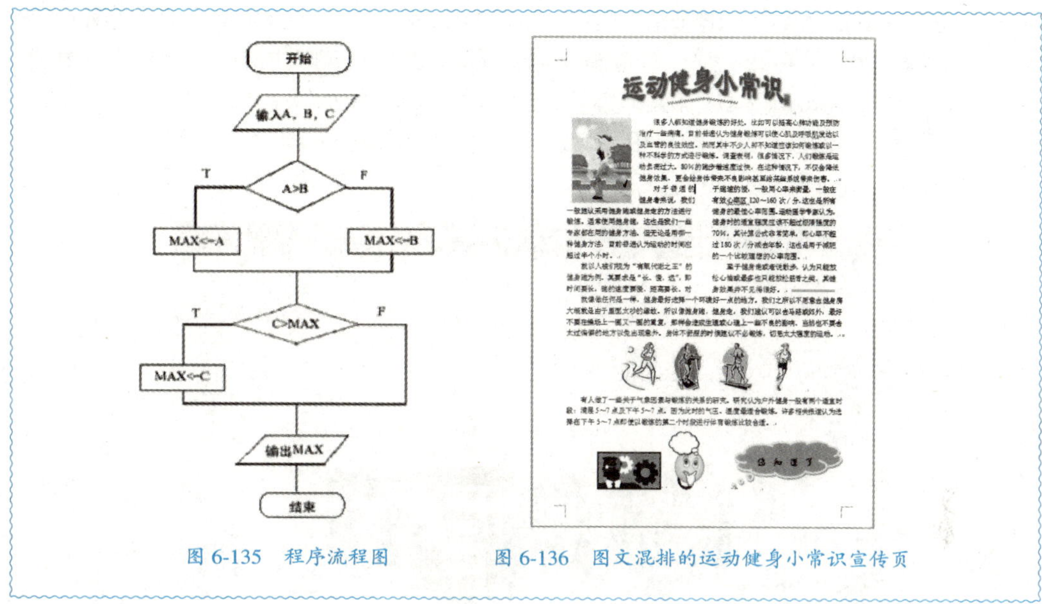

图 6-135　程序流程图　　　图 6-136　图文混排的运动健身小常识宣传页

6.5.4　使用 SmartArt 图形

SmartArt 提供了一些图形模板，例如列表、流程图、组织结构图和关系图，使用 SmartArt 图形功能可以通过图形模板快速、高效的创建各种用于表达各类数据关系的具有专业水准的图形。

1. 创建 SmartArt 图形并向其中添加文字

① 在“插入”选项卡的“插图”组中，单击“SmartArt”按钮。

② 显示“选择 SmartArt 图形”对话框，选择所需的类型和布局来创建 SmartArt 图形，如图 6-137 所示。

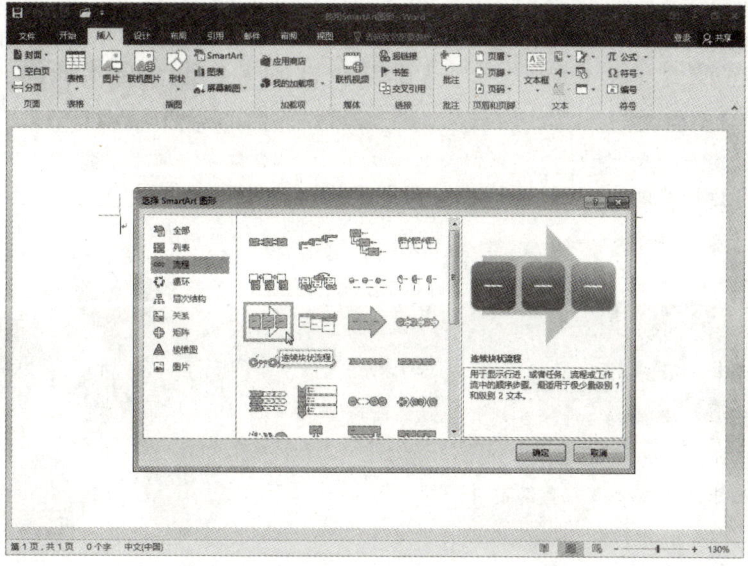

图 6-137　“选择 SmartArt 图形”对话框

③ 创建的 SmartArt 图形出现在文档中，如图 6-138 所示。单击文本框中的占位符“[文本]”，可输入文本或粘贴文本。右击 SmartArt 图形，在快捷菜单中选择“显示文本窗格”命令，或者在“SmartArt 工具”的“设计”选项卡的“创建图形”组中，单击“文本窗格”按钮，显示文本窗格，在文本窗格中可快速输入和组织 SmartArt 图形中的文本，为了获得最佳结果，可在添加需要的所有框之后再使用文本窗格来输入和组织文本。

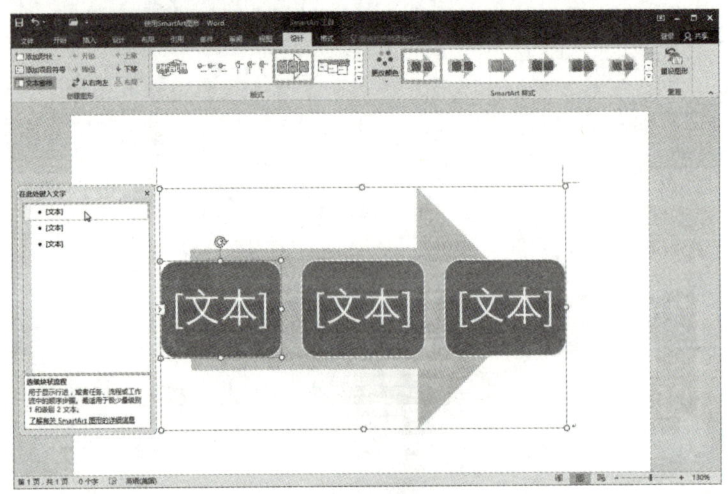

图 6-138 创建的 SmartArt 图形

2. 在 SmartArt 图形中添加或删除形状

若要在 SmartArt 图形中添加形状，其操作方法如下。

① 单击要向其中添加另一个形状的 SmartArt 图形。

② 单击最接近需添加形状的添加位置的现有形状。

③ 在“SmartArt 工具”的“设计”选项卡的“创建图形”组中，单击“添加形状”按钮后的下拉按钮。

④ 单击“在后面添加形状”，或者“在前面添加形状”命令。

若要从 SmartArt 图形中删除形状，单击要删除的形状，然后按 Delete 键。若要删除整个 SmartArt 图形，请单击 SmartArt 图形的边框以选定 SmartArt 图形，然后按 Delete 键。

拓展训练

用 SmartArt 绘制出如图 6-139 所示的图形。

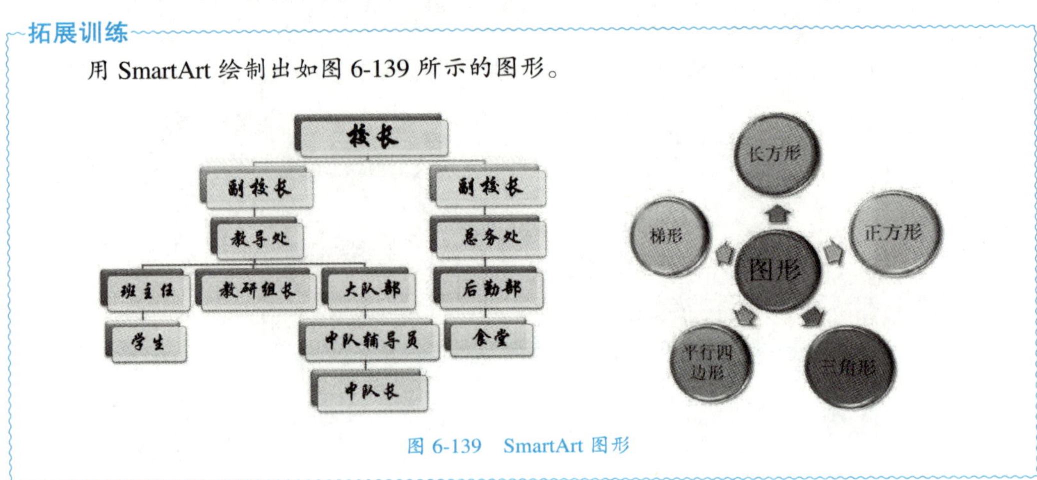

图 6-139 SmartArt 图形

6.5.5　插入图表和粘贴 Excel 工作表

1. 插入图表

在 Word 中，可以插入多种数据图表和图形，如柱形图、折线图、饼图、条形图、面积图、散点图、股价图、曲面图、雷达图等。如果未安装 Excel，将无法利用 Word 的高级数据图表功能。在 Word 中新建数据图表时，将打开 Microsoft Graph。

可以在 Word 或 Excel 中制作图表。如果有许多数据要制成图表，建议先在 Excel 中创建图表，然后将该图表复制到 Word 文档中。如果数据定期发生更改，并且希望图表始终反映最新的数据信息，则这也是最佳方式。在这种情况下，当复制图表时，可以让该图表与原始 Excel 文件保持链接。

① 若要在 Word 中从头开始创建简单的图表，可在“插入”选项卡的“插图”组中，单击“图表”按钮。

② 显示“插入图表”对话框，如图 6-140 所示。选择图表类型，然后双击所需的图表，即可插入所选图表，同时打开一张链接到该图表的 Excel 数据表，如图 6-141 所示。

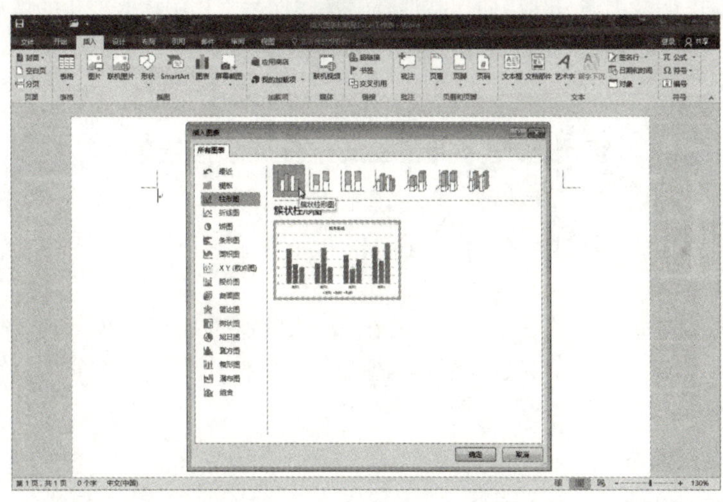

图 6-140　“插入图表”对话框

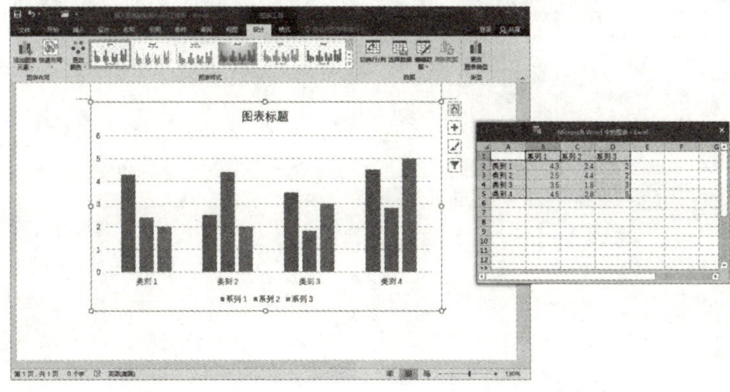

图 6-141　插入到 Word 文档中的图表和打开的 Excel 及数据

③ 在打开的 Excel 数据表中，将默认数据替换为所需的信息。完成后，关闭 Excel。

2. 将 Excel 工作表中的数据粘贴到 Word 文档中

① 打开 Excel 窗口，选定准备粘贴到 Word 文档中的单元格。在“开始”的“剪贴板”组中，单击“复制”按钮（或者按 Ctrl+C 组合键）。

② 打开 Word 窗口，在“开始”功能区的“剪贴板”组中，单击“粘贴”下拉按钮，在打开的列表中单击“选择性粘贴”。

③ 显示“选择性粘贴”对话框，选中“形式”列表中的“Microsoft Office Excel 工作表对象”选项，然后单击“确定”按钮。

④ 被选定的 Excel 工作表的单元格，将以内嵌的 Excel 工作表的形式被粘贴到 Word 文档中。双击 Word 文档中的 Excel 工作表将进入工作表编辑状态；在 Excel 工作表以外区域单击将返回 Word 编辑状态。

6.5.6 邮件合并

邮件合并就是在 Office 中，先建立两个文档：一个是 Word 文档，包括所有文件共有内容的主文档（如未填写的信封等），一个是 Execl 文档，包括变化信息（如填写的收件人、发件人、邮编等）的数据源，然后使用邮件合并功能在主文档中插入变化的信息，合成后的文件可以保存为 Word 文档，可以打印出来，也可以以邮件形式发送出去。

实例 6.13 批量生成学生成绩报告单

任务描述：

使用邮件合并功能，批量生成学生成绩报告单。

任务分析：

学生成绩报告单如果一张一张手工填写是一件很繁锁的事。用 Word 的“邮件合并”功能，让 Word 和 Excel 协同工作，可以实现成绩报告单“批处理”，省时省力，轻松完成学生成绩报告单的填写工作。

实施步骤：

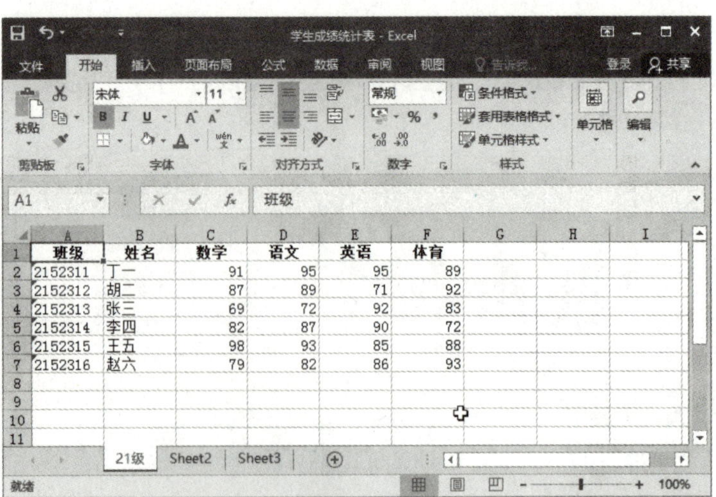

班级	姓名	数学	语文	英语	体育
2152311	丁一	91	95	95	89
2152312	胡二	87	89	71	92
2152313	张三	69	72	92	83
2152314	李四	82	87	90	72
2152315	王五	98	93	85	88
2152316	赵六	79	82	86	93

图 6-142 Excel 数据表

1. 在 Excel 中制作学生成绩统计表

打开 Excel 并新建一个空白工作簿，将班级、学生姓名和各科成绩等信息输入表格，命名工作表为“21 级”，并以“学生成绩统计表 .xlsx”为文件名，保存并关闭该 Excel 工作簿，如图 6-142 所示。

注意，成绩统计表要是一个简单的数据清单，不要有无关内容；请一定要关闭该 Excel 工作簿。如果该 Excel 工作簿正在打开，Word 的邮件合并功能将无法读取成绩统计表中的数据。

2. 在 Word 中编排学生成绩通知单

① 打开 Word 并新建一个空白文档，设置“纸张”为自定义大小，宽度是 18.4 厘米，高度是 10 厘米；根据内容设置页边距；设置为分两栏。

② 根据“学生成绩统计表 .xlsx”工作簿“21 级”工作表中表头中的有关项目，输入成绩通知单的相关文本内容并制作“考试成绩”表格，表格的第一行一般是标题，第二行起为数据记录，标题和数据记录要与 Excel 工作表中的相关内容对应，如图 6-143 所示，将该文档保存为“成绩通知单 21.docx”。

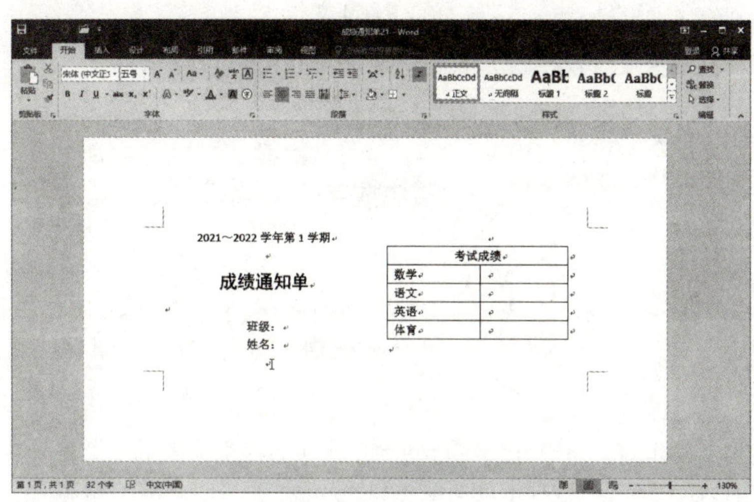

图 6-143　Word 通知单

3. 设置批量处理学生成绩报告单

① 打开创建的“成绩通知单 21.docx”Word 文档，在“邮件”选项卡的“开始邮件合并”组中，单击“选择收件人”按钮，在列表中选择“使用现有列表”，如图 6-144 所示。

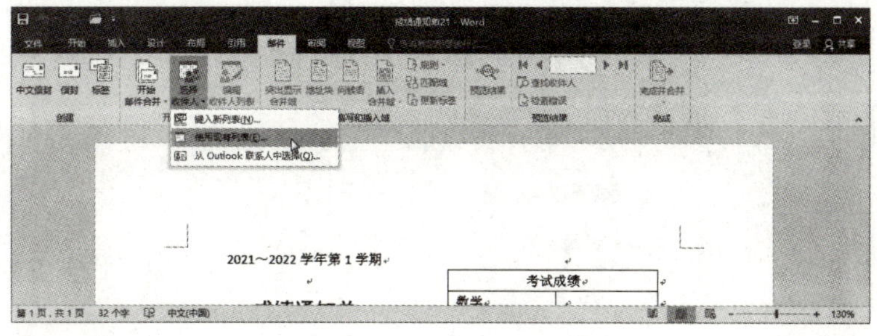

图 6-144　“开始邮件合并”组

② 显示“选取数据源”对话框，找到并选中前面创建的“学生成绩统计表 .xlsx”Excel

工作簿，单击“打开”按钮，如图 6-145 所示。

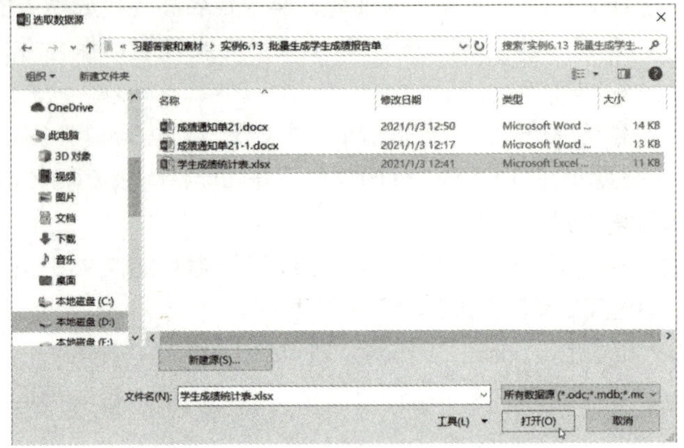

图 6-145 “选取数据源”对话框

显示“确认数据源”对话框，单击“确定”按钮，如图 6-146 所示。显示“选择表格”对话框，选择“21 级 $”，再次单击“确定”按钮，如图 6-147 所示。

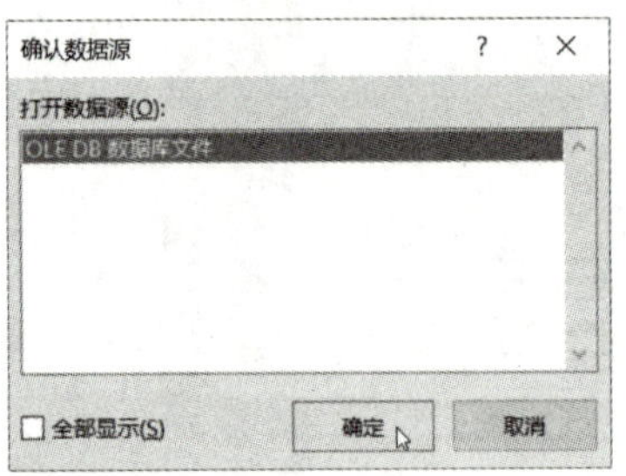

图 6-146 “确认数据源”对话框

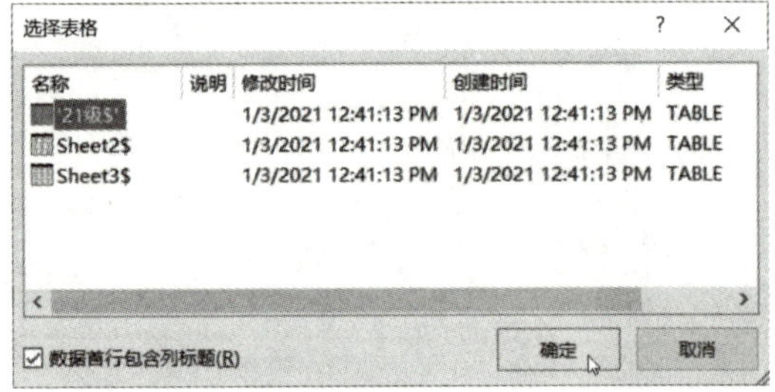

图 6-147 “选择表格”对话框

③ 回到 Word 编辑窗口，将光标定位到学生成绩通知单需要插入数据的位置（如“班级：”后），然后在“邮件”选项卡的“编写和插入域”组中，单击“插入合并域”下拉按钮，在列表中单击相应的选项（如班级）。重复以上操作过程，将数据源中的域一项一项插入成绩通知单中相应的位置，如图 6-148 所示。

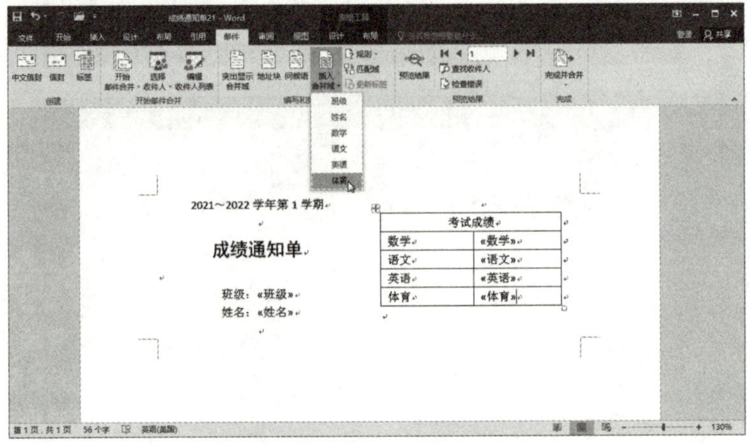

图 6-148 插入合并域

④ 在“邮件”选项卡的“完成”组中，单击“完成并合并”按钮，在列表中选择“编辑单个文档”。显示“合并到新文档”对话框，如图 6-149 所示，根据实际需要选择“全部”“当前记录”或指定范围，单击“确定”按钮。

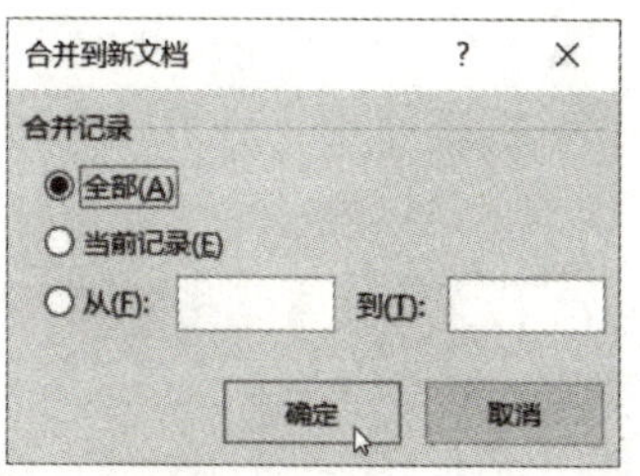

图 6-149　“合并到新文档”对话框

完成邮件合并，系统会自动处理并生成每位学生的成绩通知单，并在新文档（如“信函 1”）中一一列出，如图 6-150 所示。接下来就可以用打印机打印出来了。

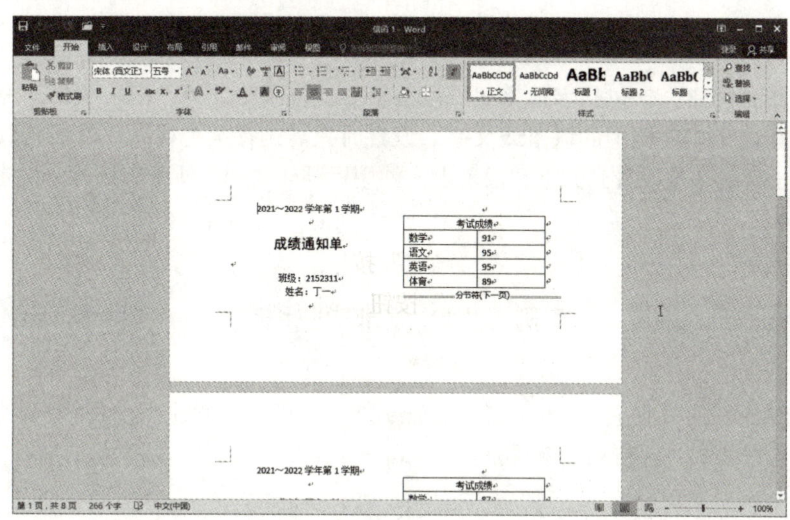

图 6-150　新建的“信函 1”文档

拓展训练

使用邮件合并功能生成每位学生的报考信息表，如图 6-151 所示。

2021 年报考信息表

姓　名	王冰冰	性别	女	
出生日期	2001-3-19	民族	汉	
政治面貌	群众			
身份证号	110102200103195018			
报 名 号	1101234567890			
联系电话	010-55667788			
通信地址	北京市海淀区中关村 3 号			

图 6-151　报考信息表

提示： Excel 中的“照片”栏要填入照片地址（如 C:\\ 照片文件夹 \\001.jpg），注意是双斜杠。对于显示照片，在放照片的地方，插入一个 INCLUDEPICTURE 的域，方法是：按 Ctrl+F9 组合键插入一对大括号{ }（不能用键盘输入），在该大括号内输入内容：INCLUDEPICTURE C:\\ 照片文件夹 \\001.jpg，输入完毕后按 Alt+F9 组合键，照片即插入并显示在“照片”栏。

6.6 长文档的编排

长文档通常是指一篇页数在 10 页以上的文档，长文档一般都包含多个章、节和正文，级别相同的章、节和正文其格式都相同，例如一本图书、一篇论文或报告、一份软件使用说明书等都是典型的长文档。通常一篇正规的长文档由封面、目录、正文、附录等部分组成。为此，Word 提供了一系列编辑长文档的功能。

6.6.1 使用样式

样式是格式的集合，包括字体格式、段落格式、外观格式等，把一组格式命名为一个样式后，可以应用于文档中的段落或文字。设置时只需选择某个样式，就能把其中包含的各种格式一次性的快速设置到文字和段落上。使用标题样式，还便于文档的分层查看和生成目录。

实例 6.14 编排毕业论文

任务描述：

把已经录入好的毕业论文按毕业论文的格式要求排版，整篇文章使用统一的页面设置，使用一致的标题样式，并自动抽取目录。

任务分析：

对于毕业设计论文，学校都有严格的撰写规范，除对内容的要求外，对排版也有具体的规定，例如纸张、章标题、节标题、页眉、页码等格式要求。采用样式功能，可以快速把整篇文档设置成一致的样式，省时、省力。

实施步骤：

1. 新建文档、设置页面

新建一个文档，设置纸张大小为 A4（21 厘米 ×29.7 厘米），上、下、左、右页边距分别设置为 2.54 厘米，2.54 厘米，3.17 厘米，3.17 厘米；页眉与页脚奇偶页不同。保存文档到合适的文件夹。

2. 应用标题样式

微视频：应用标题样式

标题样式是应用于标题的格式设置，Word 有 9 个不同的内置样式（标题 1～标题 9）。

单击“第 1 章　绪论”，把插入点放置到该行的任意位置。在“开始”选项卡的“样式”组中，单击“快速样式”库中的“标题 1”，如图 6-152 所示。

用同样方法，应用“标题 2”样式到“1.1　电子商务现状”；应用“标题 3”样式到条（1.1.1）。

如果未看见所需的样式，单击“其他”按钮以展开“快速样式”库。将指针放在要预览的样式上，可以看到所选的文本应用了特定样式后的外观。

3. 修改并更新样式

选中应用“标题 1”样式的“第 1 章　绪论”；设置“第 1 章　绪论”为黑体三号、居中、段前空 1.5 行、段后空 1 行、1.5 倍行距。

在“开始”选项卡的“样式”组中，右键单击“标题 1”，从列表中单击“更新 标题 1 以匹配所选内容”，如图 6-153 所示，把修改后的格式更新到样式库中。

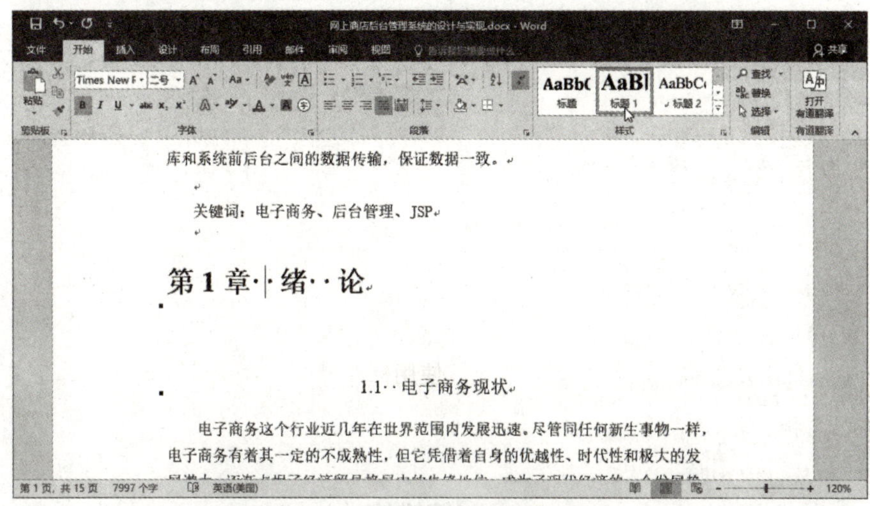

图 6-152　通过“快速样式”库应用“标题 1”样式

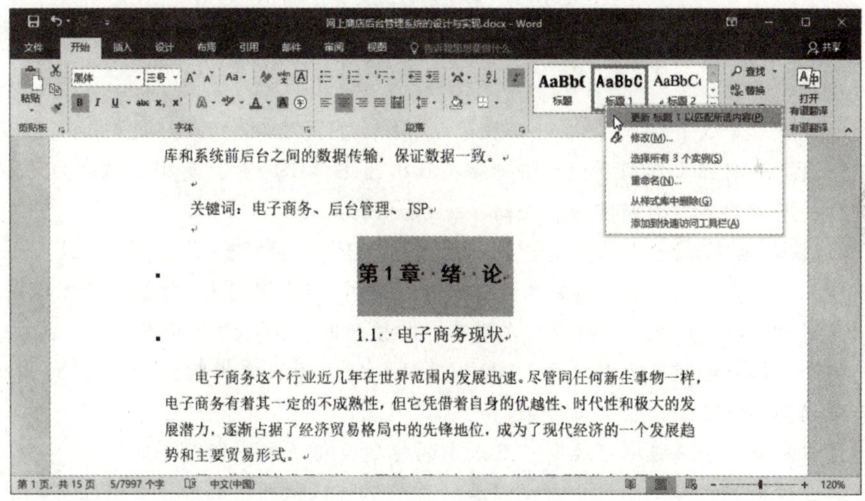

图 6-153　更新“标题 1”样式

用同样方法，修改并更新“标题 2”“标题 3”“正文”的样式。

注意，更新“正文”样式后，设置的“标题 1”“标题 2”等会自动设置为首行缩进，这时要重新设置“标题 1”“标题 2”等标题，取消首行缩进。

4．应用标题样式到其他标题

把设置好的“标题 1”“标题 2”“标题 3”等，分别应用到其他标题上。

微视频：在大纲视图中查看文档

5．用大纲视图显示标题

在“视图”选项卡的“视图”组中，单击“大纲视图”按钮，该文档即按大纲视图显示。在该视图中，自动显示“大纲”选项卡，通过上面的工具按钮，可以调整大纲结构，可以快速移动整节内容，也可以按不同的级别显示大纲，如图 6-154 所示是显示 3 级大纲。

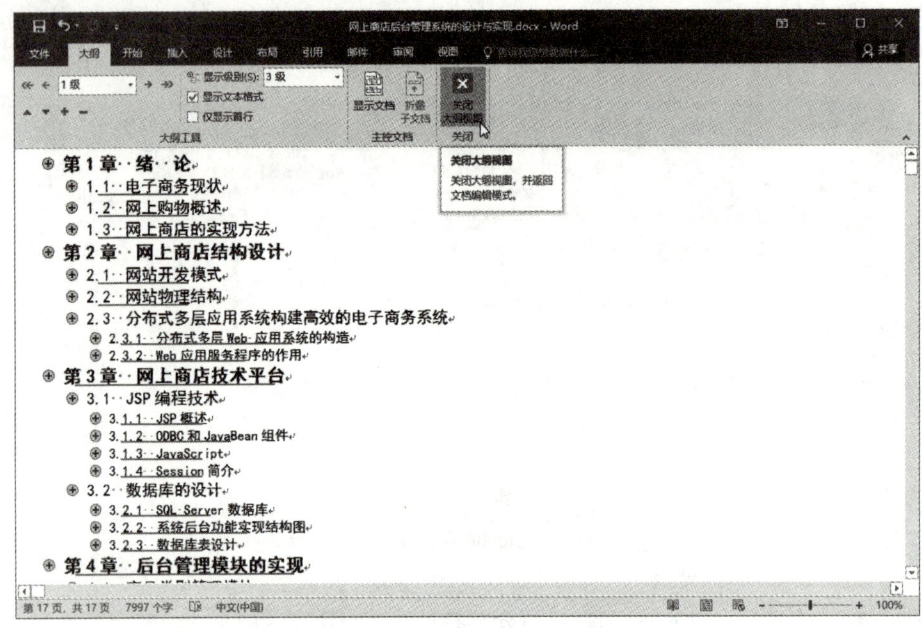

图 6-154 用大纲视图查看标题

知识与技能

1. 毕业论文格式

论文打印用 A4 纸（21 厘米 ×29.7 厘米），上、下页边距均为 2.54 厘米，左、右页边距均为 3.17 厘米；段落行间距为 1.5 倍行距；正文为宋体小四号，英文、数字为 Times New Roman 字体，两端对齐，首行缩进 2 个汉字，1.5 倍行距。

正文的层次为章（如“1”、居中）、节（如“1.1”）、条（如“1.1.1”）、款（如“1.”）、项（如“(1)”）。章标题（标题 1）为黑体三号，居中，段前空 1.5 行，段后空 1 行，单倍行距；节标题（标题 2）为黑体四号，左对齐，单倍行距；条标题（标题 3）为黑体小四号，左对齐。“节”“条”左对齐顶格编排。“款”单独一行，按正文排版；“项”若作为小标题，其后空两格，直接跟正文，按正文排版。

目录按章、节、条三级标题编写，目录中的标题要与正文中标题一致。

目录的页码用罗马数字编排，正文以后的页码用阿拉伯数字编排。页码在页脚中居中放置，页码为五号 Times New Roman 字体。

论文除封面外各页均应加页眉，页眉加一粗、细双线（粗线在上，宽 0.8 mm），双线上居中打印页眉。奇数页眉为本章的题序及标题，偶数页眉为“×× 职业技术学校毕业论文”。不同章另起一页，不同章使用不同的页眉。页眉为宋体五号、居中。

2. 文档分页

Word 提供了自动分页和手工分页两种分页方法。

（1）自动分页

自动分页是建立文档时，Word 根据字体大小、页面设置等，自动为文档做分页处理。Word 自动设置的分页符在文档中不固定位置，它是可变化的，这种灵活的分页特性使得用户无论对文档进行过多少次变动，Word 都会随文档内容的增减而自动变更页数和页码。

（2）手工分页

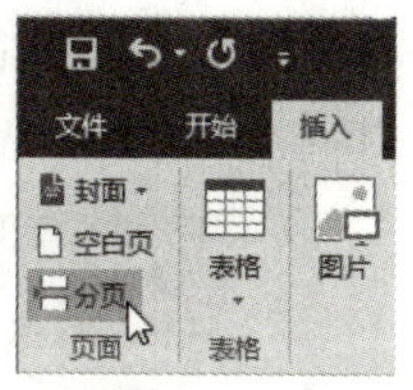

图 6-155 “插入”选项卡的“页面”组

手工分页是根据需要手工插入分页符，可以在文档中的任何位置插入分页符。在文档中，单击要开始新页的位置。在“插入”选项卡的“页面”组中，单击“分页”按钮，如图 6-155 所示。

在页面视图、打印预览和打印的文档中，分页符后面的文字将出现在新的一页上。在草稿视图中，自动分页符显示为一条贯穿页面的虚线，人工分页符显示为标有“分页符”字样的虚线。

（3）防止在段落中间出现分页符、在段落之间出现分页符、在段落前指定分页符

选择要防止分为两页的段落；在“布局”选项卡上，单击“段落”组中的对话框启动器 。显示“段落”对话框，单击“换行和分页”选项卡，选中“与下段同页”“段中不分页”“段前分页”复选框。

（4）删除分页符

文档中如果有多余的分页符，可以将其删除。这些多余的分页符如果是手工插入的分页符，在草稿视图中选定该分页符，按 Delete 键可以删除该分页符。

3. 分节

分节符是表示节的结尾插入的标记。分节符包含节的格式设置元素，例如页边距、页面的方向、页眉和页脚，以及页码的顺序。可以使用分节符改变文档中一个或多个页面的版式或格式。分节符控制它前面的文本节的格式。删除某分节符会同时删除该分节符之前的文本节的格式，该段文本将成为后面的节的一部分并采用该节的格式。

（1）插入分节符

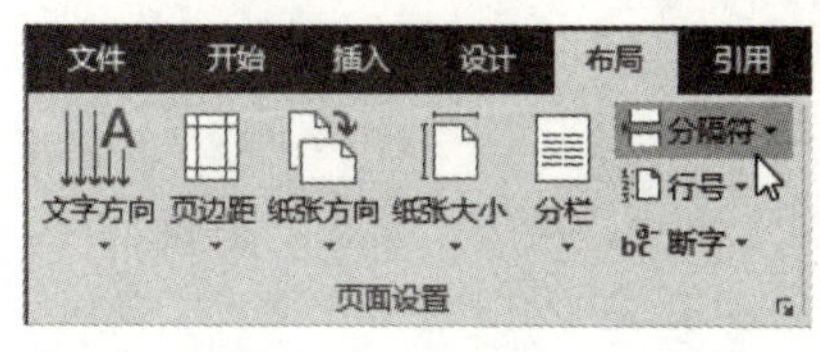

图 6-156 “布局”选项卡的“页面设置”组中的“分隔符”按钮

有时可能要在所选文档部分的前后插入一对分节符。单击要更改格式的位置。在“布局”选项卡的“页面设置”组中，单击“分隔符”按钮，如图 6-156 所示。在“分隔符”下拉列表中，单击对应的分节符类型：“下一页”“连续”“偶数页”或“奇数页”。

例如，要使“第 1 章　绪论”分节到下一节，先把插入点放到“第 1 章　绪论”的“第”前面，然后单击“分隔符”列表中的“下一页”，则在“第 1 章　绪论”前面插入一个“下一页”分节符。重复这个操作，在每一节前插入一个“下一页”分节符。

（2）删除分节符

分节符定义文档中格式发生更改的位置。删除某分节符会同时删除该分节符之前的文本节的格式。该段文本将成为后面的节的一部分并采用该节的格式。确保文档处于普通视图中，以便可以看到双虚线分节符，选择要删除的分节符，按 Delete 键。

4. 插入或删除页

（1）插入空白页

单击文档中需要插入空白页的位置；在“插入”选项卡的“页面”组中，单击“空白页”按钮即可在光标所在页之前插入一页空白页。

（2）插入封面

Word 2016 提供了预先设计的封面样式库，无论光标出现在文档的什么地方，封面始终插入到文档的开头。在“插入”选项卡的“页面”组中，单击“封面”按钮，显示“封

面”列表，如图 6-157 所示。在“内置”列表框中选择一个封面样式，然后替换示例文本内容。

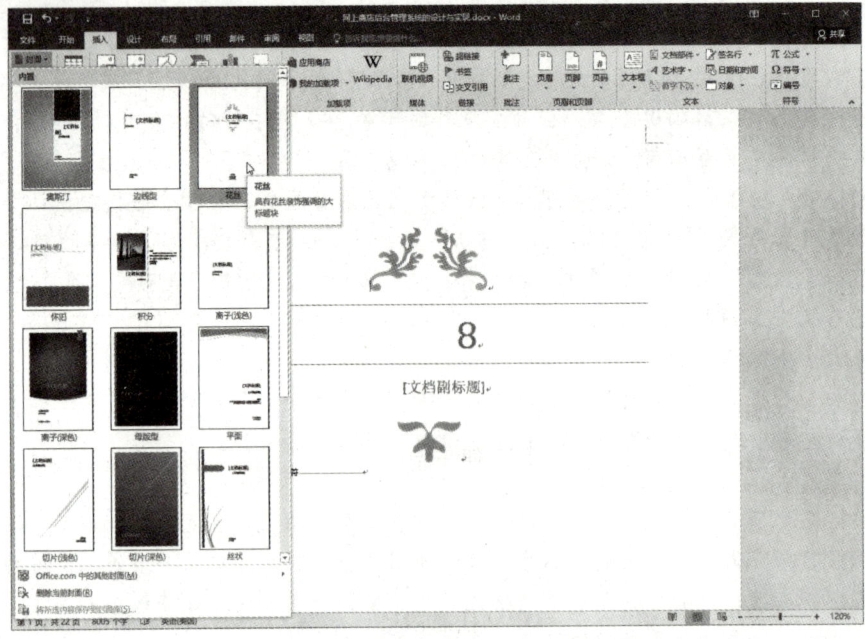

图 6-157 “封面”列表

要删除封面，在“封面”列表中单击“删除当前封面”命令。

（3）删除页

① 删除空白页

确保在草稿视图中（在“视图”选项卡的“文档视图”组中，单击“草稿”按钮）。如果看不见非打印字符（如段落标记），在“开始”选项卡的“段落”组中单击“显示 / 隐藏”按钮。

要删除空白页，选择页尾的分页符，然后按 Delete 键。

② 删除单页内容

③ 删除文档末尾的空白页

确保在草稿视图（在“视图”选项卡的“视图”组中，单击“草稿”按钮）中，如果看不见非打印字符（如段落标记），在“开始”选项卡的“段落”组中单击“显示 / 隐藏”按钮。

要删除文档末尾的空白页，选择文档末尾的分页符或任何段落标记，再按 Delete 键。

5. 删除单页内容

可以删除文档任意位置的单页内容。将光标放置于要删除的页面内容中的任何位置，选中该页内容，按 Delete 键。

6.6.2 设置页眉和页脚

页眉和页脚是文档中每一个页面的顶部和底部的区域。可以在页眉和页脚中插入或更改文本或图形。例如，可以添加页码、公司徽标、文档标题、文件名或作者姓名。

实例 6.15　给毕业论文添加页码、页眉

任务描述：

论文要求正文以后的页码用阿拉伯数字编排，页码在页脚中居中放置，宋体五号。正文各页均加页眉，宋体小四号、居中，在版心的上边线隔一行加粗、细双线（粗线在上，宽 3.0 磅），双线上居中打印页眉。

奇数页眉为本章的标题，偶数页眉为“× × × × 职业技术学院毕业论文”。不同章节应使用插入分节符（下一页）来分隔，不同章节使用不同的页眉。页眉的格式如图 6-158 所示。

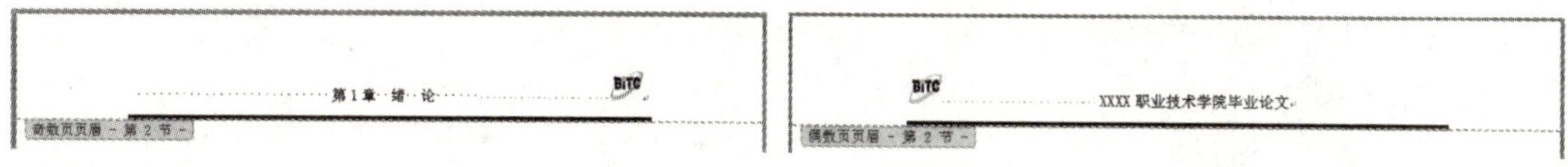

图 6-158　页眉的形式

任务分析：

页眉、页码都可以使文档更加美观和便于阅读，使用页眉、页码功能可以快速实现整篇文档的页眉、页码要求。

实施步骤：

1. 插入页码

把插入点设置到“第 1 章　绪论”的任意段落中；在“插入”选项卡的“页眉和页脚”组中，单击“页码”按钮，从列表中单击“普通数字 2”样式，如图 6-159 所示。

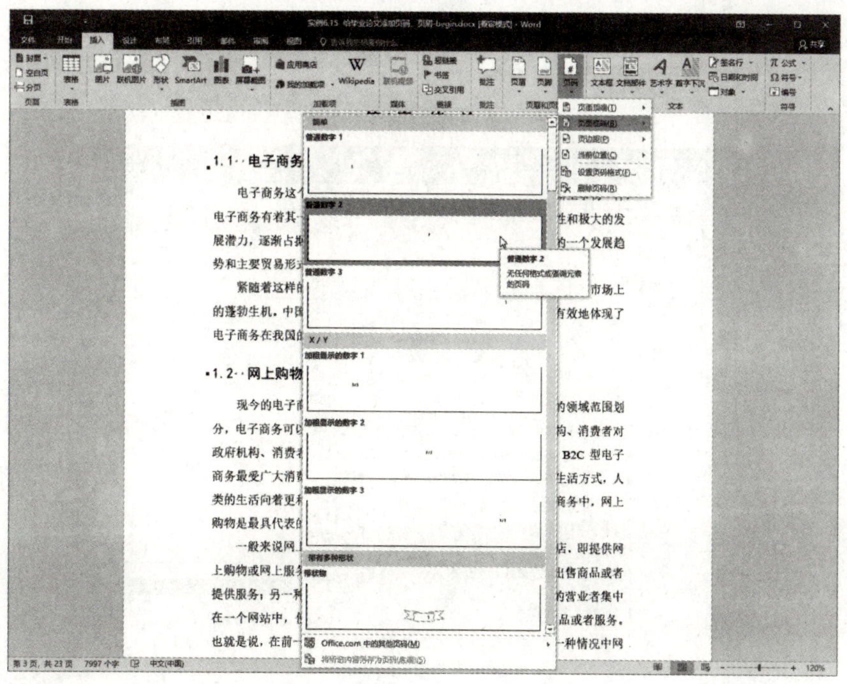

图 6-159　插入页码

显示“页眉和页脚”视图，插入的页码出现在页脚区，如图 6-160 所示。选中页码，设置为五号字。在正文区双击，关闭“页眉和页脚”视图，返回到文档正文。

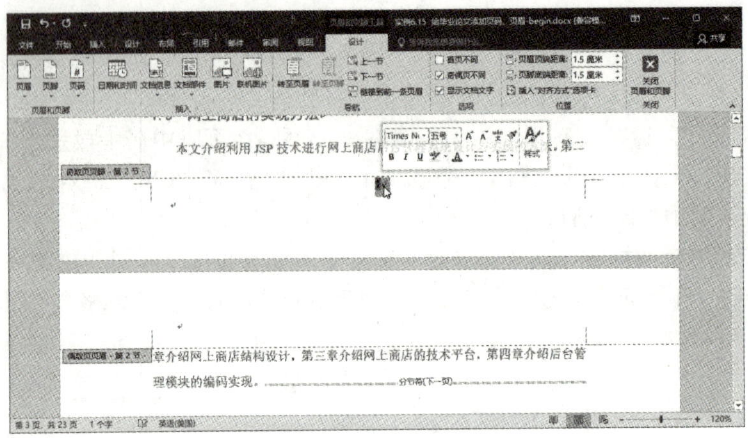

图 6-160 插入页码后的“页眉和页脚”视图

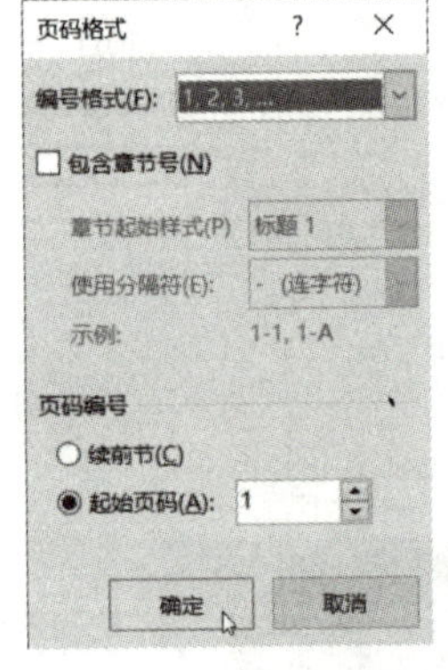

图 6-161 “页码格式”对话框

再次在“插入”选项卡的“页眉和页脚”组中，单击“页码”按钮，从列表中单击“设置页码格式”按钮。显示“页码格式”对话框，设置“起始页码”为 1，如图 6-161 所示。浏览正文，可看到各章都添加上了页码。

微视频：插入和编辑页眉

2. 插入页眉

为了给“第 1 章　绪论”添加页眉，把插入点设置到“第 1 章　绪论”的任意段落中。

在“插入”选项卡的“页眉和页脚”组中，单击“页眉”按钮。从列表中单击“空白”样式，如图 6-162 所示。

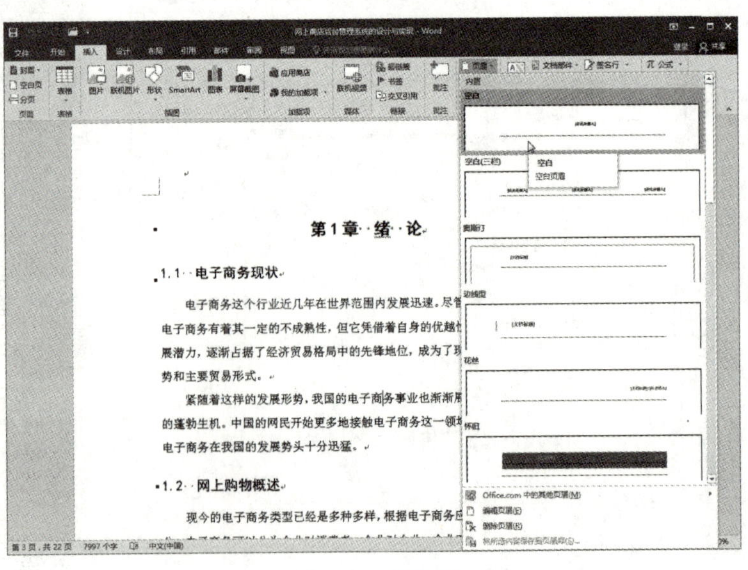

图 6-162 页眉列表

切换到“页眉和页脚”视图，在页眉区出现“[在此处键入]”占位符，单击“页眉和页脚工具”下的“设计”选项卡，如图 6-163 所示。

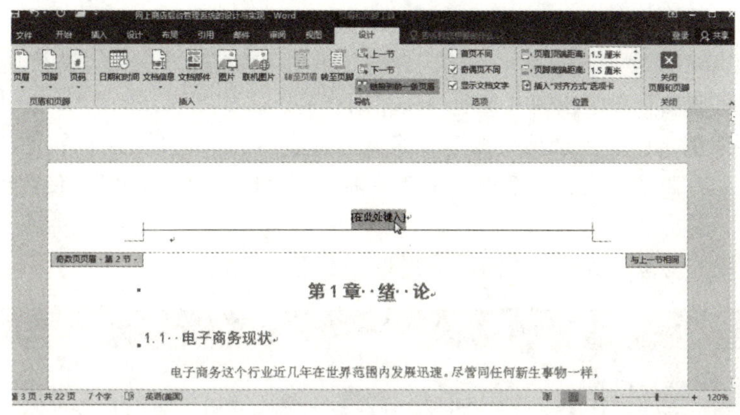

图 6-163　插入页眉后的“页眉和页脚”视图

按 Delete 键删除“[在此处键入]”占位符，再按一次 Delete 键，删掉该行。输入奇数页的页眉“第 1 章　绪论”，设置为宋体小四号、居中，插入一张图片并缩放合适，如图 6-164 所示。

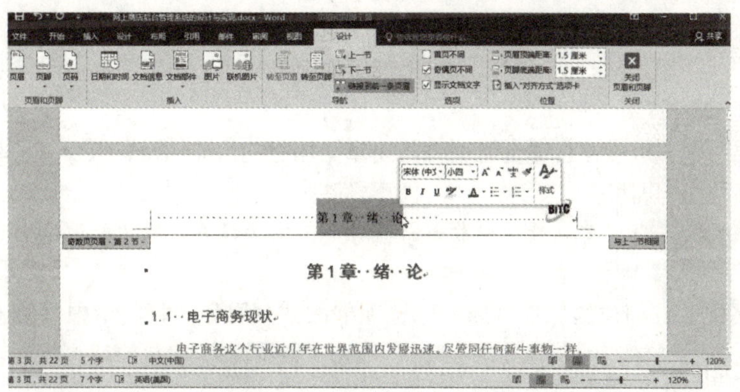

图 6-164　在页眉区输入文字、插入图片

默认的页眉线是一条细线，现在将其改为需要的线型。在“开始”选项卡的“段落”组中，单击边框按钮右侧的下拉按钮，从列表中单击“边框和底纹”命令，显示“边框和底纹”对话框；在“边框”选项卡中，单击“设置”选项组中“自定义”按钮，在“样式”列表框中选择上粗下细的双线，在“宽度”下拉列表框中选择“3.0 磅”，在“应用于”下拉列表框中选择“段落”，在“预览”区只选中下框线，如图 6-165 所示。

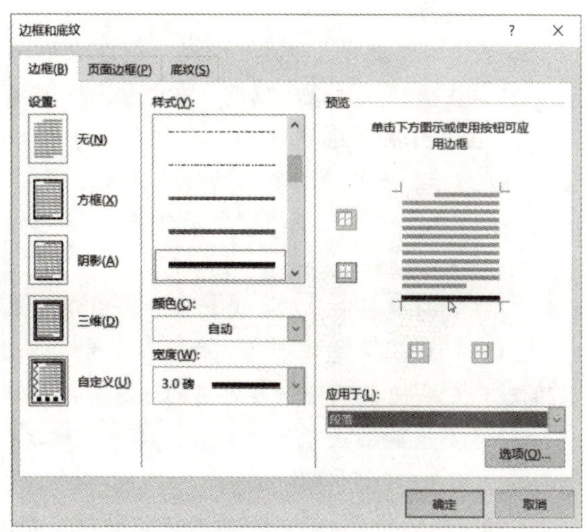

图 6-165　设置页眉线

如果要删除页眉线，可在“边框和底纹”对话框的“边框”选项卡中，单击“设置”选项组中的“无”按钮。

单击“确定”按钮后，页眉显示如图 6-166 所示。因为默认页眉与上一节相同，所以在“页眉和页脚工具”的“设计”选项卡的“导航”组中可看到自动选中“链接到前一条页眉”按钮，并且在页眉和页脚区出现“与上一节相同”提示，如图 6-166 所示。单击“链接到前一条页”按钮取消选中这个选项，则本节编辑的页眉不会影响上一节的页眉。向下滚动页面，在不同节的页眉中单击，然后取消每个节中的“链接到前一条页”，使之不显示“与上一页相同”。

用同样方法，为每一节的奇、偶页添加页眉。

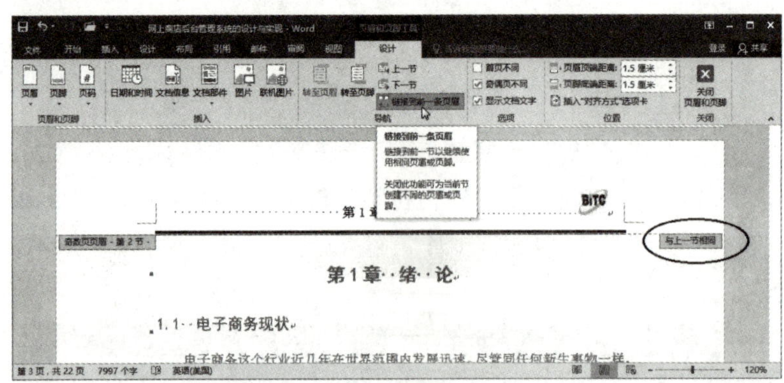

图 6-166 “链接到前一条页眉”按钮及“与上一节相同”提示

在页面视图中，可以在设置页眉页脚与编辑文档之间快速切换，只要双击灰色的页眉页脚或灰色的文档文本即可。

注意： 在插入页眉、页码时，经常会出现混乱，要多设置几次才能做成需要的形式。

3. 删除页眉或页脚

单击文档中的任何位置。在“插入”选项卡的“页眉和页脚”组中，单击“页眉”或“页脚”按钮。从下拉列表中单击“删除页眉”或“删除页脚”，页眉或页脚即被从该节或整个文档中删除。

知识与技能

1. 抽取目录

如果使用标题样式创建了文档，则可以按标题自动生成目录。

① 单击要插入目录的位置，在“插入”选项卡的“页面”组中，单击“空白页”按钮。

② 在“引用”选项卡的“目录”组中，单击“目录”按钮，显示“目录”列表，如图 6-167 所示，然后选择所需的目录样式。

如图 6-168 所示是选择“自动目录 1”样式后生成的目录。

2. 插入脚注和尾注

① 在页面视图中，单击要插入注释引用标记的位置。

② 在“引用”选项卡的“脚注”组中，单击“插入脚注”或“插入尾注”按钮。在默认情况下，Word 将脚注放在每页的结尾处而将尾注放在文档的结尾处。

③ 要更改脚注或尾注的格式，单击“脚注”对话框启动器 ，显示“脚注和尾注”对话框，然后执行下列操作之一：

· 在“编号格式”下拉列表框中选择所需格式。

· 要使用自定义标记替代传统的编号格式，单击“自定义标记”旁边的“符号”按钮，

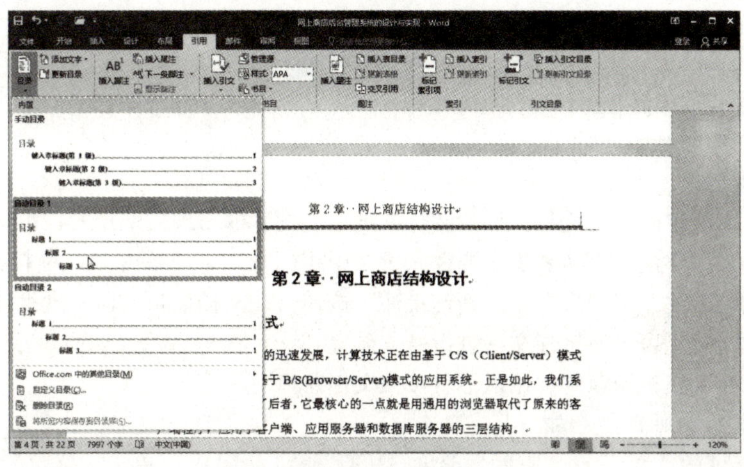

图 6-167 “目录”列表

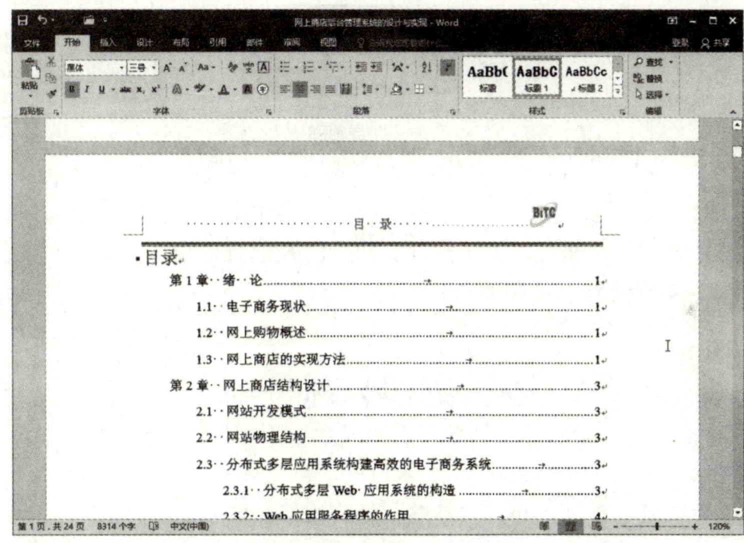

图 6-168 “自动目录 1”样式的目录

然后从可用的符号中选择标记。

④ 单击“插入”按钮。Word 将插入注释编号，并将插入点置于注释编号的旁边。

⑤ 输入注释文本。

⑥ 双击脚注或尾注编号，光标定位到文档中的引用标记处。

3. 插入题注

题注是对象下方显示的一行文字，用于描述该对象。可以为图片或其他图像添加题注。

① 选中要添加题注的图片或表格、公式等对象。

② 在“引用”选项卡的“题注”组中，单击“插入题注”，显示“题注”对话框。

③ 在“选项”选项组中选择题注“标签”和显示位置。单击“新建标签”按钮可以自定义标签。

④ 单击“编号”按钮，将打开“题注编号”对话框，可为题注选择编号格式。单击“确定”按钮关闭“题注编号”对话框。

6.7 批注和修订

批注和修订是 Word 的审阅功能。

1. 使用批注

批注是作者或审阅者为文档添加的注释或批注。批注框出现在文档的页边距处。

单击要插入批注的位置或者选定要插入批注引用的文本，或单击文本的末尾处，在“审阅”选项卡的“批注”组中，单击“新建批注”按钮，在文档窗口右侧出现批注框，在批注框中输入批注文字。可以对批注文字进行格式设置。

如果要切换到文档窗口中，用鼠标直接在文档窗口中单击。

2. 在编辑文档时进行修订

打开要修订的文档。在“审阅”选项卡的“修订”组中，单击“修订”按钮，如图 6-169 所示。通过插入、删除、移动或格式化文本或图形进行所需的修订。也可以添加批注。

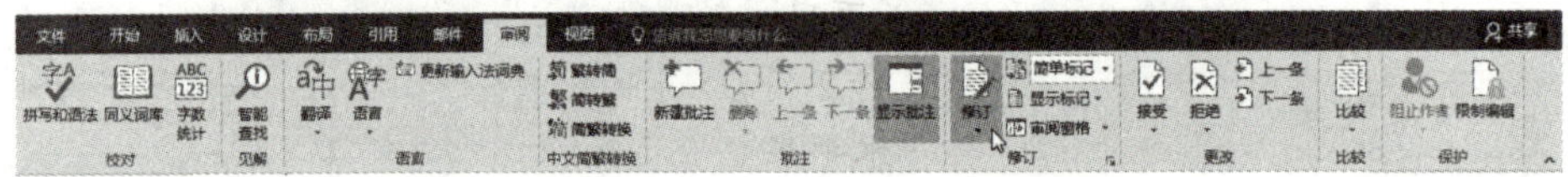

图 6-169 “审阅”选项卡上的“修订”组中的“修订”

当关闭修订时，可以修订文档而不会对更改的内容做出标记。在“审阅”选项卡的“修订”组中，单击“修订”按钮可以关闭修订。如果已经把修订指示器添加到状态栏上，则可单击修订指示器按钮 修订: 打开 ，关闭修订。

练习题

一、填空题

文本：填空题参考答案

1. 在 Word 的编辑状态下，进行“粘贴”操作的组合键是______________。
2. 在 Word 中，当前插入点在表格某行的最后一个单元格内，按 Enter 键后________。
3. 在 Word 中，插入的图片与文字之间的环绕方式包括______________。
4. 当前编辑的 Word 文件名为“报告”，修改后另存为“总结”，则________。
5. Word 中当用户在输入文字时，在________模式下，随着输入新的文字，后面原有的文字将会被覆盖。
6. 在 Word 中，段落标记是在文本输入时按下____________键形成的。
7. Word 中左右页边距是指__________________。
8. 使图片按比例缩放应选用______________。
9. 新建 Word 文档的快捷键是__________________。
10. Word 具有____五种视图显示方式。

二、简答题

文本：简答题参考答案

1. Word 的字符格式有哪些？段落格式有哪些？
2. 简述 Word 的格式刷的功能及其用法。
3. 简述 Word 中设置选定字体的格式的两种方法。

4. 什么是样式？什么是模板？

5. 什么是文本框？文本框有什么用途？

6. 怎样取消自动更正？

7. 简述行距的概念，如何更改行距？

8. 什么是制表位？如何设置制表位？

9. Word 中的图片有哪些类型？如何更改图片的环绕方式？

10. 在粘贴文本时，如何不需要文本的原始格式，如何操作？

三、操作题

1. 试对“经典红烧肉”文字进行编辑、排版和保存（文档 1.docx），具体要求如下：

① 将标题段（“经典红烧肉”）文字设置为黑体三号、红色、加粗、居中，字符间距加宽 3 磅，并添加阴影效果，阴影效果的“预设”值为“内部右上角”。

② 将正文各段落（“红烧肉是热菜……（即后臀尖）。”）文字设置为宋体五号；设置正文各段落左、右各缩进 4 字符，首行缩进 2 字符。

③ 在页面底端（页脚）居中位置插入页码，并设置起始页码为“III”。

④ 将文中后 7 行文字转换为一个 7 行 2 列的表格，设置表格居中，表格列宽为 4.5 厘米、行高为 0.7 厘米，表格中所有文字“水平居中”。

⑤ 设置表格外线为 1.5 磅绿色单实线、内框线为 0.5 磅绿色单实线；按“用量”列（依据“数字”类型）降序排列表格内容。

经典红烧肉

红烧肉是热菜菜谱之一，是一道百吃不厌的经典菜，经久流传，经得起考验。

红烧肉的做法各地也会稍有不同。南方习惯用酱油（老抽）调色，而北方则偏爱炒糖色儿。不管是逢年过节还是亲朋聚会都不会少了诱人的红烧肉。

红烧肉的特点是浓油赤酱，肥而不腻，入口酥软即化。

制作红烧肉的原料一般选用上好五花肉（所谓上好五花肉要层次分明，一般五层左右为佳，故名“五花肉”），或者“坐臀肉”(即后臀尖)。

食材、配料及用量

食材、配料	用量
五花肉	1 000 g
葱、姜、蒜	适量
桂皮	1 块
干辣椒	1 个
八角	2 粒
酱油、冰糖、盐、料酒	适量

2. 试对“经典红烧肉”文字进行编辑、排版和保存（文档 2.docx），具体要求如下：

① 将文中所有“红烧肉”替换为“东坡肉”。将标题段（“经典东坡肉”）文字设置为红色、黑体二号、加粗、居中，并添加波浪下画线（“～～～”），浅绿色底纹。

② 设置正文各段落（“东坡肉是热菜……(即后臀尖)。”）文字为宋体五号；1.25 倍行距，段后间距 0.5 行。设置正文各段落首行缩进 2 字符。为正文第 2、3 段（“东坡肉的做法……入口酥软即化。”）添加项目符号“■”。

③ 设置页面“纸张”为“16 开（18.4 厘米 ×26 厘米）”，上、下页边距均设置为 3

厘米。

④ 将文中后7行文字转换为一个7行2列的表格，设置表格居中，表格列宽为5厘米、行高为0.6厘米，表格中所有文字“水平居中”。

⑤ 设置表格所有框线为0.75磅红色双窄线；为表格第一行添加“白色、背景1、15%”的灰色底纹；按“食材、配料”列（依据“拼音”类型）升序排列表格内容。

第 7 章
多媒体演示与 PowerPoint 2016 应用

多媒体技术的出现，改变了计算机只能处理文本、数字的形象，使计算机应用变得更加丰富多彩，对人们的工作、生活和学习产生了深刻的影响。PowerPoint 2016 作为 Microsoft Office 2016 套件之一，是多媒体集成和展示应用软件，在企业宣传、产品推介、技术培训、项目竞标、管理咨询、教育教学、工作汇报等领域得到广泛应用。

文本：第 7 章学习目标

7.1 多媒体基础知识

本节主要学习多媒体的基本概念、常见的多媒体外设、多媒体技术的基本应用等知识，掌握多媒体获取工具的基本使用方法。

7.1.1 多媒体技术及常用多媒体设备

1. 多媒体概念

多媒体（Multimedia）是文本、声音、图形 / 图像、动画、视频等多种媒体信息的统称。计算机多媒体技术（Multimedia Technology）则是指计算机综合处理多种媒体信息的技术。习惯上，人们常把“多媒体”当成“计算机多媒体技术”的同义语。

2. 多媒体计算机

多媒体计算机是指能够对声音、图像、视频等多媒体信息进行综合处理的计算机。当前，多媒体计算机一般指多媒体个人计算机（MPC），其主要功能是把文字、声音、图形 / 图像、视频、动画和计算机交互控制结合起来，进行综合处理。由于多媒体数据量较大，并且实时性要求较高，所以对计算机的各项性能指标要求较高，如：运算速度、内存容量、显示水平、输入 / 输出设备的数据交换能力等，都要比仅用于文字处理的一般计算机高出许多。此外，还要在主机与多媒体外围设备之间加装声卡、视频输入采集卡等多媒体适配卡，并根据需要接入相应的多媒体外围设备。

3. 常见多媒体设备

常见的多媒体输入设备有麦克风、触摸屏、扫描仪、数字摄像头、数位绘图板等，见表 7-1。

表7-1　常见的多媒体输入设备

● 麦克风	
	麦克风（Microphone）学名为传声器，是一种将声音转化为电信号的能量转换设备。在多媒体计算机中，麦克风用于采集声音信息，然后由声卡将反映声音信息的模拟电信号转化为数字声音信号。 目前常用的麦克风按工作原理分为动圈式、电容式、驻极体和硅微传声等类型。 麦克风的主要性能指标有灵敏度、阻抗、电流损耗、插针类型等

续　表

● 录音笔	
	数码录音笔，也称为数码录音棒或数码录音机，是数字录音器的一种，它们携带方便，同时拥有多种功能，如激光笔功能、FM调频、MP3播放等。与传统录音机相比，数码录音笔通过数字存储的方式来记录音频。 录音笔通常标明有SP、LP等录音模式，SP表示短时间模式，而LP表示长时间模式。声音文件存储规格有LP（长时间录音）、SP（标准录音）、HQ（高质量录音）三种基本模式。 数码录音笔的主要效果因素和性能指标为编码方案和信噪比
● 数字摄像头	
	数字摄像头是一种依靠软件和硬件配合的多媒体设备。它体积小巧，成像原理与数码摄像机类似，但其光电转换器分辨率比数码摄像机差一些，且必须依靠计算机系统来进行数字图像的数据压缩和存储等处理工作，因此价格低廉。 数字摄像头按传感器不同可分为CCD摄像头和CMOS摄像头两种。 数字摄像头的主要性能指标有像素值、分辨率、解析度等
● 数码相机	
	数码相机（Digital Camera, DC）是一种利用电子传感器把光学影像转换成电子数据的照相机。与普通照相机在胶卷上记录图像不同，数码相机的传感器是一种光感应式的电荷耦合器件（CCD）或互补金属氧化物半导体（CMOS），能够在数码存储设备中（通常是使用闪存）储存图像数据。数码相机可以直接连接计算机、电视或打印机进行图像输出。 数码相机分单反、单电、微单和一体式等类型。 数码相机的主要性能指标有照片分辨率、镜头焦距等
● 数码摄像机	
	数码摄像机（Digital Video, DV）是一种能够拍摄动态影像并以数字格式存放的特殊摄像机。与传统模拟摄像机相比，具有影像清晰度高、色彩纯正、音质好、无损复制、体积小等优点。 数码摄像机按存储介质可分为磁带式、光盘式、硬盘式、存储卡式等类型。按清晰度可分为标清、高清摄像机。 数码摄像机的主要性能指标有清晰度、灵敏度、最低照度等
● 扫描仪	
	扫描仪是一种将照片、图纸、文稿等平面素材扫描输入到计算机中，并转换成数字化图像数据的图形输入设备。扫描仪与相应的软件配套，可以进行图文处理、平面设计、光学字符识别（OCR）、工程图纸扫描录入、数字化传真和复印等操作。 按照扫描方式的不同，扫描仪可分为平板式、手持式、滚筒式三种。 扫描仪的主要性能指标有分辨率、扫描色彩位数、扫描速度、扫描幅面大小等
● 数位绘图板（手写板）	
	数位绘图板（手写板）是一种手绘式输入设备，通常会配备专用的手绘笔。用户用手绘笔在绘图板的特定区域内绘画或书写，计算机系统会将绘画或书写轨迹记录下来。如果是文字，还可以通过文字识别软件将其转变成为文本文件。 按技术原理分类，数位绘图板常见的有电容触控式和电磁感应式两种。 数位绘图板的主要性能指标有精度（分辨率）、压感级数等
● 触摸屏	
	触摸屏（Touch Screen）又称为"触控屏"、"触控面板"，是一种可接收触头等输入讯号的感应式液晶显示装置，人们直接用手指触摸安装在显示器前端的触摸屏，系统会根据手指触摸的图标或菜单位置来定位选择信息输入，既直观又方便。 触摸屏作为一种新的电脑输入设备，按技术原理可分为矢量压力传感式、电阻式、电容式、红外线式、表面声波式五种。 触摸屏的主要性能指标有分辨率、反应时间等

图片：多媒体设备

常见的多媒体输出设备有显示器（即电脑屏幕）、音箱、投影机等，见表 7-2。

表7-2　常见的多媒体输出设备

<table>
<tr><td colspan="2">● 音箱</td></tr>
<tr><td></td><td>音箱学名为扬声器，是将电信号转换为声音的能量转换设备。在多媒体计算机中，音箱用于将声卡转换后的模拟电信号进行放大，并转换成动听的声音和音乐。
一般多媒体计算机上使用的是2.1声道（左、右声道+低音声道）音箱组，也有使用5.1声道（左前、右前、左后、右后、中置声道+低音声道）的音箱组。
音箱的主要性能指标有频响范围、灵敏度、功率等</td></tr>
<tr><td colspan="2">● 投影仪</td></tr>
<tr><td></td><td>投影仪（Projector）可以与录像机、摄像机、影碟机和多媒体计算机系统等多种信号输入设备相连，将信号放大投影到大面积的投影屏幕上，获得大幅面、逼真清晰的画面，被广泛用于教学、会议、广告展示等领域。
投影仪按显示技术可分为液晶（LCD）投影仪和数码（DLP）投影仪两种。
投影仪的主要性能指标有分辨率、亮度、灯泡使用寿命等</td></tr>
</table>

7.1.2　多媒体信息的主要类型

1．多媒体核心技术

在多媒体计算机中，主要使用了两种核心技术，一种是模数 / 数模转换技术，一种是压缩编码技术。

计算机处理多媒体信息的前提是要将多媒体信息转换成二进制形式的数据。

模数转换（A/D）是将多媒体信息转换为计算机可以处理的二进制数据的技术。首先，通过采集设备（如声音使用麦克风、静态图像通过数码相机、动态图像使用摄像机）将现实世界的声音、图像等信息转化为模拟电信号，然后对这个模拟电信号进行数字化转换（即 A/D），获得表示多媒体信息的数据。

数模转换（D/A）是将计算机中的二进制数据转换成模拟电信号形式的多媒体信息的技术。模拟电信号形式的信息通过显示器、音箱等多媒体输出设备显示出图像、视频或播放出音响，用户就可以顺利地接受这些信息。

压缩技术是将体量很大的数据集以一定的算法重新组合编码，在不丢失信息的前提下获得体量更小数据集的技术。压缩技术是一种软件技术，经过压缩后多媒体信息数据量大大减小，以便于保存和传输。

解压缩技术是将一个经过压缩的文档、文件（多媒体信息或其他数据文件），通过还原算法将数据恢复成压缩前的原始状态，以便于还原多媒体信息。

2．多媒体信息的类型

多媒体信息在计算机中是以文件方式保存的，不同多媒体信息的获取、播放和处理所使用的软件也各不相同。常见的多媒体信息与文件类型见表 7-3。

表7-3　多媒体信息的主要类型

媒体类型	文件类型	描　述	获取方式	常用软件	常见文件格式
文本	文本文件	指各种文字及符号，包括文字内容、字体、字号、格式及色彩等信息	键盘输入、OCR扫描	“记事本”、WORD等	TXT、DOC等

续 表

媒体类型	文件类型	描　述	获取方式	常用软件	常见文件格式
音频	波形音频文件	波形音频文件是以数字编码方式保存在计算机文件中的音频波形信息，特点是声音质量好，但文件通常比较大。波形音频可以按一定的格式进行压缩编码转换为压缩音频	麦克风输入、音频软件截取	“录音机”等	WAV、AU等
	压缩音频文件	压缩音频文件是将原始的波形音频经过一定算法的压缩编码后生成的音频文件，压缩音频文件的大小一般只有波形音频文件的十分之一左右，是最为常用的音频类型	音频转换与压缩软件	压缩音频文件可以使用QQ音乐、网易云音乐等软件播放，也可以复制到MP3播放器中随时播放	MP3、WMA、RM、APE等
	MIDI音乐文件	MIDI音乐文件是音乐与计算机结合的产物。与波形音频文件和压缩音频文件不同，MIDI不是对实际的声音波形进行数字化采样和编码，而是通过数字方式将电子乐器弹奏音乐的乐谱记录下来，如按了哪一个音阶的键、按键力度多大、按键时间多长等。当需要播放音乐时，根据记录的乐谱指令，通过计算机声卡的音乐合成器生成音乐声波，再经放大后由扬声器播出。与波形音频相比，MIDI需要的存储空间非常小，仅为波形音频文件的百分之一	电子琴、MIDI音乐制作软件	Cakewalk等	MID、MIDI等
图形	图像文件	图像文件也称位图文件，位图是由像素组成的，所谓像素是指一个一个不同颜色的小点，这些不同颜色的点一行行、一列列整齐地排列起来，最终就形成了由这些不同颜色的点组成的画面，称为图像	扫描仪、数码相机、截图软件、图形处理软件等	浏览图像文件可以使用ACDSee、豪杰大眼睛等，如进行复杂处理可以使用Photoshop	BMP、JPG、PNG、TIF等
	矢量图形文件	矢量图是以数学的方式对各种形状进行记录，最终显示由不同的形状所组成的画面，称为矢量图形。矢量图形文件中包含结构化的图形信息，可任意放大而不会产生模糊的情况	专用的计算机图形编辑器或绘图程序产生	AutoCAD、CorelDraw、Illustrator等	DWG、DXF、CDR、EPS、AI、WMF等
视频	数字视频文件	数字视频是经过视频采集后存储在计算机中的数字化动态影像，根据影像文件的编码方式不同，分为不同格式的文件	数码摄像机、数字摄像头、视频采集卡采集的视频信号、视频录像软件、视频处理软件	数字视频文件可以使用暴风影音等软件来播放。用于数字视频编辑的软件有Adobe公司的Premiere和After Effects, Canopus公司的Edius，还有功能强大但操作简单的“会声会影”	微软视频：wmv、asf、asx; Real Player：rm、rmvb; MPEG视频：mpg、mpeg、mpe; 手机视频：3gp; Apple视频：mov; Sony视频：mp4、m4v; 其他常见视频：avi、dat、mkv、flv、vob等

续　表

媒体类型	文件类型	描　　述	获取方式	常用软件	常见文件格式
动画	动画是指一系列连续动作的图形图像，并可以带有同步的音频。				
	对象动画文件	动画中的每个对象都有自己的模式、大小、形状和速度等元素，演示脚本控制对象在每一帧动画中的位置和速度	对象动画软件生成	Flash等	FLA、SWF等
	帧动画文件	由一系列的快速连续播放的帧画面构成，每一帧代表在某个指定的时间内播放的实际画面，因此可以作为独立单元进行编辑	帧动画软件生成	GIF动画制作软件	GIF等

7.1.3　用 ACDSee 浏览和编辑图片

照相机拍摄的图片可以方便地导入到计算机中，使用 ACDSee、Picasa、Windows 10 照片应用等可以方便地查看和管理图片，使用 ACDSee、Photoshop 软件可以轻松地处理数码影像，像去除红眼、剪切图像、锐化、浮雕特效、曝光调整、旋转、镜像等等。

实例 7.1　用 ACDSee 浏览和编辑图片

任务描述：

安装 ACDSee 图片处理软件，使用 ACDSee 浏览图片文件夹，全屏查看图片，把文件设为桌面壁纸。进入 ACDSee 图片编辑操作，进行剪切、锐化处理，设置浮雕特效。

任务分析：

图片可以通过照相、截图和网络传递等手段获取。使用图片可以突出主题、创设情境，通常需要对图片进行处理，去除背景、外框修饰、设置特效、图片叠放等。使用图片管理工具对图片进行分类管理是良好的习惯。使用网络图片可能涉及版权问题。

图 7-1　ACDSee 图片文件夹浏览界面

微视频：
ACDSee 图片浏览与编辑

📋 实施步骤：

① 通过互联网检索并下载 ACDSee 中文免费版软件，按照提示进行安装。

② 启动 ACDSee（本书为 ACDSee 9.0 版本），在左侧树形文件列表中选择要浏览图片的文件夹，右侧呈现图片缩略图，如图 7-1 所示。

③ 选择“固话 .jpg”，双击可放大显示，如图 7-2 所示。按 Esc 键可退出放大显示。

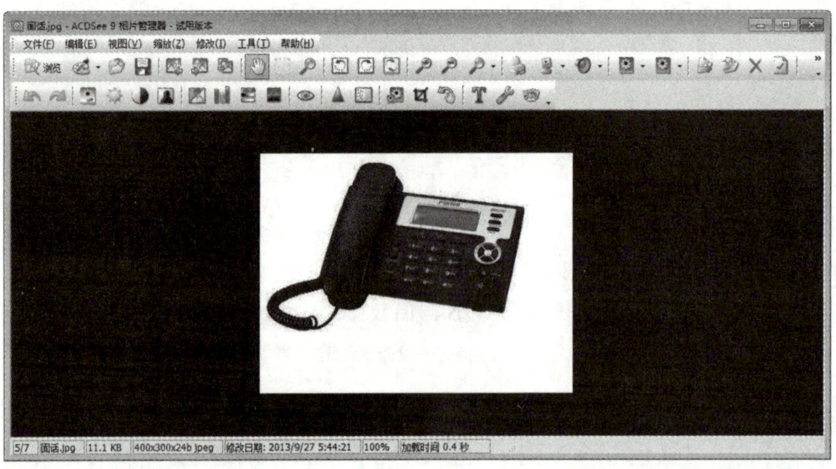

图 7-2 ACDSee 图片放大显示界面

④ 在图 7-2 中可以看到编辑工具栏，针对该图片使用剪切工具进行剪切处理。单击编辑图像工具按钮 编辑图像 · 显示编辑面板的主菜单，如图 7-3a 所示。选择清晰度命令 清晰度 进行锐化处理，如图 7-3b 所示；选择 效果 命令，再选择“艺术效果”→“浮雕”，可对图片设置浮雕特效。

（a）编辑面板主菜单

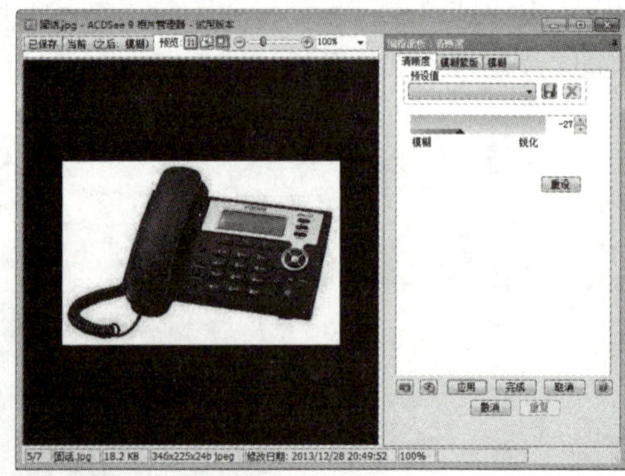

（b）锐化处理画面

图 7-3 ACDSee 图片编辑面板

拓展知识

Picasa 是 google 提供的免费照片管理工具，可以快速、方便地管理电脑中的所有格式的图片，也可以直接对数码相机中的照片进行索引管理。使用 Picasa 网络相册，可以浏览并搜索公开相册中的照片，只需点击一次即可在线发布用户最喜爱的照片。

7.1.4　用 Audacity 处理声音

录制、编辑和使用声音文件是进行多媒体开发的基本内容之一。播放声音有多种软件，例如 Windows Media Player、暴风影音、QQ 音乐等，对声音进行处理也有多种软件，如 Audacity 免费音频处理软件、Sound Forge 软件、Audition 软件等。

实例 7.2　用 Audacity 编辑声音

任务描述：

安装 Audacity 音频编辑软件，使用 Audacity 录制和编辑声音文件。

任务分析：

可以利用录音笔、麦克风等录制声音文件，可以通过网络下载声音文件，可以从 CD 中提取声音文件。使用声音处理软件对声音文件进行编辑，截取有用声音片段，设置淡入淡出效果等。播放音频文件是信息展示、信息交流的手段之一，可以突出重点、复现场景。

微视频：Audacity 声音文件编辑工具使用

实施步骤：

① Audacity 是一个免费开源的录音和音频编辑工具。通过互联网检索并下载 Audacity 免费官方下载软件，按照提示进行安装。

② 打开 Audacity，进入如图 7-4 所示的操作界面。

③ 在麦克风可用的情况下，单击录制按钮●录制一段阅读课文的声音文件。系统默认为左右双声道效果。

④ 使用编辑工具栏的命令按钮，可以剪切选中时间段的声音、复制和粘贴声音、修剪音频仅保留选中的声音、静音音频使选中声音静音，单击播放按钮▶查看编辑效果。

⑤ 使用工具栏的包络工具按钮，可以调整声音的淡入、淡出效果，如图 7-5 所示。

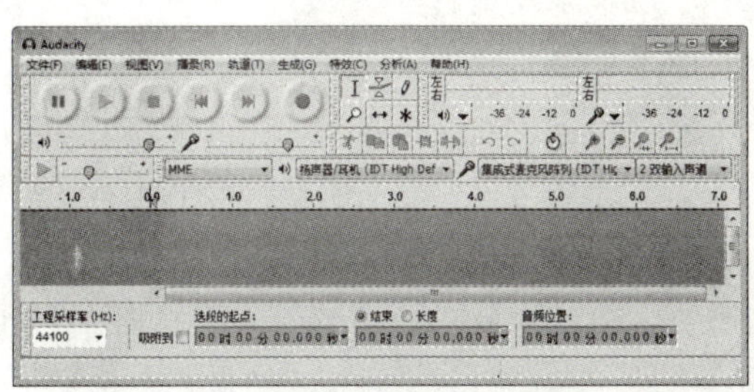

图 7-4　Audacity 操作界面

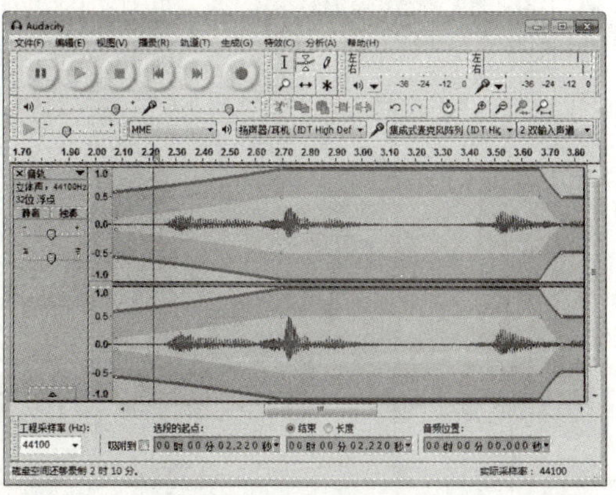

图 7-5　调整声音的淡入淡出效果

⑥ Audacity 可以将录音保存为工程以便随时编辑，也可以导出为音频文件，例如导出为 MP3 类型的文件。导出 MP3 音频文件需要插件的支持，应先到 Audacity 官网下载所需插件。

课堂训练

（1）使用 Windows 的“录音机”应用录制声音文件，查看文件扩展名，并使用 Windows Media Player 播放所录制的声音文件。

（2）将录音机录制的声音导入 Audacity 音频编辑软件，根据提示到 Audacity 官网下载和安装相应插件。

7.1.5　使用“格式工厂”对视频进行格式转换和剪辑

从数码摄像机等外围设备获取视频文件，可以使用 EDIUS、Adobe Premiere、Adobe After Effects、Sony Vegas、会声会影（Corel Video Studio）、Windows Movie Maker、格式工厂等软件进行处理，得到所需的视频剪辑。

实例 7.3　使用“格式工厂”进行视频处理

任务描述：

安装“格式工厂”，使用“格式工厂”对视频进行格式转换和视频剪辑。

任务分析：

微视频：使用格式工厂进行媒体格式转换

利用照相机、手机和摄像机等可以拍摄视频，通过网络也可以下载视频文件，从单位的信息中心可以找到大量的视频素材。制作视频文件应先写脚本，围绕主题写配音文字，设计表现形式，遴选或拍摄素材，利用视频编辑软件对视频进行捕获、剪裁、加字幕、加马赛克、转场、配乐等处理，要做到配音、字幕与画面匹配，得到最恰当的视频资料。播放视频是信息交流的重要方式，从而突出主题，复现真实情景。

实施步骤：

① 通过互联网检索并下载“格式工厂”（Format Factory）免费官方下载软件，按照提示进行安装。

② 打开“格式工厂”，进入如图 7-6 所示的主界面。

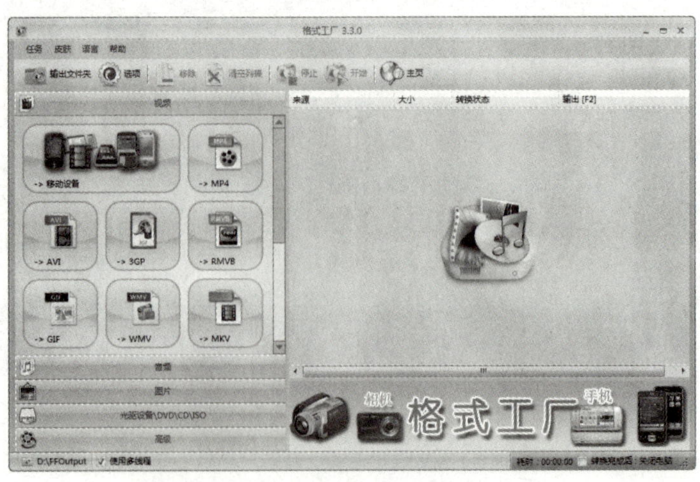

图 7-6　“格式工厂”主界面

③ 在“格式工厂”主界面左侧，选择 MPG 视频文件格式，弹出“→ MPG”对话框，

如图 7-7 所示。添加文件，配置输出文件夹位置，将素材文件“video_of_PC_Install.avi”转换为“video_of_PC_Install.mpg”格式。

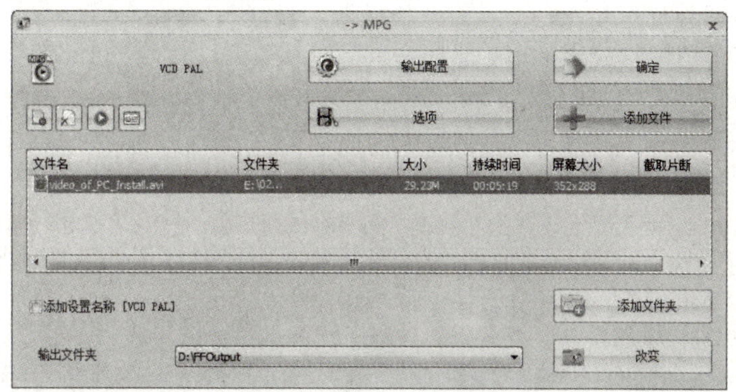

图 7-7　“→ MPG”对话框

④ 重新选择素材文件“video_of_PC_Install.avi”，单击“选项”按钮，在弹出的窗口中可以截取视频片段，设置开始时间和结束时间，获得所需的片段。

⑤ 在主界面中选择左侧“高级”选项卡，单击“视频合并”按钮，弹出“视频合并”对话框，如图 7-8 所示，可配置输出文件格式，对添加的文件截取片段等，执行多视频片段的合并操作。

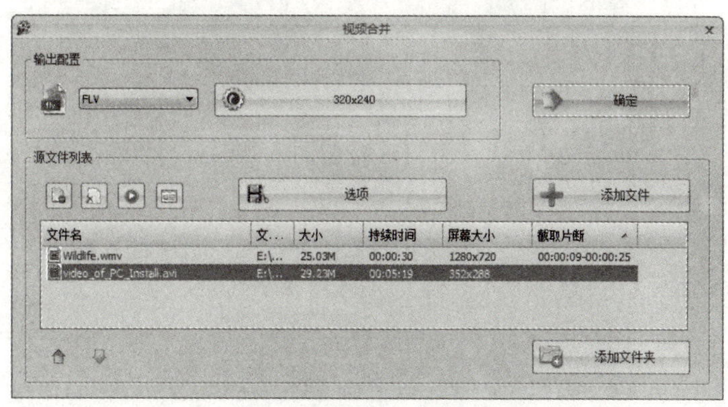

图 7-8　“视频合并”对话框

知识与技能

Adobe Premiere 是由 Adobe 公司推出的一款专业水准的视频后期制作软件，它提供了采集、剪辑、调色、美化音频、字幕添加、输出、DVD 刻录的一整套流程，广泛应用于广告制作和电视节目制作。

会声会影（Corel VideoStudio）是由 Corel 软件公司推出的受普通大众喜爱的 DV、HDV 影片剪辑软件，其操作简单易懂，界面简洁明快，它提供了捕获、剪接、转场、特效、覆叠、字幕、配乐、刻录的全过程。

课堂训练

安装视频下载工具，通过网络查找视频文件，下载一个视频文件。

7.2 PowerPoint 2016 概述

PowerPoint 是由微软公司推出的、在 Windows 环境下运行的一个功能强大的演示文稿制作软件，它能够将文本、图形 / 图像、声音、视频和动画等多种媒体整合到幻灯片中，形成多媒体电子讲稿或课件，成为演讲者的辅助工具，达到图文并茂、突出主题、生动形象的效果，使演讲更吸引观众。

演示文稿由一张或若干张幻灯片组成，每张幻灯片是一个演示文稿中单独的“一页”。使用 PowerPoint 的主要任务就是创意、设计和制作、播放幻灯片。演示文稿可以直接在计算机屏幕或投影机上播放，也可以通过其他不同的方式播放。

7.2.1 PowerPoint 2016 的窗口组成

PowerPoint 2016 有 5 种视图方式来显示演示文稿，分别为普通视图、大纲视图、幻灯片浏览、备注页和阅读视图，可以在“视图”选项卡的“演示文稿视图”组中选择，或利用状态栏中的“视图快捷方式”按钮在普通视图、幻灯片浏览、阅读视图和幻灯片放映之间进行切换。启动 PowerPoint 2016，显示“打开或新建”窗口，单击“空白演示文稿”模板进入普通视图工作界面，如图 7-9 所示。

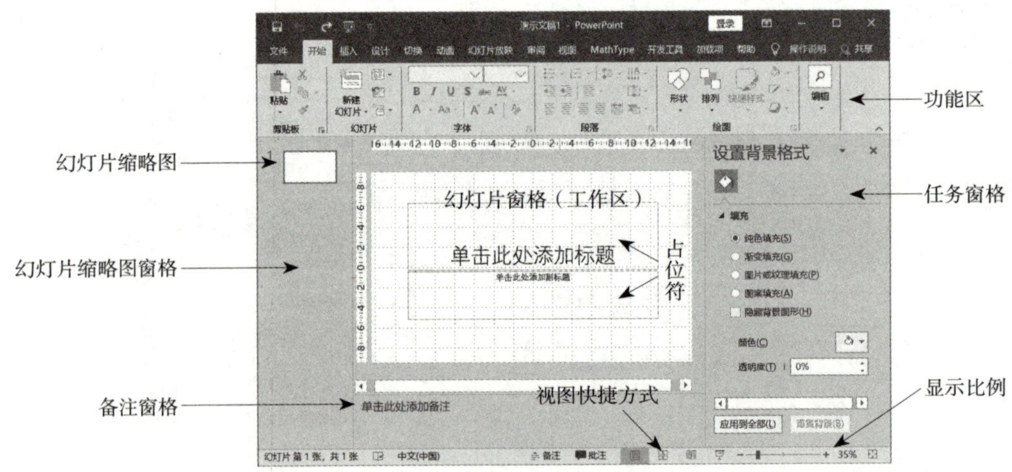

图 7-9 PowerPoint 2016 的普通视图工作界面

实例 7.4 使用不同的视图查看演示文稿

任务描述：

从教师机获取演示文稿“产品介绍 .pptx”，使用不同视图查看该演示文稿。

实施步骤：

① 利用资源管理器找到从教师机获取的演示文稿“产品介绍 .pptx”，通过双击打开该文件，启动 PowerPoint 2016 并进入普通视图。

② 选择“视图”→“演示文稿视图”→“幻灯片浏览”命令，进入幻灯片浏览视图，调整显示比例，达到如图 7-10 所示的效果。

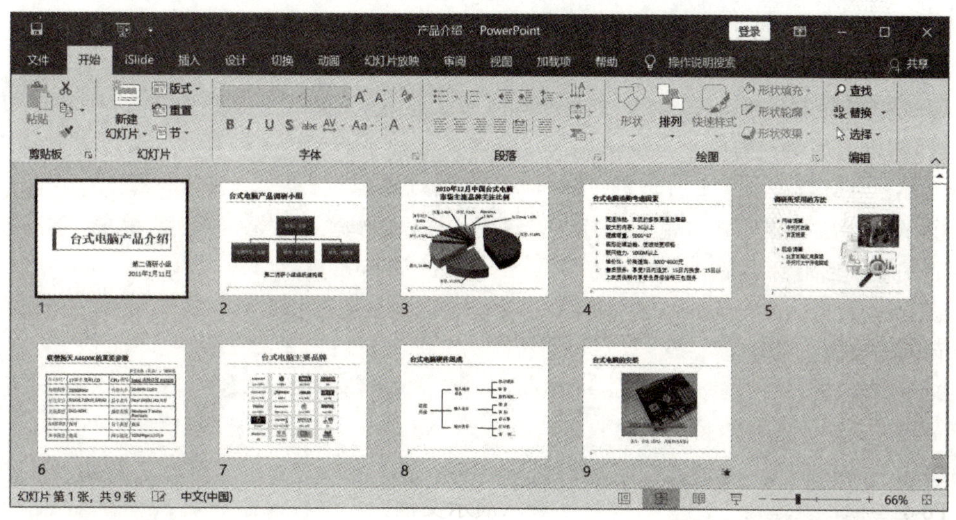

图 7-10　幻灯片浏览视图

③ 单击状态栏右侧的视图快捷方式中的“幻灯片放映”按钮，进入幻灯片全屏播放状态。单击鼠标或使用 PageUP、PageDown 按键切换幻灯片。按 Esc 键退出幻灯片放映视图。

④ 选择“视图”→“演示文稿视图”→“备注页”命令，进入备注页视图。单击功能区右下角的“折叠功能区”按钮或按 Ctrl+F1 组合键来折叠功能区，再调整窗口大小，达到如图 7-11 所示的效果。窗口分上下两部分，上部显示幻灯片的内容，下部为该幻灯片的备注编辑区。

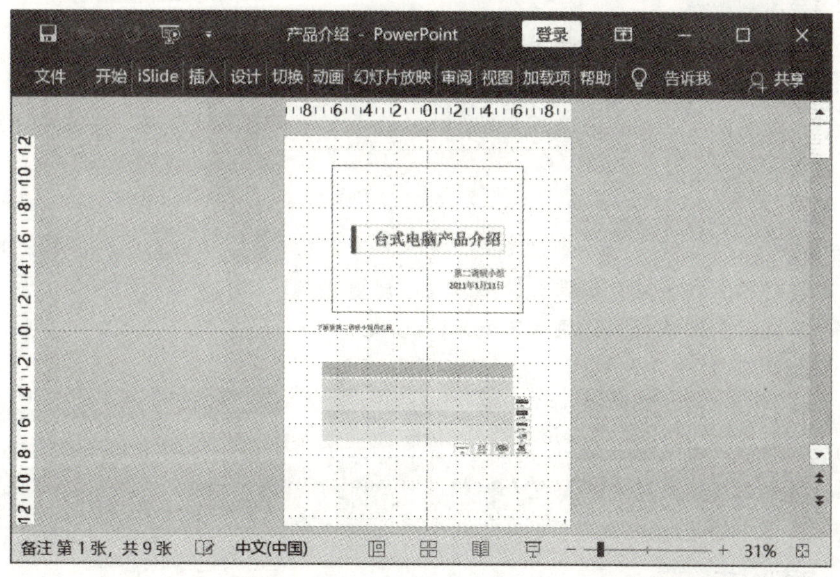

图 7-11　备注页视图

⑤ 增大状态栏右侧的显示比例，可以看清幻灯片内容，尝试编辑备注信息。

⑥ 单击视图切换方式中的“普通视图”按钮，返回普通视图。

⑦ 选择“视图”→“演示文稿视图”→“大纲视图”命令，进入大纲视图。

知识与技能

（1）普通视图

普通视图是主要的编辑视图，可用于撰写和设计演示文稿。普通视图有三个工作区域：

① 幻灯片缩略图窗格中以缩略图大小的图像显示演示文稿的幻灯片，可以方便地遍历演示文稿，并可以轻松地重新排列、添加或删除幻灯片。

② 幻灯片窗格是显示当前幻灯片的大视图，可以添加文本、插入图片、表格、SmartArt图形、图表、图形对象、文本框、电影、声音、超链接和动画。

③ 在幻灯片窗格下方的备注窗格中，可以输入要应用于当前幻灯片的备注，以便在演示期间快速参考。

通过“视图”→“显示比例”→“显示比例”命令，弹出“缩放”对话框，可以调整幻灯片的显示比例，也可以使用状态栏中的显示比例控件来调整。在普通视图中，可用鼠标拖动窗格之间的分隔线，来调整窗格的大小。

（2）大纲视图

选择“视图”→“演示文稿视图”→“大纲视图”命令，可进入大纲视图，幻灯片缩略图窗格中的幻灯片缩略图变为以大纲形式可编辑的文本。在这里可以撰写内容，并能够移动幻灯片和文本。

（3）幻灯片浏览视图

单击状态栏右侧的视图快捷方式中的“幻灯片浏览视图”按钮，可进入幻灯片浏览视图。幻灯片浏览视图以缩略图的形式同时显示多张幻灯片。演示文稿编辑工作基本完成后，通过幻灯片浏览视图可以方便地重新排列幻灯片、添加或删除幻灯片以及设置和预览幻灯片切换和动画效果。

（4）备注页视图

通过“视图”→“演示文稿视图”→“备注页”命令，可以切换至备注页视图。在该视图方式下可以查看或编辑每张幻灯片的备注信息。可以将备注打印出来并在放映演示文稿时进行参考，或在将幻灯片保存为网页后显示出关于本幻灯片的备注信息（备注中的图片或对象不会被显示）。

（5）阅读视图

单击状态栏右侧的视图快捷方式中的“阅读视图”按钮，可进入阅读视图。阅读视图用于通过非全屏播放的方式，在设有简单控件以便审阅的窗口中查看演示文稿。如果要更改演示文稿，可随时从阅读视图切换至某个其他视图。

（6）幻灯片放映

单击状态栏右侧的视图快捷方式中的“幻灯片放映”按钮，可放映幻灯片。放映幻灯片用于向观众放映演示文稿。幻灯片放映时会占据整个计算机屏幕，这与观众观看演示文稿时在投屏大屏幕上显示的演示文稿完全一样，可以看到图形、计时、电影、动画效果和切换效果在实际演示中的具体效果。

7.2.2 创建演示文稿

使用 PowerPoint 创建演示文稿，默认创建空白演示文稿。可以通过“文件”→“新建”命令，选择多种模板来创建演示文稿，“新建”演示文稿界面如图 7-12 所示。

图 7-12　“新建”演示文稿界面

① 空白演示文稿：选择“空白演示文稿”可以从具备最少设计的空白幻灯片开始，通过设计选项卡的命令组选用和修改主题与背景来快速创建和修改幻灯片。

② 样本模板：选择“样本模板”，列写出已安装的样本模板，选择适当的模板来快速创建和设计演示文稿。

③ 主题：选择已有的“主题”，如城市单色、未来展望等，来快速创建和设计演示文稿，可以对主题的颜色、字体、效果和背景进行修改。

④ 根据现有内容新建：在已有演示文稿的基础上创建一个演示文稿副本，可以对新演示文稿进行设计或内容更改。

⑤ Office.com：在 Office.com 网站上的模板库中，选择 PowerPoint 模板来创建演示文稿。模板文件需要下载到本机上使用。

⑥ 自定义：个人创建的模板，保存在“自定义 Office 模板”文件夹中，可选用自定义模板来创建演示文稿。

实例 7.5　创建演示文稿新文档

微视频：新建演示文稿的各种操作

任务描述：

通过开始菜单，启动 PowerPoint，创建新的演示文稿。

实施步骤：

① 在“开始”菜单的应用列表中单击“PowerPoint 2016”命令，启动 PowerPoint 2016，显示 PowerPoint 2016 的“打开或新建窗口”，单击“空白演示文稿”模板。

② PowerPoint 默认创建一张标题幻灯片，如图 7-9 所示，可以添加标题和副标题。可以如同 Word 2016 一样修改标题和副标题的字体、段落格式。

③ 单击“开始”→“幻灯片”→“新建幻灯片”命令，插入一张普通幻灯片，幻灯片有标题和内容两个占位符，可以添加标题、文本内容或插入表格、图表、SmartArt 图形等对象，如图 7-13 所示。

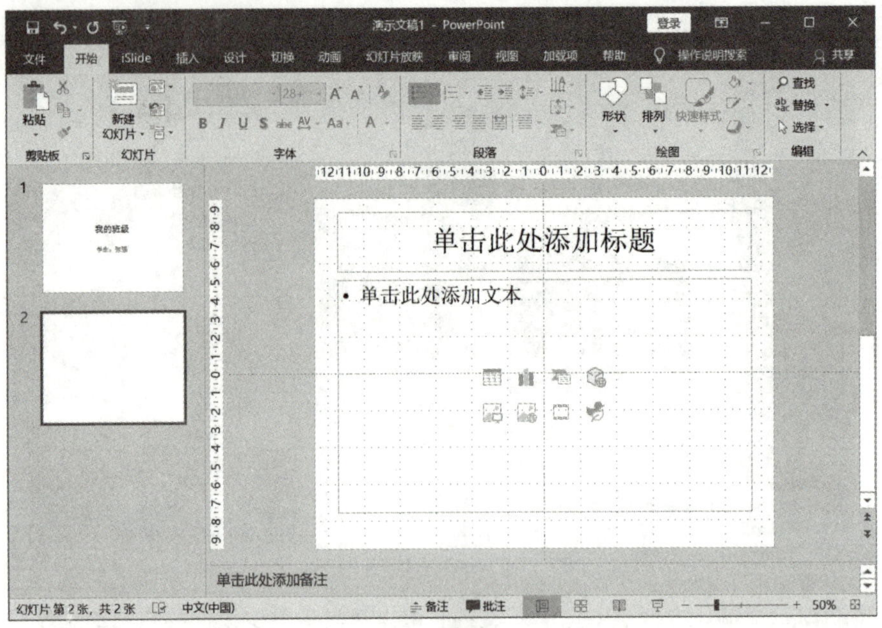

图 7-13　插入新幻灯片

④ 文本自动设置项目符号，如图 7-14 所示。按 Tab 键可使项目列表降级、按 Shift+Tab 组合键可使项目列表升级；使用“开始”→“段落”→“提高列表级别”命令或“降低列表级别”命令 也可以提高或降低列表级别。

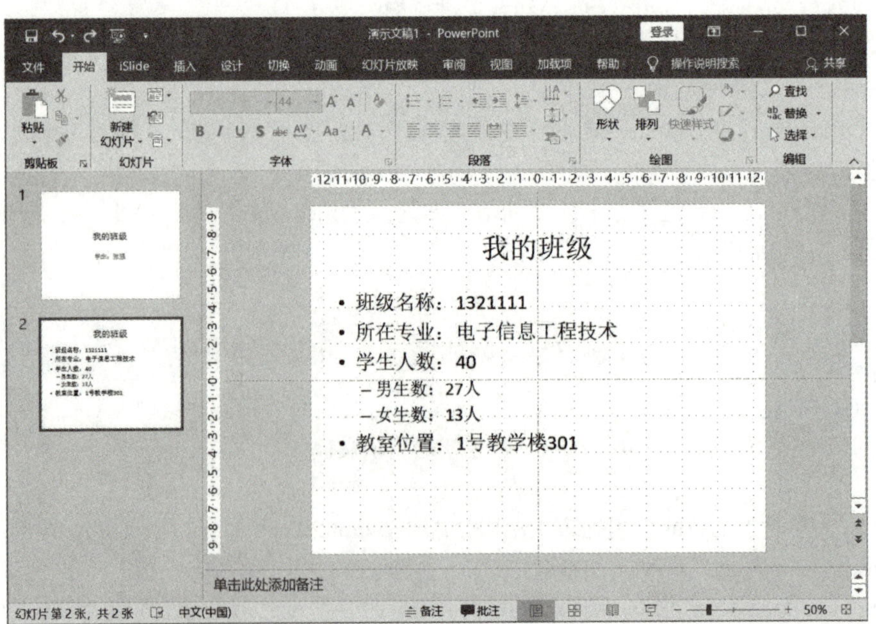

图 7-14　幻灯片文本使用多级编号

⑤ 单击“开始”→“幻灯片”→“新建幻灯片”命令的下方的下拉按钮，弹出“新建幻灯片”列表，在“Office 主题”下可进行版式选择。选择“比较”版式，新建“比较”幻灯片，可用于班级分组信息的输入与显示。如图 7-15 所示。

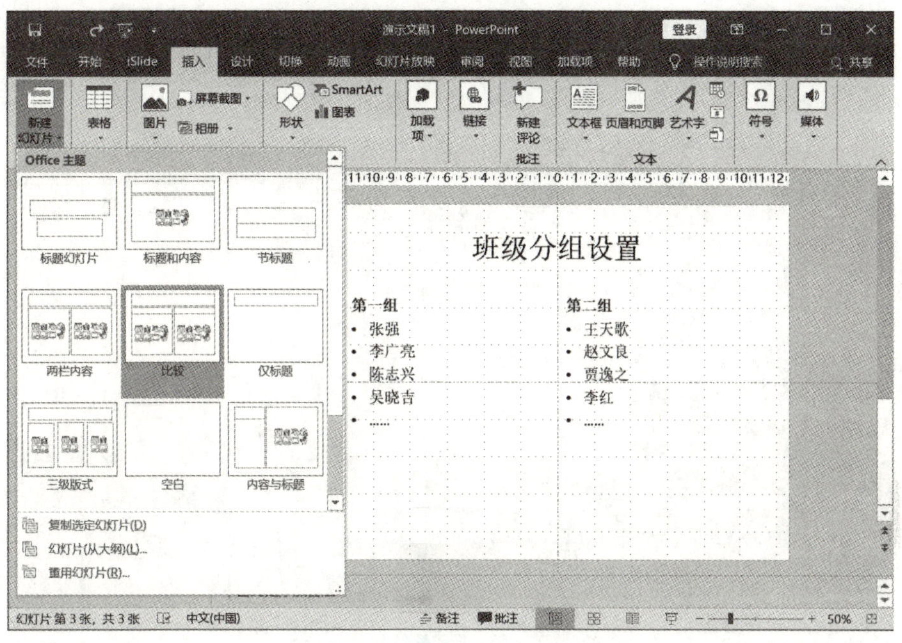

图 7-15　选择新建幻灯片的版式

知识与技能

（1）标题幻灯片与普通幻灯片

标题幻灯片是 PowerPoint 创建空白演示文稿时的默认版式，包括标题和副标题两个占位符。非标题的幻灯片属于普通幻灯片，有很多标准版式或自定义版式。

文本：幻灯片的版式

（2）幻灯片的版式

幻灯片版式是指幻灯片的标题、文本和内容在幻灯片上的排列方式。幻灯片版式包含要在幻灯片上显示的全部内容的格式设置、位置和占位符。占位符是版式中的容器，可容纳如文本（包括标题和正文文本）、表格、图表、SmartArt 图形、视频、音频、图片及剪贴画等内容。幻灯片的版式结构如图 7-16 所示。

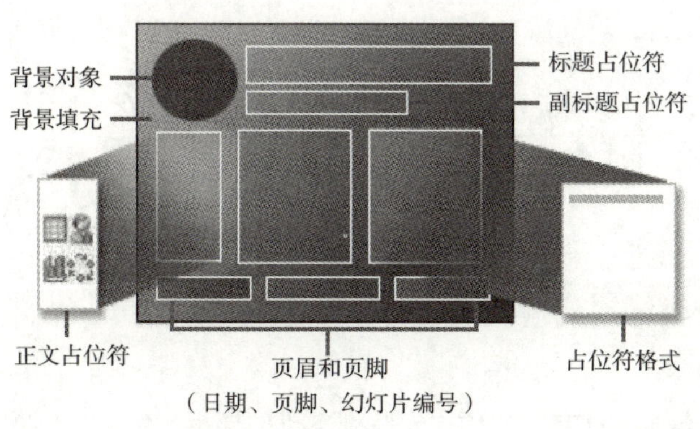

图 7-16　幻灯片的版式结构

PowerPoint 2016 中包含 11 种默认的幻灯片版式。选中某幻灯片，单击“开始”→“幻灯片”→“版式”下拉按钮，出现当前主题下的幻灯片“版式”列表，如图 7-17 所示，选择并应用某版式，可以更换所选幻灯片的版式。

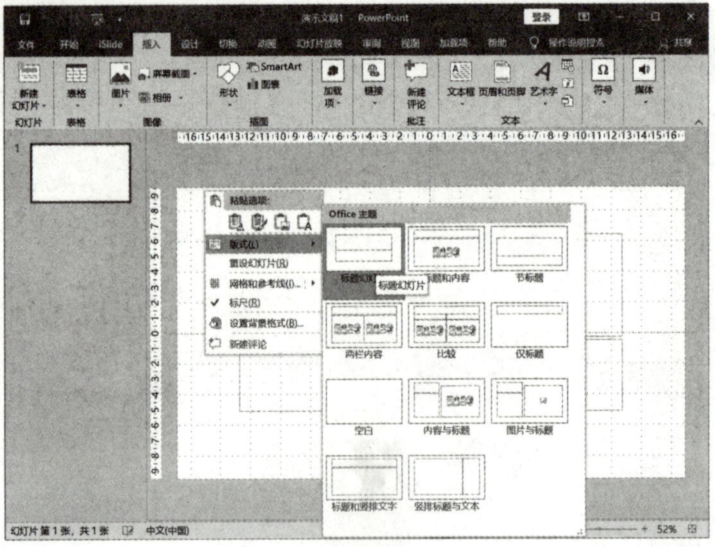

图 7-17 更改幻灯片的版式

实例 7.6 使用“样本模板”建立演示文稿

任务描述:

使用模板创建演示文稿是提高效率的手段之一。模板可以从本机或 Internet 上获得。使用已安装的模板创建如图 7-18 所示的“未来展望”演示文稿。

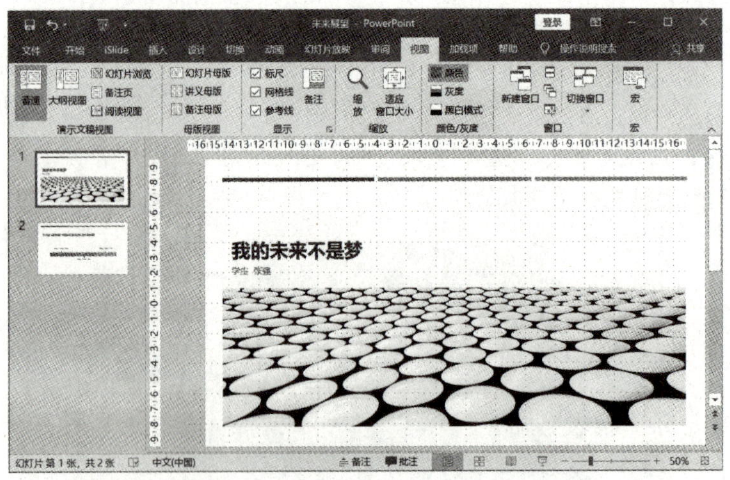

图 7-18 使用“未来展望”模板建立演示文稿

任务分析:

样本模板指 PowerPoint 自带或预先安装到本机的模板，包括未来展望、城市单色、花团锦簇、几何色块等。样本模板带有相应内容的幻灯片结构设计，或幻灯片版式风格，可以作为专业化范本来借鉴，迅速提升演示文稿展示水平。

实施步骤:

① 打开 PowerPoint 2016，在“打开与新建”窗口中，单击“空白演示文稿”模板。

② 单击“文件”→“新建”命令，显示“新建演示文稿”页面，在“样本模板”列表中列举出已安装到本机的样本模板。

③ 选择“未来展望”样本模板，如图 7-19 所示，单击“确定”按钮，将创建包含内容提示的演示文稿，如图 7-18 所示。

④ 保存演示文稿，将文件保存到“实例练习”文件夹，命名为“未来展望 .pptx”。

图 7-19　选择“未来展望”样本模板

实例 7.7　使用“主题”创建演示文稿

任务描述：

PowerPoint 中有大量的经过特殊设计的“主题”。本实例的任务是应用互联网上的“未来设计”主题（或其他主题），创建新演示文稿，将该演示文稿保存为“我的主题 .pptx”，如图 7-20 所示。

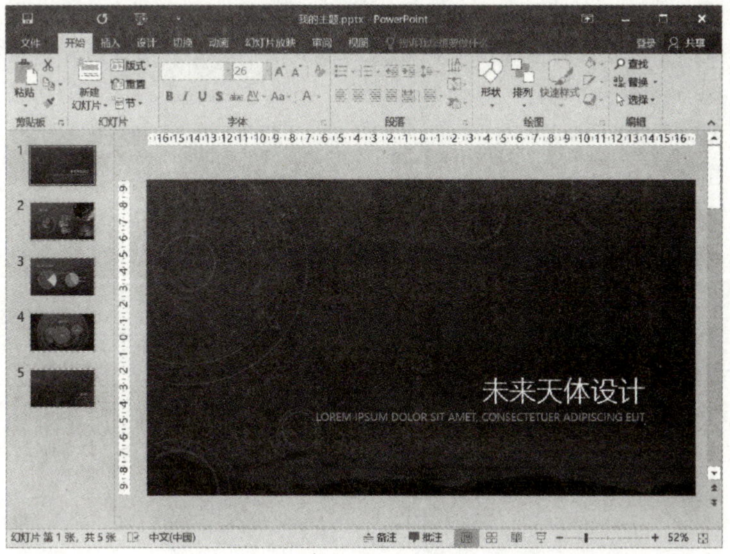

图 7-20　应用“主题”创建演示文稿

任务分析：

“主题”包含了幻灯片的颜色、字体和效果等预置的风格，选用 PowerPoint 提供的主题，可以提高普通用户的色彩搭配和画面效果的质量，弥补他们在配色、布局设计方面能力不足的不足，以提升演示效果。

实施步骤：

① 创建空白演示文稿。

② 单击“文件”→“新建”命令，显示“新建演示文稿”页面，在“搜索联机模板和主题”下方选择“主题”，页面中间的窗格中会列举出检索到的主题。

③ 浏览主题，选择并应用名称为“未来设计”的主题创建新演示文稿，如图 7-21 所示。

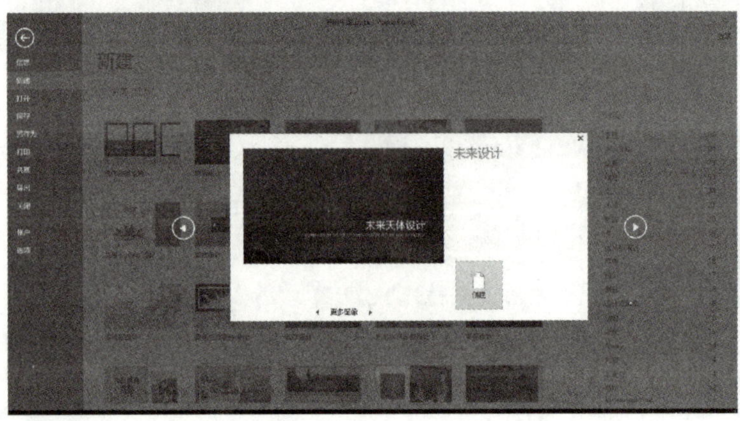

图 7-21 选用“未来设计”主题

文本：PPT 模板的发展历程

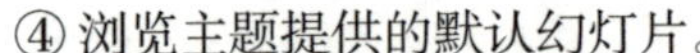

④ 浏览主题提供的默认幻灯片。

⑤ 保存演示文稿，命名为“我的主题 .pptx”。

知识与技能

（1）在 PowerPoint 2016 中，主题和模板可帮助用户创建美观且一致的内容，同时避免大量手动格式化。主题是一组预定义的颜色、字体和视觉效果，可应用于幻灯片来快速实现和谐、统一的外观，形成独特的风格。模板是主题以及一些特定用途的样本内容，给出了国际公认的该业务领域演示文稿的内容框架，提供了演示文稿的范例，例如销售演示等，使用户的演示文稿更加专业。

（2）主题包含了颜色、字体和效果三者的组合，可以作为一套独立的选择方案应用于文件中。使用主题可以简化专业设计师水准的演示文稿的创建过程。

（3）“设计”选项卡的“主题”组中的“主题”列表框列出了系统内置的主题库；单击“变体”组中的“其他”下拉按钮，在列表中包含“颜色”“字体”“效果”“背景样式”四个选项，鼠标指针移至四个选项上将分别弹出“颜色”“字体”“效果”“背景样式”列表，如图 7-22、7-23、7-24、7-25 所示。选择不同的“颜色”“字体”“效果”“背景样式”，可以快速修改幻灯片的风格。

（4）右键单击“主题”列表框中的某一主题，弹出“应用主题”快捷菜单，如图 7-26 所示，应用主题有“应用于所有幻灯片”和“应用于选定幻灯片”之分：单击“应用于所有幻灯片”命令则将新的主题风格应用于所有幻灯片上；单击“应用于选定幻灯片”命令则将新的主题风格应用到指定的幻灯片上，其他幻灯片的主题不变。

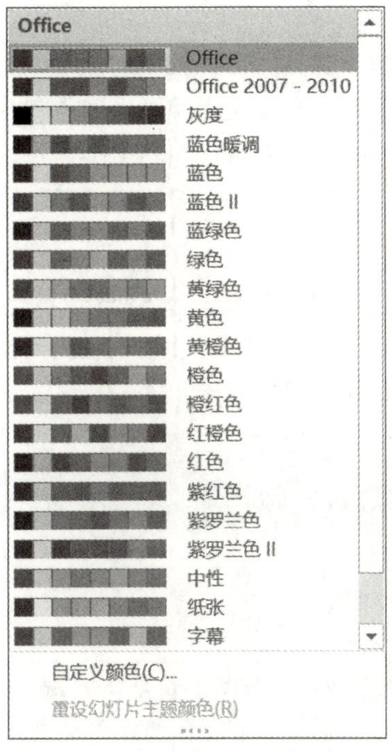

图 7-22　“颜色”列表

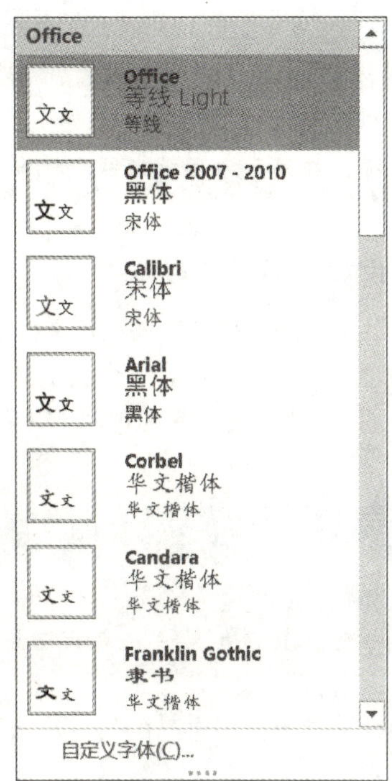

图 7-23　“字体”列表

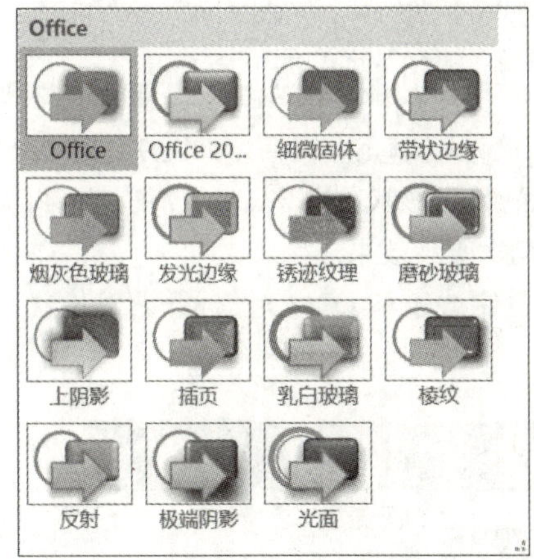

图 7-24　“效果”列表

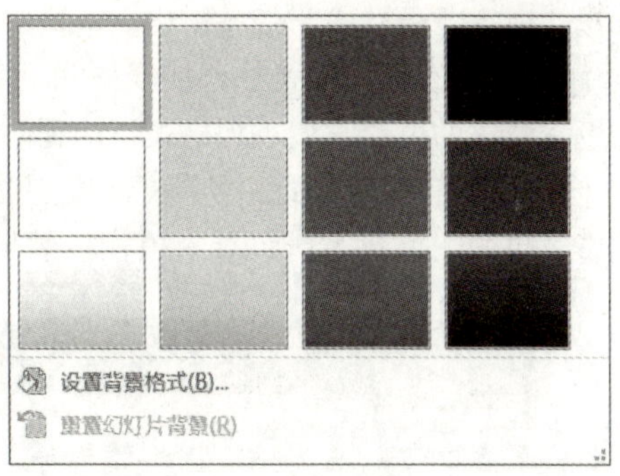

图 7-25　“背景样式”列表

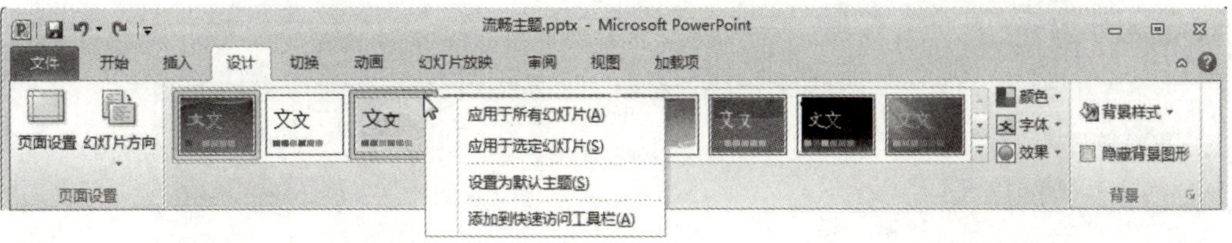

图 7-26　“主题”右键快捷菜单

课堂训练

连接 Internet，从 Office.com 网站查看“Office”模板，下载感兴趣的 PowerPoint 模板，例如企业“汇报答辩—商务圆弧—红色—PPT 模板”，创建 3 个基于不同模板的演示文稿，并另存为模板文件。观察“自定义 office 的模板”中内容发生的变化。

7.2.3 自定义幻灯片母版

幻灯片母版用于存储有关演示文稿的主题和幻灯片版式的信息，包括背景、颜色、字体、效果、占位符大小和位置。每个演示文稿至少包含一个幻灯片母版，每个幻灯片母版有一组幻灯片版式。修改幻灯片母版的目的是对使用该母版的所有幻灯片进行统一的样式设置。

实例 7.8 自定义幻灯片母版

任务描述：

使用学校 LOGO 创建一个具有学校特点的幻灯片模板。

任务分析：

企业一般都要使用自己的幻灯片母板，选用符合企业业务范围的背景色（如电子信息类选择电子蓝；绿色农业选择绿色等），添加企业 LOGO，形成企业文化的外在表现。

实施步骤：

① 新建一个演示文稿，默认为标题幻灯片。在“视图”→“母版视图”组中单击“幻灯片模板”按钮，进入母版视图，如图 7-27 所示。

② 右击缩略图窗格中的幻灯片母版，在弹出的快捷菜单中该选择“设置背景格式”命令，弹出“设置背景格式”任务窗格。选择并设置“渐变填充”风格，如图 7-28 所示。

③ 修改标题幻灯片版式，添加线条和不同颜色圆形形状，插入 LOGO 图片，调整标题和副标题占位符的位置、大小和格式，达到如图 7-29 所示效果。

④ 修改标题和内容版式，从标题幻灯片版式复制线条和 LOGO 图标并调整位置，添加背景阴影效果的图片，达到如图 7-30 所示效果。

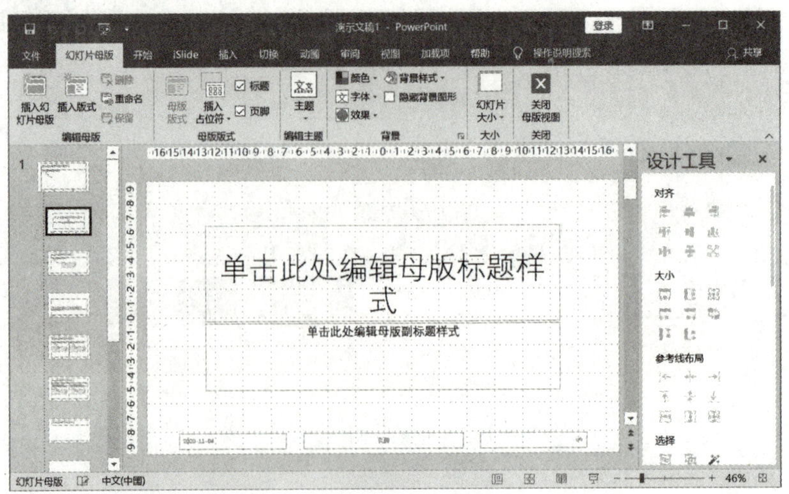

图 7-27 幻灯片母版视图

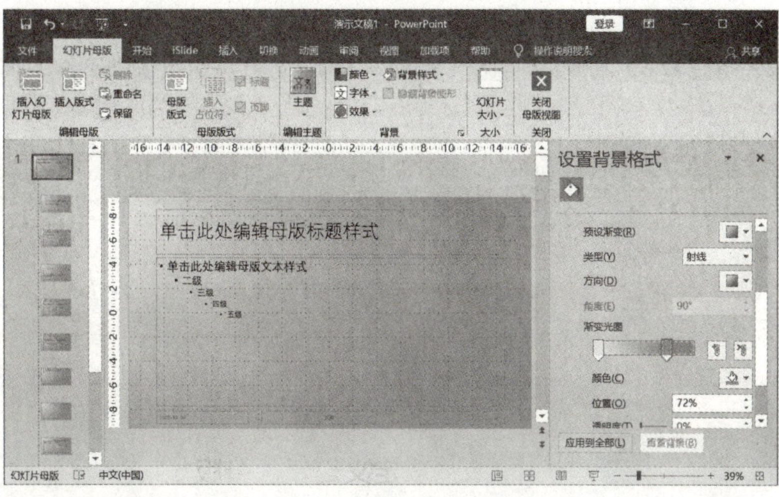

图 7-28　修改幻灯片母版背景

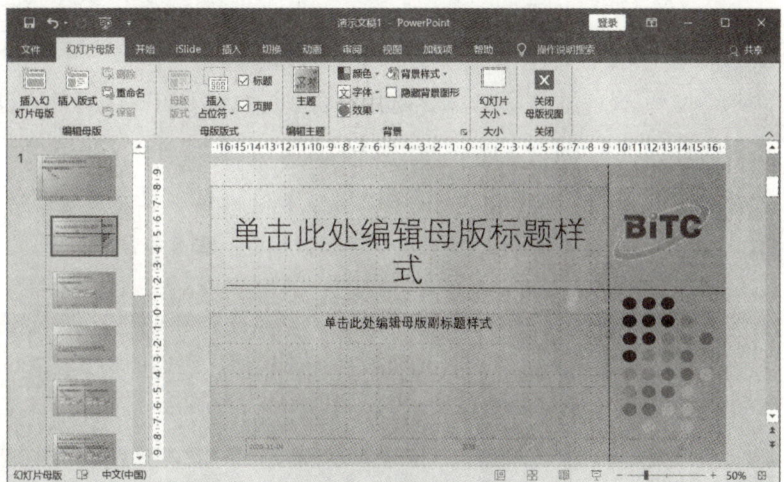

图 7-29　修改标题幻灯片版式

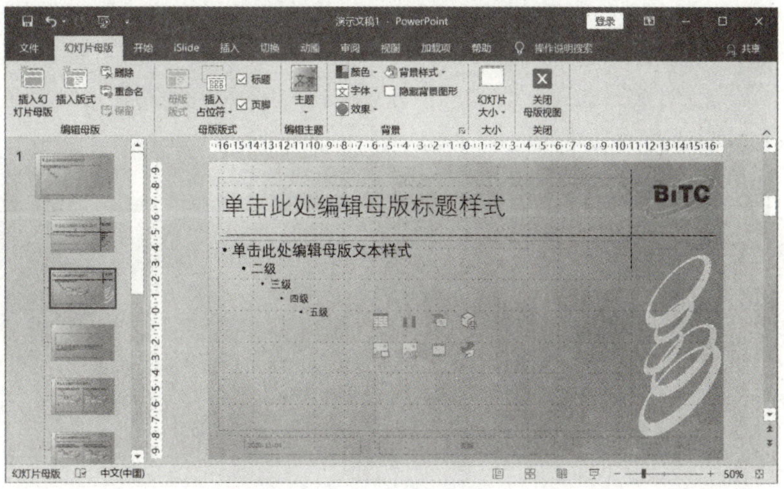

图 7-30　修改标题和内容版式

⑤ 单击“插入”→“文本”→“幻灯片编号”命令，弹出“页眉和页脚”对话框，如图 7-31 所示，可以控制日期和时间显示与否及其显示方式，可以添加页眉、页脚的内容和页码显示与否。

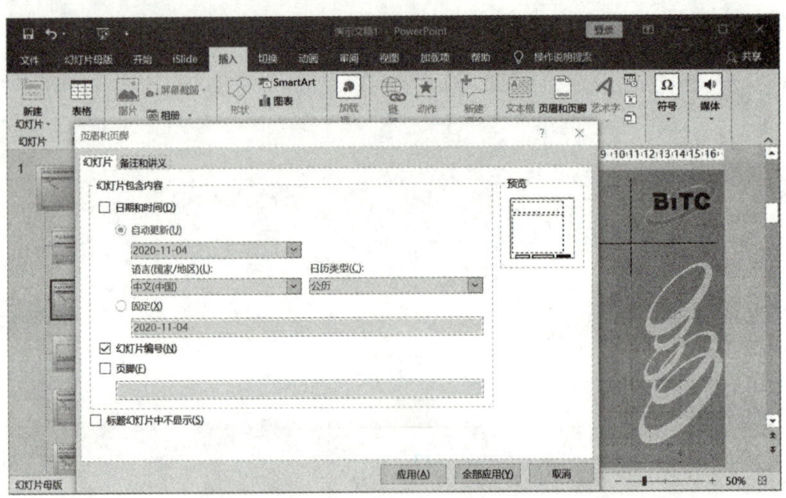

图 7-31　在母版中插入幻灯片编号

知识与技能

微视频：三种母版视图的使用

（1）PowerPoint 2016 有 3 种母版：幻灯片母版、讲义母版和备注母版。讲义母版用来设定打印讲义的版式布局，如图 7-32 所示。备注母版用来设定备注页视图的风格，如图 7-33 所示。

（2）幻灯片母版用于设置幻灯片的样式，可供用户设定各种标题文字、背景、属性等，只需更改一项内容就可更改所有应用该母版的幻灯片的风格。默认情况下，PowerPoint 2016 准备好了一套母版，包含 11 种不同的版式。

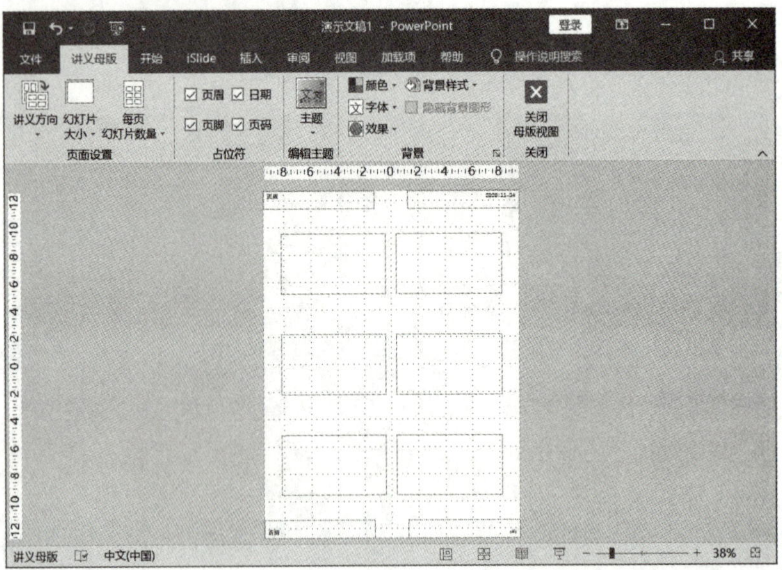

图 7-32　讲义母版

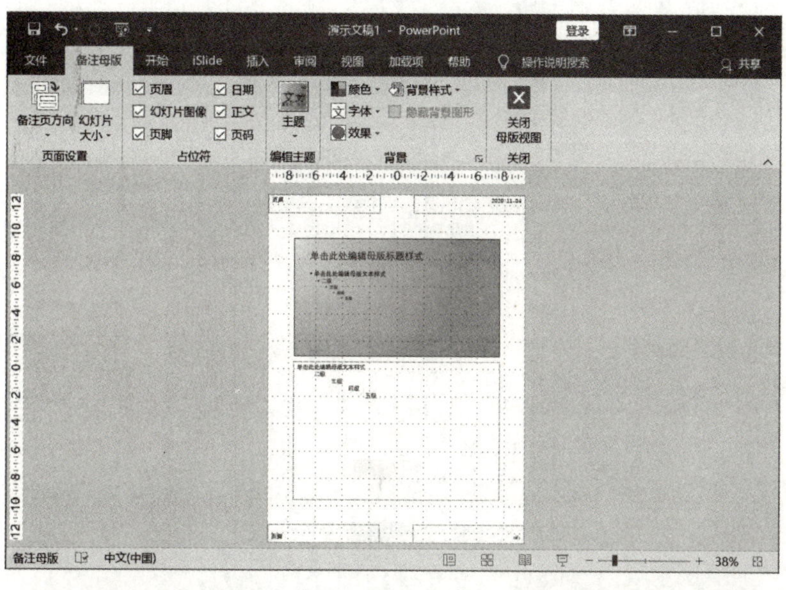

图 7-33　备注母版

课堂训练

（1）用户可以插入自定义版式。单击“幻灯片母板”→“编辑母版”→“插入版式”命令，可以插入一个仅标题的版式，如图 7-34 所示。用户可以从其他版式中复制所需的占位符并调整其大小和位置，也可以单击“幻灯片母板”→“母版版式”→“插入占位符”下拉按钮，弹出占位符样式列表，如图 7-35 所示，列表中提供了 10 种占位符可供选择。

（2）用户可以插入自定义母版。单击“幻灯片母板”→“编辑母版”→“插入幻灯片母版”命令，可以插入一套默认空白的幻灯片模板，如图 7-36 所示。单击“幻灯片母板”→“编辑主题”→“主题”下拉按钮，可以在“主题”列表中选择插入一套主题幻灯片模板，如图 7-37 所示。

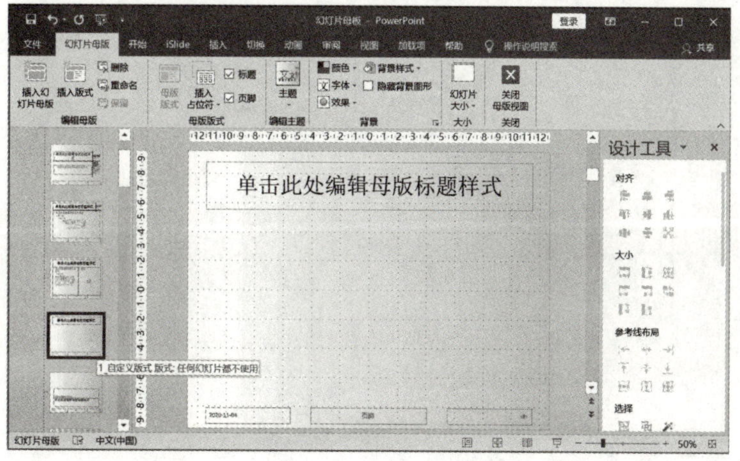

图 7-34　插入自定义版式

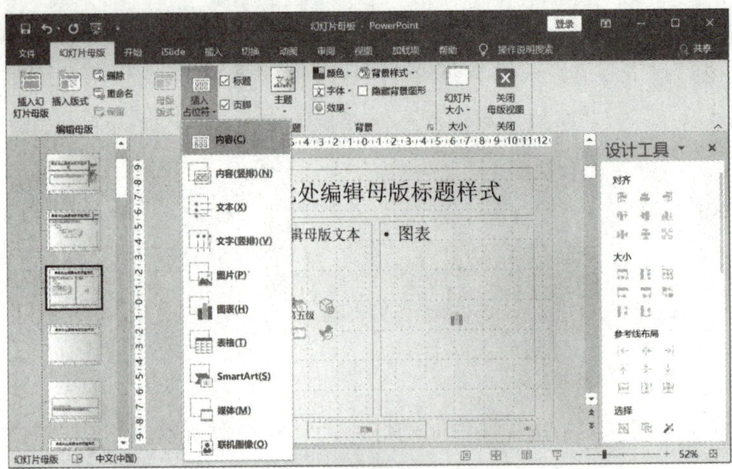

图 7-35 编辑自定义版式

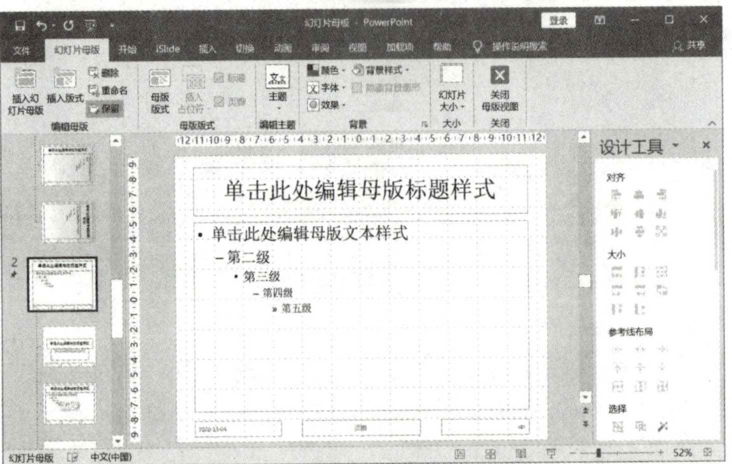

图 7-36 插入自定义幻灯片母版

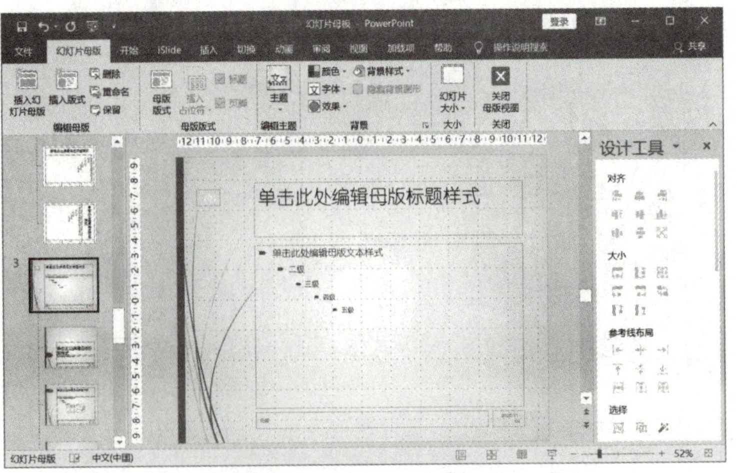

图 7-37 插入“主题”幻灯片母版

7.2.4　编辑幻灯片

在“普通视图”下，通过幻灯片缩略图窗格可以方便地插入、复制、删除、移动幻灯片。在“幻灯片浏览”视图下，也可以插入、复制、删除、移动幻灯片。

微视频：幻灯片的快速编辑

实例 7.9　通过幻灯片缩略图窗格复制、插入、删除幻灯片

任务描述：

在普通视图下，通过幻灯片缩略图窗格，进行幻灯片的复制、移动、删除操作。

实施步骤：

① 从教师机获取“产品介绍.pptx”，打开“产品介绍.pptx”文件，切换到普通视图，在左侧的幻灯片缩略图窗格中选中第 2 张幻灯片，如图 7-38 所示。

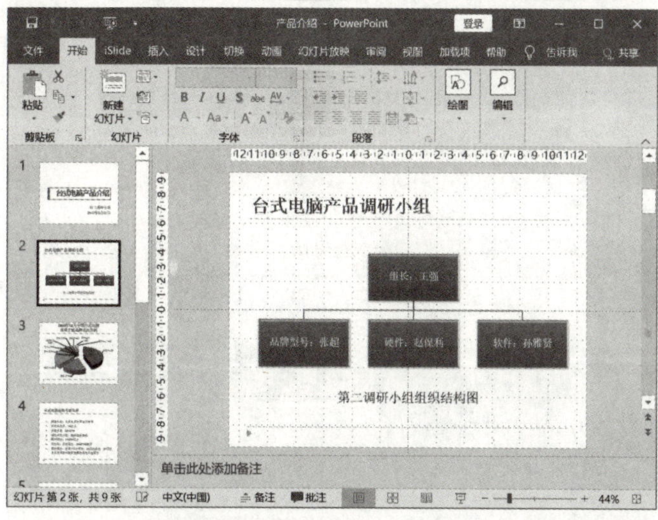

图 7-38　“产品介绍”演示文稿

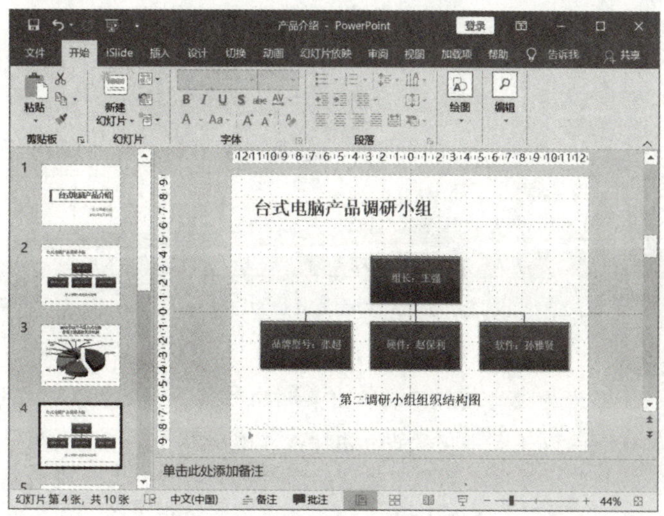

图 7-39　复制第 2 幅幻灯片

② 在幻灯片缩略图窗格中，鼠标单击并拖动第 2 张幻灯片到第 3 张幻灯片之后，同时按下 Ctrl 键，可以实现幻灯片复制，效果如图 7-39 所示。

③ 利用鼠标拖动，将刚刚复制的第 4 幅幻灯片拖动到第 2 幅幻灯片之后，可以实现幻灯片移动，如图 7-40 所示。

④ 按 Delete 键删除当前的第 3 幅幻灯片，如图 7-41 所示。也可以使用右键快捷菜单中的"删除幻灯片"命令删除选中的幻灯片。

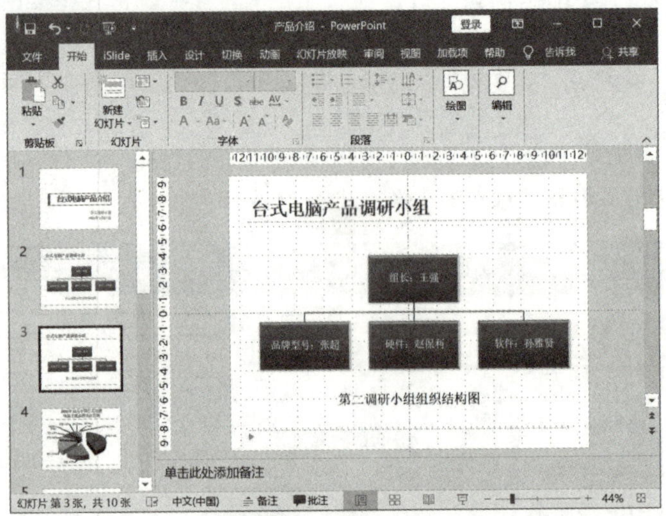

图 7-40 移动第 4 幅幻灯片

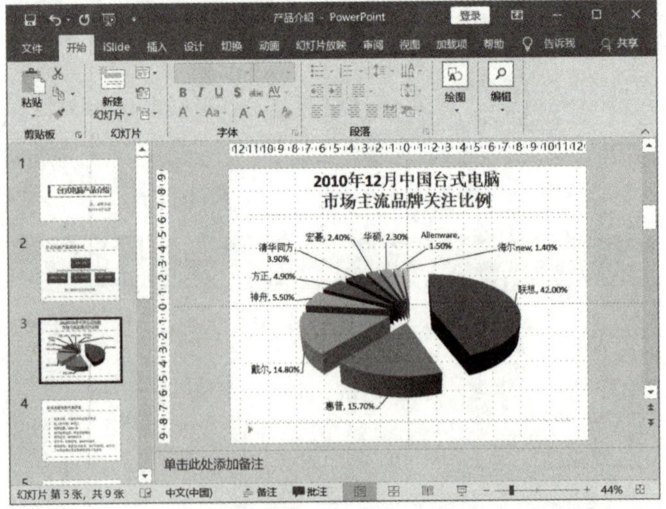

图 7-41 删除第 3 幅幻灯片

知识与技能

若要选择并删除多张连续的幻灯片，单击要删除的第一张幻灯片，在按住 Shift 键的同时单击要删除的最后一张幻灯片，右键单击选择的任意幻灯片，然后在快捷菜单中选择"删除幻灯片"命令。若要选择并删除多张不连续的幻灯片，在按住 Ctrl 键的同时单击要删除的每张幻灯片，右键单击选择的任意幻灯片，然后在快捷菜单中选择"删除幻灯片"命令。

课堂训练

在“幻灯片浏览”视图下对“产品介绍.pptx”进行幻灯片复制、插入、移动、删除操作。

7.2.5 保存演示文稿

与使用任何软件程序一样，创建好演示文稿后，最好立即为其命名并加以保存，在工作中也要经常保存所做的更改。单击“文件”→“另存为”命令，在右侧窗格中单击“浏览”，弹出“另存为”对话框，如图 7-42 所示。浏览到需要保存演示文稿的位置。在“文件名”文本框中，输入演示文稿的名称，然后单击“保存”按钮。

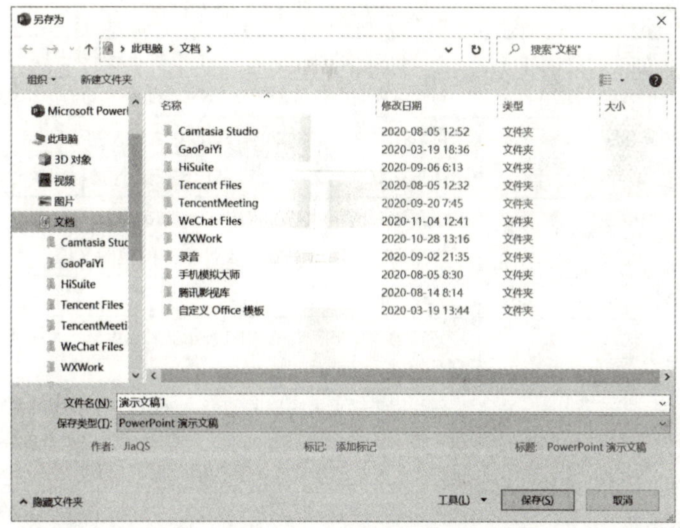

图 7-42 “另存为”对话框

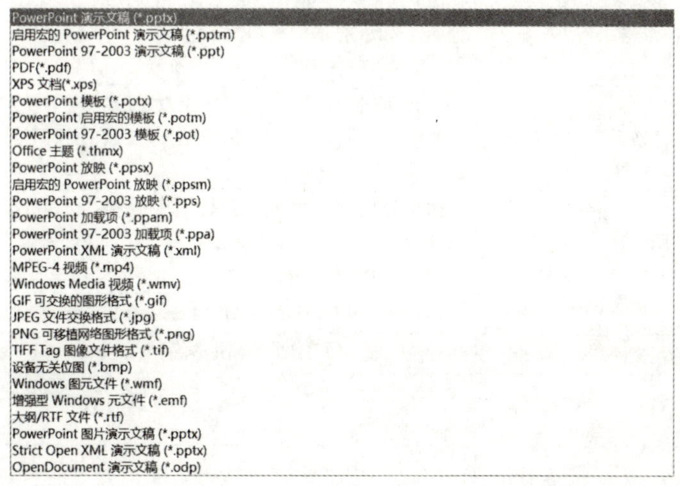

图 7-43 “保存类型”下拉列表

演示文稿可以保存为多种类型，“另存为对话框”中的“保存类型”下拉列表如图 7-43 所示。PowerPoint 2016 支持的保存文件类型的扩展名及用途见表 7-4。

表7-4 PowerPoint 2016支持的保存文件类型的扩展名及用途

保存为文件类型	扩展名	用于保存（用途）
PowerPoint演示文稿	.pptx	PowerPoint 2007和更新版本演示文稿
启用宏的PowerPoint演示文稿	.pptm	包含Visual Basic for Applications（VBA）代码的演示文稿
PowerPoint 97-2003演示文稿	.ppt	可在早期版本的PowerPoint 97-2003中打开的演示文稿
PDF文档格式	.pdf	由Adobe Systems开发的基于PostScript的电子文件格式，该格式保留了文档格式并支持文件共享
XPS文档格式	.xps	一种新的电子文件格式，用于以文档的最终格式交换文档
PowerPoint模板	.potx	可用于对将来的演示文稿进行格式设置的 PowerPoint演示文稿模板
PowerPoint启用宏的模板	.potm	一个模板，其中包含可添加到要在演示文稿中使用的模板的预批准宏
Office主题	.thmx	包含颜色、字体和效果样式的主题
PowerPoint放映	.ppsx	始终在幻灯片放映视图（而不是普通视图）中打开的演示文稿
启用宏的PowerPoint放映	.ppsm	包含可在幻灯片放映时运行的预批准宏的幻灯片放映
PowerPoint 97-2003放映	.pps	可以在早期版本的PowerPoint 97-2003中打开的幻灯片放映
PowerPoint加载项	.ppam	用于存储自定义命令、VBA代码以及外接程序等专用功能的加载项
PowerPoint 97-2003加载项	.ppa	可在PowerPoint 97-2003中打开的加载项
PowerPoint XML演示文稿	.xml	启用标准的基于XML的文件格式的演示文稿
MPEG-4视频	.mp4	另存为mp4格式视频的演示文稿，可在许多媒体播放机上播放
Windows Media视频	.wmv	另存为WMV格式视频的演示文稿。WMV文件格式在许多媒体播放器上播放
GIF可交换的图形格式	.gif	作为用于网页的图形的幻灯片。GIF文件格式最多支持256色，因此更适合扫描图像（如插图）。此外，GIF还适用于直线图形、黑白图像以及只有几个像素的小文本。GIF支持动画和透明背景
JPEG文件交换格式	.jpg	作为用于网页的图形的幻灯片。JPEG文件格式支持1 600万色，适用于照片和复杂图像
PNG可移植网络图形格式	.png	作为用于网页的图形的幻灯片。万维网联合会（W3C）已批准将PNG作为一种替代GIF的标准。PNG不像GIF那样支持动画，某些旧版本的浏览器不支持此文件格式
TIFF Tag图像文件格式	.tif	作为用于网页的图形的幻灯片。TIFF是用于在个人计算机上存储位映射图像的最佳文件格式。TIFF图像可以采用任何分辨率，可以是黑白、灰度或彩色
设备无关位图	.bmp	作为用于网页的图形的幻灯片。bmp文件格式包括由点组成的行和列以及计算机内存中的图形图像。每个点的值（不管它是否填充）存储在一个或多个数据位中
Windows图元文件	.wmf	作为16位图形的幻灯片（供Microsoft Windows 3和更高版本使用）
增强型Windows元文件	.emf	32位图形的幻灯片（供 Microsoft Windows 95及更高版本使用）
大纲/RTF文件	.rtf	将演示文稿大纲作为纯文本文档保存，rtf文件格式具有较小的文件大小，是一种跨平台的文档格式
PowerPoint图片演示文稿	.pptx	一个PowerPoint演示文稿，其中每张幻灯片都已转换为图片。将文件另存为PowerPoint图片演示文稿将减小文件大小，但是，某些信息将丢失
OpenDocument演示文稿	.odp	OpenDocument演示文稿格式的演示文稿，可在特定应用程序（如Google文档和OpenOffice.org印象）中打开。还可以在PowerPoint中以odp格式打开演示文稿，但保存和打开odp文件时可能会丢失一些信息

文本：PPT的文件格式

对于只能在 PowerPoint 2016、PowerPoint 2010 或 PowerPoint 2007 中打开的演示文稿，在“保存类型”下拉列表中应选择“PowerPoint 演示文稿（*.pptx）”。对于可在 PowerPoint 2003 或早期版本的 PowerPoint 中打开的演示文稿，适合于选择“PowerPoint 97-2003 演示文稿（*.ppt）”。

知识与技能

（1）可以按 Ctrl+S 组合键或单击快速访问工具栏中的“保存”按钮，随时快速保存演示文稿。

（2）设置自动保存文稿是一个良好的习惯。选择“文件”选项卡，出现“文件”信息窗口，如图 7-44 所示。选择左侧“选项”菜单，弹出“PowerPoint 选项”对话框，如图 7-45 所示。在 PowerPoint“选项”对话框中可设置自动保存功能。

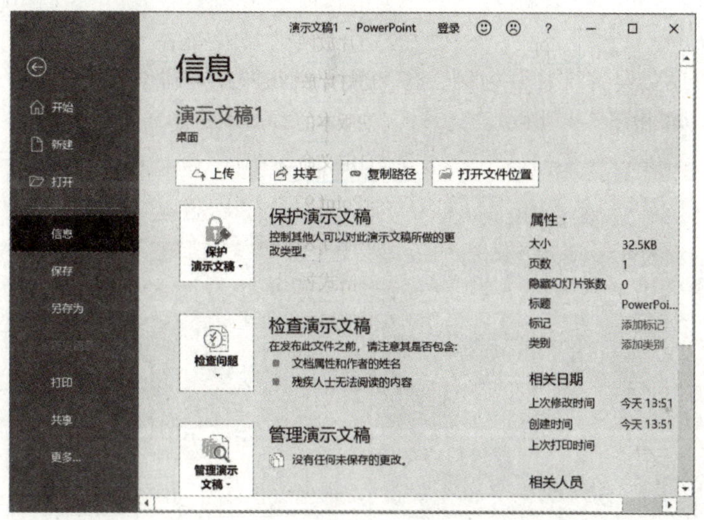

图 7-44　PowerPoint“文件”信息窗口

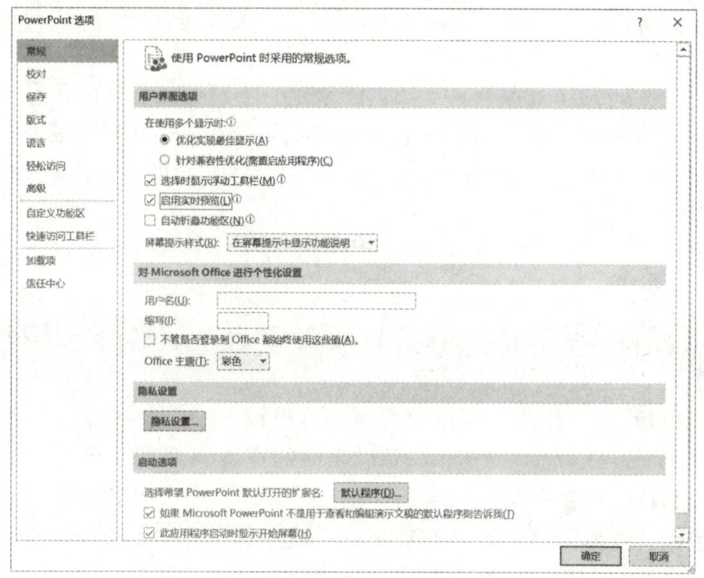

图 7-45　PowerPoint“选项”对话框

7.3 编辑演示文稿对象

在幻灯片中插入、编辑文本、剪贴画、艺术字、自选图形、影片、声音、图片、动画、表格与图表等对象，可以使演示文稿图文并茂、表现形式丰富多彩。

7.3.1 插入表格和图表

微视频：插入表格与表格编辑

在 PowerPoint 中可以插入表格和图表，以表格和图表的方式展示信息。

实例 7.10 插入表格和图表

任务描述：

以“广州亚运会奖牌统计”为例，在 PPT 中创建两幅普通幻灯片，分别制作表格和图表，效果如图 7-46 和图 7-47 所示。

2010年广州亚运会奖牌榜

排名	国家	金	银	铜	总数
1	中国	199	119	98	416
2	韩国	76	65	91	232
3	日本	48	74	94	216
4	伊朗	20	14	25	59
5	哈萨克斯坦	18	23	38	79

图 7-46 建立表格

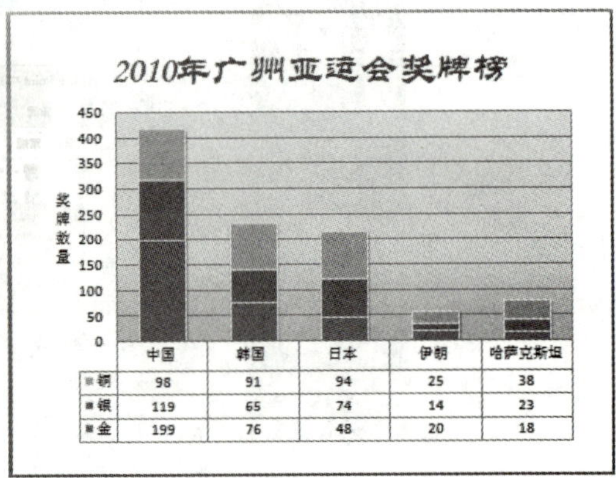

图 7-47 建立图表

任务分析：

广州亚运会是一个 2010 年发生的赛事。围绕这一主题搜集数据和信息，最便捷的渠道是登录互联网，查看广州亚运会官网（http://sports.people.com.cn/2010gzyyh/），可以从那里获取大量的素材资源，利用 PowerPoint 的幻灯片编辑功能，实现最佳效果的展示。

实施步骤：

① 新建空白演示文稿，单击“开始”→“幻灯片”→“版式”按钮，应用“标题和内容”版式。

② 单击内容占位符中的“插入表格”按钮，弹出“插入表格”对话框，设置 6 行 6 列，如图 7-48 所示。

③ 录入文本和数字，使用“表格工具”→“设计”→“表格样式”组的“其他”按钮，选择“主题样式 1- 强调 1”选项。调整表格的宽度、高度，单击“布局”→“单元格大小”→“分布行”按钮平均分布各行。单击“设计”→“绘图边框”→“笔颜色”按钮，设置笔颜色为“白色，背景 1，深色 15%”；选中整个表格，单击“设计”→“表格样式”→“边框”按钮，对所有框线应用笔颜色，达到如图 7-46 所示的效果。

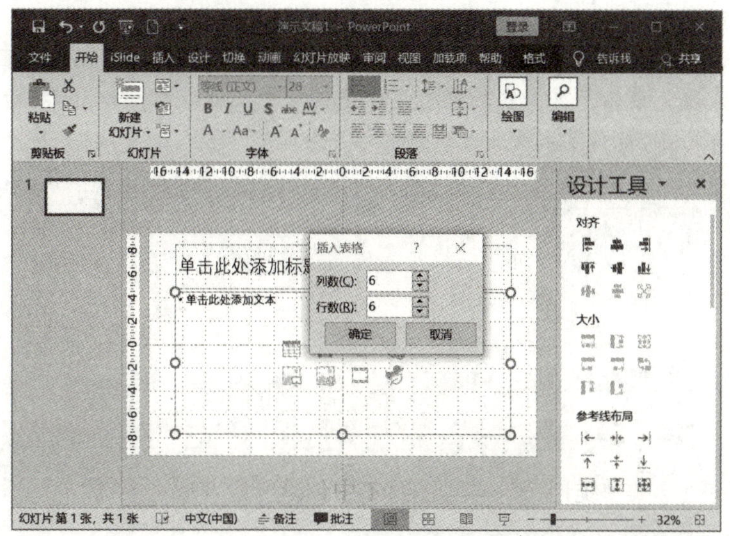

图 7-48　插入表格操作

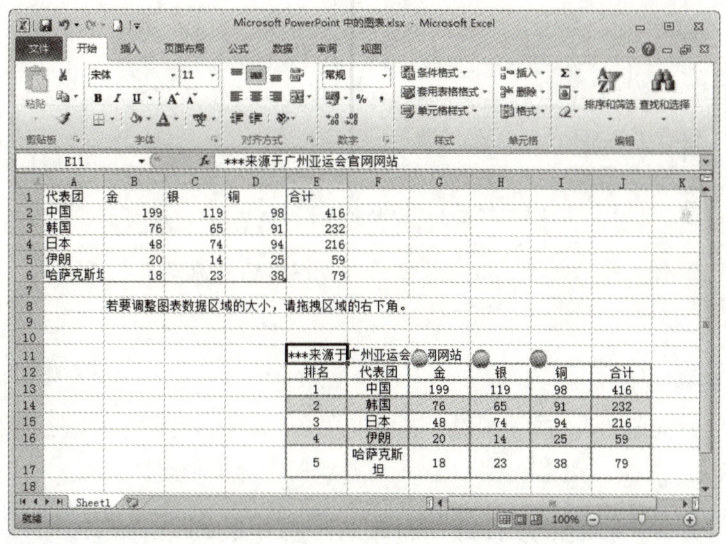

图 7-49　粘贴并构建数据区域范围

微视频：插入图表与图表编辑

④ 利用“标题和内容”版式插入新幻灯片，单击“插入图表”按钮，选择“堆积柱形图”，进入如图 7-49 所示图表数据源 Excel 数据设置界面。从广州亚运会官网奖牌榜中复制奖牌数据，粘贴到数据表中，调整数据区域字段名称和区域大小。关闭图表数据文件，查看图表效果。

⑤ 与 Excel 操作基本相同，通过“图表工具”栏上各选项卡命令，设置图表的布局和样式、添加坐标轴标题、更改各部分的格式；幻灯片标题文字应用艺术字样式，最终达到如图 7-47 所示的效果。

⑥ 文件保存为“插入表格和图表 .pptx”。

知识与技能

（1）在 PowerPoint 中对表格进行操作使用“表格工具”动态选项卡，用法与 Word 基本相同，这里不再赘述。

（2）在 PowerPoint 幻灯片中插入图表，需要单独设置数据源。单击“设计”→“数据”→“选择数据”按钮，可以在数据表文件中选定数据源范围，如图 7-50 所示。对图表进行编辑修改与 Excel 操作基本相同，这里也不再赘述。

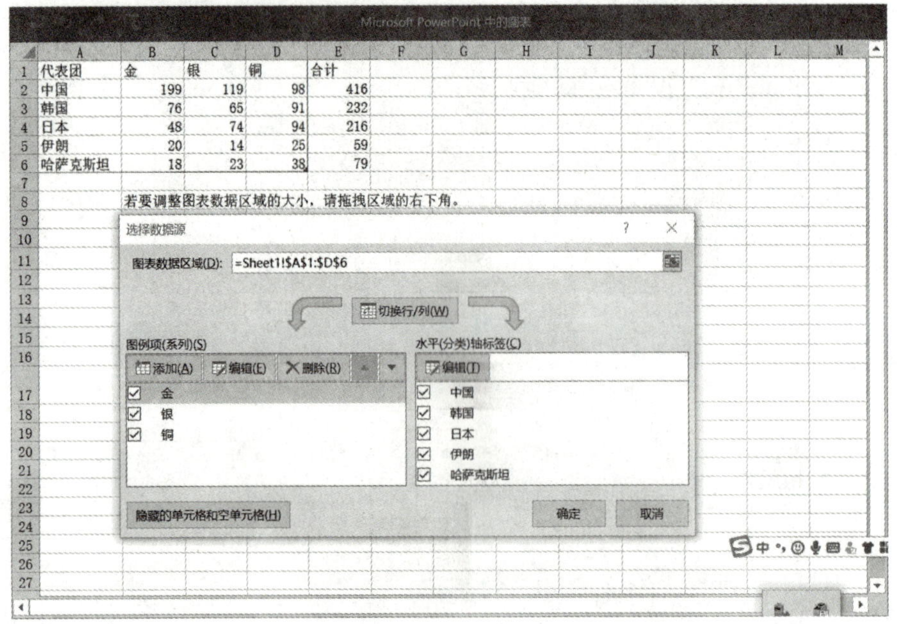

图 7-50 选择图表的数据源

（3）通过“图表工具”栏的“格式”选项卡可以快速设置图表的艺术字、形状和所选内容的格式。

7.3.2 插入图像

幻灯片可以方便地插入图片 / 图像，还可以在 PowerPoint 中对图片进行简易处理。

实例 7.11 插入清除背景的图片

任务描述：

在 PowerPoint 中清除向日葵图片的背景，突出一棵向日葵。

任务分析：

给图片去掉背景能够突出主题，并呈现艺术效果。

实施步骤：

① 新建 PowerPoint 文件，单击“设计”→“自定义”→“幻灯片大小”按钮，选择“标准 4:3”。

② 单击“插入”→“图像”→“图片”按钮，插入“向日葵.JPG”图片，如图 7-51 所示。

③ 单击“格式”→“调整”→“删除背景”按钮，出现如图 7-52 所示的背景消除操作界面，只有向日葵被自动保留下来，其他均作为背景予以消除处理。

图 7-51　插入图片

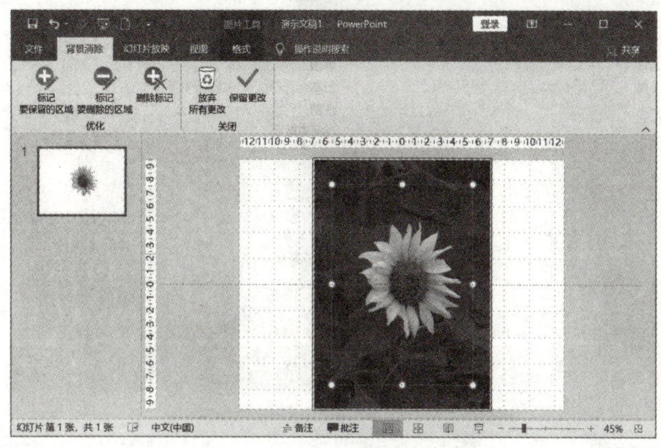

图 7-52　背景消除操作界面

④ 若希望保留该向日葵的枝叶，需要使用“背景消除”选项卡中的命令。使用“标记要保留的区域”命令可以标记要保留的图像部分，通常采用拖动的方法选定区域。使用“标记要删除的区域”命令可以标记要从图片中删除的区域。保留和删除标记如图 7-53 所示。点击“保留更改”命令后得到的删除背景效果如图 7-54 所示。

图 7-53　保留和删除标记

图 7-54　删除背景效果

⑤ 将文件保存为“删除背景后的效果 .pptx”。

文本：颜色搭配

实例 7.12 更改图片颜色、透明度或对图片重新着色

任务描述：

在 PowerPoint 中对花卉图片进行处理，更改图片颜色、透明度或对图片重新着色。

任务分析：

对图片进行处理，需要了解一些色彩、光线等方面的知识。本例引导学生了解色彩相关知识，提升学生图片处理能力，提升展示效果。

实施步骤：

① 新建 PowerPoint 文件，单击“插入”→“图像”→“图片”命令，插入“粉色花卉原始图片 .jpg”图片，如图 7-55 所示。

图 7-55 插入花卉原始图片

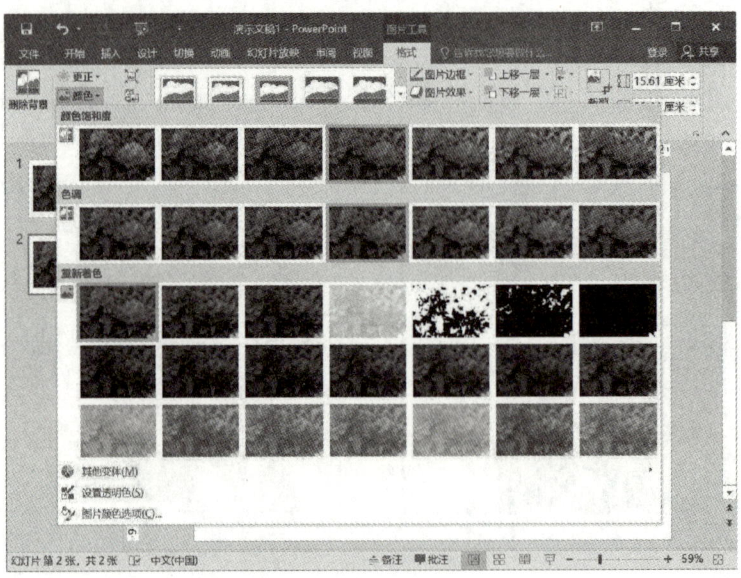

图 7-56 设置图片颜色饱和度

② 复制第 1 张幻灯片。在第 2 张幻灯片中选中图片，在“图片工具”的“格式”选项卡中，单击“调整”→“颜色”按钮，弹出“颜色”列表，如图 7-56 所示。

③ 饱和度是颜色的浓度。饱和度越高，图片色彩越鲜艳；饱和度越低，图片越黯淡。单击“颜色饱和度”选项组中的缩略图，可调整为预设的饱和度。若需要微调浓度，单击底部的“图片颜色选项”，弹出“设置图片格式”任务窗格，在“图片颜色”选项组中设置饱和度为 60%，如图 7-57 所示。

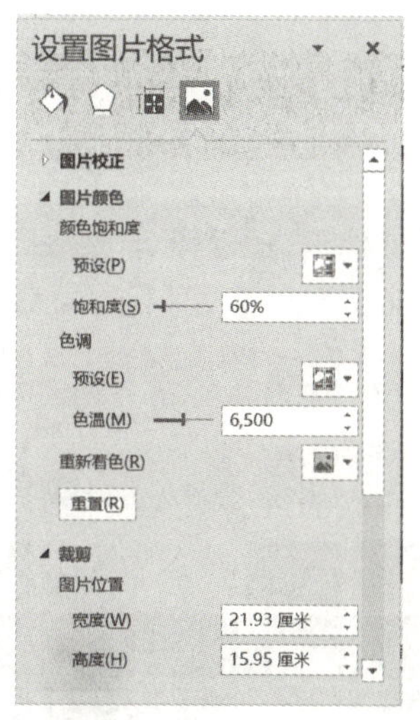

图 7-57　设置饱和度为 60%

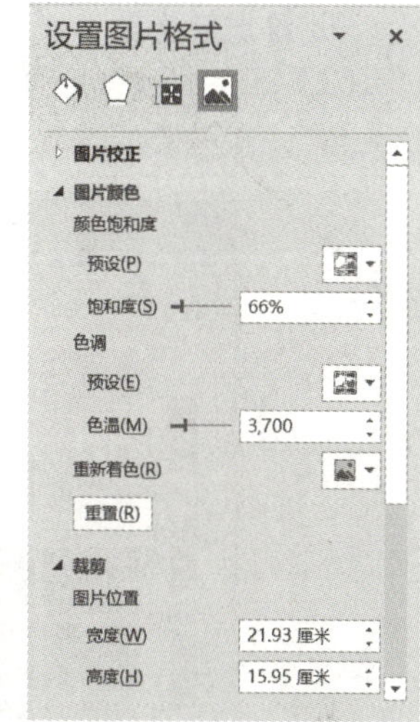

图 7-58　设置色温为 3 700

④ 更改图片的色调。复制第 1 张幻灯片到第 3 张幻灯片。在第 3 张幻灯片中选中图片，单击“格式”→“调整”→“颜色”按钮，在弹出的“颜色”列表的“色调”选项组中更改图片色调。若要选择其中一个常用的“色调”来调整，单击预设的色调缩略图即可。若需要微调色调，单击底部的“图片颜色选项”，在“设置图片格式”任务窗格的“图片颜色”选项组中设置色温为 3 700，如图 7-58 所示。

文本：色调

知识与技能

当相机未正确测量色温时，图片上会出现色偏，这使得图片看上去偏蓝或偏橙。可以通过提高或降低色温从而增强图片的细节来调整这种状况，并使图片看上去更好看。

⑤ 图片重新着色，可以将一种内置的风格效果（如灰度或褐色色调）快速应用于该图片。复制第 1 张幻灯片到第 4 张幻灯片。对第 4 张幻灯片中图片进行着色处理，单击“格式”→“调整”→“颜色”按钮，在“重新着色”选项组中选择“绿色，个性色 6 深色”预设的重新着色缩略图，如图 7-59 所示。

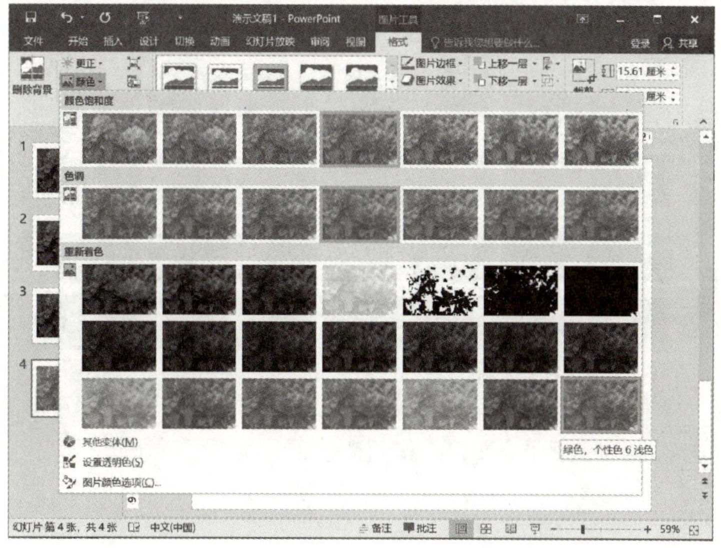

图 7-59　重新着色为“绿色，个性色 6 深色”

知识与技能

（1）若要使用更多的颜色，包括主题颜色的变体、标准的颜色或自定义颜色，单击“其他变体”，可以使用颜色变体重新着色，如图 7-60 所示。

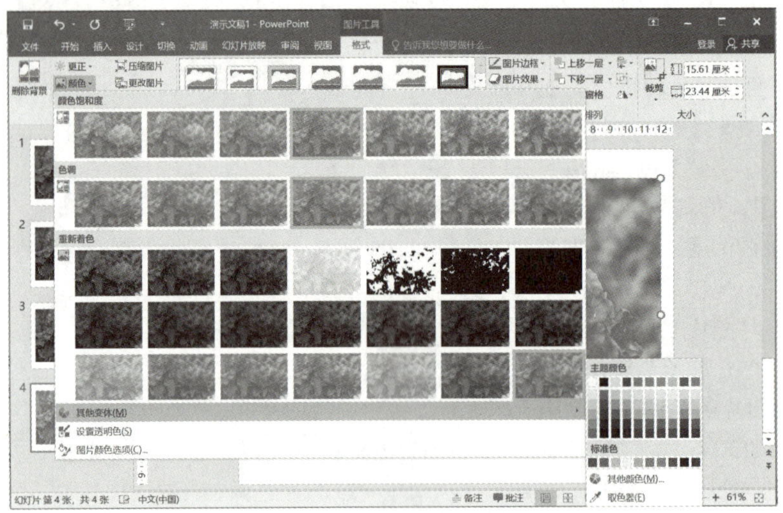

图 7-60　使用颜色变体重新着色

（2）若要删除重新着色效果，但保留对图片所做的任何其他更改，单击第一个重新着色缩略图“不重新着色”。

⑥ 调整图片透明度，可以使图片部分透明（可以透过图片看到后面的东西）。复制第 1 张幻灯片到第 5 张幻灯片。在第 5 张幻灯片中复制图片，呈层叠状态，对上面的图片进行透明处理，在“颜色”列表中选择“设置透明色”（图 7-61）命令，然后单击图片中要使之变透明的颜色，出现透明效果，如图 7-62 所示。

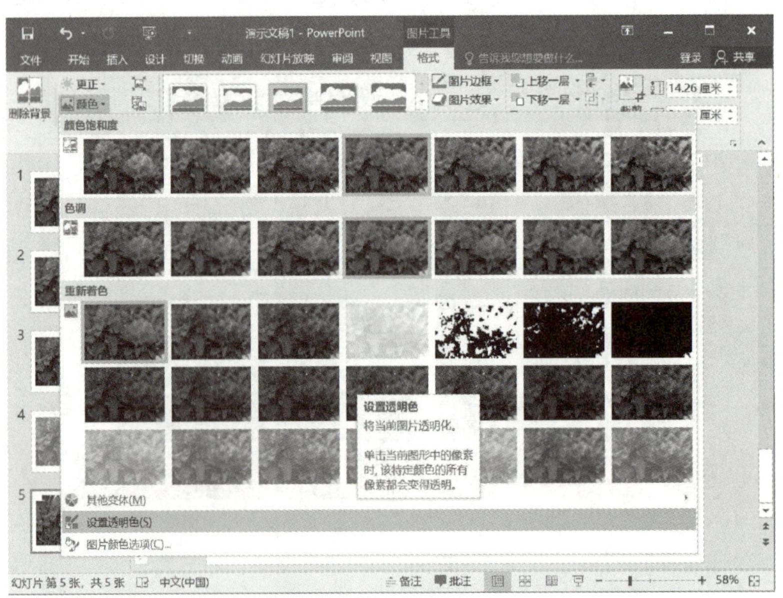

图 7-61　“设置透明色”命令

图 7-62　透明效果

⑦ 将演示文稿保存为“更改图片颜色 .pptx”。

知识与技能

PowerPoint 可以调整图片的相对光亮度（亮度）、图片最暗区域与最亮区域间的差别（对比度）以及图片的模糊度，这些调整称为颜色更正（或修正）。通过调整图片亮度，可以使曝光不足或曝光过度图片的细节得以充分表现；通过提高或降低对比度可以更改明暗区域分界的定义；为了增强照片细节，可以锐化图片或柔化图片（模糊度）上的多余斑点。

PowerPoint 可以将艺术效果应用于图片，以使图片看上去更像草图、雕塑或绘画。PowerPoint 提供了图片样式库，支持用户快速高效添加阴影、发光、映像、柔化边缘、凹凸和三维（3D）旋转等效果来增强图片的感染力。

7.3.3　插入音频文件

为了突出重点，可以在 PowerPoint 演示文稿中添加音频，如音乐、旁白、原声摘要等。

1. 声音录制

PowerPoint 2016 提供了录制声音的功能。在 PowerPoint 中点击“插入”→“媒体”→“音频”→“录制音频”命令，弹出“录制声音”对话框，如图 7-63 所示。点击红点录音按钮，可以录制声音。系统自动将声音插入演示文稿，如图 7-64 所示。

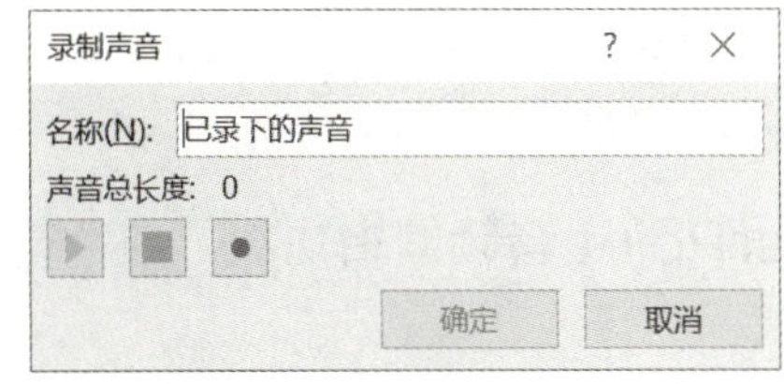

图 7-63　“录制声音”对话框

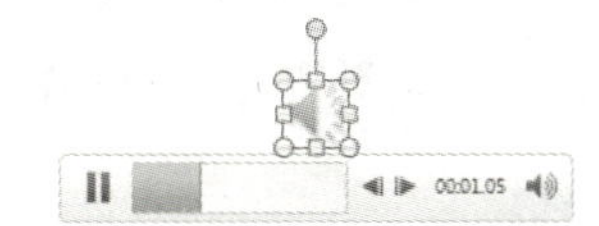

图 7-64　在 PowerPoint 中播放音频

文本：音频的处理

2. 插入 PC 上的音频

在 PowerPoint 中点击“插入”→“媒体”→“音频”→“PC 上的音频”命令，弹出

"插入音频"对话框，如图 7-65 所示。

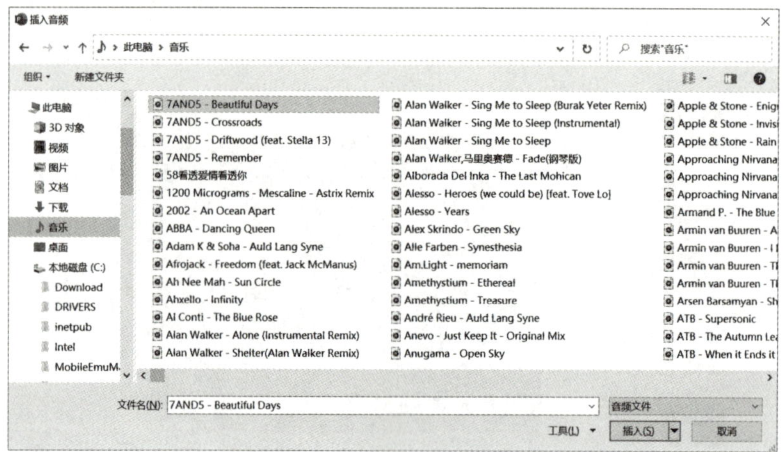

图 7-65　插入音频文件对话框

3. 设置音频剪辑的播放选项

PowerPoint 提供了对音频进行编辑的工具，以控制音频的播放方式。单击插入的音频剪辑的音频图标，在"音频工具"下的"播放"选项卡中有"预览""书签""编辑""音频选项""音频样式"等选项组，如图 7-66 所示。

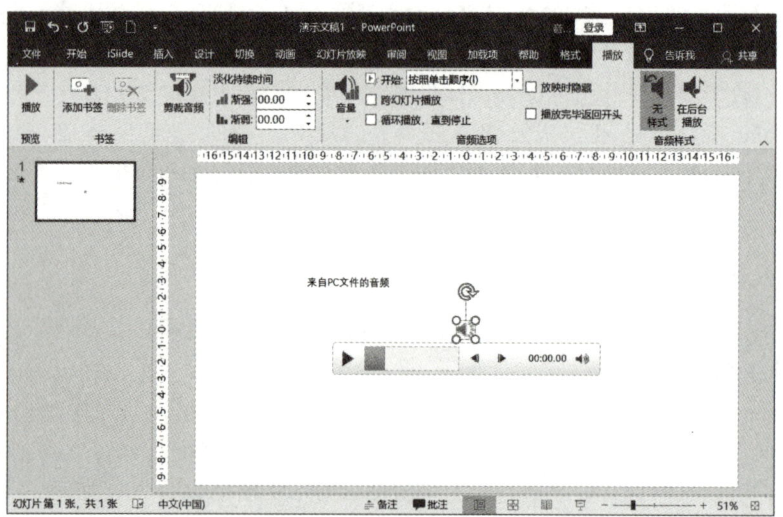

图 7-66　音频播放选项卡

实例 7.13　使用 PowerPoint 音频编辑功能

任务描述：

在 PowerPoint 中对音频剪辑进行剪裁、设置淡入淡出、设定播放方式。

任务分析：

发挥 PowerPoint 整合多媒体资源的能力，将声音嵌入 PowerPoint 是展示与交流的重要手段之一。利用录音机、录音笔等获得原始声音素材，结合展示交流需要，对音频进行裁剪、整合、设置音量调整和淡入淡出，可以改善演示文稿展示效果，突出重点。

实施步骤：

① 新建 PowerPoint 文件，插入 PC 上的音频文件“58 看透爱情看透你”。

② 选择插入的音频剪辑，选定音频控件进度条的“关注点”（音频播放的特殊位置），单击“播放”→“书签”→“添加书签”按钮，即在选定的“关注点”处添加书签，如图 7-67 所示。音频剪辑可以插入多个书签。在演示文稿放映时，鼠标指向音频图标，出现音频控件，可选择书签位置确定音频播放的起点，如图 7-68 所示，点击从书签位置播放音频。

图 7-67　给音频剪辑添加书签

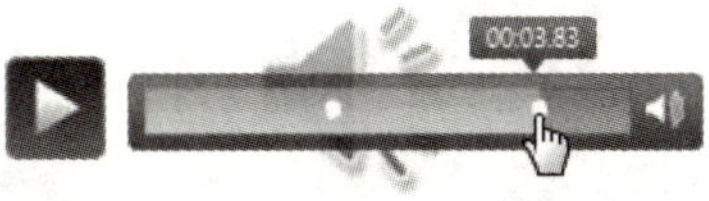

图 7-68　放映时利用书签改变音频播放起点

③ 选择插入的音频剪辑，单击“播放”→“编辑”→“剪裁音频”按钮，弹出“剪裁音频”对话框，如图 7-69 所示。调整开始时间、结束时间游标，单击“确定”按钮可实现对音频的剪裁。

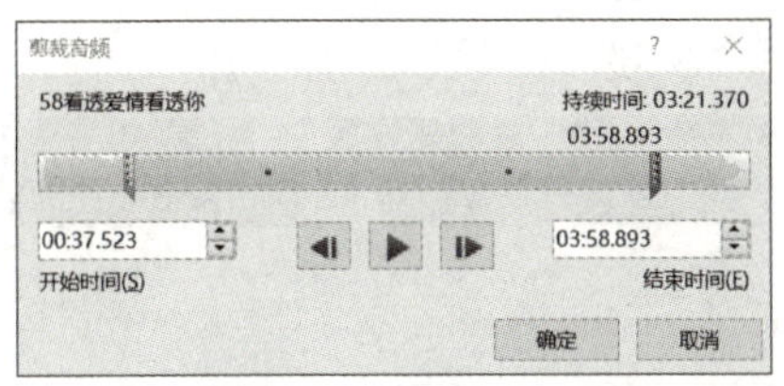

图 7-69　“剪裁音频”对话框

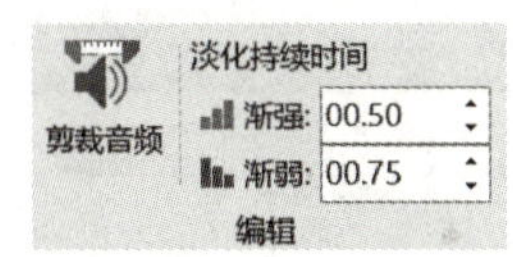

图 7-70　设置淡入淡出时间

④ 选择插入的音频剪辑，在“播放”→“编辑”组中设置淡化持续时间，例如淡入 0.5 秒，淡出 0.75 秒，如图 7-70 所示。播放音频，体会淡入淡出效果（开始时声音缓慢变大，结束时声音逐渐变小）。

⑤“播放”→“音频选项”组如图 7-71 所示，在其中可以勾选设置“跨幻灯片播放”“循环播放，直到停止”“放映时隐藏”“播放完毕返回开头”。选择插入的音频文件，在“播放”→“音频选项”组中设置音量；在“开始”下拉列表框中设置音频播放的方式——按照单击顺序播放（多个声音文件）、自动播放、单击时开始播放，如图 7-72 所示。PowerPoint 2016 提供了一种“音频样式”——在后台播放，设置音频播放组合方案：自动开始、跨幻灯片播放、循环播放、放映时隐藏（不出现声音图标）、在后台播放，如图 7-73 所示。

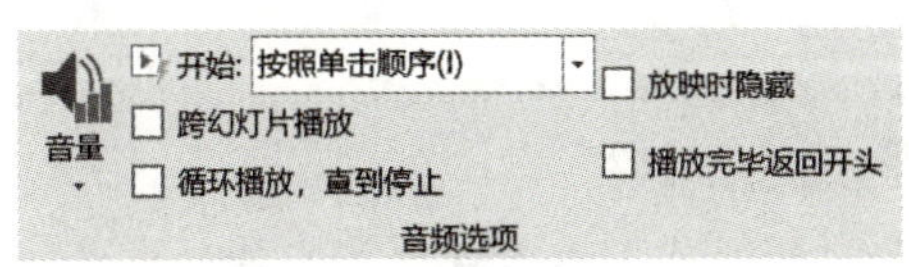

图 7-71　“音频选项”组

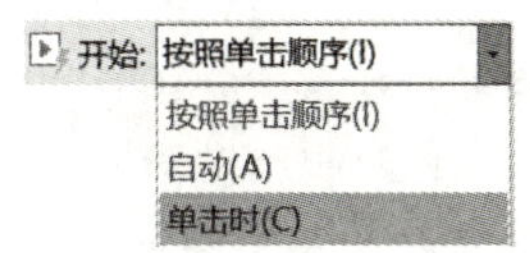

图 7-72　设置音频播放的方式

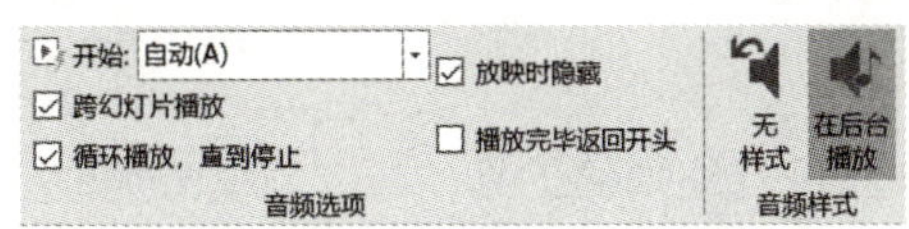

图 7-73　音频样式——在后台播放

7.3.4 插入视频文件

文本：不能播放的视频

1. 在 PowerPoint 中插入视频文件

点击“插入”→“媒体”→“视频”→“PC 上的视频”按钮，出现“插入视频文件”对话框，选择 Windwos 10 自带的视频示例文件“Wildlife.wmv”，如图 7-74 所示。在插入视频的幻灯片中，选中视频，单击播放按钮，如图 7-75 所示。

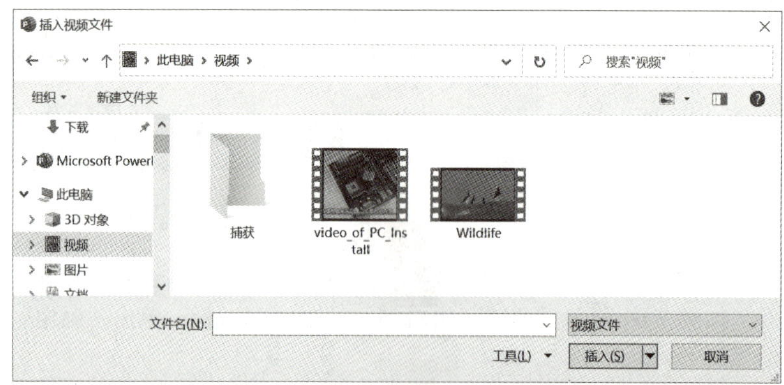

图 7-74 插入视频文件对话框

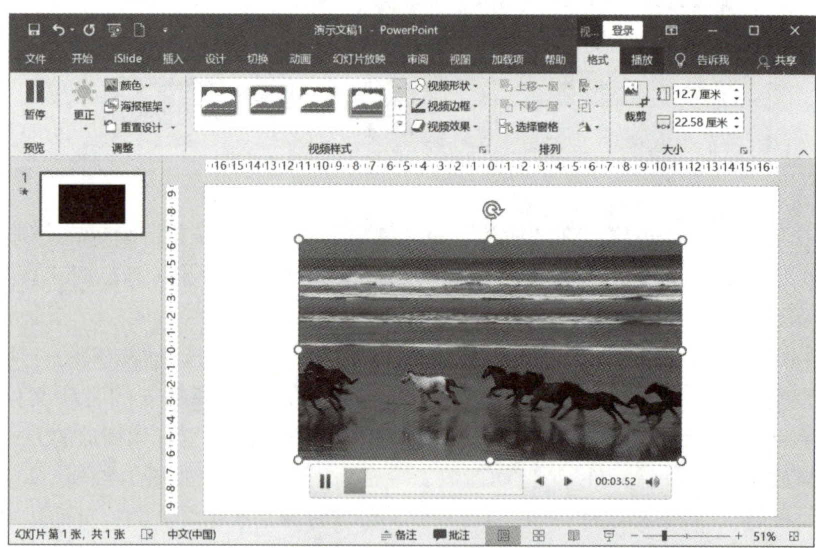

图 7-75 插入并播放视频

课堂训练

（1）从“联机视频”插入视频，学生自行练习。

（2）计算机连接互联网，上网搜索在 PPT 中插入 RM 电影文件的方法，下载 RM 格式电影文件，尝试插入并达到能够播放的效果。

2. 为视频添加书签

PowerPoint 提供了对视频进行编辑的工具，与音频编辑类似。选择视频剪辑，在“视频工具”下的“播放”选项卡中，有“预览”“书签”“编辑”“视频选项”“字幕选项”等选项组。

视频示例文件“Wildlife.wmv”按时序给出了 7 种动物场景，找到场景转换点，添加书签，效果如图 7-76 所示。在播放过程中，可以参照书签位置跳转播放起点，如图 7-77 所示。

图 7-76　为视频添加书签

图 7-77　参照书签位置跳转播放起点

3．编辑视频

对视频示例文件“Wildlife.wmv”进行剪裁，仅保留海鸟场景。单击“播放”→“编辑”→“剪裁视频”按钮，弹出“剪裁视频”对话框，将开始时间、结束时间游标调整到相应书签处，如图 7-78 所示，单击“确定”可实现对视频的剪裁。可以设置淡化持续时间，例如淡入淡出均为 1 秒，播放视频查看剪裁和淡入淡出配音效果。

4．控制视频播放

勾选“播放”→“视频选项”→“全屏播放”复选框，在放映演示文稿时，可以让播放中的视频填充整个幻灯片（屏幕）。视频图像在放大后可能会出现失真，这取决于原始视频文件的分辨率，如果视频出现失真或模糊，则可以撤销全屏选项。

图 7-78　设置视频剪裁起始位置

知识与技能

如果将视频设置为全屏显示并自动启动，则可以将视频帧从幻灯片上拖动到灰色区域中，这样在视频全屏播放之前，它将不会显示在幻灯片上或出现短暂的闪烁。

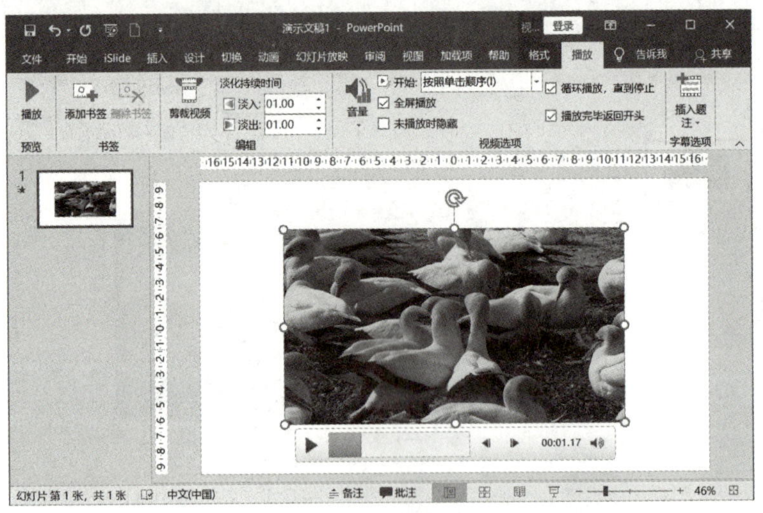

图 7-79　视频选项设置结果

若选中“未播放时隐藏”复选框，在放映演示文稿时，可以先隐藏视频，但应该创建一个自动或触发的动画来启动视频播放。若要在演示期间持续重复播放视频，可以勾选“循环播放，直到停止”复选框。在演示期间，若要在视频播完之后退回到起点，可勾选“播放完毕返回开头”复选框。视频选项设置结果如图 7-79 所示。

文本：SmartArt 是什么

7.3.5　用 SmartArt 图形创建演示文稿

PowerPoint 2016 提供了丰富的 SmartArt 图形，使用户可以快速、高效地创建高质量的演示文稿。SmartArt 图形是信息和观点的可视表示形式，为文本而设计。

实例 7.14　插入 SmartArt 图形

任务描述：

某机构进行职业教育研究，准备中期汇报，以 SmartArt 图形为主制作演示文稿。

任务分析：

借助于幻灯片进行信息展示和交流，需要界面美观、主题突出，但多数 PPT 制作者艺术修养不能达到此要求。SmartArt 图形是新版本演示文稿制作的基本元素，它提供了多种 SmartArt 图形样式，可以方便地进行 SmartArt 格式设置，以便快速制作出专业水准的幻灯片。

实施步骤：

① “分级制度研究课题汇报 .pdf”是用 PPT 另存为的 pdf 格式文件。打开“分级制度研究课题汇报 .pdf”，分析标题幻灯片和普通幻灯片的风格。在 pdf 文件的第 1 页单击选中上部图片，右键单击弹出快捷菜单，另存图像为“标题图片 .jpg”，如图 7-80 所示；同样操作，将第 2 页选中底部图片另存为“幻灯片图片 .jpg”。

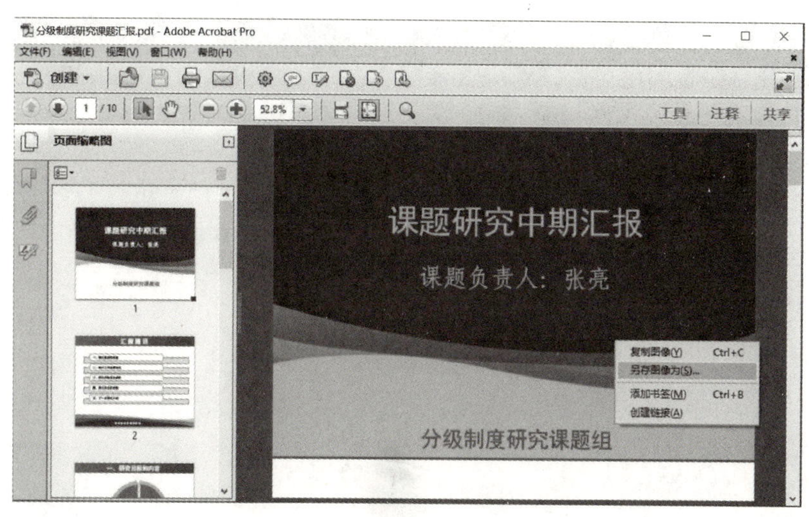

图 7-80　获取母版所需图片

② 新建空白演示文稿，单击“视图”→“母版视图”→“幻灯片母版”进入母版视图。选择“标题幻灯片版式”，单击“插入”→“图像”→“图片”按钮，将“标题图片.jpg”插入标题幻灯片母版，调整图片大小与幻灯片同宽，并通过该图片的右键菜单，将图片置于底层，移动主标题和副标题占位符的位置，选中占位符，在“开始”→“字体”选项组中将字体设定为白色，调整中文字体，结果如图 7-81 所示。

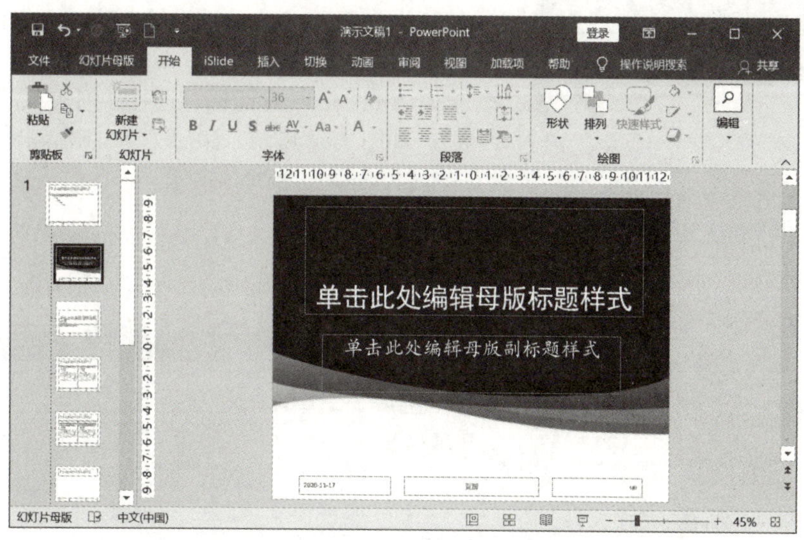

图 7-81　编辑“标题幻灯片”母版

③ 选择“标题和内容版式”，取消勾选“幻灯片母版”→“母版版式”→“页脚”复选框，删除页脚，添加“幻灯片图片.jpg”到幻灯片底部并置于底层；单击“插入”→“文本”→“文本框”，在图片上方添加透明的文本框，输入文字“分级制研究课题组”，并设置为白色；在幻灯片顶部添加蓝色矩形框，并置于底层；调整标题占位符的位置，处于蓝色矩形框上方居中，缩小字体到 40，设置为黑体、白色；调整文本占位符的位置，结果如图 7-82 所示。

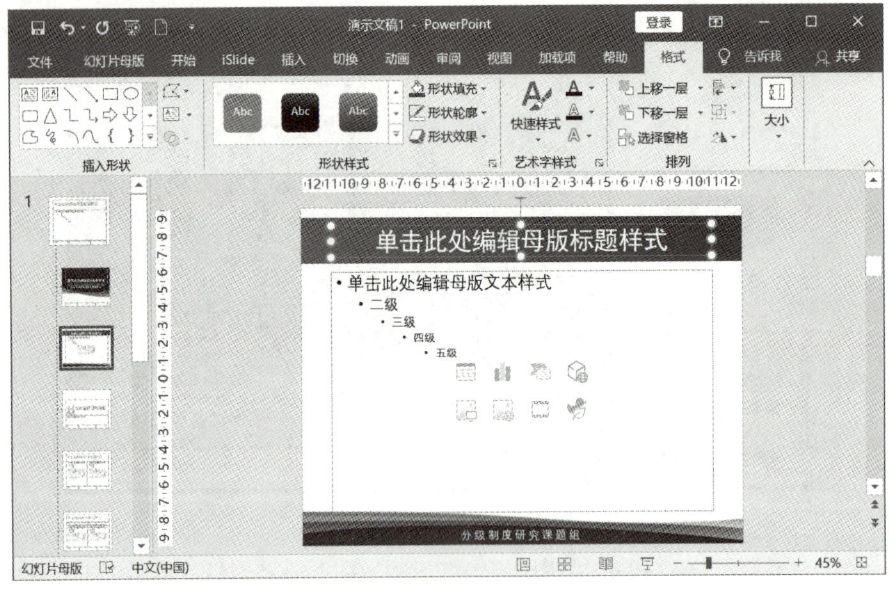

图 7-82 编辑“标题和内容”母版

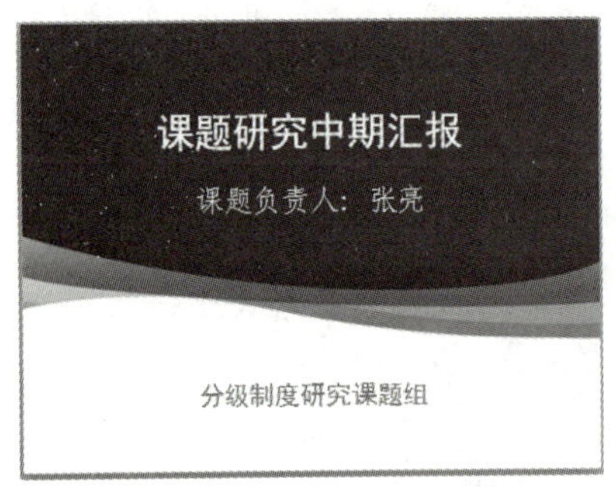

图 7-83 编辑标题幻灯片的效果

④ 退出母版视图，编辑标题幻灯片，效果如图 7-83 所示。

⑤ 添加新幻灯片，添加标题为“汇报内容”，单击“插入”→“插图”→SmartArt”按钮，弹出“选择 SmartArt 图形”对话框，选择“列表”→“垂直框列表”，如图 7-84 所示。添加文字、调整字体大小，第 2 张幻灯片效果如图 7-85 所示。

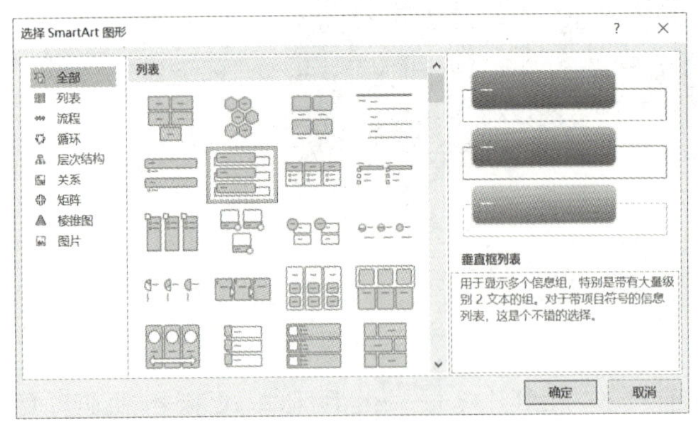

图 7-84 插入垂直框列表

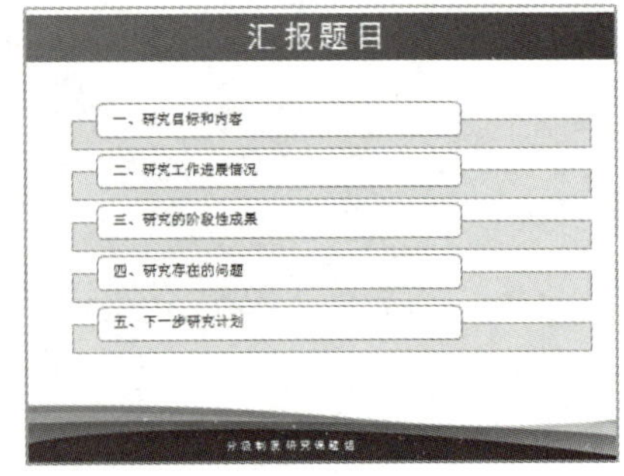

图 7-85 第 2 张幻灯片效果

⑥ 添加新幻灯片，添加标题为“一、研究目标和内容”，单击“插入”→“插图”→“SmartArt”按钮，在弹出的“选择 SmartArt 图形”对话框中选择“循环”→“分段循环”，如图 7-86 所示。添加文字，第 3 张幻灯片效果如图 7-87 所示。

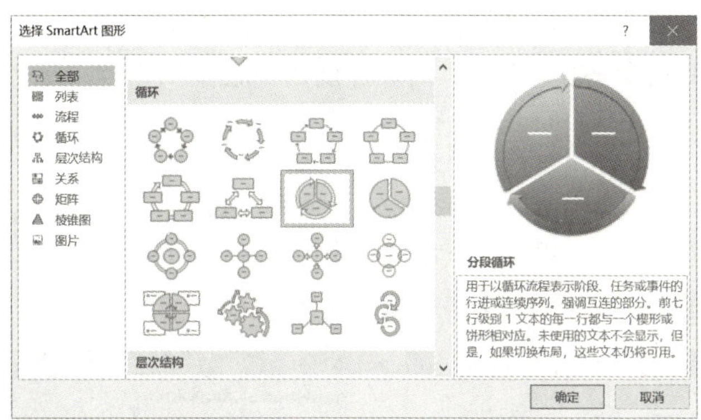

图 7-86　插入分段循环

图 7-87　第 3 张幻灯片效果

⑦ 添加新幻灯片，添加标题为“研究内容”，单击“插入”→“插图”→“SmartArt”按钮，在弹出的“选择 SmartArt 图形”对话框中选择“列表”→“垂直 V 形列表”，如图 7-88 所示。输入二级栏目的文字，第 4 张幻灯片效果如图 7-89 所示。

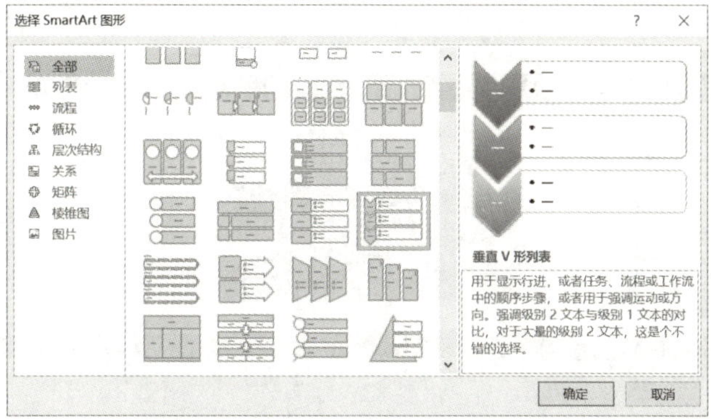

图 7-88　插入垂直 V 形列表

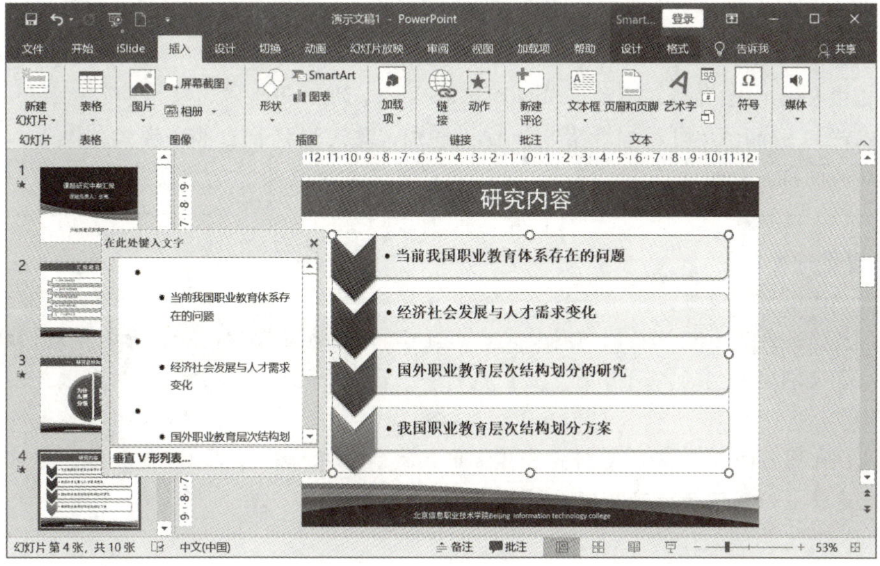

图 7-89　第 4 张幻灯片效果

⑧ 第 5—10 张幻灯片效果如图。第 5 张幻灯片使用“流程”→“连续块状流程”图形，用于显示任务、流程或工作流的顺序步骤；第 6 张幻灯片使用“流程”→“向上箭头”图形，用于显示任务、流程或工作流中趋势向上的行程或步骤；第 7 张幻灯片使用“列表”→“垂直图片重点列表”图形，用于显示非有序信息块，小圆形内可以添加图片；第 8 张幻灯片使用“列表”→“水平项目符号列表”图形，用于显示多文字的非顺序或分组信息列表；第 9 张幻灯片使用最常用的“列表”→“垂直块列表”图形，可用于显示信息组；第 10 张幻灯片使用“流程”→“基本日程表”图形，用于显示日程表信息。

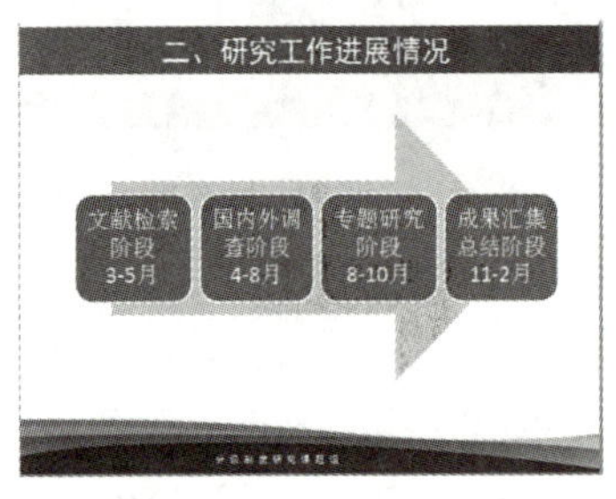

（a）第 5 张

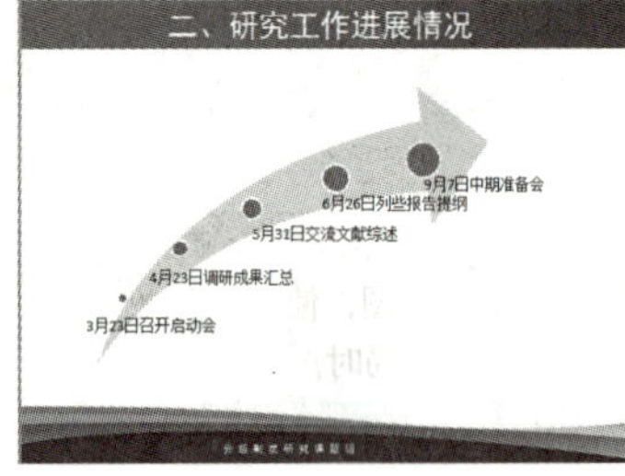

（b）第 6 张

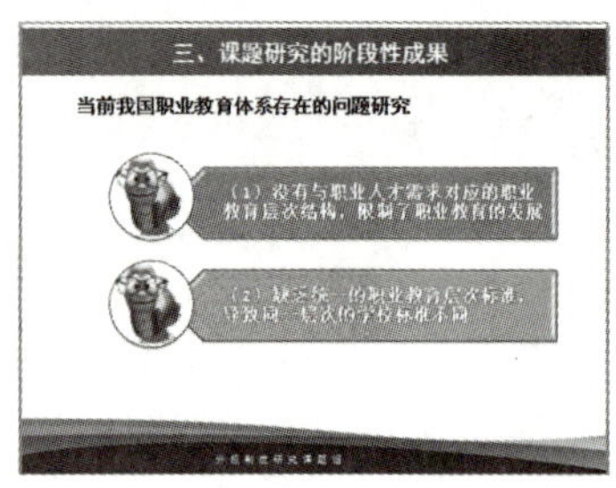

（c）第 7 张

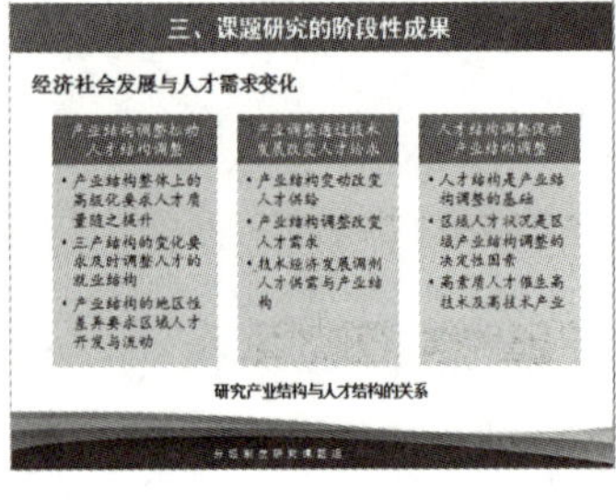

（d）第 8 张

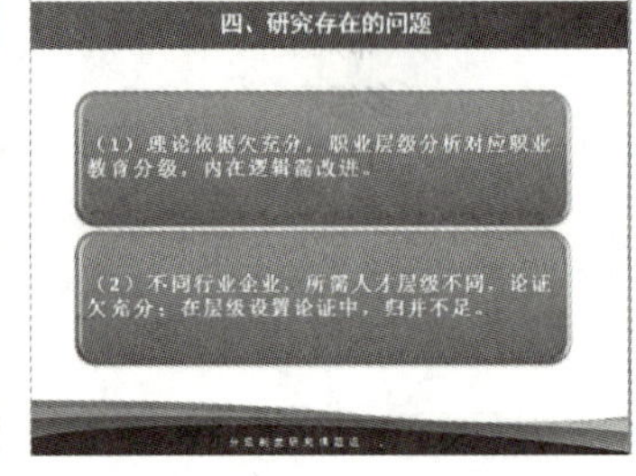

（e）第 9 张

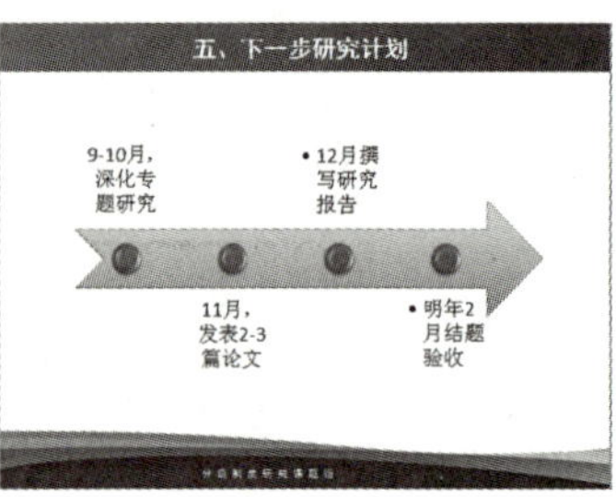

（f）第 10 张

图 7-90 第 5—10 张幻灯片效果图

微视频：SmartArt 图形的使用

⑨ 演示文稿保存为“SmartArt 图形使用 .pptx”。

课堂训练

选中 SmartArt 图形，通过“SmartArt 工具”下的“设计”选项卡和“格式”选项卡可以改变 SmartArt 图形、修改 SmartArt 样式、改变形状和艺术字样式，快速调整演示文稿的风格。分组进行样式调整，比较和交流调整的成果。

知识与技能

SmartArt 图形有多种，可以实现不同的布局风格。在选择布局之前，首先需要知道要传达什么信息以及是否希望信息以何种特定方式显示。SmartArt 图形支持快速轻松地切换布局，因此可以尝试不同类型的不同布局，直至找到一个最适合于对需要传达的信息进行图解的布局为止。

SmartArt 图形类型类似于类别，有其常用领域和自身特点，见表 7-5 所示，它可以帮助用户快速选择并应用适合信息的布局。

表7-5　SmartArt 图形的类型及其使用场合

要执行的操作	使用类型	SmartArt 图形应用场合与使用特点
显示无序信息	列表	“列表”布局通常不包含箭头或方向流。通过使用“列表”布局，用强调其重要性的各色形状显示的要点会更直观，更具影响力。一些“列表”布局包含图片形状，可以使用小图片或绘图来强调文字
在流程或时间线中显示步骤	流程	“流程”布局通常包含一个方向流，并且用来对流程或工作流中的步骤或阶段进行图解。“流程”布局可用来显示垂直步骤、水平步骤或蛇形组合中的流程
显示连续的流程	循环	“循环”布局通常用来对循环流程或重复性流程进行图解。可以使用“循环”布局显示产品或动物的生命周期、教学周期、重复性或正在进行的流程或某个员工的年度目标制定和业绩审查周期
创建组织结构图	层次结构	“层次结构”类型中最常用的布局就是公司组织结构图。如果要创建组织结构图，使用“组织结构图”布局或“图片组织结构图”布局。使用这些布局时，助手形状和悬挂布局等附加功能可用
显示决策树	层次结构	“层次结构”布局还可用于显示决策树或产品系列。水平层次结构用来显示水平发展的层次关系；垂直层次结构用来显示垂直发展的层次关系。它们均适合于显示决策树
对连接进行图解	关系	“关系”布局显示各部分之间非渐进的、非层次关系，并且通常说明两组或更多组事物之间的概念关系或联系。“关系”布局的典型示例是维恩图、目标布局和射线布局。维恩图显示区域或概念如何重叠以及如何集中在一个中心交点处；目标布局显示包含关系；射线布局显示与核心或概念之间的关系
显示各部分如何与整体关联	矩阵	“矩阵”类型中的布局通常对信息进行分类，并且它们是二维布局。它们用来显示各部分与整体或与中心概念之间的关系。如果要传达四个或更少的要点以及大量文字，“矩阵”布局是一个不错的选择
显示与顶部或底部最大一部分之间的比例关系	棱锥图	“棱锥图”类型中的布局通常显示向上发展的比例关系或层次关系。它们最适合需要自上而下或自下而上显示的信息。如果要显示水平层次结构，则应选择“层次结构”布局。还可以使用“棱锥图”布局传达概念性信息，例如“棱锥型列表”布局
图片主要用来传达或强调内容	图片	如果需要通过图片来传递消息(带有或不带有说明性文字)，或者使用图片作为某个列表或过程的补充，则可以使用“图片”类型的布局

由于文字量会影响外观和布局，影响需要形状的个数，因此还要考虑使用合适的文字量。在设计布局时，还需要考虑是否子要点还包含下级要点，细节与要点哪个更重要。通常，在形状个数和文字量仅限于表示要点时，SmartArt 图形最有效。如果文字量较大，则会分散 SmartArt 图形的视觉吸引力，使这种图形难以直观地传达信息。但“列表”中的“梯形列表”就适用于文字量较大的情况。通常，不将大量文字放置到 SmartArt 图形中，而是仅将要点放置到 SmartArt 图形中，然后通过另一张幻灯片或另一个文档详细介绍这些要点。

SmartArt 图形的每种类型都可以使用多种独特的布局，要确保最重要的数据位于最引人注意的位置。某些布局具有图片占位符，某些布局由单独的形状构成，每个形状对应一项信息（包括子要点），其他布局将子要点与其要点结合在一起。

7.4 演示文稿的放映

7.4.1 超链接和动作按钮

在 PowerPoint 中可以给文本和对象建立超链接，可以添加动作按钮以建立便捷的操作。

实例 7.15 添加超链接和动作按钮

任务描述：

针对台式电脑调研和产品介绍，已经开发了一个包含 14 张幻灯片的演示文稿。利用超链接建立统一的导航，在幻灯片中添加必要的动作按钮。

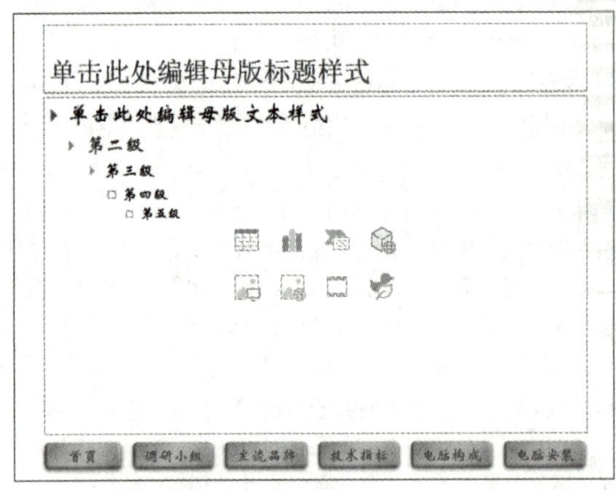

图 7-91 建立导航超链接

实施步骤：

① 打开“超链接与动作按钮素材.pptx”演示文稿，另存为“超链接与动作按钮.pptx”。

② 单击“视图”→“母版视图”→“幻灯片母版”按钮，进入幻灯片母版视图。在幻灯片母版底部通过自选图形添加 6 个“圆角矩形”，添加文字，利用“绘图工具”的“格式”选项卡中的工具，调整圆角矩形的形状样式、艺术字样式和排列位置，效果如图 7-91 所示。

③ 为每个“圆角矩形”自选图形建立超链接，分别链接到本文档中的第 1、2、4、6、10、14 张幻灯片。操作方法为：选中一个自选图形，单击“插入”→“链接”→“超链接”按钮，弹出“编辑超链接”对话框，如图 7-92 所示。在“链接到”列表框中选择“本文档中的位置”选项，在“请选择文档中的位置”列表框中指定链接到的幻灯片。

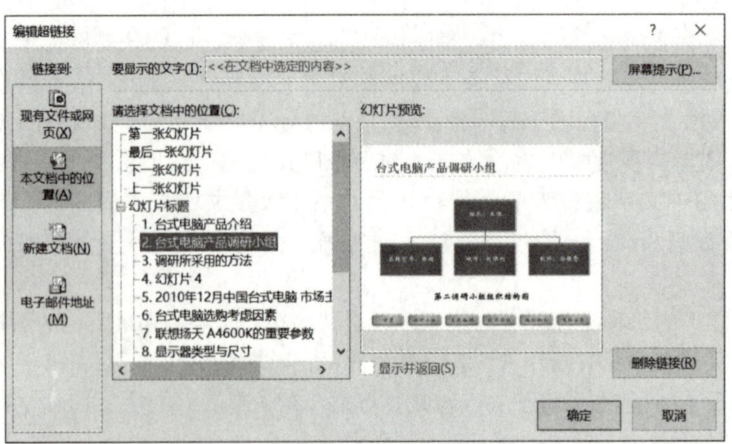

图 7-92 给导航按钮建立超链接

④ 退出母版视图，放映幻灯片，单击导航命令，查看超链接效果。若存在问题，返回母版视图，右击相应的链接对象，从快捷菜单中选择“编辑超链接”或“取消超链接”命令。

⑤ 在普通视图下，编辑第 7 张幻灯片，通过右键快捷菜单为“显示器尺寸”和“硬盘容量”的文字建立超链接，分别指向第 8、9 张幻灯片。为“硬盘容量”文字建立超链接，如图 7-93 所示。

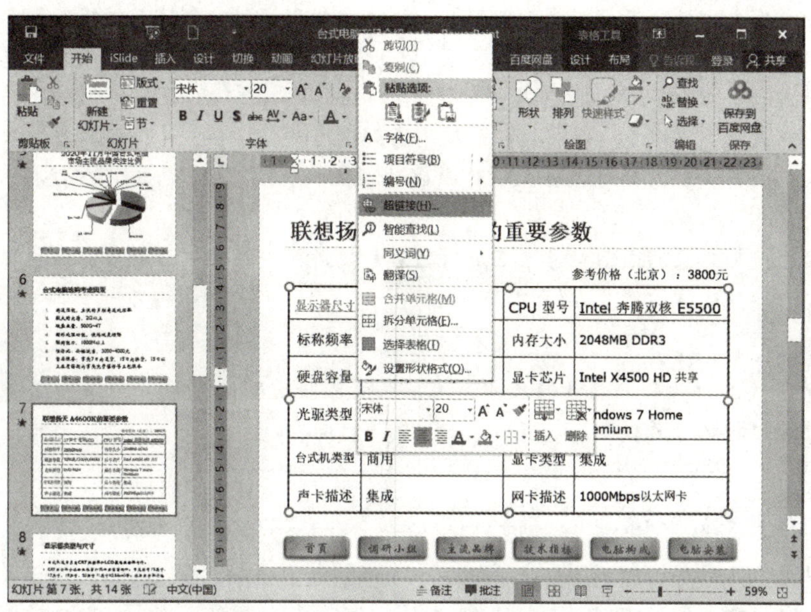

图 7-93　为“硬盘容量”文字建立超链接

⑥ 编辑第 8 张幻灯片，单击“插入”→“插图”→“形状”按钮，插入“动作按钮”组中的“前进”和“后退”按钮，如图 7-94 所示。插入动作按钮时弹出“操作设置”对话框，如图 7-95 所示。

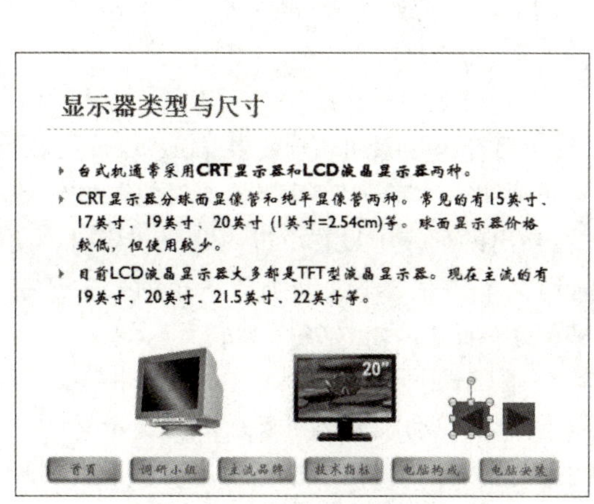

图 7-94　插入动作按钮

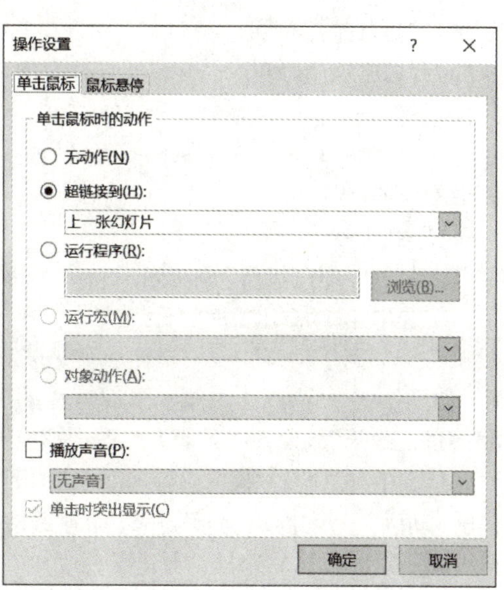

图 7-95　“操作设置”对话框

知识与技能

（1）建立超链接。在 PowerPoint 中，超链接用于建立从一个幻灯片到另一个幻灯片的切换、打开网页或文件、新建演示文稿、发送 E-mail 等。超链接可以作用在文本或对象上。超链接只有在演示文稿放映时才被激活。

为文本创建超链接，由于链接产生在文字笔画上，因此单击超链接时操作经常比较困难。可以在文字上方建立无框透明的矩形框，给这个矩形框对象创建超链接，可以克服以上缺点。

文本：插入统一的动作按钮

（2）插入动作按钮。动作按钮是一些现成的按钮，单击“插入”→“插图”→“形状”按钮，弹出列表框，可以在“动作按钮”组中看到这些动作按钮，像插入其他形状一样，可以方便地在幻灯片中插入动作按钮。还可以通过“插入”→“链接”→“超链接/动作”命令为其定义动作。

动作按钮使用形象的图形符号来实现对幻灯片播放顺序的控制，还可以控制影片或声音的播放。动作按钮通常被放置在幻灯片的底部。

课堂训练

给第 7 幅幻灯片的“显示器尺寸”上方设置无框透明矩形框，给矩形框添加超链接，对比超链接的操作效果。

7.4.2 幻灯片自定义动画

幻灯片的动画效果可以为幻灯片上的文本和对象赋予动作，或通过将内容移入和移出来最大化幻灯片空间，能够吸引观众的注意力、突出重点，如果使用得当，动画效果给演示文稿放映将带来典雅、趣味和惊奇。

实例 7.16 添加自定义动画效果

任务描述：

对台式电脑调研和产品介绍幻灯片添加自定义动画效果。

任务分析：

多数动画都是通过点击鼠标或前一个事件结束后定时播放。使用触发器，可以在幻灯片中创造互动效果。

实施步骤：

① 打开“超链接与动作按钮.pptx”演示文稿，另存为“添加动画效果.pptx”。

② 选中第 1 张幻灯片的标题文本，单击“动画”→“动画”组中的“其他”按钮或“动画”→“高级动画”→“添加动画”按钮，在弹出的列表中设置“进入”→“淡出”动画，如图 7-96 所示。选中第 1 张幻灯片的副标题文本，在“添加动画”下拉列表中选择“更多进入效果”，设置“华丽型”→“螺旋飞入”动画效果，如图 7-97 所示。

③ 选中第 2 幅幻灯片，选中组织结构图，在动画样式中添加“强调”→“脉冲”动画。单击“动画”→“高级动画”→“动画窗格”按钮，出现动画窗格，显示出已经定义的动画，如图 7-98 所示。选择并单击某一动画右侧的下拉按钮，弹出下拉菜单，可以调整动画的播放时间，例如“从上一项之后开始”。

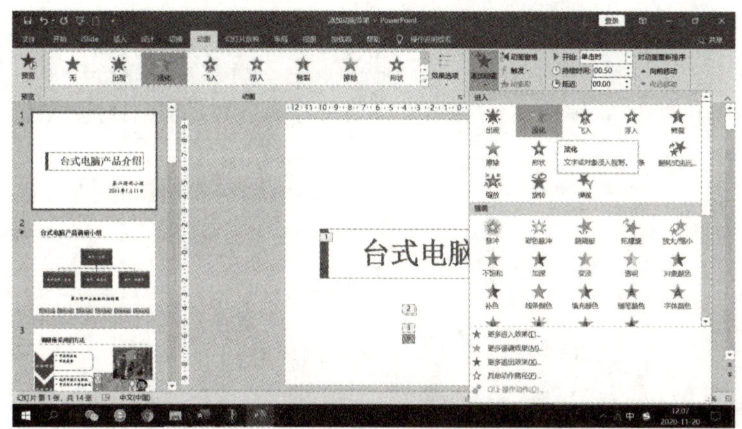

图 7-96　设置“淡出”动画效果

图 7-97　设置“螺旋飞入”动画效果

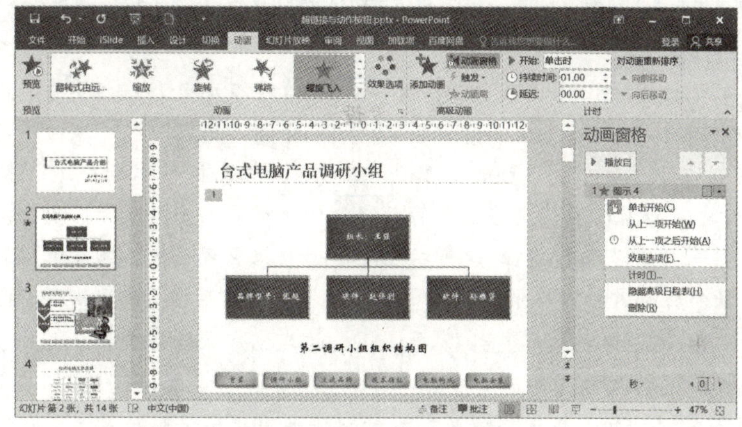

图 7-98　动画窗格显示已经定义的动画

④ 在动画窗格中，选择并单击某一动画右侧的下拉按钮弹出的下拉菜单中，选择“计时”命令，在弹出的对话框的“计时”选项卡中可修改延迟时间、期间的播放速度、动画重复次数等，如图 7-99 所示。单击“确定”后，可以看到“动画”→“计时”组中持续时间为 2 秒、延迟 0.5 秒，与“螺旋飞入”对话框的“计时”选项卡中的设置一致。

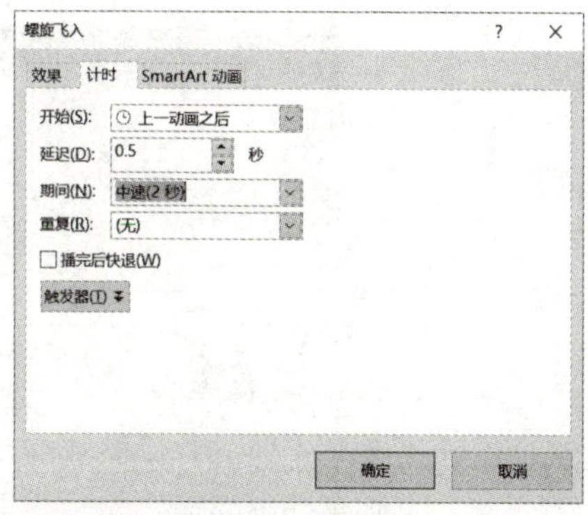

图 7-99　更改“计时”动画效果

⑤ 通过“动画”→“高级动画”→“添加动画”按钮，向组织结构图添加“退出”→“百叶窗”和“进入”→“出现”动画效果，如图 7-100 所示。单击“动画”→“高级动画”→“触发”按钮，选择“触发器：文本占位符 11：第二调研小组组织结构图”文本框，对动画 1 设置触发器，即单击文本框后触发该动画，如图 7-101 所示。通过“重新排序”将“出现”动画移到触发器下方，该动画也受触发器控制，如图 7-102 所示。在幻灯片放映状态，反复查看触发器对动画的控制效果。

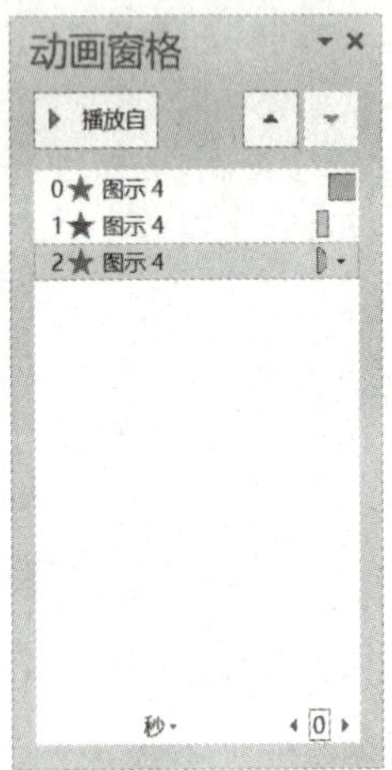

图 7-100 添加退出和进入动画

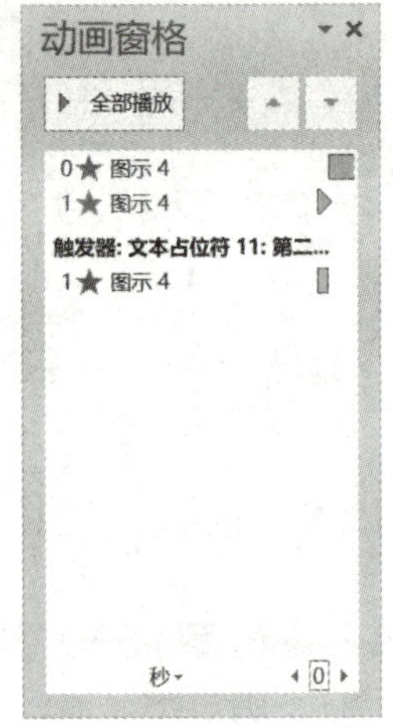

图 7-101 给退出动画设触发器

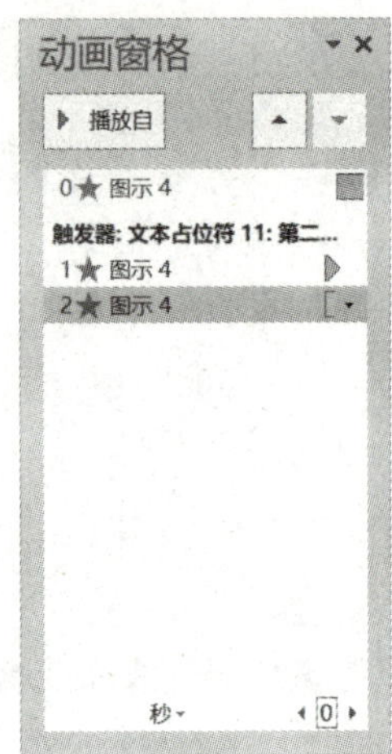

图 7-102 将进入动画并入触发器

知识与技能

PowerPoint 针对文本、图片、形状、SmartArt 图形等对象提供了“进入”“退出”“强调”“动作路径”四种自定义动画方案。在 PowerPoint 的“动画”→“高级动画”→“添加动画”下拉列表框中单击“更多强调效果”，可以定义“基本型”“细微型”“温和型”以及“华丽型”四种特色动画效果，这些效果的示例包括使对象缩小或放大、更改颜色或沿着其中心旋转等；单击“更多动作路径”，可以设定根据形状或者直线、曲线的路径来展示对象游走的路径，使用这些效果可以使对象上下移动、左右移动或者沿着星形或圆形图案移动。

微视频：设置触发器动画效果

课堂训练：

触发器的使用能够有效增加演示文稿的互动效果。如图 7-103 所示为一张英文学习幻灯片，单击英文词组，或发声阅读、或控制握手图片显示和隐藏、或既发声又出现下方横线。

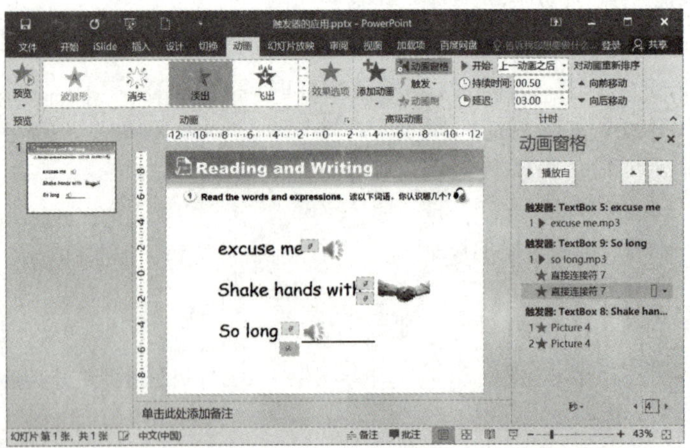

图 7-103 触发器的灵活应用

知识与技能

并非动画越多越好，要突出重点，吸引观众的注意力，切忌滥用动画。

7.4.3　设置幻灯片切换效果

幻灯片切换效果是在幻灯片放映时从一张幻灯片移到下一张幻灯片时出现的动画效果，可以控制切换的速度、添加声音，甚至还可以对切换效果的属性进行自定义设置。

实例 7.17　添加幻灯片切换动画效果

任务描述：

对台式电脑调研和产品介绍演示文稿添加幻灯片切换效果。

实施步骤：

① 打开“添加动画效果 .pptx”演示文稿，另存为“添加幻灯片切换效果 .pptx”。

② 在幻灯片浏览视图下，选中全部幻灯片，单击“切换”→“切换到此幻灯片”组的“其他”按钮▾，在弹出幻灯片切换方式列表中选择“华丽型”→“棋盘”效果，如图 7-104 所示。

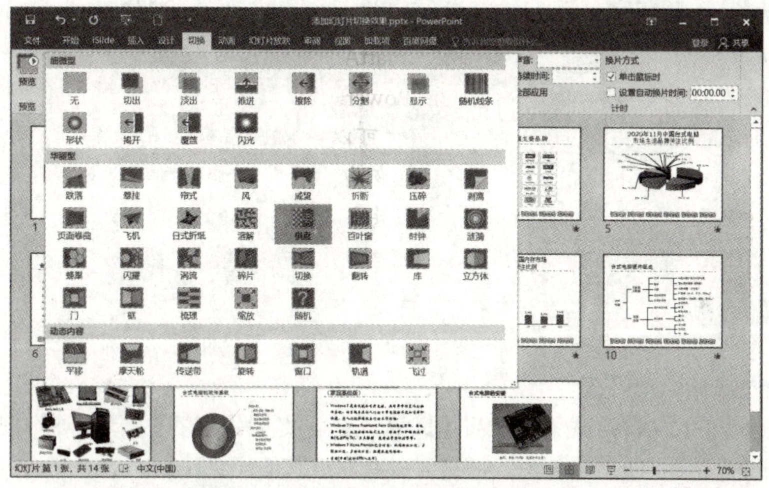

图 7-104　统一设置“棋盘”幻灯片切换效果

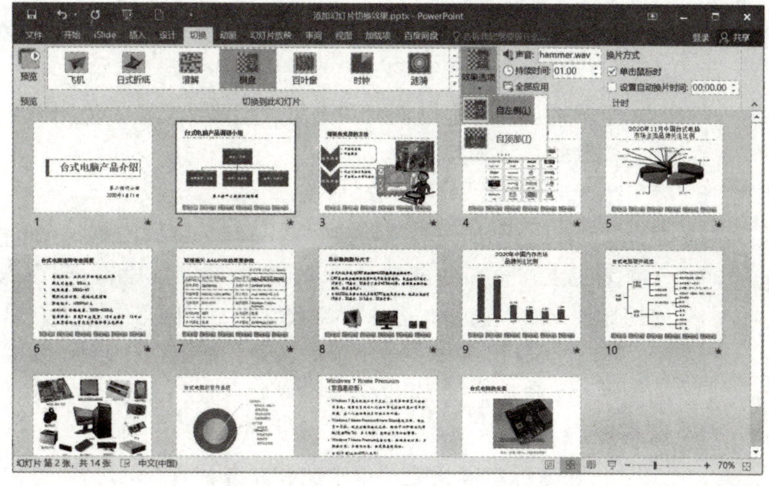

图 7-105　设置第 2 张幻灯片的切换效果

③ 选中第 2 张幻灯片，应用“百叶窗”幻灯片切换效果；单击“切换”→“切换到此幻灯片”→“效果选项”按钮，设置“垂直”方向；在“计时”组中，设置“持续时间”为 1 秒，播放“锤打”声音，如图 7-105 所示。

7.4.4 演示文稿放映方式

PowerPoint 提供了多种放映方式，单击“幻灯片放映”→“设置”→“设置幻灯片放映”按钮，弹出“设置放映方式”对话框，如图 7-106 所示，可以选择放映类型、换片方式，自定义放映的幻灯片、放映选项等。

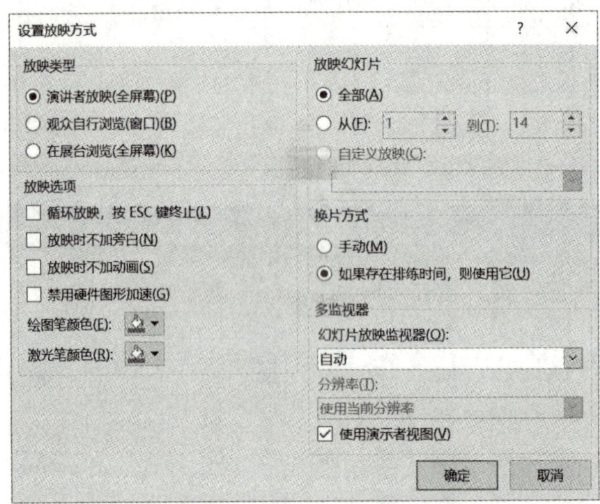

图 7-106 “设置放映方式”对话框

1. 演讲者放映（全屏幕）

选择此选项可在全屏方式下放映演示文稿。这是最常用的放映方式，通常用于演讲者借助演示文稿进行培训、报告或演讲，演讲者具有对放映的完全控制。

实例 7.18 演讲者控制播放时的鼠标指针效果和切换幻灯片方式

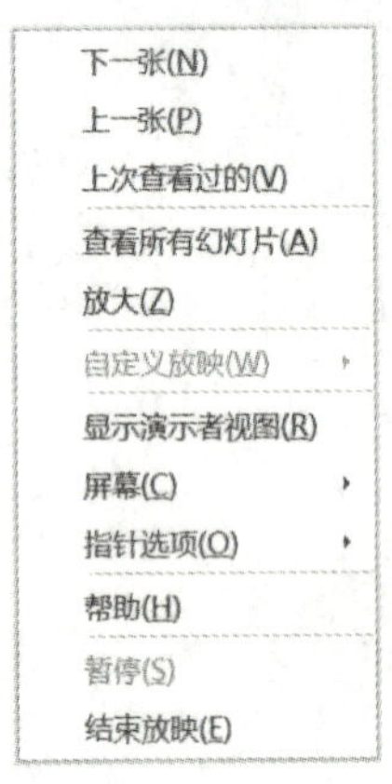

图 7-107 用于控制放映的快捷菜单

任务描述：

全屏播放台式电脑调研和产品介绍演示文稿，使用鼠标指针辅助讲解，控制幻灯片切换。

实施步骤：

① 打开“添加幻灯片切换效果 .pptx”演示文稿。

② 选择“幻灯片放映”→“开始放映幻灯片”→“从头开始 / 从当前幻灯片开始”命令，进入演讲者放映（全屏幕）放映方式。

③ 在放映过程中，单击鼠标右键，弹出用于控制放映的快捷菜单，如图 7-107 所示，选择“下一张”“上一张”命令，控制幻灯片的放映顺序。

④ 在鼠标右键快捷菜单中选择“查看所有幻灯片”，出现所有幻灯片的列表，支持幻灯片漫游，选择指定幻灯片实现幻灯片定位操作，如

图 7-108 所示。

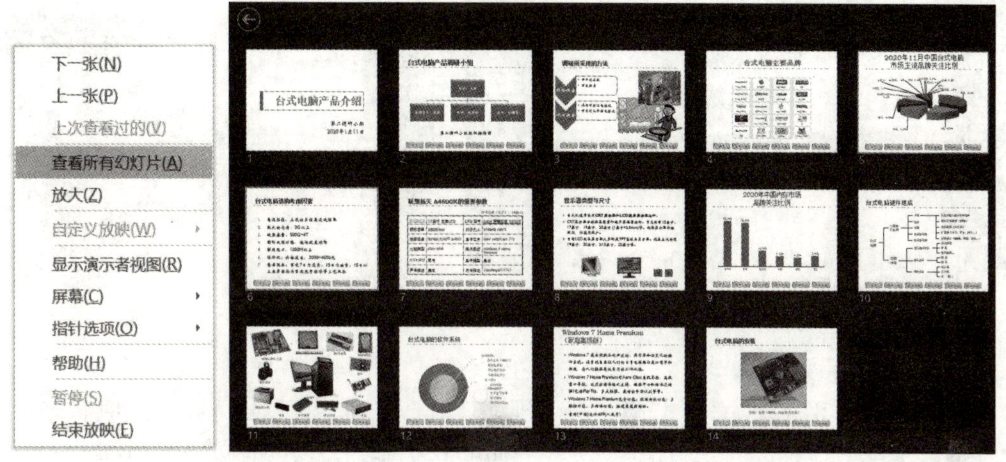

图 7-108　幻灯片定位操作

⑤ 在鼠标右键快捷菜单中选择“屏幕”，出现子菜单，如图 7-109 所示。选择“黑屏”或“白屏”命令，查看出现黑屏或白屏的效果；选择“显示任务栏”命令，可切换到其他程序。

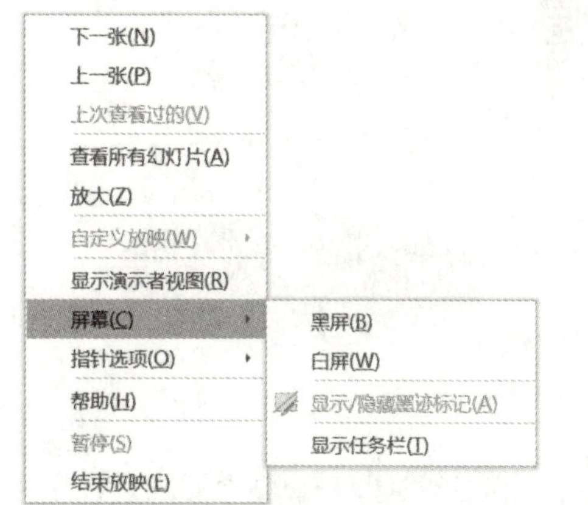

图 7-109　屏幕操作快捷子菜单

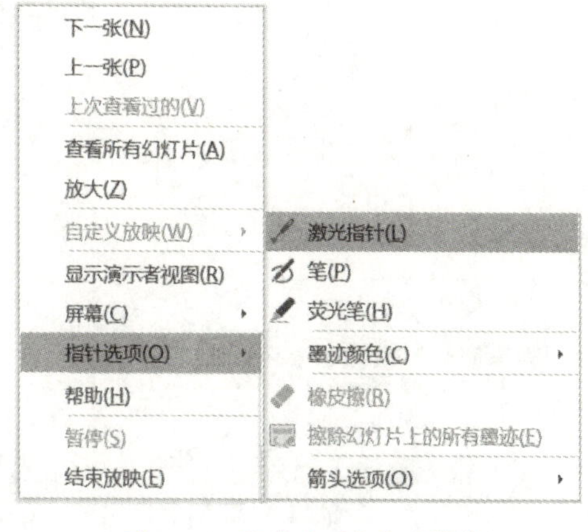

图 7-110　指针选项快捷子菜单

⑥ 在鼠标右键快捷菜单中选择“指针选项”，出现子菜单，如图 7-110 所示，可以选定笔的类型、设定墨迹颜色以及设置放映时箭头的可见性。尝试不同的笔型和颜色，在屏幕上书写板书，使用橡皮擦擦除墨迹。

知识与技能

在观看放映过程中，使用 Alt+Tab 组合键也可以方便地实现程序切换。

2. 观众自行浏览（窗口）

选择此选项，则以“阅读视图”的方式在 PowerPoint 窗口中放映演示文稿，在放映时可以移动、编辑、复制和打印幻灯片，观众自行浏览放映窗口如图 7-111 所示。在此模式中，可以使用滚动条或 Page Up 和 Page Down 键切换幻灯片。也可以显示 web 工具栏，打开其他文件。

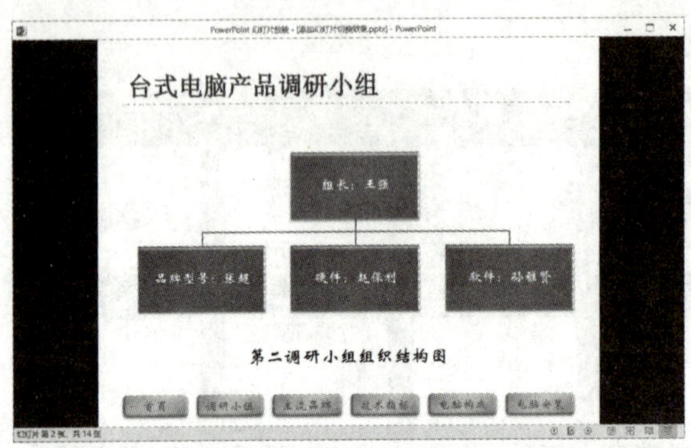

图 7-111 观众自行浏览放映窗口

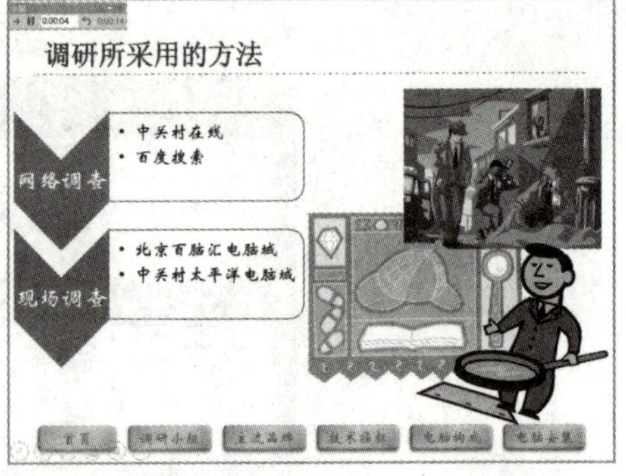

图 7-112 排练计时

3. 排练计时和录制旁白

单击“幻灯片放映”→“设置”→“排练计时”按钮，可以进入排练计时状态，如图 7-112 所示，按放映顺序进行操作，系统自动记下每幅幻灯片和动画放映的时间。

可以在运行幻灯片放映前录制旁白，或者在幻灯片放映过程中录制旁白，并可以同时录制观众的评语。单击“幻灯片放映”→“设置”→“录制幻灯片演示”按钮，弹出“录制幻灯片演示”对话框，如图 7-113 所示，设置录制内容。单击“开始录制”，进入录制状态，录制旁白、激光笔使用和排练计时，如图 7-114 所示。

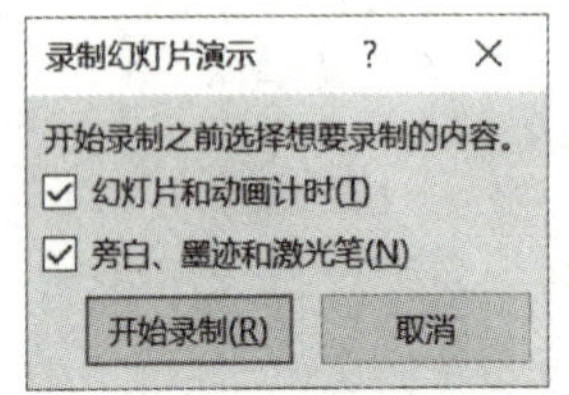

图 7-113 “录制幻灯片演示”对话框

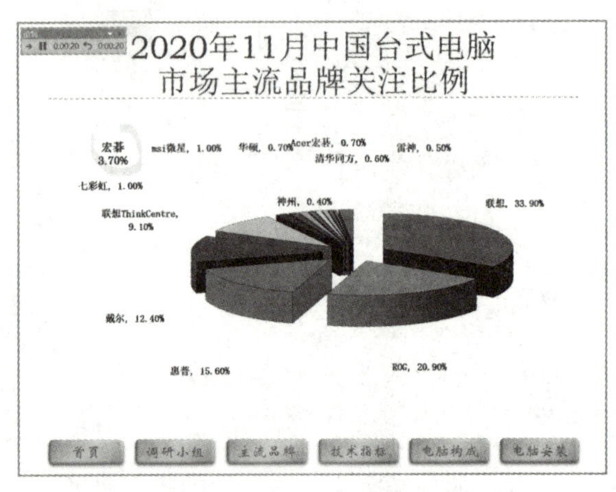

图 7-114 录制幻灯片演示操作界面

4. 在展台浏览（全屏幕）

在展览会场或会议中，选择此选项可自动运行演示文稿，供观众观看。在展台浏览放映前应预先排练计时。在播放过程中，观众可以单击超链接和动作按钮更换幻灯片，但不能更改演示文稿。

文本：演示者视图

5. 演示者视图（带备注）

在多显示设备（例如连接投影机）的情况下，在“设置放映方式”对话框中，勾选“使用演示者视图”复选框后，可以在一台计算机（例如笔记本电脑）上查看演示文稿和演讲者备注，同时让观众在另一台显示设备（例如投影仪）上查看不带备注的演示文稿。演示者视图结构如图 7-115 所示。

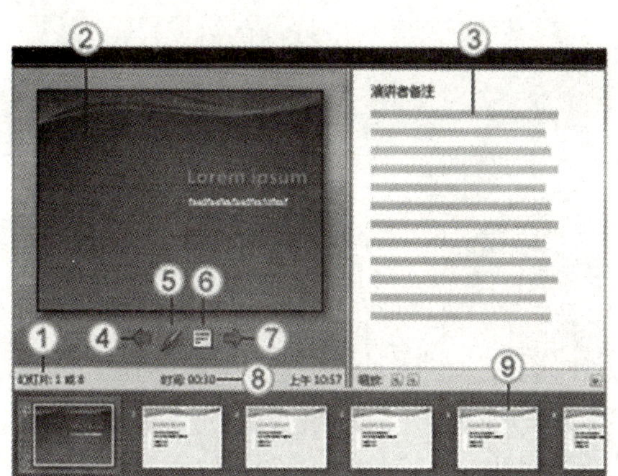

① 幻灯片编号
② 当前向观众显示的幻灯片
③ 演讲者备注，用作演讲的发言稿或提示词
④ 单击转至上一张幻灯片
⑤ 钢笔或荧光笔
⑥ 单击显示一个菜单，使用该菜单可以终止放映、使受众屏幕加亮或变暗或转至特定的幻灯片编号
⑦ 单击转至下一张幻灯片
⑧ 演示文稿的已运行时间，以小时和分钟表示
⑨ 幻灯片缩略图，可以单击缩略图以跳过某一张幻灯片或返回至已经演示的幻灯片

图 7-115　演示者视图结构

文本：向远程访问群体广播演示文稿

7.4.5　发送演示文稿

演示文稿编辑结束后，需要确定以什么方式或设备传送出去，分发给不同的使用者。PowerPoint 2016 支持以 PDF/XPF 文档、演示视频、打包成 CD 或创建讲义等形式导出演示文稿，如图 7-116 所示。

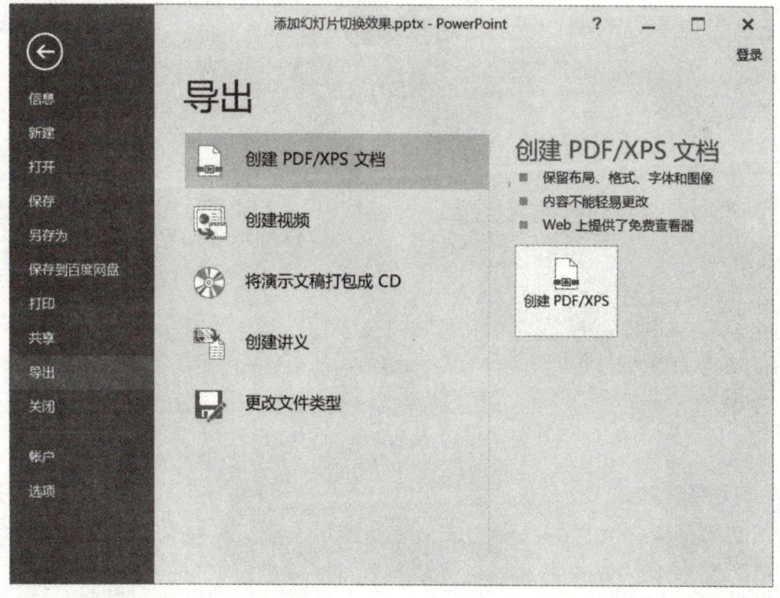

图 7-116　演示文稿导出形式

1. 在 Word 中创建 PowerPoint 讲义

在 PowerPoint 2016 中可以打印讲义，如图 7-117 所示。也可以在 Microsoft Word 中创建讲义，将幻灯片和备注放在 Word 文档中编辑内容和设置内容格式。单击“文件”→“导出”→“创建讲义”→“创建讲义”命令，弹出“发送到 Microsoft Word”对话框，如图 7-118 所示，根据需要进行设置后单击“确定”按钮，创建讲义如图 7-119 所示。

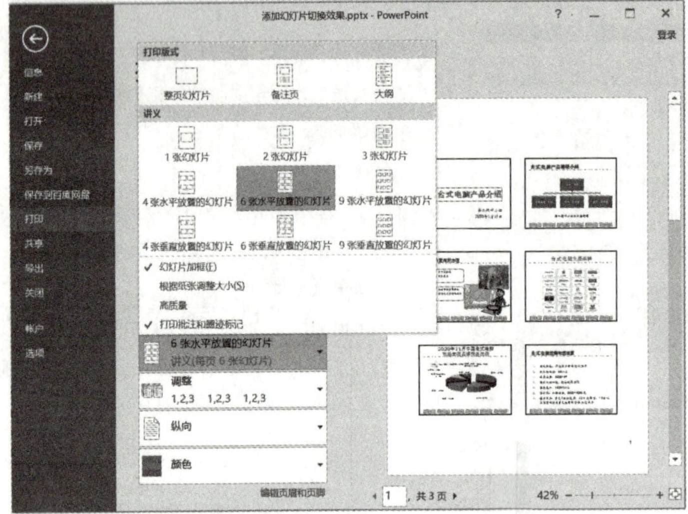

图 7-117 在 PowerPoint 中打印讲义

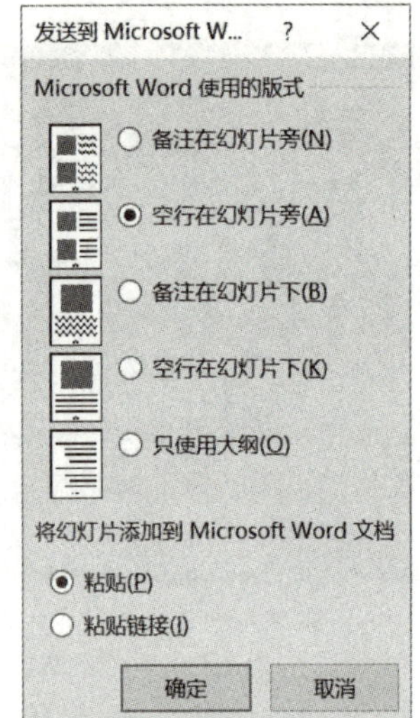

图 7-118 设置 Word 的版式

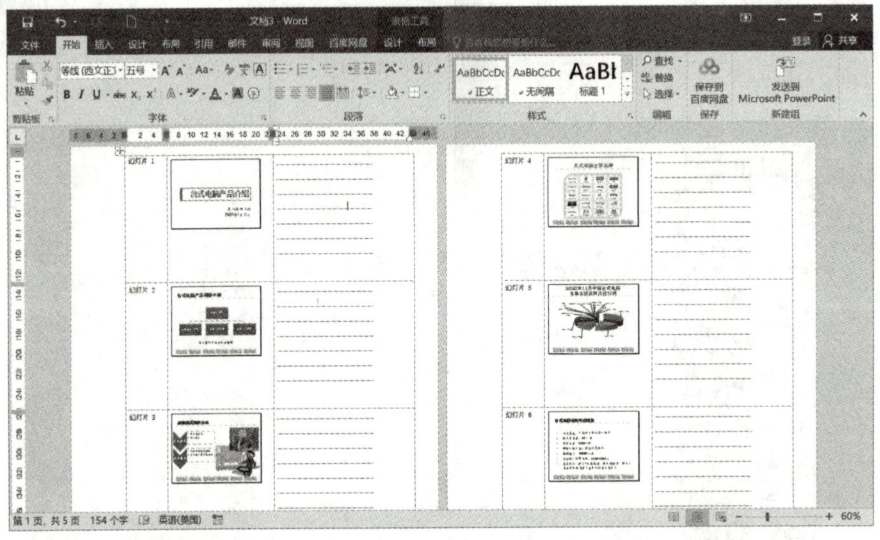

图 7-119 在 Word 中创建讲义

文本：将演示文稿转换为视频

2. 将演示文稿打包成 CD

打包演示文稿是保存文件的一种方式，它将演示文稿、链接文件（插入演示文稿中的原始文件或对象）和 PowerPoint 播放器一并复制到 CD 或指定文件夹中，可以脱离 PowerPoint 环境独立运行演示文稿。

实例 7.19 打包演示文稿

任务描述：

对台式电脑调研和产品介绍演示文稿进行打包输出，保存到指定文件夹。

任务分析：

演示文稿脱离环境运行有其现实需要，例如参加竞赛的演示文稿作品，在公共电脑上播放，有时需要脱离制作环境来播放。

实施步骤：

① 打开“添加幻灯片切换效果 .pptx”演示文稿，另存为“台式电脑产品介绍 .pptx”。

② 在打包输出前，要保证插入的影片能够播放，即链接的视频文件存在。

③ 单击“文件”→“导出”→“将演示文稿打包成 CD”→“打包成 CD”按钮，弹出“打包成 CD”对话框，如图 7-120 所示。

④ 若要同时打包多个演示文稿，可单击“添加”按钮，查找并添加其他演示文稿，“打包成 CD”对话框发生变化，如图 7-121 所示，可调整多个演示文稿的播放顺序。删除“产品介绍 .pptx”。

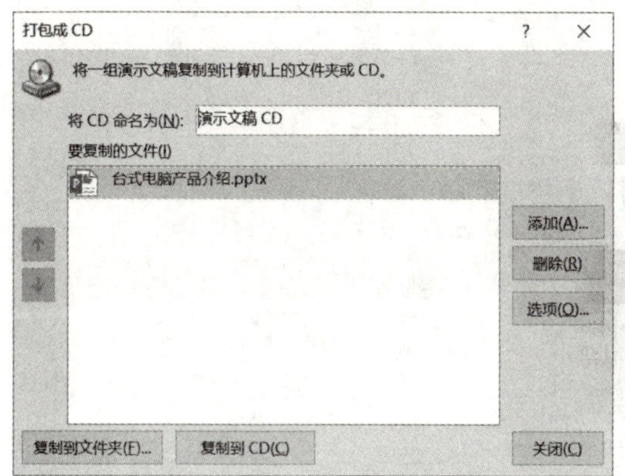

图 7-120　“打包成 CD”对话框

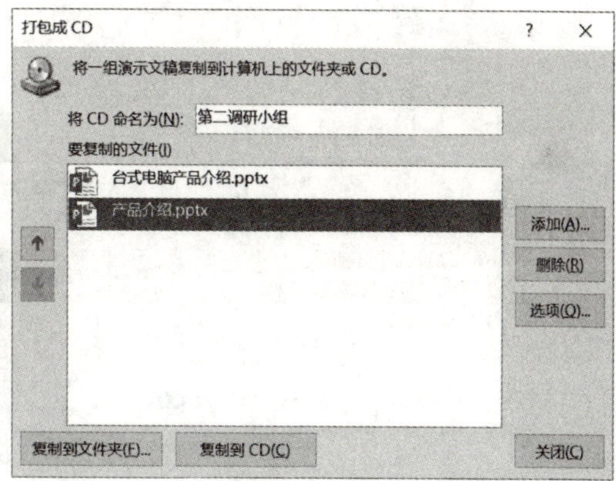

图 7-121　添加文件后的“打包成 CD”对话框

⑤ 默认情况下，打包的文件包含链接文件和 PowerPoint 播放器，若要更改此设置，可单击“选项”按钮，弹出“选项”对话框，如图 7-122 所示。在此处可以设置是否包含链接的文件及嵌入的 TrueType 字体，也可以设置密码保护 PowerPoint 文件，单击“确定”按钮返回。

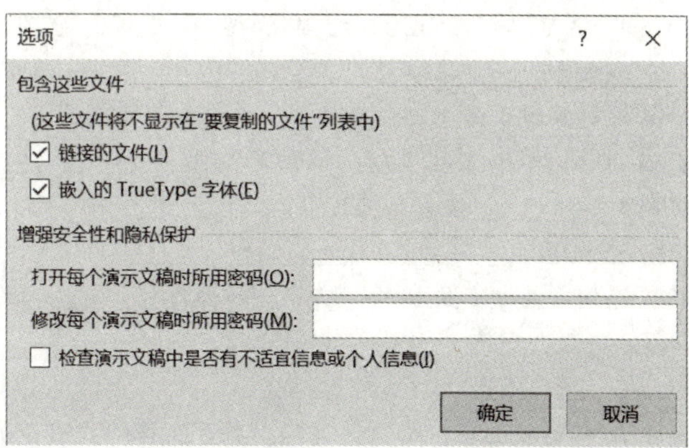

图 7-122　“打包成 CD”的“选项”对话框

⑥ 单击“复制到 CD”按钮，将启动 CD 刻录，如果计算机上未安装刻盘机，将弹出提示对话框如图 7-123 所示。若单击“复制到文件夹”按钮，需指定文件夹的名称和位置，打包生成的文件将存放到指定文件夹中。

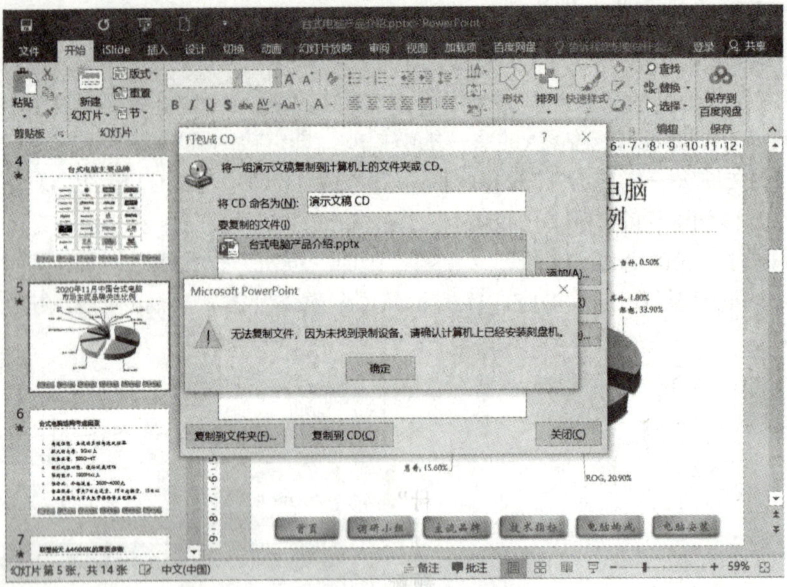

图 7-123 复制到 CD 时未找到录制设备的提示对话框

练习题

一、填空题

1. 一个演示文稿就是一个 PowerPoint 文件，PowerPoint 2016 演示文稿的扩展名为________。

2. PowerPoint 在普通视图下，包含 3 种窗格，分别为________、________和________。

3. PowerPoint 2016 视图方式按钮中提供了________、________和________视图方式切换按钮。

4. PowerPoint 2016 提供了 4 种视图方式显示演示文稿，分别为________视图、________视图、________视图和________视图。

5. PowerPoint 2016 幻灯片版式是指幻灯片的________在幻灯片上的________。

6. 如果已经更改了幻灯片上占位符的位置、大小和________，那么可在“开始”→“幻灯片”组中单击________恢复初始设置。

7. PowerPoint 2016 的主题由________、________和________组成。

8. 幻灯片母版用于存储有关演示文稿的________和幻灯片________的信息，包括背景、颜色、字体、效果、占位符大小和位置。

二、简答题

1. 在 PowerPoint 2016 普通视图下，幻灯片窗格、备注窗格的作用各是什么？
2. 如何调整主题的配色方案和背景？
3. 如何设计、制作组织结构图？
4. 如何在幻灯片中插入文本、图片和艺术字？
5. 如何在幻灯片中插入公式？
6. 什么是母版？什么是版式？两者有何不同？

7. 什么是 SmartArt 图形？SmartArt 图形有哪几种？

8. 通过什么命令来插入动作按钮？

9. 如何对文本设置动画效果？简述 4 类动画方案及其效果。

10. 如何用语言描述录制旁白？

11. PowerPoint 2016 设置了哪些幻灯片切换效果？

12. 什么是演示者视图？

13. 如何把 PowerPoint 打包成 CD？

14. 说明以下概念：媒体、数据、音频、图像、视频、动画、文本。

三、操作题

1. 启动 PowerPoint 2016，了解各种视图界面的构成及其功能。

2. 电脑连接 Internet，检索联机模板和主题，使用检索到的模板创建一个新演示文稿，查看演示文稿的内容。

3. 新建一个空白演示文稿，选用“农村”或“城市”主题，创建两张幻灯片，分别应用节标题幻灯片和两栏内容版式。

4. 新建一个空白演示文稿，自定义主题配色方案，改变主题字体和效果，选择渐变背景。保存自定义的主题为“我的主题”。

5. 新建一个空白演示文稿，在幻灯片母版界面下修改标题幻灯片版式的风格。标题字体为“华文隶书”，72 号字，阴影，居中对齐，深蓝色，放大标题区；副标题字体为“华文新魏”，32 号字，居中，蓝色；保存自定义的模板。利用此版式建立一张标题幻灯片。标题输入“我的自定义版式风格”，副标题为“× × 定义的模板”。

6. 创建一张“空白”版式幻灯片，插入表格，输入课表内容并使用“开始”选项卡中的工具设置字体、字型、字号、颜色和位置；将“我的课表”演示文稿存入个人的文件夹。

7. 修改第 6 题中建立的幻灯片，使用“羊皮纸”纹理改变背景。

8. 修改第 6 题中建立的幻灯片，利用“表格样式”“表格样式选项”“艺术字样式”“绘图边框”来修饰表格，得到美观的课表。

9. 对“2010 年广州亚运会 .pptx”的所有幻灯片母版设置标题、文本占位符的不同进入的动画，放映所有幻灯片，查看设置幻灯片母版动画的效果。

10. 新建演示文稿 ys1.pptx，按照以下要求进行操作并保存。

（1）新建“标题幻灯片”版式幻灯片，输入主标题“行业信息化”、副标题“精选业界资深人士最新观点”，设置字体为楷体_GB2312，主标题字号为 72 号字，副标题字号为 40 号字。

（2）将整个演示文稿设置为“龙腾四海”主题，幻灯片切换效果全部设置为“从右推进”，幻灯片中的副标题动画效果设置为“底部飞入”。

11. 新建演示文稿 ys2.pptx，按照以下要求进行操作并保存。

（1）新建“文本与剪贴画”幻灯片版式，并应用此版式新建幻灯片，输入标题“汽车”，设置字体为楷体_GB2312、字号为 40 号字，输入文本，插入剪贴画。

（2）给幻灯片中的汽车设置动画效果为“从右侧慢速飞入”，设置声音效果为“推动”。

郑重声明